W0399265

Savia

matemáticas

orientadas a las enseñanzas aplicadas

sm

4 ESO

Entrar en Saviadigital es fácil:

1. Escribe en internet la siguiente dirección: **smsaviadigital.com**
2. Regístrate e introduce el número de licencia que encontrarás en la página anterior.
3. Como solo debes registrarte una vez, anota tu **identificador** y **contraseña**.

Presentación de la unidad

Empieza la unidad disfrutando de un texto o fragmento literario relacionado con los contenidos de la unidad.

Preguntas relacionadas con el texto para trabajar la comprensión lectora y los conocimientos que ya tenemos sobre el tema.

Ruta de aprendizaje
Para que conozcas qué vas a aprender en cada unidad.

Y tú, ¿qué opinas?
Para que reflexiones sobre valores cívicos o sobre cuestiones sociales de actualidad.

Contenidos

Los contenidos se presentan a partir de situaciones cercanas.
Se desarrolla la teoría destacando las ideas más importantes.

Enlace a **actividades interactivas** realizadas con **Geogebra** para que practiques y comprendas mejor los conceptos.

Pon en valor
Breve texto informativo relacionado con la sección **Y tú, ¿qué opinas?** de la entrada. Con una propuesta para trabajar en **savia**digital distintas estructuras de pensamiento crítico.

Ejemplos que te muestran de manera inmediata y directa lo expuesto en la teoría.

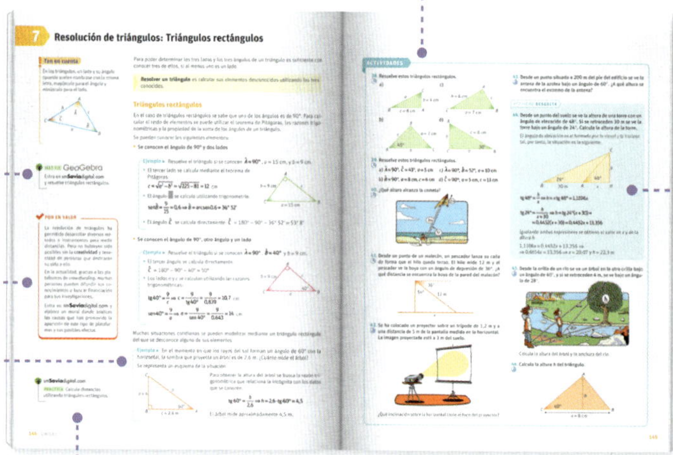

Actividades propuestas al final de cada epígrafe para afianzar los contenidos y adquirir las destrezas necesarias.

Actividades resueltas al final de cada epígrafe, que complementan la teoría y te permiten ver aplicaciones de lo tratado.

Enlace a **actividades interactivas** en **savia**digital para que continúes practicando y compruebes lo que ya sabes.

Organiza tus ideas

Esquema que resume los contenidos más importantes de la unidad.

Actividades clave

De una a tres páginas donde se resuelven las actividades más representativas de la unidad o aquellas que muestran procedimientos que permiten relacionar distintos contenidos.

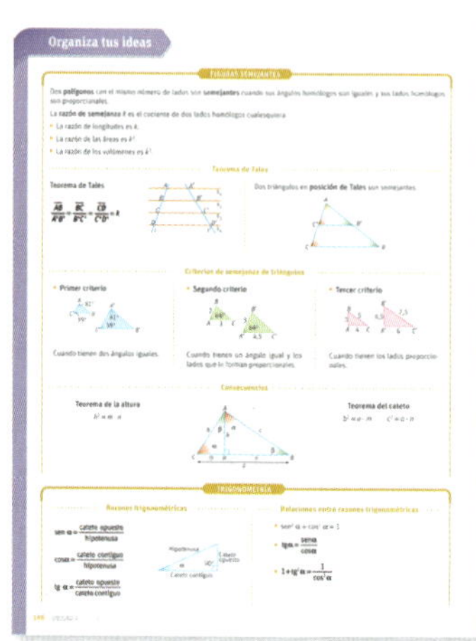

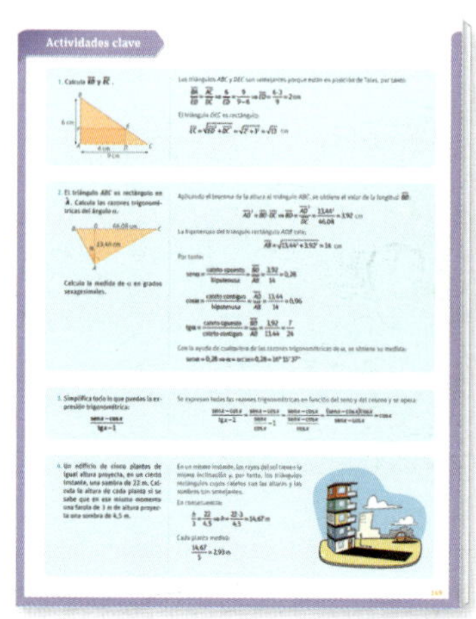

Ejercicios propuestos al final de la unidad

Hasta cinco páginas con actividades y problemas propuestos y resueltos con el fin de que trabajes lo aprendido en la unidad. Están organizados por grupos de contenidos y por nivel de dificultad.

- **Ejercicios:** Actividades para aplicar la teoría, organizados por contenidos y nivel de dificultad.
- **Ejercicios de síntesis:** Actividades, cuestiones y problemas que relacionan diferentes contenidos de la unidad.
- **Problemas:** Situaciones con contexto para ilustrar las aplicaciones de la teoría estudiada.
- **Emprende:** Actividad propuesta para trabajar la habilidad de convertir ideas en actos y fomentar el compromiso social.

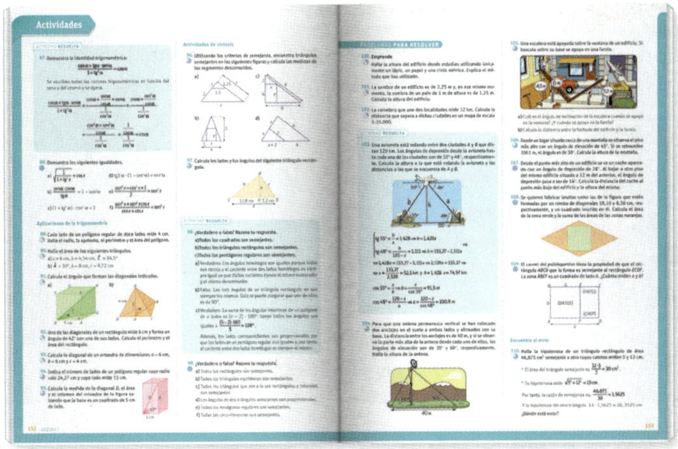

Ponte a prueba

Problemas y actividades PISA

Problemas presentados desde un contexto, extraídos de las pruebas PISA o inspirados en ellas, para que puedas preparar este tipo de evaluaciones. La primera actividad se presenta resuelta paso a paso.

Autoevaluación

Preguntas para que evalúes los conocimientos adquiridos al finalizar la unidad. Las soluciones están disponibles en las páginas finales del libro.

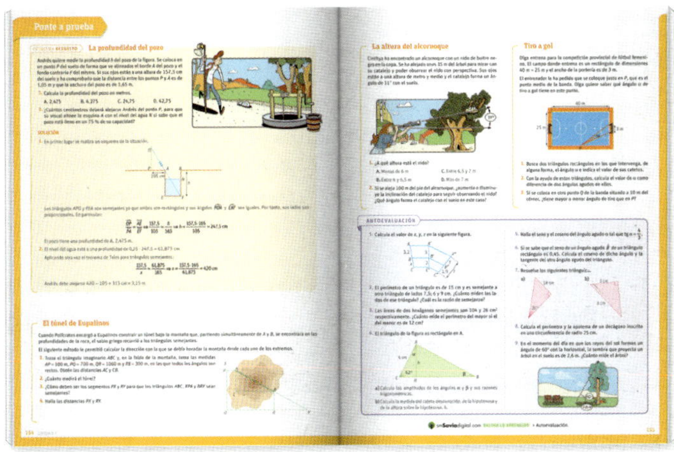

Mates + Magia

En esta sección se presentan divertidos trucos de magia que podrás reproducir con tus compañeros, acompañados de la explicación matemática del truco.

CONOCE **Savia**digital

www.sm**Savia**digital.com

Saviadigital te ofrece más recursos y actividades para aprender y profundizar en los contenidos.

PRACTICA	Actividades para que afiances tus conocimientos de forma interactiva.
MAT-TIC CON GEOGEBRA	Actividades interactivas con la aplicación Geogebra.
VALORA LO APRENDIDO	Autoevaluación de la unidad para que seas consciente de tu aprendizaje y prepares el examen.

Para acceder a **Savia**digital sigue los pasos que encontrarás nada más abrir este libro.

En tu libro aparecen llamadas para que sepas qué recursos hay en **Savia**digital.

sm**Savia**digital.com
PRACTICA ¿Dominas los teoremas sobre semejanza?

MAT-TIC GeoGebra
Entra en sm**Savia**digital.com y resuelve triángulos rectángulos.

ÍNDICE

Números y álgebra

Geometría

Funciones

Estadística y probabilidad

1 Conjuntos numéricos

- ¿Qué es un número racional?
- ¿Puedes sumarlos, restarlos...?
- Un número racional, ¿se puede representar mediante una fracción? ¿Y mediante un número decimal?
- ¿Qué es un número irracional? ¿Y uno real?

Reflexiona y saca conclusiones

¿Qué es Udyat? ¿Por qué es mágico?

Calcula la suma de todas las fracciones de las partes del ojo.

¿Qué fracción falta para completar la unidad?

Lee y comprende

El ojo de Horus: la primera calculadora de fracciones

Lo hemos visto en colgantes, joyas, tatuajes... Y hasta en alguna clínica oftalmológica. Es el ojo de Horus.

La leyenda cuenta que Horus fue hijo del dios Osiris. El dios Seth asesinó a Osiris, su propio hermano. Y Horus, para vengar la muerte de su padre, desafió a su tío Seth. En la batalla Seth arrancó un ojo a Horus. El ojo se rompió en seis pedazos que fueron esparcidos por todo Egipto. Thot, el maestro supremo de los números, recuperó los trozos y reconstruyó el ojo. Ese ojo, conocido como Udyat, tenía propiedades mágicas y con él Horus pudo devolver la vida a Osiris.

¿Pero qué tiene que ver el ojo de Horus con las fracciones? Los egipcios solo utilizaban fracciones con numerador la unidad. Los seis trozos recogidos por Thot representan las fracciones de numerador unitario y denominador las potencias de 2.

La parte a la izquierda del iris $\frac{1}{2}$.

El iris $\frac{1}{4}$.

Las cejas $\frac{1}{8}$.

La parte a la derecha del iris $\frac{1}{16}$.

La parte inferior oblicua bajo el ojo $\frac{1}{32}$.

La parte inferior vertical del ojo $\frac{1}{64}$.

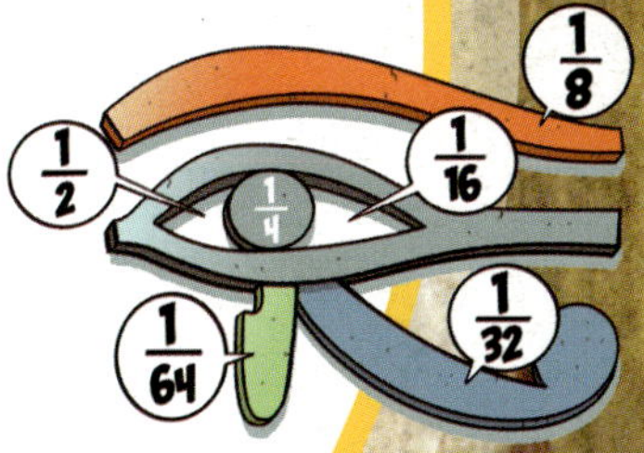

Los sacerdotes y escribas egipcios utilizaban el ojo de Horus como una calculadora para efectuar medidas de capacidad y de superficie.

Lo curioso de la historia es que Thot, al reconstruir el ojo, perdió una pequeña parte del mismo. Al ojo de Horus le falta algo.

¡No tiene pupila!

ANTONIO PÉREZ SANZ

Analiza y calcula

Observa que, puestas en orden, cada fracción es la mitad de la anterior.

¿Qué ocurriría si añadimos a la suma de estas fracciones una nueva fracción que fuese la mitad de la última? ¿Cuánto sumarían?

Los egipcios solo utilizaban fracciones cuyo numerador era la unidad. Para escribir $\frac{5}{6}$, sumaban $\frac{1}{2}+\frac{1}{3}=\frac{5}{6}$.

¿Cómo escribían las fracciones $\frac{5}{8}$ y $\frac{4}{5}$?

¿Cómo se representan los números reales?

1 Fracciones. El número racional

MAT-TIC GeoGebra

En el antiguo Egipto se usaban fracciones de numerador uno para resolver problemas de reparto.

En el papiro de Ahmes se encuentran algunos de estos problemas.

Entra en smSaviadigital.com y utiliza las fracciones como los egipcios.

Una **fracción** es una expresión del tipo $\frac{a}{b}$ donde a y b son números enteros, con $b \neq 0$.

Los números que se pueden expresar mediante una fracción se denominan **números racionales**. El conjunto de todos los números racionales se designa con la letra $\mathbb{Q}$.

Una fracción se puede interpretar como:

- El cociente no efectuado entre su numerador a y su denominador b.
- La razón o proporción de la parte a de un total b.
- Un operador que transforma un número inicial en otro final.

Ejemplo ▸ La fracción $\frac{7}{20}$ puede ser:

- El resultado de dividir 7 € entre 20 personas es 0,35 €.
- De una memoria externa de 20 gigas de capacidad, están ocupados 7 gigas.
- $\frac{7}{20}$ de 500 alumnos estudian Música, es decir, $\frac{7}{20} \cdot 500 = 175$ alumnos de 500 estudian Música.

Dos **fracciones,** $\frac{a}{b}$ **y** $\frac{c}{d}$, son **equivalentes** si se verifica que $a \cdot d = b \cdot c$.

El conjunto de todas las fracciones equivalentes entre sí define un único **número racional**.

Ejemplo ▸ ¿Son equivalentes $\frac{6}{14}$ y $\frac{42}{98}$?

Son equivalentes, ya que $6 \cdot 98 = 14 \cdot 42 = 588$ y representan el mismo número racional.

Al multiplicar o dividir el numerador y el denominador de una fracción por un mismo número entero no nulo, se obtiene una **fracción equivalente** a la inicial.

Una fracción es **irreducible** cuando no se puede simplificar, es decir, no hay ningún número que divida al numerador y al denominador a la vez.

Ejemplo ▸ Obtén la fracción irreducible de las siguientes fracciones.

- $\frac{17}{31} \Rightarrow$ Irreducible
- $\frac{60}{-45} = \frac{-20}{15} = -\frac{4}{3}$

Comparación de fracciones

Para **comparar fracciones**, se reducen a común denominador y se comparan los numeradores resultantes.

Ten en cuenta

Reducir dos fracciones a común denominador es encontrar fracciones equivalentes a ellas que tengan el mismo denominador.

Se suele utilizar como denominador común el mínimo común múltiplo de los dos denominadores iniciales.

Ejemplo ▸ Compara las fracciones $\frac{7}{15}$, $\frac{10}{21}$ y $\frac{16}{35}$.

Se reducen a común denominador y se comparan:

$$\text{m.c.m.}(15, 21, 35) = 105 \Rightarrow \frac{7}{15} = \frac{49}{105};\quad \frac{10}{21} = \frac{50}{105};\quad \frac{16}{35} = \frac{48}{105}$$

$$\frac{50}{105} > \frac{49}{105} > \frac{48}{105} \Rightarrow \frac{10}{21} > \frac{7}{15} > \frac{16}{35}$$

ACTIVIDADES

1. Calcula los $\frac{12}{5}$ de un total de 225 unidades. ¿Por qué resulta una cantidad mayor?

ACTIVIDAD **RESUELTA**

2. Los $\frac{4}{5}$ de una cantidad son 116 unidades. ¿Cuál es esa cantidad?

Si se supone que x es la cantidad buscada:

$$\frac{4}{5}\cdot x = 116 \Rightarrow x = 116\cdot\frac{5}{4} = 145$$

La cantidad inicial es 145 unidades.

3. Los $\frac{7}{3}$ de una cantidad son 147. ¿Cuál es esa cantidad?

4. Los $\frac{5}{13}$ de una cantidad son 85. ¿Cuánto valen los $\frac{4}{17}$ de esa cantidad?

5. Un embalse está a dos tercios de su capacidad total. Si contiene 816 hm^3, ¿de qué capacidad hablamos?

ACTIVIDAD **RESUELTA**

6. En una oficina del consumidor se han recibido durante el último mes 345 reclamaciones relacionadas con las empresas de telefonía. El resto de reclamaciones suponen los $\frac{5}{8}$ del total.

a) Calcula el total de reclamaciones recibidas en la ventanilla.

b) ¿Cuántas de ellas no están relacionadas con el consumo telefónico?

a) Si x es el total de reclamaciones recibidas y $1-\frac{5}{8}=\frac{3}{8}$ están relacionadas con compañías telefónicas:

$$\frac{3}{8}\cdot x = 345 \Rightarrow x = \frac{345\cdot 8}{3} = 920$$

b) Por tanto, $920-345=575$ reclamaciones no están relacionadas con el consumo telefónico.

7. De los usuarios de un polideportivo, $\frac{2}{9}$ practican fútbol, y los 133 restantes, otros deportes.

¿Cuántas personas practican fútbol?

8. Los $\frac{7}{11}$ de la población de aves en unas islas son gaviotas argénteas y se estima que el total de aves es de 1331.

¿Cuántas de ellas pertenecen a la mencionada especie?

9. Calcula el valor de a para que se verifique:

a) $\frac{a}{15}=\frac{18}{270}$ b) $\frac{126}{63}=\frac{4}{a}$

10. Calcula el valor de a, b y c para que se cumpla:

$$\frac{2}{11}=\frac{a}{33}=\frac{10}{b}=\frac{c}{-22}$$

ACTIVIDAD **RESUELTA**

11. Ordena de menor a mayor las fracciones $\frac{5}{2}$, $\frac{9}{4}$, $\frac{65}{36}$ y $\frac{17}{9}$.

Se reducen todas las fracciones a común denominador:

$$\frac{5}{2}=\frac{90}{36};\quad \frac{9}{4}=\frac{81}{36};\quad \frac{65}{36}=\frac{65}{36};\quad \frac{17}{9}=\frac{68}{36}$$

Se ordenan los numeradores de menor a mayor:

$$\frac{65}{36}<\frac{68}{36}<\frac{81}{36}<\frac{90}{36}\Rightarrow\frac{65}{36}<\frac{17}{9}<\frac{9}{4}<\frac{5}{2}$$

12. Ordena de menor a mayor las siguientes fracciones.

$$\frac{3}{4},\ \frac{5}{8},\ \frac{13}{16}\ \text{y}\ \frac{25}{32}$$

13. Ordena de mayor a menor estos números racionales.

$$\frac{3}{4},\ \frac{11}{12},\ \frac{7}{8}\ \text{y}\ \frac{15}{16}$$

14. Estudia si son correctas las afirmaciones.

a) $\frac{8}{5}>\frac{6}{5}$ c) $\frac{7}{16}>-\frac{4}{9}$ e) $\frac{9}{20}>\frac{4}{6}$

b) $\frac{7}{16}>\frac{4}{9}$ d) $\frac{3}{11}<\frac{3}{10}$ f) $\frac{9}{20}<-\frac{2}{6}$

15. Una memoria externa se ha dividido en ocho áreas de igual capacidad. Después de grabar unos archivos, todavía quedan $\frac{13}{16}$ libres. ¿Cuántas áreas ocupan dichos archivos?

2 Operaciones con fracciones

Ten en cuenta

El resultado de una operación con fracciones debe darse siempre en forma de fracción irreducible.

Suma y resta de fracciones

Para **sumar** o **restar fracciones**, se reducen previamente a común denominador y se suman o se restan los numeradores.

$$\frac{a}{m} \pm \frac{b}{m} = \frac{a \pm b}{m}$$

Ejemplos

- $\frac{3}{25} + \frac{4}{15} = \frac{3 \cdot 3 + 5 \cdot 4}{75} = \frac{29}{75}$
- $\frac{17}{24} - \frac{11}{60} = \frac{5 \cdot 17 - 2 \cdot 11}{120} = \frac{63}{120} = \frac{21}{40}$

Producto de fracciones

Para hallar el **producto de fracciones** se multiplican los numeradores entre sí y los denominadores entre sí.

$$\frac{a}{b} \cdot \frac{c}{d} = \frac{a \cdot c}{b \cdot d}$$

Ten en cuenta

Es conveniente simplificar los resultados intermedios y no esperar a simplificar solo el resultado final.

Ejemplos

- $\frac{3}{4} \cdot \frac{7}{6} = \frac{\cancel{3} \cdot 7}{4 \cdot 2 \cdot \cancel{3}} = \frac{7}{8}$
- $-\frac{1}{8} \cdot \left(-\frac{5}{10}\right) = +\frac{1 \cdot \cancel{5}}{2 \cdot 2 \cdot 2 \cdot 2 \cdot \cancel{5}} = \frac{1}{16}$

- Para calcular la **potencia *n*-ésima de una fracción** se elevan el numerador y el denominador a la potencia *n*.

$$\left(\frac{a}{b}\right)^n = \frac{a^n}{b^n}$$

- Para hallar la fracción **inversa de una fracción** se intercambian el numerador y el denominador. El **producto de una fracción y su inversa** es siempre la unidad.

$$\left(\frac{a}{b}\right)^{-1} = \frac{b}{a} \Rightarrow \frac{a}{b} \cdot \left(\frac{a}{b}\right)^{-1} = \frac{a}{b} \cdot \frac{b}{a} = \mathbf{1}$$

MAT-TIC GeoGebra

Entra en sm**Savia**digital.com y opera mentalmente fracciones sencillas y números enteros.

Ejemplos

- $\left(\frac{2}{3}\right)^3 = \frac{2^3}{3^3} = \frac{8}{27}$
- $\left(\frac{2}{3}\right)^{-1} = \frac{3}{2}$

Cociente de fracciones

Para hallar el **cociente de dos fracciones**, se calcula el producto de la primera por la inversa de la segunda.

$$\frac{a}{b} : \frac{c}{d} = \frac{a}{b} \cdot \frac{d}{c} = \frac{a \cdot d}{b \cdot c}$$

Ejemplos

- $\frac{3}{4} : \frac{7}{6} = \frac{3}{4} \cdot \frac{6}{7} = \frac{3 \cdot \cancel{2} \cdot 3}{\cancel{2} \cdot 2 \cdot 7} = \frac{9}{14}$
- $\frac{4}{15} : \frac{3}{2} = \frac{4}{15} \cdot \frac{2}{3} = \frac{8}{45}$

Operaciones combinadas

Para calcular el valor de una expresión combinada de fracciones, primero se resuelven las operaciones que aparecen entre **paréntesis** y **corchetes** y después se resuelven el resto de operaciones siguiendo este orden:

1.º **Potencias y raíces**
2.º **Multiplicaciones y divisiones**, de izquierda a derecha
3.º **Sumas y restas**

Ejemplo

$$\left[\frac{8}{3}:\left(-\frac{4}{5}+\frac{5}{4}\right)^{-1}\right]\cdot\left(\frac{1}{3}\right)=\left[\frac{8}{3}:\left(\frac{-16+25}{20}\right)^{-1}\right]\cdot\frac{1}{3}=\left[\frac{8}{3}:\left(\frac{9}{20}\right)^{-1}\right]\cdot\frac{1}{3}=$$

$$=\left[\frac{8}{3}:\frac{20}{9}\right]\cdot\frac{1}{3}=\left[\frac{8}{3}\cdot\frac{9}{20}\right]\cdot\frac{1}{3}=\left[\frac{2\cdot 3}{5}\right]\cdot\frac{1}{3}=\frac{6}{5}\cdot\frac{1}{3}=\frac{2}{5}$$

MAT-TIC GeoGebra

Entra en sm**Savia**digital.com, sigue las indicaciones y resuelve el problema.

ACTIVIDADES

16. Calcula y simplifica el resultado.

a) $\frac{15}{11}-\left(\frac{2}{6}-\frac{4}{9}\right)$

b) $\frac{-4}{5}\cdot\left(-\frac{9}{6}\right)\cdot\frac{30}{18}$

c) $\frac{-1}{7}:\frac{8}{3}:\left(-\frac{14}{24}\right)$

d) $\frac{7}{2}:\left(-\frac{35}{9}\right)^{-1}\cdot\frac{5}{3}$

e) $\frac{3}{25}-\left(5-\frac{3}{4}\right)^{2}$

f) $\left(\frac{4}{5}\right)^{2}-\frac{2}{3}-\left(\frac{5}{9}+\frac{1}{10}\right)$

17. Opera y simplifica las siguientes expresiones.

a) $-5\left(\frac{1}{5}-\frac{6}{20}\cdot\frac{2}{3}\right)+\frac{1}{3}\cdot(-6)$

b) $\left(\frac{2}{3}\cdot\frac{12}{4}-1\right):\left(\frac{4}{5}-\frac{3}{7}\cdot\frac{14}{6}\right)$

c) $\left[-2\left(-\frac{3}{5}\right)+\frac{2}{3}\cdot\frac{6}{12}\right]:\left(\frac{9}{5}-\frac{3}{10}\right)$

d) $\left(2+\frac{1}{3}\right):\left[2^{2}+1:\left(2+\frac{1}{3}\right)^{-1}\right]$

ACTIVIDAD **RESUELTA**

18. Un grupo de albañiles levanta el primer día $\frac{2}{5}$ de un muro, el segundo día, la cuarta parte de lo que les quedaba, y el tercer día, los 9 m² restantes. Calcula la superficie del muro.

Se construye una tabla con los datos del enunciado:

Día	Fracción hecha	Fracción pendiente
Primero	$\frac{2}{5}$	$1-\frac{2}{5}=\frac{3}{5}$
Segundo	$\frac{1}{4}\cdot\frac{3}{5}=\frac{3}{20}$	$\frac{3}{5}-\frac{3}{20}=\frac{9}{20}$
Tercero	$\frac{9}{20}$	0

Por tanto, $\frac{9}{20}$ equivalen a 9 m² y $\frac{1}{20}$ equivale a 1 m². El muro tiene una superficie de 20 m².

19. Un equipo de cuatro alumnos ha preparado un trabajo en tres días. El primer día escriben las tres séptimas partes del trabajo, el segundo día solo hacen la cuarta parte de lo que les quedaba y el tercer día escriben las tres últimas páginas. ¿Cuántas páginas escribieron cada día?

ACTIVIDAD **RESUELTA**

20. Una asociación de alumnos gasta $\frac{2}{5}$ de su presupuesto en actividades deportivas, la tercera parte del resto, en actividades culturales, y por último, los tres cuartos de lo que queda en el mantenimiento del local. Si sobran 117 €, calcula a cuánto asciende el presupuesto y lo que se gasta en cada partida.

Se pintan $\frac{2}{5}$ partes de rojo:

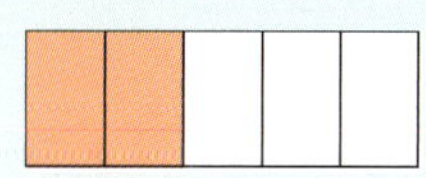

La tercera parte del resto, de azul:

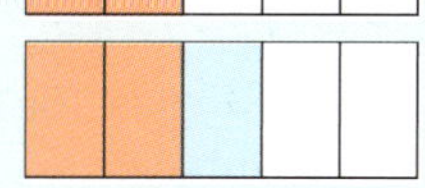

Y las $\frac{3}{4}$ partes de lo que queda, en amarillo:

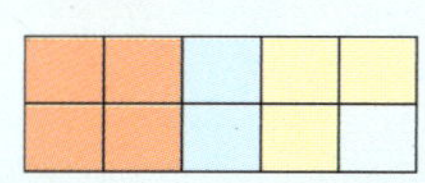

La décima parte que sobra corresponde a 117 €. Por tanto, el presupuesto es de $117\cdot 10=1170$ €.

Contando cuántas décimas partes le corresponden a cada actividad, se obtiene cada presupuesto:

- Deportes: $4\cdot 117=468$ €
- Cultura: $2\cdot 117=234$ €
- Mantenimiento: $3\cdot 117=351$ €

21. En una clase, un tercio de los alumnos practican fútbol, $\frac{3}{5}$ de los que quedan, atletismo, y los 8 restantes, baloncesto. Halla el total de alumnos y cuántos eligen cada deporte.

3 Fracciones y decimales

Expresión decimal de los números racionales

Cualquier fracción puede expresarse mediante un número decimal que se calcula realizando el cociente indicado.

Los números decimales que se obtienen pueden ser:

- Exacto o finito
- Periódico puro
- Periódico mixto

Ejemplo ▸ Realiza las divisiones $\frac{217}{5}$, $\frac{853}{3}$ y $\frac{457}{15}$ e indica de qué tipo es cada expresión decimal obtenida.

- $\frac{217}{5} = 43{,}4 \Rightarrow$ Expresión decimal exacta. Tiene un número finito de cifras decimales.
- $\frac{853}{3} = 284{,}333\ldots = 284{,}\widehat{3} \Rightarrow$ Expresión decimal periódica pura. Toda su parte decimal es periódica. El período es 3.
- $\frac{457}{15} = 30{,}466\ldots = 30{,}4\widehat{6} \Rightarrow$ Expresión decimal periódica mixta. Su parte decimal tiene parte no periódica y parte periódica. El anteperíodo es 4 y el período es 6.

Expresión fraccionaria de los números decimales

Cualquier número decimal exacto o periódico se puede expresar en forma de fracción irreducible. Esta fracción se llama fracción **generatriz**.

Para calcular la fracción generatriz se observa el tipo de número decimal.

Ejemplos

▸ 7,8 y 1,405 son números decimales exactos.

- $7{,}8 = \frac{78}{10} = \frac{39}{5}$;
- $1{,}405 = \frac{1405}{1000} = \frac{281}{200}$

▸ $N = 1{,}383838... = 1{,}\widehat{38}$ es un número decimal periódico puro:

Se multiplica el número N por 100	$\rightarrow$ $100N = 138{,}383838...$
Se escribe el número N	$\rightarrow$ $N = 1{,}383838...$
Se restan ambas expresiones	$\rightarrow$ $99N = 137$
Se obtiene la fracción irreducible	$\rightarrow$ $N = \frac{137}{99}$

▸ $N = 3{,}274747474... = 3{,}2\widehat{74}$ es un número decimal periódico mixto:

Se multiplica el número N por 1000	$\rightarrow$ $1000N = 3274{,}747474...$
Se multiplica el número N por 10	$\rightarrow$ $10N = 32{,}747474...$
Se restan ambas expresiones	$\rightarrow$ $990N = 3242$
Se obtiene la fracción irreducible	$\rightarrow$ $N = \frac{3242}{990} = \frac{1621}{495}$

La expresión decimal de una fracción irreducible es:

- **Exacta**, cuando el denominador contiene únicamente **doses** y **cincos** como factores.
- **Periódica pura**, cuando el denominador no contiene ni **doses** ni **cincos** como factores.
- **Periódica mixta**, cuando el denominador contiene, además de **doses** o **cincos**, **otros factores** primos.

Ten en cuenta

Hay que conseguir dos expresiones con la misma parte decimal. De esta forma se anularán al restarlas.

Una forma rápida de obtener las expresiones fraccionarias de los números decimales periódicos puede ser:

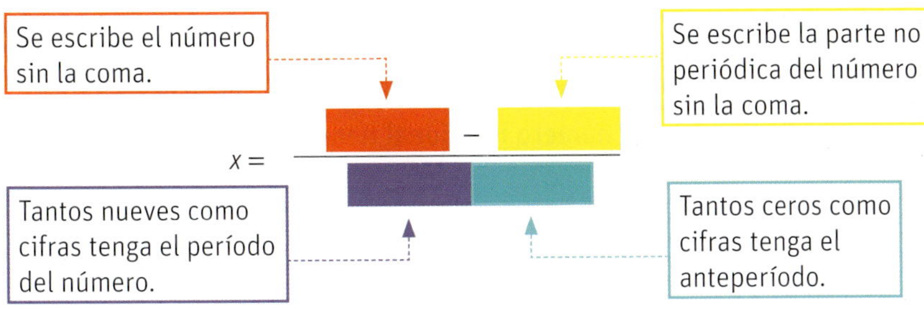

Ejemplos

- $N = 1{,}01\widehat{4} = \dfrac{1014 - 101}{900} = \dfrac{913}{900}$
- $N = 2{,}\widehat{504} = \dfrac{2504 - 2}{999} = \dfrac{2502}{999} = \dfrac{278}{111}$

smSaviadigital.com

PRACTICA Pasa el número decimal a fracción para saber cuántas veces aciertas.

Ten en cuenta

$0{,}999\ldots = 0{,}\widehat{9} = 1$

$2{,}199\ldots = 2{,}1\widehat{9} = 2{,}2$

$9{,}099\ldots = 9{,}0\widehat{9} = 9{,}1$

¿Puedes demostrar estas relaciones?

ACTIVIDADES

22. Clasifica las expresiones decimales siguientes en exactas, periódicas puras y periódicas mixtas. En su caso, indica el período y el anteperíodo.

a) 2,4545 c) 0,123123123...

b) 3,454545... d) 43,43535353...

23. Halla la expresión decimal de las siguientes fracciones.

a) $\dfrac{13}{50}$ c) $\dfrac{35}{27}$ e) $\dfrac{8}{125}$ g) $\dfrac{97}{42}$

b) $\dfrac{48}{9}$ d) $\dfrac{25}{36}$ f) $\dfrac{50}{64}$ h) $\dfrac{70}{9}$

Indica, en cada caso, si el decimal es exacto, periódico puro o periódico mixto y completa el diagrama en tu cuaderno.

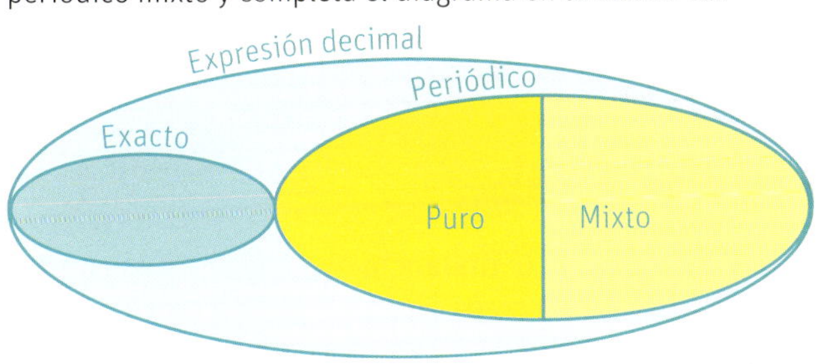

24. Halla la fracción generatriz de estos números decimales.

a) 0,85 d) 0,085858585...

b) 0,85858585... e) 8,5858585...

c) 0,850850850... f) 8,55858585...

25. Escribe los siguientes números racionales en forma de fracción irreducible.

a) $1{,}\widehat{7}$ e) $12{,}\widehat{160}$

b) 30,805 f) $17{,}1\widehat{89}$

c) $8{,}4\widehat{9}$ g) 6,058

d) 0,012 g) $21{,}\widehat{4}$

ACTIVIDAD **RESUELTA**

26. Calcula, en forma fraccionaria, el valor de la expresión $N = 2{,}3 + 2{,}\widehat{3} + 2{,}3\widehat{2}$.

Se obtienen las fracciones generatrices de los tres números decimales:

- $N_1 = 2{,}3 = \dfrac{23}{10}$
- $N_2 = 2{,}\widehat{3} \Rightarrow 10N_2 = 23{,}333\ldots$

  $\underline{-\ N_2 = \ \ 2{,}333\ldots}$

  $9N_2 = 21 \Rightarrow N_2 = \dfrac{21}{9} = \dfrac{7}{3}$
- $N_3 = 2{,}3\widehat{2} \Rightarrow 100N_3 = 232{,}222\ldots$

  $\underline{-10N_3 = \ \ 23{,}222\ldots}$

  $90N_3 = 209 \Rightarrow N_3 = \dfrac{209}{90}$

Se operan las fracciones obtenidas:

$$N = N_1 + N_2 + N_3 = \frac{23}{10} + \frac{7}{3} + \frac{209}{90} = \frac{207 + 210 + 209}{90} = \frac{313}{45}$$

27. Calcula, en forma de fracción, el valor de estas operaciones.

a) $N = 0{,}25 + 0{,}2\widehat{5} + 0{,}\widehat{25}$ b) $N = 0{,}33 + 0{,}\widehat{3} + 0{,}\widehat{33}$

28. Expresa los números decimales en forma fraccionaria y después realiza las operaciones indicadas.

a) $-0{,}45 + 1{,}2 - \dfrac{6}{5}$ c) $\dfrac{7}{9} - 0{,}\widehat{3} + 1{,}\widehat{29}$

b) $18{,}4 - \dfrac{1}{4} + 2{,}5\widehat{8}$ d) $3{,}\widehat{18} - 1{,}1\widehat{5} - \dfrac{2}{9}$

29. **smSaviadigital.com**

PRACTICA Realiza operaciones con números racionales.

4 Números irracionales. Números reales

Sabías que...

El número de oro, $\phi = \frac{1+\sqrt{5}}{2}$, es un número irracional que aparece en la naturaleza y en el arte.

Por ejemplo, en el colmillo de un elefante o en la forma de un huracán.

Además de los números racionales, existen otros números decimales que no pueden expresarse mediante una fracción.

Los números que no se pueden expresar mediante una fracción se llaman **números irracionales**. El conjunto de los números irracionales se designa por la letra $\mathbb{I}$.

La **expresión decimal de un número irracional** tiene infinitas cifras que no forman ningún período.

Ejemplo ▶ Los siguientes números son números irracionales.

- Las raíces de números enteros que no son exactas:

$$\sqrt{2} \quad -\sqrt{5} \quad \sqrt{21} \quad -\sqrt{82}$$

- Los números con infinitas cifras decimales que no son periódicos:

$0{,}12345...$ $\quad \pi = 3{,}141592...$ $\quad \phi = 1{,}618033...$ $\quad 9{,}10100100010000...$

Números reales

El conjunto que forman todos los números racionales y todos los números irracionales se denomina conjunto de los **números reales** y se designa por la letra $\mathbb{R}$.

En el siguiente diagrama se pueden observar los conjuntos de números.

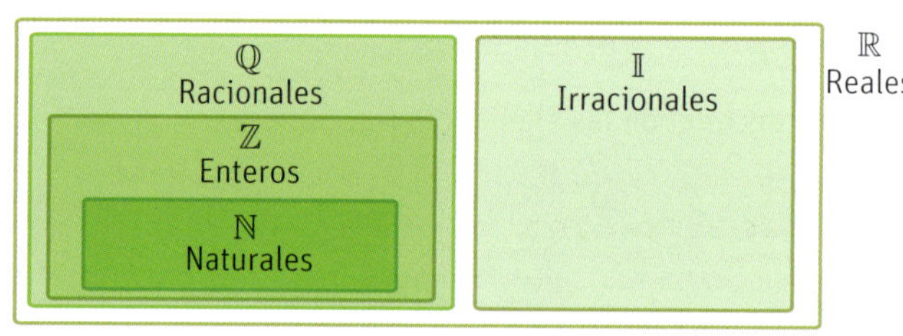

Ten en cuenta

- $\mathbb{R} = \mathbb{Q} \cup \mathbb{I}$
- $\mathbb{N} \subset \mathbb{Z} \subset \mathbb{Q} \subset \mathbb{R}$

Ejemplo ▶ Los siguientes números son números reales.

$$5, -3, \frac{4}{3}, -\frac{1}{5}, \sqrt{2}, -\sqrt{\frac{5}{4}}, \pi, ...$$

MAT-TIC GeoGebra

Entra en sm**Savia**digital.com y decide a qué conjunto pertenece cada número.

Valor absoluto de un número real

El **valor absoluto** de un número real x es la **distancia** que hay entre ese número x y el origen 0 de la recta real. Se representa como $|x|$.

Coincide con él mismo si es positivo y con su opuesto si es negativo.

$$|x| = \begin{cases} -x & \text{si } x < 0 \\ x & \text{si } x \geq 0 \end{cases}$$

Por tanto, la distancia entre dos números reales a y b es igual al valor absoluto de la diferencia de los dos números:

$$d(a, b) = |b - a|$$

Ejemplos

▶ Calcula el valor absoluto de 4 y de −4:

$|4| = 4$ y $|-4| = -(-4) = 4 \Rightarrow 4$ y -4 están a la misma distancia del origen.

▶ Calcula la distancia entre los números reales $a = -3$ y $b = 3$:

$$d(a, b) = |b - a| = |3 - (-3)| = |3 + 3| = 6$$

ACTIVIDADES

30. Di si son verdaderas o falsas las siguientes afirmaciones, justificando la respuesta.

a) Todos los números naturales son enteros.

b) Todos los números racionales son enteros.

c) Todos los números racionales son reales.

d) Todos los números enteros son naturales.

e) No existe ningún número irracional que sea entero.

ACTIVIDAD **RESUELTA**

31. Indica cuáles de los siguientes números son naturales, enteros, racionales, irracionales y reales.

a) 2,52444... d) $\sqrt{4}+\sqrt{9}$

b) 2,2020020002... e) $\sqrt{9}-\sqrt{5}$

c) −12 f) $\sqrt[3]{-8}$

a) El número 2,52444... = $2{,}52\widehat{4}$ es periódico mixto y, por tanto, racional y real.

b) El número 2,2020020002... tiene infinitas cifras decimales no periódicas. Por tanto, es un número irracional y real.

c) El número −12 es entero y, por tanto, racional y real.

d) El número $\sqrt{4}+\sqrt{9}=2+3=5$ es natural y, por tanto, entero, racional y real.

e) El número $\sqrt{9}-\sqrt{5}=3-\sqrt{5}$ es real e irracional, ya que $\sqrt{5}$ no es una raíz cuadrada exacta.

f) El número $\sqrt[3]{-8}=-2$ es entero y, por tanto, racional y real.

32. Clasifica los siguientes números en naturales, enteros, racionales o reales.

a) 4,323232... e) $\sqrt{81}-\sqrt{121}$

b) 7,122133144155... f) $1+\sqrt{9}$

c) $\sqrt{\pi}$ g) 5,566666...

d) $-\frac{3}{4}$ h) $\sqrt{\frac{9}{16}}$

ACTIVIDAD **RESUELTA**

33. Calcula todos los números reales x tales que:

a) $x^2-16=0$ b) $x^2+16=0$

a) $x^2-16=0 \Rightarrow x^2=16 \Rightarrow \begin{cases} x=\sqrt{16}=4 \\ x=-\sqrt{16}=-4 \end{cases}$

b) $x^2+16=0 \Rightarrow x^2=-16 \Rightarrow$ No existe ningún número real cuyo cuadrado sea negativo.

34. Calcula todos los números reales x tales que:

a) $x^2-25=0$ c) $x^2+81=0$

b) $2x^2-98=0$ d) $x^2+\frac{2}{3}=0$

ACTIVIDAD **RESUELTA**

35. Calcula el valor de las siguientes expresiones para $x=-2$.

a) $|2x-3|$ b) $x-|x+3|$

a) $|2x-3|=|2(-2)-3|=|-7|=7$

b) $x-|x+3|=-2-|-2+3|=-2-|1|=-2-1=-3$

36. Calcula el valor de las siguientes expresiones para $x=-3$.

a) $A=|(x+1)(x-1)|$ y $B=|x+1|\cdot|x-1|$

b) $A=|x^2+2x|$ y $B=|x^2|+|2x|$

37. Calcula el valor de la siguiente expresión para $x=-2$.

$$A=\frac{|x|-3x\cdot|x-2|}{4|x+3|}$$

ACTIVIDAD **RESUELTA**

38. Calcula el perímetro y el área de un cuadrado cuyo lado mide $\sqrt{5}$ cm.

$\sqrt{5}$ cm

Perímetro: $P=4\sqrt{5}$ cm

Área: $A=(\sqrt{5})^2=\sqrt{5^2}=\sqrt{25}=5$ cm²

39. Halla el perímetro y el área de un rectángulo de lados:

a) $\sqrt{2}$ cm y 2 cm b) $\sqrt{2}$ cm y $\sqrt{3}$ cm

ACTIVIDAD **RESUELTA**

40. Calcula el volumen de un cubo cuyo lado mide $\sqrt{5}$ cm.

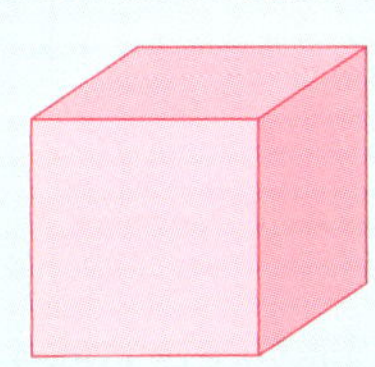

$\sqrt{5}$ cm

Volumen: $V=(\sqrt{5})^3=\sqrt{5^3}=\sqrt{5^2\cdot 5}=5\sqrt{5}$ cm³

41. Halla el volumen de un cubo de lado $\sqrt{12}$ cm.

42. Calcula el perímetro y el área de un rectángulo cuyas dimensiones son una el doble de la otra, si la menor es de $\sqrt{7}$ cm.

43. Calcula el volumen de un ortoedro de base un cuadrado de lado $\sqrt{11}$ cm y de altura el doble que el lado de la base.

5 Aproximaciones de un número real. Errores

Sabías que...

En el antiguo Egipto ya se utilizaba como aproximación de π el número racional $\frac{256}{81}$.

Los números irracionales y los racionales periódicos tienen infinitas cifras decimales. Para poder realizar operaciones, se consideran solo las primeras cifras decimales.

Aproximar un número real es considerar solo algunas de sus primeras cifras decimales. Se puede aproximar un número real por:

- **Defecto.** El número aproximado que se utiliza es menor que el valor verdadero.
- **Exceso.** El número aproximado que se utiliza es mayor que el valor verdadero.
- **Redondeo.** La última cifra decimal que se quiere considerar se mantiene si la siguiente es inferior a 5 o se le añade una unidad si la siguiente es superior o igual a 5.

smSaviadigital.com

PRACTICA Aproxima correctamente y resuelve.

Ejemplo ▸ Aproxima a las centésimas el número $\pi = 3{,}141592...$

- Por defecto: $\pi = 3{,}14$
- Por exceso: $\pi = 3{,}15$
- Redondeando: $\pi = 3{,}14$, por ser la cifra siguiente menor que 5

Errores

Cuando se aproxima un número real x, se comete un cierto error.

- El **error absoluto**, E_a, es igual al valor absoluto de la diferencia entre el verdadero valor, x_r, y el aproximado, x_a. $\quad E_A = |x_r - x_a|$
- El **error relativo**, E_r, es igual al cociente entre el error absoluto y el verdadero valor del número. $\quad E_R = \frac{E_A}{x_r} = \frac{|x_r - x_a|}{x_r}$

Ejemplo ▸ Se sabe que un campo tiene $\frac{2}{3}$ ha de superficie. Calcula los errores relativo y absoluto si se utiliza la aproximación 0,66.

- El error absoluto es: $E_a = \left|\frac{2}{3} - 0{,}66\right| = \left|\frac{2}{3} - \frac{66}{100}\right| = \left|\frac{100}{150} - \frac{99}{150}\right| = \frac{1}{150} = 0{,}0\widehat{06}$
- El error relativo es: $E_r = \frac{E_a}{V} = \frac{\frac{1}{150}}{\frac{2}{3}} = \frac{3}{300} = 0{,}01$

El error relativo es del 1 %.

ACTIVIDADES

44. Da la expresión aproximada que se indica en cada caso.

a) 2,43003 con dos cifras por exceso

b) 2,43003 con tres cifras por defecto

c) −2,43003 con dos cifras por exceso

d) −2,43003 con tres cifras por defecto

45. Redondea a la milésima los siguientes números.

a) 2,689123...

b) 5,5555556

c) $0{,}3\widehat{5}$

d) −1,23456...

46. ¿Qué errores, absoluto y relativo, se cometen cuando aproximas π por 3,1416?

47. ¿Qué aproximación está más cerca del valor de la hipotenusa del triángulo de la figura, 5,385 o 5,386 cm?

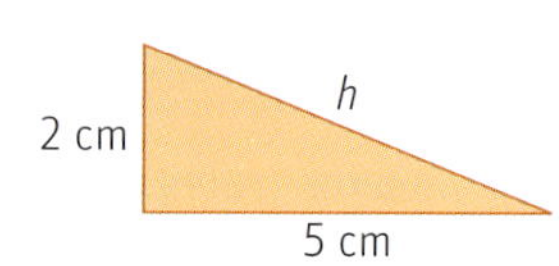

¿Qué errores absolutos y relativos se cometen con cada aproximación?

6 La recta real. Representación

Todo número real tiene una posición en la recta numérica y todo punto de la recta numérica representa a un número real.

La recta que contiene todos los números reales se denomina **recta real**.

Representación de fracciones

Para representar fracciones en la recta numérica se utiliza una recta auxiliar y se aplica el teorema de Tales.

Ejemplo ▸ Representa en la recta real el número racional $a = \frac{5}{4}$.

Como $a = \frac{5}{4} = 1 + \frac{1}{4}$, entonces a es un número entre 1 y 2.

1.º Se traza una recta auxiliar por el número entero menor que a, en este caso 1, y se señalan en ella cuatro segmentos iguales:

2.º Se une la última división con el 2 y se traza la paralela por la 1.ª división. La intersección con la recta numérica es la posición del punto a.

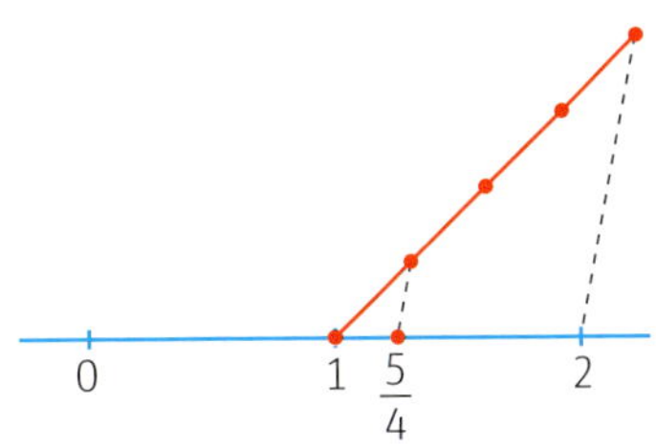

MAT-TIC GeoGebra

Entra en smSaviadigital.com y representa números racionales e irracionales.

Representación de números irracionales

Los números irracionales expresados mediante raíces cuadradas se pueden representar en la recta real utilizando semejanza.

Ejemplo ▸ Representa en la recta real el número irracional $\sqrt{6}$.

Se descompone el radicando como producto de dos números y se realiza la siguiente construcción geométrica.

1.º El radicando es $6 = 2 \cdot 3$, por lo que se dibujan dos segmentos $\overline{AD} = 2$ y $\overline{DB} = 3$ y se traza la semicircunferencia de diámetro AB:

2.º Por D se traza una perpendicular a AB hasta que corte a la semicircunferencia en C. La longitud de CD es $\sqrt{6}$.

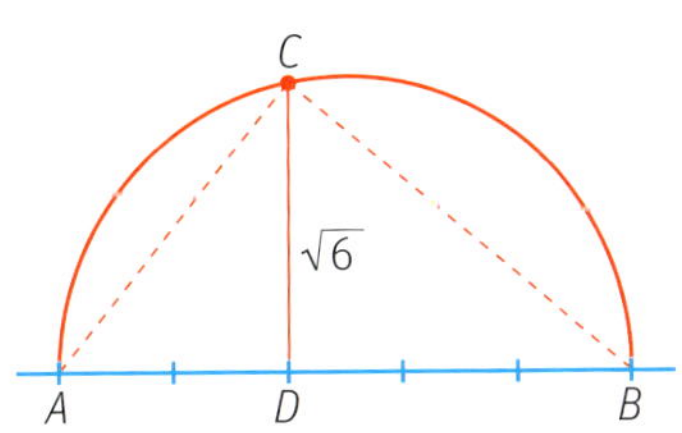

Ten en cuenta

Los triángulos ACD y CBD son semejantes, por tanto:

$$\frac{2}{\overline{CD}} = \frac{\overline{CD}}{3} \Rightarrow \overline{CD}^2 = 6 \Rightarrow \overline{CD} = \sqrt{6}$$

ACTIVIDADES

48. ¿Cuáles son los números racionales señalados?

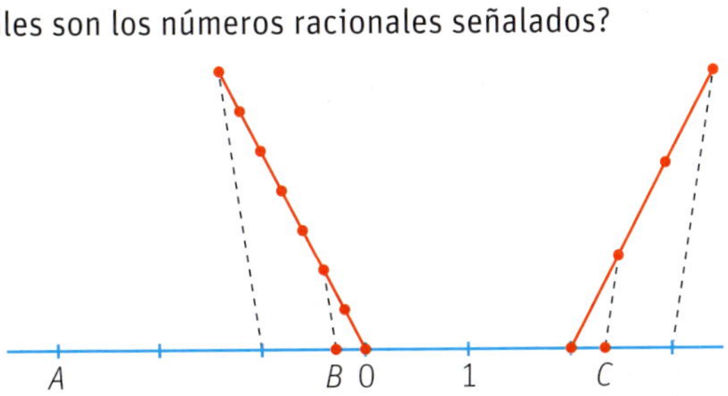

49. Dibuja en una misma recta real los siguientes números racionales e indica cuál es mayor.

a) $\frac{4}{5}$ y $-\frac{4}{5}$

b) $\frac{5}{3}$ y $\frac{9}{4}$

50. Representa en la recta real estos números irracionales.

a) $\sqrt{2}$

b) $\sqrt{10}$

c) $\sqrt{14}$

d) $\sqrt{20}$

7 Intervalos

El **intervalo abierto (*a*, *b*)** está formado por todos los números reales *x* comprendidos entre *a* y *b* sin incluir los extremos *a* y *b*. Se puede expresar como la **desigualdad** $a < x < b$.

El **intervalo cerrado [*a*, *b*]** está formado por todos los números reales *x* comprendidos entre *a* y *b*, incluyendo los dos extremos *a* y *b*, es decir, $a \le x \le b$.

Ejemplo ▸ Representa los siguientes intervalos.

- [−4, 2]

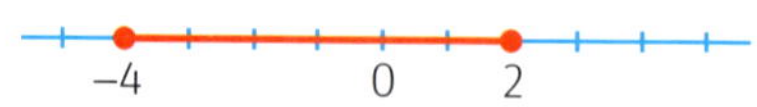

- (1, 5)

- (−3, −1]

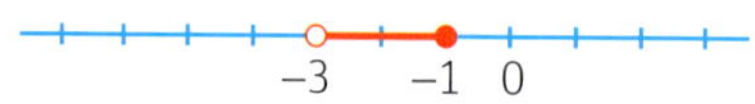

- [−2, 3)

Ten en cuenta

Los intervalos también pueden ser abiertos a un lado y cerrados al otro.

Semirrectas

La **semirrecta abierta** $(-\infty, b)$ o $(b, +\infty)$ contiene todos los números reales *x* menores o mayores que *b* sin incluir el extremo *b*, es decir, $x < b$ o $x > b$.

La **semirrecta cerrada** $(-\infty, a]$ o $[a, +\infty)$ contiene todos los números reales *x* menores o mayores que *a*, incluido el extremo *a*, es decir, $x \le a$ o $x \ge a$.

MAT-TIC GeoGebra

Entra en smSaviadigital.com y trabaja con intervalos y desigualdades.

Ejemplo ▸ ¿Qué semirrectas están representadas?

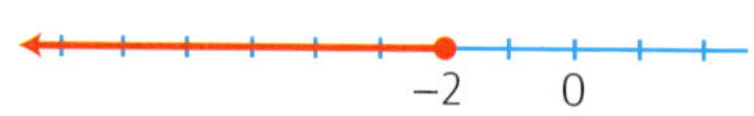

Es la semirrecta cerrada $(-\infty, -2]$.

Es la semirrecta abierta $(-1, +\infty)$.

Entornos

El **entorno abierto *E*(*a*, *r*)** de centro *a* y radio *r* contiene todos los números reales *x* cuya distancia al centro *a* es menor que el radio *r*: $|x - a| < r$ o $(a - r, a + r)$.

Ejemplo ▸ Escribe el entorno $E(-2, 3)$ como un intervalo y represéntalo.

Es el intervalo $(-2 - 3, -2 + 3) = (-5, 1) \Rightarrow$

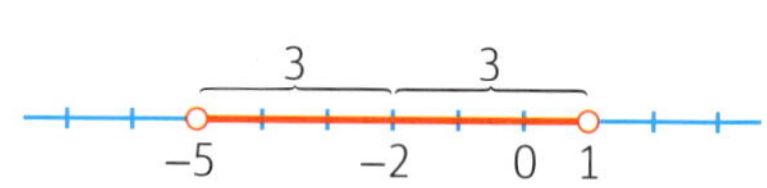

ACTIVIDADES

51. Indica, utilizando intervalos, cuáles son los conjuntos *A*, *B* y *C* de la figura.

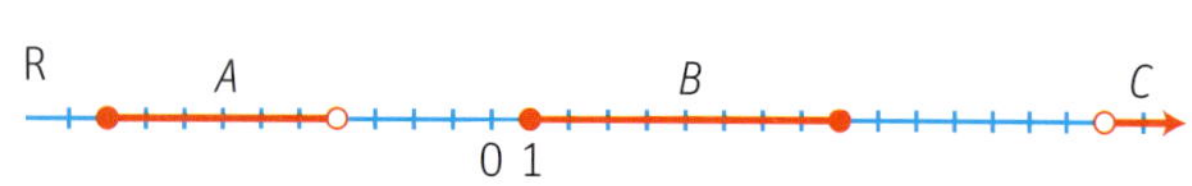

52. Escribe y representa en la recta real las semirrectas o intervalos siguientes.

a) $x \ge 3$

b) $-2 < x \le 5$

c) $0 < x < 5$

d) $-4 \le x \le -2$

53. ¿Qué intervalo abierto corresponde al entorno abierto de centro 3 y radio 2?

54. Escribe el intervalo formado por los números *x* que verifican simultáneamente estas dos condiciones:

1. *x* está en el entorno de centro 4 y radio 2.
2. *x* está en el intervalo abierto (1, 4).

55. smSaviadigital.com

PRACTICA Representa números reales.

Organiza tus ideas

FRACCIONES

Es una expresión del tipo $\frac{a}{b}$ donde a y b son números enteros, con $b \neq 0$.

Los números que se pueden expresar mediante una fracción se denominan números racionales.

El conjunto de todos los números racionales se designa por la letra $\mathbb{Q}$.

Fracciones equivalentes

$$\frac{a}{b} = \frac{c}{d} \Rightarrow a \cdot d = b \cdot c$$

OPERACIONES CON FRACCIONES

Suma y diferencia

$$\frac{a}{b} \pm \frac{c}{d} = \frac{ad}{bd} \pm \frac{bc}{bd} = \frac{ad \pm bc}{bd}$$

Producto

$$\frac{a}{b} \cdot \frac{c}{d} = \frac{a \cdot c}{b \cdot d} = \frac{ac}{bd}$$

Cociente

$$\frac{a}{b} : \frac{c}{d} = \frac{a}{b} \cdot \frac{d}{c} = \frac{a \cdot d}{b \cdot c} = \frac{ad}{bc}$$

Potencia

$$\left(\frac{a}{b}\right)^n = \frac{a^n}{b^n}$$

Operaciones combinadas

Se resuelven las operaciones que aparecen entre **paréntesis y corchetes** y después el resto de operaciones siguiendo este orden:

1.º **Potencias y raíces**
2.º **Multiplicaciones y divisiones**, de izquierda a derecha
3.º **Sumas y restas**

EXPRESIONES DECIMAL Y FRACCIONARIA DE UN NÚMERO RACIONAL

- Decimal exacto: $\frac{217}{5} = 43{,}4$
- Decimal periódico puro: $\frac{853}{3} = 284{,}333... = 284{,}\widehat{3}$
- Decimal periódico mixto: $\frac{457}{15} = 30{,}466... = 30{,}4\widehat{6}$

Expresión fraccionaria

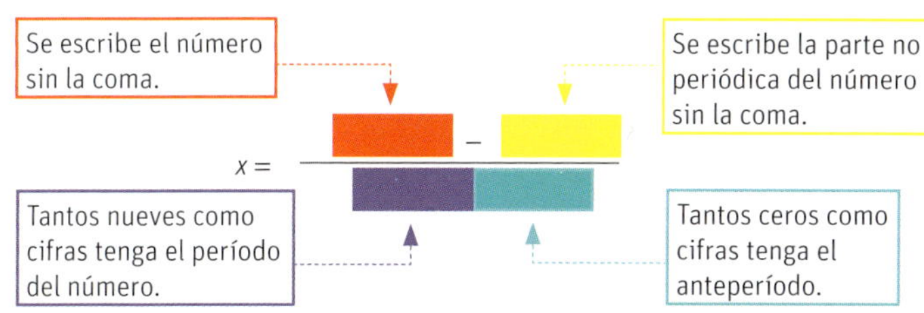

NÚMEROS REALES

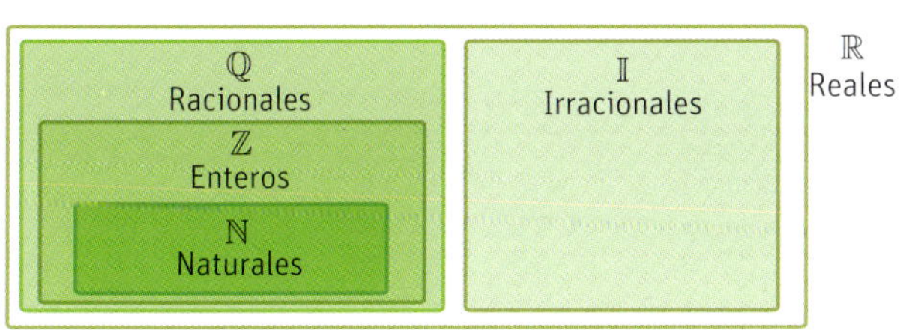

Valor absoluto

Es la distancia entre un número a y el origen 0 de la recta real.

$$|a| = \begin{cases} -a & \text{si } x < 0 \\ a & \text{si } x \geq 0 \end{cases}$$

Aproximaciones

- Por defecto de π: 3,14; 3,141; 3,1415
- Por exceso de π: 3,15; 3,142; 3,1416
- Redondeo de π: 3,14; 3,142; 3,1416

Errores

- Error absoluto: $E_A = |x_r - x_a|$
- Error relativo: $E_R = \frac{E_A}{x_r} = \frac{|x_r - x_a|}{x_r}$

Intervalos

[−4, 2]	(1, 5)	(−3, −1]	[−2, 3)

Semirrectas

(−∞, −2]	(−1, +∞)

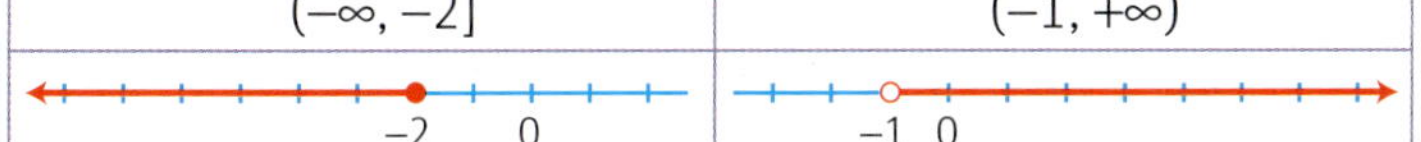

Entornos

$E(-2, 3) = (-2 - 3, -2 + 3) = (-5, 1)$

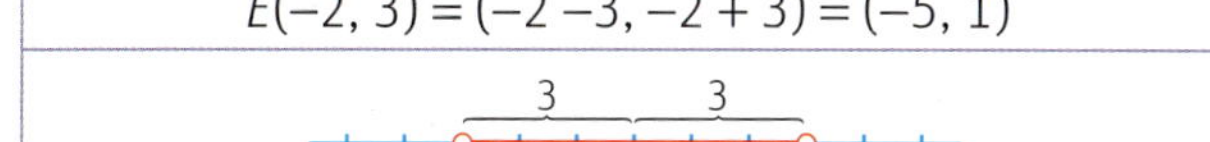

Actividades clave

1. Realiza las siguientes operaciones con fracciones.

a) $\frac{2}{18}+\frac{7}{30}$

b) $\frac{7}{60}-\frac{11}{90}$

c) $\frac{882}{121}\cdot\frac{1859}{11466}$

d) $\frac{12}{13}:\frac{24}{169}$

a) Para sumar dos fracciones, se reducen a común denominador. Para ello, se calcula el mínimo común múltiplo de los denominadores: $\text{m.c.m.}(18, 30)=2\cdot 3^2\cdot 5=90$

$$\frac{2}{18}+\frac{7}{30}=\frac{2\cdot 5}{90}+\frac{3\cdot 7}{90}=\frac{10+21}{90}=\frac{31}{90}$$

b) Para restar dos fracciones, se reducen a común denominador. En este caso el denominador común es: $\text{m.c.m.}(60, 90)=2^2\cdot 3^2\cdot 5=180$

$$\frac{7}{60}-\frac{11}{90}=\frac{3\cdot 7-2\cdot 11}{180}=\frac{21-22}{180}=-\frac{1}{180}$$

c) $$\frac{882}{121}\cdot\frac{1859}{11466}=\frac{\cancel{2}\cdot\cancel{3^2}\cdot\cancel{7^2}}{11^{\cancel{2}}}\cdot\frac{\cancel{11}\cdot 13^{\cancel{2}}}{\cancel{2}\cdot\cancel{3^2}\cdot\cancel{7^2}\cdot\cancel{13}}=\frac{13}{11}$$

d) $$\frac{12}{13}:\frac{24}{169}=\frac{12\cdot 169}{13\cdot 24}=\frac{\cancel{2^2}\cdot\cancel{3}\cdot 13^{\cancel{2}}}{\cancel{13}\cdot 2^{\cancel{3}}\cdot\cancel{3}}=\frac{13}{2}$$

2. Opera y simplifica.

$$\left(8-\frac{15}{2}\right)^2:\left[\frac{3}{4}\cdot\left(\frac{9}{8}-2\right)-\frac{7}{16}\right]$$

$$\left(8-\frac{15}{2}\right)^2:\left[\frac{3}{4}\cdot\left(\frac{9}{8}-2\right)-\frac{7}{16}\right]=\left(\frac{16-15}{2}\right)^2:\left[\frac{3}{4}\cdot\left(\frac{9-16}{8}\right)-\frac{7}{16}\right]=$$

$$=\left(\frac{1}{2}\right)^2:\left[\frac{3}{4}\cdot\left(\frac{-7}{8}\right)-\frac{7}{16}\right]=\frac{1}{4}:\left[\frac{-21}{32}-\frac{7}{16}\right]=$$

$$=\frac{1}{4}:\left[\frac{-21-14}{32}\right]=\frac{1}{4}:\frac{-35}{32}=\frac{1}{4}\cdot\frac{-32}{35}=-\frac{8}{35}$$

3. Expresa los números decimales en forma fraccionaria y después realiza las operaciones indicadas.

$$\frac{1{,}\overparen{03}+1{,}\widehat{3}}{1{,}0\widehat{3}}$$

Se calcula la fracción generatriz según sean decimales periódicos puros o periódicos mixtos:

$$1{,}\overparen{03}=\frac{103-1}{99}=\frac{102}{99}=\frac{34}{33}\qquad 1{,}\widehat{3}=\frac{13-1}{9}=\frac{12}{9}=\frac{4}{3}\qquad 1{,}0\widehat{3}=\frac{103-10}{90}=\frac{93}{90}=\frac{31}{30}$$

Se sustituyen las fracciones obtenidas y se opera:

$$\frac{1{,}\overparen{03}+1{,}\widehat{3}}{1{,}0\widehat{3}}=\frac{\frac{34}{33}+\frac{4}{3}}{\frac{31}{30}}=\frac{\frac{34+44}{33}}{\frac{31}{30}}=\frac{\frac{78}{33}}{\frac{31}{30}}=\frac{78}{33}\cdot\frac{30}{31}=\frac{\cancel{3}\cdot 2\cdot 13}{\cancel{3}\cdot 11}\cdot\frac{2\cdot 3\cdot 5}{31}=\frac{780}{341}$$

4. La tercera parte de las plantas de un gran edificio está dedicada a oficinas de empresas informáticas; las cinco novenas partes están dedicadas a oficinas de empresas de servicios y las tres plantas restantes son viviendas privadas. Calcula el número total de plantas y cuántas están dedicadas a cada actividad.

Se pueden ordenar los datos en la siguiente tabla:

Actividad	Fracción de plantas	Fracción pendiente del total
Informática	$\frac{1}{3}$	$1-\frac{1}{3}=\frac{2}{3}$
Servicios	$\frac{5}{9}$	$\frac{2}{3}-\frac{5}{9}=\frac{6-5}{9}=\frac{1}{9}$
Viviendas	$\frac{1}{9}$	0

Por tanto, la novena parte del número de plantas del edificio se corresponde con tres plantas. El número total de plantas será $9\cdot 3=27$.

$\frac{1}{3}\cdot 27=9$ plantas estarán dedicadas a empresas de informática.

$\frac{5}{9}\cdot 27=15$ plantas estarán dedicadas a empresas de servicios.

Actividades clave

5. Un salón rectangular tiene 6 m de largo y 4 m de ancho. Indica la medida de su diagonal aproximada a las centésimas por defecto y por exceso.

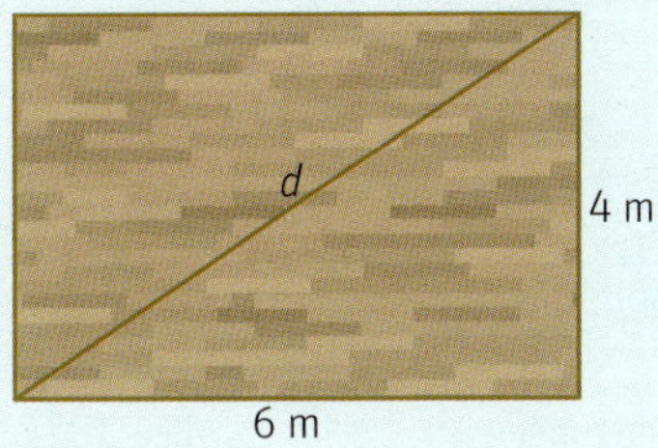

Aplicando el teorema de Pitágoras:

$d = \sqrt{4^2 + 6^2} = \sqrt{52} = 7{,}211$

Por tanto:

$7{,}21 \text{ cm} < d < 7{,}22 \text{ cm}$

6. a) Dibuja el entorno $E(3,\ 2)$ en la recta real e indica mediante desigualdades el intervalo que lo determina, así como su centro y su radio.

b) Dibuja el conjunto de puntos x tales que:

$$|x - 3| > 2$$

a) Se trata del entorno de centro 3 y radio 2.

Por tanto, estará formado por los puntos que están comprendidos entre $3 - 2 = 1$ y $3 + 2 = 5$.

Las siguientes tres expresiones equivalentes representan el conjunto:

- Intervalo abierto: $(1,\ 5)$
- Desigualdades sin valores absolutos: $1 < x < 5$
- Desigualdad con valores absolutos: $|x - 3| < 2$

b) Se trata del conjunto de números reales que no verifican $|x - 3| \leq 2$, es decir, los números reales que no satisfacen la desigualdad del apartado anterior:

Se puede expresar como la unión de los intervalos: $(-\infty,\ 1) \cup (5,\ +\infty)$

7. Representa en la recta real $\frac{12}{5}$ y $\sqrt{7}$ y compáralos.

- Como $\frac{12}{5} = 2 + \frac{2}{5}$, se traza la recta auxiliar por el 2 y se toman sobre ella cinco divisiones. La última se une con el 3 y se traza la paralela por la segunda.

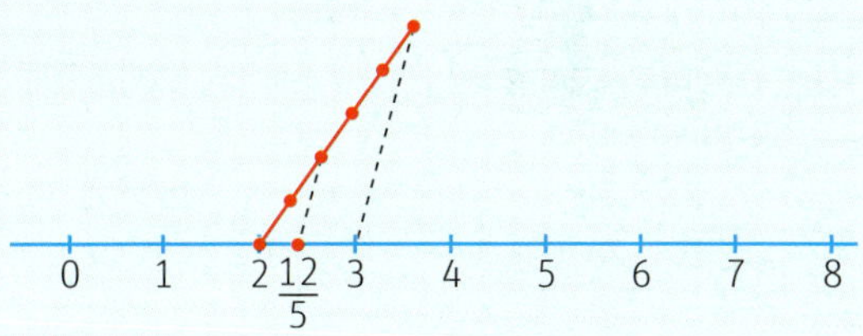

- Como 7 es un número primo, solo se puede descomponer como $7 = 7 \cdot 1$.
  - Por tanto, se trazan dos segmentos $\overline{AD} = 1$ y $\overline{DB} = 7$.
  - Se traza la semicircunferencia de diámetro $\overline{AB} = 8$.
  - Por D se traza una perpendicular al segmento AB y se obtiene C. La distancia $\overline{DC} = \sqrt{7}$.

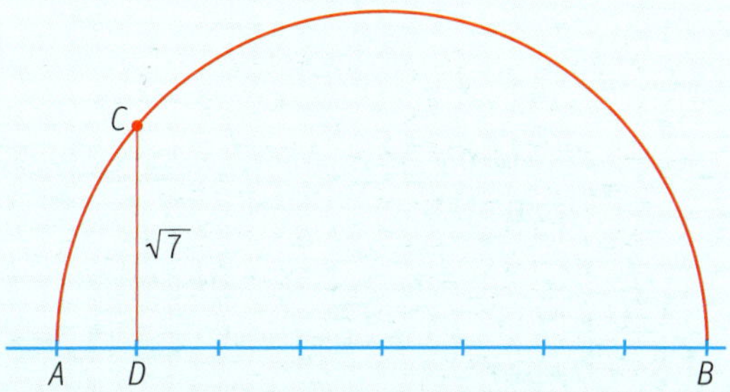

Utilizando un compás, se marcan ambas medidas en la recta real:

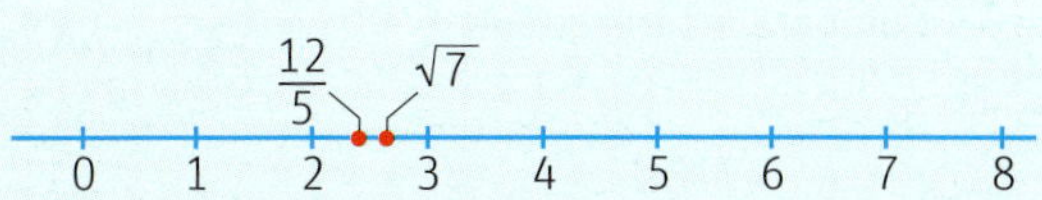

Por tanto: $\frac{12}{5} < \sqrt{7}$

Actividades

EJERCICIOS **PARA PRACTICAR**

Fracciones. Números racionales

56. Escribe la fracción que corresponde a cada enunciado.

a) En un examen de respuestas cerradas, Javier ha respondido bien 15 preguntas de un total de 18.

b) El 23 % de los habitantes de una localidad hablan dos lenguas.

c) En una clase, 27 de 30 alumnos han aprobado Inglés.

d) En una clase hay 13 chicas y 12 chicos.

57. Escribe, si existe:

a) Un número racional que no sea entero.

b) Un número racional que sea entero.

c) Un número entero que no sea racional.

d) Un número decimal que no sea racional.

58. Halla cuatro fracciones equivalentes en cada caso.

a) $\frac{19}{8}$ b) $\frac{12}{13}$ c) $\frac{16}{11}$ d) $\frac{8}{15}$

59. ¿Cuáles de las siguientes fracciones son equivalentes a $\frac{3}{4}$?

a) $\frac{90}{120}$ b) $\frac{72}{96}$ c) $\frac{6}{9}$ d) $\frac{9}{12}$

60. Simplifica las siguientes fracciones.

a) $\frac{30}{45}$ b) $\frac{28}{35}$ c) $\frac{22}{121}$ d) $\frac{360}{300}$

ACTIVIDAD **RESUELTA**

61. Calcula el valor de x para que las siguientes fracciones sean equivalentes.

a) $\frac{x}{13}=\frac{8}{26}$ b) $\frac{15}{45}=\frac{12}{x}$

a) $\frac{x}{13}=\frac{8}{26} \Rightarrow 26x=8\cdot 13=104 \Rightarrow x=\frac{104}{26}=4$

b) $\frac{15}{45}=\frac{12}{x} \Rightarrow 15x=45\cdot 12=540 \Rightarrow x=\frac{540}{15}=36$

62. Calcula el valor de x para que sean equivalentes las fracciones siguientes.

a) $\frac{x}{26}$ y $\frac{9}{13}$ b) $\frac{42}{54}$ y $\frac{7}{x}$ c) $\frac{7}{50}$ y $\frac{2}{x}$

ACTIVIDAD **RESUELTA**

63. Compara las fracciones $-\frac{13}{7}$ y $-\frac{47}{23}$.

Se reducen las dos fracciones a común denominador:

$$-\frac{13}{7}=-\frac{299}{161} \text{ y } -\frac{47}{23}=-\frac{329}{161}$$

Como $-329<-299 \Rightarrow -\frac{47}{23}<-\frac{13}{7}$

64. Compara los siguientes números racionales.

a) $\frac{8}{9}$ y $\frac{9}{4}$ c) $-\frac{9}{12}$ y $\frac{4}{29}$ e) $\frac{16}{27}$ y $\frac{9}{27}$

b) $-\frac{3}{40}$ y $\frac{1}{36}$ d) $-\frac{6}{25}$ y $-\frac{12}{15}$ f) $\frac{13}{21}$ y $\frac{16}{49}$

65. Ordena de menor a mayor las siguientes fracciones.

a) $\frac{19}{36}, \frac{32}{36}, \frac{9}{36}, \frac{24}{36}, \frac{7}{36}$

b) $\frac{12}{3}, \frac{12}{7}, \frac{12}{5}, \frac{12}{6}, \frac{12}{4}$

c) $\frac{15}{9}, \frac{2}{9}, \frac{1}{5}, \frac{4}{15}, \frac{6}{10}$

66. Di si son verdaderas o falsas las siguientes afirmaciones.

a) Todos los números racionales son enteros.

b) Todos los números enteros son racionales.

c) Algunos números enteros son racionales.

d) Algunos números racionales son enteros.

e) No todos los racionales son enteros.

f) No todos los enteros son racionales.

67. Las fracciones $\frac{9}{x}, \frac{x}{36}$ y $\frac{25}{y}$ representan el mismo número racional. Calcula x e y, y la fracción irreducible que lo representa.

Operaciones con números racionales

68. Realiza estas sumas y restas, simplificando el resultado.

a) $\frac{5}{4}+\frac{3}{8}-\frac{10}{6}-\frac{11}{12}$ d) $\frac{7}{30}+\frac{2}{45}+\frac{8}{5}-4$

b) $\frac{19}{16}-\left(\frac{1}{3}-\frac{4}{9}\right)-\frac{8}{3}$ e) $\frac{5}{24}-\left(2-\frac{1}{4}+\frac{3}{9}\right)$

c) $\frac{7}{12}-\frac{1}{18}-\left(\frac{3}{4}-\frac{5}{9}\right)$ f) $\left(\frac{10}{3}-\frac{8}{9}\right)-\frac{9}{6}-\frac{13}{4}$

69. Halla el resultado de estas multiplicaciones y divisiones.

a) $\frac{9}{6}\cdot\frac{5}{4}\cdot\left(-\frac{14}{25}\right)$ d) $\frac{2}{7}:\left(-\frac{21}{6}\right):\frac{4}{9}$

b) $\frac{-3}{8}\cdot\left(-\frac{12}{15}\right)\cdot\left(-\frac{10}{9}\right)$ e) $\frac{7}{8}\cdot\frac{5}{6}:\left(-\frac{4}{15}\right)$

c) $\frac{-6}{9}:\frac{4}{3}:\left(-\frac{8}{12}\right)$ f) $\frac{-10}{3}:\frac{7}{12}\cdot\left(-\frac{4}{5}\right)$

70. Realiza las siguientes operaciones y expresa el resultado como fracción irreducible.

a) $-\frac{18}{5}-\left(1-\frac{3}{4}\cdot\frac{6}{25}\right)$ d) $1-\frac{5}{6}:\left(2-\frac{7}{9}\right)$

b) $\frac{11}{10}-\left[\left(\frac{6}{15}-\frac{9}{5}\right)-\frac{1}{4}\right]$ e) $\frac{7}{2}-\left(\frac{4}{6}-\frac{1}{3}:\frac{5}{9}\right)$

c) $\frac{7}{8}+\frac{1}{8}\cdot\frac{3}{2}-\frac{5}{3}$ f) $\frac{8}{3}-\frac{5}{3}:\left(\frac{-1}{4}-1\right)$

71. Halla el resultado de las siguientes operaciones.

a) $\frac{4}{7}-\frac{6}{7}\cdot\frac{8}{3}-\frac{5}{4}:\left(\frac{-3}{2}\right)$

b) $2-3:\frac{5}{6}+\frac{11}{4}\cdot\left(\frac{-7}{2}\right)^3$

c) $\frac{1}{6}+\frac{2}{6}\cdot\left(\frac{4}{5}\right)^2-\frac{3}{5}\cdot\frac{1}{2}$

d) $\frac{2}{3}:\frac{1}{2}-\frac{8}{12}\cdot\frac{9}{3}:(-5)$

ACTIVIDAD **RESUELTA**

72. Halla el resultado de las siguientes operaciones y simplifica.

$$\frac{\frac{2}{3}-3\cdot\frac{4}{5}}{2-\frac{1}{1+\frac{1}{2}}}$$

$$\frac{\frac{2}{3}-3\cdot\frac{4}{5}}{2-\frac{1}{1+\frac{1}{2}}}=\frac{\frac{2}{3}-\frac{12}{5}}{2-\frac{1}{\frac{3}{2}}}=\frac{\frac{10-36}{15}}{2-\frac{2}{3}}=\frac{\frac{-26}{15}}{\frac{4}{3}}=-\frac{26}{15}\cdot\frac{3}{4}=$$

$$=-\frac{\cancel{2}\cdot 13\cdot\cancel{3}}{\cancel{3}\cdot 5\cdot 2^{\cancel{2}}}=-\frac{13}{5\cdot 2}=-\frac{13}{10}$$

73. Opera y simplifica.

a) $\frac{\frac{2}{3}-\frac{1}{6}}{2\cdot\frac{1}{9}}$

b) $\frac{1}{1+\frac{1}{1-\frac{1}{2}}}$

c) $\frac{1+\frac{1}{1+\frac{1}{2}}}{1-\frac{1}{1+\frac{1}{2}}}$

Fracciones y decimales

74. Justifica si los siguientes números decimales se pueden expresar en forma de fracción.

a) 4,08939393...
b) 8,0100100001...
c) 3,14
d) 82,7777...
e) −6
f) 2,1919...

75. Calcula las expresiones decimales e indica su tipo.

a) $\frac{13}{25}$ b) $\frac{6}{7}$ c) $\frac{4}{9}$ d) $\frac{5}{48}$

76. Calcula la fracción irreducible equivalente a los siguientes números decimales.

a) $0,\overset{\frown}{36}$
b) $2,9\overset{\frown}{83}$
c) 3,985
d) 18,41
e) $8,03\overset{\frown}{59}$
f) $10,\hat{5}$
g) 1,2
h) $5,\overset{\frown}{34}$
i) $-8,1\overset{\frown}{730}$

77. Calcula y simplifica.

a) $\frac{2}{3}+0,\hat{3}$
b) $\frac{5}{6}+1,5-0,8\hat{3}$

78. Calcula y simplifica.

a) $0,42\cdot 3,1-10,\hat{8}+1,\overset{\frown}{52}$
b) $7,16-(1,\hat{7}+3,8\cdot 7,\hat{2})$
c) $19,8\hat{5}-13,2\cdot 4,5+8,\overset{\frown}{16}$
d) $2,8\cdot 5,\hat{1}-(0,\overset{\frown}{503}-4,\overset{\frown}{96})$

Números irracionales. Números reales

79. Di si son verdaderas o falsas estas afirmaciones.

a) La raíz cuadrada de un número negativo no es real.
b) Todo número decimal es racional.
c) Todos los números irracionales son reales.
d) $\sqrt{\frac{12}{3}}$ pertenece a $\mathbb{N}$ y, por tanto, a $\mathbb{Z}$, $\mathbb{Q}$ y $\mathbb{R}$.

80. Escribe un número que sea real pero no racional. ¿Qué tipo de número es?

81. Copia y completa la tabla escribiendo estos números en todos los conjuntos numéricos a los que pertenecen.

$\frac{3}{5}$; $-\sqrt{2}$; 2; 1,2525...; 2,010010001...; −4; $0,1\hat{6}$

Naturales ($\mathbb{N}$)	●●●
Enteros ($\mathbb{Z}$)	●●●
Racionales ($\mathbb{Q}$)	●●●
Reales ($\mathbb{R}$)	●●●

82. Indica si los siguientes números son racionales o irracionales.

a) 5,3727272...
b) 3,5454454445...
c) 0,127202002000...
d) 8,666126712671267...

83. Calcula el valor de $A=3x-5+|x+3|$ en cada caso.

a) $x=-5$ b) $x=0$ c) $x=5$

84. Calcula el valor de las expresiones en $x=-3$.

a) $|x^2+3x|$
b) $|2x|-|1-x|$
c) $x-|x-1|$
d) $1-x^2-|x-2|$

85. Determina la distancia que separa los siguientes pares de números.

a) −2 y 5
b) 5 y $\frac{11}{2}$
c) −3 y −4
d) −3 y $\frac{3}{4}$

Aproximaciones. Errores

86. Copia y completa en tu cuaderno los signos de desigualdad < o > necesarios en cada caso.

a) $\frac{1}{6}$ ● 0,1667
b) 1,732 ● $\sqrt{3}$
c) 1,33334 ● $\frac{4}{3}$
d) $\sqrt[3]{5}$ ● 1,7099

87. ¿Cuántos números reales existen comprendidos entre 5,125 y 5,126? Escribe tres de ellos.

88. ¿Qué errores, absoluto y relativo, se cometen al considerar la aproximación 2,24 de $\sqrt{5}=2,2360679...$?

89. El número irracional ϕ = 1,61 803 398 874 988... es el número de oro. Halla las aproximaciones por defecto, exceso y redondeo de ϕ hasta la milésima. Calcula los errores absoluto y relativo que se cometen con estas aproximaciones.

Actividades

La recta real. Intervalos

90. Representa en la recta real los siguientes números racionales:

a) $\frac{5}{6}$ b) $\frac{25}{4}$ c) $-\frac{4}{5}$ d) $-\frac{11}{4}$

91. Representa en la recta real los siguientes números irracionales:

a) $\sqrt{26}$ b) $\sqrt{32}$ c) $-\sqrt{18}$

92. Expresa mediante desigualdades y representa gráficamente en la recta real los siguientes intervalos y semirrectas.

a) $[-1, +\infty)$ c) $(-\infty, 3)$
b) $(-2, 0]$ d) $[4, 8]$

93. Relaciona en tu cuaderno las diferentes expresiones de estos intervalos y semirrectas.

$[-1, 2]$	$x > 2$	
$(2, +\infty)$	$0 < x < 4$	
$(3, 6]$	$-1 \leq x \leq 2$	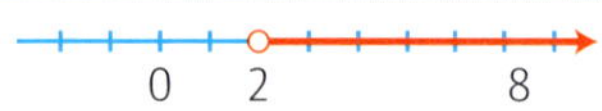
$(0, 4)$	$3 < x \leq 6$	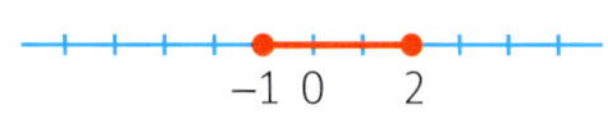

94. Dibuja los siguientes entornos en la recta real e indica mediante desigualdades los intervalos que determinan, así como su centro y su radio.

a) $E(2, 4)$ c) $E(3, 1)$
b) $E(1, 3)$ d) $E(-2, 5)$

95. Representa gráficamente y ordena de menor a mayor los siguientes números reales.

$$-\pi \; ; \; 2\sqrt{5} \; ; \; \frac{2}{3} \; ; \; \frac{223}{50} \; ; \; -3{,}15 \; ; \; 0{,}\widehat{67}$$

96. ¿Qué números enteros están a la vez en las semirrectas $(-\infty, -2]$ y $(-6, +\infty)$?

97. Representa en la recta real el intervalo $A = [-2, 5]$ y la semirrecta $B = (3, +\infty)$. ¿Existe algún intervalo de puntos común a ambos conjuntos? En caso afirmativo, hállalo.

ACTIVIDAD **RESUELTA**

98. Marca en una recta numérica el conjunto de puntos cuya distancia al punto 5 sea:

a) Menor o igual que 2. b) Mayor que 3.

a) Los puntos deben estar comprendidos entre $5 - 2 = 3$ y $5 + 2 = 7$. Los extremos 3 y 7 también cumplen la propiedad.

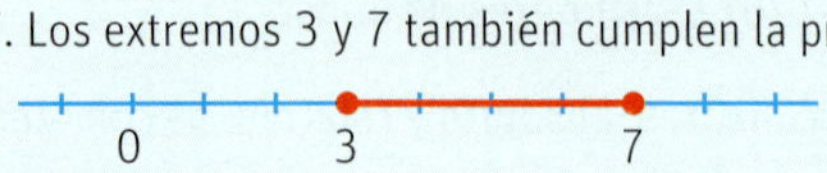

b) Los puntos deben ser mayores que $5 + 3 = 8$ o menores que $5 - 3 = 2$. Los extremos 2 y 8 no cumplen la propiedad.

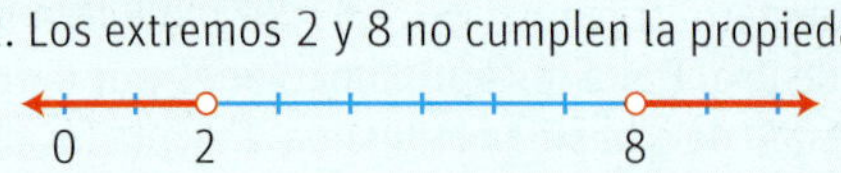

99. Marca en una recta numérica el conjunto de puntos cuya distancia al punto 2 sea:

a) Mayor o igual que 2. d) No mayor que 3.
b) Menor que 1. e) No menor que 2.
c) Igual a 3. f) Mayor que 2 y menor que 5.

Actividades de síntesis

100. Calcula los números que representan las letras redondeando a dos cifras decimales.

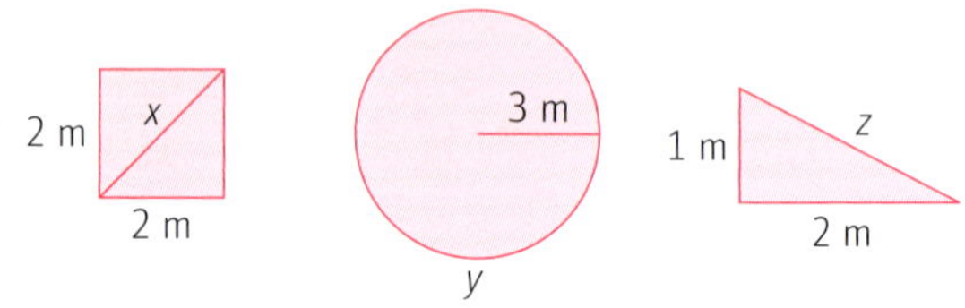

101. Expresa los números decimales en forma de fracción y luego compara los pares de fracciones.

a) $1{,}318$ y $\frac{28}{25}$ c) $\frac{7}{18}$ y $0{,}1\widehat{6}$
b) $\frac{17}{9}$ y $2{,}\widehat{5}$ d) $5{,}36$ y $\frac{111}{20}$

102. Realiza las siguientes operaciones.

a) $\frac{7}{9} - \frac{1}{9} \cdot \left(\frac{2}{3} - \frac{6}{4} : \frac{3}{7}\right)^2$ c) $4 + 2^3 \cdot \left(\frac{8}{9} - \frac{2}{3} \cdot \frac{4}{5}\right) : \frac{7}{2}$

b) $\frac{4}{10} \left[1 + \frac{3}{4} \cdot \left(\frac{2}{5} - \frac{3}{2} \cdot \frac{6}{5}\right)\right]$ d) $\left(3 - \frac{1}{2}\right)^{-1} : \left(\frac{11}{5} - \frac{4}{5} \cdot \frac{3}{4}\right)$

103. ¿Qué intervalo se puede expresar mediante la desigualdad $|x - 3| \leq 2$?

104. Redondeando π hasta la milésima, el volumen de una esfera es de $14{,}139$ cm^3. Averigua su radio.

105. Un triángulo rectángulo e isósceles tiene por hipotenusa 12 cm. Halla los intervalos necesarios para aproximar sus catetos con un error inferior a la centésima.

PROBLEMAS **PARA RESOLVER**

106. Elena se ha gastado 24 € al cambiar su teléfono móvil. ¿Cuánto dinero tenía antes de la compra si esta ha supuesto los tres octavos del total?

107. Álvaro se gasta la tercera parte de su asignación mensual en ir al cine y $\frac{2}{5}$ en comprar música. Después de estos gastos le quedan todavía 8 €.

a) ¿Cuál es la asignación mensual de Álvaro?
b) ¿Cuánto se gasta en ir al cine? ¿Y en comprar música?

108. Lola dedica los $\frac{2}{5}$ de su tiempo libre diario a leer, y $\frac{1}{4}$ del resto, a practicar deporte. Además, le quedan dos horas y cuarto de tiempo libre.

a) ¿Cuál es el total de su tiempo libre?

b) ¿Cuánto tiempo dedica a la lectura?

c) ¿Y a practicar deporte?

109. En un grupo de 4.º ESO de 25 alumnos hay 16 chicas. Entre los chicos, los dos tercios han elegido Francés como materia optativa. ¿Qué fracción del total representan?

110. Alejandro ha cortado $\frac{1}{3}$ de una barra para hacer un bocadillo, y con los tres cuartos del resto ha preparado unas rebanadas. Si ha sobrado un trozo de 4 cm, ¿cuánto medía la barra?

111. Las tres quintas partes del aforo de un estadio de fútbol están ocupadas por seguidores del equipo de casa y las dos terceras partes de lo que resta están ocupadas por los seguidores del equipo visitante. Se sabe que quedan 3600 asientos libres.

a) ¿Cuál es la capacidad total del estadio?

b) ¿Cuántos seguidores de uno y otro equipo están presenciando el partido?

112. Un grupo de 50 atletas han sido calificados según su rendimiento: superior, medio o bajo. Las $\frac{3}{5}$ partes han obtenido calificación superior, las $\frac{3}{5}$ partes del resto, medio, y el resto, bajo.

Halla el número de atletas que corresponde a cada una de las tres calificaciones.

113. Se está probando un nuevo tratamiento en 320 personas. Aunque los efectos secundarios deberían ser nulos, ha provocado un intenso dolor de cabeza en 15 de ellas. El tratamiento se aceptará si el porcentaje de personas en el que se manifiesta el dolor es inferior a una centésima parte.

Con los datos experimentales anteriores, ¿el tratamiento será aceptado o rechazado?

114. En una localidad hay 325 alumnos en la escuela municipal de música. De ellos, la quinta parte estudian algún instrumento de cuerda y 234 alumnos estudian alguno de viento.

a) ¿Cuántos alumnos estudian instrumentos de cuerda?

b) ¿Qué fracción estudia instrumentos de viento?

c) ¿Cuántos alumnos no estudian ningún instrumento de cuerda ni ningún instrumento de viento? ¿Qué fracción representan?

115. Alicia ha pensado en un número entero.

¿Qué entorno les está indicando? ¿Qué posibilidades existen para el número pensado?

116. De un rectángulo se sabe que sus medidas están en la proporción de uno a cuatro y que su área es de 121 m^2. Calcula, con una aproximación de tres decimales, las medidas del perímetro y de la diagonal del rectángulo.

Encuentra el error

117. Isabel y Sergio han terminado de realizar la misma operación combinada pero han obtenido resultados diferentes. Observa cómo lo han hecho.

- Isabel lo ha resuelto así:

$$\frac{4}{3}+\left(-\frac{1}{3}\right)^{-1}-\frac{5}{6}\cdot\left(2-\frac{3}{2}:\frac{1}{4}\right)=\frac{4}{3}+(-3)-\frac{5}{6}\cdot\left(2-\frac{3}{2}\cdot 4\right)=$$
$$=\frac{4-9}{3}-\frac{5}{6}\cdot(2-6)=\frac{-5}{3}-\frac{5}{6}\cdot(-4)=$$
$$=\frac{-5}{3}-\frac{20}{6}=-\frac{30}{6}=-5$$

- Y Sergio de esta manera:

$$\frac{4}{3}+\left(-\frac{1}{3}\right)^{-1}-\frac{5}{6}\cdot\left(2-\frac{3}{2}:\frac{1}{4}\right)=\frac{4}{3}+(-3)-\frac{5}{6}\cdot\left(2-\frac{3}{2}\cdot 4\right)=$$
$$=\frac{4-9}{3}-\frac{5}{6}\cdot(2-6)=\frac{-5}{3}-\frac{5}{6}\cdot(-4)=$$
$$=\frac{-10-5}{6}\cdot(-4)=\frac{-15}{6}\cdot(-4)=10$$

¿Quién lo ha resuelto bien? ¿Dónde está el error?

Indica cuál es el resultado correcto de la operación combinada.

Ponte a prueba

PROBLEMA **RESUELTO** **Fracciones musicales**

En la composición e interpretación de las piezas musicales es muy importante la duración de cada una de las notas.

Según la duración, existen notas redondas, blancas, negras, corcheas, semicorcheas, fusas y semifusas. Tomando como unidad la duración de una nota negra, el resto tiene los siguientes tiempos:

Redonda	Blanca	Negra	Corchea	Semicorchea	Fusa	Semifusa
4	2	1	$\frac{1}{2}$	$\frac{1}{4}$	$\frac{1}{8}$	$\frac{1}{16}$

1. ¿Cuántas semicorcheas hay en una blanca? ¿A cuántas blancas equivale una fusa?

2. En música se utiliza un símbolo, el puntillo, que incrementa la duración de la nota en un 50 %. ¿A cuántas fusas equivaldrá una blanca con puntillo?

3. Si se coloca un doble puntillo, se aumenta la duración de la nota un puntillo y la mitad de un puntillo. ¿Qué fracción de una nota sin puntillo es esa misma nota con doble puntillo?

SOLUCIÓN

1. 1 blanca = 2 negras = 2 · 2 corcheas = 2 · 2 · 2 semicorcheas

1 blanca = 8 semicorcheas

1 fusa = $\frac{1}{2}$ semicorchea = $\frac{1}{2}\cdot\frac{1}{2}$ corchea = $\frac{1}{2}\cdot\frac{1}{2}\cdot\frac{1}{2}$ negra = $\frac{1}{2}\cdot\frac{1}{2}\cdot\frac{1}{2}\cdot\frac{1}{2}$ blanca

1 fusa = $\frac{1}{16}$ blanca

2. 1 blanca = 16 fusas. Por tanto, 1 blanca con puntillo = 1,5 blancas = 1,5 · 16 fusas = 24 fusas

3. 1 nota con doble puntillo = $1+\frac{1}{2}+\frac{1}{4}$ notas sin puntillo = $\frac{7}{4}$ notas sin puntillo

Escuelas de idiomas

En una localidad hay dos escuelas de lenguas extranjeras. Debido a la gran demanda, los alumnos no pueden matricularse más que en una de las dos y en un solo idioma. La siguiente tabla muestra el total de alumnos en cada escuela y el número de alumnos matriculados en Inglés y en Francés:

	Francés	Inglés	Total
Escuela A	45	54	135
Escuela B	30	45	75

1. ¿En qué escuela se puede estudiar un idioma diferente de Francés o Inglés?

2. ¿En qué escuela hay mayor proporción de alumnos que estudian Francés, teniendo en cuenta el total de alumnos matriculados en ella?

3. La fracción de alumnos que no estudian ni Francés ni Inglés en la escuela A es:

A. $\frac{1}{5}$ B. $\frac{4}{15}$ C. $\frac{2}{3}$ D. $\frac{3}{4}$

4. Considerando el total de alumnos matriculados en cada escuela, ¿qué proporción es mayor: los alumnos que estudian Inglés en la escuela A o los alumnos que estudian Francés en la escuela B?

5. Calcula el porcentaje de alumnos que estudian Francés, que estudian Inglés y que estudian otros idiomas, considerando el total de alumnos matriculados en las dos escuelas.

La comida que se tira

Cada día se tira a la basura una enorme cantidad de comida. En algunos casos son restos de alimentos cocinados que no se han llegado a consumir. En otros, son productos que se desechan por estar a punto de superar la fecha de caducidad indicada o porque tienen una apariencia menos atractiva, cosa que ocurre frecuentemente con la fruta.

En estudios realizados en todo el mundo se obtuvieron, entre otros, los siguientes datos sorprendentes: dos quintas partes de la comida que se produce en EE. UU. terminan en la basura. En España, cerca de tres millones de toneladas de comida se desperdician cada año, lo que supone un coste de unos 250 € al año por persona.

1. En España hay unos 46 millones de habitantes. ¿Cuánto dinero, en millones de euros, supone al año la comida desperdiciada?

   A. 11 500 B. 1150 C. 115 000 D. 115

2. ¿Cuántos kilogramos de comida tira cada uno, en promedio?

3. La media de comida que tira cada habitante es $\frac{9}{50}$ de lo que compra. Se supone que aproximadamente $\frac{3}{5}$ de esa cantidad se podrían haber consumido si se hubieran conservado correctamente, y $\frac{1}{3}$ del resto ni siquiera se llegó a sacar del embalaje. Lo demás serían residuos no comestibles: pieles, cáscaras, etc. ¿Qué fracción representan de la comida que compra una familia?

AUTOEVALUACIÓN

1. Di si son ciertas o no estas afirmaciones.

   a) En el intervalo (3, 4) no hay números enteros, pero sí racionales.

   b) Toda raíz cuadrada no exacta es irracional.

2. Escribe cinco fracciones equivalentes a $\frac{96}{64}$ y di cuál es la fracción irreducible correspondiente al número racional que determinan.

3. Halla las fracciones irreducibles de:

   a) $\frac{36}{54}$ b) $\frac{84}{294}$ c) $\frac{77}{143}$

4. Ordena de mayor a menor las siguientes fracciones.

   a) $\frac{5}{4}, \frac{17}{10}, \frac{29}{20}, \frac{7}{5}$

   b) $\frac{13}{18}, \frac{5}{6}, \frac{12}{27}, \frac{8}{12}$

5. Calcula la expresión decimal de cada una de las siguientes fracciones y di de qué tipo es.

   a) $\frac{45}{25}$ b) $\frac{49}{120}$ c) $\frac{25}{9}$ d) $\frac{7}{12}$

6. Halla la fracción irreducible a la que equivalen los números decimales siguientes.

   a) 5,75 b) $8,\widehat{25}$ c) $8,2\widehat{5}$

7. Opera y simplifica.

   a) $\frac{17}{49}-\frac{1}{49}\cdot\frac{5}{2}+1$ b) $\frac{2}{15}-\left[1-\left(\frac{3}{2}\cdot\frac{7}{5}-\frac{2}{5}\right)\right]$

8. Clasifica, representa gráficamente y ordena de mayor a menor los siguientes números reales.

   $$-5, \frac{21}{3}, 0,\widehat{3}, \frac{2}{3}, \sqrt{3}$$

9. Una torre de control está anclada en mitad del mar. La tercera parte de su longitud se encuentra enterrada y las dos quintas partes se encuentran sumergidas en el agua y salen a flote 12 m.

   Calcula la longitud total de la torre y la longitud que se encuentra enterrada y la que se encuentra sumergida en el mar.

10. Calcula el volumen de un ortoedro de base un cuadrado de lado $\sqrt{8}$ cm y de altura 2 cm.

smSaviadigital.com VALORA LO APRENDIDO > Autoevaluación.

2 Potencias y raíces

- ¿Cómo puedes expresar números muy grandes o muy pequeños?
- ¿Qué representa una potencia de exponente fraccionario?
- ¿Sabes operar con raíces no exactas?
- ¿Cómo puedes despejar una incógnita que está en el exponente?

Piensa y contesta

El primer método utiliza los cuadrados y los dobles productos de sus cifras.

$abc^2 = (100a + 10b + c)^2 =$
$= 10000a^2 + 1000 \cdot 2ab +$
$+ 100 \cdot 2ac + 100b^2 + 10 \cdot 2bc + c^2$

Calcula el cuadrado de 14. ¿Crees que es un buen método?

Lee y comprende

Elevar al cuadrado

{XX}

Un número por sí mismo se dice que es su cuadrado.
Si tuviera varias cifras, procede de esta manera:
toma la primera cifra comenzando por la izquierda,
haz el cuadrado de ella, después calcula su doble,
que será factor de todas las que hay a su derecha
puestas en su mismo orden.
Con estas cuentas completas, ve a por la segunda cifra
y repite lo indicado, y así con todos los dígitos
de que se forma el guarismo. Para saber el cuadrado
ya solo resta sumar.

{XXI}

También puedes proceder tomando como una suma
el número por cuadrar, y sumar a los cuadrados
de estos números más fáciles el doble de su producto.
O, igualmente, suma y resta el mismo número al dado,
multiplica estos dos y suma luego el cuadrado
del que nos vino a auxiliar.

{XXII}

Buena hija, Lilavati, con las reglas del cuadrado
fácilmente encontrarás cuánto valen los cuadrados
de nueve y de catorce, doscientos noventa y siete
y también de diez mil cinco.

BHASKARA ACHARYA:
Lilavati. Matemática en verso del siglo XII.
Real Sociedad Matemática Española
y SM, 2015

Investiga y reflexiona

En {XXI} se proponen dos métodos basados en las identidades notables. El primero consiste en utilizar el cuadrado de una suma: $(a + b)^2 = a^2 + b^2 + 2ab$.

¿Cómo puedes expresar algebraicamente el segundo método?

Calcula mentalmente el cuadrado de 9 y de 14 utilizando estos métodos.

Calcula los cuadrados de 297 y 10 005 por el procedimiento que consideres más adecuado.

1 Potencias de exponente entero

Ten en cuenta

El resultado de la potencia a^n con a entero negativo y n entero es:

- Positivo si n es par.
- Negativo si n es impar.

El resultado de la potencia a^n con a positivo es siempre positivo.

Ten en cuenta

Observa que, si $a = \frac{p}{q}$ es una fracción,

$$a^{-n} = \left(\frac{p}{q}\right)^{-n} = \left(\frac{q}{p}\right)^{n}$$

La expresión a^n se denomina **potencia de base a** y exponente n, con $a \neq 0$ y n cualquier número natural.

- $a^n = \overbrace{a \cdot a \cdot \ldots \cdot a}^{n \text{ veces}}$
- $a^0 = 1$
- $a^{-n} = \dfrac{1}{a^n}$

Ejemplos

- $3^4 = 3 \cdot 3 \cdot 3 \cdot 3 = 81$
- $(-3)^3 = (-3) \cdot (-3) \cdot (-3) = -27$
- $-3^2 = -(3 \cdot 3) = -9$
- $(-3)^2 = (-3) \cdot (-3) = 9$
- $(-7)^0 = 1$
- $\left(\frac{1}{3}\right)^0 = 1$
- $4^{-3} = \dfrac{1}{4^3} = \dfrac{1}{64}$
- $\left(\frac{2}{5}\right)^{-3} = \dfrac{1}{\left(\frac{2}{5}\right)^3} = \dfrac{1}{\frac{2^3}{5^3}} = \dfrac{5^3}{2^3} = \left(\frac{5}{2}\right)^3 = \dfrac{125}{8}$

Propiedades de las potencias

	Operación	Ejemplo
Producto de potencias con la misma base	$a^m \cdot a^n = a^{m+n}$	$(-5)^2 \cdot (-5)^3 = (-5)^5$
Cociente de potencias con la misma base	$a^m : a^n = a^{m-n}$	$3^4 : 3^2 = 3^2$
Potencia de una potencia	$(a^m)^n = a^{m \cdot n}$	$(2^3)^2 = 2^6$
Potencia de un producto	$(a \cdot b)^n = a^n \cdot b^n$	$(2x)^2 = 2^2 \cdot x^2 = 4x^2$
Potencia de un cociente	$(a : b)^n = a^n : b^n$	$(x : y)^3 = x^3 : y^3$

ACTIVIDADES

1. Calcula el valor de las siguientes potencias.

a) $\left(\frac{3}{5}\right)^4$ b) $\left(-\frac{8}{9}\right)^2$ c) $\left(\frac{7}{6}\right)^3$ d) $\left(\frac{-9}{5}\right)^0$

ACTIVIDAD **RESUELTA**

2. Calcula el valor de las siguientes potencias de fracciones.

a) $\left(\frac{7}{2}\right)^{-3}$ b) $\left(-\frac{2}{5}\right)^{-4}$ c) $\left(-\frac{7}{6}\right)^3$

a) $\left(\frac{7}{2}\right)^{-3} = \left(\frac{2}{7}\right)^3 = \frac{2^3}{7^3} = \frac{8}{343}$

b) Las potencias de base negativa y exponente par son positivas:

$$\left(-\frac{2}{5}\right)^{-4} = \left(-\frac{5}{2}\right)^4 = \frac{5^4}{2^4} = \frac{625}{16}$$

c) Las potencias de base negativa y exponente impar son negativas:

$$\left(-\frac{7}{6}\right)^{-3} = \left(-\frac{6}{7}\right)^3 = -\frac{6^3}{7^3} = -\frac{216}{343}$$

3. Calcula el valor de las siguientes potencias.

a) $\left(\frac{2}{3}\right)^{-3}$ b) $\left(-\frac{9}{4}\right)^3$ c) $\left(\frac{-2}{3}\right)^5$

4. Calcula.

a) $\left(\frac{2}{7}\right)^{-13} \cdot \left(\frac{2}{7}\right)^{15}$ b) $\left(\frac{5}{3}\right)^{-10} : \left(\frac{5}{3}\right)^{-12}$

ACTIVIDAD **RESUELTA**

5. Simplifica y escribe como producto de potencias $\frac{2^3 \cdot 6^{12}}{18^4}$.

Se descompone cada factor y se opera:

$$\frac{2^3 \cdot 6^{12}}{18^4} = \frac{2^3 \cdot (2 \cdot 3)^{12}}{(2 \cdot 3^2)^4} = \frac{2^3 \cdot 2^{12} \cdot 3^{12}}{2^4 \cdot 3^8} = 2^{3+12-4} \cdot 3^{12-8} = 2^{11} \cdot 3^4$$

6. Simplifica y escribe como producto de potencias.

a) $\frac{2^{29} \cdot 4^5}{8^{10}}$ b) $\frac{6^{10} \cdot 18^3}{24^3}$

2 Notación científica

La notación científica se utiliza para expresar cantidades muy grandes, como las distancias astronómicas, o muy pequeñas, como las dimensiones atómicas o celulares.

Un número escrito en **notación científica** es de la forma $a \cdot 10^p$, donde $1 \leq |a| < 10$ y p es un número entero llamado **orden de magnitud**.

Ejemplos

- La distancia aproximada de la Tierra al Sol es de $1{,}496 \cdot 10^8$ km.
- La longitud media de un paramecio es de $2 \cdot 10^{-4}$ m.

Operaciones con números en notación científica

Para operar con números en notación científica se deben tener en cuenta las reglas que rigen las operaciones con potencias.

Para **sumar o restar** dos números en notación científica es necesario que estén expresados en el mismo orden de magnitud. En este caso, se suman o se restan los números decimales y se mantiende el mismo orden de magnitud:

$$a \cdot 10^n \pm b \cdot 10^n = (a \pm b) \cdot 10^n$$

Para **multiplicar o dividir** dos números en notación científica se multiplican o se dividen los números decimales, por un lado, y las potencias de 10 entre sí:

- $(a \cdot 10^n) \cdot (b \cdot 10^m) = a \cdot b \cdot 10^{n+m}$
- $(a \cdot 10^n) : (b \cdot 10^m) = a : b \cdot 10^{n-m}$

Ejemplos

- $4{,}25 \cdot 10^{21} + 5{,}02 \cdot 10^{21} = 9{,}27 \cdot 10^{21}$
- $2{,}41 \cdot 10^{13} - 1{,}04 \cdot 10^{13} = 1{,}37 \cdot 10^{13}$
- $(2{,}45 \cdot 10^3) \cdot (3{,}4 \cdot 10^7) = 8{,}33 \cdot 10^{10}$
- $(6{,}25 \cdot 10^8) : (1{,}25 \cdot 10^6) = 5 \cdot 10^2$

Con calculadora

La calculadora permite operar en notación científica.

Para hallar, por ejemplo, $2{,}5 \cdot 10^{-3}$, se teclea:

2 . 5 EXP (–) 3

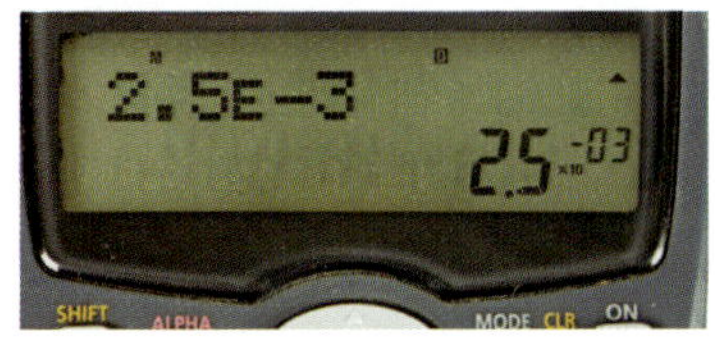

MAT-TIC GeoGebra

Entra en smSaviadigital.com y practica expresando cantidades en notación científica.

ACTIVIDADES

7. Expresa los siguientes números en notación científica.

a) 240 000   b) 0,000 25   c) 1 250 000

8. Copia en tu cuaderno y completa.

Escritura decimal	Escritura con 10^p	Notación científica
25 000 000	●●●	●●●
●●●	$29 \cdot 10^{-3}$	●●●
●●●	●●●	$3{,}48 \cdot 10^{-4}$

9. María ha escrito el resultado de una operación en notación científica. El profesor le dice que el resultado es correcto pero su respuesta no está bien. ¿Por qué?

ACTIVIDAD **RESUELTA**

10. Opera y expresa el resultado en notación científica.

a) $2{,}6 \cdot 10^{13} + 8{,}25 \cdot 10^{14}$

b) $(2{,}6 \cdot 10^{-2}) \cdot (5{,}75 \cdot 10^5)$

c) $(2{,}25 \cdot 10^{25}) : (2{,}5 \cdot 10^{-13})$

a) Se expresan todos los sumandos con el mismo orden de magnitud:

$2{,}6 \cdot 10^{13} + 8{,}25 \cdot 10^{14} = 0{,}26 \cdot 10^{14} + 8{,}25 \cdot 10^{14} = (0{,}26 + 8{,}25) \cdot 10^{14} = 8{,}51 \cdot 10^{14}$

b) $(2{,}6 \cdot 10^{-2}) \cdot (5{,}75 \cdot 10^5) = 14{,}95 \cdot 10^3 = 1{,}495 \cdot 10^4$

c) $(2{,}25 \cdot 10^{25}) : (2{,}5 \cdot 10^{-13}) = 0{,}9 \cdot 10^{38} = 9 \cdot 10^{37}$

11. Calcula y expresa el resultado en notación científica.

a) $6{,}15 \cdot 10^4 + 2{,}25 \cdot 10^3 - 1{,}45 \cdot 10^3$

b) $2{,}45 \cdot 10^{12} - 1{,}25 \cdot 10^{13} + 7{,}5 \cdot 10^{14}$

c) $(6{,}4 \cdot 10^2) \cdot (2{,}25 \cdot 10^3) \cdot (1{,}5 \cdot 10^4)$

d) $(8{,}4 \cdot 10^5) : (1{,}25 \cdot 10^2)$

3 Radicales. Potencias de exponente fraccionario

Sabías que...

El papiro de Ahmes demuestra que los egipcios calculaban raíces cuadradas.

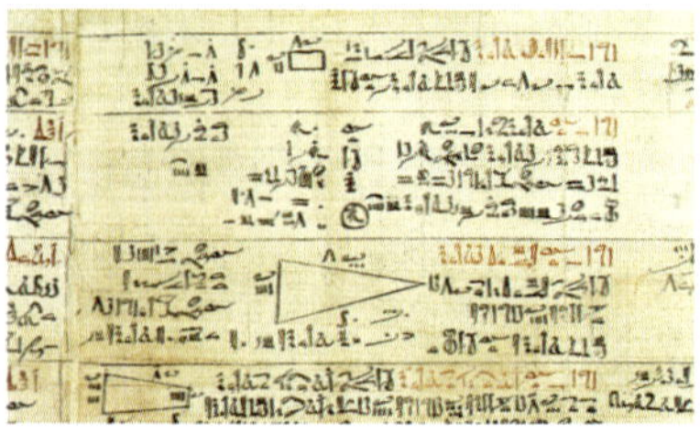

Un **radical** es la raíz indicada de un número real.

Índice → $\sqrt[n]{a} = x \Leftrightarrow x^n = a$

Radicando ↑ ↑ Raíz de orden n

- Si n es par, a debe ser un número positivo.
- Si n es impar, a puede ser cualquier número.

A la hora de buscar un número real x tal que su potencia de exponente n valga el número real a, puede haber ninguna, una o dos soluciones:

- Si n **es par** y a **es positivo,** hay **dos soluciones opuestas.**

Ejemplos

▶ $x^2 = 4 \Rightarrow \begin{cases} x = \sqrt{4} = 2 \\ x = -\sqrt{4} = -2 \end{cases}$

▶ $x^4 = 81 \Rightarrow x = \begin{cases} \sqrt[4]{81} = +3 \\ -\sqrt[4]{81} = -3 \end{cases}$

- Si n **es par** y a **es negativo, no hay solución.**

Ejemplos

▶ $x^2 = -4 \Rightarrow$ x no es real

▶ $x^8 = -8 \Rightarrow$ x no es real

- Si n **es impar** y a **es positivo**, solo **hay una solución positiva.**

Ejemplos

▶ $x^3 = 8 \Rightarrow x = \sqrt[3]{8} = 2$

▶ $x^5 = 243 \Rightarrow x = \sqrt[5]{243} = 3$

- Si n **es impar** y a **es negativo**, solo hay **una solución negativa.**

Ejemplos

▶ $x^3 = -27 \Rightarrow x = \sqrt[3]{-27} = -3$

▶ $x^5 = -32 \Rightarrow x = \sqrt[5]{-32} = -2$

Radicales equivalentes

Dos radicales son **equivalentes** si representan el mismo número real.

$$\sqrt[n]{a^m} = \sqrt[n \cdot p]{a^{m \cdot p}}, \text{ con } a \geq 0 \text{ y } m, n \text{ y } p \neq 0$$

Ejemplo ▶ ¿Son equivalentes $\sqrt[6]{81}$ y $\sqrt[9]{729}$?

Para ver que son equivalentes se comprueba que representan el mismo número real.

- $\sqrt[6]{81} = \sqrt[3 \cdot 2]{3^4} = \sqrt[3 \cdot \not{2}]{3^{2 \cdot \not{2}}} = \sqrt[3]{3^2} = \sqrt[3]{9}$
- $\sqrt[9]{729} = \sqrt[3 \cdot 3]{3^6} = \sqrt[3 \cdot \not{3}]{3^{2 \cdot \not{3}}} = \sqrt[3]{3^2} = \sqrt[3]{9}$

Para encontrar radicales equivalentes que tengan el mismo índice se **reducen a índice común.**

Ejemplo ▶ Reduce a índice común $\sqrt[3]{3^2}$ y $\sqrt{5}$.

Se calcula el mínimo común múltiplo de los índices, m.c.m. (3, 2) = 6 y se calculan los radicales equivalentes:

- $\sqrt[3]{3^2} = \sqrt[3 \cdot 2]{3^{2 \cdot 2}} = \sqrt[6]{3^4}$
- $\sqrt{5} = \sqrt[2 \cdot 3]{5^{1 \cdot 3}} = \sqrt[6]{5^3}$

MAT-TIC GeoGebra

Entra en sm**Savia**digital.com y juega a calcular raíces cúbicas mentalmente.

Potencias de exponente fraccionario

Un radical se puede expresar como una **potencia de base positiva y exponente fraccionario**.

$$\sqrt[n]{a^m} = a^{\frac{m}{n}}, \text{ con } a > 0,\ m \in \mathbb{Z} \text{ y } n \in \mathbb{N}$$

Ejemplo ▸ Expresa las siguientes potencias como radicales.

- $2^{\frac{1}{2}} = \sqrt{2}$
- $3^{\frac{2}{3}} = \sqrt[3]{3^2} = \sqrt[3]{9}$
- $2^{-\frac{1}{2}} = \dfrac{1}{2^{\frac{1}{2}}} = \dfrac{1}{\sqrt{2}}$
- $0{,}25^{0{,}5} = \left(\dfrac{1}{4}\right)^{\frac{1}{2}} = \sqrt{\dfrac{1}{4}} = \pm\dfrac{1}{2}$

MAT-TIC GeoGebra

Entra en smSaviadigital.com y calcula raíces utilizando la hipotenusa de triángulos rectángulos.

Propiedades de las potencias de exponente fraccionario

Las potencias de exponente racional verifican las mismas propiedades que las potencias de exponente entero.

	Operación	Ejemplo
Producto de potencias de igual base	$a^{\frac{m}{n}} \cdot a^{\frac{p}{q}} = a^{\frac{m}{n}+\frac{p}{q}}$	$2^{\frac{1}{2}} \cdot 2^{\frac{6}{4}} = 2^{\frac{2}{4}+\frac{6}{4}} = 2^{\frac{8}{4}} = 2^2 = 4$
Cociente de potencias de igual base	$a^{\frac{m}{n}} : a^{\frac{p}{q}} = a^{\frac{m}{n}-\frac{p}{q}}$	$3^{\frac{1}{2}} : 3^{\frac{1}{4}} = 3^{\frac{1}{2}-\frac{1}{4}} = 3^{\frac{1}{4}} = \sqrt[4]{3}$
Potencia de una potencia	$\left(a^{\frac{m}{n}}\right)^p = a^{\frac{p \cdot m}{n}}$	$\left(5^{\frac{3}{4}}\right)^8 = 5^{\frac{8 \cdot 3}{4}} = 5^6 = 15625$
Potencia de un producto	$(a \cdot b)^{\frac{m}{n}} = a^{\frac{m}{n}} \cdot b^{\frac{m}{n}}$	$(8x)^{\frac{1}{3}} = 8^{\frac{1}{3}} \cdot x^{\frac{1}{3}} = \sqrt[3]{8} \cdot \sqrt[3]{x} = 2\sqrt[3]{x}$
Potencia de un cociente	$\left(\dfrac{a}{b}\right)^{\frac{m}{n}} = \dfrac{a^{\frac{m}{n}}}{b^{\frac{m}{n}}}$	$\left(\dfrac{27}{8}\right)^{\frac{1}{3}} = \dfrac{27^{\frac{1}{3}}}{8^{\frac{1}{3}}} = \dfrac{\sqrt[3]{27}}{\sqrt[3]{8}} = \dfrac{3}{2}$

ACTIVIDADES

12. Halla los valores de x en las expresiones siguientes.

a) $x^2 = 36$ b) $x^3 = -64$ c) $x^4 = 625$

13. Halla todos los números que cumplan estas condiciones.

a) Cuyo cuadrado sea 49. c) Cuyo cubo sea 64.

b) Cuyo cuadrado sea −49. d) Cuyo cubo sea −64.

ACTIVIDAD **RESUELTA**

14. Reduce los radicales $\sqrt[3]{4}$, $\sqrt{2}$ y $\sqrt[4]{5}$ a índice común y ordénalos de mayor a menor.

Para reducir a índice común, se halla el m.c.m. de los índices y se calculan los radicales equivalentes: m.c.m. (3, 2, 4) = 12.

$$\sqrt[3]{4} = \sqrt[3\cdot4]{4^4} = \sqrt[12]{256} \qquad \sqrt{2} = \sqrt[2\cdot6]{2^6} = \sqrt[12]{64} \qquad \sqrt[4]{5} = \sqrt[4\cdot3]{5^3} = \sqrt[12]{125}$$

$$\sqrt[12]{256} > \sqrt[12]{125} > \sqrt[12]{64} \Rightarrow \sqrt[3]{4} > \sqrt[4]{5} > \sqrt{2}$$

15. Ordena de mayor a menor los siguientes radicales.

a) $\sqrt[3]{20}$, $\sqrt{8}$ y $\sqrt[4]{55}$ b) $\sqrt[3]{16}$, $\sqrt[6]{128}$ y $\sqrt[4]{32}$

16. ¿Son equivalentes los siguientes pares de radicales?

a) $\sqrt[3]{8}$ y $\sqrt[6]{256}$ b) $\sqrt[4]{120}$ y $\sqrt[6]{360}$

17. Escribe en forma de potencia estas expresiones.

$$\sqrt{3^7},\ \sqrt[3]{2^5} \text{ y } \sqrt[4]{2^{-2}}$$

18. Escribe las siguientes expresiones en forma de radical.

a) $7^{\frac{3}{5}}$ b) $\left(2^{\frac{4}{3}}\right)^{\frac{2}{5}}$ c) $(3+x)^{\frac{1}{2}}$ d) $3+x^{\frac{1}{2}}$

19. Calcula y simplifica.

a) $4^{\frac{1}{2}}$ c) $16^{\frac{1}{2}}+9^{\frac{3}{2}}$ e) $\left(27^{-\frac{2}{3}}\right)^{\frac{1}{2}}$

b) $-27^{\frac{1}{3}}$ d) $(10^2)^{\frac{1}{4}}-16^{\frac{3}{2}}$ f) $\left(64^{-\frac{9}{2}}\right)^{-\frac{1}{3}}$

20. Calcula y simplifica.

a) $3^{\frac{1}{3}} \cdot 3^{\frac{2}{5}}$ c) $5^{\frac{1}{2}} : 5^{\frac{3}{4}}$

b) $\left(2^{-\frac{5}{3}}\right)^{-\frac{3}{5}} \cdot 4^{\frac{1}{3}}$ d) $(10^6)^{\frac{2}{3}} - \left(10^{\frac{1}{4}}\right)^{12}$

4 Operaciones con radicales. Racionalización

MAT-TIC GeoGebra

Entra en smSaviadigital.com y opera con radicales.

Introducción y extracción de factores en un radical

- Para **introducir factores en un radical**, se eleva cada uno de los factores al índice del radical: $a\cdot\sqrt[n]{b}=\sqrt[n]{a^n\cdot b}$
- Para **extraer factores en un radical**, se descompone el radicando en factores elevados al índice de la raíz y se simplifica: $\sqrt[n]{a^m}\overset{m=n\cdot p+r}{=}\sqrt[n]{a^{n\cdot p+r}}=a^p\cdot\sqrt[n]{a^r}$

Ejemplos

- Introduce el factor en el radical: $2\sqrt[3]{3}=\sqrt[3]{2^3\cdot 3}=\sqrt[3]{24}$
- Extrae factores del radical: $\sqrt[3]{a^4b^6}=\sqrt[3]{a^3\cdot a\cdot(b^2)^3}=\sqrt[3]{a^3}\cdot\sqrt[3]{a}\cdot\sqrt[3]{(b^2)^3}=ab^2\cdot\sqrt[3]{a}$

Radicales semejantes. Suma y diferencia de radicales

Ten en cuenta

Simplificar un radical es obtener el radical equivalente con el menor índice posible.

Dos radicales son semejantes si al simplificarlos tienen el mismo índice y radicando.

Ejemplo ¿Son semejantes $5\sqrt[3]{2}$ y $\sqrt[3]{54}$?

Se extraen factores de $\sqrt[3]{54}$: $\sqrt[3]{54}=\sqrt[3]{2\cdot 3^3}=3\sqrt[3]{2}$

Luego $5\sqrt[3]{2}$ y $3\sqrt[3]{2}$ son semejantes.

Ten en cuenta

Si los radicales no son semejantes, no se pueden sumar ni restar y la operación se debe dejar indicada.

$\sqrt{5}-\sqrt[3]{5},\ \sqrt{2}+\sqrt{3}$

Para **sumar o restar radicales**, estos deben ser semejantes: $a\sqrt[n]{c}\pm b\sqrt[n]{c}=(a\pm b)\sqrt[n]{c}$

Ejemplo

- $\sqrt[6]{144}+\sqrt[3]{324}=\sqrt[6]{2^4\cdot 3^2}+\sqrt[3]{3^4\cdot 2^2}=\sqrt[3]{2^2\cdot 3}+3\sqrt[3]{3\cdot 2^2}=(1+3)\sqrt[3]{3\cdot 2^2}=4\sqrt[3]{12}$

Producto y cociente de radicales

Para **multiplicar o dividir radicales** del mismo índice, se multiplican o se dividen los radicandos y se conserva el mismo índice:

$$\sqrt[n]{a}\cdot\sqrt[n]{b}=\sqrt[n]{ab}$$
$$\sqrt[n]{a}:\sqrt[n]{b}=\sqrt[n]{a:b}$$

Ten en cuenta

Al multiplicar o dividir radicales con distinto índice, se reducen a índice común previamente.

$\sqrt[3]{2}\cdot\sqrt[4]{3}=\sqrt[12]{2^4}\cdot\sqrt[12]{3^3}=\sqrt[12]{2^4\cdot 3^3}=\sqrt[12]{432}$

$\dfrac{\sqrt{3}}{\sqrt[4]{2}}=\dfrac{\sqrt[4]{3^2}}{\sqrt[4]{2}}=\sqrt[4]{\dfrac{3^2}{2}}=\sqrt[4]{\dfrac{9}{2}}$

Ejemplo Realiza los siguientes productos y cocientes.

- $\sqrt[3]{4}\cdot\sqrt[3]{12}=\sqrt[3]{48}=\sqrt[3]{2^4\cdot 3}=2\sqrt[3]{6}$
- $\dfrac{\sqrt[4]{10}}{\sqrt[4]{2}}=\sqrt[4]{\dfrac{10}{2}}=\sqrt[4]{5}$

Potencia y raíz de un radical

- Para **elevar un radical a un exponente**, se eleva el radicando a dicho exponente y se conserva el mismo índice: $(\sqrt[n]{a})^m=\sqrt[n]{a^m}$
- Para **calcular la raíz de un radical**, se multiplican los índices de las dos raíces y se conserva el mismo radicando: $\sqrt[n]{\sqrt[m]{a}}=\sqrt[n\cdot m]{a}$

Ejemplos

- $(\sqrt[3]{5})^4=\sqrt[3]{5^4}=5\sqrt[3]{5}$
- $\sqrt[3]{\sqrt{5}}=\sqrt[3\cdot 2]{5}=\sqrt[6]{5}$

Racionalización de denominadores

Racionalizar una expresión es encontrar otra expresión equivalente que no contenga ningún radical en el denominador.

Ejemplo ▸ Según el tipo de expresión, se utiliza una estrategia distinta:

- $\frac{2}{3\sqrt{2}}$ ⇒ Cuando el denominador tiene un único término con un radical de índice 2, **se multiplica y se divide por dicho radical:** $\frac{2}{3\sqrt{2}}=\frac{2\cdot\sqrt{2}}{3\sqrt{2}\cdot\sqrt{2}}=\frac{2\sqrt{2}}{3(\sqrt{2})^{\not 2}}=\frac{\not 2\sqrt{2}}{3\cdot\not 2}=\frac{\sqrt{2}}{3}$

- $\frac{2}{\sqrt[5]{4}}$ ⇒ Cuando el denominador tiene un único término con un radical de índice superior a 2, **se multiplica y se divide por el radical complementario:**

$$\frac{2}{\sqrt[5]{4}}=\frac{2}{\sqrt[5]{2^2}}=\frac{2\cdot\sqrt[5]{2^3}}{\sqrt[5]{2^2}\cdot\sqrt[5]{2^3}}=\frac{2\cdot\sqrt[5]{8}}{\sqrt[5]{2^2\cdot2^3}}=\frac{2\cdot\sqrt[5]{8}}{\sqrt[\not 5]{2^{\not 5}}}=\frac{\not 2\sqrt[5]{8}}{\not 2}=\sqrt[5]{8}$$

- $\frac{2}{2+\sqrt{2}}$ ⇒ Cuando el denominador es un binomio formado por uno o dos radicales de índice 2, **se multiplica y se divide por el conjugado del denominador:**

$$\frac{2}{2+\sqrt{2}}=\frac{2(2-\sqrt{2})}{(2+\sqrt{2})(2-\sqrt{2})}=\frac{2(2-\sqrt{2})}{2^2-(\sqrt{2})^{\not 2}}=\frac{2(2-\sqrt{2})}{4-2}=\frac{\not 2(2-\sqrt{2})}{\not 2}=2-\sqrt{2}$$

Ten en cuenta

El radical complementario de $\sqrt[n]{a^p}$ es $\sqrt[n]{a^{n-p}}$

Ten en cuenta

El **conjugado** de un binomio es el mismo binomio con el segundo término cambiado de signo:

$\pm a+b \Rightarrow \pm a-b$

$\pm a-b \Rightarrow \pm a+b$

ACTIVIDADES

21. Extrae factores y simplifica al máximo.

a) $\sqrt{3072}$ b) $\sqrt[3]{13932}$ c) $\sqrt[4]{256}$

22. Introduce los factores en cada uno de los casos.

a) $4\sqrt{2}$ b) $6\sqrt[3]{4}$ c) $5\sqrt[4]{2}$

23. Halla el resultado simplificando al máximo.

a) $\sqrt{2}+\frac{1}{2}\sqrt{2}$

b) $\sqrt{2}+\frac{2}{3}\sqrt{8}$

c) $\sqrt[3]{3}+2\sqrt[3]{24}-\sqrt[3]{81}$

d) $3\sqrt{20}-2\sqrt{80}+3\sqrt{75}$

e) $\sqrt{2}+\frac{3}{2}\sqrt{8}-\frac{1}{4}\sqrt{18}$

f) $(\sqrt{3}-\sqrt{12})^3$

24. Opera y simplifica.

a) $\sqrt[3]{2}\cdot\sqrt[3]{3}\cdot\sqrt[3]{4}$

b) $\sqrt[3]{2}\cdot\sqrt{3}\cdot\sqrt[3]{4}$

c) $\left(\sqrt[3]{2^4}\right)^6$

d) $\sqrt[3]{9}:(\sqrt{2}+\sqrt{8})$

e) $\sqrt[4]{\sqrt[3]{\sqrt{2}}}$

f) $\sqrt{2\sqrt{2\sqrt{2}}}$

25. Realiza las siguientes operaciones y simplifica los resultados obtenidos lo máximo posible.

a) $\sqrt{\frac{\sqrt{2}+\sqrt{8}}{\sqrt{2}}}$ b) $\sqrt{\frac{3\sqrt{12}-\sqrt{27}}{3}}$

ACTIVIDAD **RESUELTA**

26. Racionaliza las siguientes expresiones.

a) $\frac{\sqrt[3]{3}}{\sqrt{5}}$ b) $\frac{\sqrt{5}}{\sqrt[3]{3}}$ c) $\frac{\sqrt{5}-\sqrt{3}}{\sqrt{5}+\sqrt{3}}$

a) $\frac{\sqrt[3]{3}}{\sqrt{5}}=\frac{\sqrt[3]{3}\cdot\sqrt{5}}{\sqrt{5}\cdot\sqrt{5}}=\frac{\sqrt[6]{3^2}\cdot\sqrt[6]{5^3}}{5}=\frac{\sqrt[6]{1125}}{5}$

b) $\frac{\sqrt{5}}{\sqrt[3]{3}}=\frac{\sqrt{5}\cdot\sqrt[3]{3^2}}{\sqrt[3]{3}\cdot\sqrt[3]{3^2}}=\frac{\sqrt[6]{5^3}\cdot\sqrt[6]{3^4}}{3}=\frac{\sqrt[6]{5^3\cdot3^4}}{3}=\frac{\sqrt[6]{10\,125}}{3}$

c) $\frac{\sqrt{5}-\sqrt{3}}{\sqrt{5}+\sqrt{3}}=\frac{(\sqrt{5}-\sqrt{3})(\sqrt{5}-\sqrt{3})}{(\sqrt{5}+\sqrt{3})(\sqrt{5}-\sqrt{3})}=\frac{(\sqrt{5})^2+(\sqrt{3})^2-2\sqrt{5}\sqrt{3}}{(\sqrt{5})^2-(\sqrt{3})^2}=$

$=\frac{5+3-2\sqrt{5\cdot3}}{5-3}=\frac{8-2\sqrt{15}}{2}=4-\sqrt{15}$

27. Racionaliza las siguientes expresiones.

a) $\frac{5}{\sqrt{5}}$ b) $\frac{3}{\sqrt[7]{27}}$ c) $\frac{3}{3-\sqrt{7}}$ d) $\frac{\sqrt{2}+\sqrt{7}}{2\sqrt{2}-\sqrt{7}}$

28. smSaviadigital.com

PRACTICA Potencias y radicales.

5 Logaritmos. Propiedades

Si a es un número positivo y distinto de 1, el **logaritmo en base a de un número positivo N** es el exponente x al que se debe elevar a para obtener N.

$$\log_a N = x \Leftrightarrow a^x = N \text{, con } a > 0,\ a \neq 1 \text{ y } N > 0$$

Argumento (N) · Base (a) · Logaritmo (x)

Ejemplos

- $\log_3 81 = 4$, ya que $3^4 = 81$
- $\log_2 0{,}25 = -2$, ya que $2^{-2} = \frac{1}{4} = 0{,}25$

El resultado de un logaritmo puede ser cualquier número real.

Ejemplos ▸ Calcula los siguientes logaritmos.

- $\log_5 0{,}04 = -2$
- $\log_{10} \sqrt{10} = \frac{1}{2}$
- $\log_5 17 = 1{,}76037...$

Los logaritmos en base 10 se llaman **logaritmos decimales**. Se escriben omitiendo la base: $\log_{10} N = \log N$.

El logaritmo decimal de la unidad seguida de ceros coincide con el número de ceros.

Ejemplos

- $\log 10 = 1 \Leftrightarrow 10^1 = 10$
- $\log 0{,}001 = -3 \Leftrightarrow 10^{-3} = 0{,}001$

Con calculadora

La calculadora calcula logaritmos decimales:

Para hallar log 0,1, se teclea:

log | 0,1 | = | −1

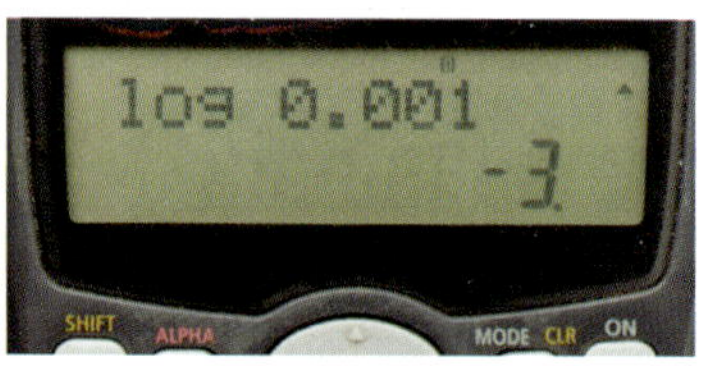

Propiedades de los logaritmos

1. En cualquier base, el logaritmo de 1 vale 0, ya que $a^0 = 1$, $\log_a 1 = 0$.
2. El logaritmo en base a del número a vale 1, ya que $a^1 = a$, $\log_a a = 1$.

Ejemplos

- $\log_7 1 = 0 \Leftrightarrow 7^0 = 1$
- $\log_7 7 = 1 \Leftrightarrow 7^1 = 7$

3. En cualquier base, el logaritmo de un producto es la suma de los logaritmos:

$$\log_a (A \cdot B) = \log_a A + \log_a B$$

4. En cualquier base, el logaritmo del cociente es la diferencia de los logaritmos:

$$\log_a \left(\frac{A}{B}\right) = \log_a A - \log_a B$$

5. En cualquier base, el logaritmo de una potencia es igual al producto del exponente por el logaritmo de la base:

$$\log_a A^n = n \cdot \log_a A$$

Ejemplos

- $\log_3 14 = \log_3 (2 \cdot 7) = \log_3 2 + \log_3 7 = 0{,}631 + 1{,}771 = 2{,}402$
- $\log 5 = \log \left(\frac{10}{2}\right) = \log 10 - \log 2 = 1 - 0{,}301 = 0{,}699$
- $\log_7 25 = \log_7 5^2 = 2 \cdot \log_7 5 = 1{,}654$

6. Si existe, **el logaritmo de un número es único**. Por tanto, se puede asegurar que se cumple la siguiente equivalencia:

$$\log_b M = \log_b N \Leftrightarrow M = N$$

Ejemplos

▸ Transforma la expresión $M = A^2 \cdot B$ en sumas.

Se toman logaritmos en ambos miembros y se aplican las propiedades anteriores.

$$M = A^2 \cdot B \Rightarrow \log M = \log (A^2 \cdot B) \overset{\text{producto}}{=} \log A^2 + \log B \overset{\text{potencia}}{=} 2 \log A + \log B$$

▸ Halla el valor de N en la expresión $\log N = \frac{1}{2}\log 3 + \log 5 - \log 15$.

$$\log N = \frac{1}{2}\log 3 + \log 5 - \log 15 \overset{\text{potencia}}{=} \log 3^{\frac{1}{2}} + \log 5 - \log 15 \overset{\text{producto}}{=} \log(\sqrt{3} \cdot 5) - \log 15 \overset{\text{cociente}}{=} \log\frac{5\sqrt{3}}{15} \Rightarrow$$

$$\Rightarrow \log N = \log\frac{5\sqrt{3}}{15} \Rightarrow N = \frac{5\sqrt{3}}{15} = \frac{\sqrt{3}}{3}$$

MAT-TIC GeoGebra

Entra en smSaviadigital.com y aplica las propiedades de los logaritmos.

Cambio de base

Se puede expresar **un logaritmo en cualquier base** mediante logaritmos decimales.

$$\log_a N = \frac{\log N}{\log a}$$

Ejemplo ▸ Calcula, usando el logaritmo decimal de la calculadora, el $\log_3 12$.

$$\log_3 12 = \frac{\log 12}{\log 3} = \frac{1,0792}{0,4771} = 2,262$$

Ten en cuenta

Algunas calculadoras científicas no proporcionan los logaritmos en cualquier base. Sin embargo, todas proporcionan los logaritmos decimales.

smSaviadigital.com

PRACTICA Practica logaritmos.

ACTIVIDADES

ACTIVIDAD **RESUELTA**

29. Aplicando directamente la definición, calcula:

a) $\log_{\frac{1}{3}} 81$ b) $\log_3 \frac{1}{9}$ c) $\log_2 \sqrt{2}$

a) $\log_{\frac{1}{3}} 81 = x \Leftrightarrow \left(\frac{1}{3}\right)^x = 81 \Rightarrow \frac{1}{3^x} = 3^4 \Rightarrow 3^{-x} = 3^4 \Rightarrow$

$\Rightarrow -x = 4 \Rightarrow x = -4$

b) $\log_3 \frac{1}{9} = x \Leftrightarrow 3^x = \frac{1}{9} \Rightarrow 3^x = \frac{1}{3^2} \Rightarrow 3^x = 3^{-2} \Rightarrow x = -2$

c) $\log_2 \sqrt{2} = x \Leftrightarrow 2^x = \sqrt{2} \Rightarrow 2^x = 2^{\frac{1}{2}} \Rightarrow x = \frac{1}{2}$

30. Halla el valor de los siguientes logaritmos.

a) $\log_2 64$ b) $\log_4 64$ c) $\log_5 \frac{1}{125}$

ACTIVIDAD **RESUELTA**

31. Sabiendo que $\log 2 = 0,301$ y que $\log 3 = 0,477$, calcula, aplicando las propiedades de los logaritmos:

a) $\log 6$ b) $\log 5$ c) $\log 0,16$

a) $\log 6 = \log (2 \cdot 3) = \log 2 + \log 3 = 0,301 + 0,477 = 0,778$

b) $\log 5 = \log \frac{10}{2} = \log 10 - \log 2 = 1 - 0,301 = 0,699$

c) $\log 0,16 = \log\left(\frac{16}{100}\right) = \log 16 - \log 100 =$

$= \log 2^4 - 2 = 4\log 2 - 2 = 4 \cdot 0,301 - 2 = -0,796$

32. Sabiendo que $\log 2 = 0,30103$ y $\log 3 = 0,477$, calcula los siguientes logaritmos.

a) $\log 9$ b) $\log 36$ c) $\log 2,4$ d) $\log \frac{1}{15}$

Organiza tus ideas

POTENCIAS DE EXPONENTE ENTERO

$$a^n = \overbrace{a\cdot a\cdot\ldots\cdot a}^{n\text{ veces}} \qquad a^0 = 1 \qquad a^{-n} = \frac{1}{a^n}$$

Propiedades

- $a^1 = a$
- $a^n\cdot a^m = a^{n+m}$
- $(a^n)^m = a^{n\cdot m}$
- $\frac{a^n}{a^m} = a^{n-m}$
- $(a\cdot b)^n = a^n\cdot b^n$
- $\left(\frac{a}{b}\right)^n = \frac{a^n}{b^n}$

Notación científica

Un número escrito en **notación científica** es de la forma $a\cdot 10^p$, donde $1 \leq |a| < 10$ y p es un número entero. El exponente p se llama **orden de magnitud**.

RADICALES

Un **radical** es la raíz indicada de un número real.

Índice → $\sqrt[n]{a} = x \Leftrightarrow x^n = a$

Radicando ↑ ↑ Raíz de orden n

Dos radicales son **equivalentes** si representan el mismo número real.

Dos radicales son semejantes si, una vez simplificados, tienen el mismo índice y el mismo radicando.

Propiedades

- $a^{\frac{m}{n}} = \sqrt[n]{a^m}$
- $a\cdot\sqrt[n]{b} = \sqrt[n]{a^n\cdot b}$
- $\sqrt[n]{a^m} = \sqrt[n\cdot p]{a^{m\cdot p}}$
- $\sqrt[n]{a}\cdot\sqrt[n]{b} = \sqrt[n]{ab}$
- $\sqrt[n]{a}:\sqrt[n]{b} = \sqrt[n]{a:b}$
- $\left(\sqrt[n]{a}\right)^m = \sqrt[n]{a^m}$
- $\sqrt[n]{\sqrt[m]{a}} = \sqrt[n\cdot m]{a}$
- $a\sqrt[n]{c} \pm b\sqrt[n]{c} = (a\pm b)\sqrt[n]{c}$

Racionalización

- $\frac{2}{3\sqrt{2}} = \frac{2\cdot\sqrt{2}}{3\sqrt{2}\cdot\sqrt{2}} = \frac{2\sqrt{2}}{3(\sqrt{2})^2} = \frac{\cancel{2}\sqrt{2}}{3\cdot\cancel{2}} = \frac{\sqrt{2}}{3}$
- $\frac{2}{\sqrt[5]{4}} = \frac{2}{\sqrt[5]{2^2}} = \frac{2\cdot\sqrt[5]{2^3}}{\sqrt[5]{2^2}\cdot\sqrt[5]{2^3}} = \frac{2\cdot\sqrt[5]{8}}{\sqrt[5]{2^2\cdot 2^3}} = \frac{2\cdot\sqrt[5]{8}}{\sqrt[5]{2^5}} = \frac{\cancel{2}\sqrt[5]{8}}{\cancel{2}} = \sqrt[5]{8}$
- $\frac{2}{2+\sqrt{2}} = \frac{2(2-\sqrt{2})}{(2+\sqrt{2})(2-\sqrt{2})} = \frac{2(2-\sqrt{2})}{2^2-(\sqrt{2})^2} = \frac{2(2-\sqrt{2})}{4-2} = \frac{\cancel{2}(2-\sqrt{2})}{\cancel{2}} = 2-\sqrt{2}$

LOGARITMOS

Si a es un número positivo y distinto de 1, el **logaritmo en base a de un número positivo N** es el exponente x al que se debe elevar a para obtener N.

Argumento ↓

$\log_a N = x \Leftrightarrow a^x = N$, con $a > 0$, $a \neq 1$ y $N > 0$

Base ↑ ↑ Logaritmo

Propiedades

- $\log_a 1 = 0$
- $\log_a a = 1$
- $\log_a (A\cdot B) = \log_a A + \log_a B$
- $\log_a \left(\frac{A}{B}\right) = \log_a A - \log_a B$
- $\log_a A^n = n\log_a A$
- $\log_b M = \log_b N \Leftrightarrow M = N$
- $\log_a N = \frac{\log N}{\log a}$

Actividades clave

1. Expresa como una única potencia.

a) $\left(\frac{1}{2}\right)^{2}\cdot\left(\frac{1}{2}\right)^{-3}$

b) $\left[\left(\frac{5}{7}\right)^{4}\cdot\left(-\frac{7}{5}\right)^{5}\right]^{-1}:\left(-\frac{5}{7}\right)$

Se resuelve la operación teniendo en cuenta la jerarquía de las operaciones:

a) $\left(\frac{1}{2}\right)^{2}\cdot\left(\frac{1}{2}\right)^{-3}=\left(\frac{1}{2}\right)^{-1}=\left(\frac{2}{1}\right)^{1}=2$

b) $\left[\left(\frac{5}{7}\right)^{4}\cdot\left(-\frac{7}{5}\right)^{5}\right]^{-1}:\left(-\frac{5}{7}\right)=\left[-\left(\frac{5}{7}\right)^{4}\cdot\left(\frac{5}{7}\right)^{-5}\right]^{-1}:\left(-\frac{5}{7}\right)=\left[\left(\frac{5}{7}\right)^{4-5}\right]^{-1}:\left(\frac{5}{7}\right)=$

$=\left[\left(\frac{5}{7}\right)^{-1}\right]^{-1}:\left(\frac{5}{7}\right)=\left(\frac{5}{7}\right):\left(\frac{5}{7}\right)=1$

2. Realiza la operación y expresa el resultado en forma de notación científica.

$$\frac{7{,}35\cdot10^{6}\cdot(1{,}49\cdot10^{3}+4{,}02\cdot10^{5})}{9{,}95\cdot10^{-3}}$$

$$\frac{7{,}35\cdot10^{6}\cdot(1{,}49\cdot10^{3}+4{,}02\cdot10^{5})}{9{,}95\cdot10^{-3}}=\frac{7{,}35\cdot10^{6}\cdot(1{,}49\cdot10^{3}+402\cdot10^{3})}{9{,}95\cdot10^{-3}}=$$

$$=\frac{7{,}35\cdot10^{6}\cdot(403{,}49\cdot10^{3})}{9{,}95\cdot10^{-3}}=\frac{7{,}35\cdot10^{6}\cdot4{,}0349\cdot10^{5}}{9{,}95\cdot10^{-3}}$$

$$=\frac{7{,}35\cdot4{,}0349\cdot10^{6}\cdot10^{5}}{9{,}95\cdot10^{-3}}=\frac{29{,}6565\cdot10^{11}}{9{,}95\cdot10^{-3}}=2{,}98\cdot10^{14}$$

3. Calcula el valor de la siguiente expresión.

$$\sqrt[3]{\frac{5\sqrt{18}+\sqrt{50}+7\sqrt{2}}{\sqrt{2}}}$$

$$\sqrt[3]{\frac{5\sqrt{18}+\sqrt{50}+7\sqrt{2}}{\sqrt{2}}}=\sqrt[3]{\frac{5\sqrt{2\cdot3^{2}}+\sqrt{2\cdot5^{2}}+7\sqrt{2}}{\sqrt{2}}}=\sqrt[3]{\frac{5\cdot3\sqrt{2}+5\sqrt{2}+7\sqrt{2}}{\sqrt{2}}}=$$

$$=\sqrt[3]{\frac{15\sqrt{2}+5\sqrt{2}+7\sqrt{2}}{\sqrt{2}}}=\sqrt[3]{\frac{(15+5+7)\cancel{\sqrt{2}}}{\cancel{\sqrt{2}}}}=\sqrt[3]{27}=3$$

4. Racionaliza y calcula el valor de la siguiente expresión.

$$\frac{2+\sqrt{2}}{\sqrt{3}}-\frac{1}{\sqrt{6}+\sqrt{3}}$$

1.º Se racionaliza cada término:

- $\frac{2+\sqrt{2}}{\sqrt{3}}=\frac{(2+\sqrt{2})\sqrt{3}}{\sqrt{3}\cdot\sqrt{3}}=\frac{2\sqrt{3}+\sqrt{6}}{(\sqrt{3})^{\cancel{2}}}=\frac{2\sqrt{3}+\sqrt{6}}{3}$
- $\frac{1}{\sqrt{6}+\sqrt{3}}=\frac{\sqrt{6}-\sqrt{3}}{(\sqrt{6}+\sqrt{3})\cdot(\sqrt{6}-\sqrt{3})}=\frac{\sqrt{6}-\sqrt{3}}{(\sqrt{6})^{\cancel{2}}-(\sqrt{3})^{\cancel{2}}}=\frac{\sqrt{6}-\sqrt{3}}{3}$

2.º Se realiza la operación:

$$\frac{2+\sqrt{2}}{\sqrt{3}}-\frac{1}{\sqrt{6}+\sqrt{3}}=\frac{2\sqrt{3}+\sqrt{6}}{3}-\frac{\sqrt{6}-\sqrt{3}}{3}=\frac{2\sqrt{3}+\cancel{\sqrt{6}}-\cancel{\sqrt{6}}+\sqrt{3}}{3}=\frac{\cancel{3}\sqrt{3}}{\cancel{3}}=\sqrt{3}$$

5. Despeja el valor de x en las siguientes expresiones.

a) $2^{x}=10$

b) $0{,}5^{x}=150$

c) $6^{3x+2}=100$

a) $2^{x}=10\Rightarrow\log2^{x}=\log10\Rightarrow x\cdot\log2=\log10\Rightarrow x=\frac{\log10}{\log2}=\frac{1}{0{,}301}=3{,}322$

b) $0{,}5^{x}=150\Rightarrow\log0{,}5^{x}=\log150\Rightarrow x\cdot\log0{,}5=\log150$

$\Rightarrow x=\frac{\log150}{\log0{,}5}=\frac{2{,}176}{-0{,}301}=-7{,}229$

c) $6^{3x+2}=100\Rightarrow\log(6^{3x+2})=\log100\Rightarrow(3x+2)\log6=2\Rightarrow3x\log6+2\log6=2\Rightarrow$

$\Rightarrow x\cdot3\log6=2-2\log6\Rightarrow x=\frac{2-2\log6}{3\log6}=0{,}19$

Actividades

EJERCICIOS PARA PRACTICAR

Potencias de exponente entero

33. Calcula.

a) $2^5 + 3 \cdot (-2)^3 - 4 \cdot (-2)^4 - 2^6$

b) $2^{-2} + 2^2 + (-2)^2$

c) $2^{-3} + 3^{-2}$

34. Calcula el valor de las siguientes potencias de fracciones.

a) $\left(\frac{1}{9}\right)^{-1}$ b) $\left(\frac{-3}{4}\right)^{-4}$ c) $\left(-\frac{5}{8}\right)^{-3}$

ACTIVIDAD **RESUELTA**

35. Calcula. $\dfrac{\left(\frac{3}{2}\right)^{-2} \cdot \left(\frac{2}{3}\right)^{-3}}{\left(\frac{3}{2}\right)^{-2}}$

$$\frac{\left(\frac{3}{2}\right)^{-2} \cdot \left(\frac{2}{3}\right)^{-3}}{\left(\frac{3}{2}\right)^{-2}} = \frac{\left(\frac{3}{2}\right)^{-2} \cdot \left(\frac{3}{2}\right)^{3}}{\left(\frac{3}{2}\right)^{-2}} = \left(\frac{3}{2}\right)^{-2+3+2} = \left(\frac{3}{2}\right)^{3} = \frac{3^3}{2^3} = \frac{27}{8}$$

36. Calcula y simplifica.

a) $\dfrac{\left(\frac{3}{4}\right)^{4} \cdot \left(\frac{4}{3}\right)^{2}}{\left(\frac{4}{3}\right)^{-2}}$ b) $\dfrac{(2^2)^{-1} \cdot \left(\frac{1}{2}\right)^{2}}{4^{-3}}$

37. Expresa como una única potencia.

a) $\left(\frac{7}{4}\right)^{4} \cdot \left[\left(-\frac{7}{4}\right)^{3}\right]^{2} : \frac{4}{7}$

b) $\left[\left(\frac{9}{4}\right)^{-2} \cdot \left(\frac{4}{9}\right)\right]^{-6} : \left(-\frac{4}{9}\right)^{-5}$

c) $\left[\left(\frac{4}{5}\right)^{2} \cdot \left(\frac{5}{4}\right)^{-1}\right] : \left[\left(\frac{5}{4}\right)^{-4} : \left(\frac{4}{5}\right)\right]$

38. Simplifica y escribe como producto de potencias.

a) $\dfrac{2^{29} \cdot 4^5}{8^{10}}$ b) $\dfrac{\frac{3^9 \cdot 9^{-2}}{27}}{81^4}$ c) $\dfrac{45^3 \cdot 15^{-5}}{\left(\frac{10}{3}\right)^{4}}$

39. Realiza las operaciones y simplifica el resultado.

a) $\left(\frac{2}{3} - 1\right)^{-3} + \frac{8}{5} \cdot \frac{4}{6} - \frac{1}{6} : \left[\left(\frac{-7}{2}\right)^{2} + \frac{1}{4} \cdot \left(2 - \frac{9}{5}\right)\right]$

b) $\left[\frac{5}{4} - \frac{1}{3} \cdot \left(\frac{2}{6}\right)^{-2}\right] : \left[\left(\frac{3}{2} - 2\right)^{3} - \frac{1}{12} \cdot \frac{9}{2}\right]$

Notación científica

40. Expresa en notación científica los siguientes números.

a) 2120000000
b) 0,0000025
c) 3090000
d) 0,00000000376
e) 15000000000000
f) 0,0000000064
g) 1450 000 000 000
h) 0,0000000064

41. Expresa en notación científica la información que se recoge en las siguientes afirmaciones.

a) La población de China es de 1374620000 habitantes.

b) La masa de un átomo de hidrógeno es de 0,000000000000000000000001661 g.

c) El tamaño del bacilo de Koch se encuentra entre 0,0000002 y 0,0000007 m.

d) La distancia media de Plutón al Sol es de 5913500000 km.

42. Copia la siguiente tabla en tu cuaderno y completa los huecos.

Escritura decimal	Escritura con 10^p	Notación científica
18000000	●●●	●●●
0,0000000016	●●●	●●●
●●●	$15 \cdot 10^{-6}$	●●●
●●●	$127 \cdot 10^{4}$	●●●
●●●	●●●	$2,8 \cdot 10^{-5}$
●●●	●●●	$7,6 \cdot 10^{2}$

43. Opera y expresa el resultado en notación científica.

a) $1,34 \cdot 10^4 + 0,754 \cdot 10^4 - 25\,100$

b) $6,14 \cdot 10^{-3} - 0,0016 - 1,5 \cdot 10^{-3}$

44. Realiza las operaciones en notación científica.

a) $2,85 \cdot 10^{10} + 3,16 \cdot 10^8 - 4,28 \cdot 10^9$

b) $3,33 \cdot 10^{-8} + 0,16 \cdot 10^{-6} - 1,5 \cdot 10^{-7}$

c) $3,01 \cdot 10^{-5} \cdot 8,24 \cdot 10^4 \cdot 7,15 \cdot 10^8$

d) $(1,025 \cdot 10^5) : (2,05 \cdot 10^{-6})$

e) $4,75 \cdot 10^{-6} \cdot (3,56 \cdot 10^9 + 9,87 \cdot 10^7 - 2,046 \cdot 10^6)$

45. Calcula y expresa el resultado en notación científica.

a) $4,36 \cdot 10^4 \cdot (1,23 \cdot 10^3 - 2,5 \cdot 10^4)$

b) $(0,02 \cdot 10^{41}) \cdot (1,25 \cdot 10^{-33}) : (4,35 \cdot 10^{-22})$

c) $(1,05 \cdot 10^{25}) : (0,7 \cdot 10^{-18}) : (6,08 \cdot 10^{-12})$

d) $0,2 + 0,22 + 0,022$

Potencias de exponente fraccionario y radicales

46. Calcula el valor de las siguientes raíces.

a) $\sqrt[4]{1296}$ b) $\sqrt[5]{-32}$ c) $\sqrt[4]{-16}$ d) $-\sqrt[4]{256}$

47. Halla todos los números que cumplen la condición pedida en cada caso.

a) Cuyo cuadrado sea 81.

b) Cuyo cuadrado sea –81.

c) Cuyo cubo sea 125.

d) Cuyo cubo sea –125.

48. Ordena de mayor a menor estos radicales, reduciendo a índice común si es necesario.

a) $\sqrt{9}$, $\sqrt{10}$, $\sqrt[3]{26}$ b) $\sqrt{2}$, $\sqrt[4]{5}$, $\sqrt[5]{12}$

49. Indica si son equivalentes los siguientes pares de radicales.

a) $\sqrt[8]{625}$ y $\sqrt[6]{125}$ b) $\sqrt{2}$, $\sqrt[4]{36}$ y $\sqrt[6]{216}$

50. Calcula el valor de las siguientes potencias.

a) $25^{\frac{3}{2}}$ b) $343^{\frac{2}{3}}$ c) $16^{0,25}$ d) $27^{0,\widehat{3}}$

51. Introduce los factores en el radical y opera.

a) $2\cdot 5\cdot\sqrt[3]{50}$ c) $3\cdot 5^3\cdot\sqrt[5]{15}$

b) $3^2\cdot 2\cdot\sqrt[4]{12}$ d) $5\cdot\sqrt{10}$

52. Extrae todos los factores posibles y opera.

a) $2\cdot\sqrt[3]{2160}$ c) $7\cdot\sqrt[4]{9072}$

b) $3\cdot 5\cdot\sqrt{4320}$ d) $2\cdot 3\cdot\sqrt{216}$

53. Realiza las siguientes operaciones.

a) $\sqrt[4]{5}\cdot\sqrt[6]{3}$ b) $\sqrt[3]{9}:\sqrt{12}$ c) $\sqrt{3}\cdot\sqrt[4]{3}:\left(\sqrt[3]{3}\right)^2$

54. Opera y simplifica.

a) $2\sqrt{50}+3\sqrt{45}-\sqrt{80}$

b) $3\sqrt{50}+2\sqrt{72}-4\sqrt{8}-\sqrt{200}$

c) $3\sqrt{5}-4\sqrt{20}+\sqrt{125}$

d) $4\cdot\sqrt[3]{16}+5\cdot\sqrt[3]{54}-2\cdot\sqrt[3]{250}$

55. Efectúa las siguientes operaciones.

a) $\sqrt{8}\cdot\sqrt{27}$ e) $\sqrt{\frac{1}{2}}\cdot\sqrt[4]{8}:\sqrt[3]{4}$

b) $\sqrt[3]{512}:\sqrt[3]{200}$ f) $\sqrt{12}:\sqrt[3]{32}\cdot\sqrt[6]{2}$

c) $\sqrt[3]{4}\cdot\sqrt[5]{392}$ g) $\sqrt{\sqrt[3]{\sqrt{8}}}$

d) $\sqrt[4]{2187}:\sqrt{108}$ h) $\left(\sqrt[3]{\sqrt{64}}\right)^2$

56. Opera y simplifica.

a) $2\sqrt{x}+5\sqrt{25x}-3\sqrt{36x}-4\sqrt{9x}$

b) $\dfrac{2^{\frac{3}{5}}\cdot 2^{\frac{4}{3}}}{2^{\frac{5}{6}}}$

57. Calcula a, b, c y d para que se cumpla esta igualdad.

$$\sqrt{10^4\cdot 14^6\cdot 81^{12}}=2^a\cdot 3^b\cdot 5^c\cdot 7^d$$

58. Racionaliza las siguientes expresiones.

a) $\dfrac{4}{\sqrt{2}}$ c) $\dfrac{25}{\sqrt[5]{5}}$ e) $\dfrac{1}{1-\sqrt{7}}$

b) $\dfrac{3}{\sqrt{3}}$ d) $\dfrac{3}{\sqrt[3]{3}}$ f) $\dfrac{5}{1-\sqrt{10}}$

59. Racionaliza las siguientes expresiones.

a) $\dfrac{1+\sqrt{2}}{1-\sqrt{2}}$ c) $\dfrac{\sqrt{3}+\sqrt{2}}{\sqrt{5}}$ e) $\dfrac{\sqrt{2}+\sqrt{3}}{\sqrt{2}-\sqrt{3}}$

b) $\dfrac{2-\sqrt{2}}{\sqrt[4]{2}}$ d) $\dfrac{1-\sqrt{2}}{\sqrt{3}+1}$ f) $\dfrac{4+\sqrt{5}}{2-\sqrt{5}}$

60. Opera y simplifica todo lo que puedas esta expresión.

$$(3-2\sqrt{2})^2+(3-2\sqrt{2})\cdot(3+2\sqrt{2})$$

ACTIVIDAD **RESUELTA**

61. Resuelve la siguiente operación y simplifica el resultado.

$$1+\frac{8^{\frac{1}{3}}}{1+\dfrac{3^{\frac{2}{5}}}{\sqrt[5]{9}}}$$

$$1+\frac{8^{\frac{1}{3}}}{1+\dfrac{3^{\frac{2}{5}}}{\sqrt[5]{9}}}=1+\frac{(2^3)^{\frac{1}{3}}}{1+\dfrac{3^{\frac{2}{5}}}{(3^2)^{\frac{1}{5}}}}=1+\frac{2}{1+3^{\frac{2}{5}}:3^{\frac{2}{5}}}=1+\frac{2}{1+1}=1+1=2$$

62. Calcula el valor de las siguientes expresiones.

a) $\dfrac{\dfrac{2}{3}+\dfrac{3}{\sqrt[3]{27}}}{1+\left(\dfrac{4}{9}\right)^{\frac{1}{2}}}$ b) $\dfrac{1+\dfrac{\sqrt{2}}{\sqrt{8}}}{\left(\dfrac{4}{3}\right)^{-1}}$

63. Racionaliza la expresión $\dfrac{4-2\sqrt{2}}{2\sqrt{2}+4}$.

64. Racionaliza y opera las siguientes expresiones.

a) $\dfrac{3}{\sqrt{27}}-\dfrac{5}{\sqrt{75}}+\dfrac{4}{\sqrt{12}}$ b) $\dfrac{2}{\sqrt{6}}-\dfrac{3}{\sqrt{24}}+\dfrac{1}{\sqrt{54}}$

65. Simplifica la expresión. $\sqrt{\dfrac{2\sqrt{8}-\sqrt{2}}{\sqrt{12}+\sqrt{3}}}$

66. Calcula.

a) $\dfrac{1+\dfrac{1}{\sqrt[3]{8}}}{1-\dfrac{1}{8^{-\frac{1}{3}}}}$ b) $\dfrac{\sqrt[3]{125}+4^{1-\frac{1}{2}}}{7}$ c) $\dfrac{\sqrt[3]{27}}{\sqrt{4}+\left(\dfrac{2}{3}\right)^2\cdot\left(\dfrac{3}{2}\right)^2}$

Actividades

Logaritmos

67. Calcula, mediante la aplicación de la definición, el valor de los siguientes logaritmos decimales.

a) $\log 1000$ c) $\log 100\,000$ e) $\log 0{,}1$

b) $\log 0{,}0001$ d) $\log \frac{1}{100}$ f) $\log \frac{1}{10\,000}$

68. Calcula, mediante la aplicación de la definición, el valor de los siguientes logaritmos.

a) $\log_6 216$ c) $\log_3 729$ e) $\log_{11} 121$

b) $\log_4 4096$ d) $\log_2 512$ f) $\log_{13} 1$

ACTIVIDAD **RESUELTA**

69. Calcula x para que $\log_x\left(\frac{1}{4}\right)=-2$.

Aplicando la definición:

$$\log_x\left(\frac{1}{4}\right)=-2 \Leftrightarrow x^{-2}=\frac{1}{4} \Rightarrow \frac{1}{x^2}=\frac{1}{4} \Rightarrow x^2=4 \Rightarrow x=\pm 2$$

Solo es válida la solución $x = 2$, puesto que la base de un logaritmo es siempre positiva.

70. Calcula la base a en cada caso.

a) $\log_a 256 = 2$ b) $\log_a 256 = 1$ c) $\log_a 256 = \frac{1}{2}$

71. Utiliza la calculadora para hallar los siguientes logaritmos decimales redondeando a tres cifras decimales.

a) $\log 52$ b) $\log 1250$ c) $\log 0{,}45$ d) $\log 0{,}024$

72. Utiliza la calculadora para hallar aproximaciones por redondeo con tres cifras decimales.

a) $\log_3 25$ b) $\log_6 525$ c) $\log_{\frac{1}{2}} 27$ d) $\log_{\frac{1}{3}}\left(\frac{7}{6}\right)$

73. Halla el valor de las siguientes sumas.

a) $\log_2 2 + \log_2 4 + \log_2 8 + \log_2 16$

b) $\log_3 3 + \log_3 9 + \log_3 27 + \log_3 81$

ACTIVIDAD **RESUELTA**

74. Si se considera que el logaritmo en base 10 de 2 es aproximadamente 0,301, calcula:

a) $\log\frac{2}{\sqrt{32}}$ b) $\log 0{,}004$

a) $$\log\frac{2}{\sqrt{32}}=\log 2-\log\sqrt{32}=\log 2-\log 2^{\frac{5}{2}}=\log 2-\frac{5}{2}\log 2=$$
$$=\log 2\left(1-\frac{5}{2}\right)=0{,}301\cdot\left(-\frac{3}{2}\right)=-0{,}4515$$

b) $$\log 0{,}004=\log\frac{4}{1000}=\log 4-\log 1000=\log 2^2-\log 10^3=$$
$$=2\log 2-3\log 10=2\cdot 0{,}301-3=-2{,}398$$

75. Si se considera que $\log 2 = 0{,}301$ y $\log 3 = 0{,}477$, calcula:

a) $\log 128$ d) $\log 5000$ g) $\log\frac{5}{8}$

b) $\log\frac{1}{\sqrt{8}}$ e) $\log\sqrt[3]{16}$ h) $\log 0{,}0016$

c) $\log 18$ f) $\log\left(\frac{1}{6}\right)$ i) $\log\sqrt{12}$

76. Sabiendo que $\log 2 = 0{,}301$ y que $\log 7 = 0{,}845$, calcula sin utilizar la calculadora:

a) $\log 14$ b) $\log 3{,}5$ c) $\log\sqrt{28}$ d) $\log_2 7$

77. Despeja x en las siguientes expresiones.

a) $4^x = 15$ b) $0{,}8^x = 25$ c) $10{,}5^{2x+1} = 10{,}5$

Actividades de síntesis

ACTIVIDAD **RESUELTA**

78. Expresa el resultado de la siguiente operación en notación científica.

$$2{,}\widehat{24}\cdot 10^4-10{,}0\widehat{5}\cdot 10^3$$

Se calcula la fracción generatriz de cada decimal:

- $2{,}\widehat{24}=\frac{224-2}{99}=\frac{222}{99}=\frac{74}{33}$
- $10{,}0\widehat{5}=\frac{1005-100}{90}=\frac{905}{90}=\frac{181}{18}$

Se expresa cada número en el mismo orden de magnitud:

$$2{,}\widehat{24}\cdot 10^4-10{,}\widehat{5}\cdot 10^3=\frac{74}{33}\cdot 10^4-\frac{181}{18}\cdot 10^3=$$
$$=\frac{740}{33}\cdot 10^3-\frac{181}{18}\cdot 10^3=$$
$$=\left(\frac{740}{33}-\frac{181}{18}\right)\cdot 10^3=\frac{2449}{198}\cdot 10^3=$$
$$=12{,}3\widehat{68}\cdot 10^3=1{,}23\widehat{68}\cdot 10^4$$

79. Calcula y simplifica.

a) $0{,}\widehat{8}+\frac{1}{3}$ c) $2{,}\widehat{02}\cdot 10^8+0{,}\widehat{2}\cdot 10^9$

b) $1{,}\widehat{45}+\frac{3}{4}$ d) $1{,}0\widehat{5}\cdot 10^{-5}+0{,}\widehat{5}\cdot 10^{-6}-31{,}7\cdot 10^{-4}$

80. Calcula el valor de a en cada caso.

a) $2^{a+3} = 2^{-4}$ c) $2^{2a-3} = 8^2$

b) $2^{a+3} = 2^5$ d) $0{,}5^{4a+1} = 2^{10}$

81. Calcula el volumen de un cubo de lado:

a) 2 cm b) $\frac{2}{3}$ cm c) $\left(1+\frac{1}{2}\right)$ cm

82. Averigua cuál es el número a sabiendo que:

- Su raíz cúbica es mayor que 4.
- La raíz cúbica de su cuadrado es menor que 17.
- El número es un entero múltiplo de 10.

PROBLEMAS **PARA RESOLVER**

83. Teniendo en cuenta que la masa de un electrón es de $9{,}11 \cdot 10^{-31}$ kg y que la masa de un elefante africano es, aproximadamente, de 7500 kg, ¿cuántas veces es más pesado el elefante que el electrón?

84. Un determinado tipo de microorganismo tiene un diámetro de $1{,}75 \cdot 10^{-5}$ m.

a) Si se colocaran un millón de microorganismos de este tipo en línea y unos junto a otros, ¿qué longitud total se alcanzaría?

b) ¿Cuántos microorganismos de este tipo son necesarios para alcanzar una longitud de un decímetro?

85. Una pelota de playa tiene una capacidad de 20 580 cm³. Si el volumen de una esfera es $V = \frac{4}{3}\pi R^3$, calcula el radio de la pelota.

86. Para solar la entrada de una nueva sala de exposiciones se utilizan baldosas de 20 cm × 30 cm. Si la entrada es un recinto circular de 6 m de radio, ¿cuántas baldosas se necesitan como mínimo, suponiendo que se puedan aprovechar todos los recortes?

87. El propietario de una parcela de dimensiones 54 m × 24 m quiere negociar con los propietarios vecinos para intentar quedarse con una parcela de la misma área pero con forma cuadrada. ¿Cuántos metros se deberán quitar a la primera dimensión y cuántos se deberán añadir a la segunda?

PROBLEMA **RESUELTO**

88. Calcula la diagonal de un ortoedro de dimensiones 10 cm, 5 cm y 4 cm.

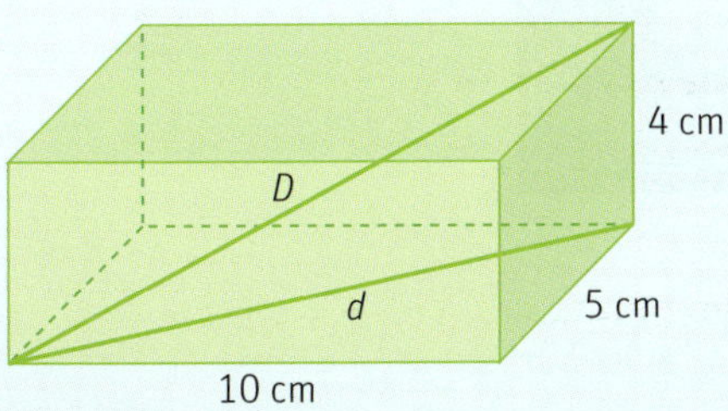

Aplicando el teorema de Pitágoras, se calcula la diagonal d de la base: $d = \sqrt{10^2 + 5^2} = \sqrt{125}$ cm

Aplicando otra vez el teorema de Pitágoras, se calcula la diagonal D del ortoedro: $D = \sqrt{(\sqrt{125})^2 + 4^2} = \sqrt{125 + 16} = \sqrt{141}$ cm

89. ¿Cuál es el trayecto más corto que puede hacer la mosca encerrada en una habitación con forma de ortoedro y cuyas dimensiones son de 10 m, 4 m y 3 m, respectivamente, para llevarle la flor a su amada?

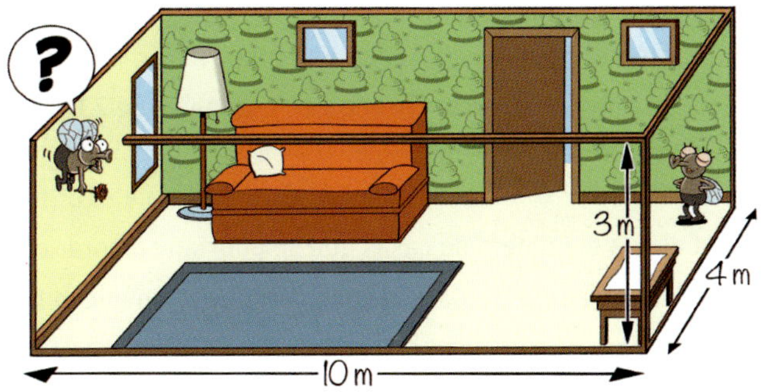

90. a) ¿Cuántos cubos de 2 cm de lado se deben juntar para formar un cubo mayor que tenga un volumen de 17 576 cm³?

b) ¿Cuántos pisos se forman y cuántos cubos hay por piso?

91. Un país invierte el 0,17 % del PIB en ayuda al desarrollo y las ONG piden cumplir la recomendación de la ONU, que consiste en dedicar el 0,7 %. Si el PIB del país asciende a 2 billones de euros al año, ¿cuánto dinero deja de destinar a ayuda al desarrollo según las indicaciones de la ONU? Realiza las operaciones en notación científica.

92. Sabiendo que la velocidad de la luz es de 300 000 km/s, calcula el tiempo que tardaría en llegar a la Tierra la luz emitida por el Sol, teniendo en cuenta que:

- La distancia media del Sol a la Tierra es de de 150 millones de kilómetros.
- El espacio recorrido por un objeto se puede calcular multiplicando su velocidad por el tiempo que tarda en recorrerlo.

Encuentra el error

93. La profesora ha pedido resolver este problema por parejas: Si a es un número real positivo, simplifica la expresión:

$$E = \frac{\sqrt{25 + 10a + a^2} - \sqrt{25 - 10a + a^2}}{\sqrt{25 + 10a + a^2} + \sqrt{25 - 10a + a^2}}$$

Alicia y Pedro transforman la expresión teniendo en cuenta el cuadrado del binomio:

$$E = \frac{\sqrt{(5+a)^2} - \sqrt{(5-a)^2}}{\sqrt{(5+a)^2} + \sqrt{(5-a)^2}} = \frac{5 + a - (5 - a)}{5 + a + 5 - a} = \frac{2a}{10} = \frac{a}{5}$$

Pedro comprueba que para $a = 2$ está bien:

$$\frac{\sqrt{25 + 10 \cdot 2 + 2^2} - \sqrt{25 - 10 \cdot 2 + 2^2}}{\sqrt{25 + 10 \cdot 2 + 2^2} + \sqrt{25 - 10 \cdot 2 + 2^2}} = \frac{\sqrt{49} - \sqrt{9}}{\sqrt{49} + \sqrt{9}} = \frac{4}{10} = \frac{2}{5}$$

Y ha obtenido lo que esperaba: $\frac{a}{5} = \frac{2}{5}$

Alicia prueba con $a = 6$:

$$\frac{\sqrt{25 + 10 \cdot 6 + 6^2} - \sqrt{25 - 10 \cdot 6 + 6^2}}{\sqrt{25 + 10 \cdot 6 + 6^2} + \sqrt{25 - 10 \cdot 6 + 6^2}} = \frac{\sqrt{121} - \sqrt{1}}{\sqrt{121} + \sqrt{1}} = \frac{5}{6}$$

Pero según su simplificación debería haber salido $\frac{a}{5} = \frac{6}{5}$.

¿Dónde está el error?

Ponte a prueba

PROBLEMA **RESUELTO**

¿Como cuánto?

Cuando se habla de números muy grandes es fácil perder la noción de su verdadero valor y parece que da igual un cero más o menos. Para comprenderlos se comparan con cantidades que sean familiares: habitantes de la Tierra, altura del Teide, capacidad de un estadio de fútbol, etc.

1. El precio medio de la vivienda en España es de 2300 €/m^2 y el tamaño medio es de 98,6 m^2. ¿Cuál será el coste medio de una casa?

   A. $2,2 \cdot 10^5$ € B. $2,3 \cdot 10^5$ € C. $2,4 \cdot 10^5$ € D. $2,5 \cdot 10^5$ €

2. Calcula el número de casas que se podrían comprar con:

   a) El presupuesto para la construcción de un nuevo hospital: 50 000 000 €.

   b) El precio que pagó el Real Madrid por Cristiano Ronaldo: 94 000 000 €.

   c) El coste del AVE Madrid-Valencia: 12 410 000 000 €.

   d) El coste del programa Apolo de la NASA: 100 000 000 000 €.

SOLUCIÓN

1. $2300 \cdot 98,6 = 226\,780 \approx 2,3 \cdot 10^5$. El coste medio de una casa es de $2,3 \cdot 10^5$ €.

2. El número de casas que se podrían comprar con:

   a) $5 \cdot 10^7 : 2,3 \cdot 10^5 = \frac{5}{2,3} \cdot \frac{10^7}{10^5} = 2,17 \cdot 10^2$. Unas 200 casas.

   b) $9,4 \cdot 10^7 : 2,3 \cdot 10^5 = \frac{9,4}{2,3} \cdot \frac{10^7}{10^5} = 4,08 \cdot 10^2$. Unas 400 casas.

   c) $1,241 \cdot 10^{10} : 2,3 \cdot 10^5 = \frac{1,241}{2,3} \cdot \frac{10^{10}}{10^5} = 0,54 \cdot 10^5$. Unas 54 000 casas.

   d) $1 \cdot 10^{11} : 2,3 \cdot 10^5 = \frac{1}{2,3} \cdot \frac{10^{11}}{10^5} = 0,43 \cdot 10^6$. Unas 430 000 casas.

Crecimiento de poblaciones bacterianas

Se ha realizado un cultivo bacteriano y se ha observado que el número de bacterias se duplica cada 30 min.

Si se supone que a las 10.00 h de la mañana hay 15 000 bacterias:

1. ¿Cuántas bacterias habrá a las 10.30 h?

   A. 20000 B. 25000 C. 30000 D. 40000

2. ¿Cuántas bacterias habrá a las 15.00 h?

3. Escribe la fórmula que exprese la población que habrá cuando hayan pasado *t* horas desde las 10.00 de la mañana.

4. ¿Cuánto tiempo ha pasado si el número de bacterias es de 1920000?

   A. 6 h B. 3,5 h C. 5 h D. 7,5 h

El logaritmo del amoniaco

Las siglas pH significan "potencial de hidrógeno". Se trata de una escala que mide cómo de ácida o de básica es una sustancia. Los ácidos fuertes, como el ácido sulfúrico, tienen altas concentraciones de iones de hidrógeno, y las soluciones alcalinas fuertes, como la sosa cáustica, tienen concentraciones bajas.

La concentración de una sustancia se expresa como el número de moles por litro. Por ejemplo, el vinagre tiene 0,001 mol/L. Para evitar trabajar con números tan pequeños, en 1909 el químico danés Søren P. L. Sørensen construyó una escala logarítmica para medir las concentraciones: el pH.

El pH es el opuesto del logaritmo de la concentración de moles de iones de hidrógeno.

$$\text{pH (vinagre)} = -\log 0{,}001 = -\log (10^{-3}) = 3$$

- Si el pH = 7, se dice que la sustancia es neutra.
- Si el pH < 7, es ácida.
- Si el pH > 7, es básica.

Por ejemplo, el pH del amoniaco es 12 y el del vino es 4.

1. La concentración mínima es de 10^{-14} mol/L. ¿Cuál es el valor máximo que puede tomar el pH?
2. Considera el amoniaco, el vino y el vinagre.
   a) ¿Cuáles de ellos son básicos y cuáles ácidos?
   b) ¿Cuál es la concentración en cada uno de ellos?
   c) ¿Cuántas veces es mayor la concentración de iones de hidrógeno en el amoniaco que en el vino?
3. ¿Cuántas veces es más ácida una sustancia cuyo pH es 2 que una cuyo pH es 4?
4. Para el cuerpo humano son corrosivas las sustancias con un pH menor que 3,5, y son cáusticas aquellas con un pH superior a 11,5. Relaciona el pH con las sustancias e indica cuáles no son adecuadas para el cuerpo humano.

pH = 5 | pH = 6,5 | pH = 2,3 | pH = 13 | pH = 9,9

AUTOEVALUACIÓN

1. Calcula el resultado de las siguientes potencias.

   a) $\left(\frac{2}{3}\right)^5$ b) $\left(-\frac{7}{4}\right)^2$ c) $\left(-\frac{8}{9}\right)^3$ d) $-\left(\frac{4}{5}\right)^{-2}$

2. Realiza las operaciones siguientes y simplifica el resultado lo máximo posible.

   a) $\left(\frac{1}{4}-\frac{1}{2}\right)^2-\frac{4}{3}\cdot\left(-\frac{7}{4}\right)$ b) $\left(\frac{5}{4}\right)^{-2}:\left(\frac{1}{3}-\frac{3}{4}\right)\cdot\left(\frac{1}{2}-1\right)$

3. Calcula el resultado de cada una de las siguientes expresiones.

   a) $125^{\frac{4}{3}}$ b) $81^{1,25}$ c) $9^{1,5}$

4. Realiza las siguientes operaciones con radicales.

   a) $\sqrt{3}\cdot\sqrt[4]{2}$
   b) $\sqrt[3]{2}:\sqrt[5]{3}$
   c) $\left(\sqrt{\sqrt[3]{2}}\right)^4$
   d) $3\sqrt{75}-2\sqrt{12}+3\sqrt{27}$
   e) $3\sqrt{50}+\sqrt{200}-8\sqrt{8}$
   f) $\frac{3}{\sqrt{10}}-\frac{5}{\sqrt{40}}+\frac{2}{\sqrt{90}}$

5. Racionaliza las siguientes expresiones.

   a) $\frac{4}{\sqrt{8}}$ b) $\frac{3}{\sqrt[3]{8}}$ c) $\frac{1}{\sqrt{7}+\sqrt{3}}$

6. Di si son ciertas o no estas afirmaciones.

   a) Los radicales $\sqrt[6]{25}$ y $\sqrt[3]{5}$ son equivalentes.
   b) $\sqrt{3}+\sqrt{5}=\sqrt{8}$

7. Aplicando la definición, calcula los siguientes logaritmos.

   a) $\log_3 \frac{1}{27}$ b) $\log_{\frac{1}{2}}\left(\frac{1}{256}\right)$

8. Sabiendo que $\log 2 = 0{,}301$, halla sin utilizar la calculadora:

   a) $\log 256$ b) $\log 0{,}8$

9. Halla el diámetro de un balón, expresado en centímetros, teniendo en cuenta que:
   1. Es un número natural.
   2. Su volumen está comprendido entre 13 y 17 dm^3.

3 Proporcionalidad

- Si en vez de una manguera, utilizamos 5 para llenar una piscina, ¿cuánta agua vierten? ¿Y cuánto tiempo tardan en llenarla?
- De los 660 alumnos de un centro, 360 son chicas. ¿Qué porcentaje representan?
- Si un banco te hace un préstamo, ¿cuánto tendrás que devolverle cada mes?

Busca y saca conclusiones

¿De dónde viene
la palabra *banco*?
¿Y *bancarrota*?

¿Qué crees que significa *ceca*? Debátelo con un compañero y comprobad vuestra respuesta con un diccionario.

¿Qué monedas antiguas conoces?

Analiza y calcula

Las transacciones en esa época no eran simples.

7 libras en Padua son 5 libras en Venecia; 10 libras en Venecia son 6 libras en Nuremberg; y 100 libras en Nuremberg son 73 libras en Colonia. ¿Cuántas libras son en Colonia 1000 libras de Padua?

Lee y comprende

¿Qué están haciendo?

Una de las complejidades matemáticas a las que se enfrentaban los mercaderes en la Edad Media y comienzos del Renacimiento era el cambio de moneda. Con el tiempo, muchas ciudades comerciales italianas desarrollaron sus propias cecas y sistemas de monedas. No obstante, la multitud de monedas existentes con diferentes leyes y valores generaba preocupación entre los mercaderes y dio lugar a unas técnicas específicas para el cambio.

Fueron los mercaderes italianos quienes dominaron inicialmente el nuevo y creciente comercio europeo, utilizando nuevas técnicas de calcular y la numeración indo-arábiga como ayuda para resolver problemas comerciales. Técnicas específicas que recibieron nombres italianos. Además, gran parte del vocabulario mercantil nació de frases y palabras italianas.

En italiano, una mesa sobre la que se realizaban cálculos y se cambiaba dinero es un *banco*, de ahí procede la palabra española. Cuando se descubría que un cambista era corrupto su mesa era rota, físicamente, de ahí *bancorruptus*, es decir, "bancarrota".

Del mismo modo, la expresión "endosar" procede del italiano *endorso*, "firmar en el dorso", puesto que las letras de cambio, que también aparecieron en esta época, tenían que verificarse con una firma.

FRANK J. SWETZ: *Expediciones matemáticas.*
La esfera de los libros, 2013

1 Magnitudes directamente proporcionales. Repartos

Dos **magnitudes** son **directamente proporcionales** si el cociente entre cantidades correspondientes de ambas magnitudes es constante. Este cociente se denomina **constante o razón de proporcionalidad**, ***k***.

1.ª Magnitud	a	b	c	d
2.ª Magnitud	a'	b'	c'	d'

$$\frac{a}{a'}=\frac{b}{b'}=\frac{c}{c'}=\frac{d}{d'}=k$$

Ten en cuenta

Cuando dos **magnitudes** son **directamente proporcionales**, al multiplicar los valores de una de ellas por cualquier número, los correspondientes valores de la otra quedan multiplicados por ese número.

· 0,5

· 3

N.º de personas	100	300	50
Recaudación (€)	600	1800	300

· 3

· 0,5

Ejemplo ▸ El número de personas que asisten a cuatro sesiones en un cine y la recaudación obtenida aparece en la tabla. ¿Son magnitudes directamente proporcionales?

N.º de personas	100	300	50	140
Recaudación (€)	600	1800	300	840

Son magnitudes directamente proporcionales, ya que los cocientes son iguales:

$$\frac{\text{Recaudación}}{\text{N.º personas}}=\frac{600}{100}=\frac{1800}{300}=\frac{300}{50}=\frac{840}{140}=6\text{ €/persona}$$

Si (a, a') y (b, b') son dos parejas de valores de dos magnitudes directamente proporcionales, se puede calcular cualquiera de los valores conociendo los otros tres, ya que $\frac{a'}{a}=\frac{b'}{b}$.

Ejemplo ▸ Si asisten 250 personas a otra sesión del cine, ¿cuál será la recaudación?

Se puede calcular de dos formas:

- Utilizando una pareja de datos conocidos:

$$\frac{100}{600}=\frac{250}{x}\Rightarrow 100x=250\cdot 600\Rightarrow$$

$$\Rightarrow x=\frac{150\,000}{100}=1500\text{ €}$$

- Utilizando la constante de proporcionalidad:

$$\frac{\text{Recaudación}}{\text{N.º personas}}=\frac{x}{250}=6\Rightarrow$$

$$\Rightarrow x=6\cdot 250=1500\text{ €}$$

La recaudación será de 1500 €.

MAT-TIC GeoGebra

Entra en sm**Savia**digital.com y reparte proporcionalmente en distintas situaciones.

Repartos directamente proporcionales

Para **repartir la cantidad *N* de forma directamente proporcional** a a, b, c... se multiplica cada parte, a, b, c..., por la constante de proporcionalidad $\boldsymbol{k=\frac{N}{a+b+c+...}}$.

Ejemplo ▸ Sergio quiere repartir 100 € entre sus sobrinos de forma directamente proporcional al número de tiros libres que encesten. Si León encestó 3 tiros libres, Ana, 6 tiros libres, y Carlos, 7, ¿cuánto dinero recibirá cada uno?

	León	**Ana**	**Carlos**	**Total**
Dinero (€)	x	y	z	$x+y+z=100$
N.º tiros libres	3	6	7	$3+6+7=16$

Al ser magnitudes directamente proporcionales, se verifica:

$$\frac{x}{3}=\frac{y}{6}=\frac{z}{7}=\frac{100}{16}=6{,}25\Rightarrow\begin{cases}x=6{,}25\cdot 3=18{,}75\text{ € para León}\\ y=6{,}25\cdot 6=37{,}50\text{ € para Ana}\\ z=6{,}25\cdot 7=43{,}75\text{ € para Carlos}\end{cases}$$

Ten en cuenta

Si varias fracciones son iguales, también es igual a ellas la fracción que resulta de dividir la suma de los numeradores entre la suma de los denominadores.

$$\frac{p}{q}=\frac{r}{s}=\frac{t}{u}=...=\frac{p+r+t+...}{q+s+u+...}$$

Comprueba este resultado con varios ejemplos.

ACTIVIDADES

1. Decide si las siguientes magnitudes son directamente proporcionales.

a) El importe de una compra y el cambio al pagar con 100 €.

b) El número de lados de un polígono regular de 15 centímetros de lado y su perímetro.

c) La longitud de una palabra y el número de vocales que tiene.

d) La velocidad a la que viaja un tren y los kilómetros que recorre en una hora.

ACTIVIDAD **RESUELTA**

2. Completa la siguiente tabla para que las magnitudes sean directamente proporcionales.

Magnitud 1	4	5	●●●
Magnitud 2	●●●	60	15

Indica la constante de proporcionalidad.

Utilizando la pareja de datos conocidos, se pueden plantear las siguientes igualdades:

$$\frac{5}{60}=\frac{4}{x}\Rightarrow 5x=4\cdot 60\Rightarrow x=\frac{240}{5}=48$$

$$\frac{5}{60}=\frac{y}{15}\Rightarrow 5\cdot 15=y\cdot 60\Rightarrow y=\frac{75}{60}=1{,}25$$

La tabla de proporcionalidad directa queda así:

Magnitud 1	4	5	1,25
Magnitud 2	48	60	15

La constante de proporcionalidad es:

$$\frac{4}{48}=\frac{5}{60}=\frac{1{,}25}{15}=0{,}08\widehat{3}$$

3. Completa la siguiente tabla para que las magnitudes sean directamente proporcionales.

Magnitud *A*	●●●	4	●●●
Magnitud *B*	150	30	15

Indica la constante de proporcionalidad.

4. Raquel le ha dado la receta de su bizcocho favorito a Toni. La receta dice que por cada seis huevos debe usar 345 g de harina.

Si Toni solo tiene 230 g de harina, ¿cuántos huevos necesitará para hacer el bizcocho?

5. Un coche gasta 2,5 L de gasolina cada 50 km. Si quedan en el depósito 6 L, ¿cuántos kilómetros podrá recorrer dicho automóvil?

6. Juan reparte 240 € entre sus tres sobrinos, de 15, 16 y 17 años, de forma directamente proporcional a su edad. ¿Cuánto recibe cada uno?

7. Karina, Luis y Marta han recibido 96 € por el buzoneo de propaganda. Si Karina ha repartido 3 lotes de octavillas, Luis, 4 lotes, y Marta, 5 lotes, ¿qué fracción del trabajo realizó cada uno de ellos? ¿Cuánto dinero les corresponde?

8. Lucía, Jessi y Julián trabajan de camareros y se reparten las propinas de la semana en función de las horas que ha trabajado cada uno. La pasada semana la recaudación fue de 89,25 € y trabajaron 30, 20 y 40 horas, respectivamente. ¿Cómo deben repartirse las propinas?

9. En un Parlamento con 240 diputados, el partido CPCP (Ciudadanos para la Convivencia Pacífica) ha conseguido 56 escaños.

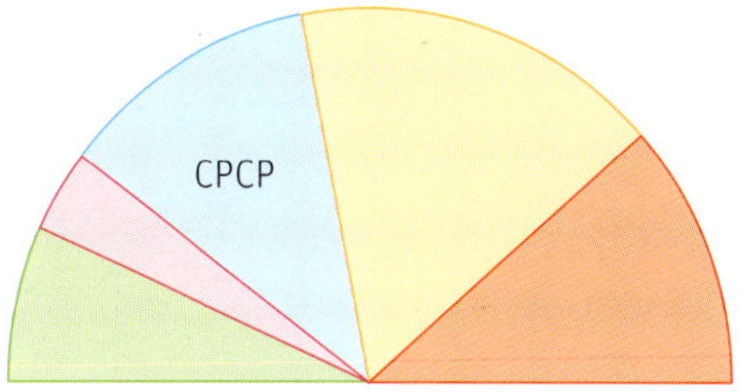

¿Cuántos grados del semicírculo le corresponden?

10. Los gastos de comunidad de mi edificio se reparten de forma directamente proporcional a los metros cuadrados de cada apartamento. Este mes el gasto total asciende a 870 €. Si el área de cada uno de los cinco apartamentos es:

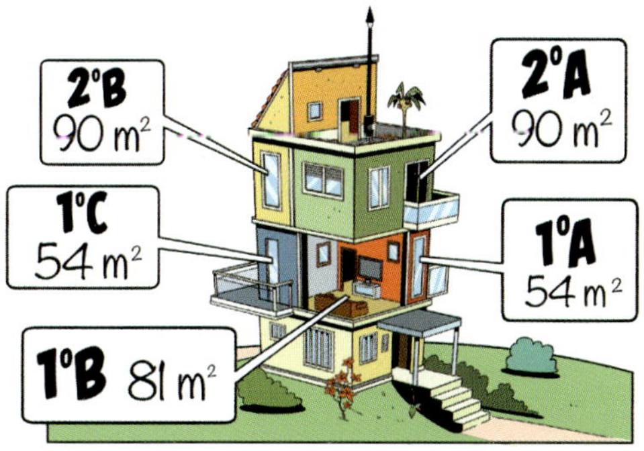

¿Cuánto deberá pagar cada propietario este mes?

11. Antonio reparte 180 € de forma directamente proporcional al número de tardes que le ayudaron sus tres hijos. Juan se llevó 45 € por 3 tardes. ¿Cuánto se llevó Pedro, que ayudó 5 tardes? ¿Cuántas tardes ayudó Alicia?

12. Tres personas se han repartido una cantidad de dinero directamente proporcional a los números 6, 3 y 2. Si la que menos recibe ha recibido 900 €, ¿qué cantidad total se repartió?

2 Magnitudes inversamente proporcionales. Repartos

MAT-TIC GeoGebra

Entra en sm**Savia**digital.com y estudia proporcionalidad con ruedas dentadas y su representación gráfica.

Ten en cuenta

Cuando dos **magnitudes** son **inversamente proporcionales**, al multiplicar los valores de una de ellas por cualquier número distinto de cero, los correspondientes valores de la otra quedan divididos por ese número.

· 2

· 1,25

Velocidad (km/h)	100	125	200
Tiempo (h)	5	4	2,5

: 1,25

: 2

Dos **magnitudes** son **inversamente proporcionales** si el producto entre cantidades correspondientes de ambas magnitudes es constante. Este producto se denomina **constante o razón de proporcionalidad inversa, *k*.**

1.ª Magnitud	a	b	c	d
2.ª Magnitud	a'	b'	c'	d'

$$a \cdot a' = b \cdot b' = c \cdot c' = d \cdot d' = k$$

Ejemplo ▸ En la tabla aparece el tiempo en que un tren recorre 500 km y la velocidad constante con la que se desplaza. ¿Son magnitudes inversamente proporcionales?

Velocidad (km/h)	100	125	200	250
Tiempo (h)	5	4	2,5	2

Son magnitudes inversamente proporcionales, pues

$$\text{Velocidad} \cdot \text{tiempo} = 100 \cdot 5 = 125 \cdot 4 = 200 \cdot 2{,}5 = 250 \cdot 2 = 500$$

La constante de proporcionalidad es 500 km, que es la distancia recorrida.

Si (a, a') y (b, b') son parejas de valores de dos magnitudes inversamente proporcionales, se puede calcular cualquiera de los valores conociendo los otros tres, ya que $a' \cdot a = b' \cdot b$.

Ejemplo ▸ ¿Qué velocidad lleva otro tren que recorre esa distancia en 6 h 30 min?

Se puede calcular de dos formas, utilizando una pareja de datos conocidos o la constante de proporcionalidad inversa:

$$100 \cdot 5 = x \cdot 6{,}5 \Rightarrow x = \frac{500}{6{,}5} = 76{,}92 \text{ km/h}$$

La velocidad a la que se desplaza el otro tren es de 77 km/h.

Repartos inversamente proporcionales

Repartir una cantidad *M* de forma inversamente proporcional a los números $a, b, c, \ldots$ es lo mismo que repartir esa misma cantidad M de forma directamente proporcional a los números $\frac{1}{a}, \frac{1}{b}, \frac{1}{c}, \ldots$

Ejemplo ▸ Sergio propone a sus tres sobrinos un concurso de problemas matemáticos en el que repartirá 95 € de manera inversamente proporcional al número de errores que cometan. Si León comete 2 errores, Ana, 4, y Carlos, 5, ¿qué premio recibirán?

Al tratarse de magnitudes inversamente proporcionales, debe ocurrir que $x \cdot 2 = y \cdot 4 = z \cdot 5$, donde x, y y z son el premio que reciben León, Ana y Carlos, respectivamente, y se puede escribir como $\dfrac{x}{\frac{1}{2}} = \dfrac{y}{\frac{1}{4}} = \dfrac{z}{\frac{1}{5}}$.

El problema se ha convertido en uno de repartos directamente proporcionales:

$$\frac{x}{\frac{1}{2}} = \frac{y}{\frac{1}{4}} = \frac{z}{\frac{1}{5}} = \frac{x+y+z}{\frac{1}{2}+\frac{1}{4}+\frac{1}{5}} = \frac{95}{\frac{19}{20}} = 100 \Rightarrow \begin{cases} x = 100 \cdot \frac{1}{2} = 50 \text{ € recibe León.} \\ y = 100 \cdot \frac{1}{4} = 25 \text{ € recibe Ana.} \\ z = 100 \cdot \frac{1}{5} = 20 \text{ € recibe Carlos.} \end{cases}$$

ACTIVIDADES

13. Decide si las siguientes magnitudes son directamente proporcionales, inversamente proporcionales o no hay relación entre ellas.

a) El número de páginas de un libro y el tiempo que se tarda en leerlo.

b) El número de pintores y el tiempo que tardan en pintar una pared.

c) El peso de un bebé y su altura.

d) La cantidad de zumo de un cartón y su precio.

ACTIVIDAD **RESUELTA**

14. Completa la siguiente tabla para que las magnitudes sean inversamente proporcionales.

Magnitud 1	4	5	●●●
Magnitud 2	●●●	60	15

Indica la constante de proporcionalidad inversa.

Utilizando la pareja de datos conocidos, calculamos:

$$5 \cdot 60 = 4 \cdot x \Rightarrow x = \frac{5 \cdot 60}{4} = 75 \qquad 5 \cdot 60 = y \cdot 15 \Rightarrow y = \frac{5 \cdot 60}{15} = 20$$

La tabla de proporcionalidad inversa queda así:

Magnitud 1	4	5	20
Magnitud 2	75	60	15

La constante de proporcionalidad inversa es:

$$4 \cdot 75 = 5 \cdot 60 = 20 \cdot 15 = 300$$

15. Completa la siguiente tabla para que las magnitudes sean inversamente proporcionales.

Magnitud *A*	●●●	4	●●●
Magnitud *B*	120	80	20

Indica la constante de proporcionalidad inversa.

16. Un coche que va a 80 km/h recorre cierta distancia en 3 h. Completa la tabla siguiente e indica qué tipo de relación hay entre la velocidad alcanzada y el tiempo empleado.

Velocidad (km/h)	80	120	●●●	60
Tiempo (h)	3	●●●	5	●●●

17. Doce personas tardan 8 h en descargar un barco. ¿Cuántas personas deben trabajar para descargarlo en media hora?

18. Dos rectángulos tienen un área de 60 m^2.

a) Estudia si hay alguna relación de proporcionalidad entre las medidas de sus bases y alturas.

b) Elabora una tabla en tu cuaderno en la que aparezcan todas las posibles longitudes enteras, en metros, de los lados de dichos rectángulos.

ACTIVIDAD **RESUELTA**

19. Al final de la liga, un equipo de fútbol reparte una prima de 62 000 € entre Álvar, Bruno y César, los tres jugadores que menos tarjetas han tenido en la temporada. El reparto se hará de forma inversamente proporcional al número de tarjetas recibidas, que fue de 2, 3 y 5, respectivamente. ¿Cuánto recibirá cada uno?

Se realiza el reparto de forma proporcional a los inversos del número de tarjetas:

$$\frac{x}{\frac{1}{2}} = \frac{y}{\frac{1}{3}} = \frac{z}{\frac{1}{5}} = \frac{62000}{\frac{31}{30}} = 60000$$

- Álvar: $x = \frac{1}{2} \cdot 60000 = 30000$ €
- Bruno: $y = \frac{1}{3} \cdot 60000 = 20000$ €
- César: $z = \frac{1}{5} \cdot 60000 = 12000$ €

20. Antonio reparte 120 g de golosinas entre sus dos hijos de forma inversamente proporcional al número de errores gramaticales en un trabajo. Si Alicia, que tuvo 5 errores, obtuvo 70 g, ¿cuántos errores tuvo Pedro?

21. En el *Comepiñas* los puntos obtenidos en cada pantalla dependen del tiempo que se tarda en finalizarla: a menor tiempo, corresponden más puntos. Elisa ha jugado ya tres pantallas y ha sumado 4800 puntos.

a) ¿Cuántos puntos obtuvo en cada una de las pantallas?

b) ¿Cuántos minutos como máximo debe tardar en la cuarta si quiere obtener al menos 960 puntos?

22. Si dos magnitudes m y n son inversamente proporcionales, ¿son también inversamente proporcionales las siguientes?

a) $2m$ y $2n$ b) $m + 5$ y $n + 5$ c) $\frac{m}{3}$ y $\frac{n}{3}$

23. Se quiere repartir una cantidad de forma inversamente proporcional a los números 1, 3 y 4. Pon varios ejemplos de cantidades con la condición de que sean números enteros.

24. sm**Savia**digital.com

PRACTICA Comprueba lo que sabes sobre la proporcionalidad directa y la inversa y realiza repartos.

3 Proporcionalidad compuesta

El problema de la **proporcionalidad compuesta** consiste en calcular el valor de cierta magnitud que guarda una relación de proporcionalidad, directa o inversa, con otras magnitudes cuyos valores son conocidos.

Estos problemas se resuelven por el método de **reducción a la unidad** o la **regla de tres**.

- **Reducción a la unidad**

Ejemplo ▸ Si 25 obreros han asfaltado en 8 días 40 km de carretera, ¿cuántos obreros harán falta para asfaltar en 25 días 100 km de carretera?

1.º Se reduce a la unidad cada dato conocido, teniendo en cuenta si las relaciones con la magnitud donde se encuentra la incógnita son de proporcionalidad directa o inversa.

inversa (Días – Obreros); directa (Kilómetros – Obreros)

Días	Kilómetros	Obreros
8	40	25
↓ : 8		↓ · 8
1	40	200
	↓ : 40	↓ : 40
1	1	5

2.º Ahora se realizan las transformaciones necesarias para obtener el número de obreros necesarios para asfaltar en 25 días 100 km:

Días	Kilómetros	Obreros
1	1	5
	↓ · 100	↓ · 100
1	100	500
↓ · 25		↓ : 25
25	100	20

Hacen falta 20 obreros.

Los kilómetros que asfalta un obrero en un día son $\frac{\text{Kilómetros}}{\text{N.º obreros} \cdot \text{Días}} = \frac{1}{5}$ km.

- **Regla de tres**

Ejemplo ▸ Si solo trabajan 10 obreros, ¿cuántos días tardarán en asfaltar 100 km?

1.º Se colocan las magnitudes ordenadas de forma que la última sea la incógnita, teniendo en cuenta cómo se relacionan las magnitudes:

directa (km – días); inversa (obreros – días)

40 km → 25 obreros → 8 días
100 km → 10 obreros → *x* días

2.º Se escribe la proporción teniendo en cuenta que, si la relación entre magnitudes es inversamente proporcional, se debe utilizar la fracción inversa:

$$\frac{40}{100} \cdot \frac{10}{25} = \frac{8}{x} \Rightarrow \frac{400}{2500} = \frac{8}{x} \Rightarrow x = \frac{8 \cdot 2500}{400} = 50 \text{ días}$$

Como el número de obreros es inversamente proporcional al número de días, se utiliza la fracción inversa.

ACTIVIDADES

ACTIVIDAD **RESUELTA**

25. **Un pintor tiene una tabla para prever la cantidad de pintura que necesita, dependiendo del tamaño de la pared.**

Longitud (m)	10	60	60	100	*c*
Altura (m)	0,8	0,8	*a*	0,8	1,5
N.º botes	2	12	22,5	*b*	20

a) Calcula los valores que faltan.

b) ¿Cuántos botes se necesitan para pintar una pared de 10 m de longitud y 1 m de altura?

a) Para calcular *a* y *b*, basta con aplicar la proporcionalidad a partir de los datos de la segunda columna.

- Como la longitud de la pared es la misma, si hacen falta 12 botes para una pared de 0,8 m de altura, con 22,5 botes se puede pintar una pared de:

$$\frac{0,8}{12}=\frac{a}{22,5}\Rightarrow a=\frac{22,5\cdot 0,8}{12}=1,5\text{ m}$$

- Como la altura de la pared es la misma, si se necesitan 12 botes para pintar una pared de 60 m, para una pared de 100 m harán falta:

$$\frac{60}{12}=\frac{100}{b}\Rightarrow b=\frac{100\cdot 12}{60}=20\text{ botes}$$

Para calcular *c* se utiliza la reducción a la unidad:

Longitud (m)	10	10	$\xrightarrow{\cdot 0,4}$ 4	$\xrightarrow{:1,5}$ $2,\widehat{6}$	$\xrightarrow{\cdot 20}$ $53,\widehat{3}$
Altura (m)	0,8	$\xrightarrow{:2}$ 0,4	$\xrightarrow{:0,4}$ 1	$\xrightarrow{\cdot 1,5}$ 1,5	1,5
N.º botes	2	$\xrightarrow{:2}$ 1	1	1	$\xrightarrow{\cdot 20}$ 20

Por tanto, $c=53,\widehat{3}$ m.

b) Se reducen a la unidad las magnitudes que se indican:

Longitud (m)	10	10	10
Altura (m)	0,8	$\xrightarrow{:2}$ 0,4	$\xrightarrow{\cdot 2,5}$ 1
N.º botes	2	$\xrightarrow{:2}$ 1	$\xrightarrow{\cdot 2,5}$ 2,5

Hacen falta 2,5 botes para pintar una pared de 10 m de longitud y 1 m de altura.

26. El dueño de una granja ha elaborado esta tabla para calcular la cantidad de pienso que tiene que comprar para sus cerdos.

N.º de cerdos	2	10	22	10	*c*
Cantidad de pienso (kg)	70	350	*a*	1050	7700
Días	5	5	5	*b*	50

a) Calcula los valores que faltan.

b) ¿Cuántos kilogramos de pienso hacen falta para alimentar a un cerdo un día?

27. La tabla recoge los datos obtenidos al llenar un depósito de agua con varios grifos durante un determinado período de tiempo.

Agua vertida (m^3)	8	72	*a*	6
N.º de grifos	2	6	1	*b*
Tiempo (horas)	5	15	5	1,5

a) ¿Qué volumen de agua vierte un grifo en una hora?

b) Completa la tabla.

28. Si 5 gatos cazan 5 ratones en 5 min, ¿cuántos gatos harán falta para cazar 100 ratones en 100 min?

29. Con 34 kg de lana se teje una pieza de 0,60 m de ancho y 25 m de largo. Si se teje una pieza de 0,80 m de ancho y se dispone de 100,8 kg de lana, ¿qué longitud tendrá la pieza?

30. El transporte de 1700 kg de mercancía a 165 km de distancia ha costado 1200 €. ¿Cuánto costaría transportar 3400 kg de mercancía a 55 km?

31. Un peregrino recorre 720 km en 24 días, caminando 10 h al día. ¿En cuántos días recorrerá 432 km si camina 8 h diarias?

32. Ana y cuatro amigos montan cajas de regalos para obtener dinero para el viaje de fin de curso. Han tardado 4 h en hacer 50 cajas. Como deben montar 300 cajas y solo disponen de 2 h más, ¿cuántos compañeros más deben participar para conseguir el objetivo?

33. En un negocio de lavado rápido tienen 12 lavadoras que, funcionando 6 h al día, hacen un consumo eléctrico mensual de 86,4 €. Si el dueño quiere ampliar el negocio comprando 10 lavadoras más y ofreciendo un servicio de 10 h al día, ¿cuánto pagará al año en electricidad?

34. Para llenar un depósito hasta una altura de 80 cm se ha necesitado aportar un caudal de 20 L/min durante 1 h 20 min. ¿Cuánto tiempo tardará en llenar otro depósito hasta una altura de 90 cm si se le aporta un caudal de 15 L/min?

35. A un refugio de montaña han llegado 12 montañeros para resguardarse de la tormenta de nieve. Disponen de raciones de comida de 840 g/día para cinco días. Más tarde llegan 6 montañeros más, pero sin comida. ¿Cuántos gramos de comida al día debe comer cada uno por si, forzados por la climatología, han de permanecer en el refugio durante cuatro días?

4 Porcentajes

Con calculadora

Para calcular el 25 % de 60 con la calculadora, teclea:

60 × 25 shift %

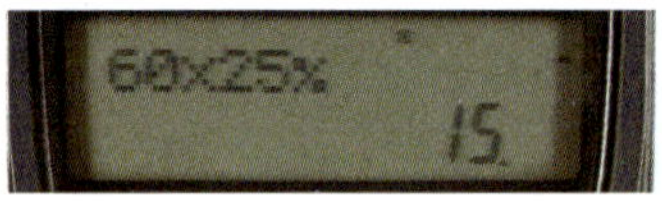

Los **porcentajes** expresan la razón entre dos magnitudes directamente proporcionales e indican la cantidad que corresponde a una de ellas cuando la otra es exactamente 100.

Para calcular el porcentaje de una cantidad C, basta con establecer una proporción referida a 100 unidades.

Ejemplos

- En un curso escolar con 60 alumnos, el 25 % estudia Alemán. ¿Cuántos alumnos son?

$$\frac{x}{60}=\frac{25}{100}\Rightarrow x=0{,}25\cdot 60=15 \text{ alumnos}$$

- Si el 60 % de los visitantes de un museo visitan su exposición de fotografía y esta tuvo 1032 visitas en una semana, ¿cuántos visitantes tuvo el museo?

$$\frac{1032}{x}=\frac{60}{100}\Rightarrow x=\frac{1032}{0{,}6}=1720 \text{ visitantes}$$

Aumentos y disminuciones porcentuales

Ten en cuenta

Se llama **índice de variación** a:

$$\left(1\pm\frac{r}{100}\right)$$

- Si una cantidad inicial, C_I, aumenta un r %, la cantidad final, C_F, será:

$$C_F=C_I+C_I\frac{r}{100}=C_I\left(1+\frac{r}{100}\right)$$

- Si una cantidad inicial, C_I, disminuye un r %, la cantidad final, C_F, será:

$$C_F=C_I-C_I\frac{r}{100}=C_I\left(1-\frac{r}{100}\right)$$

MAT-TIC GeoGebra

Entra en smSaviadigital.com y calcula aumentos y disminuciones porcentuales.

Ejemplo ▸ El precio de un libro es de 21 €. En la librería *on-line* Tames me cobran el 5 % de gastos de envío, mientras que en Mi Barrio, la librería de enfrente de mi casa, me hacen un descuento del 5 %. El coste del libro en cada tienda será:

- Tames cobra el (100 + 5) % $\Rightarrow C_F = 21 \cdot 1{,}05 = 22{,}05$ €
- Mi Barrio cobra el (100 – 5) % $\Rightarrow C_F = 21 \cdot 0{,}95 = 19{,}95$ €

ACTIVIDADES

36. Calcula mentalmente.

a) 2 % de 135 b) 200 % de 130 c) 0,3 % de 800

PROBLEMA **RESUELTO**

37. **Por una obra se pagó una factura de 5203 € incluyendo el 21 % de IVA. ¿Cuánto hubiera costado si se hubiera podido acoger al IVA reducido por rehabilitación, que es del 10 %?**

Si se supone que la obra sin el IVA costaba x €, en total pagó el 121 % de x. Por tanto, el coste de la obra es:

$$(1+0{,}21)x=5203\Rightarrow 1{,}21\cdot x=5203\Rightarrow x=\frac{5203}{1{,}21}=4300 \text{ €}$$

Con el IVA reducido hubiera pagado un 10 % más de 4300:

$$110 \% \text{ de } 4300 = 1{,}1 \cdot 4300 = 4730 \text{ €}$$

38. Al aumentar una cantidad el 12,5 % resulta 450. ¿De qué cantidad se trata?

PROBLEMA **RESUELTO**

39. **En el mes de enero el precio de una vivienda era de 250 000 €. En febrero los precios bajaron un 5 %, pero en marzo subieron un 10 %. ¿Cuál es el precio de esa vivienda en marzo?**

En febrero, la vivienda costará un 95 % del precio de enero, y en marzo, el 110 % del precio de febrero:

- Precio en febrero: 250000 · 0.95 = 237 500 €
- Precio en marzo: 237 500 · 1,10 = 261 250 €

Se obtiene el mismo resultado encadenando los porcentajes:

$$250000 \cdot 0{,}95 \cdot 1{,}1 = 261\,250 \text{ €}$$

40. Un billete de avión cuesta 112 €. A este precio hay que añadirle un suplemento del 7 % por las tasas, aunque al final la agencia de viajes hace un descuento del 5 %. ¿Cuál es el precio final del billete?

5 Interés simple

Un capital se deposita a **interés simple** cuando solo produce beneficios el capital que se depositó inicialmente.

Los intereses producidos por un capital, C_I, depositado durante t años a **un tipo de interés simple anual**, r, **en tanto por uno**, son:

$$I = C_I \cdot r \cdot t$$

El capital final obtenido será: $C_F = C_I + I = C_I + C_I \cdot r \cdot t = C_I(1 + r \cdot t)$

Ten en cuenta

Normalmente el tipo de interés o **rédito**, r, se expresa en tanto por 1 y es igual al beneficio obtenido al depositar 1 € durante un año.

Ejemplo ▶ Si se invierte un capital de 7000 € a un interés simple del 4 % durante 5 años, ¿qué intereses genera? ¿Cuál es el capital final?

En este caso, el rédito es $r = 4\ \% = 0{,}04$.

- Intereses: $I = 7000 \cdot 0{,}04 \cdot 5 = 1400$ €
- Capital final: $C_F = 7000\ € + 1400\ € = 8400\ €$

Interés simple para otros períodos de capitalización

Si el período de liquidación de los intereses no se mide en años, sino en semestres, trimestres, meses o días, basta con poner t en la unidad de tiempo correspondiente y entre el número de períodos considerados que hay en un año. Esto equivale a escribir el período de tiempo como una fracción de un año.

Semestres	Trimestres	Meses	Días
$I = C_I \cdot r \cdot \frac{t}{2}$	$I = C_I \cdot r \cdot \frac{t}{4}$	$I = C_I \cdot r \cdot \frac{t}{12}$	$I = C_I \cdot r \cdot \frac{t}{360}$

Sabías que...

En las operaciones bancarias se entiende que el año tiene 360 días en lugar de 365, debido a que 360 tiene más divisores que 365, lo cual facilita los cálculos de las fracciones de año.

Ejemplo ▶ ¿Qué interés genera un capital de 7200 € al 4 % de interés simple durante 6 meses? ¿Y durante 100 días?

- Si el período de liquidación es mensual, en 6 meses: $I = 7200 \cdot 0{,}04 \cdot \frac{6}{12} = 144$ €
- Si el período de liquidación es diario, en 100 días: $I = 7200 \cdot 0{,}04 \cdot \frac{100}{360} = 80$ €

ACTIVIDADES

41. Calcula el capital que hay que colocar en el banco para obtener 1000 € de interés al 4 % en 15 meses.

PROBLEMA **RESUELTO**

42. **Un capital, colocado a interés simple durante 4 años, ha pasado de 5000 € a 5900 €. ¿A qué interés ha estado colocado?**

Intereses que se han producido: 5900 − 5000 = 900 €

Sustituyendo en la expresión del interés:

$$900 = 5000 \cdot r \cdot 4 \Rightarrow r = \frac{900}{5000 \cdot 4} = 0{,}045$$

El capital está a un tipo de interés del 4,5 %.

43. Un capital de 30 000 € produce, a interés simple, 2000 € en cierto tiempo. ¿Qué interés producirá en ese mismo tiempo un capital de 40 000 €?

44. ¿A qué rédito hay que colocar un capital para que en 135 días produzca un interés igual a $\frac{1}{50}$ de este?

45. ¿Qué tiempo deberá mantenerse un capital para que, a interés simple, produzca al 5 % un interés igual al capital?

46. Estudia cuál es la opción más rentable al ingresar 600 € en una cuenta durante 2 años a un interés simple:

a) Mensual del 0,6 %
b) Semestral del 1,7 %
c) Trimestral del 1,2 %
d) Anual del 2,5 %

47. Si al finalizar el año dispones de 1000 niskas y el rédito simple era del 5 % al final de cada mes, ¿sabrías decirme, mi niña, tu capital inicial y el interés obtenido?

Lilavati de Bhaskara. siglo XII

6 Interés compuesto

Un capital se deposita a **interés compuesto** cuando se acumulan los intereses al final de cada período de liquidación (año, mes, día...) al capital. De esta forma, los intereses acumulados pasan a producir también beneficios al final del siguiente período de liquidación.

Ejemplo ▶ Se depositan 10000€ al 4 % de interés compuesto anual. Para saber en qué se convertirán pasados 3 años, se tiene en cuenta que 100 € generan 4 € de interés al cabo de 1 año, luego 1 € generará 0,04 € y se convertiría en 1,04 € al cabo de 1 año:

Final del...	1 € se ha convertido en	
1.er año	$1 + 0{,}04 =$	$1{,}04$
2.º año	$1{,}04 + 1{,}04 \cdot 0{,}04 = 1{,}04 \cdot (1 + 0{,}04) =$	$1{,}04^2$
3.er año	$1{,}04^2 + 1{,}04^2 \cdot 0{,}04 = 1{,}04^2 \cdot (1 + 0{,}04) =$	$1{,}04^3$

Por tanto, los 10 000 € iniciales se convertirán en $10\,000 \cdot 1{,}04^3 = 11\,248{,}64$ €.

Sabías que...

El interés compuesto es el que se utiliza en prácticamente todas las operaciones de crédito o de imposición bancarias. Además, los bancos suelen tomar el euríbor como el tipo de interés de referencia para fijar los intereses de sus operaciones.

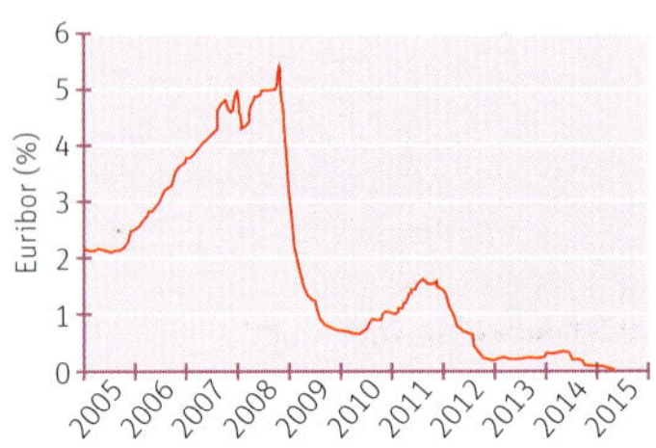

El **capital final**, C_F, al depositar un capital inicial, C_I, a un tipo de interés compuesto anual, r, en tanto por uno, al cabo de t años viene dado por la expresión:

$$C_F = C_I\,(1 + r)^t$$

Ejemplos

▶ Calcula el capital final en que se convierten 1000 € si se depositan durante 3 años a un interés compuesto del 5 %.

$C_F = C_I\,(1 + r)^t = 1000\,(1 + 0{,}05)^3 = 1000 \cdot 1{,}05^3 = 1157{,}63$ €

▶ Se ha colocado un cierto capital a un interés compuesto del 7 % durante 4 años. Tras este tiempo el capital obtenido ha sido 26 215,92 €. ¿Cuál fue la cantidad depositada?

$$C_F = C_I\,(1 + r)^t \Rightarrow 26\,215{,}92 = C_I\,(1 + 0{,}07)^4 \Rightarrow C_I = \frac{26\,215{,}92}{1{,}07^4} = 20000 \text{ €}$$

▶ Un capital de 10000 € se ha colocado durante 3 años a interés compuesto. Al final de este período se han obtenido 10927,27 €. ¿Cuál es el tipo de interés aplicado?

$$C_F = C_I(1+r)^t \Rightarrow 10\,927{,}27 = 10000\,(1+r)^3 \Rightarrow \sqrt[3]{\frac{10\,927{,}27}{10\,000}} = 1 + r \Rightarrow r = 1{,}03 - 1 = 0{,}03$$

El tipo de interés aplicado ha sido del 3 %.

▶ Se han depositado 1500 € a un interés compuesto del 5 % anual y, tras varios años, se han obtenido 2010,14 €. ¿Cuánto tiempo ha estado el dinero en depósito?

$$C_F = C_I\,(1 + r)^t \Rightarrow 2010{,}14 = 1500\,(1 + 0{,}05)^t \Rightarrow \frac{2010{,}14}{1500} = (1{,}05)^t \Rightarrow 1{,}34 = (1{,}05)^t$$

Se obtiene una ecuación con t en el exponente y se puede resolver de dos formas:

- Por tanteo:

t	1	2	3	4	5	6
$1{,}05^t$	1,05	1,1025	1,1576	1,2155	1,2763	1,34

El capital ha estado depositado durante 6 años.

- Utilizando las propiedades de los logaritmos:

$$1{,}34 = (1{,}05)^t \Rightarrow \log 1{,}34 = \log\,(1{,}05)^t \Rightarrow \log 1{,}34 = t \cdot \log 1{,}05 \Rightarrow$$
$$\Rightarrow t = \frac{\log 1{,}34}{\log 1{,}05} = 5{,}999$$

Se obtiene el mismo resultado, 6 años.

MAT-TIC GeoGebra

Entra en smSaviadigital.com y averigua el capital final en diversos casos.

Ten en cuenta

Para despejar una incógnita del exponente, se utilizan:

- La definición de logaritmo:

$\log_a N = x \Rightarrow a_x = N$

- Sus propiedades:

$\log_a N^t = t \cdot \log_a N$

$N = M \Rightarrow \log_a N = \log_a M$

Interés compuesto para otros períodos de capitalización

Si el período de liquidación o capitalización no es de un año, se escribe el tiempo en la unidad correspondiente (trimestres, meses, días...) y se divide el tanto por uno entre el número de períodos de capitalización que hay en un año (4 si son trimestres, 12 si son meses, 360 si son días...). De esta forma se calcula lo que produciría 1 € al cabo de un período de capitalización.

Semestres	Trimestres	Meses	Días
$C_f = C\left(1+\frac{r}{2}\right)^t$	$C_f = C\left(1+\frac{r}{4}\right)^t$	$C_f = C\left(1+\frac{r}{12}\right)^t$	$C_f = C\left(1+\frac{r}{360}\right)^t$

Ejemplo ▸ Se depositan 10000 € a un interés compuesto del 3 % anual durante 5 años. Calcula el capital final si la capitalización es trimestral, mensual y diaria.

- Trimestral: $C_F = C\left(1+\frac{0{,}03}{4}\right)^{5\cdot 4} = 10000 \cdot 1{,}1611841 = 11611{,}84$ €
- Mensual: $C_F = C\left(1+\frac{0{,}03}{12}\right)^{5\cdot 12} = 10000 \cdot 1{,}1616168 = 11616{,}17$ €
- Diaria: $C_F = C\left(1+\frac{0{,}03}{360}\right)^{5\cdot 360} = 10000 \cdot 1{,}1618269 = 11618{,}27$ €

smSaviadigital.com

PRACTICA Calcula el capital final al depositar una cantidad a interés simple o compuesto.

ACTIVIDADES

48. Cuando nació Inés, sus padres depositaron 12000 € a su nombre al 10 % de interés compuesto. ¿Cuánto dinero tendrá Inés a los 16 años?

49. La población de un país aumenta por término medio un 8 % anual. Si actualmente hay 20 millones de habitantes en dicho país, ¿qué población estimas que tendrá dentro de 30 años?

50. ¿Qué capital, colocado al 4,25 % anual de interés compuesto con capitalización anual, se convertirá en 6418,39 € en 6 años?

51. ¿A qué tanto por ciento anual hay que colocar 50000 € para que se conviertan en 182124 € al cabo de 15 años?

52. ¿A qué tanto por ciento debe colocarse un capital para duplicarlo en 15 años?

53. Un banco ofrece un interés compuesto del 6 % anual en su cuenta de ahorro vivienda con la condición de que cada año ingreses 1000 €.

Si aceptas la oferta y retiras tu dinero a los 5 años, ¿cuánto dinero deberá entregarte el banco?

54. Halla en cuánto se convertirán 10000 € a un interés compuesto del 4 % durante 3 años si:

a) Los intereses se pagan anualmente.

b) Los intereses se pagan semestralmente.

c) Los intereses se pagan trimestralmente.

d) Los intereses se pagan mensualmente.

ACTIVIDAD **RESUELTA**

55. Un banco ofrece un interés al 3 % anual para los capitales ingresados al abrir una cuenta de ahorro. ¿Cuántos años han de estar colocados para que se duplique el capital ingresado?

Aplicando la expresión del capital final para uno inicial C e imponiendo la condición de que este se doble:

$$C(1+0{,}03)^t = 2C \Rightarrow C\cdot 1{,}03^t = 2C \Rightarrow$$
$$\Rightarrow 1{,}03^t = \frac{2C}{C} \Rightarrow 1{,}03^t = 2$$

Para despejar t se toman logaritmos:

$$\log(1{,}03^t) = \log 2 \Rightarrow t\log 1{,}03 = \log 2 \Rightarrow$$
$$\Rightarrow t = \frac{\log 2}{\log 1{,}03} = 23{,}450$$

Para duplicar el capital inicial tienen que pasar 24 años.

56. Un capital de 5000 € al 4 % anual de interés compuesto se convierte en 6000 €. ¿Cuánto tiempo ha estado depositado ese dinero?

Organiza tus ideas

PROPORCIONALIDAD DIRECTA. REPARTOS

Magnitudes directamente proporcionales

x	a	b	c
y	a'	b'	c'

x e *y* son **magnitudes directamente proporcionales** si: $\frac{a'}{a}=\frac{b'}{b}=\frac{c'}{c}=k$

k: **razón** o **constante de proporcionalidad**

Repartos directamente proporcionales

Para **repartir una cantidad *M* directamente proporcional** a las cantidades *a*, *b* y *c*:

1.º Se calcula la constante de proporcionalidad directa:

$$k=\frac{M}{a+b+c}$$

2.º Se hallan las cantidades correspondientes:

$a'\Rightarrow k\cdot a \qquad b'\Rightarrow k\cdot b \qquad c'\Rightarrow k\cdot c$

PROPORCIONALIDAD INVERSA. REPARTOS

Magnitudes inversamente proporcionales

x	a	b	c
y	a'	b'	c'

x e *y* son **magnitudes inversamente proporcionales** si: $a\cdot a'=b\cdot b'=c\cdot c'=k$

k: **razón** o **constante de proporcionalidad inversa**

Repartos inversamente proporcionales

Para **repartir una cantidad *M* inversamente proporcional** a las cantidades *a*, *b* y *c*, se reparte la cantidad *M* de forma directamente proporcional a las cantidades $\frac{1}{a}$, $\frac{1}{b}$ y $\frac{1}{c}$.

PROPORCIONALIDAD COMPUESTA

El problema consiste en calcular el valor de una magnitud que guarda una relación de proporcionalidad directa o inversa con varias magnitudes.

Estos problemas se pueden resolver por **reducción a la unidad** o utilizando **la regla de tres**, analizando en cada caso si la proporcionalidad entre la magnitud que corresponde a la cantidad desconocida y las demás es directa o inversa.

PORCENTAJES

Los porcentajes expresan la razón entre dos magnitudes directamente proporcionales e indican la cantidad que corresponde a una de ellas cuando la otra es exactamente 100.

$$\text{El 25 \% de 60}\Rightarrow\frac{x}{60}=\frac{25}{100}\Rightarrow x=0{,}25\cdot 60=15$$

Aumentar una cantidad *C* en un *r* %

$$C\cdot\left(1+\frac{r}{100}\right)$$

Disminuir una cantidad *C* en un *r* %

$$C\cdot\left(1-\frac{r}{100}\right)$$

INTERESES SIMPLE Y COMPUESTO

Interés simple

$I=C_I\cdot r\cdot t \qquad C_F=C_I+I=C_I+C_I\cdot r\cdot t$

Interés compuesto

$C_F=C_I\cdot(1+r)^t$

Organiza tus ideas

1. Tres amigos han compuesto las 12 canciones de un CD. Por cada CD vendido obtendrán un beneficio de 6 €. Deciden repartirse los beneficios de forma inversamente proporcional al número de veces que han desafinado cada uno. Si Paula ha desafinado 3 veces, Gerardo, 4 veces, y Mónica, 6 veces, ¿qué cantidad ganará cada uno?

Hay que repartir el beneficio que se obtiene por cada CD vendido de forma inversamente proporcional a 3, 4 y 6.

La constante de proporcionalidad inversa es: $k=\dfrac{6}{\frac{1}{3}+\frac{1}{4}+\frac{1}{6}}=\dfrac{6}{\frac{3}{4}}=8$

Por tanto, por cada disco vendido, a cada uno le corresponden:

Paula: $8\cdot\dfrac{1}{3}=2{,}67$ € Gerardo: $8\cdot\dfrac{1}{4}=2$ € Mónica: $8\cdot\dfrac{1}{6}=1{,}33$ €

2. En 2 horas de trabajo, 15 obreros colocan siete paquetes de ladrillos. ¿Cuántos paquetes de ladrillos colocarán diez obreros en tres horas de trabajo?

El número de paquetes de ladrillos es directamente proporcional al número de obreros y al número de horas de trabajo. El número de obreros y el número de horas de trabajo son dos magnitudes inversamente proporcionales.

Teniendo en cuenta esto, se completa la tabla reduciendo a la unidad cada dato conocido:

directa (N.º obreros – Paquetes de ladrillos)

directa (Horas – Paquetes de ladrillos)

N.º obreros	Horas	Paquetes de ladrillos
15	2	7
15	$2:2=1$	$7:2=3{,}5$
$15:15=1$	1	$3{,}5:15=0{,}2333$
$1\cdot 10=10$	1	$0{,}233\cdot 10=2{,}333$
10	$1\cdot 3=3$	$2{,}333\cdot 3=6{,}999$

Por tanto, 10 obreros, en 3 horas de trabajo, colocarán 7 paquetes de ladrillos.

Los paquetes de ladrillos que coloca un obrero en una hora son: $\dfrac{\text{Paquetes de ladrillos}}{\text{N.º obreros}\cdot\text{Horas}}=0{,}2\widehat{3}$

3. Al ir a comprar un coche debo pagar el 21 % de IVA. Como es el aniversario del concesionario, hacen una rebaja general del 12 %. El encargado me pregunta si prefiero que apliquen primero el IVA y después la rebaja o al revés. ¿Qué debo contestar?

Si se llama P al precio inicial del coche:

- Aplicando primero el IVA y después la rebaja el precio final del coche, PF, es:
  - El precio del coche con el IVA es $1{,}21\ P$.
  - El precio del coche con IVA y rebajado es $0{,}88\cdot 1{,}21P=1{,}0648\ P$.
- Calculando primero la rebaja y después el IVA se debe pagar por el coche:
  - El precio del coche rebajado es $0{,}88\ P$.
  - El precio del coche rebajado y con IVA es $1{,}21\cdot 0{,}88\ P=1{,}0648\ P$.

Por la propiedad conmutativa, da igual el orden en que se apliquen el IVA y la rebaja.

4. Cuando nació Lucía, sus padres depositaron 12 000 € a su nombre al 10 % de interés compuesto anual.

a) ¿Cuánto dinero tendrá Lucía cuando cumpla la mayoría de edad?

b) ¿Cuánto tiempo tiene que pasar para que Lucía duplique la cantidad que depositaron sus padres?

a) Cuando Lucía cumpla 18 años, su capital será:

$C_F=C_I\,(1+r)^t=12000\,(1+0{,}1)^{18}=12\,000\cdot 1{,}1^{18}=66719$ €

b) Cuando duplique su capital inicial, Lucía tendrá en el banco 24000 €:

$$C_F=C_I\,(1+r)^t\Rightarrow 24000=12000\,(1+0{,}1)^t\Rightarrow\frac{24000}{12000}=1{,}1^t\Rightarrow 2=1{,}1^t$$

Se obtiene una ecuación con el tiempo en el exponente. Para hallar su valor se utilizan las propiedades de los logaritmos:

$$2=1{,}1^t\Rightarrow\log 2=\log 1{,}1^t\Rightarrow\log 2=t\cdot\log 1{,}1\Rightarrow t=\frac{\log 2}{\log 1{,}1}=7{,}27$$

Deben pasar 7,27 años. Como el interés es anual, para conseguir duplicar la cantidad depositada tendrá que mantener el dinero durante 8 años.

Actividades

EJERCICIOS **PARA PRACTICAR**

57. **Explica cuáles de las siguientes parejas de magnitudes son directamente proporcionales.**

a) El número de prendas de ropa compradas en una tienda y el precio total de la compra.

b) El radio de una circunferencia y su longitud.

c) La capacidad de un vaso y la cantidad de vasos que son necesarios para llenar una jarra.

d) La edad de una persona y su peso.

e) El número de horas trabajadas durante un mes y el sueldo cobrado al final del mismo.

58. **Escribe un ejemplo de dos magnitudes directamente proporcionales y otro de dos magnitudes inversamente proporcionales y explica razonadamente por qué lo son.**

59. **Copia y completa las tablas siguientes sabiendo que son magnitudes directamente proporcionales y calcula su razón de proporcionalidad.**

a)

A	1	3	4	●●●
B	16	●●●	●●●	96

b)

C	27	54	●●●	216
D	●●●	2	3	●●●

c)

E	●●●	●●●	10	704
F	88	418	●●●	32

60. **Estudia si las magnitudes de las siguientes tablas son o no inversamente proporcionales.**

a)

A	1	2	3	4
B	450	225	150	100

b)

C	120	60	30	15
D	2	4	8	16

61. **Copia y completa las tablas siguientes sabiendo que son magnitudes inversamente proporcionales y calcula su constante de proporcionalidad.**

a)

A	1	2	3	●●●
B	330	●●●	●●●	66

b)

C	●●●	2	6	●●●
D	84	42	●●●	12

62. **Reparte 60 000 de forma directamente proporcional a los siguientes números.**

a) 10, 12 y 8

b) 3, 5 y 12

c) 2, 6 y 7

d) 5, 4 y 3

63. **Reparte 12 000 de forma inversamente proporcional a los siguientes números.**

a) 2 y 6

b) 4 y 5

c) 2, 3 y 4

d) 2, 4 y 8

ACTIVIDAD **RESUELTA**

64. **Tres tenderos invirtieron 51 monedas, 68 monedas y 85 monedas. Si la ganancia total que obtuvo la sociedad ascendió a 300 monedas, demuestra tu habilidad y reparte el dividendo.**

Lilavati de Bhaskara, siglo XII

El reparto debe ser directamente proporcional al dinero invertido.

En total pusieron 51 + 68 + 85 = 204 monedas, por lo que la constante de proporcionalidad directa es:

$$k = \frac{300}{204} = \frac{75}{51}$$

- El primero se llevará $\frac{75}{51} \cdot 51 = 75$ monedas.
- El segundo se llevará $\frac{75}{51} \cdot 68 = 100$ monedas.
- El tercero se llevará $\frac{75}{51} \cdot 85 = 125$ monedas.

Se llevarán 75, 100 y 125 monedas, respectivamente.

65. **Nacho, Olga y Patricia invirtieron, respectivamente, 6000 €, 24 000 € y 30 000 € en un negocio. Si al cabo de un año se producen 21 600 € de beneficios, ¿cómo deben repartirse los beneficios?**

66. **Los vecinos de una comunidad que tiene cuatro bloques quieren construir una piscina comunitaria. El presupuesto de la obra asciende a 252 000 €. En el bloque I hay 15 viviendas, en el II, 20, en el III hay 24 y en el IV hay 25. ¿Qué cantidad de dinero deberá poner cada bloque?**

67. **Juan, Olivia y Rafa tienen un bar y se reparten las ganancias del mes de forma inversamente proporcional al número de días que han descansado ese mes. Las ganancias del mes pasado fueron de 4230 € y los socios descansaron 8, 6 y 10 días, respectivamente. ¿Cuánto dinero le corresponde a cada uno?**

68. **Para recuperar la asignatura, un profesor entrega a sus cinco alumnos suspensos una lista de 95 ejercicios para que se los repartan con la condición de que cada uno resuelva una cantidad inversamente proporcional a la nota obtenida en el último examen.**

¿Cuántos ejercicios debe resolver cada uno?

69. **Dadas dos magnitudes, al aumentar los valores de una de ellas los correspondientes de la otra disminuyen. ¿Puede afirmarse que ambas magnitudes son inversamente proporcionales?**

Razona tu respuesta y pon un ejemplo que la confirme.

Proporcionalidad compuesta

70. En un viaje de 7 días, 4 amigos han gastado en comer 420 €. ¿Cuánto gastarían 6 amigos en un viaje de 5 días en las mismas condiciones?

71. Si 25 obreros han hecho una obra en 45 días con jornadas de 8 horas, ¿cuántos obreros se habrían necesitado para hacer esa misma obra en 40 días con jornadas de 9 horas?

72. Una fuente que proporciona 150 L de agua por minuto tarda 6 h 40 min en llenar un depósito. Para llenar otro depósito de igual base, otra fuente que proporciona 120 L de agua por minuto tarda la mitad de tiempo que la anterior. ¿Cuál es la altura de este otro depósito en comparación con la del primero?

73. El dueño de la cafetería de mi instituto ha calculado que con los 800 alumnos que tiene el instituto actualmente, un pedido de 20 kg de frutos secos lo vende en 6 días. ¿Cuántos días necesitará el curso próximo para vender 30 kg de frutos secos, si se estima que habrá 900 alumnos?

74. Tres gallinas ponen, de media, 24 huevos en cinco días. A ese ritmo de producción, ¿cuántas gallinas son necesarias para poner 120 huevos en tres días?

ACTIVIDAD **RESUELTA**

75. María alimentaba a sus 5 perritos con 3 cajas de 2 L de leche durante 5 días. Ahora tiene 6 perritos y quiere comprar cajas de 3 L para poder alimentarlos durante 6 días. ¿Cuántas cajas debe comprar?

El número de cajas de leche es directamente proporcional al número de perros y a los días que necesita alimentarlos, pero inversamente proporcional a la capacidad del envase.

Se construye la tabla y se reducen a la unidad las magnitudes conocidas:

N.º perritos	5	5	1	1	6	6	6
N.º cajas	3	6	1,2	0,24	1,44	0,48	2,88
Capacidad (L)	2	1	1	1	1	3	3
Días	5	5	5	1	1	1	6

Deberá comprar 3 cajas de 3 L para tener leche suficiente para alimentar a 6 perritos durante 6 días.

76.

Por el precio de 960 niskas, una modista muy hábil llevó ocho piezas de seda de 8 karas de largo por 3 de ancho. ¿Cuánto deberás pagar tú, mi aguda Lilavati, por una pieza de seda de media kara de ancho y tres y media de largo?

LILAVATI DE BHASKARA, siglo XII

Porcentajes

77. Expresa en tanto por ciento los siguientes casos.

a) Dos de cada cinco personas dejaron de fumar en los seis primeros meses de 2012.

b) Ocho de cada nueve encuestados duermen menos de ocho horas diarias.

c) Uno de cada doce residentes españoles colabora con una ONG.

78. Calcula los siguientes porcentajes.

a) 18 % de 30

b) 7 % de 12

c) 35 % de 90

d) 86 % de 210

79. Realiza los siguientes cálculos.

a) El tanto por ciento que hay que aplicar a 84 para que se incremente en 16,8 unidades.

b) La cantidad cuyo 95 % es 513.

80. Halla, en cada caso, el valor de la variable x.

a) El 24 % de x es 348.

b) El x % de 250 es 40.

c) El 95 % de 3200 es x.

81. Se ha realizado una encuesta entre la población de una ciudad sobre el medio de transporte que utilizan los ciudadanos para ir a trabajar. Los resultados se muestran en el siguiente diagrama de sectores.

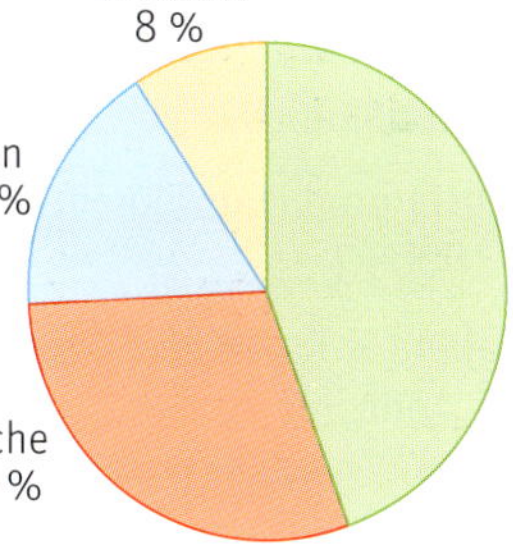

a) En la ciudad hay 154 000 trabajadores. ¿Cuántos usan tren?

b) Si el 23 % de los que viajan en autobús lo hace en autobuses interurbanos, ¿qué porcentaje del total viaja en autobuses interurbanos?

c) En una fábrica de dicha ciudad 24 de sus trabajadores van al trabajo en bicicleta. Utilizando la estadística anterior, ¿sabrías estimar cuántos trabajadores tiene la fábrica?

82. Calcula el descuento que se ha aplicado a un artículo de liquidación que costaba 2850 € si en la primera oferta se rebajó un 30 %, y en la segunda, un 20 % sobre el precio ya rebajado. ¿El descuento total fue o no del 50 %?

83. Se hallan, consecutivamente, el 28 % y el 43 % de una determinada cantidad. ¿Qué único porcentaje se podría aplicar a dicha cantidad para obtener el mismo resultado?

84. Para vender más, un mayorista anuncia una rebaja del 30 % y, para no perder dinero, después aplica un recargo por transporte que deja el precio como al principio. ¿Qué porcentaje de recargo aplica?

Actividades

Interés simple y compuesto

85. Calcula el capital acumulado por un depósito de 1200 € a un interés simple del 3,2 % después de 5 y 10 años. ¿La cantidad acumulada entre los 5 y los 10 años es el doble que la correspondiente a los 5 primeros?

86. Calcula el interés simple al que se han depositado 1800 € en un banco durante un año si el capital final ha sido de 1872 €.

87. Halla en qué cantidad se incrementarían 3000 € depositados en una cuenta corriente durante 4 años a un interés simple anual y a un interés compuesto anual del 6 %. Compara los resultados obtenidos y coméntalos.

88. Halla el tiempo que han de estar 2500 € en una cuenta para producir unos intereses de 250 € al 3,5 % anual si:

a) Se trata de interés simple.

b) Se trata de interés compuesto.

89. Si se tienen 5000 € que se quieren meter en un depósito durante 10 años. ¿Qué banco es más conveniente?

Banco Más
Depósito a un interés simple anual del 4 %.

Banco Guay
Depósito al 3,5 % de interés compuesto anual.

90. Después de 450 días a un interés compuesto del 6,2 % anual, la cantidad que figura en una cartilla de ahorros es de 2698,57 €.

a) ¿Cuál ha sido el capital inicial?

b) ¿Qué interés habría producido durante el mismo tiempo un capital final de 3000 €?

c) Si se quisieran duplicar los 2698,57 € en la mitad de tiempo a partir de ahora, ¿qué interés debería ofrecer el banco?

91. Emprende

Supón que una determinada cantidad se deposita en un banco al mismo interés compuesto durante un año. ¿Qué resultará más beneficioso, un interés diario, mensual, trimestral, semestral o anual?

ACTIVIDADES DE SÍNTESIS

92. Resuelve los siguientes problemas sin dejarte llevar por el primer impulso:

a) Una vela tarda en quemarse dos horas. ¿Cuánto tiempo tardarán cuatro velas encendidas al mismo tiempo?

b) El área de un cuadrado de 1 cm de lado es 1 cm^2. ¿Cuál es el área de un cuadrado de 2 cm de lado? ¿Y de uno de 3 cm?

c) El perímetro de un cuadrado de 1 cm de lado es 4 cm. ¿Cuál es el perímetro de un cuadrado de 2 cm de lado? ¿Y de uno de 3 cm?

d) La población de una localidad ha crecido un 8 % y se convierte en 168993 habitantes. ¿Cuál era la población antes del incremento del 8 %?

93. La piscina que Efrén tiene en su casa de campo tiene una capacidad de 12 000 L y tarda en llenarse 8 h.

a) ¿Qué fracción de la piscina se llenará en 2 h?

b) ¿Cuánto tiempo se necesita para tener 7000 L en la piscina?

94. Hemos comprado tres merluzas que pesaban 1,5 kg, 2 kg y 2,5 kg, respectivamente. En total hemos tenido que pagar 90 €. ¿Cuánto ha costado cada una?

95. La base de un rectángulo aumenta un 25 % pero el área se mantiene constante. ¿En qué porcentaje ha disminuido la altura?

PROBLEMAS PARA RESOLVER

96. Los abuelos maternos de Noa quieren repartir 180 € entre ella y su hermano de forma proporcional a sus edades, 8 y 12 años. Por otra parte, sus abuelos paternos distribuirán 216 € entre sus tres nietos también de forma proporcional a sus edades, 4, 8 y 12 años. Si Noa tiene 12 años, ¿con qué reparto obtendrá más dinero? ¿Y su hermano, que es el nieto de 8 años?

97. Gema ha estado enferma y ha necesitado cuidados durante 5 meses. Ha decidido repartir 4000 € que tenía ahorrados entre las tres personas que la atendieron durante su convalecencia de forma directamente proporcional al tiempo que estuvieron con ella.

La primera persona la acompañó durante un mes y medio, la segunda, durante dos meses y medio, y la tercera, el resto del tiempo. ¿Cuánto le dará a cada una de ellas?

98. Un supermercado ofrece las siguientes promociones:

¿Qué opción es más conveniente si se quiere comprar una docena de yogures? ¿Cuánto se pagará en cada caso?

99. El presupuesto de una cocina es de 7200 €. En la factura hay que añadir el 18 % de IVA. Del importe final, los clientes pagan un 40 % antes de empezar a fabricarla, y el resto, al terminar. ¿Qué cantidad han de pagar al finalizar el trabajo?

100. Al solicitar un préstamo de 12 000 € a 4 años para comprar un coche, Lucía ha estudiado estas tres opciones:

a) El banco le ofrece un interés simple anual del 3,2 %.

b) El concesionario le presenta un interés compuesto semestral del 1,5 %.

c) Una empresa de crédito rápido le garantiza un interés compuesto del 2,6 % anual.

¿Qué opción es más conveniente para Lucía?

101. A un refugio de animales llega una provisión de pienso para alimentar a 200 perros durante 60 días.

a) ¿Cuántos perros hay en el masificado refugio si se calcula que tendrán pienso para tan solo 48 días?

b) Doce días después de recibir las provisiones, se organizaron unas jornadas de puertas abiertas y 70 perros fueron adoptados. ¿Cuántos días podrán comer los perros que quedaron en el refugio con el pienso restante?

102. En una carrera se ofrece un premio de 680 € para repartir entre los tres primeros clasificados. El comité organizador ha aprobado los siguientes criterios.

- El primer clasificado debe recibir más dinero que el segundo, y el segundo, más que el tercero.
- Cuantas más horas de entrenamiento certificadas por el inspector de la carrera, mayor premio se debe recibir.

El resultado de la prueba ha sido:

Corredor	Puesto	Horas certificadas de entrenamiento
A	2.º	4
B	1.º	2
C	3.º	5

Finalmente, se decide que la cantidad a recibir sea directamente proporcional al cociente entre las horas de entrenamiento y el puesto conseguido.

Calcula cuánto dinero obtendrá cada corredor y comprueba si se han cumplido los criterios aprobados por el comité.

103. En una fábrica de polvorones, 12 manipuladores de alimentos logran envolver 6720 polvorones en un día, siendo la jornada laboral de 8 h.

La fábrica ha recibido un encargo de 10000 polvorones que debe entregar en el plazo de tres días. Si por las fiestas navideñas la jornada laboral se ha reducido a 6 h, ¿cuántos manipuladores como mínimo deben trabajar esos tres días para poder atender al cliente en plazo?

104. Una empresa ha pedido una mercancía a su proveedor habitual. El precio de la misma es de 2350 €, pero el proveedor le aplica un 20 % de margen de beneficio y un 2 % por su transporte.

a) ¿A cuánto ascenderá el presupuesto total?

b) Si finalmente la empresa acepta la oferta y paga al contado, el proveedor le hará un descuento del 5 %. ¿Cuánto pagará finalmente la empresa por la mercancía? ¿Cuál sería el porcentaje final del incremento sobre el precio de coste?

105. Al comienzo del año 2014, la población mundial era de 7259700000 personas, aproximadamente. Si la tasa de natalidad ese año fue del 19 ‰, y la de mortalidad, del 8 ‰, ¿cuál era el número de habitantes al comenzar enero de 2015?

PROBLEMA **RESUELTO**

106. Un grifo llena un depósito en 2 h, y otro grifo lo llena en 3 h. ¿Cuánto tardará en llenarse el depósito si se abren los grifos simultáneamente?

Comenzamos calculando qué fracción del depósito llena cada grifo en una hora:

El primer grifo llena $\frac{1}{2}$ del depósito en 1 h.

El segundo grifo llena $\frac{1}{3}$ del depósito en 1 h.

Los dos grifos juntos llenarán $\frac{1}{2}+\frac{1}{3}=\frac{5}{6}$ en 1 h.

Si en 1 h llenan $\frac{5}{6}$ de depósito, para llenarlo entero necesitan

$\frac{1}{\frac{5}{6}}=\frac{6}{5}$ de hora, que son 1 h 12 min.

107. José y Carlos tienen una empresa de reformas. Trabajando solos, Carlos tarda 45 días en realizar una reforma, y José, 30 días. ¿Cuántos días tardarán trabajando los dos juntos?

108. Cuatro manantiales vierten sus aguas en un aljibe. Cada uno por sí solo lo llenaría en un día, medio día, un tercio y un sexto de día. Dime, mi luz, Lilavati, ¿cuánto tardarán en llenarlo los cuatro juntos?

Lilavati de Bhaskara, siglo XII

109. Un hombre tarda en segar su jardín 4 h, su mujer tarda 6 h y cada uno de sus dos hijos gemelos tarda 9 h. ¿Cuánto tiempo tardarán en segar el jardín si trabajan los cuatro juntos?

110. Un buey atado a un árbol por una cuerda de 8 m de longitud tarda 3 días, comiendo 6 horas cada día, en consumir la hierba que hay a su alcance alrededor del árbol.

Si se alarga la cuerda 2 m y come 9 h al día, ¿tendrá hierba para más de 3 días?

Encuentra el error

111. Después de que me subieran la paga el 20 % empecé a recibir 24 €. ¿Cuánto dinero me daban antes del aumento?

$24 - 20\ \%\ \text{de}\ 24 = 24 - 0{,}2 \cdot 24 = 24 - 4{,}8 = 19{,}2$ €

Sin embargo, antes del aumento me daban 20 €.

¿Dónde está el error?

Ponte a prueba

PROBLEMA **RESUELTO**

¿Menor cuota o menor plazo?

A Paula le quedan por pagar 30000 € de una hipoteca, a un interés fijo del 5 %, durante los próximos 10 años. Pero Paula ha tenido suerte, le han tocado 15000 € en la lotería, y decide *amortizar* parte del préstamo.

Al hacer la operación en internet, le aparece el siguiente mensaje, que le indica que puede elegir entre pagar menos cada mes o pagar lo mismo que ahora, pero durante menos tiempo.

Objeto amortizador parcial:

- Reducir cuota manteniendo mismo plazo.
- Reducir plazo manteniendo misma cuota.

La cuota mensual se calcula mediante el llamado sistema francés y viene dada por la fórmula: $\text{Cuota} = \dfrac{\text{Capital} \cdot \dfrac{I}{12}}{\left(1 - \left(1 + \dfrac{I}{12}\right)^{-n}\right)}$

En dicha fórmula, I es el tipo de interés, en tanto por uno, y n es el plazo en meses.

Como su cuota actual no es muy alta, lo que quiere es que la cantidad total que pague al banco sea la menor posible.

1. Calcula su cuota actual.
2. Al pagar una parte, el capital restante es igual a 15000 €. Calcula la cuota a pagar cada mes si se mantiene el plazo. Al ser la cantidad la mitad de la del principio, ¿la cuota es también la mitad de la que pagaba?
3. Calcula el plazo del préstamo si se mantiene la cuota. ¿Es la mitad del anterior, 10 años?
4. Calcula cuánto paga en total al banco en cada caso. ¿Qué debería hacer?

SOLUCIÓN

1. Se sustituyen los datos de la hipoteca en la fórmula de la cuota: $\text{Cuota} = \dfrac{\text{Capital} \cdot \dfrac{I}{12}}{1 - \left(1 + \dfrac{I}{12}\right)^{-n}} = \dfrac{30\,000 \cdot \dfrac{0{,}05}{12}}{1 - \left(1 + \dfrac{0{,}05}{12}\right)^{-10 \cdot 12}} = 318{,}20\ €$

2. Si el capital se reduce a la mitad, manteniéndose el plazo, la nueva cuota es: $\text{Cuota} = \dfrac{15\,000 \cdot \dfrac{0{,}05}{12}}{\left(1 - \left(1 + \dfrac{0{,}05}{12}\right)^{-10 \cdot 12}\right)} = 159{,}10\ €$

   La cuota se ha reducido a la mitad al reducirse el capital a la mitad.

3. Si se mantiene la cuota, el plazo en el que Paula pagará su hipoteca es:

$$\dfrac{15\,000 \cdot \dfrac{0{,}05}{12}}{1 - \left(1 + \dfrac{0{,}05}{12}\right)^{-t}} = 318{,}20 \Rightarrow \dfrac{62{,}5}{318{,}20} = 1 - \left(1 + \dfrac{0{,}05}{12}\right)^{-t} \Rightarrow 1 - \dfrac{62{,}5}{318{,}20} = 1{,}004^{-t} \Rightarrow 0{,}804 = \left(\dfrac{1}{1{,}004}\right)^{t} \Rightarrow 0{,}804 = 0{,}996^{t} \Rightarrow$$

$$\Rightarrow \log 0{,}804 = t \log 0{,}996 \Rightarrow t = \dfrac{\log 0{,}804}{\log 0{,}996} = 54{,}4 \text{ meses}$$

   Por tanto, tardará en pagar al banco los 15 000 € que le faltan 55 meses, es decir, 4 años y 6 meses.

4. En el caso de reducir cuota, en total pagará $159{,}10 \cdot 10 \cdot 12 = 19092$ €.

   En el caso de reducir plazo, en total pagará $318{,}20 \cdot 55 = 17501$ €.

   Le interesa reducir plazo para pagar menos en total.

El dinero también crece...

Se han depositado en el banco 2000 € y nos informan de que cada mes nos aumentará el capital en un 0,5 %; es decir, nos multiplicarán el capital por 1,005.

1. Calcula el capital con el que se cuenta cuando han pasado dos, tres y cuatro meses.
2. Se sabe que cuando han pasado una serie de meses el capital se ha transformado en 2187,86 €. ¿Cuál de las siguientes expresiones es la adecuada para expresar este crecimiento suponiendo que han pasado t meses?

   A. $2187{,}86 = 2000 + 1{,}005t$ B. $2187{,}86 = 2000 \cdot 0{,}05t$ C. $2187{,}86 = 2000 \cdot 0{,}005^{t}$ D. $2187{,}86 = 2000 \cdot 1{,}005^{t}$

3. Con la ayuda de los logaritmos, despeja el valor de t en la expresión que hayas decidido del apartado anterior. Calcula cuántos meses han pasado desde el momento inicial hasta que el capital se ha convertido en 2187,86 €.

...pero los coches van perdiendo valor

Un coche nuevo cuesta 12000 €, pero justo en el momento de la compra pierde un 18 % de su valor inicial. A partir de este momento, el precio del coche se reduce en un 5 % cada cuatro meses.

1. Calcula el valor del coche cuando han pasado 4 meses, 8 meses, 1 año y 2 años.
2. Se sabe que, cuando han pasado una serie de meses, el precio del coche ha pasado a ser de 6201,65 €. ¿Cuál de las siguientes expresiones es la adecuada para expresar este decrecimiento suponiendo que han pasado *t* meses?

   A. $6201{,}65 = 12000 - 0{,}95 \cdot \frac{t}{4}$ B. $6201{,}65 = 9840 \cdot 0{,}95^{\frac{t}{4}}$ C. $6201{,}65 = \frac{12000 \cdot 0{,}95t}{4}$ D. $6201{,}65 = \frac{9840 \cdot 0{,}95^{t}}{4}$

3. Con la ayuda de los logaritmos, despeja el valor de *t* en la expresión que hayas decidido del apartado anterior. Calcula cuántos meses han pasado desde el momento inicial hasta que el coche ha pasado a valer 6201,65 €.

Repartiendo justicia

Ana, Tina, Paco, Lola y Luis quieren repartir una tarta de nata de 1 kg entre los cinco, pero no se ponen de acuerdo en la forma de cortarla.

1. ¿Se te ocurre alguna forma de hacer un reparto que satisfaga a todos?
2. Con un transportador, regla y compás, ¿podrías hacer cinco partes iguales sin poner nada sobre la tarta?
3. Tina propone hacer un corte radial e ir moviendo el cuchillo despacio hasta la posición en la que ella cree que corta un quinto de la tarta. Si antes de llegar a esa posición alguien dice "¡Corta!", Carla hace el corte y le da la porción al que ha hablado, y vuelve a empezar. Si no, se lleva el trozo que ha cortado, y los demás se reparten el resto de la misma manera. ¿Es justo este método?

AUTOEVALUACIÓN

1. Indica si las siguientes magnitudes son directa o inversamente proporcionales, calcula, en cada caso, la constante de proporcionalidad y completa las tablas.

a)

A	1	2	4	●●●
B	●●●	30	60	72

b)

C	120	60	30	●●●
D	2	4	●●●	16

2. Calcula *x* en los siguientes casos.
   a) *x* es el 8 % del 17 % de 3000.
   b) El 64 % de *x* es 140,8.
   c) El *x* % de 1600 es 57,6.
3. Un empresario decide repartir unos beneficios de 4800 € entre sus tres empleados de forma directamente proporcional al tiempo que llevan trabajando en la empresa: 2, 6 y 12 años, respectivamente. ¿Qué cantidad le corresponderá a cada uno?
4. En un concurso de ortografía se van a repartir 3300 € entre los tres mejores participantes. El reparto será de manera inversamente proporcional al número de faltas cometidas. Si los ganadores tuvieron 2, 4 y 5 errores, respectivamente, calcula la cantidad que recibirá cada uno de ellos.
5. Con 2 L de leche, César puede alimentar a sus 3 cachorros durante 6 días. ¿Para cuántos días tendrá comida si compra una caja de 5 L de leche?
6. Halla el importe del alquiler mensual de una vivienda por la que se pagaban 640 € sabiendo que ha subido un 12 %.
7. ¿Cuánto costará una lavadora de 425 € que por estar en exposición se encuentra rebajada un 18 %?
8. Leo ha prestado 15000 € a un amigo, que se los devolverá en 16 meses con un interés simple del 0,9 % anual. Halla la cantidad total que recibirá Leo.
9. Calcula la renta que producen 2800 € a un interés compuesto del 1,6 % durante 5 años.

4 Expresiones algebraicas

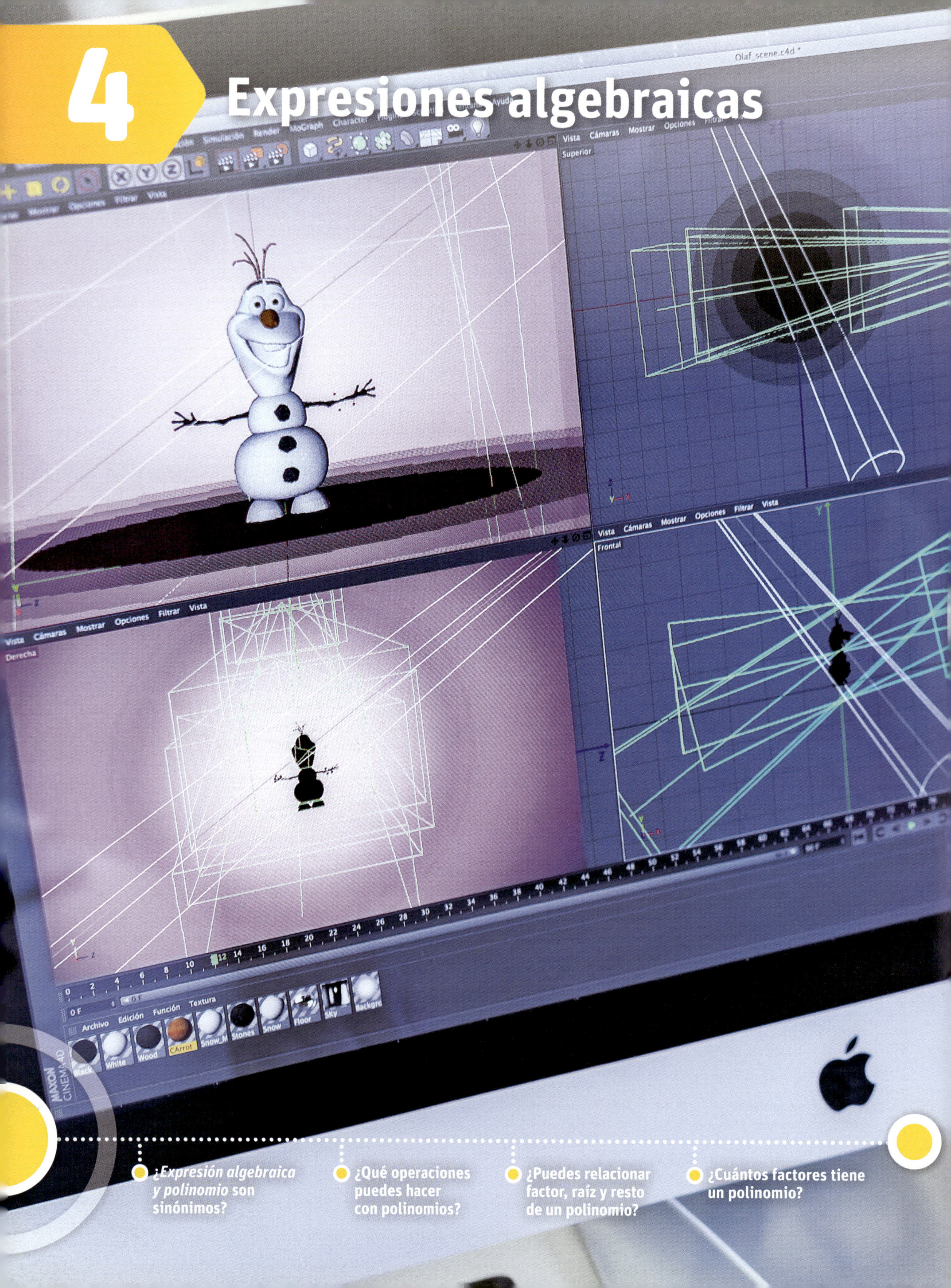

- *¿Expresión algebraica y polinomio* son sinónimos?
- ¿Qué operaciones puedes hacer con polinomios?
- ¿Puedes relacionar factor, raíz y resto de un polinomio?
- ¿Cuántos factores tiene un polinomio?

Analiza y responde

¿Qué relación hay entre el pasatiempo *Une los puntos* y una película de animación?

¿Qué es un *spline* cúbico?

Reflexiona y saca conclusiones

¿Por qué el autor afirma *Todas las películas de animación modernas están llenas de polinomios?*

¿A qué crees que se refiere el autor cuando habla de *curvas suaves*?

Lee y comprende

¿Recuerdas esta historia?

La soñadora Anna emprende un viaje épico junto al montañero Kristoff y su leal reno Sven para encontrar a su hermana Elsa, cuyos fríos poderes han atrapado al reino de Arendelle en un invierno eterno.

Frozen es hasta ahora la película de animación más taquillera de la historia, en gran parte gracias a su famosísima canción *Let it go*, traducida al español como *Libre soy*. Ha recaudado la friolera de 1270 millones de dólares en todo el mundo. Miles de niños y niñas se saben la historia de memoria y cantan sin parar: *Libre soy, libre soy, no puedo ocultarlo más...*

Lo que posiblemente no saben esos espectadores es que si no fuese por los polinomios, no podrían haber visto ni a Anna ni a la Reina de las Nieves. Todas las películas de animación modernas están llenas de polinomios.

Seguro que alguna vez has jugado a un pasatiempo que se llama *Une los puntos*. En un papel se representan varios puntos numerados y el juego consiste en unirlos ordenadamente mediante líneas para obtener un dibujo.

De manera similar se trabaja a la hora de crear y dar movimiento a las imágenes por ordenador en las películas de animación en 2D y 3D. Se marcan los puntos clave del personaje (las manos, los pies, las rodillas, la boca, etc.) que forman el esqueleto de la figura, y luego, mediante programas de ordenador, se dibujan unas curvas suaves que enlazan dichos puntos y que se mueven según lo requiera el personaje. Esas suaves curvas reciben el nombre de *splines* cúbicos, que no son otra cosa que polinomios de tercer grado.

Esteban Serrano

1 Expresiones algebraicas. Polinomios

Sabías que...

El álgebra ha aportado a las matemáticas precisión y sencillez y se ha convertido en un lenguaje universal para transmitir conocimientos con rigor.

El **álgebra** es la rama de las matemáticas que utiliza letras para representar números. Por tanto, el álgebra debe cumplir las leyes de la aritmética.

Una **expresión algebraica** es cualquier combinación de números y letras relacionados entre sí por operaciones aritméticas.

Las letras reciben el nombre de **variables** y siempre representan números.

Ten en cuenta

Cuando se usa una expresión algebraica es conveniente indicar **qué están representando las letras**.

Ejemplo ▸ Son expresiones algebraicas:

- Las fórmulas, como $A = \frac{B+b}{2} \cdot a$, donde A es el área de un trapecio, B es la longitud de la base mayor, b, la longitud de la base menor, y a, la altura.
- Las identidades, como $a(b + c) = ab + ac$ o $a^n \cdot a^m = a^{n+m}$, donde a, b y c son números reales, con $a \neq 0$, y m y n números racionales.
- Las expresiones de funciones, como $f(x) = 5x^3 + 8$, donde x es un número real.

El **valor numérico de una expresión algebraica** es el resultado que se obtiene al sustituir las variables por números y operar.

Ejemplo ▸ El famoso artista Nicasso solamente pinta cuadros rectangulares cuya base mide exactamente 2 unidades menos que el cuádruple de su altura. Halla la expresión algebraica del perímetro y el área de sus cuadros. ¿Cuáles serán el perímetro y el área de un cuadro cuya altura mide 30 cm?

Si se llama x a la altura, la base será $4x - 2$.

- El perímetro es $P(x) = x + x + 4x - 2 + 4x - 2 = 10x - 4$.
- El área es $A(x) = (4x - 2) \cdot x = 4x^2 - 2x$.

Si la altura mide 30 cm, el perímetro será $P(30) = 10 \cdot 30 - 4 = 296$ cm y su área será $A(30) = 4 \cdot 30^2 - 2 \cdot 30 = 3600 - 60 = 3540$ cm^2.

Polinomios

Ten en cuenta

Elementos de un monomio:

$8\,x^6$

Coeficiente: 8 — Parte literal: x^6

Grado del monomio: 6

Un **monomio** es una expresión algebraica formada por el producto de un número real, llamado **coeficiente**, y una o más variables elevadas a exponentes naturales, llamadas **parte literal**.

El **grado** de un monomio es la suma de los exponentes de su parte literal.

Dos monomios son **semejantes** si tienen la misma parte literal.

Ejemplo ▸ Indica el grado de los monomios $-xy^3$ y $7x^3y$ y si son semejantes.

- Tienen el mismo grado: $1 + 3 = 4 = 3 + 1$.
- No son semejantes porque no tienen la misma parte literal: $xy^3 \neq x^3y$.

Un **polinomio** está formado por la suma o la resta de varios monomios no semejantes. Su grado es el del monomio de mayor grado que contenga.

Los polinomios de una sola variable tienen esta expresión:

$$P(x) = a_0 + a_1x + a_2x^2 + ... + a_{n-1}x^{n-1} + a_nx^n,\ n \in \mathbb{N} \text{ y } a_0, a_1, ..., a_n \in \mathbb{R}$$

MAT-TIC GeoGebra

Entra en **smSavia**digital.com y construye expresiones algebraicas para distintas figuras geométricas.

Ejemplo ▸ Indica qué monomios forman el polinomio $P(x) = 6x^5 - 7x^3 + 1$ y su grado.

- Está formado por tres monomios: $6x^5$, $-7x^3$ y 1.
- Su grado es 5, que es el grado del monomio $6x^5$.

ACTIVIDADES

1. **Si Ana tiene a años, encuentra la expresión algebraica que describe la edad de sus primos.**

a) Rafa tiene el doble de años que Ana.

b) Miguel tiene cuatro años menos que Rafa.

c) Lucía nació 5 años después que Ana.

d) Raquel tiene el doble de años que Lucía.

e) Juan tiene la mitad de años que Miguel.

2. **Selecciona, de entre las expresiones algebraicas dadas, aquellas que se corresponden con cada enunciado.**

a) $x^2 + x$ — I. La suma de los cuadrados de dos números

b) $2x + 1$ — II. El cuadrado del doble de un número

c) $(x + y)^2$ — III. El doble del cuadrado de un número

d) $2x^2$ — IV. La suma de un número y su cuadrado

e) $(2x)^2$ — V. Un número de dos cifras

f) $10x + y$ — VI. La suma de dos números consecutivos

g) $x^2 + y^2$ — VII. El cuadrado de la suma de dos números

3. **Si llamo x al dinero que tengo ahora, traduce a lenguaje algebraico las siguientes expresiones.**

a) Si gasto la mitad de lo que tengo y luego recibo 500 €, tendré el triple de lo que tenía.

b) Si pierdo 30 €, duplico lo que tengo en ese momento y gasto los tres cuartos de lo que me queda. ¿Cuánto tengo ahora?

4. **Encuentra la expresión algebraica que describe cada uno de los siguientes enunciados.**

a) El perímetro de un rectángulo de base b y altura h.

b) El área de un rombo de diagonal mayor D y diagonal menor d.

c) El volumen de un prisma de base cuadrada de lado x y altura h.

d) La propiedad distributiva de tres números reales a, b y c.

e) El producto de potencias de base a y exponentes n y m es una potencia de base a y exponente la suma de los exponentes.

5. **¿Cuál de estas expresiones algebraicas es un monomio?**

a) $\sqrt{12x}$ b) $\dfrac{4}{x}$ c) $3x^{-2}$ d) $x^2\sqrt{3}$

ACTIVIDAD RESUELTA

6. **Completa la tabla indicando el grado, el coeficiente y el valor numérico en $x = -1$ e $y = 2$ de los monomios que forman el polinomio $P(x, y) = x^2y^2 + 3xy^2 - 2xy + 7$.**

Monomios	x^2y^2	$3xy^2$	$-2xy$	7
Grado	4	3	2	0
Coeficiente	1	3	−2	7
Valor numérico	4	−12	4	7

7. **Completa la tabla indicando el grado, el coeficiente y el valor numérico en $x = -2$ e $y = -3$ de los monomios del polinomio $P(x, y) = x^2y^3 + 3xy - x + 2$.**

Monomios	●●●	●●●	●●●	●●●
Grado	●●●	●●●	●●●	●●●
Coeficiente	●●●	●●●	●●●	●●●
Valor numérico	●●●	●●●	●●●	●●●

8. **Indica cuáles de los siguientes monomios son semejantes.**

a) $3x^3y^2$ b) $5x^2y^3$ c) $-x^3y^2$ d) $xyxyx$ e) $yxyxy$

9. **Dado el polinomio $P(x) = x^2 - 2x - 15$:**

a) Calcula $P(1)$, $P(-1)$, $P(0)$, $P(10)$ y $P(-10)$.

b) ¿Para qué valores de x el valor numérico de $P(x)$ es cero?

10. **Calcula el valor numérico de $P(x, y) = x^2 - xy + 3y$ en cada caso.**

a) Para $x = 1$ e $y = -2$

b) Para $x = 0$ e $y = 7$

c) Para $x = \dfrac{3}{2}$ e $y = \dfrac{1}{3}$

ACTIVIDAD RESUELTA

11. **Considera un triángulo rectángulo isósceles cuyos catetos miden x. Encuentra la expresión algebraica de la hipotenusa, del perímetro y del área. ¿Son todas estas expresiones polinomios?**

- Se obtiene la hipotenusa aplicando el teorema de Pitágoras:

$$H(x) = \sqrt{x^2 + x^2} = \sqrt{2x^2} = \sqrt{2}x$$

- El perímetro es:

$$P(x) = x + x + \sqrt{2}x = (2 + \sqrt{2})x$$

- El área es: $A(x) = \dfrac{x \cdot x}{2} = \dfrac{1}{2}x^2$

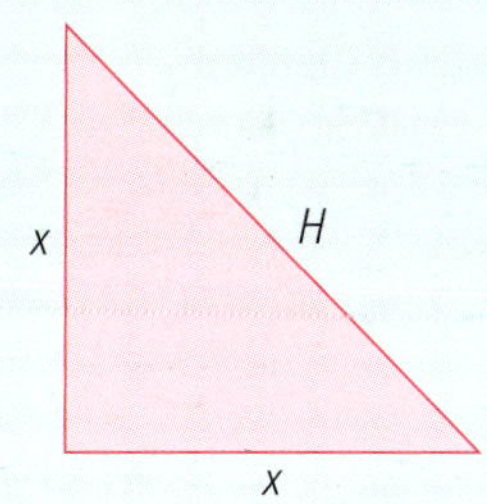

Todas las expresiones son polinomios, pues la variable x aparece elevada a números naturales.

12. **Expresa el área y el volumen de una caja que tiene base cuadrada y cuya altura mide el triple que el lado de la base utilizando un polinomio. ¿Cuál será el volumen si la altura de la caja es 96 cm?**

2 Operaciones con polinomios. Identidades notables

Suma y diferencia de monomios semejantes

La **suma o diferencia de monomios semejantes** es otro monomio semejante, cuyo coeficiente es la suma o la diferencia de los coeficientes iniciales.

Ejemplo ▸ Dados los monomios semejantes $6x^2y$ y $8x^2y$, calcula su suma y su diferencia.

- Su suma: $6x^2y + 8x^2y = (6 + 8)x^2y = 14x^2y$.
- Su diferencia: $6x^2y - 8x^2y = (6 - 8)x^2y = -2x^2y$.

Suma y diferencia de polinomios

La **suma o diferencia de polinomios** se realiza sumando o restando los monomios semejantes y dejando indicada la operación entre los monomios no semejantes.

Ejemplo ▸ Dados los polinomios $P(x) = 2x^3 - 5x^2 + x - 3$ y $Q(x) = x^3 - 7x^2 + 5$, calcula $P(x) + Q(x)$ y $P(x) - Q(x)$.

- $P(x) + Q(x) = 2x^3 - 5x^2 + x - 3 + x^3 - 7x^2 + 5 = 3x^3 - 12x^2 + x + 2$
- $P(x) - Q(x) = 2x^3 - 5x^2 + x - 3 - (x^3 - 7x^2 + 5) = x^3 + 2x^2 + x - 8$

MAT-TIC GeoGebra

Entra en sm**Savia**digital.com y practica operaciones con polinomios y resuelve un puzle algebraico.

Producto de monomios

El **producto de dos monomios** es otro monomio cuyo coeficiente es el producto de los coeficientes y su parte literal es el producto de las partes literales.

Ejemplo ▸ Dados los monomios $3x^2y^3$ y $-8xy^2$, calcula su producto.

$3x^2y^3 \cdot (-8xy^2) = [3 \cdot (-8)]\, x^2y^3 \cdot xy^2 = -24x^3y^5$.

Producto y potencia de polinomios

- El **producto de dos polinomios** es otro polinomio cuyos términos se obtienen multiplicando cada monomio del primero por cada monomio del segundo y sumando los semejantes.
- La **potencia de exponente natural de un polinomio** se halla multiplicando el polinomio por sí mismo tantas veces como indique el exponente.

Ejemplo ▸ Dados $P(x) = x^2 - x + 1$ y $Q(x) = 5x - 1$, calcula $P(x) \cdot Q(x)$ y $[Q(x)]^2$.

- $P(x) \cdot Q(x) = (x^2 - x + 1)(5x - 1) = 5x^3 - x^2 - 5x^2 + x + 5x - 1 = 5x^3 - 6x^2 + 6x - 1$
- $[Q(x)]^2 = (5x - 1)^2 = (5x - 1)(5x - 1) = 25x^2 - 5x - 5x + 1 = 25x^2 - 10x + 1$

Ten en cuenta

El producto de polinomios cumple la **propiedad distributiva**:

$$a \cdot (b + c) = a \cdot b + a \cdot c$$

ACTIVIDADES

13. Realiza las siguientes operaciones con monomios.

a) $5x^2 + 3x^2 - 7x^2$

b) $3x^3 \cdot 2x^2$

c) $-3x \cdot 2{,}5x^4$

d) $(5x^2)^3$

e) $(2x^5 - 3x^5) \cdot x - (6x)$

f) $(-x^4)^3 - (-2x^6)^2$

14. Dados los polinomios $A(x) = 2x - 1$, $B(x) = -2x^2 + 3x - 5$ y $C(x) = 4x^3 - 3x^2 + 1$, calcula:

a) $A(x) - B(x)$

b) $A(x) + B(x) - C(x)$

c) $A(x)^2 - B(x) + C(x)$

d) $A(x) \cdot B(x) - C(x)$

Identidades notables

Las identidades notables son productos y potencias de binomios que aparecen con mucha frecuencia en matemáticas. Las más importantes son:

Cuadrado de una suma	$(a+b)^2 = a^2 + b^2 + 2ab$	$(3+x)^2 = 3^2 + x^2 + 2 \cdot 3 \cdot x = 9 + x^2 + 6x$
Cuadrado de una diferencia	$(a-b)^2 = a^2 + b^2 - 2ab$	$(2x-5y)^2 = (2x)^2 + (5y)^2 - 2 \cdot 2x \cdot 5y =$ $= 4x^2 + 25y^2 - 20xy$
Suma por diferencia	$(a+b)(a-b) = a^2 - b^2$	$(3a+2b)(3a-2b) = 9a^2 - 4b^2$

ACTIVIDADES

15. Desarrolla aplicando las identidades notables.

a) $(x-4)^2$
b) $(x^2+2x)^2$
c) $(x-5)^2$
d) $(3-4x)^2$
e) $(2x+3)^2$
f) $(x^2+2)(x^2-2)$
g) $(xy-3y)^2$
h) $(2x^3-5x)(2x^3+5x)$

ACTIVIDAD **RESUELTA**

16. Escribe estos polinomios como potencias de binomios utilizando las identidades notables.

a) $4x^2+25+20x$ b) x^2+36y^2-12xy c) $9a^2-4b^4$

a) $4x^2+25+20x = (2x)^2+5^2+2\cdot 2x\cdot 5 = (2x+5)^2$

b) $x^2+36y^2-12xy = x^2+(6y)^2-2\cdot x\cdot 6y = (x-6y)^2$

c) $9a^2-4b^4 = (3a)^2-(2b^2)^2 = (3a+2b^2)(3a-2b^2)$

17. Escribe estos polinomios como potencias de binomios utilizando las identidades notables.

a) $4+9x^2+12x$
b) $x^2+\ 9x^4+6x^3$
c) $9x^6+9y^2-18x^3y$
d) x^2+25y^2+10xy

18. Escribe estos polinomios como producto de binomios utilizando las identidades notables.

a) $9-4x^2$ b) $4x^6-25x^2$ c) x^6-16x^4y

19. Copia y completa en tu cuaderno estas expresiones.

a) $9+30x+\bullet=(3+\bullet)^2$
b) $16+4x^2+\bullet=(4+\bullet)^2$
c) $b^2+\bullet+a^4=(b+\bullet)^2$
d) $\bullet+25c^2+a^4=(a^2+\bullet)^2$

20. Calcula el área del cuadrado de dos formas distintas.

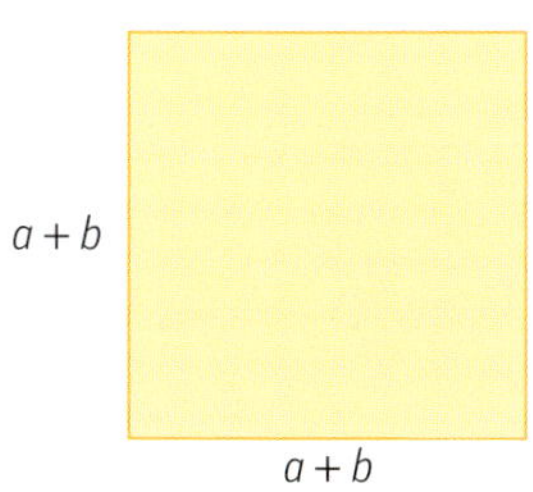

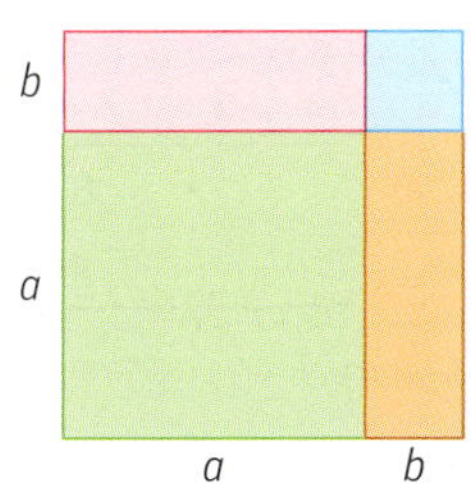

¿Qué observas?

ACTIVIDAD **RESUELTA**

21. Extrae factor común en el siguiente polinomio.

$$P(x, y) = 4x^2y - 8x^3y^2 - 2x^3y$$

Utilizando la propiedad distributiva:

$$P(x, y) = 4x^2y - 8x^3y^2 - 2x^3y = 2x^2y(2 - 4xy - x)$$

22. Extrae factor común en los siguientes polinomios.

a) $3x^5-9x^4-3x^2$ b) $6x^3y^2+2xy^2$ c) $5x^2y^2+10xy^3-1$

23. Realiza las siguientes operaciones con polinomios.

a) $(x+2)^2+3(x-1)(x+1)$
b) $4(2x-2)^2-(x^2+3)(x-2)$
c) $(x^4-2)^2+(x^4+2)^2$
d) $(2x^2-3x)^2-(2x^2+2x)^2$

ACTIVIDAD **RESUELTA**

24. Expresa el perímetro y el área de esta figura mediante polinomios.

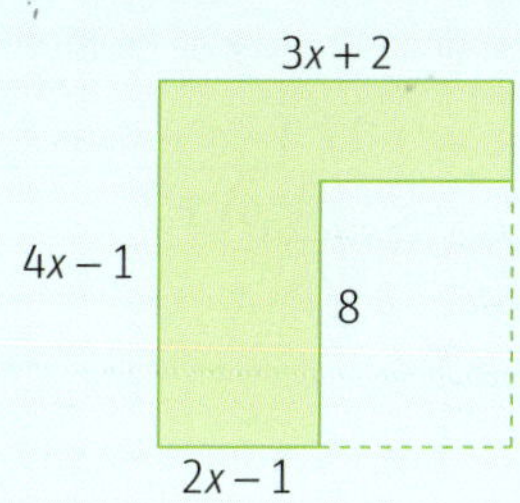

Perímetro: $P(x) = 2(3x+2) + 2(4x-1) =$
$= 6x + 4 + 8x - 2 = 14x + 2$

Si al área del rectángulo grande se le resta el área del rectángulo pequeño, se obtiene el área buscada.

La base del rectángulo pequeño es: $(3x+2)-(2x-1) = x+3$

Área: $A(x) = (3x+2)(4x-1) - 8(x+3) =$
$= 12x^2 - 3x + 8x - 2 - 8x - 24 = 12x^2 - 3x - 26$

25. Expresa el perímetro y el área de estas figuras mediante polinomios.

a)

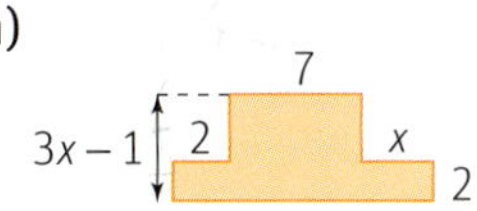

b)

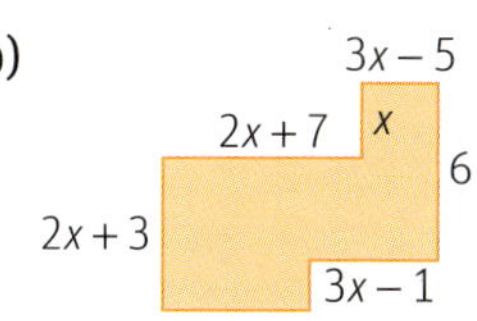

3 División entera de polinomios. Regla de Ruffini

División entera de polinomios

Dividir un polinomio $D(x)$ entre otro $d(x)$ consiste en encontrar dos polinomios, $C(x)$ y $R(x)$, que cumplan $\mathbf{D(x) = d(x) \cdot C(x) + R(x)}$, es decir,

$$\frac{D(x)}{d(x)} = C(x) + \frac{R(x)}{d(x)}, \text{ con } \mathbf{grado[R(x)] < grado[d(x)]}.$$

Ten en cuenta

Si el resto de la división es 0, la división se llama **exacta** y se dice que:

- El polinomio $D(x)$ es **divisible** por $d(x)$ y es un **múltiplo** de $d(x)$.
- El polinomio $d(x)$ es un **factor** de $D(x)$ y es un **divisor** de $D(x)$.

Ejemplo ▸ Divide $P(x) = 2x^4 - 7x^3 + 8x^2 - 6x + 3$ entre $Q(x) = x^2 - 3x + 2$.

1.º Se escriben los polinomios ordenados y se dividen los términos de mayor grado del dividendo y el divisor:

$$\begin{array}{rrrrr|l}
2x^4 & -7x^3 & +8x^2 & -6x & +3 & x^2 - 3x + 2 \\ \cline{6-6}
-2x^4 & +6x^3 & -4x^2 & & & 2x^2 - x + 1 \\ \cline{1-5}
 & -x^3 & +4x^2 & -6x & +3 & \\
 & x^3 & -3x^2 & +2x & & \\ \cline{2-5}
 & & x^2 & -4x & +3 & \\
 & & -x^2 & +3x & -2 & \\ \cline{3-5}
 & & & -x & +1 &
\end{array}$$

2.º Se multiplica por el divisor y el resultado se resta al dividendo.

3.º Se repite el proceso hasta que el resto sea de menor grado que el divisor:

Para finalizar, se comprueba:
$(x^2 - 3x + 2) \cdot (2x^2 - x + 1) + (-x + 1) = 2x^4 - 7x^3 + 8x^2 - 6x + 3$

ACTIVIDADES

ACTIVIDAD **RESUELTA**

26. Realiza la división $(8x^3 - 12) : (2x^2 - x)$.

Se dejan en el dividendo los huecos de los términos que son nulos:

$$\begin{array}{rrr|l}
8x^3 & & -12 & 2x^2 - x \\ \cline{4-4}
-8x^3 & +4x^2 & & 4x + 2 \\ \cline{1-3}
 & 4x^2 & -12 & \\
 & -4x^2 & +2x & \\ \cline{2-3}
 & & 2x - 12 &
\end{array}$$

27. Efectúa la siguiente división.

$$(x^5 - 3x^4 - 4x^3 + 7x^2 + 2) : (x^3 - 5x + 2)$$

ACTIVIDAD **RESUELTA**

28. Realiza $(2x^3 - 5x^2 + 4x - 1) : (x^2 - 2x + 1)$ y descompón el dividendo en un producto de dos factores.

$$\begin{array}{rrrr|l}
2x^3 & -5x^2 & +4x & -1 & x^2 - 2x + 1 \\ \cline{5-5}
-2x^3 & +4x^2 & -2x & & 2x - 1 \\ \cline{1-4}
 & -x^2 & +2x & -1 & \\
 & x^2 & -2x & +1 & \\ \cline{2-4}
 & & & 0 &
\end{array}$$

Se descompone el dividendo usando la prueba de la división:

$2x^3 - 5x^2 + 4x - 1 = (x^2 - 2x + 1)(2x - 1)$

29. En cada caso, realiza la división $P(x) : Q(x)$ y descompón el polinomio $P(x)$ en un producto de dos factores.

a) $P(x) = 6x^2 + x - 1$ y $Q(x) = 3x - 1$

b) $P(x) = 2x^4 - 3x^3 + 8x^2 - 6x + 5$ y $Q(x) = 2x^2 - x + 5$

c) $P(x) = x^5 + 2x^4 - 3x^3 + 2x^2 - 7x + 2$ y $Q(x) = x^2 + 3x - 1$

30. Se divide un polinomio de grado 7 entre otro de grado 3. ¿Cuál será el grado del cociente? Si la división no es exacta, ¿qué puedes decir del grado del resto?

31. Al dividir un polinomio entre otro de grado 5, el cociente obtenido tiene grado 2. ¿Cuál es el grado del dividendo? ¿Puede el resto tener grado 3?

32. Completa la siguiente división de polinomios.

$$\begin{array}{rrrrr|l}
6x^4 & + \bullet & +2x^2 & + \bullet & +1 & 2x^2 + \bullet + 1 \\ \cline{6-6}
-6x^4 & +9x^3 & + \bullet & & & \bullet + 3x + \bullet \\ \cline{1-5}
 & 6x^3 & -x^2 & + \bullet & +1 & \\
 & -6x^3 & + \bullet & -3x & & \\ \cline{2-5}
 & & 8x^2 & -6x & +1 & \\
 & & -8x^2 & +12x & + \bullet & \\ \cline{3-5}
 & & & \bullet & + \bullet &
\end{array}$$

33. smSaviadigital.com

PRACTICA Realiza más divisiones con polinomios.

Regla de Ruffini

Cuando se divide un polinomio $P(x)$ entre un binomio de primer grado de la forma $x - a$, se puede utilizar un algoritmo más sencillo: **la regla de Ruffini**.

Ejemplo ▸ Divide $P(x) = 2x^3 - 10x + 3$ entre $Q(x) = x - 2$.

1.º Se escriben los coeficientes del dividendo en la fila superior. Si falta un término, se completa con 0. A la izquierda se coloca el valor a, en este caso $a = 2$. Se baja el primer coeficiente.

	2	0	−10	3
2	↓			
	2			

2.º Se **multiplica** por el primer coeficiente bajado el valor de a, y el resultado se escribe debajo del segundo coeficiente.

	2	0	−10	3
2		4		
	2			

3.º Se **suma** el segundo coeficiente con el valor anotado debajo, y se escribe el resultado en la línea inferior $(0 + 4 = 4)$.

	2	0	−10	3
2		4	8	
	2	4		

4.º Se repite el proceso hasta completar la fila inferior. El valor de la derecha es el resto, −1, y los valores a su izquierda son los coeficientes del cociente, $2x^2 + 4x - 2$.

	2	0	−10	3
2		4	8	−4
	2	4	−2	−1
		Cociente		Resto

Así pues, $2x^3 - 10x + 3 = (x - 2)(2x^2 + 4x - 2) - 1$.

Ten en cuenta

- La regla de Ruffini también sirve si el divisor es de la forma $x + a$. Basta con escribir $x - (-a)$.
- El resto siempre es un número, ya que el grado del resto debe ser menor que el del divisor, que es 1.

MAT-TIC GeoGebra

Entra en smSaviadigital.com y aplica la regla de Ruffini.

ACTIVIDADES

34. Divide usando la regla de Ruffini.

a) $(3x^3 + 4x^2 - 8x) : (x + 3)$

b) $(x^4 + x^3 - 2x - 2) : (x + 1)$

c) $(x^4 - 2x^2 - x + 1) : (x + 2)$

d) $(3x^3 + 4x^2 - 3x - 7) : (x - 5)$

35. Realiza las siguientes divisiones aplicando la regla de Ruffini e indica el cociente y el resto.

a) $(3x^4 - 2x^2 + x - 3) : (x + 1)$

b) $(x^5 - 2x^3 - x + 1) : (x - 1)$

c) $(2x^3 - x^2 + 3x - 1) : (x + 2)$

d) $(x^3 - 27) : (x - 3)$

36. Realiza la división $(4x^3 + 6x^2 - 2x + 8) : (2x - 4)$.

a) Utilizando el algoritmo de la división.

b) Dividiendo el dividendo y el divisor entre 2 y después dividiendo con la regla de Ruffini.

c) ¿Qué ocurre con el cociente?

d) ¿Y con el resto?

37. Divide el polinomio $P(x) = x^3 - 3x^2 - 13x + 15$ entre $Q(x) = x - 5$ descomponiéndolo en dos factores. A continuación, divide el cociente entre $R(x) = x + 3$ y expresa $P(x)$ como un producto de polinomios de grado 1.

4 Raíz de un polinomio. Teoremas del resto y del factor

Ten en cuenta

El número de raíces de un polinomio es el número de veces que corta su gráfica al eje X.

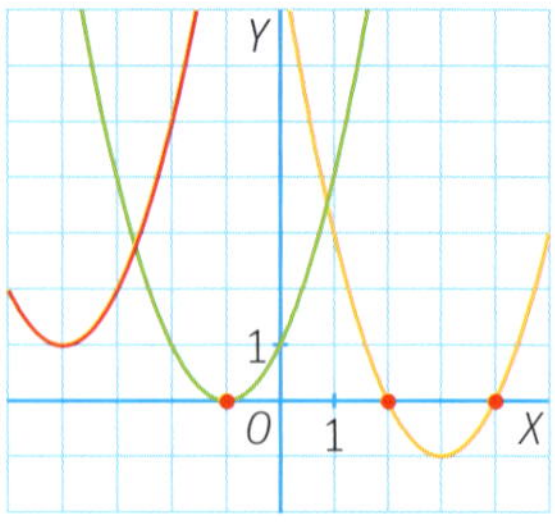

Aquí puedes ver las gráficas de tres polinomios con 0, 1 y 2 raíces.

Ten en cuenta

Si un polinomio tiene dos raíces iguales, se dice que esa es una raíz doble, si tiene tres raíces iguales, se llama raíz triple, y así sucesivamente.

Ten en cuenta

- Dividendo: $P(x)$
- Divisor: $(x - a)$
- Resto: R
- Cociente: $C(x)$

smSaviadigital.com

PRACTICA Busca las raíces de los polinomios.

MAT-TIC GeoGebra

Entra en smSaviadigital.com y descubre qué esconde el teorema del resto.

Las raíces de un polinomio *P*(*x*) son los valores de x que hacen cero su valor numérico, es decir, las soluciones de la ecuación $P(x) = 0$.

Por tanto, hallar las raíces de un polinomio equivale a resolver una ecuación. Como no siempre es sencillo, es conveniente conocer los siguientes resultados.

- Un polinomio de grado n tiene, como máximo, n raíces reales.
- Si un polinomio de coeficientes enteros tiene **raíces enteras**, estas son divisores del término independiente.

Ejemplo ▸ Se considera el polinomio $P(x) = x^3 - 4x + 3$.

- Tiene como máximo 3 raíces reales por ser de grado 3.
- Las posibles raíces enteras de $P(x)$ son los divisores del término independiente: $1, -1, 3$ y -3.
- La única raíz entera del polinomio es 1, ya que $P(1) = 0$ y $P(-1) \neq 0$, $P(3) \neq 0$ y $P(-3) \neq 0$.

Teorema del resto

Este teorema permite conocer el resto de una división del tipo $P(x)$: $(x - a)$ sin realizarla.

El **resto *R*** de la división de un polinomio $P(x)$ entre $x - a$ es igual al valor numérico del polinomio en $x = a$, es decir, $\boldsymbol{R = P(a)}$.

Para probarlo, se observa que el resto debe ser un grado menor que el divisor, por tanto, un polinomio de grado 0, es decir, un número real R.

Se tiene que $P(x) = (x - a)C(x) + R$, y al sustituir x por a, se obtiene que:

$$P(a) = (a - a)C(a) + R \Rightarrow P(a) = R$$

Ejemplo ▸ ¿Cuál es el resto de dividir $P(x) = x^3 + 7x^2 + 12x + 10$ entre $x + 5$?

Utilizando el teorema del resto: $R = P(-5) = (-5)^3 + 7(-5)^2 + 12(-5) + 10 = 0$

Por tanto, el resto es nulo y la división es exacta.

Teorema del factor

Este teorema es consecuencia del teorema del resto y sirve para factorizar polinomios.

El binomio $\boldsymbol{x - a}$ es un **factor** de $P(x)$ si el valor numérico del polinomio en $x = a$, $\boldsymbol{P(a) = 0}$, y, por tanto, $P(x)$ puede escribirse de la forma $\boldsymbol{P(x) = (x - a)C(x)}$.

Si $P(a) = 0$, el teorema del resto dice que el resto de la división de $P(x)$ entre $x - a$ es $R = 0$ y, por tanto, $P(x) = (x - a)C(x) + R = (x - a)C(x)$.

Ejemplo ▸ ¿Son $(x + 3)$ y $(x - 2)$ factores del polinomio $P(x) = x^3 - 5x^2 + 9x - 6$?

Para comprobarlo, se calculan los valores numéricos de $P(x)$ en $x = -3$ y $x = 2$:

- $P(-3) = (-3)^3 - 5(-3)^2 + 9(-3) - 6 = -105 \neq 0$
- $P(2) = (2)^3 - 5(2)^2 + 9(2) - 6 = 0$

Por tanto, $(x + 3)$ no es un factor de $P(x)$, y $(x - 2)$ sí lo es.

ACTIVIDADES

38. Estudia cuál es el resto de estas divisiones sin realizarlas e indica si son exactas.

a) $(2x^5 - 3x^4 + 2x^3 + x^2 + 3x - 3) : (x + 2)$

b) $(2x^4 - 7x^3 + x^2 - 5x + 9) : (x - 1)$

c) $(x^3 + x^2 - 17x + 15) : (x + 5)$

d) $(x^3 + x^2 - 12x + 7) : (x - 7)$

¿Qué teorema has utilizado?

39. ¿Cuáles de los siguientes binomios son factores del polinomio $P(x) = x^3 + 4x^2 - 25x - 100$? Justifica tu respuesta.

A. $(x + 1)$ C. $(x + 3)$ E. $(x + 5)$

B. $(x - 1)$ D. $(x - 3)$ F. $(x - 5)$

40. Indica si los binomios $(x - 2)$ y $(x - 1)$ son factores del polinomio $P(x) = x^5 + x^4 - 7x^3 + 7x - 6$.

¿Cuál es el resto de las divisiones $P(x) : (x - 2)$ y $P(x) : (x - 1)$?

ACTIVIDAD **RESUELTA**

41. Dado el polinomio $P(x) = x^3 - 5x + 2$:

a) ¿Puede ser $x = 3$ una raíz de $P(x)$?

b) ¿Es $x = 1$ una raíz de $P(x)$?

c) Escribe todas las posibles raíces enteras de $P(x)$.

d) ¿Cuáles son las raíces enteras de $P(x)$?

a) Como 3 no es un divisor del término independiente, 2, se puede asegurar que $x = 3$ no es una raíz de $P(x)$.

b) Como $P(1) = 1^3 - 5 \cdot 1 + 2 = -2 \neq 0$, $x = 1$ no es una raíz de $P(x)$.

c) Las posibles raíces enteras de $P(x)$ son los divisores del término independiente, es decir: 1, −1, 2 y −2.

d) Ya se ha comprobado que $x = 1$ no es una raíz de $P(x)$.

Probando los otros tres divisores del término independiente, se obtiene:

$P(-1) = 6 \neq 0$, $x = -1$ no es una raíz de $P(x)$. .

$P(2) = 0$, $x = 2$ es una raíz de $P(x)$.

$P(-2) = 4 \neq 0$, $x = -2$ no es una raíz.

42. Raquel estudia el polinomio $P(x) = x^4 + 8x^3 + 21x^2 + 22x + 8$:

a) ¿Puede ser $x = 5$ una raíz de $P(x)$?

b) Escribe todas las posibles raíces enteras de $P(x)$.

c) Raquel de entrada ha descartado las cuatro posibles raíces positivas. Justifica que tiene razón.

d) Encuentra todas las raíces enteras de $P(x)$.

e) ¿Puede Raquel descartar las posibles raíces positivas en el caso del polinomio $Q(x) = -x^4 - 8x^3 - 21x^2 - 22x - 8$?

43. Dado el polinomio $P(x) = x^3 + 4x^2 - 15x - 18$:

a) ¿Puede ser $x = 2$ una raíz de $P(x)$?

b) Encuentra todas las raíces enteras de $P(x)$.

ACTIVIDAD **RESUELTA**

44. Escribe un polinomio de cuarto grado que cumpla las siguientes condiciones.

- Que tenga como factor el binomio $x + 2$.
- Que una raíz sea $x = -1$.
- Que la división de $P(x)$ entre $x - 2$ sea exacta.
- Que $P(3) = 0$.

- Como $(x + 2)$ es un factor, $P(x) = (x + 2) \cdot Q(x)$.
- Como una raíz es $x = -1$, $(x + 1)$ es un factor, $P(x) = (x + 2)(x + 1) \cdot R(x)$.
- Como la división entre $x - 2$ es exacta, $(x - 2)$ es un factor, $P(x) = (x + 2)(x + 1)(x - 2) \cdot S(x)$.
- Como $P(3) = 0$, $(x - 3)$ es también un factor, $P(x) = (x + 2)(x + 1)(x - 2)(x - 3)$.

Por tanto, el polinomio tiene la forma:

$T(x) = a(x + 2)(x + 1)(x - 2)(x - 3)$, donde a es cualquier número real.

45. Escribe un polinomio $P(x)$ de tercer grado que cumpla las siguientes condiciones.

- Que tenga como factor el binomio $x + 7$.
- Que la división de $P(x)$ entre $x + 1$ sea exacta.
- $P(1) = 0$
- $P(3) = 80$

ACTIVIDAD **RESUELTA**

46. Halla m para que $P(x) = 3x^4 - x^3 + x^2 - 3x + m$ sea múltiplo de $Q(x) = x + 1$.

Para que $P(x)$ sea múltiplo de $Q(x)$, el resto de la división de $P(x)$ entre $Q(x)$ debe ser 0.

Como $Q(x)$ es de la forma $(x - a)$, se aplica el teorema del resto para $x = -1$, es decir, $P(-1) = 0$.

Se resuelve la ecuación:

$$P(-1) = 3(-1)^4 - (-1)^3 + (-1)^2 - 3(-1) + m = 0 \Rightarrow m = -8$$

Por tanto, m debe ser −8 para que $P(x)$ sea múltiplo de $Q(x)$.

47. Halla el valor de m para que:

a) La división entre $P(x) = x^3 - 5x^2 - 2x + m$ y $(x - 4)$ sea exacta.

b) La división entre $Q(x) = 5x^3 + 4x^2 - mx - 3$ y $(x + 2)$ tenga resto 3.

c) $(x + 1)$ sea divisor de $R(x) = x^5 - 5x^3 + 4x + m$.

d) $S(x) = x^4 - (mx)^2 + x + 10$ sea múltiplo de $(x - 2)$.

48. smSaviadigital.com

PRACTICA Repasa lo que has aprendido sobre raíces de un polinomio.

5 Factorización de un polinomio

Factorización

Factorizar un polinomio es descomponerlo en un producto de dos o más polinomios del menor grado posible.

Si un polinomio $\boldsymbol{P(x)}$ de grado n tiene n raíces $\boldsymbol{r_1, r_2, r_3, ..., r_n}$, y $\boldsymbol{a}$ es el coeficiente del término de mayor grado, $P(x)$ puede factorizarse como:

$$\boldsymbol{P(x) = a(x - r_1) \cdot (x - r_2) \cdot (x - r_3) \cdot ... \cdot (x - r_n)}$$

Ten en cuenta

Si $x = a$ es raíz de un polinomio $P(x)$, $P(a) = 0$ y $(x - a)$ es un factor de $P(x)$.

Ejemplos

▶ Factoriza el polinomio $P(x) = x^3 - 6x^2 - 9x + 14$.

- Para resolver la ecuación $P(x) = 0$, se buscan las posibles raíces enteras entre los divisores del término independiente.
  Divisores de 14: 1, −1, 2, −2, 7, −7, 14 y −14.
- Se comprueba si estos divisores son raíces de $P(x)$ utilizando el terorema del factor:
  $P(1) = 1^3 - 6 \cdot 1^2 - 9 \cdot 1 + 14 = 0$, luego $x = 1$ es raíz de $P(x)$.
- Se divide $P(x)$ entre $x - 1$ y se tiene que:
  $$P(x) = (x - 1)(x^2 - 5x - 14)$$
- Para encontrar las raíces de $x^2 - 5x - 14$, se resuelve la ecuación de segundo grado $x^2 - 5x - 14 = 0$ y se obtienen las otras dos raíces, $x = 7$ y $x = -2$.

Por tanto, la factorización es $P(x) = (x - 1)(x - 7)(x + 2)$.

▶ Factoriza el polinomio $P(x) = 2x^3 - 16x^2 + 32x$.

- Se extrae $2x$ como factor común:
  $$P(x) = 2x(x^2 - 8x + 16).$$
- Para descomponer el factor $x^2 - 8x + 16$, se observa que es el cuadrado de un binomio:
  $$x^2 - 8x + 16 = (x - 4)^2$$

Por tanto, la factorización es $P(x) = 2x(x - 4)^2$.

Sabías que...

Existen fórmulas para hallar las raíces de los polinomios de grados 2, 3 y 4, pero para los polinomios de grado mayor o igual que 5 no existe ninguna fórmula.

Évariste Galois (1811-1832).

Esto lo demostró el brillante matemático Galois antes de cumplir los 20 años. Poco después murió en un duelo.

Polinomio irreducible

Un **polinomio es irreducible** si no se puede factorizar.

Un polinomio siempre se puede factorizar como producto de binomios de primer grado y polinomios de grado 2 irreducibles. Los únicos polinomios irreducibles son de grado 1 y de grado 2, que no tienen raíces reales.

Ejemplo ▶ Para saber si un polinomio de grado 2 es irreducible, podemos igualarlo a 0 y hallar sus raíces.

- $P(x) = x^2 + 1$ es irreducible, pues es de grado 2 y no tiene raíces reales.
- $Q(x) = 3x^2 - 7x$ no es irreducible, pues se puede sacar factor común y escribir como:
  $$Q(x) = x(3x - 7)$$
- $R(x) = x^2 - 9$ no es un polinomio irreducible, pues se puede factorizar como:
  $$R(x) = (x + 3)(x - 3)$$
- $S(x) = x^2 - 2x - 9$ no es irreducible, porque la ecuación $x^2 - 2x - 9 = 0$ tiene dos soluciones reales distintas $x = 1 + \sqrt{10}$ y $x = 1 - \sqrt{10}$. Así pues, el polinomio se factoriza como:
  $$R(x) = \left[x - (1 + \sqrt{10})\right]\left[x - (1 - \sqrt{10})\right]$$
- $T(x) = 3x^3 + 2x^2 - 7x + 5$ no es irreducible, pues los únicos polinomios irreducibles son los de grado 1 o los de grado 2, que no tienen raíces reales.

Técnicas de factorización

El problema de factorizar un polinomio es complejo y no existe un único método para resolverlo. Se pueden utilizar las siguientes técnicas:

- Extraer factor común.
- Utilizar las identidades notables.
- Buscar raíces enteras utilizando la regla de Ruffini.
- Resolver ecuaciones de segundo grado para buscar raíces de polinomios de grado 2.

MAT-TIC GeoGebra

Entra en smSaviadigital.com. Practica con todas las técnicas y factoriza polinomios.

Ejemplos

▸ Factoriza el polinomio $P(x) = 3x^5 - 12x^3 + 12x$.

- Se extrae $3x$ como factor común: $P(x) = 3x(x^4 - 4x^2 + 4)$.
- Para descomponer el factor $x^4 - 4x^2 + 4$, se observa que es el desarrollo del cuadrado del binomio $(x^2 - 2)$: $P(x) = 3x(x^2 - 2)^2$.
- Para descomponer el factor $x^2 - 2$, se resuelve la ecuación de segundo grado:

$$x^2 - 2 = 0 \Rightarrow x = \pm\sqrt{2}$$

Por tanto, el polinomio factorizado es: $P(x) = 3x(x-\sqrt{2})^2(x+\sqrt{2})^2$

▸ Factoriza el polinomio $P(x) = 2x^5 - 3x^4 - 6x^3 + 13x^2 - 6x$.

- Se extrae x como factor común: $P(x) = x(2x^4 - 3x^3 - 6x^2 + 13x - 6)$.
- Para buscar raíces enteras, se factoriza usando la regla de Ruffini. Dividiendo entre $x - 1$ y el cociente de nuevo entre $x - 1$, se obtiene:

$$P(x) = x(x-1)^2(2x^2 + x - 6)$$

- Por último, se resuelve la ecuación $2x^2 + x - 6 = 0$ obteniendo las raíces $x = -2$ y $x = \frac{3}{2}$.

Por tanto, el polinomio factorizado es $P(x) = 2x(x-1)^2(x+2)\left(x - \frac{3}{2}\right)$.

	2	−3	−6	13	−6
1		2	−1	−7	6
	2	−1	−7	6	0
1		2	1	−6	
	2	1	−6	0	

ACTIVIDADES

ACTIVIDAD **RESUELTA**

49. Factoriza el polinomio $P(x) = x^3 + 3x^2 + 2x - 6$.

- Las posibles raíces enteras son 1, −1, 2, −2, 3, −3, 6 y −6.
- Como $P(1) = 0$, $x = 1$ es raíz y $(x - 1)$ es un factor de $P(x)$.
- Se obtiene el otro factor con el algoritmo de Ruffini.
- $P(x) = (x - 1)(x^2 + 4x + 6)$
- Como la ecuación $x^2 + 4x + 6 = 0$ no tiene solución real, este factor es irreducible. La factorización ha terminado.

50. Factoriza los siguientes polinomios.

a) $A(x) = 4x^2 - 4x - 3$

b) $B(x) = x^3 + 7x^2 + 12x$

c) $C(x) = 2x^3 + 8x^2 - 2x - 8$

d) $D(x) = x^3 + 7x^2 - 49x - 55$

e) $E(x) = x^4 + 2x^2 - 3$

f) $F(x) = x^3 + x^2 - 6x - 6$

51. Descompón en factores irreducibles estos polinomios.

a) $A(x) = x^3 - 5x^2 + x - 5$

b) $B(x) = 3x^3 + 5x^2 - 2x$

c) $D(x) = x^4 - 4x^3 - 7x^2 + 22x + 24$

52. Factoriza estos polinomios.

a) $P(x) = x^4 - 9x^2$

b) $Q(x) = x^2 - 49$

c) $R(x) = 2x^3 - 2x$

d) $S(x) = x^6 - 16x^2$

e) $T(x) = 4x^{200} + 12x^{100} + 9$

f) $V(x) = x^{17} - 2x^{16}$

53. Escribe un polinomio de grado 3 cuyas raíces sean $x_1 = -1$, $x_2 = 2$ y $x_3 = -4$.
¿Existen más polinomios que verifiquen las condiciones? ¿Por qué?

54. Expresa los siguientes polinomios como producto de factores irreducibles sin hacer ninguna división.

a) $P(x) = x(3x - 4) + 3x - 4$

b) $Q(x) = (x^2 - 4)(x^2 - 9)$

c) $R(x) = (x - 2)(x + 3) + x^2 + 6x + 9$

Organiza tus ideas

EXPRESIONES ALGEBRAICAS Y POLINOMIOS

- **Expresión algebraica:** combinación de números y letras relacionados entre sí por las operaciones aritméticas.
- **Valor numérico:** el que se obtiene al sustituir en la expresión las variables por números y realizar las operaciones indicadas.
- **Monomio:** expresión algebraica formada por el producto de un número real y una o más variables con exponentes naturales.
- **Polinomio:** suma indicada de varios monomios. Por ejemplo: $P(x) = 3x^5 - 2x^3 + x^2 + 5x - 12$

OPERACIONES CON POLINOMIOS

- **Suma y diferencia de monomios**

  La suma o diferencia de monomios semejantes es otro monomio semejante cuyo coeficiente es el resultado de operar los coeficientes iniciales.

  $6x^2y + 8x^2y = (6 + 8)x^2y = 14x^2y$

- **Suma y diferencia de polinomios**

  Se suman o se restan los monomios semejantes y se deja indicada la suma o resta de los no semejantes.

  $4x^4 - 2x^3 - 3 - (x^3 + 4x - 3) = 4x^4 - 3x^3 - 4x$

- **Producto de monomios**

  El producto de dos monomios es otro monomio cuyo coeficiente es el producto de los coeficientes y su parte literal es el producto de las partes literales.

  $3x^2y^3 \cdot (-8xy^2) = (3 \cdot (-8))\, x^2y^3 \cdot xy^2 = -24x^3y^5$

- **Producto de polinomios**

  Se multiplica cada monomio del primer polinomio por cada uno del segundo y se simplifica.

  $(2x^2 - x) \cdot (3x^3 - x^2 - 1) = 6x^5 - 5x^4 + x^3 - 2x^2 + x$

- **Potencia de polinomios**

  Se multiplica el polinomio por sí mismo tantas veces como indica el exponente.

  $(3x^4 - x^2 - 2)^2 = 9x^8 - 6x^6 - 11x^4 + 4x^2 + 4$

- **Identidades notables**

  $(a + b)^2 = a^2 + b^2 + 2ab$

  $(a - b)^2 = a^2 + b^2 - 2ab$

  $(a + b)(a - b) = a^2 - b^2$

- **División**

Dividendo →	$x^3 - 2x^2 - 5x - 2$	$x - 3$	← Divisor
	$-x^3 + 3x^2$	$x^2 + x - 2$	← Cociente
	$x^2 - 5x$		
	$-x^2 + 3x$		
	$-2x - 2$		
	$+2x - 6$		
	-8 ← Resto		

Regla de Ruffini: es un método para realizar divisiones cuando el divisor es del tipo $(x + a)$ o $(x - a)$.

Divisor: $x - 3$ — Dividendo: $(x^3 - 2x^2 - 5x - 2)$

	1	−2	−5	−2
3		3	3	−6
	1	1	−2	−8

Cociente ← $x^2 + x - 2$ — Resto: -8

RAÍCES Y FACTORIZACIÓN

Las **raíces** de un polinomio $P(x)$ son los valores de x que hacen que su valor numérico sea cero.

Teorema del resto

El resto de la división de un polinomio entre $(x - a)$ es igual a $P(a)$.

Teorema del factor

Si $P(a) = 0$, entonces $P(x)$ tiene como factor $x - a$, y se escribe $P(x) = (x - a)C(x)$.

Factorizar un polinomio es descomponerlo en un producto de dos o más polinomios del menor grado posible. Un **polinomio irreducible** es aquel que no se puede factorizar.

- Si un polinomio de coeficientes enteros tiene **raíces enteras**, son divisores del término independiente.
- Si un polinomio $P(x)$ de grado n tiene n raíces $r_1, r_2, r_3, \ldots, r_n$, y a es el coeficiente del término de mayor grado, $P(x)$ puede **factorizarse** como $P(x) = a(x - r_1) \cdot (x - r_2) \cdot (x - r_3) \cdot \ldots \cdot (x - r_n)$.
- Un polinomio siempre se puede factorizar como producto de binomios de la forma $x - r_i$, donde r_i es una raíz del polinomio, y polinomios irreducibles de grado 2.

Actividades clave

1. ¿Es divisible entre $(x + 3)$ el polinomio $P(x) = x^9 + 3^9$?

Un polinomio es divisible entre otro, si al efectuar la división el resto es 0.

Como el polinomio divisor es un binomio de primer grado, por el teorema del resto, $P(-3) = 0$:

$$P(-3) = (-3)^9 + 3^9 = -3^9 + 3^9 = 0$$

Por tanto, $P(x) = x^9 + 3^9$ es divisible entre $(x + 3)$.

2. Factoriza los siguientes polinomios.

a) $P(x) = x^3 - 3x^2 + 5x - 15$

b) $Q(x) = x^3 + x^2 - 3x - 3$

a) Las posibles raíces enteras de $P(x)$ son los divisores de -15, es decir, $\{\pm 1, \pm 3, \pm 5, \pm 15\}$.

Se comprueba que $P(3) = 0$, por lo que $(x - 3)$ es factor de $P(x)$ por el teorema del resto. Para factorizar $P(x)$ se divide utilizando la regla de Ruffini:

	1	−3	5	−15
3		3	0	15
	1	0	5	0

Se obtiene que $P(x) = (x - 3)(x^2 + 5)$.

Como $x^2 + 5$ no tiene raíces reales, no se puede factorizar, es decir, es irreducible.

Por tanto, la factorización de $P(x)$ es $P(x) = (x - 3)(x^2 + 5)$.

b) Las posibles raíces enteras de $P(x)$ son los divisores de -3, es decir, $\{\pm 1, \pm 3\}$.

Se comprueba que $P(-1) = 0$, por lo que $(x + 1)$ es factor de $P(x)$ por el teorema del resto. Para factorizar $P(x)$ se divide por Ruffini:

	1	1	−3	−3
−1		−1	0	3
	1	0	−3	0

Se obtiene que $Q(x) = (x + 1)(x^2 - 3)$.

El polinomio $x^2 - 3$ tiene dos raíces reales: $x = +\sqrt{3}$ y $x = -\sqrt{3}$

Por tanto: $Q(x) = (x + 1)(x - \sqrt{3})(x + \sqrt{3})$

3. Un Ayuntamiento quiere construir un depósito metálico para acumular agua, con forma de prisma de base cuadrada sin tapa.

Disponen de una pieza de metal de 20 m × 20 m. Cortan cuatro cuadrados de lado x en cada esquina y levantan los cuatro rectángulos resultantes para formar los laterales.

a) ¿Qué polinomio $V(x)$ expresa el volumen del depósito?

b) Halla los valores numéricos de $V(x)$ en $x = 0, 1, 2, 3, 4, 5$ y 6, y representa la gráfica. ¿Para qué valor de x el depósito tiene el máximo volumen?

a) El área de la base es $(20 - 2x)(20 - 2x)$ y la altura es x, por lo que el volumen es:

$$V(x) = (20 - 2x)^2 \cdot x$$

b) Los valores numéricos son:

$V(0) = (20 - 2 \cdot 0)^2 \cdot 0 = 0$

$V(1) = (20 - 2 \cdot 1)^2 \cdot 1 = 324$

$V(2) = (20 - 2 \cdot 2)^2 \cdot 2 = 512$

$V(3) = (20 - 2 \cdot 3)^2 \cdot 3 = 588$

$V(4) = (20 - 2 \cdot 4)^2 \cdot 4 = 576$

$V(5) = (20 - 2 \cdot 5)^2 \cdot 5 = 500$

$V(6) = (20 - 2 \cdot 6)^2 \cdot 6 = 384$

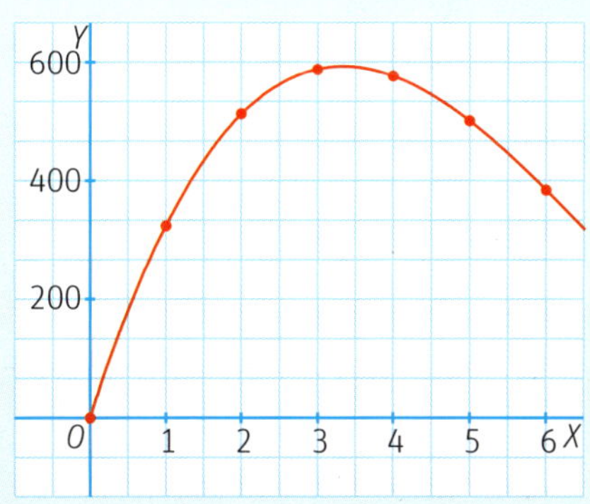

En la gráfica se puede observar que cerca de $x = 3$ el volumen del depósito es máximo.

Actividades

EJERCICIOS **PARA PRACTICAR**

Expresiones algebraicas

55. Expresa los siguientes enunciados en lenguaje algebraico.

a) El área de un rectángulo de base b y altura h.

b) El área de un cuadrado de lado l.

c) El volumen de un cubo de arista x.

d) El volumen de un cilindro de radio de la base r y altura h.

e) El perímetro de un triángulo isósceles de lados iguales x y lado desigual y.

56. Isabel tiene x años. Encuentra las expresiones algebraicas en cada caso:

a) La edad que tenía hace 4 años.

b) La edad que tendrá dentro de 10 años.

c) La edad de su madre, que la tuvo a los 31 años.

d) La edad de su hermano, que es la tercera parte de sus años.

e) La edad de su abuelo, que el año que viene tendrá el quíntuple de la edad que tiene ella hoy.

f) La edad de su padre, que dentro de 2 años le triplicará la edad.

Una vez que hayas escrito todas las expresiones, verifica que son válidas para $x = 15$, es decir, si Isabel tuviera 15 años.

57. En estas columnas están desordenados cuatro polinomios y sus respectivos valores numéricos para ciertos valores de x.

Polinomio	x	Valor numérico
$x^4 - 2x^2 + x - 1$	$x = 2$	-1
$x^2 - 3(x+1)$	$x = 0$	-3
$\dfrac{x^3}{2} + 1$	$x = 1$	-5
$x^5 - 3x^4 - 2x^3 + x + 1$	$x = -2$	1

Relaciona en tu cuaderno cada polinomio con su valor numérico para el valor de x correspondiente.

Polinomios. Identidades notables

58. Dados los monomios $A(x) = 6x^2$, $B(x) = 3x^4$, $C(x) = \dfrac{1}{2}x^4$ y $D(x) = -2x$, realiza estas operaciones.

a) $A(x) + D(x)$

b) $B(x) - C(x)$

c) $A(x) - B(x) + C(x)$

d) $A(x) \cdot D(x)$

e) $B(x) : C(x)$

f) $D(x) \cdot B(x)$

g) $A(x) \cdot B(x) \cdot C(x)$

h) $B(x) : [D(x) \cdot A(x)]$

59. Realiza estas operaciones con los siguientes polinomios.

$P(x) = 2x^4 - x^3 + x^2 - 3x + 1$, $Q(x) = 3x^3 + x^2 - 2x + 2$ y $R(x) = -4x^4 + x^2 - 4$

a) $P(x) + Q(x)$

b) $Q(x) - R(x)$

c) $R(x) - Q(x) + P(x)$

d) $P(x) + Q(x) + R(x)$

Indica el grado de los polinomios resultantes.

60. Realiza estas operaciones con los polinomios $P(x) = x^4 + 2x^3 + 1$, $Q(x) = 3x^3 - 4x - 2$ y $R(x) = 4x^2 - 5x + 3$.

a) $P(x) \cdot [Q(x) + R(x)]$

b) $Q(x) \cdot [R(x) - P(x)]$

c) $R(x) \cdot [P(x) + Q(x)]$

d) $P(x) \cdot [R(x) - Q(x)]$

61. Calcula estas potencias.

a) $(x^2 + 3x - 2)^2$

b) $(3a - 2b + c)^2$

62. Resuelve las siguientes operaciones y simplifica el resultado.

a) $(x-2)(x+2) - (x-3)(x+3) - x(2x+1) - 4$

b) $(x^2 + 2x + 1)(x^4 - 2x^3 + 3x^2 + 1) - x^6 + 2x^3$

63. Completa en tu cuaderno con el coeficiente adecuado para que se verifiquen las igualdades.

a) $(2x^2 + \bullet x - 1) - (-3x^2 - 5x + \bullet) = 5x^2 + 2x + 4$

b) $(5x^3 + \bullet x^2 + \bullet) + (\bullet x^3 + x^2 - 2) = 2x^3 - 3x^2 - 3$

64. Un polinomio es de grado 7, y otro, de grado 6.

a) ¿De qué grado es el polinomio suma?

b) ¿De qué grado es el polinomio resta?

c) ¿De qué grado es el polinomio producto?

d) ¿De qué grado es el cubo del segundo?

65. Calcula los valores de a y b necesarios para que se cumplan estas igualdades.

a) $x^5 - 5x^3 + 4x^2 - 3x - 2 = (x-2)(x^4 + ax^3 + bx^2 + 2x + 1)$

b) $x^6 - x^5 - 2x^4 - 4x^2 + 4x + 8 = (x^2 - x - 2)(x^4 + ax^3 + bx - 4)$

66. ¿Puede la suma de dos polinomios de grado 3 ser de grado 2? Pon un ejemplo.

67. Efectúa estas operaciones.

a) $(2x^2 - 3y)^2$

b) $(3x - 2y)^2$

c) $(3x^3 - 2x^2)^2$

d) $(2x^4 + x^2)^2$

e) $(5a + 3b) \cdot (5a - 3b)$

f) $(2xy + 4z) \cdot (2xy - 4z)$

ACTIVIDAD **RESUELTA**

68. Utiliza las igualdades notables para calcular las siguientes operaciones.

a) 97^2

b) 207^2

c) $\sqrt{17^2 - 8^2}$

Las igualdades notables pueden ayudarnos a realizar operaciones tediosas:

a) $97^2 = (100-3)^2 = 100^2 - 2 \cdot 3 \cdot 100 + 3^2 = 10\,000 - 600 + 9 = 9409$

b) $207^2 = (200+7)^2 = 200^2 + 2 \cdot 7 \cdot 200 + 7^2 = 40\,000 + 2800 + 49 = 42\,849$

c) $\sqrt{17^2 - 8^2} = \sqrt{(17+8)(17-8)} = \sqrt{25}\sqrt{9} = 5 \cdot 3 = 15$

69. Utiliza las igualdades notables para resolver las siguientes operaciones.

a) 313^2 b) 989^2 c) $\sqrt{82^2 - 18^2}$

70. Completa estas expresiones para que sea cierta la igualdad.

a) $x^8 + \bullet + 1 = (\bullet + 1)^2$

b) $9x^2 - 18x^3 + \bullet = (\bullet - \bullet)^2$

c) $36x^4 - \bullet = (\bullet + \bullet)(\bullet - \sqrt{3})$

71. Realiza las siguientes operaciones con polinomios. Para ello, utiliza las igualdades notables y presta mucha atención a los signos delante de los paréntesis.

a) $(x + 3)^2 + 2(x - 1)^2$

b) $3(2x + 1)(2x - 1) - (4x + 1)^2$

c) $(x + 2)^2 + (x - 2)^2 - (x + 2)(x - 2)$

d) $(2x^4 + x^2)^2 - (x^3 - 3x^2)(x^3 + 3x^2)$

72. El polinomio $a^2x^2 + 60x + b^2$ es el cuadrado de un binomio. Calcula el producto ab.

División entera de polinomios. Regla de Ruffini

73. Realiza las siguientes divisiones de polinomios.

a) $(6x^3 - 2x^2 - 1) : (x^2 + x + 2)$

b) $(-3x^4 + x^2 - 2x + 3) : (3x^2 - 2x + 1)$

c) $(x^6 - 2x^3 + 3x - 3) : (-2x^3 + x - 2)$

d) $(3x^3 - 2x^2 + 4x + 3) : (x^2 + 2x - 1)$

e) $(6x^3 - 7x^2 - 3x + 2) : (2x + 1)$

74. En una división, el divisor es $x^2 - 1$, el cociente es $x^3 + 2$ y el resto es $3x$. ¿Cuál es el dividendo?

75. Divide usando la regla de Ruffini.

a) $(x^5 + x^4 + x^3 + x^2 + x + 1) : (x + 1)$

b) $(x^4 + 4x^3 - x^2 - 16x - 12) : (x + 3)$

c) $(5x^6 - 1) : (x - 1)$

d) $(2x^2 - 3)^2 : (x - 1)$

e) $(5x + 10)^2 : (x + 2)$

76. Comprueba que las siguientes divisiones son exactas y escribe el dividendo como el producto del divisor por el cociente utilizando la prueba de la división.

a) $(x^3 + 8) : (x + 2)$

b) $(x^3 - 8) : (x - 2)$

c) $(x^3 + 64) : (x + 4)$

d) $(x^3 - 64) : (x - 4)$

77. Comprueba estas dos nuevas identidades.

a) $a^3 - b^3 = (a - b)(a^2 + ab + b^2)$

b) $a^3 + b^3 = (a + b)(a^2 - ab + b^2)$

78. Al dividir el polinomio $P(x)$ entre el binomio $(x^2 - 1)$, el resto que se obtiene es $4x + 4$. ¿Cuál es el resto de dividir $P(x)$ entre $(x + 1)$?

Raíz de un polinomio. Teoremas del resto y del factor

ACTIVIDAD **RESUELTA**

79. Calcula las raíces enteras del polinomio:

$$P(x) = x^3 - 7x - 6$$

Las posibles raíces enteras son los divisores de 6, que son 1, −1, 2, −2, 3, −3, 6 y −6.

Como $P(1) = 1 - 7 - 6 \neq 0$, $x = 1$ no es raíz.

Al probar −1 se obtiene $P(-1) = 0$, luego $x = -1$ sí es raíz,

	1	0	−7	−6
−1		−1	1	6
	1	−1	−6	0

Los factores son $P(x) = (x + 1)(x^2 - x - 6)$.

Se resuelve la ecuación $x^2 - x - 6 = 0$. Sus soluciones son $x = -2$ y $x = 3$, que son también raíces de $P(x)$.

80. Calcula las raíces enteras de los siguientes polinomios.

a) $P(x) = 2x^3 + 6x^2 - 2x - 6$

b) $Q(x) = x^4 - 2x^3 - 7x^2 + 8x + 12$

c) $R(x) = x^4 + x^3 - 8x^2 - 9x - 9$

81. Halla las raíces de estos polinomios.

a) $A(x) = 3x^2 - 4x + 1$ c) $C(x) = 2x^3 - 9x^2 + 4x + 15$

b) $B(x) = x^3 - 5x^2 + 3x + 9$ d) $D(x) = x^3 - 4x^2 - 13x + 40$

82. Indica razonadamente cuáles son las raíces de los siguientes polinomios.

a) $P(x) = (x - 1)(x + 2)(x - 3)$

b) $Q(x) = (x + 6)(x - 5)(x + 4)$

c) $R(x) = (3x - 7)(x + 1)(x^2 - 5)$

d) $S(x) = (x + 1)(x^2 + 9)(4x^3 - 3)$

83. Calcula el resto de la división $M(x) : (x - 6)$, sabiendo que $M(6) - 3$.

84. Calcula el resto de las siguientes divisiones sin realizarlas.

a) $(x^7 - 3x^2 + 1) : (x - 1)$

b) $(x^{101} - 2) : (x + 1)$

c) $(x^5 - 2x^3 + 3) : (x - 3)$

¿Qué teorema has utilizado?

85. Dado el polinomio $P(x) = x^4 + 4x^3 + 7x^2 + 8x + 4$:

a) Escribe todas sus posibles raíces enteras.

b) Justifica por qué no puede tener raíces positivas.

c) Decide cuáles de las posibles raíces negativas son, efectivamente, raíces del polinomio.

86. Calcula el resto de las siguientes divisiones.

a) $(x^{157} - 49x^{38} + 17) : (x + 1)$

b) $(x^{30} + x^{29} + x^{28} + \ldots + x^2 + x + 1) : (x + 1)$

c) $(x^{2017} - 2017x^{2016} + 2018) : (x - 1)$

Actividades

ACTIVIDAD **RESUELTA**

87. **Sabiendo que el resto de dividir $P(x) = 2x^{100} - 5x^{50} + kx + 5$ entre $(x - 1)$ es 2, halla el valor de k.**

El resto de la división $(2x^{100} - 5x^{50} + kx + 5) : (x - 1)$ coincide, por el teorema del resto, con el valor numérico del polinomio en $x = 1$, es decir:

$$P(1) = 2 \cdot 1^{100} - 5 \cdot 1^{50} + k \cdot 1 + 5 = 2 + k$$

Al igualar esta expresión a 2, se obtiene:

$$2 + k = 2 \Rightarrow k = 0$$

88. **Halla el valor de k en los siguientes polinomios teniendo en cuenta los datos indicados.**

a) $x^3 + (k + 2)x + 1$ es divisible entre $(x + 1)$.

b) $(x^4 + kx^2 + 2x + 1) : (x - 1)$ tiene -4 de resto.

c) $x^4 + 3x^3 + kx^2 + x - 6$ tiene por factor $(x + 3)$.

89. **Comprueba que al dividir un polinomio de segundo grado, $A(x) = ax^2 + bx + c$, entre $B(x) = x - 1$, el resto es justamente la suma de los coeficientes del polinomio $A(x)$.**

Factorización de un polinomio

90. **Observa el siguiente esquema y escribe el polinomio inicial y su expresión factorizada.**

91. **Factoriza los siguientes polinomios sacando factor común y utilizando las identidades notables.**

a) $P(x) = 4x^4 - 32x^3 + 64x^2$

b) $R(x) = 2x^5 - 12x^4 + 18x^3$

92. **Encuentra una raíz entera de cada polinomio y descomponlos como el producto de un polinomio de grado 1 y otro de segundo grado. A continuación, decide si el polinomio de grado dos es o no reducible y, en caso afirmativo, descompón el polinomio inicial como producto de tres polinomios de grado 1.**

a) $P(x) = 4x^3 + 12x^2 + 5x - 6$

b) $Q(x) = x^3 - x^2 + x - 6$

c) $R(x) = x^3 + 2x^2 - 1$

93. **Expresa los siguientes polinomios como producto de factores irreducibles.**

a) $R(x) = x^5 - x^4 - x^3 - 2x^2$

b) $S(x) = 6x^3 + 5x^2 - 3x - 2$

c) $T(x) = x^4 - 2x^3 - 8x^2 + 21x$

d) $U(x) = 2x^4 + 7x^3 + 8x^2 + 3x$

94. **Sin multiplicar los binomios, halla el valor de k para que $P(x) = (x - 1)^2(x + 1)^2(x + k)(x - 2)$ sea la descomposición factorial de $P(x) = x^6 - 6x^4 + 9x^2 - 4$.**

95. **Halla el polinomio de cuarto grado cuyo coeficiente del monomio de mayor grado es 3 y que tiene por raíces $x_1 = 1$, $x_2 = -1$, $x_3 = -2$ y $x_4 = 4$. Desarróllalo.**

96. **Halla el polinomio de tercer grado que cumple estas tres condiciones.**

- Su coeficiente *principal* es 8.
- Es divisible por $2x^2 + 1$.
- El resto de su división entre $x + 2$ es 0.

97. **Factoriza el polinomio $P(x) = 4x^4 + 1$. Para ello, suma y resta $4x^2$ y luego aplica las identidades notables.**

Actividades de síntesis

98. **Realiza las siguientes divisiones utilizando la regla de Ruffini cuando sea posible.**

a) $(x^3 + 5x^2 - 3x + 1) : (x + 2)$

b) $(x^4 - 2x + 6) : (x - 1)$

c) $(3x^3 - 4x + 1) : (x^2 - 1)$

d) $(2x^5 + 3x^3 + 5) : (x + 1)$

99. **Decide en qué casos el polinomio puede escribirse como el cuadrado de una suma o una diferencia.**

a) $4x^2 + 4x + 1$

b) $x^4 + 6x^3 + 9$

c) $9x^4 - 6x^3 + x^2$

d) $x^4 - 6x^3 + 9x^2$

e) $x^4 + 16$

f) $2x^2 + 4x + 2$

g) $4x^2 + 8x - 1$

h) $4x^2 + 10x + 5$

100. **Indica si las siguientes afirmaciones son verdaderas o falsas y justifica la respuesta.**

a) Si $x + 6$ divide a $L(x)$, entonces 6 es una raíz de $L(x)$.

b) Si $G(-5) = 0$, $x + 5$ es un factor de $G(x)$.

c) Si $B(x)$ es irreducible, existe al menos un valor real $x = a$ para el que $B(a) = 0$.

d) Un polinomio de grado 5 no puede tener 6 raíces.

e) Un polinomio con término independiente 0 posee al menos una raíz real.

f) $x^n + 1$ es irreducible o tiene como única raíz real $x = -1$.

101. **El polinomio $Q(x)$ tiene grado 3 y se sabe que $Q(-1) = Q(2) = Q(0) = 0$.**

a) ¿Cuál es una posible expresión del polinomio $Q(x)$?

b) Y si además se sabe que $Q(-2) = 16$, ¿cuál es entonces su expresión exacta?

102. **Al dividir un polinomio entre $(x^2 - x + 5)$ se ha obtenido por cociente $C(x) = 2x^2 + x - 1$ y como resto $R(x) = x + 3$. Encuentra el polinomio.**

103. **Calcula a, b y c sabiendo que $x^3 - 6x^2 + ax + b$ es el cubo del binomio $x + c$.**

PROBLEMA **RESUELTO**

104. ¿Cómo consigue Matemago calcular la solución?

Si se llama x al número pensado:

- Se suma 2: $x + 2$
- Se multiplica por 5: $5(x + 2) = 5x + 10$
- Se resta 4: $5x + 10 - 4 = 5x + 6$
- Se multiplica por 2: $2(5x + 6) = 10x + 12 = 10(x + 1) + 2$.

Cuando dices el resultado, Matemago olvida la cifra de las unidades, que siempre va a ser 2, y resta 1 al resto:

Si piensas el 15, obtendrás como resultado 162 y $16 - 1 = 15$.

105. Emprende

Escribe las expresiones algebraicas para estos trucos de Matemago y deduce en qué consiste el truco.

a) Piensa un número entero positivo. Súmale su anterior y su siguiente y al resultado súmale 9. Ahora divide entre 3 y resta el número que habías pensado. ¿A que el resultado es 3?

b) Resta 6 a tu edad actual. Multiplica el resultado por 6. Ahora suma 6. Divide el resultado entre 2 y vuelve a sumar 6. Por último, divide el resultado entre 3 y vuelve a sumar 6. Dime el resultado y adivinaré tu edad.

c) Inventa tu propio truco y pruébalo con tus compañeros. ¿Funciona?

106. A Inés le ha tocado esta tarjeta jugando al Matempoly:

a) Llama x al dinero que tenía Inés al caer en esa casilla y encuentra una expresión algebraica que represente el dinero que tendrá después de cumplir con la tarjeta.

b) Si a Anita le tocó la misma tarjeta teniendo 200 €, ¿con cuánto dinero saldrá?

c) Al pobre Tomás también le tocó esa tarjeta y se quedó justo con 0 €. ¿Cuánto dinero tenía al llegar a esa casilla?

107. **La base de un rectángulo viene dada por $B(x) = x^2 + 3x - 1$ y su área por $A(x) = 2x^5 + 6x^4 - x^3 + x^2 - 7x + 2$, donde x viene expresada en centímetros. Encuentra su altura.**

¿Cuánto valen la base, la altura y el área si $x = 4$?

108. **Un fabricante de zumos envasa sus productos en envases de cartón con forma de prisma cuya base está formada por un cuadrado de lado x dm y de altura y dm.**

a) Escribe las expresiones algebraicas que representan la cantidad de material que necesita para fabricar cada envase y el volumen.

b) Si 1 dm^2 de material cuesta 2 CENT y 1 dm^3 de zumo cuesta 30 CENT, escribe la expresión algebraica que representa el precio al que debe vender cada envase si quiere ganar 3 CENT por la venta de cada uno de ellos.

c) Calcula el volumen y el precio de venta de un envase de 20 cm de altura y 7 cm de lado de la base.

109. **La altura sobre el nivel del mar de un globo meteorológico viene dada de forma aproximada por la siguiente fórmula: $h(x) = -x^4 + 13x^3 + 33x^2 - 45x$; donde x es el tiempo en días y h es la altura en hectómetros.**

a) ¿A qué altura se encuentra el globo a los 3 días de ser soltado? ¿Y a los 6?

b) ¿En qué momento vuelve a estar el globo meteorológico al nivel del mar?

c) ¿Qué ocurre una semana después de ser soltado?

110. **Encuentra los polinomios que nos dan el perímetro y el área de esta figura.**

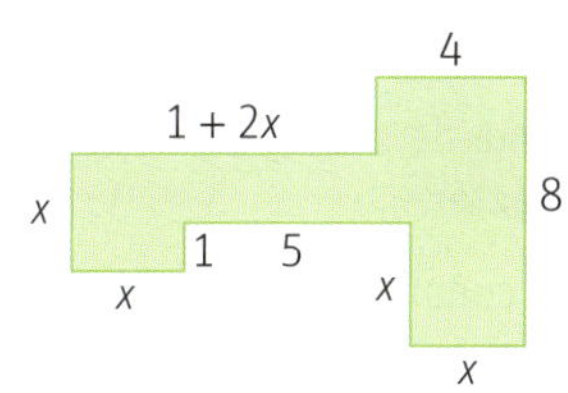

111. **La medida de la hipotenusa de un triángulo rectángulo viene dada por el polinomio $P(x) = x^2 + 25$ y uno de los catetos es $Q(x) = 10x$.**

a) ¿Cuál es la expresión de la medida del otro cateto?

b) Halla las medidas para $x = 1$, $x = 2$... ¿Tiene sentido calcularlas para cualquier valor de x?

Encuentra el error

112. **A un estudiante le han pedido que efectúe la división $(8x^3 - 22x^2 - 10) : (2x - 6)$ y él observa hábilmente que, simplificando ambos términos entre 2, puede aplicar el algoritmo de Ruffini que tanto le gusta.**

Divide entonces $(4x^3 - 11x^2 - 5) : (x - 3)$ y obtiene:

- Cociente $= 4x^2 + x + 3$
- Resto $= 4$

Otro estudiante, no tan osado, divide directamente los polinomios iniciales y obtiene:

- Cociente $= 4x^2 + x + 3$
- Resto $= 8$

¿Cuál de los dos obtiene el resultado correcto? Convence al que se ha equivocado de su error.

Ponte a prueba

PROBLEMA RESUELTO Decorando la pared

Para decorar la pared del instituto, los alumnos deben realizar un grafiti, para lo que la dirección del centro les da ciertas instrucciones.

El dibujo debe ubicarse en una pared cuadrada que hay en un patio del instituto, centrado en ella y dejando unos márgenes inferior y superior de 50 cm y laterales de 20 cm.

1. Escribe la expresión algebraica que determina el área de la zona pintada en función de la medida del lado de la pared.
2. Determina entre qué valores, en metros cuadrados, varía la mencionada área si la longitud del lado de la pared es mayor de 3 m y menor de 4.

SOLUCIÓN

1. Si el lado de la pared cuadrada mide x cm, el área de la zona en la que se encuentra el grafiti es: $A(x) = (x - 100)(x - 40)$
2. $A(300) = 200 \cdot 260 = 52\,000 \text{ cm}^2 = 5{,}2 \text{ m}^2$

   $A(400) = 300 \cdot 360 = 108\,000 \text{ cm}^2 = 10{,}8 \text{ m}^2$

   El grafiti tendrá una superficie entre 5,2 m^2 y 10,8 m^2.

Codifica y descodifica

El proceso de codificar un mensaje se llama "encriptación", y hay muchos sistemas para llevarlo a cabo. Vamos a utilizar los polinomios para encriptar mensajes.

En primer lugar, se establece una equivalencia para convertir cada carácter en un número.

A	B	C	D	E	F	G	H	I	J	K	L	M	N	Ñ	O	P	Q	R	S	T	U	V	W	X	Y	Z	¿	?
0	1	2	3	4	5	6	7	8	9	10	11	12	13	14	15	16	17	18	19	20	21	22	23	24	25	26	27	28

Se emplea un sistema de sustitución cuya clave es el polinomio que asigna a cada carácter de la tabla otro carácter.

1. El cifrado César consiste en sustituir cada letra por la que ocupa 3 posiciones más adelante en el alfabeto. Es decir, su clave es el polinomio $P(x) = x + 3$. Si al aplicar $P(x)$ al número asociado a una letra obtienes un número mayor que 28, continúa por el comienzo de la tabla; es decir, divide entre 29 y toma el resto.

   Utilizando el cifrado César:

   a) Encripta el mensaje "La suerte está echada".

   b) Desencripta "Glñh d w*x* dor t*x*h hp Fhvdu vrñr odpgd Fhvdu".

2. Prueba con una clave más compleja, como el polinomio $P(x) = x^3 + 2$. Por ejemplo, para cifrar la letra E:
   - Como E equivale a 4, se calcula $P(4) = 4^3 + 2 = 66$.
   - Como 66 es un número mayor que 28, se divide entre las 29 posiciones que tiene la tabla: $66 = 2 \cdot 29 + 8$.
   - Como 8, que es el resto de dividir 66 entre 29, equivale a la letra I, se sustituye la letra E por la I.

   a) Encripta esta oración de Woody Allen: "El eco siempre dice la última palabra".

   b) Desencripta otra oración del mismo autor: "?nq snqñmu¿nq smifi*x* i*x*¿fi cj?cmqnq".

3. Algunos polinomios sirven como claves para encriptar con este método, como por ejemplo $P(x) = 3x + 1$, y otros en cambio no, como $Q(x) = x^2 + 1$. ¿A qué se debe?

Máquina Enigma. Fue utilizada por el Ejército alemán durante la Segunda Guerra Mundial para encriptar sus mensajes.

Máquina de Turing. Precursora del computador, fue diseñada por el matemático Alan Turing en 1936. Permitió descodificar los mensajes encriptados por la máquina Enigma.

Cuenta con los polinomios

Los sistemas de numeración utilizan distintos símbolos para representar diferentes cantidades. Hoy día, en casi todo el mundo son posicionales, es decir, que el valor de cada símbolo depende de su posición dentro del número. Así, el 9 de 195 significa "noventa", o 9 decenas, pero el 9 de 9341 significa "nueve mil", o 9 millares.

En los sistemas de numeración posicional se utilizan diferentes bases. Las más comunes son:

Decimal: base 10	Consta de 10 cifras o guarismos: 0, 1, 2, 3, 4, 5, 6, 7, 8 y 9.
Binario: base 2	Solo hay dos cifras: 0 y 1.
Octal: base 8	Consta de 8 cifras: 0, 1, 2, 3, 4, 5, 6 y 7.
Hexadecimal: base 16	Consta de 16 cifras: 0, 1, 2, 3, 4, 5, 6, 7, 8, 9, *A*, *B*, *C*, *D*, *E* y *F* (donde *A* tiene el valor de 10, *B* el de 11, ..., y *F* el de 15).

Cualquier número natural *N* escrito en una base *k* se puede representar mediante una expresión polinómica.

Así, por ejemplo, el número 319 en las bases 10, 8 y 16 es:

- $319_{10} = 3 \cdot 10^2 + 1 \cdot 10 + 9$
- $477_8 = 4 \cdot 8^2 + 7 \cdot 8 + 7 = 319$
- $13F_{16} = 1 \cdot 16^2 + 3 \cdot 16 + 15 = 319$

1. El número 1110101_2 está escrito en base 2. ¿A qué número equivale en base 10?

A. 101 B. 113 C. 117 D. 121

2. ¿Y el número 13422_5, escrito en base 5?

A. 1212 B. 1221 C. 1112 D. 2122

3. Expresa el número 1348_{10} en las bases 5, 8 y 16.

4. El sistema decimal no siempre ha sido el más común en Europa. En francés, 99 todavía se dice *quatre-vingt-dix-neuf*, es decir, "cuatro veinte diecinueve". ¿Qué base utilizaban? Expresa este número en la base adecuada inventando los símbolos que necesites. ¿Cuántas cifras ocupa?

AUTOEVALUACIÓN

1. Calcula el valor numérico del polinomio.

$P(x) = 2x^3 - 2(x^2 - 1)$ para $x_1 = 2$ y $x_2 = -1$.

2. Realiza las operaciones indicadas, dados los polinomios:

- $P(x) = 3x^2 - 2x + 4$
- $Q(x) = -2x^3 - x^2 + 5x - 1$
- $R(x) = x^4 - x^3 + 4x^2 + 3x - 2$

a) $P(x) - Q(x) + R(x)$ b) $P(x) \cdot Q(x) + R(x)$

¿Qué grado tienen los polinomios resultantes?

3. Calcula.

a) $(x^2 + 3x - 1) \cdot (2x^2 - x + 2)$

b) $(2x - 1)^2 - (x + 3)^2$

4. Justifica cuáles de las siguientes expresiones son correctas.

a) $9a^2b^2 - c^2 = (3ab - c)^2$

b) $9a^2b^2 - 6abc + c^2 = (3ab - c)^2$

c) $4x^2y + 9y^2z = (2x^2y + 3y^2z)(2x^2y - 3y^2z)$

d) $4x^4y^2 - 9y^4z^2 = (2x^2y + 3y^2z)(2x^2y - 3y^2z)$

5. Realiza las siguientes divisiones de polinomios.

a) $(5x^4 - 3x^2 + x - 1) : (x^3 - x - 1)$

b) $(4x^3 - 2x + 2) : (x^2 + x + 1)$

6. Realiza las siguientes divisiones aplicando la regla de Ruffini e indica el cociente y el resto.

a) $(2x^3 + 4x^2 - 5x - 3) : (x - 2)$

b) $(x^4 - 3x^2 + 4x - 2) : (x + 3)$

7. Halla las raíces enteras de los siguientes polinomios.

a) $P(x) = x^4 - x^3 - x^2 - 2x$

b) $Q(x) = x^4 + 4x^3 - x^2 - 16x - 12$

8. Encuentra el valor que debe tener *k* para que el siguiente polinomio, $P(x) = x^5 + kx^4 + x^3 - 4x^2 + x - 4$, sea divisible entre $x - 4$.

9. Factoriza los siguientes polinomios.

a) $P(x) = 6x^3 + 13x^2 - 13x - 20$

b) $Q(x) = x^5 + x^4 - 5x^2 - 11x - 6$

smSaviadigital.com VALORA LO APRENDIDO > Autoevaluación.

5 Ecuaciones

- ¿Puedes distinguir una ecuación de una identidad?
- ¿Sabes resolver ecuaciones con polinomios de primer y segundo grado? ¿Y de grado superior?
- ¿Cómo despejas una incógnita en una desigualdad?

Analiza y saca conclusiones

¿Qué modelizan las ecuaciones de Lotka-Volterra?

¿Bajo qué condiciones tienen sentido? ¿Por qué?

¿Cómo se pueden aplicar estas ecuaciones fuera del campo de la naturaleza? Pon un ejemplo.

Reflexiona y contesta

¿Qué otras ecuaciones conoces?

¿Qué modelizan?

¿Por qué crees que son importantes?

Lee y comprende

Predadores y presas

Estamos en el Sereguenti, el parque nacional emblema de Tanzania. La sabana africana más impresionante que podamos imaginar: miles de ñus, elefantes, rinocerontes, hienas y guepardos... Y cómo no, a lo lejos vemos una manada de leones que vigilan a un grupo de cebras. Predadores y presas tratando de sobrevivir, unos atacando y las otras escapando. Todos siempre alerta, es la vida en la sabana. Imaginemos que la población de leones aumenta porque debido a una bonanza climática muchas leonas han conseguido sacar adelante a sus cachorros; al haber más leones, aumenta la caza de cebras; la población de cebras sufre un descenso; al haber menos cebras, los poderosos felinos tienen menos alimento y los individuos más débiles empiezan a morir; la población de leones disminuye; al haber menos predadores, las cebras se recuperan y su población aumenta; como hay más cebras, los leones tienen más posibilidades de cazar y otra vez su población comienza a crecer...

Este comportamiento, predador y presa conviviendo en un medio cerrado, fue estudiado por dos matemáticos que encontraron un sencillo sistema de ecuaciones que explica cómo evolucionan esas poblaciones: las ecuaciones de Lotka-Volterra. Sirven para explicar muchísimos otros ejemplos del tipo predador-presa como zorros-liebres, orugas-pinos, tiburones-calamares, siempre que las condiciones sean más o menos de aislamiento, es decir, sin la interferencia de otros predadores o migraciones.

Lo más sorprendente es que su aplicación se sale del campo de la naturaleza y entra de lleno en el comportamiento humano: situaciones de guerra entre dos países; epidemias; productos económicos; policías y ladrones; etc.

Esteban Serrano

Y tú, ¿qué opinas?

El impacto del ser humano afecta directamente a muchas especies animales y vegetales, alterando su entorno e interfiriendo en las relaciones entre especies.

Debate con tus compañeros qué acciones se pueden llevar a cabo para tratar de minimizar ese impacto.

1 Igualdades: identidades y ecuaciones

Una **igualdad** es una expresión matemática formada por dos miembros relacionados con un signo igual.

Ten en cuenta

Las igualdades en las que solo intervienen números se llaman **igualdades numéricas**.

$$5 + 3(4 - 1) = 14$$

$$10(6 + 5) = 60 + 50$$

Ejemplo ▸ Las siguientes expresiones son igualdades:

- $5 + 3(4 - 1) = 14 \Rightarrow$ Una operación y su resultado final.
- $v = \dfrac{s}{t} \Rightarrow$ Fórmula de la velocidad: v, velocidad, s, espacio, y t, tiempo.
- $a^b \cdot a^c = a^{b+c} \Rightarrow$ Fórmula para multiplicar potencias de igual base.
- $5x^2 - 20x = 0 \Rightarrow$ Ecuación de segundo grado.

Las igualdades en las que intervienen expresiones algebraicas pueden ser **identidades** y **ecuaciones**.

Identidades

Una **identidad** es una **igualdad entre dos expresiones algebraicas** que **siempre es cierta**, sea cual sea el valor de las variables que en ella aparecen.

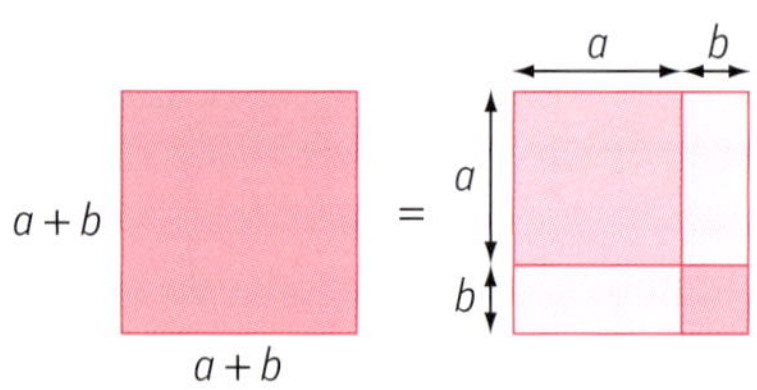

Ejemplos ▸

▸ $(a + b)^2 = a^2 + b^2 + 2ab$

El cuadrado de una suma es una **identidad notable**. La igualdad es cierta para cualquier valor que tomen las variables a, b y c.

▸ $a(b + c) = ab + ac$

La propiedad distributiva se cumple para cualquier número a, b y c.

A veces se obtiene una identidad después de operar ambos miembros de la igualdad.

Ejemplo ▸ Comprueba que la siguiente igualdad es una identidad.

$$3x(x - 2) + 2x^2 + 7 - 2x = (x + 1)\,(5x - 4) - (9x - 11)$$

Se opera en cada miembro hasta llegar a una expresión lo más simplificada posible:

1.er miembro: $3x(x - 2) + 2x^2 + 7 - 2x = 3x^2 - 6x + 2x^2 + 7 - 2x = 5x^2 - 8x + 7$

2.º miembro: $(x + 1)\,(5x - 4) - (9x - 11) = 5x^2 - 4x + 5x - 4 - 9x + 11 = 5x^2 - 8x + 7$

Es una identidad; la igualdad es cierta para cualquier valor que tome la variable x.

Ecuaciones

Ten en cuenta

Una ecuación puede tener una única solución, puede no tener solución o puede tener más de una solución, incluso infinitas soluciones.

Una **ecuación** es una igualdad entre dos expresiones algebraicas en la que las variables que aparecen se llaman **incógnitas**.

Resolver una ecuación es hallar los valores de la incógnita que hacen que la igualdad sea cierta. A cada uno de estos valores de la incógnita se le llama **solución de la ecuación**.

Ejemplo ▸ Estudia si $x = 3$ es solución de la ecuación $5x(x - 4) = 3x^2 - 6x - 24$.

Se sustituye la variable x por el valor propuesto, $x = 3$, y si los dos miembros son iguales, $x = 3$ es solución:

1.er miembro: $5x(x - 4) = 5 \cdot 3\,(3 - 4) = -15$

2.º miembro: $3x^2 - 6x - 24 = 3 \cdot 3^2 - 6 \cdot 3 - 24 = -15$

Por tanto, $x = 3$ es solución de la ecuación.

Ecuaciones equivalentes

Dos **ecuaciones** son **equivalentes** si tienen las mismas soluciones.

Ejemplo ▸ Las ecuaciones $5x(x+1) - 5x^2 = 3x^2 - (10 + 3x^2) + 40$ y $5x = 30$ son equivalentes ya que ambas tienen una única solución, que es $x = 6$.

Para obtener ecuaciones equivalentes se aplican las reglas de la suma y del producto.

- **Regla de la suma:** si se suma un mismo número real a los dos miembros de una ecuación, se obtiene otra ecuación equivalente a la anterior.
- **Regla del producto:** si se multiplican los dos miembros de una ecuación por un mismo número real distinto de cero, se obtiene otra ecuación equivalente a la anterior.

Ejemplos

▸ **Ecuación:** $3x + 2(x-3) + 12 = 3$

Se suma −3 en los dos miembros: $\Rightarrow 3x + 2(x-3) + 12 - 3 = 3 - 3 \Rightarrow$

Ecuación equivalente: $3x + 2(x-3) + 9 = 0$

▸ **Ecuación:** $\dfrac{x+2}{3} = x^2$

Se multiplica por 3 en los dos miembros: $\Rightarrow 3 \cdot \left(\dfrac{x+2}{3}\right) = 3 \cdot x^2 \Rightarrow$

Ecuación equivalente: $x + 2 = 3x^2$

smSaviadigital.com

PRACTICA Encuentra ecuaciones equivalentes.

ACTIVIDADES

ACTIVIDAD **RESUELTA**

1. Las siguientes igualdades ¿son identidades o ecuaciones?

a) $20(10 + 8) = 120(1 + 2)$

b) $5x - 6x + 3 + (x + y)^2 = -x + 3 + x^2 + y^2 + 2xy$

c) $x + 8 = 12$

a) La igualdad no contiene expresiones algebraicas, por lo que no es ni una ecuación ni una identidad, es una igualdad numérica:

$$20(10 + 8) = 120(1 + 2) \Rightarrow 360 = 360$$

b) Operando el primer miembro de la igualdad se obtiene el segundo miembro, por tanto, la igualdad se cumple para cualquier valor de x e y y es una identidad.

c) La igualdad solo se cumple para un único valor de x, $x = 4$, por tanto, es una ecuación.

2. ¿Cuáles de las siguientes igualdades son identidades y cuáles ecuaciones?

a) $(a+b)(a-b) = a^2 - b^2$

b) $(a+b+c)^2 = a^2 + b^2 + c^2 + 2ab + 2ac + 2bc$

c) $(a+b)c = (a+c)b$

3. Estudia si $x = 2$ y $x = -3$ son soluciones de estas ecuaciones.

a) $1-(x-3) = \dfrac{5-x}{2} + 3$

b) $(x-2)(x+3) = 0$

c) $\dfrac{5x-2}{2} = \dfrac{5x+2}{x+1}$

d) $3x - (5-2x) = 5(x-1) + 3$

4. Estas dos ecuaciones están mal resueltas. Explica por qué se ha resuelto mal cada una de ellas y corrígelas en tu cuaderno.

5. Escribe ecuaciones equivalentes a:

$$2(3x-3) + 2x - 10 = 2x + 7$$

a) Sumando en los dos miembros el número 10.

b) Multiplicando cada miembro por el número −1.

c) Dividiendo cada miembro por el número 2.

d) Simplificando la ecuación lo máximo posible.

2 Ecuaciones polinómicas de primer grado

Una ecuación es de **primer grado** o **lineal** cuando se puede reducir a una ecuación en la que las expresiones de los dos miembros son polinomios de primer grado.

Ejemplo ▸ ¿La ecuación $(x-1)^2=(x-3)(x-5)+8$ es de primer grado?

Se opera y se simplifica la ecuación utilizando las reglas de la suma y del producto:

$x^2+1-2x=x^2-5x-3x+15+8 \Rightarrow x^2-x^2-2x+5x+3x=15+8-1$

La ecuación es de primer grado pues es equivalente a $6x=22$.

Resolución de una ecuación de primer grado con una incógnita

Para resolver una ecuación de primer grado se debe tener en cuenta que:

1.º Si hay denominadores, se deben eliminar con la ayuda del mínimo común múltiplo de todos ellos.

2.º Si hay paréntesis, se eliminan aplicando la propiedad distributiva.

3.º Se dejan los términos con incógnita en un miembro y los términos independientes en el otro miembro.

4.º Se despeja la incógnita y se obtiene la solución.

Ejemplo ▸ Resuelve la ecuación: $1+\frac{x-3}{2}=\frac{5-x}{6}+2(x-1)$

1.º Se multiplica cada miembro de la ecuación por el mínimo común múltiplo de los denominadores para eliminarlos.

$$6\cdot 1+\frac{6\cdot(x-3)}{2}=\frac{6\cdot(5-x)}{6}+6\cdot 2(x-1)$$

$$6+3(x-3)=5-x+12(x-1)$$

2.º Se eliminan los paréntesis.

$$6+3x-9=5-x+12x-12$$

3.º Se agrupan los términos con x en un miembro y los términos independientes en el otro.

$$3x+x-12x=5-12-6+9$$

4.º Se simplifican los dos miembros.

$$-8x=-4$$

5.º Se despeja la incógnita de la expresión y se obtiene la solución.

$$x=\frac{-4}{-8}=\frac{1}{2}$$

Soluciones de ecuaciones polinómicas de primer grado

Una ecuación de primer grado puede tener **una**, **ninguna** o **infinitas** soluciones.

Ejemplo ▸ Resuelve las siguientes ecuaciones.

$5(x-1)=3-(8+7x)$ $5x-5=3-8-7x$ $7x+5x=3-8+5$ $12x=0$ $x=0$	$-(2x-2)=-2(x+3)$ $-2x+2=-2x-6$ $-2x+2x=-6-2$ $0=-8$	$3x-6=2(x+1)+x-8$ $3x-6=2x+2+x-8$ $3x-2x-x=2-8+6$ $0=0$
La única solución posible para esta ecuación es $x=0$. Por tato, **la ecuación tiene una única solución.**	La igualdad no se cumple nunca. Por tanto, **la ecuación no tiene solución.**	Los dos miembros son iguales siempre. Por tanto, cualquier valor que se asigne a x es solución de la ecuación: **la ecuación tiene infinitas soluciones y es una identidad.**

ACTIVIDADES

6. Comprueba si las siguientes ecuaciones son de primer grado.

a) $(x+2)^2-3x+1=(x+1)(x-2)$

b) $(x-4)^2-2x-3=5x-4+(x+1)^2$

c) $x^2-2x-8=(x-2)^2$

d) $9x-2x^2-3=(x-1)(x+3)-3x^2$

7. Comprueba que las siguientes ecuaciones son de primer grado y resuélvelas.

a) $(x-1)^2=(x+2)^2-21$

b) $(x+1)(x+2)=(x-1)(x+6)$

c) $(x-3)(x+2)=x^2-7$

d) $x^2-(x-3)^2=-9$

8. Resuelve las siguientes ecuaciones de primer grado con paréntesis.

a) $4(x-3)-2(3x+4)=0$

b) $5x-(3-x)=2(4x-1)$

c) $x+2(x+1)=4x-2(x+5)+3$

d) $2-(3-4x)=5-(6-7x)$

e) $3x+3(2x+2)=5x$

ACTIVIDAD **RESUELTA**

9. Resuelve la siguiente ecuación eliminando denominadores:

$$\frac{x+3}{2}-\frac{2x+4}{5}=3+\frac{2x-1}{20}$$

Para eliminar los denominadores se multiplica cada término de la ecuación por el mínimo común múltiplo de los denominadores: m.c.m.(2, 5, 20) = 20.

$$\frac{20(x+3)}{2}-\frac{20(2x+4)}{5}=20\cdot 3+\frac{\cancel{20}(2x-1)}{\cancel{20}}$$

$$10(x+3)-4(2x+4)=60+2x-1$$

$$10x+30-8x-16=60+2x-1$$

$$10x-8x-2x=60-1-30+16$$

$$0=45$$

Como no es posible igualar el primer miembro al segundo, la ecuación **no tiene solución**.

10. Resuelve las siguientes ecuaciones eliminando primero los denominadores.

a) $x-\frac{2x-5}{12}=\frac{3x-1}{4}$

b) $\frac{2+x}{3}+5x=\frac{4-3x}{2}$

c) $x+\frac{\frac{x}{2}+3}{5}=9$

d) $\frac{x+3}{2}-\frac{2x+4}{5}=3+\frac{2x-1}{20}$

e) $\frac{1-x}{3}=\frac{x}{2}-\frac{x+1}{6}$

f) $\frac{x}{2}-\frac{x}{3}+\frac{x}{4}-\frac{x}{5}=26$

g) $\frac{3}{2}\cdot\frac{x}{4}=\frac{x+1}{5}$

h) $\frac{6x}{4}-\frac{x+3}{5}=\frac{7}{2}(x-1)$

11. Entre estas ecuaciones hay algunas que tienen una única solución, otras tienen infinitas soluciones y otras no tienen solución. Encuentra las que son de cada tipo.

a) $3x-(2+x)=2(x-1)$

b) $x-5(3-x)=2-(x+7)$

c) $3(4-x)=7-2x-(x+5)$

d) $9-(x-5)=5-(9-x)$

e) $3-(x-2)=3(x+1)-4(x+1)$

f) $3(x+5)=3x+15$

ACTIVIDAD **RESUELTA**

12. Completa la ecuación $7x-(10+5x)=2(x-\bullet)$ con un número o una expresión algebraica para que:

a) Tenga una única solución.

b) No tenga solución.

c) Tenga infinitas soluciones.

a) Si se resuelve la ecuación, se obtiene:

$$7x-(10+5x)=2(x-\bullet)$$

$$7x-10-5x=2x-2\bullet$$

$$7x-5x-2x=10-2\bullet$$

$$0=10-2\bullet$$

Se observa que, si se sustituye el círculo por un número distinto de 5, se obtiene una ecuación sin solución. Por lo que se debe sustituir el círculo por una expresión algebraica, por ejemplo, x:

$$0=10-2x \Rightarrow 2x=10 \Rightarrow x=\frac{10}{2}=5$$

b) Para que la ecuación no tenga solución se debe sustituir el círculo por un número distinto de 5, por ejemplo, el 1:

$$0=10-2\cdot 1 \Rightarrow 0=8$$

c) Para que la ecuación tenga infinitas soluciones se debe cumplir que los dos miembros sean siempre iguales y, por tanto, se tenga una identidad.

Entonces se debe igualar el segundo miembro a 0 y resolver la ecuación:

$$0=10-2\bullet \Rightarrow 2\bullet=10 \Rightarrow \bullet=\frac{10}{2}=5$$

Por tanto, la ecuación es: $7x-(10+5x)=2(x-5)$

13. Completa las siguientes ecuaciones con un número o una expresión algebraica para que tengan el número de soluciones que se indica en cada caso:

a) $9-(5-2x)=3+\bullet x$ — Sin solución

b) $-(3x-9)=3(3-\bullet)$ — Infinitas soluciones

c) $-(2x+14)=x-\bullet$ — Una única solución: $x=1$

d) $x-(x+3)=x+3-\bullet$ — Sin solución

3 Ecuaciones polinómicas de segundo grado

Una ecuación es de **segundo grado** con una incógnita cuando se puede reducir a una ecuación equivalente en **forma canónica**.

$$\boldsymbol{ax^2 + bx + c = 0} \text{ con } a \neq 0$$

- Si $b \neq 0$ y $c \neq 0$, la ecuación es **completa**: $ax^2 + bx + c = 0$
- Si $b = 0$ y $c \neq 0$, la ecuación es **incompleta**: $ax^2 + c = 0$
- Si $b \neq 0$ y $c = 0$, la ecuación es **incompleta**: $ax^2 + bx = 0$

Ejemplo ▶ Comprueba que la siguiente ecuación es de segundo grado.

$$(2x-18)(3x+5)=0$$

$$(2x-18)(3x+5)=0 \Rightarrow 6x^2 - 54x + 10x - 90 = 0 \Rightarrow 6x^2 - 44x - 90 = 0$$

Es una ecuación de segundo grado con $a = 6$, $b = -44$ y $c = -90$

Resolución de una ecuación de segundo grado completa

Las **soluciones** de la ecuación de segundo grado completa $\boldsymbol{ax^2 + bx + c = 0}$ se obtienen mediante la fórmula:

$$x = \frac{-b \pm \sqrt{b^2 - 4ac}}{2a}$$

Ten en cuenta

Para evitar errores es preferible que el coeficiente a de x^2 sea positivo.

Si no lo fuese, se multiplica toda la ecuación por -1 para obtener una ecuación equivalente con $a > 0$.

Ejemplo ▶ Resuelve la siguiente ecuación de segundo grado: $x(2x-9)=5$

Se opera y se agrupan términos para escribir la ecuación en forma canónica:

$2x^2 - 9x = 5 \Rightarrow 2x^2 - 9x - 5 = 0$

Se indican sus coeficientes para aplicar la fórmula: $a = 2$, $b = -9$ y $c = -5$

$$x = \frac{-b \pm \sqrt{b^2-4ac}}{2a} = \frac{-(-9) \pm \sqrt{(-9)^2 - 4 \cdot 2 \cdot (-5)}}{2 \cdot 2} =$$

$$= \frac{9 \pm \sqrt{81+40}}{4} = \frac{9 \pm \sqrt{121}}{4} = \frac{9 \pm 11}{4} \Rightarrow \begin{cases} x = \dfrac{9+11}{4} = 5 \\ x = \dfrac{9-11}{4} = \dfrac{-2}{4} = -\dfrac{1}{2} \end{cases}$$

La ecuación tiene **dos soluciones**: $x = 5$ y $x = -\frac{1}{2}$

MAT-TIC GeoGebra

Entra en sm**Savia**digital.com y encuentra las soluciones de las ecuaciones de segundo grado de forma gráfica.

Resolución de ecuaciones de segundo grado incompletas

Las **ecuaciones incompletas de segundo grado** se pueden resolver sin necesidad de usar la fórmula:

- Las ecuaciones del tipo $\boldsymbol{ax^2 + bx = 0}$ se resuelven extrayendo **factor común**.
- Las ecuaciones del tipo $\boldsymbol{ax^2 + c = 0}$ se resuelven **despejando** $\boldsymbol{x}$ directamente.

Ten en cuenta

El producto de varios factores solo puede ser cero si al menos uno de los factores es cero.

$a \cdot b = 0 \Rightarrow a = 0$ o $b = 0$

Esta propiedad se utiliza para resolver ecuaciones del tipo $ax^2 + bx = 0$

$x \cdot (ax + b) = 0 \Rightarrow x = 0$ o $ax + b = 0$

Ejemplo ▶ Resuelve las siguientes ecuaciones incompletas.

- $5x^2 - 20x = 0$

  Se extrae factor común: $x(5x-20) = 0 \Rightarrow \begin{cases} x = 0 \\ 5x - 20 = 0 \Rightarrow x = 4 \end{cases}$

- $9x^2 - 36 = 0$

  Se despeja x: $9x^2 = 36 \Rightarrow x^2 = 4 \Rightarrow x = \sqrt{4} \Rightarrow x = \pm 2$

Número de soluciones reales de una ecuación de segundo grado

El **número de soluciones** de la ecuación de segundo grado $\boldsymbol{ax^2 + bx + c = 0}$ depende del signo del **discriminante de la ecuación** $\Delta = \boldsymbol{b^2 - 4ac}$.

- Si $\Delta = b^2 - 4ac > 0 \Rightarrow$ **Dos** soluciones reales
- Si $\Delta = b^2 - 4ac = 0 \Rightarrow$ **Una** solución real
- Si $\Delta = b^2 - 4ac < 0 \Rightarrow$ **Ninguna** solución real

Ten en cuenta

Si $\Delta > 0$, $\pm\sqrt{\Delta}$ tiene dos valores, uno positivo y otro negativo.

Si $\Delta = 0$, $\pm\sqrt{\Delta} = \pm\sqrt{0} = 0$ solo tiene un valor, el cero.

Si $\Delta < 0$, $\pm\sqrt{\Delta}$ no es real.

Ejemplo ▸ Sin resolverlas, estudia cuántas soluciones tienen estas ecuaciones.

- $5x^2 - 20x + 2 = 0 \Rightarrow \Delta = b^2 - 4ac = (-20)^2 - 4 \cdot 5 \cdot 2 > 0$
  Tiene **dos soluciones reales**, correspondientes a considerar los dos signos de la raíz cuadrada.
- $x^2 - 2x + 7 = 0 \Rightarrow \Delta = b^2 - 4ac = (-2)^2 - 4 \cdot 1 \cdot 7 < 0$
  No tiene solución real porque no existe la raíz cuadrada de números negativos.
- $4x^2 - 4x + 1 = 0 \Rightarrow \Delta = b^2 - 4ac = (-4)^2 - 4 \cdot 4 \cdot 1 = 0$
  Tiene una única solución porque la raíz cuadrada de cero es cero.

MAT-TIC GeoGebra

Entra en sm**Savia**digital.com y evalúa el número de soluciones según el discriminante.

ACTIVIDADES

14. Resuelve las siguientes ecuaciones.

a) $x^2 - 7x + 6 = 0$
b) $3x^2 - 27 = 0$
c) $2x^2 - 8x = 0$
d) $x^2 - 6x + 9 = 0$
e) $x^2 - 3x + 8 = 0$
f) $-2x^2 + 26x - 60 = 0$

15. Resuelve estas ecuaciones expresándolas primero en forma canónica.

a) $(x-1)(x+2) = 28$
b) $3x^2 - (x+1)(x+3) = 27$
c) $(2x+1)^2 - (x+3)^2 = -3$
d) $(x+3)(x+2) = x(2x-1) + 11$
e) $\dfrac{x^2 - 2x}{3} = 3$
f) $(x-4)(x+4) = 10x + 40$

ACTIVIDAD **RESUELTA**

16. Resuelve esta ecuación.

$$(2x-18)(3x+5) = 0$$

Esta ecuación está compuesta por el producto de dos binomios igualados a cero.

Como un producto de varios factores solo puede ser cero si al menos uno de los factores es cero, para hallar las soluciones basta con encontrar los valores de x que anulan esos factores:

$$(2x-18)(3x+5) = 0 \Rightarrow \begin{cases} 2x - 18 = 0 \Rightarrow 2x = 18 \Rightarrow x = \dfrac{18}{2} = 9 \\ 3x + 5 = 0 \Rightarrow 3x = -5 \Rightarrow x = -\dfrac{5}{3} \end{cases}$$

Tiene dos soluciones: $x = 9$ y $x = -\dfrac{5}{3}$

17. Resuelve estas ecuaciones.

a) $(x+7)(x-6) = 0$
b) $(4x+14)(2x-8) = 0$
c) $x(x+6) = 0$
d) $5(3x-3)(x-1) = 0$
e) $(2x+11)(x-11) = 0$
f) $(x+2)^2 = 0$

18. Estudia cuántas soluciones tienen estas ecuaciones sin resolverlas.

a) $9x^2 - 10x - 37 = 0$
b) $x^2 - 3x + 18 = 0$
c) $9x^2 - x + 1 = 0$
d) $25x^2 + 10x + 1 = 0$

19. Ha caído una mancha en mi ecuación y ha borrado el término independiente. ¿Podrás calcularlo si te digo que la ecuación tiene una única solución?

20. Encuentra valores de a para que la ecuación:

$$ax^2 - 30x + 25 = 0$$

a) Tenga dos soluciones.
b) Tenga una única solución.
c) No tenga solución.

4 Otras ecuaciones polinómicas

Las ecuaciones polinómicas de grado superior a dos no son tan fáciles de resolver como las de segundo grado, pero existen técnicas para resolver muchas de ellas.

Resolución de ecuaciones polinómicas de grado superior a dos

Para resolverlas se escriben en la forma $P(x) = 0$ y se factoriza el polinomio usando algunas de estas técnicas:

Ten en cuenta

Las soluciones de la ecuación $P(x) = 0$ son las raíces del polinomio.

- Extraer factor común.
- Utilizar las identidades notables.
- Buscar raíces enteras utilizando la regla de Ruffini.
- Resolver ecuaciones de segundo grado para buscar raíces de polinomios de grado 2.

Ejemplo ▸ Resuelve la ecuación $4x^3 - 16x^2 + 9x + 9 = 0$.

1.º Se buscan las posibles raíces enteras de $4x^3 - 16x^2 + 9x + 9 = 0$ entre los divisores de su término independiente, 9: 1, –1, 3, –3, 9, –9.

	4	–16	9	9
3		12	–12	–9
	4	–4	–3	0

La división entre $(x - 3)$ es exacta. Por tanto, la ecuación es equivalente a:

$$(x-3)(4x^2-4x-3)=0$$

2.º Se resuelve ahora la ecuación de segundo grado $4x^2 - 4x - 3 = 0$.

Sus coeficientes son: $a=4$, $b=-4$ y $c=-3$

$$x=\frac{-b\pm\sqrt{b^2-4ac}}{2a}=\frac{4\pm\sqrt{4^2-4\cdot4\cdot(-3)}}{2\cdot4}=\frac{4\pm\sqrt{16+48}}{8}=$$

$$=\frac{4\pm\sqrt{64}}{8}=\frac{4\pm8}{8}\Rightarrow\begin{cases}=\frac{4+8}{8}=\frac{12}{8}=\frac{3}{2}\\=\frac{4-8}{8}=\frac{-4}{8}=-\frac{1}{2}\end{cases}$$

Por tanto, la ecuación factorizada es: $(x-3)\left(x-\frac{3}{2}\right)\left(x+\frac{1}{2}\right)=0$

La ecuación tiene **tres soluciones**: $x=3$, $x=\frac{3}{2}$ y $x=-\frac{1}{2}$

MAT-TIC GeoGebra

Entra en smSaviadigital.com y encuentra las soluciones de ecuaciones polinómicas a partir de su representación.

Ejemplo ▸ Resuelve la ecuación $x^4 - 2x^3 - 3x^2 + 6x = 0$.

1.º Se extrae x como factor común:

$$x(x^3-2x^2-3x+6)=0$$

2.º Se buscan las posibles raíces enteras de $x^3 - 2x^2 - 3x + 6 = 0$ entre los divisores de su término independiente, 6: 1, –1, 2, –2, 3, –3, 6, –6.

	1	–2	–3	6
2		2	0	–6
	1	0	–3	0

La división entre $x - 2$ es exacta.

3.º El cociente obtenido se puede escribir como: $x^2-3=(x-\sqrt{3})(x+\sqrt{3})$.

4.º La ecuación factorizada es: $x(x-2)(x-\sqrt{3})(x+\sqrt{3})=0$

Las soluciones son las raíces del polinomio: $x = 0$, $x = 2$, $x = \sqrt{3}$ y $x = -\sqrt{3}$

Ecuación bicuadrada

Una **ecuación bicuadrada** está formada por un polinomio de cuarto grado que no contiene potencias impares de x. Su forma general es:

$$ax^4 + bx^2 + c = 0$$

Se resuelven haciendo un cambio de incógnita para convertirla en una ecuación de segundo grado.

Ejemplo ▸ Resuelve la ecuación $x^4 - 15x^2 - 16 = 0$.

1.º Se realiza el cambio de incógnita $x^2 = z$ y se resuelve la ecuación obtenida:

$$z^2 - 15z - 16 = 0 \Rightarrow z = \frac{15 \pm \sqrt{225 + 64}}{2} = \frac{15 \pm 17}{2} \Rightarrow \begin{cases} z = 16 \\ z = -1 \end{cases}$$

2.º Se deshace el cambio de incógnita: $\begin{cases} x^2 = 16 \Rightarrow x = \pm 4 \\ x^2 = -1 \Rightarrow \text{No tiene solución real.} \end{cases}$

La ecuación tiene dos soluciones: $x = 4$ y $x = -4$.

ACTIVIDADES

21. Resuelve estas ecuaciones polinómicas.

a) $2x^3 + 5x^2 - 11x + 4 = 0$

b) $x^3 - x^2 = 0$

c) $x^3 + 5x^2 + 7x + 3 = 0$

d) $x^3 + 3x^2 - 13x - 15 = 0$

ACTIVIDAD **RESUELTA**

22. Resuelve la ecuación $x(x-5)(12x+4)(x^2+3) = 0$.

Como la ecuación es un producto de factores nulo, se iguala cada factor a 0.

$$x(x-5)(12x+4)(x^2+3) = 0 \Rightarrow \begin{cases} x = 0 \\ x - 5 = 0 \Rightarrow x = 5 \\ 12x + 4 = 0 \Rightarrow x = -\frac{4}{12} = -\frac{1}{3} \\ x^2 + 3 = 0 \Rightarrow \text{No tiene solución.} \end{cases}$$

Tiene tres soluciones: $x = 0$, $x = 5$ y $x = -\frac{1}{3}$

23. Resuelve las siguientes ecuaciones.

a) $x(x-10)(5x+20)(x^2-4) = 0$

b) $(x-2)^2(x-53)^2(x^2+2) = 0$

c) $(2x-16)(x^2-x) = 0$

24. Resuelve estas ecuaciones bicuadradas.

a) $x^4 - 10x^2 + 9 = 0$

b) $x^4 - 7x^2 + 12 = 0$

c) $2x^4 - x^2 + 7 = 0$

d) $36x^4 - 13x^2 + 1 = 0$

ACTIVIDAD **RESUELTA**

25. Resuelve la ecuación $x^6 - 7x^3 - 8 = 0$.

Esta ecuación es una ecuación bicúbica. Para resolverla se procede de la misma manera que con una ecuación bicuadrada. Se realiza el cambio de incógnita $z = x^3$. Así se obtiene esta ecuación de segundo grado: $z^2 - 7z - 8 = 0$.

$$z = \frac{-(-7) \pm \sqrt{(-7)^2 - 4 \cdot 1 \cdot (-8)}}{2 \cdot 1} = \frac{7 \pm 9}{2} \Rightarrow \begin{cases} z = \frac{7+9}{2} = 8 \\ z = \frac{7-9}{2} = -1 \end{cases}$$

Se deshace el cambio y se obtienen las soluciones:

$z = 8 \Rightarrow x^3 = 8 \Rightarrow x = 2$

$z = -1 \Rightarrow x^3 = -1 \Rightarrow x = -1$

La ecuación tiene dos soluciones: $x = 2$ y $x = -1$

26. Resuelve las ecuaciones aplicando un cambio de variable.

a) $x^6 - 2x^3 + 1 = 0$ b) $x^8 - 17x^4 + 16 = 0$ c) $x^{10} - 31x^5 - 32 = 0$

27. Halla el valor de x sabiendo que el volumen de la caja es 36 m³.

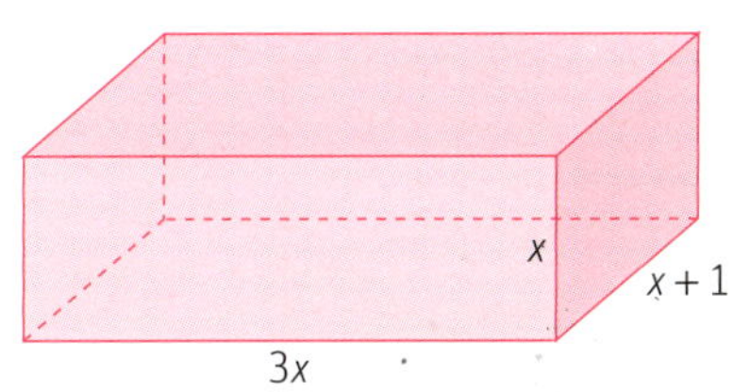

28. smSaviadigital.com

PRACTICA Relaciona ecuaciones con sus soluciones.

5 Resolución de problemas con ecuaciones

Ten en cuenta

Si hay varias opciones para elegir la incógnita, se suele elegir la que representa una cantidad menor para evitar la aparición de fracciones en las otras cantidades.

Para resolver un problema mediante una ecuación se deben seguir estos pasos:

1.º Leer el enunciado y extraer los datos. Identificar lo que se pide y elegir bien la incógnita.

2.º Plantear la ecuación.

3.º Resolver la ecuación.

4.º Evaluar si las soluciones son válidas y comprobarlas.

Ejemplo ▸ En las últimas elecciones a representante del Consejo escolar se presentaron tres candidatos: Alicia sacó el 85 % de los votos que obtuvo Beatriz, y Carlos consiguió justo la mitad de los votos de Alicia y Beatriz juntas. Si se contabilizaron un total de 555 votos válidos, ¿cuántos obtuvo cada candidato?

1.º Datos y elección de la incógnita:

Candidato	Expresión algebraica
Alicia	85 % de $x = \frac{85}{100} \cdot x = 0{,}85x$
Beatriz	x
Carlos	$\frac{x + 0{,}85x}{2}$

2.º Planteamiento de la ecuación:

La suma total de los votos debe ser 555.

$$0{,}85x + x + \frac{x + 0{,}85x}{2} = 555$$

3.º Resolución de la ecuación:

$1{,}7x + 2x + x + 0{,}85x = 1110 \Rightarrow 5{,}55x = 1110 \Rightarrow x = 200$

4.º Solución del problema y comprobación:

Beatriz obtuvo 200 votos, Alicia, 170 votos, y Carlos 185 votos.

Se comprueba el resultado: $200 + 170 + 185 = 555$.

Ejemplo ▸ La base de un rectángulo es doble que su altura. Si se agranda la base en 5 m y se triplica la altura, su área aumentaría en 301 m². ¿Cuáles son las dimensiones del rectángulo?

1.º Datos y elección de la incógnita:

2.º Planteamiento de la ecuación:

La ecuación es: $3x(2x + 5) = 2x^2 + 301$

3.º Resolución de la ecuación:

$$6x^2 + 15x = 2x^2 + 301 \Rightarrow 4x^2 + 15x - 301 = 0 \Rightarrow \begin{cases} x = 7 \\ x = -\frac{43}{4} \end{cases}$$

4.º Solución del problema y comprobación:

Se descarta la solución negativa, ya que no existen longitudes negativas. Por tanto, la única solución posible es que la altura mide 7 m, y la base, 14 m.

Se comprueba el resultado calculando ambas áreas:

- $A = b \cdot h = 14 \cdot 7 = 98 \text{ m}^2$
- $A' = (14 + 5)21 = 399 \text{ m}^2$

$\Rightarrow 399 \text{ m}^2 = 98 \text{ m}^2 + 301 \text{ m}^2$

PON EN VALOR

Para estudiar **la tasa de extinción de especies** se utilizan ecuaciones exponenciales, que han permitido determinar cómo el impacto del ser humano y la falta de **respeto a la naturaleza** han hecho que la tasa de extinción sea unas mil veces mayor que la que se daba en los 60 millones de años anteriores a nuestra existencia.

Entra en sm**Savia**digital.com y elabora un mural donde muestres las causas de este problema y los posibles planes de acción para frenar este impacto.

ACTIVIDADES

PROBLEMA **RESUELTO**

29. **Hace 3 años la edad de Roque era cuatro veces la de Marta y dentro de 4 años sus edades sumarán 84 años. ¿Qué edad tiene actualmente cada uno?**

Se consideran tres momentos diferentes: la actualidad, hace 3 años y dentro de 4 años.

	Hace 3 años	Actualidad	Dentro de 4 años
Marta	x	$x+3$	$x+7$
Roque	$4x$	$4x+3$	$4x+7$

Se plantea la ecuación $4x+7+x+7=84$ y se resuelve:

$$5x=84-14 \Rightarrow 5x=70 \Rightarrow x=14$$

Por tanto, en la actualidad Marta tiene $x+3=17$ años y Roque $4x+3=59$ años.

Se comprueba que la solución es válida sustituyendo en la tabla:

	Hace 3 años	Actualidad	Dentro de 4 años
Marta	14	17	21
Roque	56	59	63

30. Si se llama x a la edad actual de Javier, ¿cuál de las ecuaciones representa la siguiente situación?
"Dentro de diez años, Javier tendrá el doble de edad de la que tenía hace tres años".

A. $x-3=2(x+10)$

B. $x+10=2x-3$

C. $x+10=2(x-3)$

D. $10x=2x-3$

Calcula la edad actual de Javier.

31. Un padre tiene 26 años más que su hijo. Si dentro de 10 años entre los dos suman 54 años, ¿cuál es la edad actual del padre?

PROBLEMA **RESUELTO**

32. **Se han mezclado dos tipos de azúcar de calidades y precios diferentes: uno de 0,7 €/kg y otro de 1,20 €/kg, obteniendo 100 kg de azúcar de 1,1 €/kg. ¿Qué cantidad de azúcar de cada clase hemos mezclado?**

Se consideran los dos tipos de azúcar y sus precios:

	Cantidad (kg)	Precio (€)
Azúcar *A*	x	$0{,}7x$
Azúcar *B*	$100-x$	$1{,}2(100-x)$
Mezcla final	100	$1{,}1 \cdot 100$

Se plantea la ecuación: $0{,}7x+1{,}2(100-x)=100 \cdot 1{,}1$

Se resuelve la ecuación: $0{,}7x+120-1{,}2x=110$

$$-0{,}5x=-10$$

$$x=20$$

Por tanto, se deben mezclar 20 kg del azúcar *A* y 80 kg del azúcar *B*.

33. Una empresa mezcla pasta de papel de baja calidad, que compra por 0,25 €/kg con pasta de papel de mayor calidad, de 0,40 €/kg, para conseguir 50 kg de pasta de 0,31 €/kg. ¿Cuántos kilogramos utiliza de cada tipo de pasta?

34. El coche de Aure consume 1 L de gasolina cada 6 km cuando circula por ciudad y cuando va por carretera consume 1 L cada 10 km. Durante un viaje a Estocolmo ha recorrido 1800 km y ha gastado 200 L de gasolina. ¿Cuántos kilómetros circuló por ciudad?

35. Si se aumentan los lados de un cuadrado en 2 m, su área aumentaría en 28 m². ¿Cuánto mide el lado del cuadrado?

36. El triángulo de la figura es equilátero. ¿Cuánto vale y?

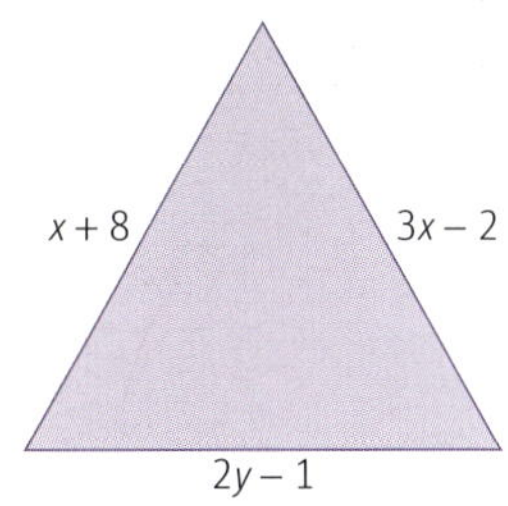

37. En un triángulo, cada ángulo mide 12° más que el anterior. ¿Cuánto miden sus ángulos?

38. La diferencia de los cuadrados de dos números naturales consecutivos es 41. ¿Cuales son esos números?

39. Las dimensiones de una plancha rectangular son 40 cm × 30 cm. Recortando un cuadradito en cada esquina y doblando convenientemente se consigue una caja sin tapa de volumen 3000 cm³.

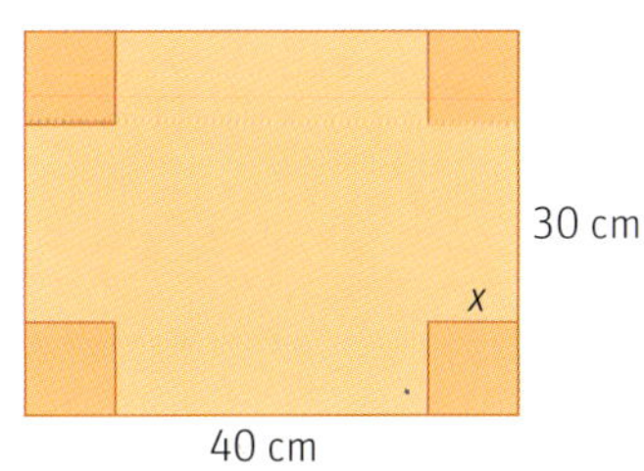

¿Cuánto mide el lado del cuadradito que se ha recortado en cada esquina?

40. En una fiesta, cada dos comensales compartieron un plato de arroz, cada tres comensales, uno de ternera con bambú, y cada cuatro comensales, uno de gambas. Si en total se comieron 65 platos, ¿cuántos invitados había en la fiesta?

41. Averigua el tiempo máximo que tardarás en hacer este problema sabiendo que usarás $\frac{1}{18}$ en leerlo, $\frac{1}{5}$ en plantearlo, $\frac{22}{90}$ en resolverlo, y 1' 30" en comprobar la solución.

6 Desigualdades e inecuaciones

A veces, para expresar enunciados matemáticamente se utilizan **desigualdades**.

Ejemplos

- Había más de mil espectadores (e): $e > 1000$
- El taxi costará (c) menos de 30 €: $c < 30$
- Marta tiene entre 15 y 20 años (a): $15 \leq a \leq 20$

Al operar con números relacionados mediante desigualdades se deben tener en cuenta las siguientes propiedades:

Si $a < b$	Si $a < b$ y $d > 0$	Si $a < b$ y $d < 0$
$a + c < b + c$ $a - c < b - c$	$a \cdot d < b \cdot d$ $\frac{a}{d} < \frac{b}{d}$	$a \cdot d > b \cdot d$ $\frac{a}{d} > \frac{b}{d}$
Al **sumar o restar** un número real c, la desigualdad **no varía**.	Al **multiplicar o dividir** por un número real $d > 0$, la desigualdad **no varía**.	Al **multiplicar o dividir** por un número real $d < 0$, la desigualdad **cambia de sentido**.

smSaviadigital.com

PRACTICA Juega al baloncesto con las inecuaciones.

Inecuaciones

Las relaciones algebraicas que se expresan mediante **desigualdades** se llaman **inecuaciones**.

Los valores de las incógnitas que hacen que la desigualdad sea **verdadera** son las **soluciones** de la inecuación.

Ejemplo Rafa tiene 50 € y no tiene suficiente dinero para comprar cinco camisetas, pero si compra tres camisetas y unos guantes que cuestan 5 €, sí tiene suficiente dinero. ¿Qué se puede decir del precio de las camisetas?

Si x es el precio de las camisetas, se pueden escribir las inecuaciones:

$$5x > 50$$

- Se dividen entre 5 los dos miembros. Como $5 > 0$, el sentido de la inecuación no varía:

$$5x > 50 \Rightarrow \frac{5x}{5} > \frac{50}{5} \Rightarrow x > 10$$

$$3x + 5 \leq 50$$

- Se resta 5 a cada miembro: $3x + 5 \leq 50 \Rightarrow 3x + 5 - 5 \leq 50 - 5 \Rightarrow$ $\Rightarrow 3x \leq 45$
- Se divide entre 3. Como $3 > 0$, el sentido de la inecuación no varía: $3x \leq 45 \Rightarrow x \leq 15$

Así, no puede deducirse el precio exacto de las camisetas, pero sí se puede asegurar que está entre 10 y 15 €.

$10 < x \leq 15 \Leftrightarrow x \in (10, 15]$

Ten en cuenta

El símbolo $\in$ significa *pertenece a*.

El símbolo $\Leftrightarrow$ significa *es equivalente a*.

Una inecuación puede **no tener solución**, tener **algunas soluciones** o tener **infinitas soluciones**.

Ejemplo Estudia las soluciones de las inecuaciones siguientes.

- $x^2 + 9 < 0 \Rightarrow$ No tiene solución.
- $-x^2 + 4x - 4 \geq 0 \Rightarrow$ Tiene una única solución, $x = 2$.
- $7x - 5 > 9 \Rightarrow$ Tiene infinitas soluciones que forman la semirrecta $(2, +\infty)$.
- $(x + 2)(x - 5) \leq 0 \Rightarrow$ Tiene infinitas soluciones que forman el intervalo $[-2, 5]$.

Ten en cuenta

Dos inecuaciones son **equivalentes** si tienen la misma solución.

Inecuaciones de primer grado con una incógnita

Una **inecuación de primer grado con una incógnita** es una desigualdad algebraica de polinomios de grado menor o igual que 1.

Se resuelven por el mismo procedimiento que las ecuaciones de primer grado, pero sin olvidar las propiedades de las desigualdades.

Ejemplo ▸ Resuelve la inecuación: $\frac{x-3}{2} - 2x \geq 1 - \frac{2x-5}{3}$

1.º Se eliminan los denominadores multiplicando por el m.c.m.(2, 3) = 6 y se simplifica. Como 6 > 0, no cambia el sentido de la desigualdad:

$$3(x-3) - 6 \cdot 2x \geq 6 \cdot 1 - 2(2x-5)$$
$$3x - 9 - 12x \geq 6 - 4x + 10$$
$$-9 - 9x \geq 16 - 4x$$

2.º Se suman $9x$ y -16 a ambos miembros para dejar en un miembro los términos numéricos, y en el otro, los términos con incógnita:

$$-9 - 9x + 9x - 16 \geq 16 - 4x + 9x - 16$$
$$-9 - 16 \geq -4x + 9x$$
$$-25 \geq 5x$$

3.º Se dividen entre 5 ambos miembros y se obtiene la solución. Como 5 > 0, no cambia el sentido de la desigualdad:

$$-5 \geq x \Leftrightarrow x \in (-\infty, -5]$$

Las soluciones de una inecuación de primer grado siempre forman una **semirrecta**.

El extremo de la semirrecta es la solución de la ecuación asociada a la inecuación.

Ten en cuenta

Las desigualdades se pueden leer siempre en dos direcciones:

$$x > 2 \Leftrightarrow 2 < x$$

MAT-TIC GeoGebra

Entra en smSaviadigital.com y representa inecuaciones lineales.

ACTIVIDADES

42. Plantea ecuaciones o inecuaciones en cada caso.

a) Tres cafés cuestan más de 4 €.

b) Cuatro vasos de agua son menos de un litro.

c) Un bollo cuesta 1,20 € y por tres cafés y un bollo he pagado 5,70 €.

d) El perímetro de un triángulo equilátero es mayor de 10 cm.

e) La medida del lado de un triángulo, si los otros dos lados miden 5 y 7 cm.

43. Partiendo siempre de la desigualdad $6x - 12 < 18$, copia en tu cuaderno y completa la tabla.

Resta 6	$6x - 18 < 12$
●●●	$12x - 24$ ● 36
●●●	$3x - 6$ ● 9
●●●	$-2x + 4$ ● -6
●●●	$4x - 22$ ● $8 - 2x$

44. Resuelve las inecuaciones siguientes.

a) $3(x-5) - 5 > 5(x+1) - 1$

b) $x - 2(x+3) > -5 + 19x$

c) $\frac{5x-2}{2} - 3(x-1) \geq -\frac{x+6}{10}$

d) $\frac{3x-1}{2} - \frac{2x+3}{3} \leq \frac{x+5}{6}$

ACTIVIDAD **RESUELTA**

45. Halla las soluciones de la inecuación $\frac{x-1}{2} - \frac{2x-1}{5} \leq 0$ si $x = 3$ es la solución de la ecuación asociada.

El valor de x para el que $\frac{x-1}{2} - \frac{2x-1}{5}$ vale cero. Indica dónde esta expresión cambia de signo.

La solución $x = 3$ divide la recta real en dos intervalos $(-\infty, 3)$ y $(3, +\infty)$. Basta con ver qué signo tiene la inecuación para un valor cualquiera del intervalo para saber su signo en toda la semirrecta.

Si $x = 0 \Rightarrow \frac{-1}{2} + \frac{1}{5} = -\frac{3}{10} \leq 0 \Rightarrow \frac{x-1}{2} - \frac{2x-1}{5} \leq 0$ en $(-\infty, 3)$,

por tanto, el intervalo de soluciones es $(-\infty, 3]$. Está incluido $x = 3$ porque verifica la inecuación al no ser la desigualdad estricta.

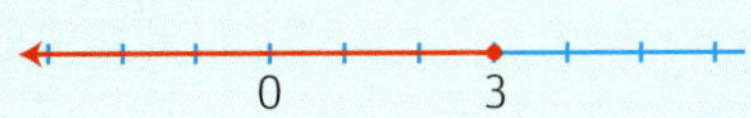

46. Resuelve $\frac{2x-3}{5} - \frac{x+1}{4} \geq \frac{x-1}{10}$ sabiendo que $x = 15$ es la solución de la ecuación asociada.

Organiza tus ideas

ECUACIONES

Una **identidad** es una igualdad entre dos expresiones algebraicas que siempre es cierta, sea cual sea el valor de las variables que en ella aparecen.

Una **ecuación** es una igualdad entre dos expresiones algebraicas en la que las variables que aparecen se llaman incógnitas.

Resolver una ecuación es hallar los valores de la incógnita que hacen que la igualdad sea cierta. A cada uno de estos valores de la incógnita se le llama **solución de la ecuación**.

TIPOS DE ECUACIONES

ECUACIÓN DE PRIMER GRADO

Una ecuación es de primer grado cuando se puede reducir a una ecuación en la que las expresiones de los dos miembros son polinomios de primer grado.

Una ecuación de primer grado puede tener **una**, **ninguna** o **infinitas** soluciones.

ECUACIÓN DE SEGUNDO GRADO

Ecuación de segundo grado completa

$ax^2 + bx + c = 0,\ a \neq 0,\ b \neq 0,\ c \neq 0$

$$x = \frac{-b \pm \sqrt{b^2 - 4ac}}{2a}$$

Ecuaciones de segundo grado incompletas

- Si $b = 0$, $ax^2 + c = 0$

$$x = \pm\sqrt{\frac{-c}{a}}$$

- Si $c = 0$, $ax^2 + bx = 0$

$$x(ax + b) = 0 \Rightarrow \begin{cases} x = 0 \\ x = \dfrac{-b}{a} \end{cases}$$

Soluciones reales de una ecuación de segundo grado

El **número de soluciones de una ecuación de segundo grado** nos lo da el **signo de su discriminante**:

- $\Delta = b^2 - 4ac > 0$ **Dos** soluciones reales
- $\Delta = b^2 - 4ac = 0$ **Una** solución real
- $\Delta = b^2 - 4ac < 0$ **Ninguna** solución real

OTRAS ECUACIONES POLINÓMICAS

Polinómicas de grado mayor que 2

Para resolverlas se factoriza el polinomio utilizando algunas de estas técnicas:

- Extraer factor común.
- Utilizar las identidades notables.
- Buscar raíces enteras utilizando la regla de Ruffini.
- Resolver ecuaciones de segundo grado para buscar raíces de polinomios de grado 2.

Ecuaciones bicuadradas

$ax^4 + bx^2 + c = 0,\ a \neq 0$

Se realiza el cambio de variable:

$x^4 = z^2 \Rightarrow x^2 = z$

DESIGUALDADES E INECUACIONES

Propiedades de las desigualdades

Si $a < b$	Si $a < b$ y $d > 0$	Si $a < b$ y $d < 0$
$a + c < b + c$ $a - c < b - c$	$a \cdot d < b \cdot d$ $\frac{a}{d} < \frac{b}{d}$	$a \cdot d > b \cdot d$ $\frac{a}{d} > \frac{b}{d}$

Inecuación

Es una desigualdad entre dos expresiones algebraicas.

Soluciones

Ninguna	Un número finito	Infinitas
$x^2 + 9 < 0$	$(x - 2)^2 \leq 0$	$7x - 5 > 9$

Se expresan como **uniones** de intervalos o semirrectas.

Actividades clave

1. Resuelve esta ecuación de primer grado.

$$\frac{2}{3}\cdot\frac{x-1}{5}-\frac{x-2}{3}=\frac{x+2}{9}$$

Antes de eliminar los denominadores, se realizan las multiplicaciones:

$$\frac{2}{3}\cdot\frac{x-1}{5}-\frac{x-2}{3}=\frac{x+2}{9}\Rightarrow\frac{2(x-1)}{15}-\frac{x-2}{3}=\frac{x+2}{9}$$

$$\frac{45(x-1)}{15}-\frac{45(x-2)}{3}=\frac{45(x+2)}{9}$$

$$6(x-1)-15(x-2)=5(x+2)$$

$$6x-6-15x+30=5x+10$$

$$-6+30-10=5x-6x+15x$$

$$14=14x$$

La solución es $x = 1$.

2. Encuentra las soluciones de esta ecuación de tercer grado.

$$-2x^3+7x^2-3x=0$$

Se extrae $-x$ como factor común para que el coeficiente de la ecuación de segundo grado sea positivo y se resuelve la ecuación:

$$-2x^3+7x^2-3x=0\Rightarrow -x(2x^2-7x+3)=0\Rightarrow\begin{cases}x=0\\ x=\dfrac{7\pm\sqrt{7^2-4\cdot2\cdot3}}{2\cdot2}=\dfrac{7\pm5}{4}\Rightarrow\begin{cases}x=3\\ x=\dfrac{1}{2}\end{cases}\end{cases}$$

Las soluciones de la ecuación son: $x = 0$, $x = 3$ y $x=\frac{1}{2}$

3. Mientras paseaba en barca, observé que un junco sobresalía 2 dm por encima de la superficie de un estanque. Vino una suave brisa que fue inclinando el junco hasta que se sumergió a una distancia de 10 dm del punto donde afloraba.

¿Qué profundidad tenía el estanque?

Mediante un esquema de la situación, se representa el enunciado:

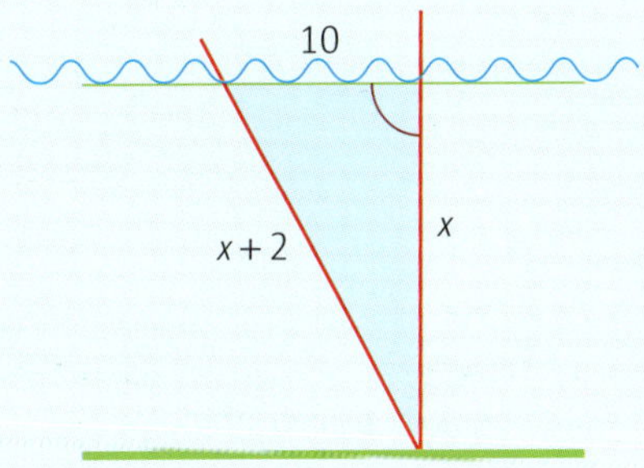

De este modo, se observa que las posiciones del junco forman un triángulo rectángulo. Para obtener la profundidad del estanque se calcula el valor de x.

Se aplica el teorema de Pitágoras y se opera:

$$x^2+10^2=(x+2)^2\Rightarrow x^2+100=x^2+4x+4\Rightarrow 4x=96\Rightarrow x=24$$

La profundidad del estanque es de 24 dm.

4. La suma de los cuadrados de tres números consecutivos es 590. ¿Cuáles son esos números?

Sean $x-1$, x y $x+1$ tres números consecutivos.

$$(x-1)^2+x^2+(x+1)^2=590\Rightarrow x^2-2x+1+x^2+x^2+2x+1=590$$
$$\Rightarrow 3x^2=588\Rightarrow x^2=196\Rightarrow x=\pm 14$$

Hay dos posibles soluciones:

- Los números positivos 13, 14 y 15.
- Los números negativos −13, −14 y −15.

Actividades

EJERCICIOS **PARA PRACTICAR**

Igualdades, identidades y ecuaciones

47. Razona si las siguientes expresiones son identidades o ecuaciones.

a) $2(x-3)=2x-6$ c) $(x-2)+(3x+2)+x=5x$

b) $x^3=3x$ d) $\sqrt{x^2+9}=x+3$

48. Estudia si $x=-1$ y $x=3$ son soluciones o no de las siguientes ecuaciones.

a) $(x+1)(x-5)=0$ c) $9x-2(1-2x)=3-4(x-1)$

b) $3x-2(x+4)=2x-11$ d) $x^2-2x-3=0$

49. Relaciona en tu cuaderno cada ecuación con su equivalente.

a) $3x-4=x+16$ I. $3(x-1)-4(2x+6)=36-12x$

b) $4(3x+2)=2(5-x)$ II. $x^2+6x-4=3x$

c) $x^2+3x-4=0$ III. $14x=2$

d) $\frac{x-1}{4}-\frac{2(x+3)}{3}=3-x$ IV. $\frac{9x-12}{2}=\frac{3x+48}{2}$

e) $x^2-4x+5=0$ V. $2x^2-8x+10=0$

Ecuaciones polinómicas de primer grado

50. Resuelve estas ecuaciones de primer grado.

a) $-4x+3=7x-19$

b) $\frac{-3x}{4}+\frac{1}{2}=-5x+26$

c) $-5(2x-1)+3x-2=-(6x-4)+7$

d) $\frac{3x-5}{5}=\frac{5}{4}$

e) $\frac{x+3}{6}+\frac{2x-1}{3}+\frac{1}{4}=\frac{x-5}{12}-\frac{2}{3}$

51. Resuelve las siguientes ecuaciones de primer grado.

a) $\frac{x-4}{5}-4(-2x+1)-\frac{(-4x+2)}{10}=2(x-3)+\frac{5x+6}{2}$

b) $3(2x-5)+8x-6=\frac{x}{2}-(5x+3)$

c) $\frac{3(x+3)}{2}-2(2-3x)=8x-1-2(x+3)$

ACTIVIDAD **RESUELTA**

52. ¿Para qué valor de P la ecuación $5x-1=x(3-P)$ no tiene solución?

Se opera la expresión y se despeja la incógnita x:

$$5x-1=x(3-P)\Rightarrow 5x-1=3x-Px\Rightarrow 5x-3x+Px=1\Rightarrow$$

$$\Rightarrow 2x+Px=1\Rightarrow x(2+P)=1\Rightarrow x=\frac{1}{2+P}$$

Por tanto, la ecuación inicial no tendrá solución si el denominador, $2+P$, es igual a cero, es decir, si $P=-2$.

53. ¿Para qué valores de P, $x=1$ es solución de las ecuaciones?

a) $x(x-P)=x(x-1)+2$ b) $x-\frac{2x-P}{12}=\frac{3x-1}{4}$

ACTIVIDAD **RESUELTA**

54. Resuelve la ecuación $\frac{3x-5}{7x-2}=\frac{5}{4}$ utilizando la propiedad de los productos cruzados.

La propiedad de los productos cruzados es la siguiente:

$$\frac{a}{b}=\frac{c}{d}\Rightarrow a\cdot d=b\cdot c$$

Se resuelve la ecuación realizando productos cruzados:

$$4(3x-5)=5(7x-2)\Rightarrow 12x-20=35x-10$$

$$\Rightarrow -23x=10\Rightarrow x=-\frac{10}{23}$$

55. Resuelve estas ecuaciones utilizando la propiedad de los productos cruzados.

a) $\frac{9}{x-1}=\frac{3}{2x+1}$ c) $\frac{2x-3}{6}=\frac{x}{4}$

b) $\frac{x}{x+1}=\frac{x+1}{x+2}$ d) $\frac{6-2(x-3)}{7x}=-\frac{8}{4}$

Ecuaciones de segundo grado

56. Resuelve las siguientes ecuaciones de 2.º grado completas.

a) $6x^2-11x+3=0$ d) $3x^2+x+5=0$

b) $-2x^2+2x+24=0$ e) $4x^2+4x+1=0$

c) $x^2-6x-7=0$ f) $x^2-6x+9=0$

57. Resuelve estas ecuaciones de 2.º grado incompletas.

a) $4x^2-36=0$ d) $8x^2+16x=0$

b) $2x^2-8=0$ e) $x^2-x=0$

c) $\frac{5x^2}{2}=-4$ f) $-7x^2+\frac{5}{2}x=0$

58. Calcula cuánto mide un segmento de longitud x sabiendo que el área de este rectángulo es de 192 m².

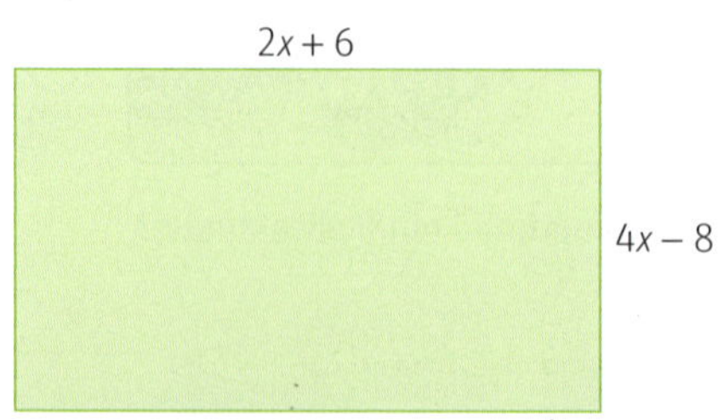

59. Clasifica en tu cuaderno las ecuaciones según el número de soluciones distintas que tengan.

a) $5x^2+6x+2=0$ I. Sin solución

b) $-3x^2+4x+5=0$ II. Una solución

c) $x^2-6x+1=0$ III. Dos soluciones

d) $x^2-5=0$

ACTIVIDAD **RESUELTA**

60. Una de las soluciones de la ecuación $x^2 + bx - 14 = 0$ es 2. ¿Cuál es la otra solución de la ecuación?

Para calcular el valor de b se sustituye $x = 2$ y se resuelve:

$$4 + 2b - 14 = 0 \Rightarrow b = \frac{14-4}{2} = 5$$

Por tanto, la ecuación es $x^2 + 5x - 14 = 0$.

Finalmente, se resuelve la ecuación:

$$x = \frac{-5 \pm \sqrt{5^2 - 4 \cdot 1 \cdot (-14)}}{2 \cdot 1} = \frac{-5 \pm 9}{2} \Rightarrow \begin{cases} x = \frac{-5+9}{2} = 2 \\ x = \frac{-5-9}{2} = -7 \end{cases}$$

La otra solución es $x = -7$.

61. Sabiendo que una de las soluciones de la ecuación $x^2 - 5x + c = 0$ es $x = -3$, calcula la otra solución.

ACTIVIDAD **RESUELTA**

62. Resuelve la ecuación de segundo grado:

$$(2x - 6)(x + 5) - (3x + 1)(x + 5) = 0$$

Una forma de resolverla sería operando y llegando a la forma general de la ecuación de segundo grado para después aplicar la fórmula y encontrar las soluciones. Otra manera más rápida es extraer factor común.

En este caso, el factor común es $x + 5$:

$$(2x - 6)(x + 5) - (3x + 1)(x + 5) = 0$$
$$(x + 5)[2x - 6 - (3x + 1)] = 0$$
$$(x + 5)(2x - 6 - 3x - 1) = 0$$
$$(x + 5)(-x - 7) = 0$$

Las soluciones son: $x + 5 = 0 \Rightarrow x = -5$ y $-x - 7 = 0 \Rightarrow x = -7$

63. Resuelve las siguientes ecuaciones de segundo grado sacando factor común.

a) $(3x - 5)(x + 2) + (x + 2)(x + 8) = 0$

b) $(2x + 6)(x - 3) + (2x + 6)(x - 8) - (2x + 6)(2x - 9) = 0$

c) $x(5x + 3) + x(3x - 2) = 0$

64. Resuelve las siguientes ecuaciones de segundo grado.

a) $\frac{3x^2}{2} - \frac{4x-1}{4} = \frac{2x(x-3)}{6} + \frac{17}{12}$

b) $3x^2 - 4x + 5(x^2 - 2) = \frac{3x(x-2)}{2} + 14$

c) $6x^2 - 1 + \frac{2x(-x+3)}{3} = \frac{5x^2-2}{6} - 4x^2 + \frac{59}{6}$

65. Comprueba que en las ecuaciones de segundo grado de la forma $x^2 + bx + c = 0$, que tienen dos soluciones, b es la suma de las soluciones cambiada de signo y c es el producto de las soluciones. A continuación, resuelve mentalmente:

a) $x^2 - 7x + 12 = 0$

b) $x^2 + 3x - 10 = 0$

Otras ecuaciones polinómicas

66. Resuelve las ecuaciones factorizando previamente.

a) $-2x^3 + 4x^2 + 18x - 36 = 0$

b) $4x^3 - 24x^2 + 48x - 32 = 0$

c) $-3x^4 + 3x^3 + 12x^2 - 12x = 0$

d) $6x^4 - 5x^3 - 43x^2 + 70x - 24 = 0$

67. Halla las soluciones de estas ecuaciones.

a) $x^3 - 5x^2 + 6x = 0$

b) $2x^4 - 6x^3 - 32x^2 + 96x = 0$

c) $2x^4 + 5x^3 = x^2 - 3x + 9$

d) $x^3 - 5x - 2 = 0$

68. Resuelve las siguientes ecuaciones bicuadradas.

a) $x^4 - 5x^2 + 4 = 0$

b) $x^4 + 10x^2 + 9 = 0$

c) $x^4 - 4x^2 - 12 = 0$

d) $2x^4 - 6x^2 - 30 = 0$

69. Resuelve estas ecuaciones bicuadradas.

a) $x^4 - 13x^2 + 36 = 0$

b) $3x^4 - 15x^2 + 12 = 0$

c) $x^4 + 2x^2 - 8 = 0$

Desigualdades e inecuaciones

70. Transforma en desigualdades estas oraciones.

a) Elena necesita correr por debajo de 16 s para clasificarse en una prueba.

b) En algunas atracciones del parque temático exigen una altura superior a 1,20 m.

c) He pasado el kilómetro 125 de la A-2, pero aún no he llegado al 145.

71. Partiendo siempre de la desigualdad $4 - 5x > x$, copia en tu cuaderno y completa como en el ejemplo.

Suma $5x$	$4 > 6x$
●●●	$1 - 5x$ ● $x - 3$
●●●	$10x - 8$ ● $-2x$

72. Relaciona en tu cuaderno cada desigualdad con su equivalente y con la operación en los dos miembros que pasa de una a otra.

Desigualdad *A*	Operación	Desigualdad *B*
$-4 < 7$	Dividir entre -2	$-4 < 5$
$12 > -6$	Sumar -5	$-6 < 3$
$\frac{-4}{3} < \frac{10}{6}$	Multiplicar por 3	$-9 < 2$

73. Resuelve las siguientes inecuaciones y representa sus soluciones en una recta.

a) $7x - 2(1 - 3x) \leq 2x + 3$

b) $\frac{x}{3} - \frac{x+1}{2} \geq \frac{5}{6} - x$

c) $5 > \frac{3x+1}{2}$

d) $4x - 1 \geq \frac{8x-5}{2}$

Ejercicios de síntesis

74. Completa las expresiones para que sean identidades.

a) $\bullet(3x-8)-7(2x-\bullet)=4x-6$

b) $12x-5-4(\bullet x-1)+2(\bullet - x)=7-6x$

c) $(3x+\bullet)(5-\bullet x)=-6x^2+11x+10\bullet$

d) $(x+1)(2x-\bullet)-(\bullet x-4)x=x^2+5x-1$

75. El cuadrado siguiente es mágico porque sus filas, sus columnas y sus diagonales suman lo mismo.

$3x+1$	$5x$	$11-x$
a	$2x+5$	d
b	$x+4$	c

¿Qué número representa la letra d?

76. Resuelve las siguientes ecuaciones polinómicas.

a) $(x-5)(2x+7)(x+3)=0$

b) $10x(x^2-4)=x^2+9x$

c) $\frac{4x+4}{3}=\frac{3x+14}{5}$

d) $\frac{3x+11}{2}-\frac{x+9}{4}=2x-2$

77. Decide si $x=-3$ es solución de esta ecuación de grado 5.

$$x^2(x^3+5x^2+3x-5)+8x(x+1)+6=x(x^2+10x+33)$$

78. La impresora ha soltado un manchón redondo en una ecuación. Si la solución era $x=12$, ¿cuál es el numero oculto?

$$\frac{x}{2}-\frac{x+\bullet}{4}=x-10$$

79. Indica si son ciertas o falsas las siguientes afirmaciones.

a) Una inecuación, o no tiene solución, o tiene una, o tiene infinitas soluciones.

b) La solución de $x+5\leq 3$ es una semirrecta.

c) Una inecuación del tipo $x+a>b$, con a y b números reales, a veces no tiene solución.

Problemas para resolver

80. Dentro de un año, Celia tendrá un tercio de la edad de su primo, y hace un año tenía solo un cuarto de la edad de su primo. ¿Qué edad tienen actualmente Celia y su primo?

81. María tiene 42 años y sus hijos 16, 12 y 6 años. ¿Dentro de cuántos años la edad de María será igual a la suma de las edades de sus vástagos?

82. Las edades actuales de una mujer y su hijo son 49 y 25 años, respectivamente. ¿Hace cuántos años el producto de sus edades era 640?

83. Mi vecina, que es muy presumida, no quiere confesar su edad, pero dice lo siguiente: "Dentro de trece años tendré el doble de la edad que tenía hace 20 años". ¿Sabes cuántos años tiene?

84. Aránzazu e Íñigo tienen en la actualidad 15 y 35 años, respectivamente. ¿Cuántos años han de pasar para que la edad de Íñigo sea el doble de la de Aránzazu?

85. Se quieren repartir 1330 € entre tres niños, cuatro mujeres y seis ancianos, de manera que cada mujer reciba el doble que cada niño y cada anciano 30 € más que cada mujer. ¿Cuánto recibirá cada anciano?

86. Un constructor necesita conseguir 40 kg de arena a un precio de 8,5 €/kg para poder comenzar su siguiente obra. En un almacén solo disponen de dos tipos de arena, una de 7 €/kg y otra de 9 €/kg. ¿Cómo puede conseguir el constructor el pedido deseado para poder llevar su obra a cabo sin que le resulte más caro?

87. Piensa y resuelve el siguiente problema griego que data del año 500.

> Unas niñas se repartieron las nueces de un cesto. A Melisa le tocaron los $\frac{2}{7}$; a Titania le tocó $\frac{1}{12}$. A Astyoche y a Philinna les tocaron $\frac{1}{6}$ y $\frac{1}{3}$, respectivamente. Thetis tomó 20 nueces y Thisbe cogió una docena; y mira, allí va Glauca sonriendo con sus 11 nueces en la mano. Y esta nuez es todo lo que a mí me tocó. ¿Cuántas nueces había en el cesto?

88. Adivina mi número positivo de la suerte: si multiplicas mi número aumentado en 15 por él mismo disminuido en 15 obtendrás 799.

89. ¿Qué número había pensado Andrés?

90. El período de vida de una ballena es cuatro veces el de una cigüeña, que vive 85 años más que un conejillo de indias, que vive 6 años menos que un buey, el cual vive 9 años menos que un caballo, que vive 12 años más que un pollo, que vive 282 años menos que un elefante, que vive 283 años más que un perro, que vive 2 años más que un gato, que vive 135 años menos que una carpa, que vive el doble de un camello, que vive 1014 años menos que el total de los períodos de vida de estos once animales. A partir de estos datos, ¿cuánto vive un caballo?

91. Las dos figuras siguientes representan un trapecio y un triángulo con sus respectivas alturas.

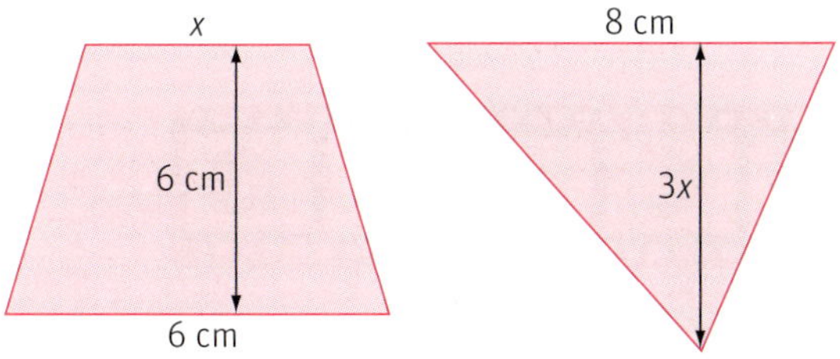

Calcula el valor de x para que las dos figuras tengan la misma área.

ACTIVIDAD **RESUELTA**

92. **La suma de 7 números pares consecutivos es 84. ¿Cuál es el menor de todos ellos?**

Se debe recordar que varios números consecutivos pares se pueden escribir como $2x$, $2x + 2$, $2x + 4$...

Se elige el número que ocupa la posición central como incógnita: $2x$

La ecuación es:

$$2x - 6 + 2x - 4 + 2x - 2 + 2x + 2x + 2 + 2x + 4 + 2x + 6 = 84$$

De esta forma, la ecuación es fácil de simplificar porque el primer miembro es $14x$:

$$14x = 84 \Rightarrow x = \frac{84}{14} = 6$$

Por tanto, el menor de esos 7 números es $2x - 6 = 12 - 6 = 6$.

93. La suma de 11 números consecutivos es 2189. ¿Cuál es el mayor de todos ellos?

94. La suma de 27 números pares consecutivos es 2322. ¿Cuál es el mayor de todos ellos?

95. Calcula las longitudes de los lados de un triángulo rectángulo sabiendo que son tres números pares consecutivos.

96. En el bolsillo tengo igual número de monedas de 20 y 50 cent. Si en total suman 6,30 €, ¿cuántas monedas de cada tipo tengo?

97.

Deseón cumplió este primer deseo de Gutino y, cegado por la avaricia, pidió el mismo deseo dos veces más. Deseón volvió a concederle estos dos deseos y resultó que Gutino se quedó con el mismo dinero con el que comenzó... y sin opción de pedir más deseos a Deseón.

¿Cuánto dinero tenía Gutino cuando se encontró con Deseón?

98. Emprende

En una reunión cada persona saluda al resto de asistentes. Si has contado 66 saludos, ¿cuántas personas han asistido?

99. Un equipo de baloncesto ha ganado 30 de los 40 partidos jugados hasta ahora. ¿Cuántos de los siguientes 30 partidos debe ganar para acabar la temporada con un 80 % de victorias?

ACTIVIDAD **RESUELTA**

100. **Un grupo de estudiantes decide contratar un autobús para una excursión. Calculan que, si cada uno paga 14 €, faltarán 4 € para poder pagar el alquiler del autobús, pero si cada uno paga 16 €, sobrarán 6 €. ¿Cuántos euros debe pagar cada uno para recaudar el precio exacto del alquiler del autobús?**

Si se llama x al número de estudiantes y P al precio del autobús se obtienen las siguientes expresiones algebraicas:

$$\left.\begin{array}{l} 14x + 4 = P \\ 16x - 6 = P \end{array}\right\} \Rightarrow 14x + 4 = 16x - 6$$

Si se resuelve la ecuación se obtiene $x = 5$ y, por tanto, el precio del alquiler del autobús completo es $14 \cdot 5 + 4 = 74$ €.

Cada estudiante debe pagar entonces $\frac{74}{5} = 14{,}8$ €.

101. Varias personas compran juntas un determinado artículo. Si cada persona pagara 8 monedas sobrarían 3 monedas; y si cada una pagase 7 monedas, faltarían 4. ¿Cuántas personas son y cuál es el precio del artículo?

102. Para hacer un regalo a su profesora de Matemáticas, cada alumno de 4º. de ESO tuvo que poner 3 €. Como tres alumnos faltaron el día de la recaudación, el resto tuvo que poner 3,45 €. ¿Cuánto costó el regalo?

103. Un rajá dejó en herencia cierto número de perlas a sus hijas, de este modo:

Al finalizar el reparto, se comprobó con sorpresa que todas las hijas recibieron el mismo número de perlas. ¿Cuántas perlas dejó en herencia? ¿Cuántas hijas tenía el rajá?

Encuentra el error

104. Pablo se alegró al ver que la última pregunta del examen consistía en resolver una ecuación de primer grado. Se confió y ni siquiera comprobó su solución.

$$\frac{x+1}{3} - \frac{2x-4}{6} = \frac{x-3}{2} \Rightarrow \frac{6(x+1)}{3} - \frac{6(2x-4)}{6} = \frac{6(x-3)}{2} \Rightarrow$$

$$\Rightarrow 2(x + 1) - 2x - 4 = 3(x - 3) \Rightarrow 2x + 2 - 2x - 4 = 3x - 9 \Rightarrow$$

$$\Rightarrow 7 = 3x \Rightarrow x = \frac{7}{3}$$

Observa cómo resolvió la ecuación y encuentra su error.

Ponte a prueba

PROBLEMA **RESUELTO**

Ofertas del videoclub

Don Jacinto tiene uno de los últimos videoclubs que quedan en el pueblo, y para poder mantener sus clientes ofrece precios muy competitivos y varias ofertas. Estas son tres de las opciones que ofrece:

1. Calcula el número de películas que se deberán alquilar en un año para que sea indiferente elegir entre las dos primeras opciones.
2. Calcula el número de películas que se deberán alquilar en un año para que sea indiferente elegir entre la segunda y la tercera opción.
3. Calcula el número de películas que se deberán alquilar en un año para que sea indiferente elegir entre la primera o la tercera opción.
4. A la vista de los resultados anteriores, indica qué opción elegirías si se supone que se van a alquilar 25, 35 o 55 películas en un año.

SOLUCIÓN

Si llama x al número de películas, se puede expresar el precio P que se debe gastar al año en cada oferta con las siguientes expresiones algebraicas:

Oferta 1	$P = 3x$
Oferta 2	$P = 30 + 2x$
Oferta 3	$P = 120$

Con la oferta 3 se pueden pagar 120 € por todo el año pero como máximo se pueden sacar dos películas por semana. Si se considera que un año tiene 52 semanas, entonces se pueden sacar un máximo de 104 películas,

1. Si se igualan los precios de las dos ofertas, se obtiene:

$$3x = 30 + 2x \Rightarrow x = 30 \text{ películas}$$

2. Si se igualan los precios de las dos ofertas, se obtiene:

$$120 = 30 + 2x \Rightarrow x = 45 \text{ películas}$$

3. Si se igualan los precios de las dos ofertas, se obtiene:

$$120 = 3x \Rightarrow x = 40 \text{ películas}$$

4. Si se alquilan 25 películas, la primera oferta.

   Si se alquilan 35 películas, la segunda oferta.

   Si se alquilan 55 películas, la tercera oferta

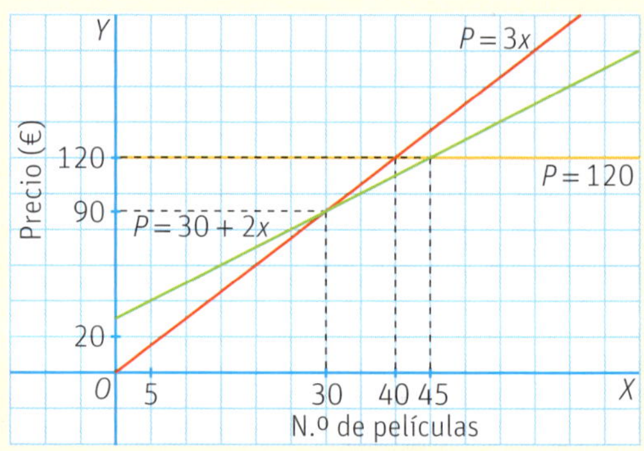

La conducción del gas

El croquis muestra dos puntos, A y D, entre los que se quiere construir un canal para conducir el gas. Como se quiere aprovechar un trozo de un antiguo canal que unía los puntos B y D, hay que ubicar el punto C donde se unirán el tramo nuevo y el reformado. El coste del tramo nuevo AC es de 10 €/m, y el de reparar cada metro del tramo antiguo CD es de 2 €.

1. La tabla muestra las tres opciones que se consideran para ubicar el punto C.

Opción	I	II	III
Distancia BC	30 m	50 m	100 m

Indica cuál es la más económica.

Los beneficios

Una fábrica de televisores vende cada aparato a 300 €. Los gastos derivados de fabricar x televisores son $G(x) = 200x + x^2$. Además, por limitaciones de espacio, no pueden fabricar más de 75 televisores.

1. ¿Cuánto cuesta producir un solo televisor?
2. ¿Cuál sería el beneficio empresarial si solo se fabricase un televisor?
3. ¿Cuánto cuesta producir diez televisores?
4. ¿Cuál sería el beneficio empresarial si se fabricasen diez televisores?
5. Encuentra una expresión algebraica que represente el beneficio al producir x televisores.
6. Si se quieren obtener unos beneficios de 1600 €, ¿cuántos televisores hay que producir?
7. ¿Puede alcanzarse un beneficio de 3000 €?
8. La empresa ha encargado un estudio de viabilidad y les han asegurado que el máximo beneficio que pueden alcanzar es de 2500 €. ¿Cuántos televisores han de fabricar para llegar al máximo beneficio?

La parcela de la herencia

Un anciano matemático dejó en su testamento esta parcela, pero no quiso dejar sus medidas explícitamente. Y sentenció: "El primero que averigüe cuánto mide el perímetro de la parcela se quedará con ella".

Como pistas dejó escrito:

El lado b es el triple que a más 2 m.

El lado c mide el doble que a menos 3 m.

El área de la parcela es de 624 m^2.

Sus hijos sí recuerdan que el lado que daba a su casa medía 8 m, como se observa en el dibujo.

¿Cuál es el perímetro de la parcela?

AUTOEVALUACIÓN

1. Resuelve las siguientes ecuaciones de primer grado.

   a) $\frac{3x+11}{2} - \frac{x+9}{4} = 2x - 2$

   b) $3-(5x+7)=8-(5-x)$

   c) $\frac{x}{2} - \frac{x}{3} + \frac{x}{5} = 121$

2. Resuelve estas ecuaciones de segundo grado.

   a) $x^2 - 15x + 14 = 0$

   b) $3x^2 + 15x = 0$

   c) $(x+2)^2 = 24 - 4x$

3. Resuelve las siguientes ecuaciones.

   a) $(2x-9)(3x+12)=0$

   b) $x(8x+6)=0$

   c) $(x+3)^2 = (x-1)(x+5)+8$

   d) $x^3 + 5x^2 + 3x - 9 = 0$

4. He pagado 583 € por un artículo que tenía un 10 % de IVA. ¿Cuál era su precio original antes de aplicarle el impuesto?

5. El perímetro de un rectángulo mide 70 cm. Sabiendo que la base es $\frac{3}{4}$ de la altura, calcula el área del rectángulo.

6. Si se suman dos múltiplos consecutivos de 5 y al resultado se le resta 5, se obtiene un número 20 veces menor que si se multiplican ambos números. ¿De qué par de números estamos hablando?

7. Es el momento de repartir los 1890 € de beneficios entre mis dos socias. A Julia le corresponde el 80 % de lo que le toca a Sara, y a mí, el 40 % de la ganancia conjunta de mis dos socias. ¿Cuánto nos corresponde a cada una?

8. Mi parcela es cuadrada y he constatado que, si aumentase su base en 8 m y disminuyese su altura en 3 m, tendría una parcela rectangular con 36 m^2 más de área que la original.

   ¿Cuánto mide el lado de mi parcela?

smSaviadigital.com VALORA LO APRENDIDO > Autoevaluación.

6 Sistemas de ecuaciones

- ¿Cómo se puede interpretar el punto de corte entre dos rectas?
- ¿Qué métodos hay para encontrar ese punto de forma algebraica?
- ¿Y si en vez de dos rectas son parábolas?

Busca y contesta

El feriante ofrece pagar "un duro" al tirador por cada acierto y "tres pesetas" por cada fallo.

¿Sabes qué es "un duro"?

Analiza y reflexiona

¿Cómo podrías contestar a la pregunta que plantea el poema?

Halla el número de tiros que acertó el tirador y comprueba que, efectivamente, "la cuenta quedó ajustada".

Lee y comprende

Tiro al blanco

Por presumir de certero
Un tirador atrevido
se encontró comprometido
en el lance que os refiero.

Y fue que, ante una caseta
de la feria del lugar,
presumió de no fallar
ni un tiro con la escopeta,

y el feriante alzando el gallo
un duro ofreció pagarle
por cada acierto y cobrarle
a tres pesetas el fallo.

Dieciséis veces tiró
el tirador afamado
al fin dijo, despechado
por los tiros que falló:

"Mala escopeta fue el cebo
y la causa de mi afrenta
pero ajustada la cuenta
ni me debes ni te debo".

Y todo el que atentamente
este relato siguió
podrá decir fácilmente
cuántos tiros acertó.

RAFAEL RODRÍGUEZ VIDAL:
Enjambre matemático.
Reverté, 1988

Y tú, ¿qué opinas?

¿Por qué crees que el tirador estaba despechado?

¿Crees que en este tipo de juegos la victoria depende únicamente de la habilidad de los participantes?

¿Qué quiere decir la expresión "la banca siempre gana"?

1 Sistemas de ecuaciones lineales

Ecuación de primer grado con dos incógnitas

Una **ecuación de primer grado con dos incógnitas**, x e y, es una ecuación que se expresa en forma general como $\boldsymbol{ax + by = c}$.

Una **solución** de la ecuación es cualquier par de valores **(*x*, *y*)** que satisfacen la igualdad.

Si se representan en el plano todos los puntos (x, y) que son solución de la ecuación se obtiene una **recta**.

MAT-TIC GeoGebra

Entra en smSaviadigital.com y resuelve ecuaciones de primer grado con dos incógnitas.

Ejemplo ▸ Encuentra dos soluciones de la ecuación $x - 2y = -4$ y representa todas las posibles soluciones de la ecuación mediante una recta.

1.º Se despeja la incógnita y:

$$x - 2y = -4 \Rightarrow x + 4 = 2y \Rightarrow y = \frac{x+4}{2}$$

2.º Se toman dos valores de x y se obtienen los correspondientes valores de y:

$$x = 0 \Rightarrow y = \frac{0+4}{2} = \frac{4}{2} = 2 \qquad x = 2 \Rightarrow y = \frac{2+4}{2} = \frac{6}{2} = 3$$

Por tanto, los pares de valores $(x = 0,\ y = 2)$ y $(x = 2,\ y = 3)$ son soluciones de la ecuación.

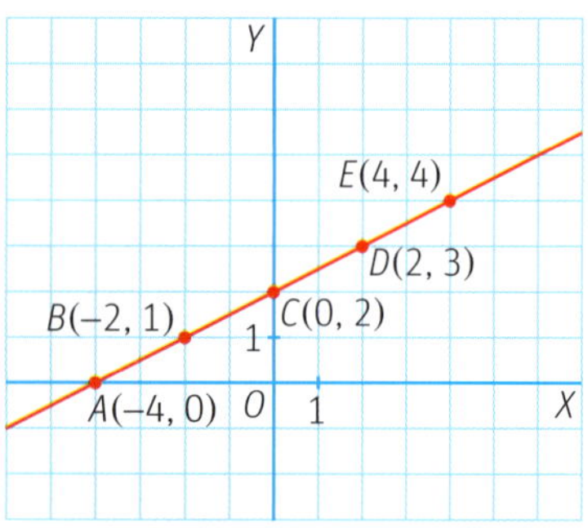

3.º Para representar la recta se construye una tabla de valores y se representa la recta gráficamente. Las coordenadas de los puntos por los que pasa la recta representan sus soluciones.

x	$y = \frac{x+4}{2}$	(x, y)
−4	0	(−4, 0)
−2	1	(−2, 1)
0	2	(0, 2)
2	3	(2, 3)
4	4	(4, 4)

Todas las soluciones son de la forma: $\begin{cases} x = t \\ y = \dfrac{t+4}{2} \end{cases}$

Para cada valor de t, se obtiene una solución.

Sistemas de ecuaciones lineales

Un **sistema de dos ecuaciones lineales con dos incógnitas** es un par de ecuaciones que se expresa en forma general como:

$$\begin{cases} \boldsymbol{ax + by = c} \\ \boldsymbol{a'x + b'y = c'} \end{cases}$$

Un par de valores son una solución del sistema cuando verifican las dos ecuaciones a la vez.

Ejemplo ▸ Dos números son tales que su diferencia es 3 y el triple del mayor menos el doble del menor es 11. Plantea un sistema de ecuaciones y comprueba si los pares de valores $(x = 4, y = 1)$ y $(x = 5, y = 2)$ son soluciones.

Si se llama x e y a los números buscados, el sistema es:

$$\begin{cases} x - y = 3 \\ 3x - 2y = 11 \end{cases}$$

- $(x = 4, y = 1)$ no es solución, ya que no verifica las dos ecuaciones: $\begin{cases} 4 - 1 = 3 \\ 12 - 2 \neq 11 \end{cases}$
- $(x = 5, y = 2)$ es solución, ya que verifica las dos ecuaciones: $\begin{cases} 5 - 2 = 3 \\ 15 - 4 = 11 \end{cases}$

Sistemas de ecuaciones equivalentes

Dos sistemas de ecuaciones son **equivalentes** cuando tienen las mismas soluciones.

Ejemplo ▸ Encuentra dos sistemas equivalentes al sistema $\begin{cases} x-y=3 \\ 3x-2y=11 \end{cases}$ y comprueba que comparten la misma solución ($x = 5$, $y = 2$).

- Si se resta a la primera ecuación la expresión algebraica $3x$ se obtiene el sistema equivalente: $\begin{cases} -2x-y=3-3x \\ 3x-2y=11 \end{cases}$

  Se comprueba que ($x = 5$, $y = 2$) es solución: $\begin{cases} -2\cdot 5-2=3-3\cdot 5 \\ 3\cdot 5-2\cdot 2=11 \end{cases} \Rightarrow \begin{cases} -12=-12 \\ 11=11 \end{cases}$

- Si se sustituye la primera ecuación del sistema por la suma de ambas ecuaciones se obtiene el sistema equivalente: $\begin{cases} 4x-3y=14 \\ 3x-2y=11 \end{cases}$

  Se comprueba que ($x = 5$, $y = 2$) es solución: $\begin{cases} 4\cdot 5-3\cdot 2=14 \\ 3\cdot 5-2\cdot 2=11 \end{cases} \Rightarrow \begin{cases} 14=14 \\ 11=11 \end{cases}$

Ten en cuenta

Algunas de las operaciones que se pueden hacer para obtener sistemas equivalentes son:

- Cambiar el orden de las ecuaciones.
- Sumar o restar una expresión algebraica a una de las dos ecuaciones.
- Multiplicar o dividir una de las ecuaciones por un número distinto de cero.
- Cambiar una ecuación por la suma de las dos ecuaciones.

ACTIVIDADES

1. Encuentra cuatro soluciones de la ecuación $-2x+3y=24$.

2. Kepa ha escrito: "Una solución de la ecuación $3x-5y=45$ es −6 y 5". Su profesor le ha dicho que la respuesta es imprecisa.
Explica por qué y escribe cómo debería haber expresado Kepa su solución.

3. Micaela dice que cuatro posibles soluciones de la ecuación $-x-4y=20$ son:

A. $(x=0, y=5)$ C. $(x=-1, y=6)$

B. $(x=-20, y=0)$ D. $(x=-36, y-4)$

Indica cuáles de ellas son soluciones y cuáles no.

4. Encuentra cuatro soluciones de la ecuación $2x-y=-6$ siguiendo estos pasos:

1.º Despeja la incógnita y.

2.º Representa la recta obtenida.

3.º Busca cuatro puntos de dicha recta.

4.º Escribe tus cuatro soluciones.

5. Despeja x en la ecuación $5x-7y=40$ y, a continuación, dando valores a y, encuentra cuatro soluciones que no contengan fracciones.

6. Encuentra 3 sistemas equivalentes al siguiente.

$$\begin{cases} 3\cdot(2-y)=5-(x+3) \\ 4y-6x+2=8y-9x-3 \end{cases}$$

7. La suma de dos números es 15 y el primero más el doble del otro da 21. Encuentra el sistema de ecuaciones correspondiente.

ACTIVIDAD **RESUELTA**

8. Escribe el siguiente sistema de ecuaciones en forma general:

$$\begin{cases} 2-\dfrac{3x-y}{4}=\dfrac{x+2y}{2} \\ (2+y)^2-(y-3)^2=5-x \end{cases}$$

$$\begin{cases} 2-\dfrac{3x-y}{4}=\dfrac{x+2y}{2} \\ (2+y)^2-(y-3)^2=5-x \end{cases} \Rightarrow \begin{cases} 2\cdot 4-\dfrac{4(3x-y)}{4}=\dfrac{4(x+2y)}{2} \\ 4+y^2+4y-(y^2+9-6y)=5-x \end{cases} \Rightarrow$$

$$\Rightarrow \begin{cases} 8-(3x-y)=2(x+2y) \\ 4+y^2+4y-y^2-9+6y=5-x \end{cases} \Rightarrow \begin{cases} 8-3x+y=2x+4y \\ 4y+6y+x=5-4+9 \end{cases} \Rightarrow$$

$$\Rightarrow \begin{cases} -3x+y-4y-2x=-8 \\ x+10y=10 \end{cases} \Rightarrow \begin{cases} -5x-3y=-8 \\ x+10y=10 \end{cases}$$

9. Expresa estos tres sistemas lineales en forma general.

a) $\begin{cases} 4-(x+2y)=x-(5-7y) \\ 3-2(x-2)=2-3(y-3) \end{cases}$

b) $\begin{cases} \dfrac{x}{3}-\dfrac{2y+1}{6}=x-\dfrac{y}{2} \\ x=5y \end{cases}$

c) $\begin{cases} (x-2)^2=(x+5)^2+8y \\ (y+1)^2=5x+y^2+6 \end{cases}$

2 Resolución de sistemas. Método gráfico

Para **resolver un sistema** de ecuaciones lineales por el **método gráfico**:

1.º Se elabora una tabla de soluciones para cada una de las ecuaciones del sistema.

2.º Se representan las rectas correspondientes a las ecuaciones del sistema.

3.º Las soluciones se corresponden con los puntos de corte de las dos rectas.

MAT-TIC GeoGebra

Entra en sm**Savia**digital.com y resuelve sistemas de ecuaciones con el método gráfico.

Ejemplo ▶ Resuelve el sistema $\begin{cases} 2x - y = 5 \\ -x + 3y = -5 \end{cases}$ por el método gráfico.

1.º Se construye una tabla de valores para cada recta:

x	$y = 2x - 5$	(x, y)
0	−5	(0, −5)
3	1	(3, 1)
−1	−7	(−1, −7)

x	$y = \frac{x-5}{3}$	(x, y)
5	0	(5, 0)
−4	−3	(−4, −3)
−1	−2	(−1, −2)

2.º Se representan las dos rectas y se observa la intersección:

3.º En este caso solo hay un punto de intersección, que es (2, −1). Por tanto, el sistema tiene una única solución: $(x = 2, y = -1)$.

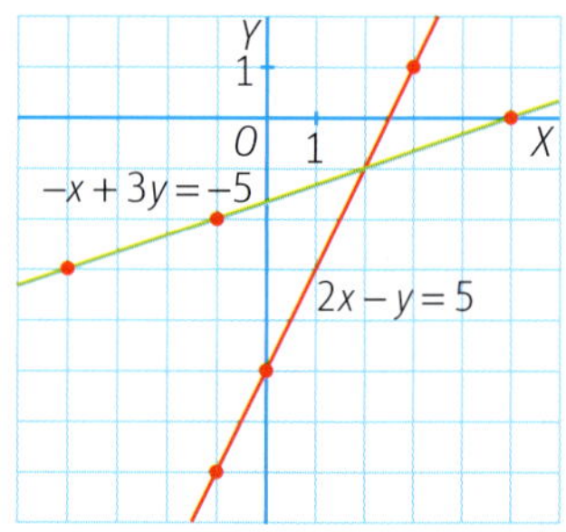

Ejemplo ▶ Resuelve gráficamente el sistema: $\begin{cases} 2(y - x) - x = y + 7 \\ 4y + 9x - 5 = 3y + 12x - 3 \end{cases}$

Se expresa el sistema en forma general:

$$\begin{cases} 2(y - x) - x = y + 7 \\ 4y + 9x - 5 = 3y + 12x - 3 \end{cases} \Rightarrow \begin{cases} 2y - 2x - x - y = 7 \\ 4y + 9x - 3y - 12x = -3 + 5 \end{cases} \Rightarrow \begin{cases} -3x + y = 7 \\ -3x + y = 2 \end{cases}$$

1.º Se construye una tabla de valores para cada recta:

x	$y = 3x + 7$	(x, y)
0	7	(0, 7)
1	10	(1, 10)
−1	4	(−1, 4)

x	$y = 3x + 2$	(x, y)
0	2	(0, 2)
1	5	(1, 5)
−1	−1	(−1, −1)

2.º Se representan las dos rectas y se estudia cuál es la intersección:

3.º En este caso se obtienen dos rectas paralelas, ya que las dos ecuaciones tienen la misma pendiente $m = 3$. No se cortan en ningún punto y, por tanto, el sistema no tiene solución.

$$\begin{cases} -3x + y = 7 \\ -3x + y = 2 \end{cases} \Rightarrow \begin{cases} y = 3x + 7 \\ y = 3x + 2 \end{cases}$$

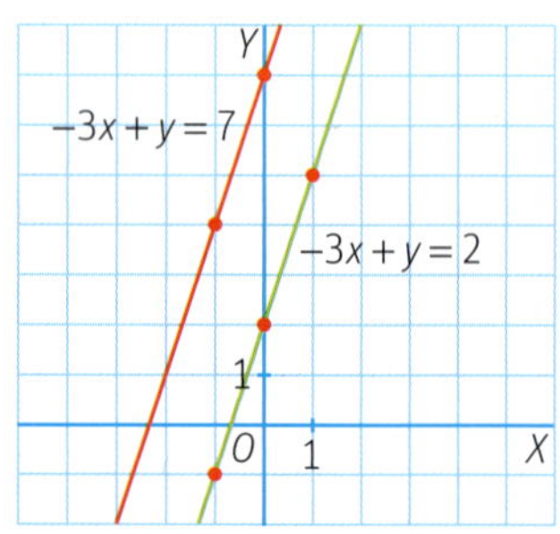

Ten en cuenta

La pendiente de la recta $y = mx + n$ es el número m.

Dos rectas paralelas tienen la misma pendiente.

$$\begin{cases} y = mx + n \\ y = mx + n' \end{cases}$$

Soluciones de un sistema de ecuaciones

Un sistema de ecuaciones lineales se puede interpretar como un par de rectas. Estudiando las posiciones relativas de las rectas se puede conocer el número de soluciones del sistema.

Rectas secantes	Rectas coincidentes	Rectas paralelas
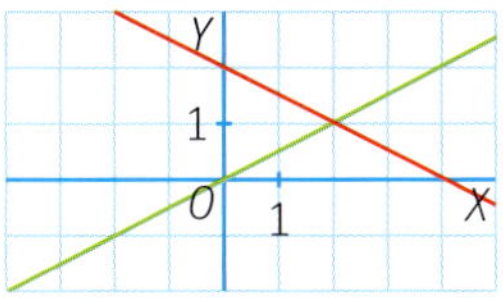	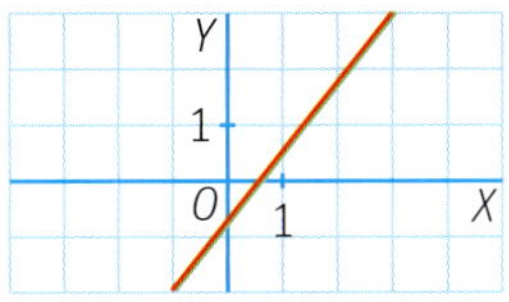	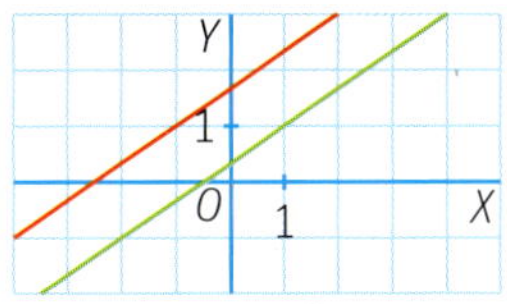
Un único punto de corte. **Solución única**	Infinitos puntos de corte. **Infinitas soluciones**	No hay puntos de corte. **No hay solución**
Sistema **compatible determinado**	Sistema **compatible indeterminado**	Sistema **incompatible**

ACTIVIDADES

ACTIVIDAD **RESUELTA**

10. Resuelve el sistema de ecuaciones por el método gráfico.

$$\begin{cases} 2x - y = 3 \\ -6x + 3y = -9 \end{cases}$$

1.º Se construye una tabla de valores para cada recta:

x	$y = 2x - 3$	(x, y)
0	−3	(0, −3)
2	1	(2, 1)

x	$y = \dfrac{6x - 9}{3}$	(x, y)
1	−1	(1, −1)
−1	−5	(−1, −5)

2.º Se representan las dos rectas y se estudia cuál es la intersección:

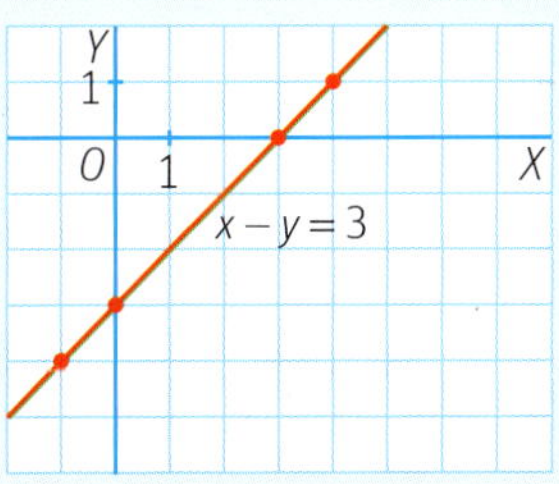

3.º En este caso las ecuaciones son equivalentes, las dos rectas son coincidentes y, por tanto, tienen infinitos puntos en común.

Todos los puntos de las rectas son soluciones del sistema.

11. Halla las soluciones de los siguientes sistemas de ecuaciones gráficamente.

a) $\begin{cases} y = x - 2 = 3 \\ y = -2x + 12 \end{cases}$

b) $\begin{cases} -2x + y = 5 \\ 3x - y = -6 \end{cases}$

12. Resuelve estos sistemas por el método gráfico.

a) $\begin{cases} x - 2y = 3 \\ 3x - 6y = 9 \end{cases}$

b) $\begin{cases} 2x + y = 5 \\ 3x - y = 5 \end{cases}$

c) $\begin{cases} 5x + 3y = -13 \\ -3x + 5y = 1 \end{cases}$

13. Indica de qué tipo es cada sistema e indica sus soluciones.

a)

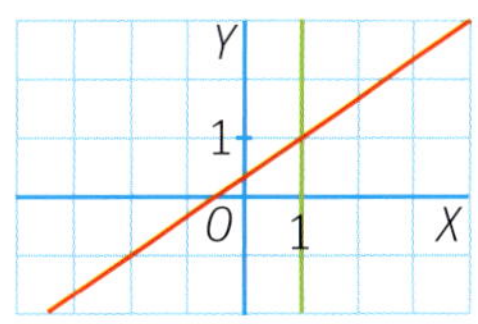

c)

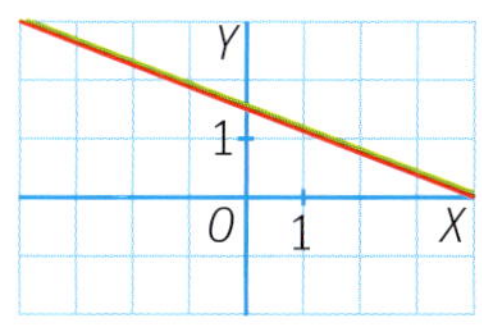

b)

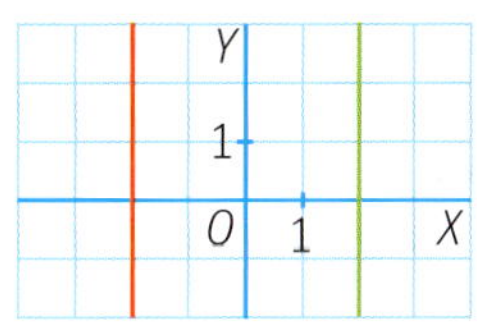

d)

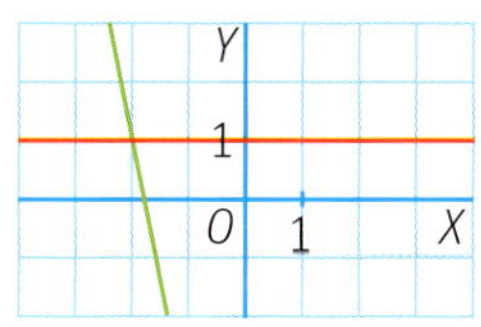

14. Para resolver el sistema de ecuaciones $\begin{cases} 4{,}7x - 2{,}6y = 0{,}05 \\ 3{,}2x + 5{,}8y = 34{,}1 \end{cases}$ se ha utilizado GeoGebra, pero se han borrado las coordenadas del punto de intersección.

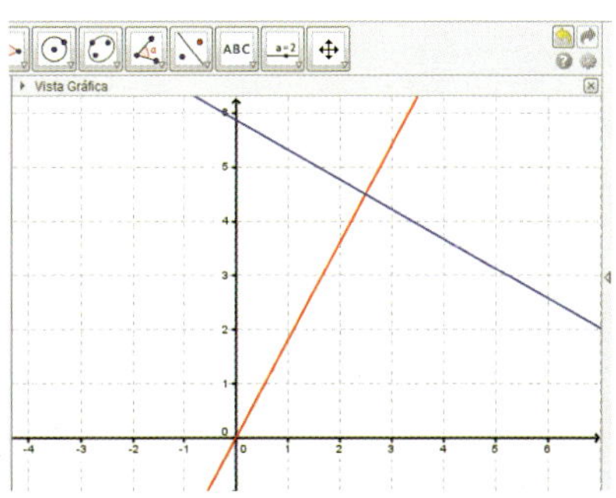

¿Cuál es la solución del sistema? Comprueba que es correcta.

3 Resolución de sistemas. Método de reducción

MAT-TIC GeoGebra

Entra en sm**Savia**digital.com y resuelve sistemas de ecuaciones usando el método de reducción.

Para **resolver un sistema** de ecuaciones lineales por el **método de reducción**:

1.º Se multiplican las ecuaciones por los números adecuados para que los coeficientes de una de las dos incógnitas sean iguales u opuestos.

2.º Se suman o se restan las ecuaciones obtenidas para eliminar la incógnita que ha quedado con coeficientes iguales u opuestos.

3.º Se obtiene el valor de una incógnita.

4.º Se sustituye el valor de la incógnita obtenida en una de las dos ecuaciones iniciales del sistema, para calcular el valor de la otra incógnita.

Ejemplos ▸ Resuelve por el método de reducción los siguientes sistemas de ecuaciones lineales.

- $\begin{cases} 4x+5y=28 \\ -3x+2y=2 \end{cases}$

Para hallar la solución se pueden realizar las siguientes transformaciones:

1.º Se multiplica la primera ecuación por 3, y la segunda ecuación, por 4. Así, el coeficiente de la incógnita x es el mismo en las dos ecuaciones pero con signo opuesto:

$$\begin{cases} 4x+5y=28 \xrightarrow{\cdot 3} \\ -3x+2y=2 \xrightarrow{\cdot 4} \end{cases} \begin{cases} 12x+15y=84 \\ -12x+8y=8 \end{cases}$$

2.º Se suman las ecuaciones para eliminar la incógnita x:

$$\begin{array}{r} \begin{cases} 12x+15y=84 \\ -12x+8y=8 \end{cases} \\ \hline 23y=92 \end{array}$$

3.º Se obtiene el valor de la incógnita y:

$$23y=92 \Rightarrow y=\frac{92}{23}=4$$

4.º Se sustituye el valor de y obtenido en una de las dos ecuaciones para obtener el valor de la x:

$$4x+5y=28 \Rightarrow 4x=28-5y \Rightarrow x=\frac{28-5y}{4}=\frac{28-20}{4}=\frac{8}{4}=2$$

La solución del sistema es $(x=2, y=4)$. Este sistema es **compatible determinado** ya que tiene **una única solución**.

- $\begin{cases} x-3y=12 \\ 2x-6y=15 \end{cases}$

1.º Se multiplica la primera ecuación por 2, así los coeficientes de la incógnita x en las dos ecuaciones serán iguales:

$$\begin{cases} x-3y=12 \xrightarrow{\cdot 2} \\ 2x-6y=15 \longrightarrow \end{cases} \begin{cases} 2x-6y=24 \\ 2x-6y=15 \end{cases}$$

2.º Se restan las ecuaciones para eliminar la incógnita x:

$$\begin{array}{r} \begin{cases} 2x-6y=24 \\ 2x-6y=15 \end{cases} \\ \hline 0=9 \end{array}$$

3.º Al realizar la reducción desaparecen las dos incógnitas y se obtiene una igualdad falsa. El sistema es **incompatible**, **no tiene solución**.

Ejemplo ▸ Resuelve el siguiente sistema de ecuaciones lineales por el método de reducción.

$$\begin{cases} 6x-9y=24 \\ 4x-6y=16 \end{cases}$$

1.º Se multiplica la primera ecuación por 2, y la segunda ecuación, por −3. Así el coeficiente de la incógnita x es el mismo en las dos ecuaciones pero con signo opuesto:

$$\begin{cases} 6x-9y=24 & \xrightarrow{\cdot 2} \\ 4x-6y=16 & \xrightarrow{\cdot(-3)} \end{cases} \begin{cases} 12x-18y=48 \\ -12x+18y=-48 \end{cases}$$

2.º Se suman las ecuaciones para eliminar la incógnita x:

$$\begin{cases} 12x-18y=48 \\ -12x+18y=-48 \end{cases}$$
$$\overline{\quad 0=0 \quad}$$

3.º Al realizar la reducción desaparecen las dos incógnitas y se obtiene una igualdad. Las dos ecuaciones son equivalentes. El sistema es **compatible indeterminado y tiene infinitas soluciones**.

ACTIVIDADES

15. Transforma los siguientes sistemas en otros equivalentes, eliminando una de las incógnitas de una de las ecuaciones, y resuélvelos.

a) $\begin{cases} 3x-2y=-3 \\ -x+4y=-9 \end{cases}$ b) $\begin{cases} -3x+5y=-7 \\ 5x+3y=6 \end{cases}$

16. Resuelve estos sistemas por reducción.

a) $\begin{cases} x+y=15 \\ 2x-y=21 \end{cases}$ c) $\begin{cases} 3x-5y=0 \\ 2x-7y=-22 \end{cases}$

b) $\begin{cases} 2x-5y=5 \\ 3x-10y=10 \end{cases}$ d) $\begin{cases} 5x-9y=14 \\ 3x-4y=7 \end{cases}$

17. Realizando las transformaciones convenientes, clasifica los sistemas en compatibles indeterminados e incompatibles.

a) $\begin{cases} 5x+3y=-4 \\ 10x+6y=-8 \end{cases}$ c) $\begin{cases} 2x-y=0 \\ -4x+2y=0 \end{cases}$

b) $\begin{cases} 10x+2y=-4 \\ 5x+y=1 \end{cases}$ d) $\begin{cases} 2x+y=1 \\ -2x-y=-2 \end{cases}$

18. Resuelve estos sistemas por reducción.

a) $\begin{cases} 3(x-y)+2(x+y)=5 \\ 5(x-y)-3(x-y)=2 \end{cases}$

b) $\begin{cases} 4(x-y)+3=38-(2x+5y) \\ 6+3y=4x+1 \end{cases}$

c) $\begin{cases} \dfrac{x}{6}-\dfrac{y}{4}=8 \\ \dfrac{x-12}{y+26}=1 \end{cases}$

ACTIVIDAD **RESUELTA**

19. Resuelve por el método de doble reducción el sistema.

$$\begin{cases} 3x-y=1 \\ 7x+2y=3 \end{cases}$$

- Se multiplica la primera ecuación por 2, se suma a la segunda y se despeja x:

$$\begin{cases} 3x-y=1 & \xrightarrow{\cdot 2} \\ 7x+2y=3 & \longrightarrow \end{cases} \begin{cases} 6x-2y=2 \\ 7x+2y=3 \end{cases} \Rightarrow 13x=5 \Rightarrow x=\frac{5}{13}$$

Para calcular la incógnita y, en vez de sustituir el valor de x obtenido, se vuelve a aplicar el método de reducción, eliminando ahora la incógnita x.

- Se multiplica la primera ecuación por 7 y la segunda por −3, se suman las ecuaciones y se despeja y:

$$\begin{cases} 3x-y=1 & \xrightarrow{\cdot 7} \\ 7x+2y=3 & \xrightarrow{\cdot(-3)} \end{cases} \begin{cases} 21x-7y=7 \\ -21x-6y=-9 \end{cases} \Rightarrow -13y=-2 \Rightarrow y=\frac{2}{13}$$

Este sistema es compatible determinado y tiene una única solución: $\left(x=\dfrac{5}{13}, y=\dfrac{2}{13}\right)$

Este método se llama doble reducción y es útil cuando el resultado de la primera incógnita es una fracción.

20. Resuelve estos sistemas de ecuaciones usando el método de doble reducción.

a) $\begin{cases} 3x-7y=13 \\ 5x+9y=-1 \end{cases}$ b) $\begin{cases} 3x-7y=\dfrac{1}{2} \\ 5x+9y=\dfrac{3}{2} \end{cases}$

4 Resolución de sistemas. Método de sustitución

Para resolver un **sistema** de ecuaciones lineales por el método de **sustitución**:

1.º Se despeja una incógnita en una de las dos ecuaciones.

2.º Se sustituye la incógnita despejada en la otra ecuación.

3.º Se resuelve la ecuación obtenida.

4.º Se sustituye el valor de la incógnita obtenido en una de las dos ecuaciones iniciales del sistema, para calcular el valor de la otra incógnita.

MAT-TIC GeoGebra

Entra en smSaviadigital.com y resuelve sistemas de ecuaciones usando el método de sustitución.

Ejemplo ▸ Resuelve por el método de sustitución el siguiente sistema.

$$\begin{cases} 2x+3y=10 \\ 3x-5y=-4 \end{cases}$$

1.º Se despeja una de las dos incógnitas en una de las dos ecuaciones:

$$\begin{cases} 2x+3y=10 \\ 3x-5y=-4 \end{cases} \Rightarrow \begin{cases} x=\dfrac{10-3y}{2} \\ 3x-5y=-4 \end{cases}$$

2.º Se sustituye el valor de la incógnita despejada en la segunda ecuación:

$$\begin{cases} x=\dfrac{10-3y}{2} \\ 3x-5y=-4 \end{cases} \Rightarrow 3\left(\dfrac{10-3y}{2}\right)-5y=-4$$

3.º Se resuelve la ecuación de primer grado y se obtiene el valor de la incógnita y:

$$3\left(\dfrac{10-3y}{2}\right)-5y=-4 \Rightarrow \dfrac{3(10-3y)}{2}-5y=-4 \Rightarrow 3(10-3y)-10y=-8 \Rightarrow$$

$$\Rightarrow 30-9y-10y=-8 \Rightarrow 38=19y \Rightarrow y=2$$

4.º Se sustituye el valor de la incógnita obtenida en una de las ecuaciones:

$$2x+3y=10 \Rightarrow 2x+3\cdot 2=10 \Rightarrow 2x=4 \Rightarrow x=2$$

La solución del sistema es ($x = 2$, $y = 2$). El sistema es **compatible determinado, tiene una única solución.**

Ten en cuenta

Es recomendable elegir, siempre que sea posible, despejar la incógnita cuyo coeficiente sea 1.

ACTIVIDADES

21. Halla la solución de los sistemas lineales por el método de sustitución despejando la incógnita cuyo coeficiente es 1.

a) $\begin{cases} 4x-y=2 \\ x+3y=7 \end{cases}$

b) $\begin{cases} x+y=16 \\ 2x-y=20 \end{cases}$

c) $\begin{cases} 2x-y=5 \\ 4x+3y=5 \end{cases}$

d) $\begin{cases} x-6y=12 \\ 3x-4y=8 \end{cases}$

22. Resuelve los siguientes sistemas de ecuaciones utilizando el método de sustitución.

a) $\begin{cases} 2x-y=-3 \\ 3x+2y=-4 \end{cases}$

b) $\begin{cases} 3x-2y=2 \\ 9x-6y=18 \end{cases}$

c) $\begin{cases} 3x+5y=5 \\ 2x+7y=7 \end{cases}$

d) $\begin{cases} x+2y=7 \\ 2x+4y=-1 \end{cases}$

23. Un alumno ha borrado los términos independientes del siguiente sistema.

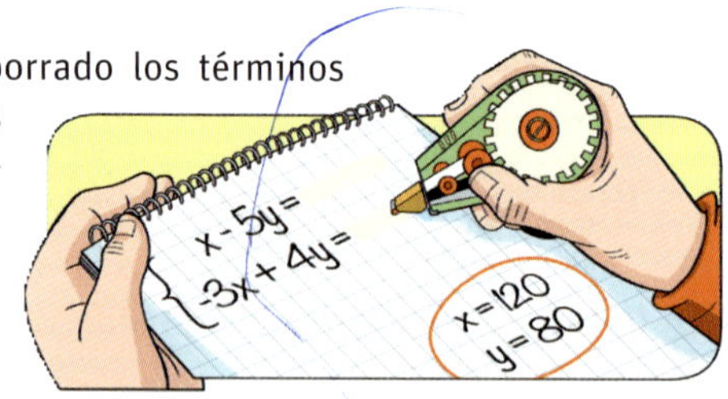

Hállalos y comprueba tu solución resolviendo el sistema utilizando dos métodos diferentes.

24. Resuelve los siguientes sistemas de ecuaciones lineales eligiendo el método más adecuado: reducción o sustitución.

a) $\begin{cases} x=\dfrac{y}{3} \\ x-4=\dfrac{y}{4} \end{cases}$

b) $\begin{cases} \dfrac{x}{3}-\dfrac{y}{4}=2 \\ \dfrac{2x}{3}-\dfrac{y}{4}=1 \end{cases}$

5 Resolución de sistemas. Método de igualación

Para **resolver un sistema** de ecuaciones lineales por el **método de igualación**:

1.º Se elige una de las incógnitas y se despeja en las dos ecuaciones.
2.º Se igualan los segundos miembros de las ecuaciones obtenidas.
3.º Se resuelve la ecuación para obtener el valor de la incógnita.
4.º Sustituyendo este valor en una de las ecuaciones despejadas, se obtiene el valor de la otra incógnita.

MAT-TIC GeoGebra
Entra en smSaviadigital.com y resuelve ecuaciones usando el método de igualación.

Ejemplo ▸ Resuelve por el método de igualación el siguiente sistema.

$$\begin{cases} 3x - 4y = 4 \\ x + 6y = 5 \end{cases}$$

1.º Se elige una de las incógnitas, por ejemplo x, y se despeja en las dos ecuaciones:

$$\begin{cases} 3x - 4y = 4 \\ x + 6y = 5 \end{cases} \Rightarrow \begin{cases} 3x = 4 + 4y \\ x = 5 - 6y \end{cases} \Rightarrow \begin{cases} x = \dfrac{4+4y}{3} \\ x = 5 - 6y \end{cases}$$

2.º Como las ecuaciones obtenidas tienen igual el primer miembro, se pueden igualar los segundos miembros:

$$\frac{4+4y}{3} = 5 - 6y$$

3.º Se resuelve la ecuación de primer grado obtenida y se obtiene el valor de la incógnita y:

$$\frac{4+4y}{3} = 5 - 6y \Rightarrow 4 + 4y = 3(5 - 6y) \Rightarrow 4 + 4y = 15 - 18y$$

$$\Rightarrow 22y = 11 \Rightarrow y = \frac{11}{22} \Rightarrow y = \frac{1}{2}$$

4.º Se sustituye el valor de y obtenido en una de las dos ecuaciones despejadas para obtener el valor de x:

$$x = 5 - 6y \Rightarrow x = 5 - 6 \cdot \frac{1}{2} \Rightarrow x = 2$$

La solución del sistema es $\left(x = 2,\ y = \frac{1}{2}\right)$. Se trata de un sistema **compatible determinado, tiene una única solución**.

smSaviadigital.com
PRACTICA Encuentra la solución de los sistemas lineales.

ACTIVIDADES

25. Resuelve estos sistemas por igualación.

a) $\begin{cases} x + y = 15 \\ 3x - y = 33 \end{cases}$

b) $\begin{cases} 2x - y = 1 \\ 3x + 2y = 5 \end{cases}$

c) $\begin{cases} 2x - 4y = 10 \\ 3x - 5y = 15 \end{cases}$

d) $\begin{cases} 3x - 4y = -7 \\ 2x + y = 11 \end{cases}$

26. Resuelve, si es posible, e indica si son compatibles o incompatibles los siguientes sistemas de ecuaciones.

a) $\begin{cases} 3x - 9y = 5 \\ 2x - 6y = 7 \end{cases}$

b) $\begin{cases} 9x + 6y = 12 \\ 6x + 4y = 8 \end{cases}$

27. Resuelve estos sistemas utilizando el método de igualación o sustitución.

a) $\begin{cases} 3(-2x + 1) - 4y = 1 \\ 4x - 2(3y + 1) = 8 \end{cases}$

b) $\begin{cases} 2(x + 3) - y = -(x + 2y) \\ \dfrac{1}{2}x + y = \dfrac{1}{2}(9 - 4y) \end{cases}$

c) $\begin{cases} \dfrac{x}{3} + \dfrac{y}{2} = 2 \\ \dfrac{x + 8}{y + 11} = 1 \end{cases}$

d) $\begin{cases} 3(x - y) - 2 = -5 - (3x - 4y) \\ 5 + 2y = 3x + 2 \end{cases}$

28. smSaviadigital.com
PRACTICA Resuelve por el método que prefieras sistemas de ecuaciones.

6 Sistemas de ecuaciones no lineales

Cuando alguna de las ecuaciones de un sistema es de grado mayor que uno, se dice que es un **sistema de ecuaciones no lineal**.

No hay un método único para resolver estos sistemas. Se suelen utilizar sustitución, reducción o el método gráfico.

Los sistemas no lineales se pueden resolver gráficamente. Las soluciones son los puntos de intersección entre las curvas definidas por las ecuaciones.

Ejemplo ▸ Observa las soluciones de los siguientes sistemas a partir de sus gráficas.

$\begin{cases} x^2 - y = 2 \\ 2x - y = -1 \end{cases}$	$\begin{cases} x^2 + y^2 = 25 \\ x + y = 5 \end{cases}$
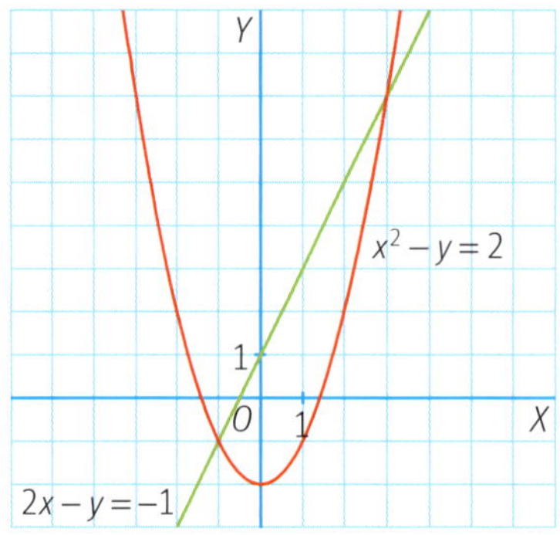	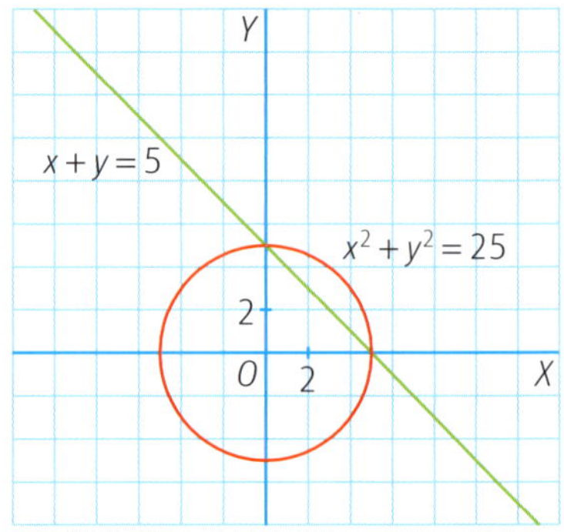
Las soluciones del sistema son los puntos: $A(x = 3, y = 7)$ y $B(x = -1, y = -1)$	Las soluciones del sistema son los puntos: $A(x = 5, y = 0)$ y $B(x = 0, y = 5)$

MAT-TIC GeoGebra

Entra en smSaviadigital.com y representa sistemas de ecuaciones no lineales.

Sistemas de ecuaciones de segundo grado

Estos sistemas de ecuaciones tienen, al menos, una ecuación de segundo grado. Normalmente, se resuelven utilizando el método de sustitución.

Ejemplo ▸ La diferencia entre dos números positivos es 4 y la suma de sus cuadrados es 58. ¿Cuáles son esos números?

Llamando x e y a los dos números, respectivamente, el problema se reduce a resolver el siguiente sistema:

$$\begin{cases} x - y = 4 \\ x^2 + y^2 = 58 \end{cases}$$

Se despeja x en la ecuación lineal y se sustituye en la ecuación de segundo grado:

$$\begin{cases} x - y = 4 \\ x^2 + y^2 = 58 \end{cases} \Rightarrow \begin{cases} x = y + 4 \\ x^2 + y^2 = 58 \end{cases} \Rightarrow (y+4)^2 + y^2 = 58 \Rightarrow y^2 + 8y + 16 + y^2 = 58 \Rightarrow$$

$$\Rightarrow 2y^2 + 8y - 42 = 0 \Rightarrow y^2 + 4y - 21 = 0 \Rightarrow$$

$$\Rightarrow y = \frac{-4 \pm \sqrt{4^2 - 4(-21)}}{2} \Rightarrow \begin{cases} y = -7 \\ y = 3 \end{cases}$$

Como $y = -7$ no es válido porque no es un número positivo, se calcula el valor de x para la solución válida $y = 3$:

$$y = 3 \Rightarrow x = 4 + 3 = 7$$

Por tanto, los números buscados son $x = 7$ e $y = 3$.

Ejemplo ▸ Resuelve el sistema de segundo grado: $\begin{cases} x^2 - 3y^2 = 5 \\ x^2 + 6y = 14 \end{cases}$

En este caso, se puede aplicar el método de reducción para eliminar x^2. Para ello se restan las ecuaciones:

$$\begin{cases} x^2 - 3y^2 = 5 \\ x^2 + 6y = 14 \end{cases}$$
$$\overline{-3y^2 - 6y = -9}$$

Se resuelve la ecuación de segundo grado obtenida para hallar los posibles valores de y:

$$3y^2 + 6y - 9 = 0 \Rightarrow y^2 + 2y - 3 = 0 \Rightarrow y = \frac{-2 \pm \sqrt{4+12}}{2} \Rightarrow \begin{cases} y = 1 \\ y = -3 \end{cases}$$

Para calcular x se utiliza la segunda ecuación:

- Si $y = 1 \Rightarrow x = \pm\sqrt{14 - 6 \cdot 1} = \pm\sqrt{8} = \pm 2\sqrt{2}$
- Si $y = -3 \Rightarrow x = \pm\sqrt{14 - 6 \cdot (-3)} = \pm\sqrt{32} = \pm 4\sqrt{2}$

Se obtienen cuatro soluciones:

$(x = 2\sqrt{2}, y = 1)$ $(x = -2\sqrt{2}, y = 1)$ $(x = 4\sqrt{2}, y = -3)$ $(x = -4\sqrt{2}, y = -3)$

smSaviadigital.com

PRACTICA Encuentra la solución de los sistemas no lineales.

ACTIVIDADES

29. Escribe el sistema de ecuaciones asociado a cada situación.

a) La suma de dos números es 14 y la de sus cuadrados es 100.

b) Dos números cuyo producto es 12 y cuyos cuadrados suman 25.

30. Resuelve el siguiente sistema no lineal utilizando el método de sustitución.

$$\begin{cases} x^2 - 2y^2 + x = 12 \\ x - 4y = -4 \end{cases}$$

31. Resuelve el sistema siguiendo los pasos que se indican.

$$\begin{cases} x - y = 4 \\ x^2 + y^2 = 58 \end{cases}$$

1.º Eleva al cuadrado la primera ecuación.

2.º Réstale la segunda ecuación.

32. Resuelve estos sistemas de ecuaciones de segundo grado.

a) $\begin{cases} x^2 - y^2 = 25 \\ x + y = 25 \end{cases}$ c) $\begin{cases} 2x^2 - 3y^2 = 47 \\ x - 2y = 7 \end{cases}$

b) $\begin{cases} x + y = 7 \\ x^2 - 3y = 7 \end{cases}$ d) $\begin{cases} 2x - y = -1 \\ y^2 - 2x^2 = 7 \end{cases}$

33. Resuelve estos sistemas de ecuaciones de segundo grado.

a) $\begin{cases} x^2 - xy = 5 \\ 3x + y = 1 \end{cases}$ b) $\begin{cases} x^2 - xy + y^2 = 7 \\ x + y = 5 \end{cases}$

34. La diferencia entre dos números positivos es 10 y la suma de sus cuadrados es 1402. ¿Cuáles son esos números?

35. La suma de dos números positivos es 38 y la diferencia de sus cuadrados es 684. ¿Cuáles son esos números?

36. Encuentra el punto de intersección entre la circunferencia y la recta representadas en la siguiente gráfica, resolviendo un sistema de ecuaciones no lineal.

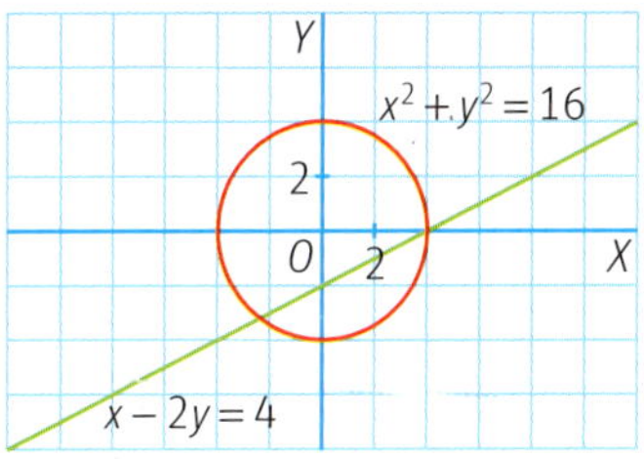

37. En los ejes de coordenadas se han dibujado las gráficas de una recta y de la parábola $y = \frac{-x^2 + 6x}{2}$. ¿Qué sistema representan? Resuélvelo algebraicamente.

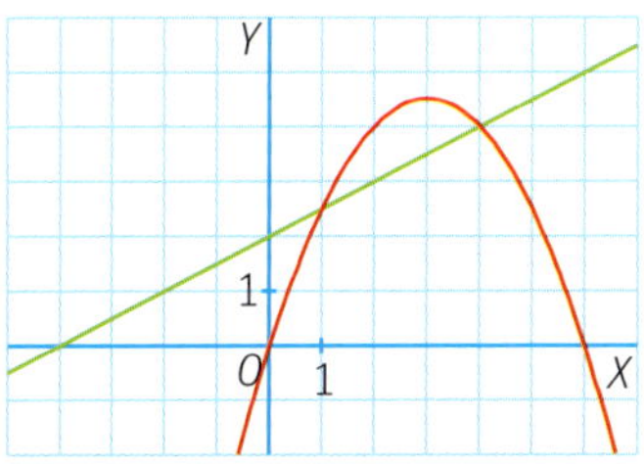

38. Resuelve los siguientes sistemas no lineales.

a) $\begin{cases} 5x^2 + y^2 = 25 \\ 3x^2 - y^2 = -25 \end{cases}$ b) $\begin{cases} (x-y)^2 = 1 \\ x^2 - y^2 = 7 \end{cases}$

7 Resolución de problemas con sistemas de ecuaciones

Para **resolver un problema** se deben seguir estos pasos:

1.º Leer el enunciado y extraer los datos. Identificar lo que se pide y elegir bien las incógnitas.

2.º Plantear las ecuaciones.

3.º Resolver el sistema de ecuaciones.

4.º Comprobar si la solución es válida.

Problemas con sistemas de ecuaciones de primer grado

Ejemplo ▸ Mireia invirtió 12 800 € en dos fondos de inversión a un año. Al final del período le informan de que el fondo *A* ha generado unas ganancias del 15 % pero el fondo *B* ha sufrido unas pérdidas del 20 %. Sabiendo que Mireia ha conseguido un beneficio total de 65 €, ¿cuánto dinero invirtió en cada fondo?

1.º Datos e incógnitas.

Se llama x al dinero invertido en el fondo *A* e y al dinero invertido en el fondo *B*.

2.º Planteamiento de las ecuaciones.

- Dinero invertido: $x + y = 12\,800$
- Beneficio: (15 % de x) – (20 % de y) = 65 $\Rightarrow 0{,}15x - 0{,}20y = 65$

El sistema es el siguiente:

$$\begin{cases} x + y = 12\,800 \\ 15x - 20y = 6500 \end{cases}$$

3.º Resolución del sistema.

Se resuelve el sistema por reducción:

$$\begin{cases} x + y = 12\,800 \xrightarrow{\cdot 20} \\ 15x - 20y = 6500 \longrightarrow \end{cases} \begin{cases} 20x + 20y = 256\,000 \\ 15x - 20y = 6500 \end{cases}$$

$$35x = 262\,500 \Rightarrow x = \frac{262\,500}{35} = 7500$$

Sustituyendo en la primera ecuación se obtiene el valor de la y:

$$7500 + y = 12\,800 \Rightarrow y = 5300$$

4.º Comprobación.

Si se sustituye la solución ($x = 7500$, $y = 5300$) y se comprueba que se verifican las dos igualdades:

$$\begin{cases} x + y = 12\,800 \\ 15x - 20y = 6500 \end{cases} \Rightarrow \begin{cases} 7500 + 5300 = 12\,800 \\ 15 \cdot 7500 - 20 \cdot 5300 = 6500 \end{cases}$$

Mireia invirtió 7500 € en el fondo *A* y 5300 € en el fondo *B*.

ACTIVIDADES

39. Ayer compré para mis alumnos de la clase de Matemáticas 7 cuadernos y 12 rotuladores y hoy he comprado 4 cuadernos y 6 rotuladores. Si la factura de ayer fue de 51 €, y la de hoy, de 27 €, ¿cuánto vale cada cuaderno y cada rotulador?

40. Flor cultiva rosas y claveles. El año pasado plantó 650 flores y este año sus rosas han aumentado su población un 40 % respecto al pasado año, y sus claveles, un 60 %, lo que suma un total de 964 flores.

¿Cuántas flores de cada tipo tiene ahora Flor?

41. En una prueba de *cyclo-cross* había tramos de gravilla y tramos de barro. En la gravilla los participantes circulaban a 20 km/h, y en el barro, a 15 km/h. Si el recorrido total ha sido de 90 km y han tardado 5 h 20 min en total, ¿cuántos kilómetros de gravilla y de barro hemos pasado?

Problemas con sistemas de ecuaciones de segundo grado

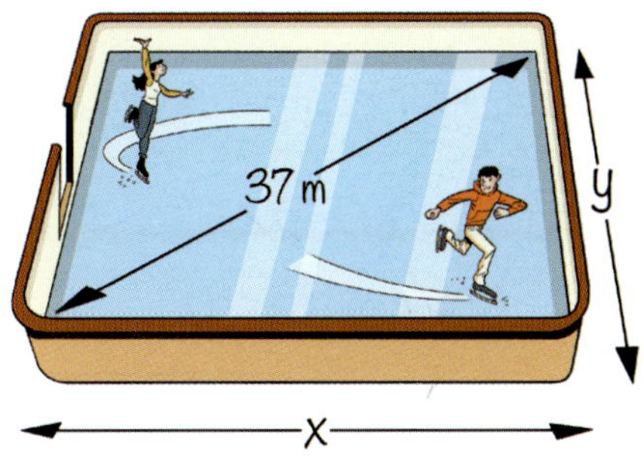

Ejemplo ▸ El Ayuntamiento ha vallado un recinto rectangular para construir una pista nueva de patinaje. El perímetro del recinto mide 94 m, y su diagonal, 37 m. ¿Cuáles son sus dimensiones?

1.º Datos e incógnitas.

Las dimensiones x e y del recinto.

2.º Planteamiento de las ecuaciones.

- Perímetro: $2x + 2y = 94$
- Relación entre la diagonal y los lados utilizando el teorema de Pitágoras:

$$x^2 + y^2 = 37^2 \Rightarrow x^2 + y^2 = 1369$$

El sistema es el siguiente:

$$\begin{cases} 2x+2y=94 \\ x^2+y^2=1369 \end{cases}$$

3.º Resolución del sistema. Se resuelve el sistema por sustitución:

$$\begin{cases} 2x+2y=94 \\ x^2+y^2=1369 \end{cases} \xrightarrow{\div 2} \begin{cases} x+y=47 \\ x^2+y^2=1369 \end{cases} \Rightarrow \begin{cases} x=47-y \\ x^2-y^2=1369 \end{cases} \Rightarrow$$

$$\Rightarrow (47-y)^2+y^2=1369 \Rightarrow 47^2+y^2-94y+y^2=1369 \Rightarrow 2y^2-94y+2209-1369=0 \Rightarrow$$

$$\Rightarrow 2y^2-94y+840=0 \Rightarrow y=\frac{94\pm\sqrt{8836-4\cdot 2\cdot 840}}{4}=\frac{94\pm 46}{4} \Rightarrow \begin{cases} y=35 \\ y=12 \end{cases}$$

Sustituyendo en la ecuación despejada se obtiene el valor de la x:

$x=47-y=47-35=12$ y $x=47-y=47-12=35$

4.º Comprobación.

Si se sustituyen las soluciones ($x = 35$, $y = 12$) y ($x = 12$, $y = 35$) y se comprueba que se verifican las dos igualdades:

$$\begin{cases} 2\cdot 35+2\cdot 12=94 \\ 35^2+12^2=1369 \end{cases} \quad \text{y} \quad \begin{cases} 2\cdot 12+2\cdot 35=94 \\ 12^2+35^2=1369 \end{cases}$$

Las dimensiones de la pista de patinaje son 35 m × 12 m o 12 m × 35 m.

ACTIVIDADES

ACTIVIDAD **RESUELTA**

42. **La suma de las superficies de dos salas de baile cuadradas es 1125 m² y su diferencia es 675 m². ¿Cuáles son sus dimensiones?**

Si x es la medida del lado de una de las salas e y la medida del lado de la otra, se plantea este sistema:

$$\begin{cases} x^2+y^2=1125 \\ x^2-y^2=675 \end{cases}$$
$$2x^2 = 1800 \Rightarrow x^2=900 \Rightarrow x=\pm 30$$

Como es una longitud, solo es válida la solución positiva. Despejando y se obtiene:

$$y^2=1125-x^2=1125-900=225 \Rightarrow y=\pm\sqrt{225}=\pm 15$$

El lado de la primera sala mide 30 m, y el de la segunda, 15 m.

43. Todas las habitaciones de un hotel tienen forma cuadrada. La suma de las superficies de las 40 habitaciones dobles y las 15 habitaciones sencillas es 1575 m², mientras que la diferencia entre sus superficies es 1305 m².

a) Calcula las dimensiones de los dos tipos de habitaciones.

b) Si se quiere actualizar el suelo de las habitaciones con una tarima que cuesta 8,9 €/m², ¿qué presupuesto se requiere?

44. Calcula las dimensiones de los siguientes rectángulos.

a) Su diagonal mide 10 m, y su perímetro, 28 m.

b) Su diagonal mide 15 cm, y su área, 108 cm².

45. El perímetro de un rectángulo mide 56 cm. Si se aumenta su base en 9 cm y se duplica su altura, se obtendrá un rectángulo mayor cuyo perímetro medirá 88 cm. ¿Cuáles son las dimensiones originales del rectángulo?

Organiza tus ideas

ECUACIÓN LINEAL CON DOS INCÓGNITAS

Una **ecuación lineal** con dos incógnitas, x e y, puede expresarse en su forma general como:

$$ax + by = c$$

Una **solución** es un par de valores (x, y) que satisface dicha igualdad. Tiene un número infinito de soluciones.

SISTEMAS DE ECUACIONES LINEALES

Un **sistema de dos ecuaciones lineales** con dos incógnitas puede escribirse en su forma general mediante la expresión:

$$\begin{cases} ax + by = c \\ a'x + b'y = c' \end{cases}$$

Una **solución** es un par valores (x, y) que satisface las dos ecuaciones. Puede tener una, infinitas o ninguna solución.

MÉTODO GRÁFICO

Se representan las rectas sobre los ejes. Las soluciones son los puntos de corte entre ambas rectas.

Rectas secantes	Rectas coincidentes	Rectas paralelas
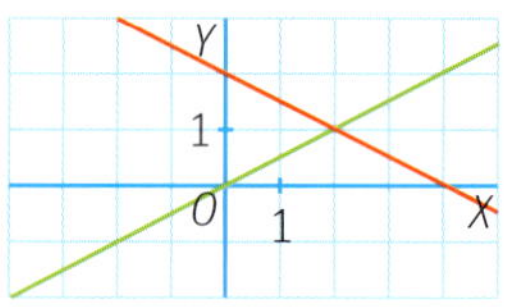 	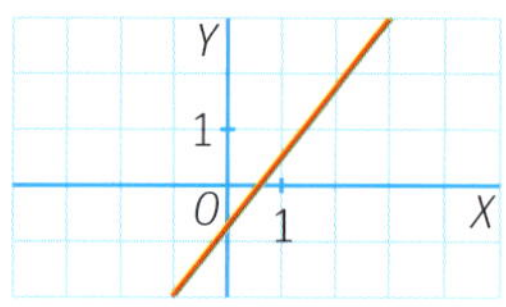 	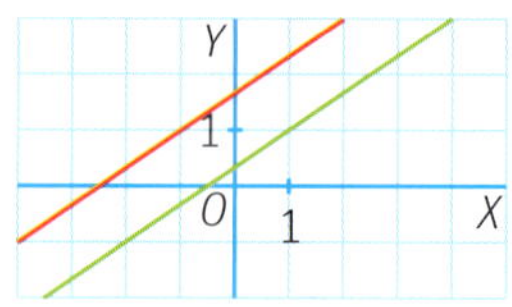
Un único punto de corte. **Solución única**	Infinitos puntos de corte. **Infinitas soluciones**	No hay puntos de corte. **No hay solución**
Sistema compatible determinado	Sistema compatible indeterminado	Sistema incompatible

MÉTODOS ALGEBRAICOS

- **Reducción**: se multiplica cada ecuación por un número adecuado para que los coeficientes de una de las incógnitas sean iguales u opuestos, y se suman o restan las ecuaciones para eliminar una de las incógnitas.
- **Sustitución**: se despeja de una ecuación una de las incógnitas y se sustituye la expresión obtenida en la otra ecuación.
- **Igualación**: se despeja de ambas ecuaciones la misma incógnita y se igualan las expresiones obtenidas.

SISTEMAS DE ECUACIONES NO LINEALES

Cuando alguna de las ecuaciones de un sistema no es de primer grado, se dice que es un sistema de ecuaciones no lineal.

Se suelen resolver utilizando el método de sustitución, reducción o el método gráfico.

RESOLUCIÓN DE PROBLEMAS CON SISTEMAS DE ECUACIONES

Para resolver un problema se deben seguir estos pasos:

1.º Leer el enunciado y extraer los datos. Identificar lo que se pide y elegir bien las incógnitas.

2.º Plantear las ecuaciones.

3.º Resolver el sistema de ecuaciones.

4.º Comprobar si la solución es válida.

1. En la fiesta de mi cumpleaños he invitado a mis amigos. Primero compré 6 hamburguesas y 8 refrescos y pagué 39 €. Después llegaron unos rezagados que pidieron 2 hamburguesas y 4 refrescos y tuve que pagar 15 € más.

Al final, mi madre me invitó a una hamburguesa y tres refrescos, ¿cuánto tuvo que pagar mi madre?

Si x es el precio de una hamburguesa, e y, el precio de un refresco, se plantea el siguiente sistema que se resuelve por reducción:

$$\begin{cases} 6x+8y=39 \\ 2x+4y=15 \end{cases} \begin{matrix} \longrightarrow \\ \xrightarrow{\cdot(-2)} \end{matrix} \begin{cases} 6x+8y=39 \\ -4x-8y=-30 \end{cases}$$

$$2x \quad =9 \Rightarrow x=\frac{9}{2} \Rightarrow x=4,5$$

Se despeja la incógnita y de la segunda ecuación:

$$2x+4y=15 \Rightarrow 2\cdot 4,5+4y=15 \Rightarrow 9+4y=15 \Rightarrow 4y=15-9 \Rightarrow y=1,5\,.$$

Una hamburguesa cuesta 4,5 € y un refresco 1,5 €.

Se puede comprobar la solución, sustituyendo en el sistema:

$$\begin{cases} 6x+8y=39 \\ 2x+4y=15 \end{cases} \Rightarrow \begin{cases} 6\cdot 4,5+8\cdot 1,5=39 \\ 2\cdot 4,5+4\cdot 1,5=-30 \end{cases} \Rightarrow \begin{cases} 39=39 \\ 15=15 \end{cases}$$

Una hamburguesa y tres refrescos cuestan: $x+3y=4,5+3\cdot 1,5=4,5+4,5=9$

Mi madre pagó 9 € por una hamburguesa y tres refrescos.

2. En una etapa de montaña de 13 km, un ciclista pedalea a 12 km/h en los tramos de subida y a 20 km/h en el llano. Si ha empleado cuarenta y cinco minutos en completar el trayecto, ¿cuántos kilómetros ha recorrido en llano y cuántos de subida?

Si x es el número de kilómetros de subida, e y, el número de kilómetros de terreno llano y se tiene en cuenta que 45 min son $\frac{3}{4}$ h, como $\text{velocidad}=\frac{\text{espacio}}{\text{tiempo}}$, se plantea este sistema que se resuelve por sustitución:

$$\begin{cases} x+y=13 \\ \frac{x}{12}+\frac{y}{20}=\frac{3}{4} \end{cases} \Rightarrow \begin{cases} x+y=13 \\ \frac{5x}{60}+\frac{3y}{60}=\frac{45}{60} \end{cases} \Rightarrow \begin{cases} x+y=13 \\ 5x+3y=45 \end{cases} \Rightarrow \begin{cases} x=13-y \\ 5(13-y)+3y=45 \end{cases} \Rightarrow$$

$$\Rightarrow 5(13-y)+3y=45 \Rightarrow 65-5y+3y=45 \Rightarrow 20=2y \Rightarrow y=10$$

Se despeja la incógnita x de la primera ecuación: $x=13-y=13-10=3$

Había 3 km de subida y 10 km de llano.

Se puede comprobar la solución, sustituyendo en el sistema:

$$\begin{cases} x+y=13 \\ 5x+3y=45 \end{cases} \Rightarrow \begin{cases} 3+10=13 \\ 5\cdot 3+3\cdot 10=45 \end{cases} \Rightarrow \begin{cases} 13=13 \\ 45=45 \end{cases}$$

3. Dos amigas salieron de compras. Arantxa se compró un vestido y le rebajaron un 16 %. Brenda se compró unos pantalones y le rebajaron un 20 %. De esta manera han visto que en vez de pagar un total de 177 €, han pagado solo 145 €. ¿Cuántos euros pagó Brenda por su pantalón?

Si x es el precio inicial del vestido de Arantxa, e y, el precio inicial del pantalón de Brenda, se plantea el siguiente sistema que se resuelve por reducción:

$$\begin{cases} x+y=177 \\ 0,84x+0,80y=145 \end{cases} \begin{matrix} \xrightarrow{\cdot(-0,84)} \\ \longrightarrow \end{matrix} \begin{cases} -0,84x-0,84y=-148,68 \\ 0,84x+0,80y=145 \end{cases}$$

$$-0,04y=-3,68 \quad \Rightarrow y=\frac{-3,68}{-0,04} \Rightarrow y=92$$

Se despeja x de la primera ecuación: $x=177-y=177-92=85$

Se comprueba la solución del sistema:

$$\begin{cases} x+y=177 \\ 0,84x+0,80y=145 \end{cases} \Rightarrow \begin{cases} 85+92=177 \\ 0,84\cdot 85+0,80\cdot 92=145 \end{cases} \Rightarrow \begin{cases} 177=177 \\ 145=145 \end{cases}$$

El precio original del pantalón de Brenda era de 92 €, y después de la rebaja del 20 % fue de $0,80\cdot 92=73,60$ €.

Brenda pagó 73,60 € por su pantalón.

Actividades

EJERCICIOS **PARA PRACTICAR**

Ecuaciones de primer grado con dos incógnitas. Sistemas de ecuaciones lineales

46. Estudia si los siguientes pares de valores son solución de la ecuación $2x - 5y = 30$.

a) $(x = 5, y = 8)$

b) $(x = 5, y = -8)$

c) $(x = 30, y = 6)$

d) $\left(x = 3, y = -\frac{24}{5}\right)$

47. Dada la ecuación: $5x + y = 40$

a) ¿Es el par de valores $(x = 5,\ y = -8)$ solución de la ecuación?

b) Encuentra una solución en la que x sea igual a 7.

c) Encuentra una solución en la que y valga 10.

d) Encuentra tres soluciones de la ecuación.

ACTIVIDAD **RESUELTA**

48. Encuentra una expresión para todas las soluciones de la ecuación $2x + 3y = 36$.

Se despeja la incógnita y:

$$2x + 3y = 36 \Rightarrow 3y = 36 - 2x \Rightarrow y = \frac{36 - 2x}{3}$$

Las infinitas soluciones de la ecuación son de la forma:

$$\begin{cases} x = t \\ y = \dfrac{36 - 2t}{3} \end{cases} \quad t \in \mathbb{R}$$

Para cada valor de t se obtiene una solución.

Por ejemplo: $t = 6 \Rightarrow \begin{cases} x = 6 \\ y = \dfrac{36 - 2 \cdot 6}{3} = \dfrac{24}{3} = 8 \end{cases}$

Las soluciones se pueden representar como una recta:

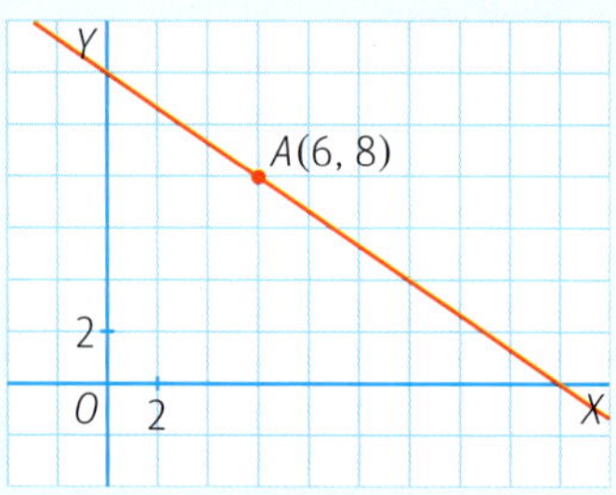

49. Encuentra una expresión para todas las soluciones de las siguientes ecuaciones.

a) $-2x + y = -8$

b) $3x + 5y = -10$

50. Expresa estos sistemas lineales en forma general.

a) $\begin{cases} -3(x - y) = 2 + 3(x - 5y) \\ 5(x - 2) = 7 - (3x + y) \end{cases}$

b) $\begin{cases} x - (3 - y) = 2(3x + 1) \\ 5(x + 1) = 7 + y \end{cases}$

c) $\begin{cases} (y + 1)^2 = 3x + (y - 2)^2 \\ 5x - (x + 2)(x - 2) = 4y - x^2 \end{cases}$

d) $\begin{cases} \dfrac{7}{3} - \dfrac{y}{6} + \dfrac{x - 2}{9} = 0 \\ \dfrac{3}{5} - y = \dfrac{x}{2} \end{cases}$

Resolución gráfica de sistemas

51. Resuelve gráficamente estos sistemas.

a) $\begin{cases} x - y = 4 \\ 2x + y = 2 \end{cases}$

b) $\begin{cases} 2x + 5y = 20 \\ 2x - 5y = 0 \end{cases}$

c) $\begin{cases} 4x - 6y = 8 \\ 6x - 9y = 12 \end{cases}$

d) $\begin{cases} x - y = 8 \\ 3y = 3x - 5 \end{cases}$

52. Plantea y resuelve gráficamente el siguiente problema: "Si al triple de la suma de dos números le resto el doble de la diferencia de dichos números, obtengo 60. Y, si sumo la quinta parte del mayor más la mitad del segundo, obtengo 9".

53. Observa la gráfica y responde a las siguientes cuestiones.

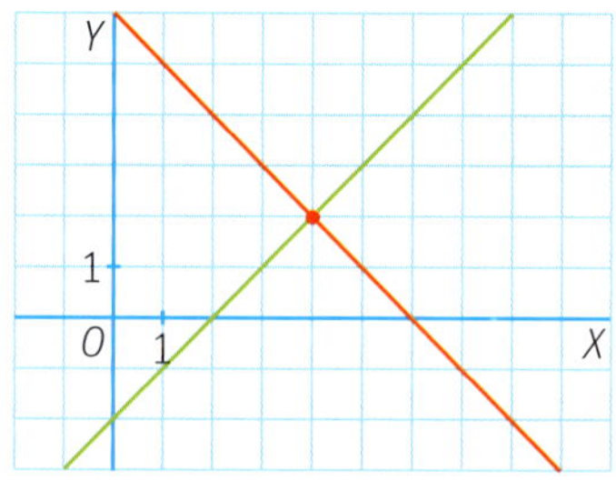

a) ¿Qué sistema de ecuaciones representan las rectas?

b) ¿Cuál es la solución del sistema?

ACTIVIDAD **RESUELTA**

54. Estudia el número de soluciones del siguiente sistema lineal sin resolverlo.

$$\begin{cases} 3x - y = 5 \\ -6x + 2y = 8 \end{cases}$$

La ecuación $3x - y = 5$ se puede escribir como $y = 3x + 5$, por lo que su pendiente es 3.

La segunda ecuación, $-6x + 2y = 8$, se puede escribir como $y = 3x + 4$, por lo que la pendiente es también 3.

Las dos ecuaciones tienen la misma pendiente pero diferente ordenada en el origen, por lo que representan dos rectas paralelas.

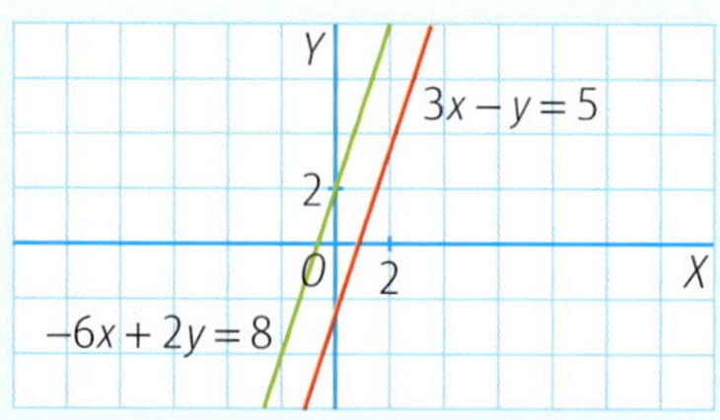

Como no tienen puntos en común, el sistema no tiene solución, es decir, es incompatible.

55. Estudia el número de soluciones de estos sistemas sin resolverlos.

a) $\begin{cases} -6x + 2y = 10 \\ 3x - y = -5 \end{cases}$

b) $\begin{cases} 2x + y = 1 \\ x + 2y = -4 \end{cases}$

c) $\begin{cases} 3x + 2y = 2 \\ \dfrac{3}{2}x + y = 4 \end{cases}$

d) $\begin{cases} -2x + y = 1 \\ 4x - 2y = -2 \end{cases}$

Resolución algebraica de sistemas lineales

56. Resuelve los sistemas de ecuaciones lineales mediante el método de reducción.

a) $\begin{cases} 2x - y = -1 \\ x + y = 6 \end{cases}$

b) $\begin{cases} 4x - y = 2 \\ x + 3y = 7 \end{cases}$

c) $\begin{cases} 3x - 7y = -1 \\ 3x + 2y = 5 \end{cases}$

d) $\begin{cases} x - 2y = 11 \\ 2x + 3y = -13 \end{cases}$

e) $\begin{cases} 3x - 7y = 1 \\ -5x + 8y = 9 \end{cases}$

f) $\begin{cases} 8x - 6y = -34 \\ 5x + 3y = -1 \end{cases}$

57. Utiliza el método de sustitución para encontrar la solución de los siguientes sistemas.

a) $\begin{cases} 2x + y = 4 \\ 3x - y = 1 \end{cases}$

b) $\begin{cases} 2x + 7y = 0 \\ x + 3y = 1 \end{cases}$

c) $\begin{cases} 5x + y = 13 \\ 3x + 4y = 1 \end{cases}$

d) $\begin{cases} -x + 3y = 4 \\ 2x - y = -1 \end{cases}$

e) $\begin{cases} 2x + 3y = 4 \\ 5x + 6y = 7 \end{cases}$

f) $\begin{cases} x - 5y = 4 \\ 3x - y = 2 \end{cases}$

58. Encuentra la solución de estos sistemas de ecuaciones aplicando el método de igualación.

a) $\begin{cases} x - 5y = -8 \\ x + 3y = 0 \end{cases}$

b) $\begin{cases} x + y = 9 \\ 2x - y = -3 \end{cases}$

c) $\begin{cases} -x + 4y = 12 \\ 2x + y = 30 \end{cases}$

d) $\begin{cases} 3x + 4y = -5 \\ 5x - 2y = 9 \end{cases}$

e) $\begin{cases} 4x + 2y = 6 \\ x + y = -8 \end{cases}$

f) $\begin{cases} 2x + 5y = 3 \\ x - 7y = -8 \end{cases}$

59. Resuelve los sistemas de ecuaciones por el método que consideres más conveniente en cada caso y explica por qué lo has elegido.

a) $\begin{cases} -2(3x + 2) - 4y + 6 = 0 \\ 4(x - 2) - 6y = 2 \end{cases}$

b) $\begin{cases} 2(x - 5y) - 3(y - x) = 5 + 3x \\ 7 - 2(5 - 4y) = x - (-x + 3y) \end{cases}$

c) $\begin{cases} \dfrac{x}{3} - \dfrac{y}{2} = 0 \\ \dfrac{x}{6} + \dfrac{y}{4} = 2 \end{cases}$

d) $\begin{cases} \dfrac{x}{5} - \dfrac{2y}{3} = 6 \\ \dfrac{-x}{10} + \dfrac{5y}{6} = -6 \end{cases}$

Resolución algebraica de sistemas no lineales

60. Indica las soluciones de los siguientes sistemas observando las gráficas.

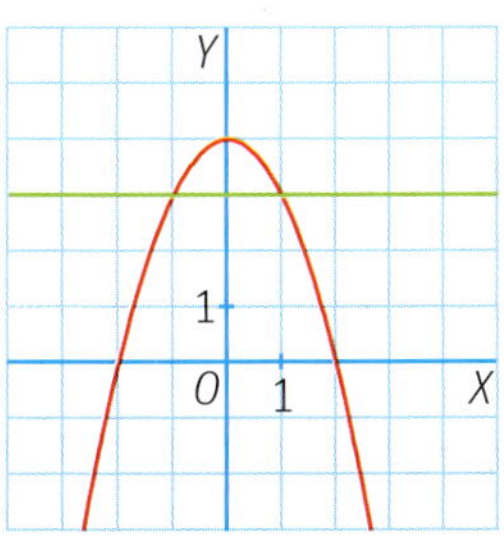

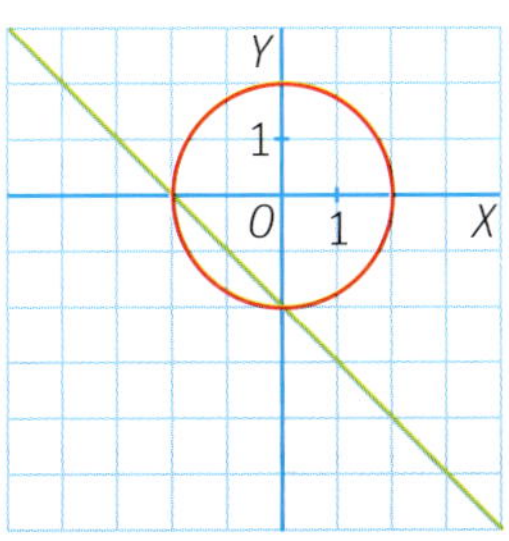

61. Resuelve los siguientes sistemas de ecuaciones no lineales.

a) $\begin{cases} 3x^2 + 2y^2 = 29 \\ x^2 + 4y = 5 \end{cases}$

b) $\begin{cases} x^2 + y^2 = 100 \\ x - 7y = 500 \end{cases}$

Síntesis

62. Se han construido las siguientes tablas de valores a partir de dos ecuaciones lineales.

x	0	1	–1
y	5	4	6

x	0	4	–4
y	4	2	6

a) Representa los valores de ambas tablas en la misma gráfica para obtener las rectas correspondientes.

b) Averigua la solución del sistema a partir de la representación gráfica.

63. Resuelve estos sistemas de ecuaciones lineales utilizando el método que prefieras en cada caso.

a) $\begin{cases} -3x + 2y = 10 \\ 4x - 3y = -15 \end{cases}$

b) $\begin{cases} 2x - y = 5 \\ 4x - 2y = 9 \end{cases}$

c) $\begin{cases} 12x - 1 = -y \\ 3y = 4x - 7 \end{cases}$

d) $\begin{cases} 3(x - 5) = 2(y + 7) - 1 \\ 2x + y = 5 - (3x + y) \end{cases}$

64. Demuestra que estos sistemas tienen infinitas soluciones, exprésalas en función de un valor arbitrario t y encuentra tres soluciones numéricas de cada sistema.

a) $\begin{cases} x + 2y = 8 \\ -3x - 6y = -24 \end{cases}$

b) $\begin{cases} 9x - 6y = 15 \\ 3x - 2y = 5 \end{cases}$

65. Observa las gráficas de estas rectas y determina:

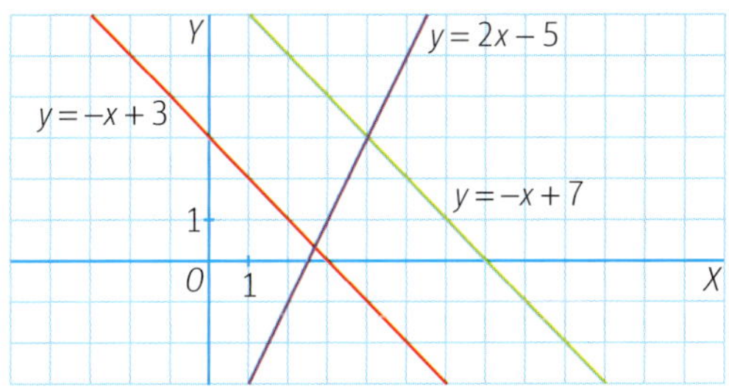

a) La expresión de un sistema compatible determinado y su solución.

b) La expresión de un sistema compatible indeterminado y dos posibles soluciones.

c) La expresión de un sistema incompatible.

66. Completa con una ecuación para formar un sistema que:

$\begin{cases} 3x - 2y = 5 \\ \bullet\ \bullet\ \bullet \end{cases}$

a) No tenga solución.

b) Tenga infinitas soluciones.

c) Tenga una única solución. ¿Puedes añadir una ecuación para que la solución sea $(x = 3, y = 1)$?

d) ¿Y para que la solución sea $(x = 7, y = 8)$?

Indica de qué tipo es cada uno de los sistemas que has formado.

Actividades

PROBLEMAS PARA RESOLVER

67. En un lugar muy muy lejano se han reunido un grupo de olifantes y de troles. En total se han contabilizado 3912 patas y 1784 cuernos.

¿Cuántos troles fueron a la reunión?

68. En el parque que hay debajo de la casa de Arturo unos niños juegan con sus bicicletas y triciclos. Desde su ventana, Arturo cuenta 7 niños y 19 ruedas. ¿Cuántos triciclos hay?

69. En mi corral tengo gallinas y cerdos. En total he contado 18 cabezas y 46 patas. ¿Cuántos animales hay de cada especie?

70. Para hacer un regalo, los estudiantes han recogido 24,50 € en monedas de 1 € y de 50 CENT. Si hay 34 monedas en total, ¿cuántas monedas de cada valor se han recogido?

71. En un espectáculo, las entradas de tres adultos y dos niños cuestan 26 €, y las de cuatro adultos y seis niños, 48 €. ¿Cuánto vale una entrada de adulto?

72. En mi hucha solo hay monedas de 50 CENT y de 2 €. Hoy, la he vaciado y mi hermano ha contado 51 monedas que resultan ser 45 €, ¿cuántas monedas de cada valor tengo?

73. ¿Cuánto dinero tiene cada amiga?

74. Lucía nació cuando Héctor tenía 6 años y, dentro de tres años, Lucía tendrá la mitad de edad que Héctor. ¿Qué edad actual tienen los dos amiguitos?

75. Actualmente las edades de Ana y de sus trillizos suman 56 años. Dentro de siete años, la edad de la madre será igual a la suma de las edades de sus tres hijos. ¿Qué edad tienen hoy Ana y sus pequeños?

76. Un examen de tipo test consta de 100 preguntas. Cada pregunta correcta suma 5 puntos y cada pregunta fallada resta 2 puntos. Si Maite obtuvo 304 puntos, ¿cuántas preguntas acertó y cuántas falló si no dejó ninguna en blanco?

77. Andarín y Pisapiedras han recorrido todos los puntos de una retícula rectangular siguiendo dos caminos distintos.

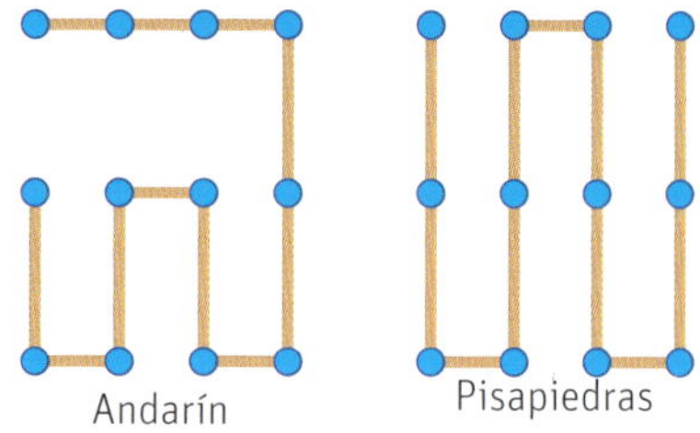

Si Andarín ha caminado 37 cm, y Pisapiedras, 46 cm, ¿qué longitud tiene el camino más corto que pasa por todos los puntos?

78. Tres amigas han diseñado sus cinturones con piezas de cuero de dos tamaños diferentes. El cinturón de Laura mide 102 cm y el de Chelo mide 96 cm.

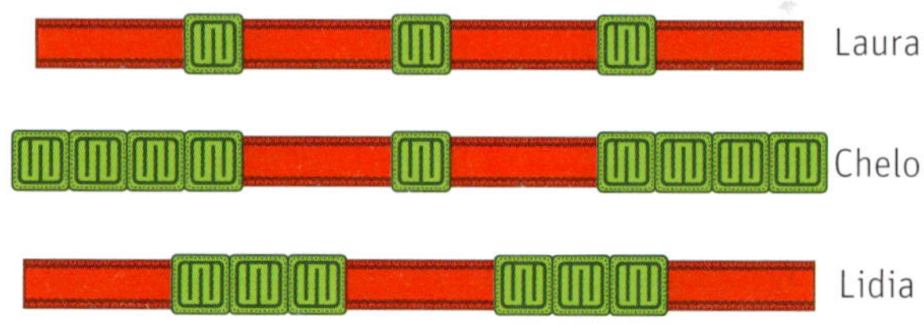

¿Cuántos centímetros mide el cinturón de Lidia?

PROBLEMA RESUELTO

79. **Tres amigos amantes de los sistemas de ecuaciones se pesan por parejas en una báscula, obteniendo estas tres medidas: 123 kg, 126 kg y 133 kg. ¿Cuánto pesan los tres juntos?**

Si x es el peso, en kilogramos, del primer amigo, y, el peso del segundo, y z, el peso del tercero, se plantea el sistema:

$$\begin{cases} x+y=123 \\ x+z=126 \\ y+z=133 \end{cases}$$

No es necesario resolver el sistema para averiguar el peso de los tres juntos. Si se suman las tres ecuaciones, se obtiene:

$$x+y+x+z+y+z=123+126+133 \Rightarrow 2(x+y+z)=382 \Rightarrow$$

$$\Rightarrow x+y+z=\frac{382}{2}=191$$

Por tanto, los tres amigos juntos pesan 191 kg.

80. Ana, Bea, Clara y Dunia se quieren pesar de dos en dos. Ana y Bea pesan 88 kg, Bea y Clara pesan 91 kg, Clara y Dunia pesan 86 kg. En ese momento, Dunia dice que no hace falta hacer más pesadas. ¿Cuánto pesan Ana y Dunia juntas?

81. Estoy pensando en tres números. Si los sumo por parejas obtengo 41, 47 y 56. ¿Cuáles son esos tres números?

82. En las últimas olimpiadas un país ganó un total de 108 medallas. Como incentivo, pagaba a sus deportistas 1000 € por cada medalla de oro, 600 €, por la de plata, y 300 €, por la de bronce. Se sabe que el número de medallas de bronce es el mismo que el de oro y plata juntos. Si en total tuvo que pagar 57 800 €, ¿cuántas medallas de cada tipo consiguió ese país?

PROBLEMA **RESUELTO**

83. Xiomara ha invertido 7000 € en dos fondos de inversión. Al cabo de un tiempo ha vuelto al banco y le han dicho: "Un fondo obtuvo un beneficio del 20 % y el otro tuvo pérdidas del 20 %, así que, al final, usted ha ganado un total de 360 €". ¿Cuánto dinero invirtió en cada fondo?

Si se denomina x al dinero invertido en el fondo que ha obtenido ganancia, e y, al dinero invertido en el fondo que ha obtenido pérdidas, se puede formar este sistema:

$$\begin{cases} x+y=7000 \\ \frac{20}{100}x-\frac{20}{100}y=360 \end{cases} \Rightarrow \begin{cases} x+y=7000 \\ x-y=\frac{360\cdot 100}{20}=1800 \end{cases}$$

Sumando las ecuaciones se obtiene:

$2x=8800 \Rightarrow x=4400 \Rightarrow y=2600$

La solución del sistema es $(x=4400, y=2600)$.

Se comprueban las soluciones:

$$\begin{cases} x+y=7000 \\ \frac{20}{100}x-\frac{20}{100}y=360 \end{cases} \Rightarrow \begin{cases} 4400+2600=7000 \\ 880-520=360 \end{cases}$$

Xiomara invirtió en el primer fondo 4400 €, y en el segundo, 2600 €.

84. He comprado un libro y un tambor por un total de 100 €. Si me hubieran rebajado en el libro un 10 % y en el tambor un 20 %, me habría ahorrado 16 €. ¿Cuál es el precio de cada artículo?

85. Una finca rectangular limita por uno de sus lados con un río. Para rodearla se han comprado 59,60 m de valla por un total de 233,88 €. Se sabe que la valla opuesta al río tiene un precio de 7,20 €/m, y la de los otros lados, 2,80 €/m.

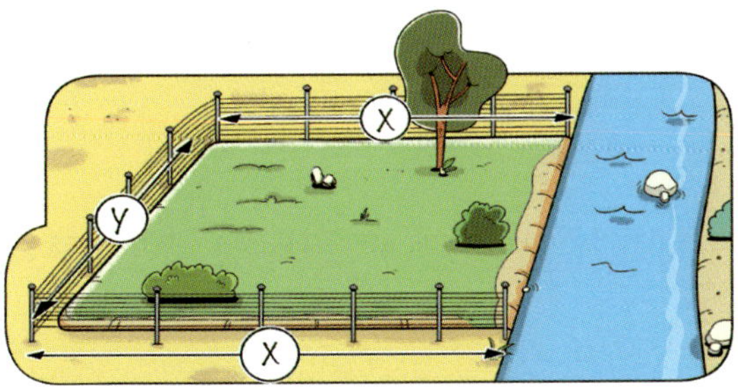

¿Qué superficie tiene la finca?

86. Para dar un paseo de 1000 m en su jardín rectangular, Pedro tiene que recorrer 25 veces su lado mayor o dar 10 vueltas completas alrededor del jardín. ¿Qué dimensiones tiene el jardín de Pedro?

87. Se busca un número de dos cifras. La suma de sus cifras es 10 y, si se intercambian sus cifras, se obtiene otro número que supera en 36 unidades al número inicial. ¿Cuál es el número?

88. Un ciclista ha calculado la velocidad idónea para hacer un viaje de 30 km. Pero se entretiene y sale 3 min más tarde, con lo que viaja a 1 km/h más deprisa y llega a tiempo. Determina la velocidad prevista por el ciclista.

PROBLEMA **RESUELTO**

89. El perímetro de un triángulo isósceles mide 50 cm y la altura sobre el lado desigual mide 15 cm. Halla la longitud de cada uno de los lados del triángulo.

- Datos e incógnitas:

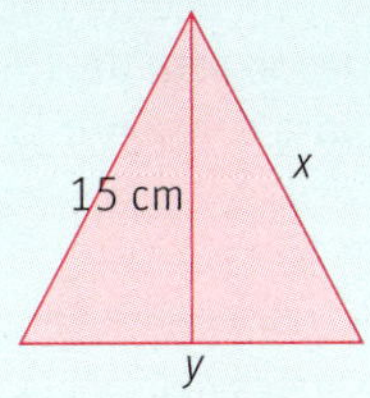

- Se plantea el sistema:

Perímetro	$2x+y=50$	$2x+y=50$
Teorema de Pitágoras	$x^2=15^2+\left(\frac{y}{2}\right)^2$	$x^2=225+\frac{y^2}{4}$

- Se resuelve el sistema por sustitución:

$$\begin{cases} 2x+y=50 \\ x^2-\frac{y^2}{4}=225 \end{cases} \xrightarrow{\cdot 4} \begin{cases} 2x+y=50 \\ 4x^2-y^2=900 \end{cases} \Rightarrow \begin{cases} y=50-2x \\ 4x^2-y^2=900 \end{cases} \Rightarrow$$

$$\Rightarrow 4x^2-(50-2x)^2=900 \Rightarrow 4x^2-2500-4x^2+200x=900 \Rightarrow$$

$$\Rightarrow 200x=900+2500 \Rightarrow 200x=3400 \Rightarrow x=\frac{3400}{200}=17$$

- Se sustituye el valor de x y se obtiene el valor de y:

$y=50-2x \Rightarrow y=50-2\cdot 17=16$

La solución es $x=17$ cm e $y=16$ cm.

90. El perímetro de un triángulo rectángulo es de 132 m y uno de sus catetos mide 11 m. Calcula la medida de la hipotenusa y del otro cateto.

Encuentra el error

91. He comprado un reloj y una pulsera y al sumar los precios de sus etiquetas el total eran 430 €. Pero al pagar han aplicado un IVA del 12 % en el reloj y del 20 % en la pulsera, por lo que el precio final total ha sido de 496 €. ¿Cuáles eran los precios originales de estos dos artículos?

> Las incógnitas del problema son:
>
> x: precio inicial del reloj.
>
> y: precio inicial de la pulsera.
>
> El sistema de ecuaciones lineales que resuelve el problema es:
>
> $$\begin{cases} x+y=430 \\ 0{,}12x+0{,}80y=496 \end{cases}$$

La profesora no me ha dejado seguir: "Ese sistema está mal planteado".

¿Dónde está mi error?

Ponte a prueba

PROBLEMA RESUELTO La almazara

La acidez de un aceite mide la cantidad de ácido graso libre que contiene y no puede superar el 2 % para que el aceite sea apto para el consumo humano.

En una almazara se obtiene aceite de oliva de dos tipos: uno de 0,5° de acidez y otro de 1,8°. Un cliente encarga un pedido de 5000 L de aceite que tenga una acidez exacta de 1,41°. ¿Cuántos litros de cada tipo de aceite deben usar para conseguir la mezcla con la graduación deseada?

SOLUCIÓN

Si x son los litros de aceite de 0,5° e y son los litros de aceite de 1,8°, se pueden expresar los datos del problema en una tabla:

	Aceite de 0,5°	Aceite de 1,8°	Aceite de 1,41°
Litros	x	y	5000 L
Acidez	0,5 % de x	1,8 % de y	1,41 % de 5000 L

A partir de la tabla, se plantea el sistema:

$$\begin{cases} x+y=5000 \\ 0{,}005x+0{,}018y=0{,}0141\cdot 5000 \end{cases} \Rightarrow \begin{cases} x+y=5000 \\ 5x+18y=70500 \end{cases}$$

Se resuelve el sistema por reducción:

$$\begin{cases} x+y=5000 \xrightarrow{\cdot(-5)} \\ 5x+18y=70500 \longrightarrow \end{cases} \begin{cases} -5x-5y=-25000 \\ 5x+18y=70500 \end{cases}$$

$$13y=45500 \Rightarrow y=\frac{45500}{13} \Rightarrow y=3500$$

Como en total debe haber 5000 L: $x=5000-3500=1500$

Se comprueba la solución:

$$\begin{cases} x+y=5000 \\ 5x+18y=70500 \end{cases} \Rightarrow \begin{cases} 1500+3500=5000 \\ 5\cdot 1500+18\cdot 3500=70500 \end{cases} \Rightarrow \begin{cases} 5000=5000 \\ 70500=70500 \end{cases}$$

La mezcla deberá realizarse con 1500 L de 0,5° y 3500 L de 1,8°.

La fábrica de electrodomésticos

En una fábrica de electrodomésticos se montan lavadoras y lavavajillas. En ella hay 12 mecánicos que trabajan 7 h diarias y que están capacitados para componer indistintamente lavadoras o lavavajillas.

Observa el tiempo que se tarda en ensamblar cada electrodoméstico.

1. Escribe la ecuación que determina el número de lavadoras y de lavavajillas que se pueden armar en un día.
2. Un estudio de mercado muestra que se venden el doble de lavadoras que de lavavajillas. Calcula, en estas condiciones, cuántos electrodomésticos de cada clase se fabricarán en un día.

Líneas de metro

El esquema muestra las paradas del metro de una ciudad. El tiempo que se tarda en ir de una estación a otra contigua es siempre el mismo pero varía según se trate de la línea 1 rápida o de la línea 2 lenta.

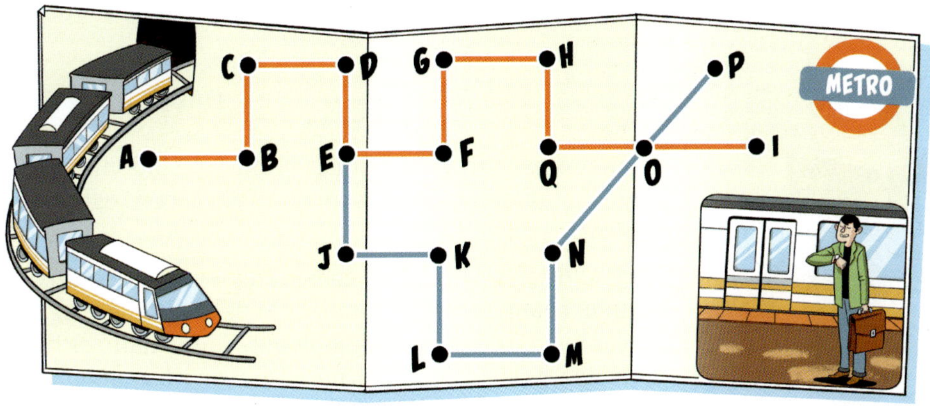

1. Si para ir de A a K se tardan 16 min y para ir de M a I se tardan 10 min, calcula el tiempo mínimo que se invertirá en ir de C a G. Se considera que se tardan 2 min en hacer el transbordo.

   A. 11 min B. 9 min C. 8 min D. 13 min

2. ¿Cuál de los dos posibles caminos para ir de C a O es más rápido?
3. Calcula el tiempo que se necesita para realizar los siguientes trayectos.
   - De H a I
   - De B a G
   - De J a O por el camino más corto

AUTOEVALUACIÓN

1. Resuelve cada uno de los sistemas con un método diferente.

   a) $\begin{cases} 2x+y=9 \\ x-3y=8 \end{cases}$ c) $\begin{cases} 2x-y=7 \\ 3x+y=3 \end{cases}$

   b) $\begin{cases} -x+2y=12 \\ 2x-y=15 \end{cases}$ d) $\begin{cases} x+2y=3 \\ 2x+3y=4 \end{cases}$

2. Resuelve estos dos sistemas. Ten en cuenta que las soluciones no son enteras.

   a) $\begin{cases} 5(x-2)+3y=2 \\ \dfrac{x}{2}-\dfrac{y}{4}=3 \end{cases}$

   b) $\begin{cases} 3-(x+3)+2y=8-(x-y)+2x \\ \dfrac{x}{y-1}=3 \end{cases}$

3. En un hotel hay habitaciones dobles y triples. En total, hay 43 habitaciones y 105 camas. La habitación doble cuesta 30 € por noche, y la triple, 40 € por noche.

   a) ¿Cuánto se recauda el día que el hotel está completo?

   b) Si se han recaudado 1280 € y están todas las habitaciones dobles ocupadas, ¿cuántas triples quedan libres?

4. Si me das 70 monedas tendré el triple de dinero que tú, pero si yo te doy las 70 monedas, entonces tú tendrás el quíntuple que yo. ¿Cuántas monedas tenemos cada uno?

5. La pasada década se censaron los abetos de un bosque y se contabilizaron 500 abetos entre machos y hembras.

   Ahora se ha realizado un nuevo censo y se ha observado que la población de hembras ha crecido un 15 % y, sin embargo, la de machos ha disminuido en un 5 %. Si actualmente hay un total de 531 abetos, ¿cuántos son machos y cuántos son hembras?

6. Siete chocolatinas y cinco refrescos cuestan 30 €. Tres chocolatinas y un refresco valen 10,80 €. ¿Cuánto costarán once chocolatinas y nueve refrescos?

7. Pitágoras tiene una bella colección de triángulos y cuadrados. Hasta ahora ha reunido 84 polígonos y ha contado 283 lados. Pero Pitágoras no parará hasta conseguir 100 triángulos y 100 cuadrados ¿Cuántas figuras de cada tipo le faltan para llegar a su objetivo?

smSaviadigital.com VALORA LO APRENDIDO > Autoevaluación.

MATES + MAGIA

EL LIBRO DE MAGIA MÁS ANTIGUO DEL MUNDO

DAVID BREYER SINGMASTER (1939-...)

Es un profesor de matemáticas jubilado estadounidense. Se describe a sí mismo como metagrobólogo, alguien que se dedica al estudio de los rompecabezas mecánicos.

Hace unos años, mientras consultaba un manuscrito del siglo XIX, encontró una referencia a un antiguo compendio de juegos de magia. La pista le llevó a los archivos de la universidad de Bolonia, donde halló el libro, que resultó ser el texto de magia más antiguo del mundo, *De viribus quantitatis* (Sobre el poder de los números), que contiene trucos de naipes y puzles numéricos, y que ha permanecido guardado durante 500 años.

Su autor fue Luca Pacioli, un monje franciscano, gran amigo de Leonardo da Vinci.

A continuación te proponemos un juego del libro de magia más antiguo del mundo.

1.º Elige tres espectadores y numéralos del 1 al 3.

2.º Dales una ficha roja, una amarilla y una verde y pídeles que, en secreto, se las repartan como quieran.

3.º Véndate los ojos o date la vuelta e indícales que realicen las siguientes operaciones.

- Él que tiene la ficha roja debe multiplicar su número por 2.
- Él que tiene la ficha amarilla debe multiplicar su número por 9.
- El portador de la verde debe multiplicar su número por 10.
- Por último, deben sumar los tres resultados y decirte el total.

4.º Finalmente, para averiguar el color de la ficha que tiene cada uno, lo único que tienes que hacer es restarle a 60 el total que te han indicado, y dividir entre 8 el resultado: el cociente será el número del espectador que tiene la ficha roja y el resto el número del que tiene la amarilla.

¿Cuál es el secreto?

Si se llama r al número del espectador que tiene la ficha roja, a al número del espectador que tiene la ficha amarilla y v al número del espectador que tiene la verde, se cumple que $r + a + v = 6$.

El total calculado por los espectadores será:

$$\text{Total} = 2r + 9a + 10v = 2r + 9a + 10(6 - r - a) = 2r + 9a + 60 - 10r - 10a = 60 - 8r - a$$

Al restar de 60 el número calculado, el resultado que se obtiene es $60 - (60 - 8r - a) = 8r + a$. Al dividir el resultado obtenido entre 8, el cociente será r, es decir, el número del espectador que tiene la ficha roja y el resto será a, es decir, el número del espectador que tiene la ficha amarilla.

CARA ARRIBA Y CARA ABAJO

Se va realizar un juego de magia con cartas. Para ello, solo necesitas una baraja de cartas y seguir los siguientes pasos:

1 **Cara arriba y cara abajo:** Pide a un espectador que corte las cartas de la baraja formando dos montones de cartas iguales y que coloque uno de los dos cara abajo y otro cara arriba. Es importante que cada montón tenga el mismo número de cartas.

2 **El intercambio:** Debe tomar algunas cartas del montón que está cara abajo y el mismo número de cartas del montón cara arriba e intercambiarlas de forma que finalmente tenga dos montones de cartas mezcladas.

El espectador debe repetir el intercambio dos o tres veces más hasta tener una situación totalmente caótica.

Como hemos intercambiado el mismo número de cartas de un montón a otro, los dos mazos seguirán siendo iguales aunque no tendrán el mismo número de cartas cara arriba y cara abajo, después de tantos intercambios al azar.

3 **La elección:** En este momento, el espectador debe elegir uno de los dos montones y tú te quedarás con el otro.

4 **Magia:** Por último llévate tu montón a la espalda y cuando vuelvas a depositar el paquete en la mesa colócalo dado la vuelta, de esta forma habrá la misma cantidad de cartas boca arriba y boca abajo en los dos paquetes.

¿Cuál es el secreto?

Después de todo el proceso, la cantidad de cartas cara arriba en uno de los montones es la misma que la de cartas cara abajo en el otro, y viceversa.

Si lo piensas es totalmente lógico: supón que cada montón tiene 10 cartas en él inicialmente. Después del primer intercambio, si el montón *A* tiene x cartas cara arriba, en el *B* quedan $10-x$ cara arriba. Si en el montón *B* hay $10-x$ cartas cara arriba, quedaran x cartas cara abajo. Por tanto hay tantas cartas cara arriba en *A* como cartas cara abajo en *B*, y viceversa. Por eso el mago debe dar la vuelta al montón para que coincidan.

7 Semejanza y trigonometría

- ¿Semejante y proporcional son sinónimos?
- ¿Cómo determinas si dos triángulos son semejantes?
- ¿Puedes establecer relaciones entre los ángulos y las longitudes de los lados de un triángulo rectángulo?
- ¿Cómo puedes aplicar estas relaciones?

Piensa y contesta

¿Cómo respondió el alumno a la pregunta de examen? El alumno dice que hay muchas más formas de responder. ¿Cuántas se te ocurren?

¿Por qué el profesor se resistía a darle la nota máxima?

Analiza y reflexiona

¿Crees que sería válida esta respuesta?

Se lleva el barómetro y se llama a la puerta del conserje. Cuando el conserje responda, se le dice lo siguiente: "Sr. Conserje, aquí tengo un barómetro estupendo. Si me dice la altura de este edificio, se lo regalo".

Lee y comprende

Ángeles sobre la cabeza de un alfiler

Hace algún tiempo, recibí la llamada de un compañero de trabajo preguntándome si podría arbitrar en la evaluación de una pregunta de examen. Estaba a punto de poner un cero a un estudiante por la respuesta que había dado a un problema de Física, mientras que dicho estudiante defendía que le correspondería la nota máxima si no fuera porque el sistema estaba diseñado contra el alumnado. [...]

Fui a la oficina de mi compañero y leí la pregunta del examen: "Muestre cómo se puede determinar la altura de un edificio alto con la ayuda de un barómetro".

El estudiante había respondido: "Lleve el barómetro a la azotea del edificio, átele una cuerda muy larga, descuelgue el barómetro hasta la calle y después vuelva a subirlo, midiendo la longitud de la cuerda. Dicha longitud será igual a la altura del edificio".

Señalé que, en realidad, el estudiante tenía bastante razón al pedir la nota máxima, ya que había respondido a la pregunta de forma completa y correcta. Por otro lado, si se le daba la nota máxima, esto podría contribuir a que el estudiante tuviera una nota alta en la asignatura de Física. Una nota alta se supone que certifica un alto nivel en Física, pero la respuesta dada no confirmaba que el estudiante tuviera ese nivel. Sugerí que se diera al alumno otra oportunidad de responder la pregunta. No me sorprendió que mi compañero accediera, pero sí me sorprendió que el estudiante lo hiciera.

Di al alumno seis minutos para que respondiera la misma pregunta, advirtiéndole que la respuesta debía incluir algún conocimiento de Física. Habían pasado cinco minutos y no había escrito nada. Le pregunté si quería dejarlo, pero dijo que no. Que tenía muchas respuestas al problema y que solo estaba pensando cuál era la mejor. Me excusé por interrumpirle y le rogué que continuara.

En el minuto que le quedaba, escribió apresuradamente la siguiente respuesta: "Lleve el barómetro a la azotea del edificio y asómese por el borde. Tire el barómetro y mida el tiempo de caída con un cronómetro. Después, calcule la altura del edificio aplicando la fórmula: $S = \frac{1}{2}at^2$".

En este punto, le pregunté a mi compañero si estaría dispuesto a ceder. Aceptó y di al alumno una nota próxima a la más alta.

ALEXANDER CALANDA: *The teaching of Elementary Science and Mathematics*. ACCE, 1969

¿Crees que es imprescindible la creatividad para realizar descubrimientos científicos? ¿Qué otras cualidades crees que son necesarias?

Y tú, ¿qué opinas?

El desarrollo de las ciencias ha sido posible gracias a la creatividad de personas como Tales, Hipatia, Rutherford, Bohr, Marie Curie...

1 Figuras semejantes. Teorema de Tales

Ten en cuenta

Los ángulos, puntos, lados... que se corresponden en una semejanza se llaman **homólogos**.

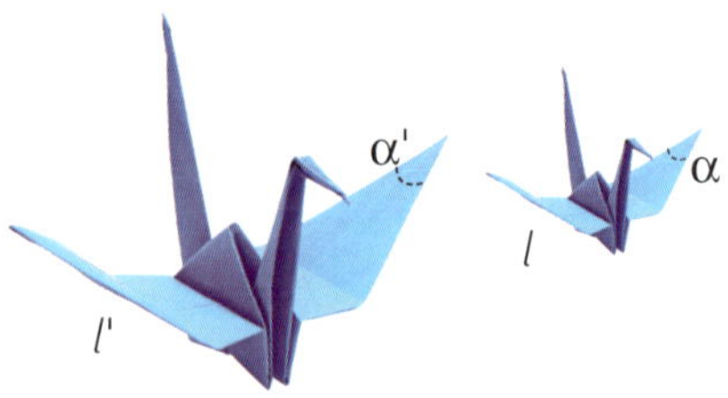

Dos **figuras geométricas** son **semejantes** si tienen la misma forma aunque diferentes dimensiones.

El cociente entre la distancia de dos puntos cualesquiera de una figura y la distancia entre los puntos homólogos en la otra es constante y se denomina **razón de semejanza**, ***k***.

Ejemplo ▸ Las figuras de la imagen son semejantes porque tienen la misma forma y distintas dimensiones. Como $l' = 2l$, la razón de semejanza es 2.

Polígonos semejantes

Dos polígonos con el mismo número de lados son **semejantes** cuando sus ángulos homólogos son iguales y sus lados homólogos son proporcionales.

Ejemplo ▸ ¿Son semejantes los siguientes rectángulos?

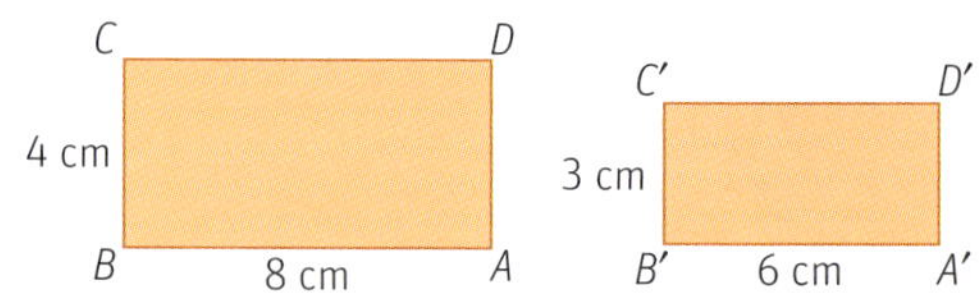

- Sus ángulos homólogos son iguales:

$\hat{A}=\hat{A}'=90°$, $\hat{B}=\hat{B}'=90°$

$\hat{C}=\hat{C}'=90°$ y $\hat{D}=\hat{D}'=90°$

- Sus lados homólogos son proporcionales:

$\overline{AB}=8 \quad \overline{A'B'}=6 \Rightarrow \dfrac{\overline{AB}}{\overline{A'B'}}=\dfrac{8}{6}=\dfrac{4}{3}$ $\qquad$ $\overline{CD}=8 \quad \overline{C'D'}=6 \Rightarrow \dfrac{\overline{CD}}{\overline{C'D'}}=\dfrac{8}{6}=\dfrac{4}{3}$

$\overline{BC}=4 \quad \overline{B'C'}=3 \Rightarrow \dfrac{\overline{BC}}{\overline{B'C'}}=\dfrac{4}{3}$ $\qquad$ $\overline{DA}=4 \quad \overline{D'A'}=3 \Rightarrow \dfrac{\overline{DA}}{\overline{D'A'}}=\dfrac{4}{3}$

$$\frac{\overline{AB}}{\overline{A'B'}}=\frac{\overline{BC}}{\overline{B'C'}}=\frac{\overline{CD}}{\overline{C'D'}}=\frac{\overline{DA}}{\overline{D'A'}}=\frac{4}{3}=k$$

Son semejantes con razón de semejanza $k=\dfrac{4}{3}$.

MAT-TIC GeoGebra

Entra en sm**Savia**digital.com y descubre más figuras semejantes.

Teorema de Tales

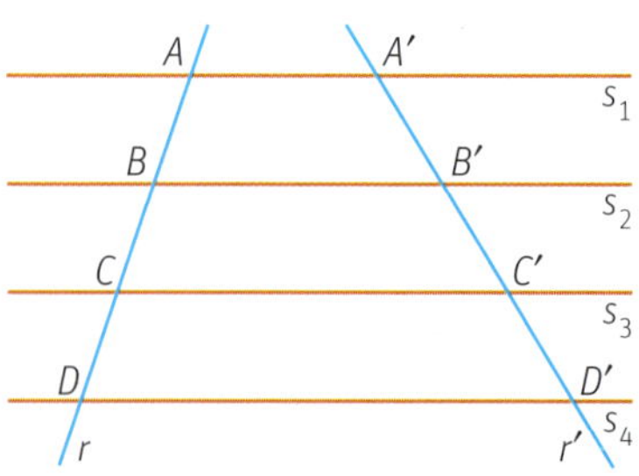

Teorema de Tales. Si dos rectas r y r' son cortadas por varias rectas paralelas s_1, s_2, s_3, s_4, ..., los segmentos que estas determinan sobre r y r' son proporcionales.

$$\frac{\overline{AB}}{\overline{A'B'}}=\frac{\overline{BC}}{\overline{B'C'}}=\frac{\overline{CD}}{\overline{C'D'}}=k$$

Ejemplo ▸ Observa la figura y comprueba el teorema de Tales.

Los segmentos AA', BB', y CC' son paralelos. Para comprobar el teorema de Tales se calculan las razones:

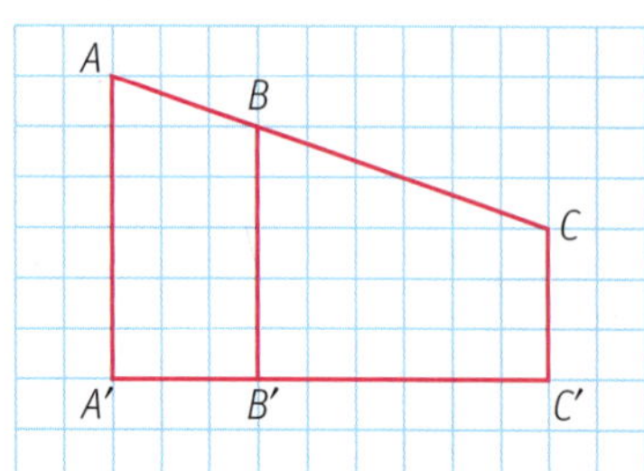

$$\frac{\overline{AB}}{\overline{A'B'}}=\frac{\sqrt{10}}{3}$$

$$\frac{\overline{BC}}{\overline{B'C'}}=\frac{\sqrt{40}}{6}=\frac{\cancel{2}\sqrt{10}}{\cancel{2}\cdot 3}=\frac{\sqrt{10}}{3}$$

$$\frac{\overline{AC}}{\overline{A'C'}}=\frac{\sqrt{90}}{9}=\frac{\cancel{3}\sqrt{10}}{\cancel{3}\cdot 3}=\frac{\sqrt{10}}{3}$$

Triángulos en posición de Tales

Dos triángulos están en **posición de Tales** cuando comparten un vértice y los lados opuestos a este vértice son paralelos.

Los triángulos en posición de Tales son semejantes, por tanto:

$$\hat{A}=\hat{A}', \quad \hat{B}=\hat{B}', \quad \hat{C}=\hat{C}', \quad \frac{\overline{AB}}{\overline{AB'}}=\frac{\overline{AC}}{\overline{AC'}}=\frac{\overline{BC}}{\overline{B'C'}}$$

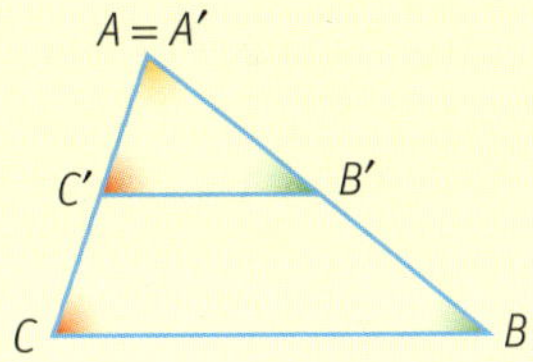

Ten en cuenta

Dos triángulos en posición de Tales también pueden tener invertida la orientación:

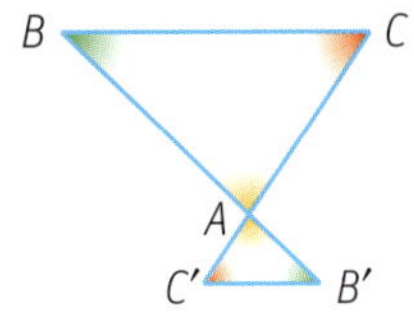

Ejemplo ▶ Calcula la longitud de los lados desconocidos.

Aplicando el teorema de Pitágoras, se obtiene:

$x=\sqrt{3^2+4^2}=5$ cm.

Como el vértice A es común y los segmentos BC y $B'C'$ son paralelos, los triángulos están en posición de Tales:

- $\frac{\overline{AB}}{\overline{AB'}}=\frac{\overline{BC}}{\overline{B'C'}} \Rightarrow \frac{3}{2}=\frac{4}{z} \Rightarrow z=\frac{8}{3}$ cm
- $\frac{\overline{AB}}{\overline{AB'}}=\frac{\overline{AC}}{\overline{AC'}} \Rightarrow \frac{3}{2}=\frac{x}{y} \Rightarrow y=\frac{2x}{3}=\frac{10}{3}$ cm

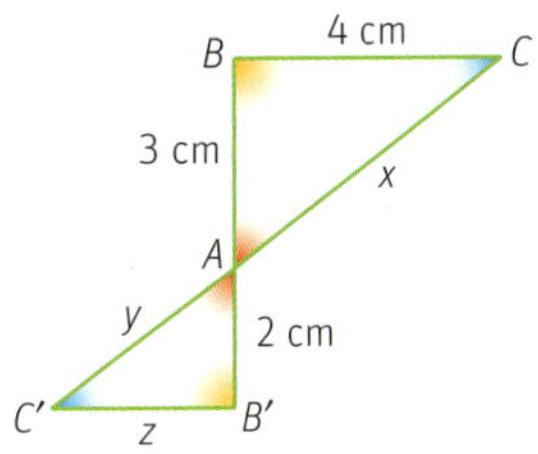

ACTIVIDADES

ACTIVIDAD **RESUELTA**

1. Calcula las longitudes de los lados de un triángulo semejante a otro que tiene por lados 3, 12 y 10 cm si la razón de semejanza entre ambos es $k=\frac{16}{5}$.

Las medidas de los lados homólogos son:

- Del que mide 3 cm: $3k=3\cdot\frac{16}{5}=9,6$ cm
- Del que mide 12 cm: $12k=12\cdot\frac{16}{5}=38,4$ cm
- Del que mide 10 cm: $10k=10\cdot\frac{16}{5}=32$ cm

2. Calcula las longitudes de un cuadrilátero semejante a otro que tiene por lados 12, 15, 20 y 25 cm si la razón de semejanza es $k=\frac{2}{5}$.

3. Calcula la hipotenusa de un triángulo rectángulo de catetos 7,5 y 10 cm y calcula los lados de otro triángulo semejante al anterior si la razón de semejanza es $k=2,5$.

4. Calcula la longitud de los lados desconocidos.

a)

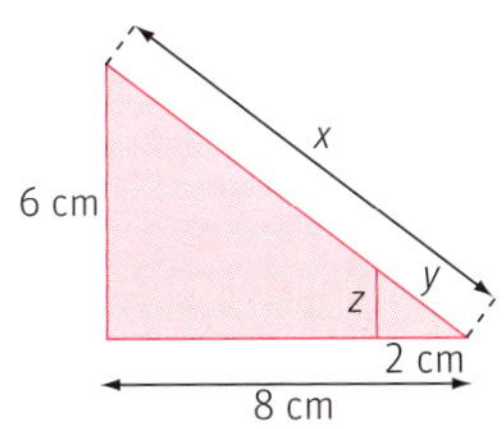

b)

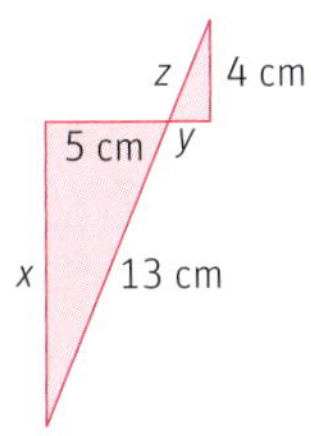

5. Calcula los lados desconocidos.

a)

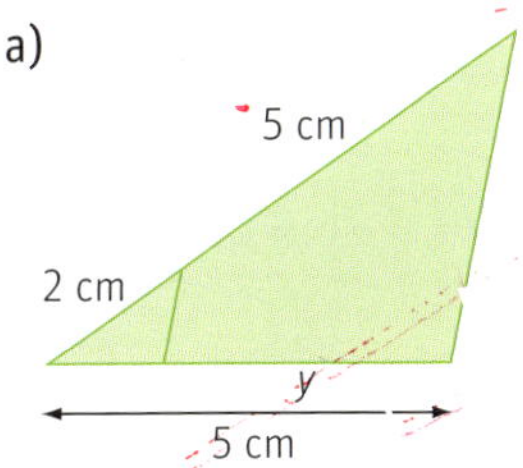

b)

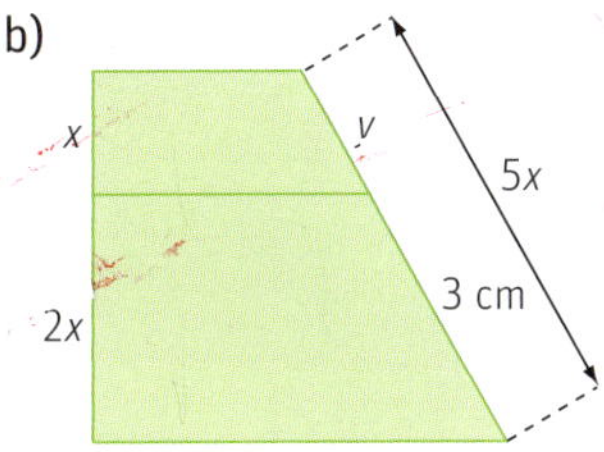

6. Calcula los lados desconocidos de las figuras.

a)

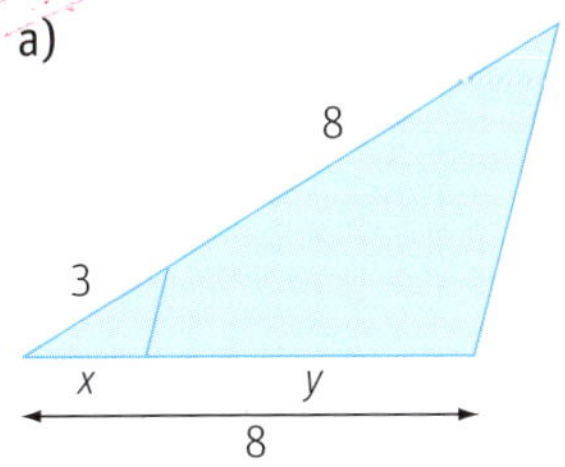

b)

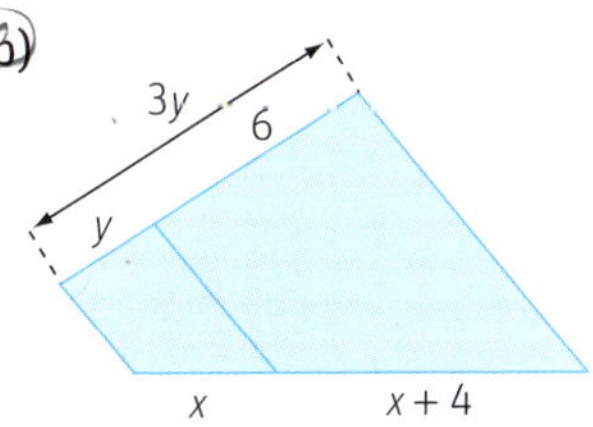

7. Juan mide 1,75 m y proyecta, en un momento dado, una sombra de 1,4 m. Calcula la sombra que proyecta en ese instante una farola de 4 m de altura.

8. Calcula la distancia que debe recorrer un pájaro que quiere volar desde la copa del árbol A a la del B.

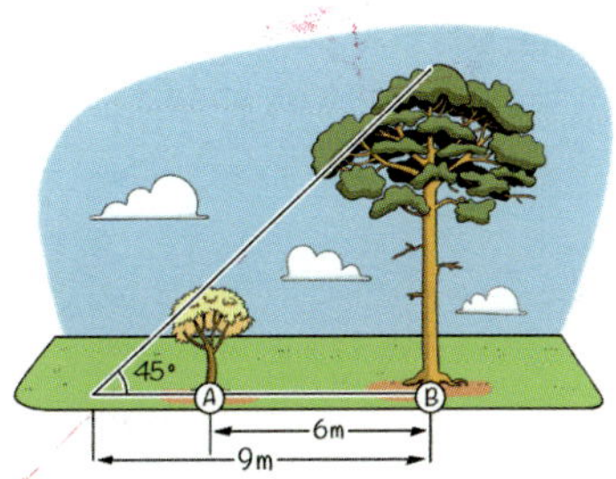

2 Criterios de semejanza de triángulos

Sabías que...

El dibujante y pintor Crockett Johnson dedicó sus últimas obras a las matemáticas.

Entra en www.e-sm.net/sv4esomat2 y fíjate en su cuadro *Triángulos semejantes*.

¿Cuántos triángulos semejantes ves?

A partir del teorema de Tales y de las características de los triángulos, se definen tres criterios que permiten deducir si dos triángulos son semejantes.

- **Criterio 1.** Dos triángulos son semejantes si tienen dos ángulos iguales.
- **Criterio 2.** Dos triángulos son semejantes si tienen un ángulo igual y los lados que lo forman son proporcionales.
- **Criterio 3.** Dos triángulos son semejantes si tienen los tres lados proporcionales.

Ejemplos

▸ Un triángulo cumple que $\hat{A} = 64°$ y $\hat{B} = 58°$ y otro que $\hat{B}' = \hat{C}' = 58°$. ¿Son semejantes?

- Los ángulos del primer triángulo son:
  $\hat{A} = 64°$, $\hat{B} = 58°$ y $\hat{C} = 180° - 64° - 58° = 58°$
- Los ángulos del segundo triángulo son:
  $\hat{B}' = 58°$, $\hat{C}' = 58°$ y $\hat{A}' = 180° - 58° - 58° = 64°$

Los triángulos tienen los tres ángulos iguales y cumplen la condición del primer criterio, por lo que son semejantes.

▸ ¿Son semejantes los triángulos de la figura?

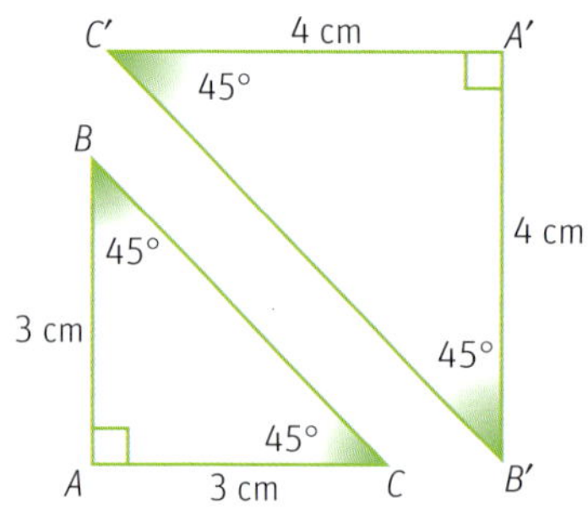

En el triángulo $A'B'C'$: $\hat{A}' = 180° - \hat{B}' - \hat{C}'$

Como tienen dos ángulos iguales, y los lados que los forman son proporcionales:

$$\frac{\overline{AB}}{\overline{A'B'}} = \frac{\overline{AC}}{\overline{A'C'}} = \frac{3}{4}$$

Por el segundo criterio se obtiene que son semejantes.

▸ Comprueba que son semejantes los siguientes triángulos.

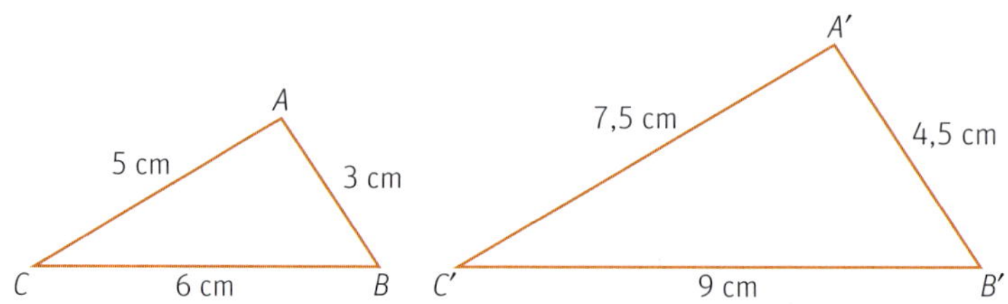

Como los lados que los forman son proporcionales, ya que:

$$\frac{\overline{AB}}{\overline{A'B'}} = \frac{\overline{CA}}{\overline{C'A'}} = \frac{\overline{BC}}{\overline{B'C'}} = \frac{3}{4,5} = \frac{5}{7,5} = \frac{6}{9} = \frac{2}{3}$$

Se puede aplicar el tercer criterio y concluir que son triángulos semejantes.

MAT-TIC GeoGebra

Entra en smSaviadigital.com y aplica los criterios de semejanza.

smSaviadigital.com

PRACTICA Más aplicaciones de la semejanza de triángulos.

ACTIVIDADES

9. Razona si los triángulos siguientes son semejantes y calcula los lados desconocidos.

a)

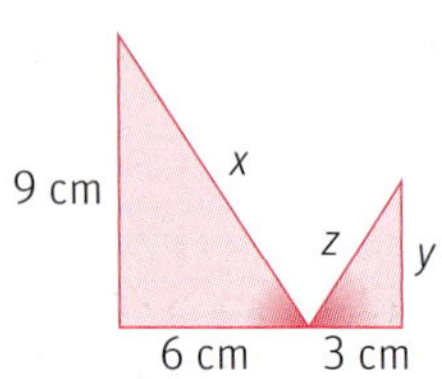

b)

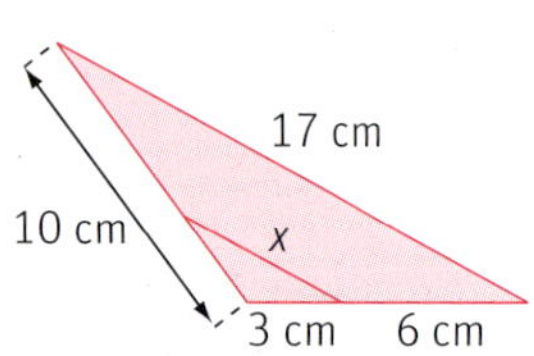

10. Indica si son verdaderas o falsas las siguientes afirmaciones, justificando tu respuesta.

a) Dos triángulos isósceles siempre son semejantes.

b) Un triángulo rectángulo con un ángulo de 30° es semejante a otro con un ángulo de 60°.

c) Un triángulo obtusángulo puede ser semejante a otro triángulo acutángulo.

3 Teorema de la altura y teorema del cateto

A partir de los criterios de semejanza se pueden mostrar propiedades que verifican los triángulos y, en general, las figuras geométricas.

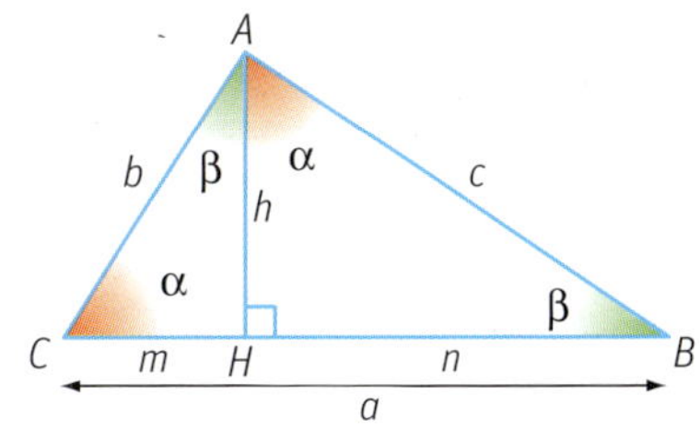

Teorema de la altura: en un triángulo rectángulo, el cuadrado de la altura h sobre la hipotenusa coincide con el producto de las proyecciones, m y n, de los catetos sobre la hipotenusa.

$$h^2 = m \cdot n$$

Ejemplo ▸ Calcula la medida de la altura sobre la hipotenusa del triángulo de la figura.

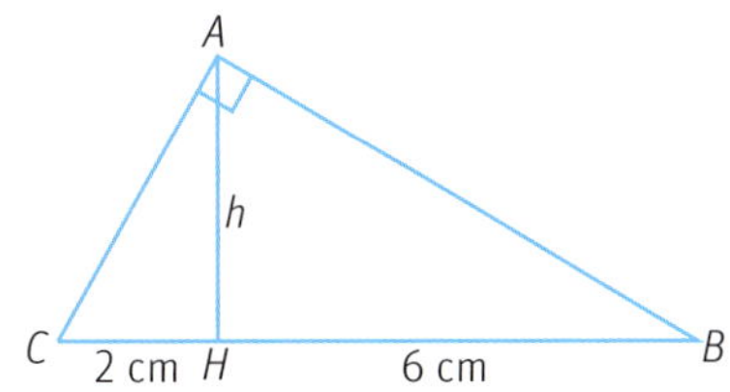

Los triángulos AHC y ABH son semejantes, ya que tienen dos ángulos iguales:

- $\widehat{AHC} = \widehat{BHA} = 90°$
- $\widehat{ACH} = \widehat{HAB}$ por tener sus lados perpendiculares dos a dos.

Por tanto, sus lados son proporcionales:

$$\frac{h}{n} = \frac{m}{h} \Rightarrow h^2 = m \cdot n = 2 \cdot 6 = 12 \Rightarrow h = \sqrt{12} = 3{,}46$$

smSaviadigital.com

PRACTICA ¿Dominas los teoremas sobre semejanza?

Teorema del cateto: en un triángulo rectángulo, el cuadrado de un cateto b es igual al producto de la hipotenusa a por la proyección m de dicho cateto sobre la hipotenusa.

$$b^2 = a \cdot m$$

Ejemplo ▸ Calcula la medida de los catetos en el triángulo de la figura.

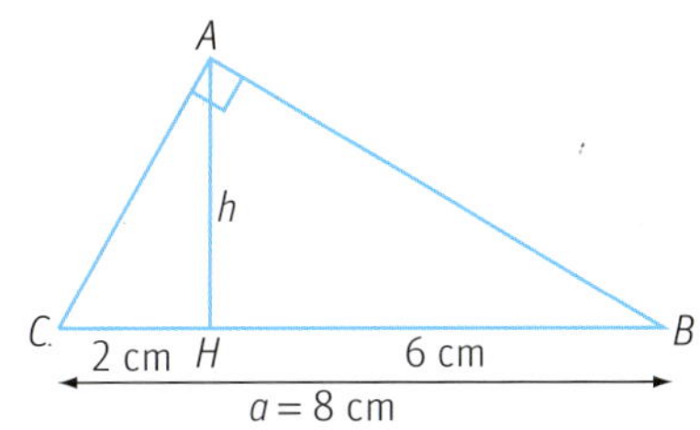

Los triángulos ABC y HBA también son semejantes, porque tienen dos ángulos iguales:

- $\widehat{CAB} = \widehat{AHC} = 90°$
- $\widehat{BCA} = \widehat{HCA}$

Por tanto, sus lados son proporcionales:

$$\frac{b}{a} = \frac{m}{b} \Rightarrow b^2 = a \cdot m = 8 \cdot 2 = 16 \Rightarrow b = 4 \text{ cm}$$

De la misma forma, los triángulos ABC y HCA son semejantes y se obtiene:

$$\frac{c}{a} = \frac{n}{c} \Rightarrow c^2 = a \cdot n = 8 \cdot 6 = 48 \Rightarrow c = \sqrt{48} = 6{,}92 \text{ cm}$$

MAT-TIC GeoGebra

Entra en smSaviadigital.com y aplica los teoremas de la altura y del cateto.

ACTIVIDADES

11. Calcula la medida de la altura sobre la hipotenusa y de los lados en el triángulo de la figura.

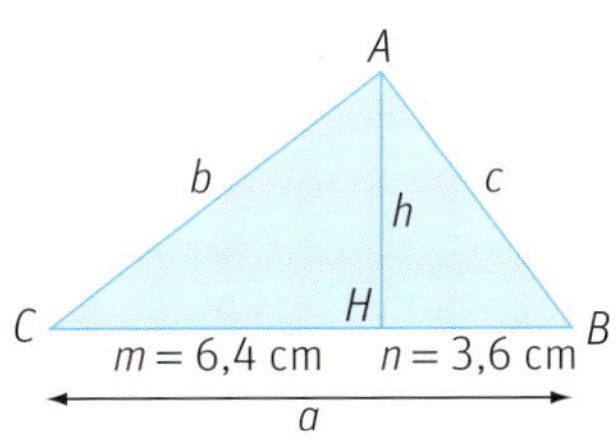

12. En un triángulo rectángulo, uno de los catetos mide 7,5 cm y su proyección sobre la hipotenusa tiene una longitud de 4,5 cm. ¿Cuánto mide la hipotenusa del triángulo?

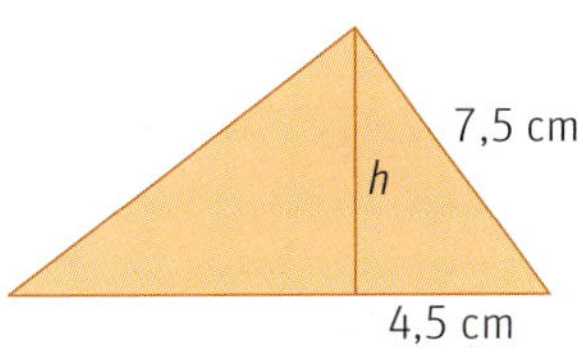

13. En un triángulo rectángulo, los catetos miden 27 y 36 cm, respectivamente.

a) Halla las medidas de la hipotenusa y las proyecciones de los catetos sobre ella.

b) Halla el valor de la altura sobre la hipotenusa.

14. En un triángulo rectángulo, la hipotenusa y un cateto miden 40 cm y 24 cm, respectivamente.

a) Halla la medida del valor del otro cateto.

b) Halla la medida de las proyecciones de los catetos sobre la hipotenusa.

c) Halla la altura sobre la hipotenusa.

15. Un cateto de un triángulo rectángulo mide 8 cm, y la altura sobre la hipotenusa, 4 cm. Halla el área del triángulo.

4 Razón de áreas y volúmenes. Escalas

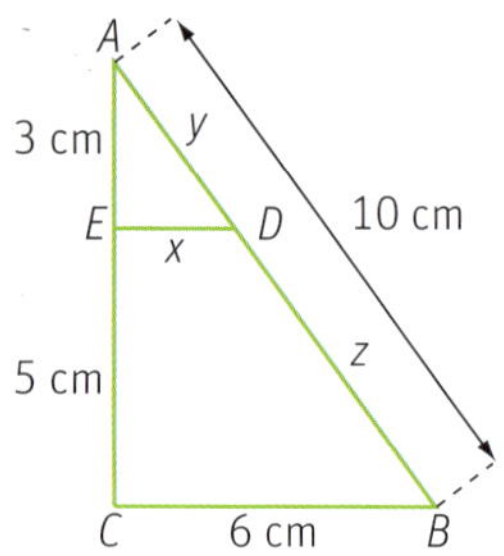

Ejemplo ▸ Los triángulos rectángulos ADE y ABC de la figura son semejantes ya que están en posición de Tales. La razón de semejanza es: $k=\dfrac{3}{3+5}=\dfrac{3}{8}$

- Los lados desconocidos x e y miden:

$$\frac{\overline{AE}}{\overline{AC}}=\frac{\overline{DE}}{\overline{CB}}\Rightarrow\frac{3}{3+5}=\frac{x}{6}\Rightarrow x=\frac{18}{8}=\frac{9}{4}\text{ cm}$$

$$\frac{\overline{AE}}{\overline{AC}}=\frac{\overline{AD}}{\overline{AB}}\Rightarrow\frac{3}{3+5}=\frac{y}{10}\Rightarrow y=\frac{30}{8}=\frac{15}{4}\text{ cm}$$

$$z=10-y=10-\frac{15}{4}=\frac{25}{4}$$

- Los perímetros de los dos triángulos miden:

$$P_1=3+\frac{9}{4}+\frac{15}{4}=9\text{ cm y } P_2=8+6+10=24\text{ cm}$$

La **razón de los perímetros** es: $\dfrac{P_1}{P_2}=\dfrac{9}{24}=\dfrac{3}{8}=k$

- Las áreas de los dos triángulos valen:

$$A_1=\frac{\text{base}\cdot\text{altura}}{2}=\frac{\frac{9}{4}\cdot 3}{2}=\frac{27}{8}\text{ cm}^2\text{ y } A_2=\frac{\text{base}\cdot\text{altura}}{2}=\frac{6\cdot 8}{2}=24\text{ cm}^2$$

La **razón de las áreas** es: $\dfrac{A_1}{A_2}=\dfrac{27}{8}:24=\dfrac{9}{64}=\left(\dfrac{3}{8}\right)^2=k^2$

Si dos figuras son semejantes con razón de semejanza k:

- La razón de dos longitudes homólogas es también $\boldsymbol{k}$.
- La razón de las áreas es $\boldsymbol{k^2}$.
- En el caso de cuerpos en el espacio, la razón de los volúmenes es $\boldsymbol{k^3}$.

Ejemplo ▸ Halla las razones de semejanza:

- De los perímetros de estos rectángulos semejantes y de sus áreas:

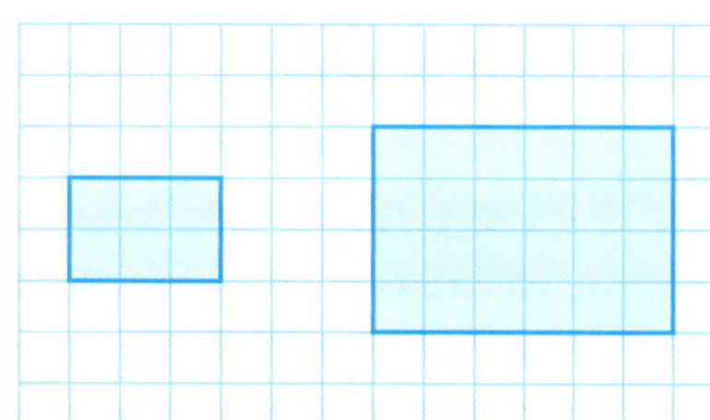

$$\frac{l_1}{l_2}=\frac{3}{6}=\frac{1}{2}=k\Rightarrow\frac{p_1}{p_2}=\frac{3\cdot 2+2\cdot 2}{6\cdot 2+4\cdot 2}=\frac{10}{20}=\frac{1}{2}=k$$

La razón entre los perímetros coincide con la razón entre los lados.

La razón entre las áreas es:

$$\frac{A_1}{A_2}=\frac{3\cdot 2}{6\cdot 4}=\frac{1}{4}=\left(\frac{1}{2}\right)^2=k^2$$

La razón entre las áreas es igual a la razón entre los lados al cuadrado.

- De los volúmenes de los ortoedros semejantes de la figura:

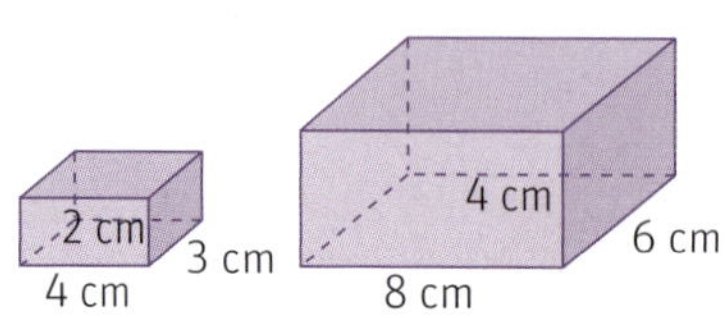

$$\frac{4}{8}=\frac{3}{6}=\frac{2}{4}=\frac{1}{2}=k$$

$$\frac{V_1}{V_2}=\frac{2\cdot 3\cdot 4}{4\cdot 6\cdot 8}=\frac{24}{192}=\frac{1}{8}=\left(\frac{1}{2}\right)^3=k^3$$

La razón entre los volúmenes es la razón de semejanza al cubo.

MAT-TIC GeoGebra

Entra en smSaviadigital.com y trabaja con razones de áreas y volúmenes.

Escalas

Los planos, mapas y maquetas son representaciones de la realidad pero reducidas con una cierta razón de semejanza. Esta razón de semejanza recibe el nombre de **escala**.

> La **escala** es la razón de semejanza entre la representación y la realidad.
>
> Se puede expresar mediante una relación de proporcionalidad numérica o mediante una representación gráfica.

Ejemplos

- La **escala numérica** 1:200000 indica que cada centímetro del mapa se corresponde con 200000 cm, es decir, 2000 m o 2 km de la realidad.
  - La distancia real entre dos puntos, A y B, que en un mapa de escala 1:200000 están separados 1,5 cm es:
    $$1{,}5 \cdot 200000 = 300000 \text{ cm} = 3000 \text{ m} = 3 \text{ km}$$
  - La distancia que hay en el mapa entre dos puntos, C y D, que en la realidad están separados 15 km es:
    $$\frac{1500000}{200000} = 7{,}5 \text{ cm}$$

- La **escala gráfica** indica que un centímetro del plano representa 100 km de la realidad.

Sabías que...

Un mapa y un plano son representaciones gráficas en dos dimensiones. La diferencia es que en un mapa se tiene en cuenta la curvatura de la Tierra y en un plano se desprecia.

ACTIVIDADES

16. La arista de un cubo mide 8 m. Halla la medida de la arista de otro cubo semejante a él, si:

a) La razón de semejanza es $k = \frac{1}{4}$.

b) La razón de las áreas de sus caras es $\frac{4}{25}$.

c) La razón de los volúmenes es $\frac{1}{27}$.

ACTIVIDAD **RESUELTA**

17. Los lados de un cuadrilátero miden 4, 7, 9 y 12 cm y su área es de 100 cm². ¿Cuánto miden los lados de un cuadrilátero semejante al anterior y con perímetro de 48 cm? ¿Y su área?

La razón de semejanza es igual a la razón de los perímetros:

$$k = \frac{48}{4+7+9+12} = \frac{48}{32} = \frac{3}{2} = 1{,}5$$

Por tanto, los lados homólogos miden:

- Del lado de 4 cm: $4 \cdot 1{,}5 = 6$ cm
- Del lado de 7 cm: $7 \cdot 1{,}5 = 10{,}5$ cm
- Del lado de 9 cm: $9 \cdot 1{,}5 = 13{,}5$ cm
- Del lado de 12 cm: $12 \cdot 1{,}5 = 18$ cm

La razón entre las áreas será: $k^2 = \left(\frac{3}{2}\right)^2 = \frac{9}{4}$

El área del cuadrilátero semejante será: $A = 100 \cdot \frac{9}{4} = 225 \text{ cm}^2$

18. Calcula las longitudes de los lados de un triángulo semejante a otro que tiene por lados 3, 12 y 10 cm si la razón de las áreas es $\frac{625}{16}$.

19. Dos frascos de perfume son semejantes. Las capacidades respectivas son de 80 y de 270 cm³.

a) Calcula la superficie del mayor si la del menor es de 112 cm².

b) Calcula la altura del menor si la del mayor es de 6,6 cm.

20. Halla las medidas de un rectángulo cuya área mida 21,6 cm² y que sea semejante a otro que tiene por medidas 3 y 5 cm.

21. Calcula la medida de los lados, el perímetro y el área de un rectángulo semejante al de la figura, sabiendo que la razón de semejanza es $k = \frac{2}{3}$.

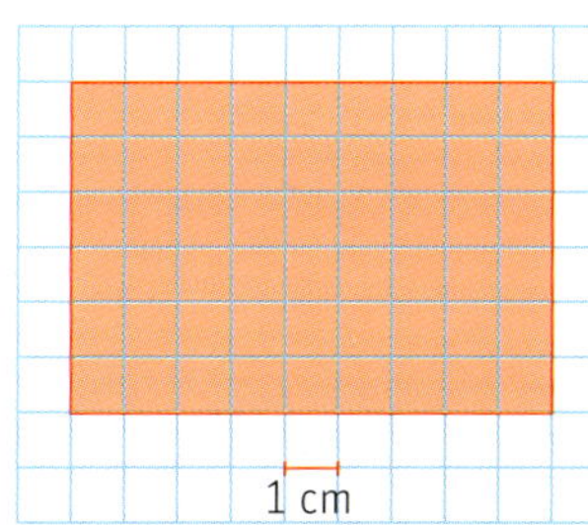

22. La carretera que une dos localidades en un mapa de escala 1:50000 mide 45 cm. Halla la distancia real que separa a dichas ciudades.

23. smSaviadigital.com

PRACTICA Utiliza la semejanza y calcula distancias.

5 Razones trigonométricas de un ángulo agudo

Con calculadora

Las razones trigonométricas de un ángulo se pueden obtener utilizando:

- El seno de un ángulo:

  sin 3 2 = 0,5299

- El coseno de un ángulo:

  cos 5 0 = 0,6428

- La tangente de un ángulo:

  tan 2 4 = 0,4452

Ten en cuenta

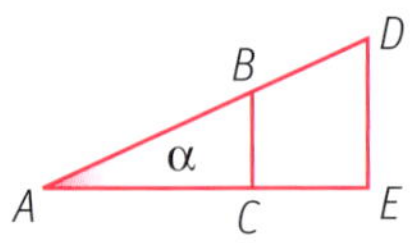

Como los triángulos de la figura son semejantes, se verifica que:

$$\frac{\overline{BC}}{\overline{AB}} = \frac{\overline{DE}}{\overline{AD}}$$

El seno de un ángulo solo depende de su amplitud.

Lo mismo ocurre con el coseno y con la tangente.

smSaviadigital.com

AMPLIA Los ángulos también se pueden medir en radianes. ¿Quieres saber más sobre esta unidad de medida?

MAT-TIC GeoGebra

Entra en smSaviadigital.com y practica con las razones trigonométricas.

La trigonometría es la rama de las matemáticas que estudia las medidas de ángulos. Se aplica a otras ramas como la geometría, la astronomía, etc.

Las **razones trigonométricas** de un ángulo agudo α en un triángulo rectángulo se definen como:

- $\text{sen}\,\alpha = \dfrac{\textbf{cateto opuesto}}{\textbf{hipotenusa}}$
- $\cos\alpha = \dfrac{\textbf{cateto contiguo}}{\textbf{hipotenusa}}$
- $\text{tg}\,\alpha = \dfrac{\textbf{cateto opuesto}}{\textbf{cateto contiguo}}$

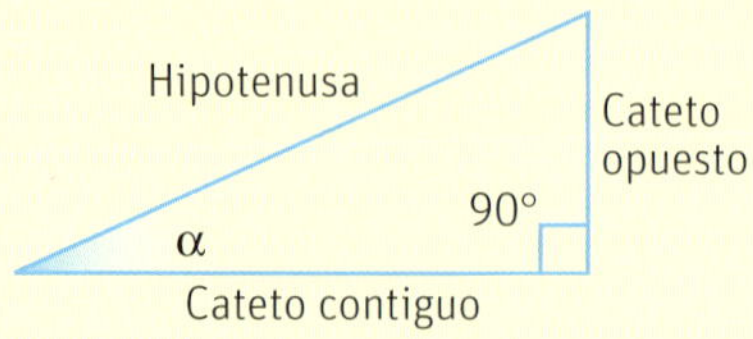

Las razones trigonométricas de un ángulo agudo α son siempre positivas.

Ejemplo ▸ Halla las razones trigonométricas de los ángulos agudos $\hat{B}$ y $\hat{C}$ del siguiente triángulo rectángulo de catetos de 12 cm y 5 cm.

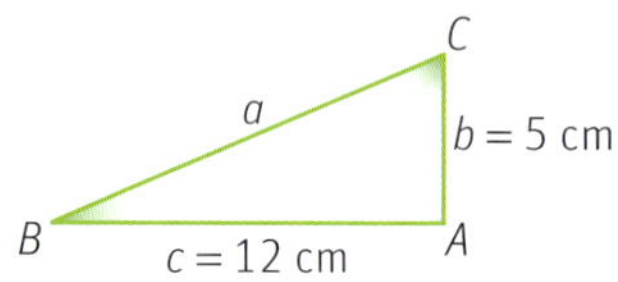

Para calcular las razones trigonométricas es necesario calcular la longitud de la hipotenusa. Aplicando el teorema de Pitágoras, se obtiene $a = \sqrt{12^2 + 5^2} = 13$ cm. Por tanto:

$$\text{sen}\,\hat{B} = \frac{b}{a} = \frac{5}{13} \qquad \cos\hat{B} = \frac{c}{a} = \frac{12}{13} \qquad \text{tg}\,\hat{B} = \frac{b}{c} = \frac{5}{12}$$

$$\text{sen}\,\hat{C} = \frac{c}{a} = \frac{12}{13} \qquad \cos\hat{C} = \frac{b}{a} = \frac{5}{13} \qquad \text{tg}\,\hat{C} = \frac{c}{b} = \frac{12}{5}$$

Razones trigonométricas del ángulo de 45°

El triángulo de la figura es un triángulo rectángulo isósceles. Los ángulos agudos son iguales y miden 45°.

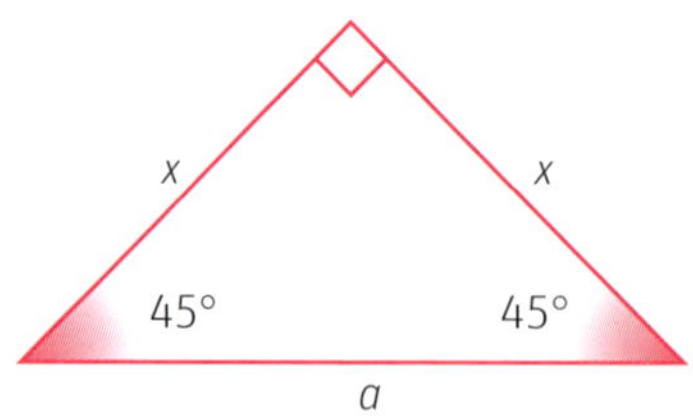

Aplicando el teorema de Pitágoras se obtiene el valor de la hipotenusa:

$$a = \sqrt{x^2 + x^2} = \sqrt{2x^2} = x\sqrt{2}$$

Las razones trigonométricas del ángulo de 45° son:

- $\text{sen}\,45° = \dfrac{\text{c. opuesto}}{\text{hipotenusa}} = \dfrac{x}{x\sqrt{2}} = \dfrac{1}{\sqrt{2}} = \dfrac{\sqrt{2}}{2}$
- $\cos 45° = \dfrac{\text{c. contiguo}}{\text{hipotenusa}} = \dfrac{x}{x\sqrt{2}} = \dfrac{1}{\sqrt{2}} = \dfrac{\sqrt{2}}{2}$
- $\text{tg}\,45° = \dfrac{\text{c. opuesto}}{\text{c. contiguo}} = \dfrac{x}{x} = 1$

Razones trigonométricas de los ángulos de 30° y 60°

El triángulo de la figura es un triángulo equilátero. La altura sobre uno de sus lados determina dos triángulos rectángulos de ángulos agudos de 30° y 60°.

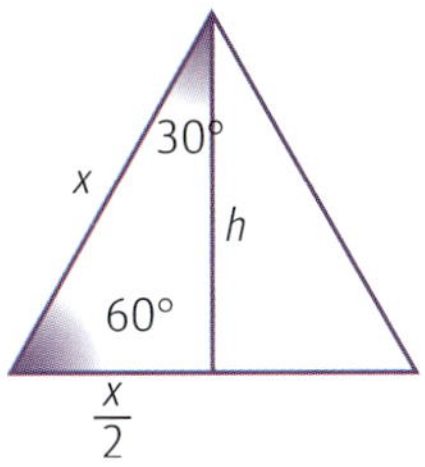

Aplicando el teorema de Pitágoras, el valor de la altura es:

$$h=\sqrt{x^2-\left(\frac{x}{2}\right)^2}=\sqrt{x^2-\frac{x^2}{4}}=\sqrt{\frac{3x^2}{4}}=\frac{x\sqrt{3}}{2}$$

Las razones trigonométricas del ángulo de 30° son:

- $\text{sen}\,30°=\frac{\text{c. opuesto}}{\text{hipotenusa}}=\frac{\frac{x}{2}}{x}=\frac{1}{2}$
- $\cos 30°=\frac{\text{c. contiguo}}{\text{hipotenusa}}=\frac{\frac{x\sqrt{3}}{2}}{x}=\frac{\sqrt{3}}{2}$
- $\text{tg}\,30°=\frac{\text{c. opuesto}}{\text{c. contiguo}}=\frac{\frac{x}{2}}{\frac{x\sqrt{3}}{2}}=\frac{1}{\sqrt{3}}=\frac{\sqrt{3}}{3}$

Las razones trigonométricas del ángulo de 60° son:

- $\text{sen}\,60°=\frac{\text{c. opuesto}}{\text{hipotenusa}}=\frac{\frac{x\sqrt{3}}{2}}{x}=\frac{\sqrt{3}}{2}$
- $\cos 60°=\frac{\text{c. contiguo}}{\text{hipotenusa}}=\frac{\frac{x}{2}}{x}=\frac{1}{2}$
- $\text{tg}\,60°=\frac{\text{c. opuesto}}{\text{c. contiguo}}=\frac{\frac{x\sqrt{3}}{2}}{\frac{x}{2}}=\sqrt{3}$

Con calculadora

La **medida de un ángulo** si se conoce alguna de sus razones trigonométricas se puede obtener utilizando:

- SHIF $\sin^{-1}$ 0 . 5 = 30°
- SHIF $\cos^{-1}$ 0 . 5 = 60°
- SHIF $\tan^{-1}$ $\sqrt{3}$ = 60°

ACTIVIDADES

24. Con la calculadora, halla las siguientes razones trigonométricas con una aproximación de tres cifras decimales.

a) sen 44° c) tg 55° e) cos 67° 45' 33"
b) cos 33° d) sen 45° 13' f) tg 40' 40"

25. Con la calculadora, halla la medida de los ángulos $\hat{A}, \hat{B}, \hat{C}$ y $\hat{D}$ aproximando a los minutos.

a) sen $\hat{A}=0{,}667$ c) cos $\hat{B}=0{,}512$
b) tg $\hat{C}=0{,}99$ d) tg $\hat{D}=1{,}33$

26. Halla las razones trigonométricas de los ángulos agudos en el siguiente triángulo.

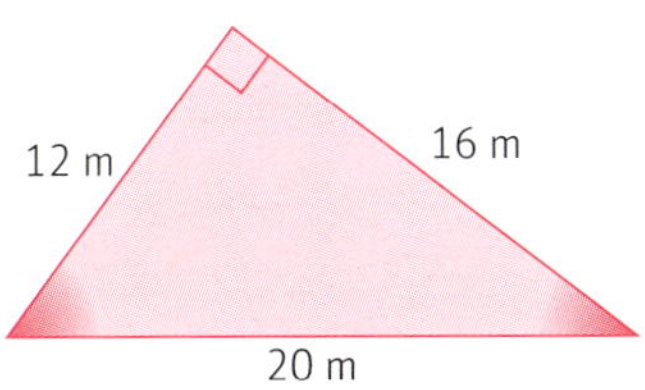

27. Calcula las razones trigonométricas de los ángulos agudos en estos triángulos rectángulos.

a) Cateto $b=28$ cm, cateto $c=45$ cm
b) Hipotenusa $a=73$ cm, cateto $b=48$ cm
c) Hipotenusa $a=15$ cm, cateto $c=12$ cm

ACTIVIDAD **RESUELTA**

28. La sombra de una torre, cuando los rayos del sol tienen una inclinación de 42°, mide 12,5 m. Calcula la altura de la torre.

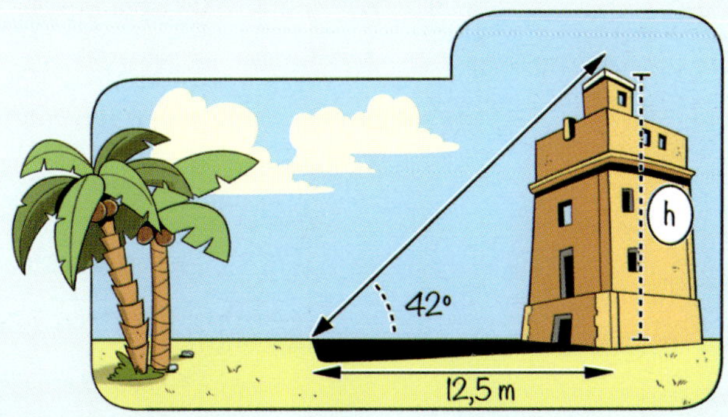

Si h es la altura de la torre:

$$\text{tg}\,42°=\frac{h}{12{,}5}\Rightarrow h=12{,}5\cdot\text{tg}\,42°=12{,}5\cdot 0{,}9=11{,}26\text{ m}$$

29. Desde un punto situado a 10 m de una torre, una persona que mide 180 cm ve el extremo más alto bajo un ángulo de 43°. Calcula la altura de la torre.

6 Relaciones entre las razones trigonométricas

Ten en cuenta

Para indicar las potencias de razones trigonométricas se utiliza la siguiente notación:

- $(\text{sen}\ \alpha)^2 = \text{sen}^2\ \alpha$
- $(\cos\ \alpha)^2 = \cos^2\ \alpha$
- $(\text{tg}\ \alpha)^2 = \text{tg}^2\ \alpha$

Sabías que...

La ecuación fundamental de la trigonometría también se llama "identidad pitagórica" porque, en un triángulo rectángulo de hipotenusa 1, es equivalente al teorema de Pitágoras.

Las razones trigonométricas de cualquier ángulo α verifican las siguientes **identidades trigonométricas**.

- $\mathbf{sen^2\,\alpha + cos^2\,\alpha = 1}$, llamada ecuación fundamental de la trigonometría.
- $\mathbf{tg\,\alpha = \dfrac{sen\,\alpha}{cos\,\alpha}}$
- $\mathbf{1 + tg^2\,\alpha = \dfrac{1}{cos^2\,\alpha}}$

Para probar las identidades, se aplican las definiciones de las razones trigonométricas en un triángulo rectángulo y se utiliza el teorema de Pitágoras:

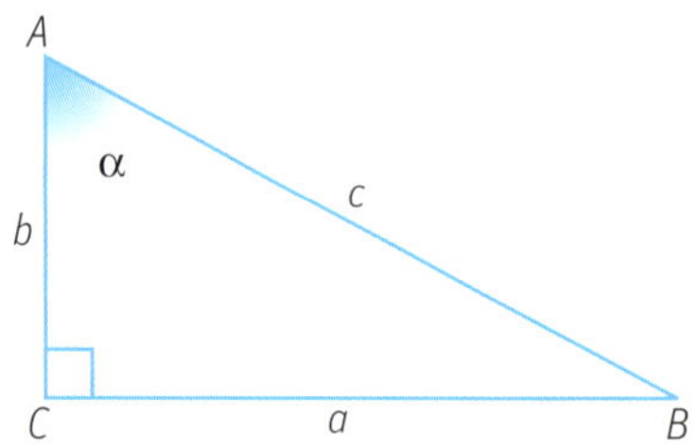

$$\text{sen}\,\alpha = \frac{a}{c} \qquad \cos\alpha = \frac{b}{c} \qquad \text{tg}\,\alpha = \frac{a}{b}$$

- $\text{sen}^2\alpha + \cos^2\alpha = \dfrac{a^2}{c^2} + \dfrac{b^2}{c^2} = \dfrac{a^2+b^2}{c^2} = \dfrac{c^2}{c^2} = 1$ (con $a^2 + b^2 = c^2$)
- $\dfrac{\text{sen}\,\alpha}{\cos\alpha} = \dfrac{\frac{a}{c}}{\frac{b}{c}} = \dfrac{a}{b} = \text{tg}\,\alpha$
- $1 + \text{tg}^2\alpha = 1 + \dfrac{a^2}{b^2} = \dfrac{b^2+a^2}{b^2} = \dfrac{c^2}{b^2} = \dfrac{1}{\left(\frac{b}{c}\right)^2} = \dfrac{1}{\cos^2\alpha}$

Según la definición, las razones trigonométricas de un ángulo agudo, es decir, de un ángulo comprendido entre 0° y 90°, son tres números positivos. Además, los valores del seno y del coseno deben ser menores que 1.

Ejemplo ▸ Calcula las restantes razones trigonométricas del ángulo α si $\text{sen}\ \alpha = \dfrac{1}{4}$, con $0 < \alpha < 90°$.

Se calcula el $\cos\alpha$, utilizando la primera relación:

$$\text{sen}^2\alpha + \cos^2\alpha = 1 \Rightarrow \left(\frac{1}{4}\right)^2 + \cos^2\alpha = 1 \Rightarrow \frac{1}{16} + \cos^2\alpha = 1 \Rightarrow$$

$$\Rightarrow \cos^2\alpha = 1 - \frac{1}{16} = \frac{15}{16} \Rightarrow \cos\alpha = \pm\frac{\sqrt{15}}{4}$$

Como el coseno es positivo si α es un ángulo agudo, la solución válida es: $\cos\alpha = \dfrac{\sqrt{15}}{4}$

El valor de la tangente se calcula aplicando la segunda relación:

$$\text{tg}\,\alpha = \frac{\text{sen}\,\alpha}{\cos\alpha} = \frac{\frac{1}{\not 4}}{\frac{\sqrt{15}}{\not 4}} = \frac{1}{\sqrt{15}} = \frac{\sqrt{15}}{15}$$

Ejemplos ▸

▸ Calcula las restantes razones trigonométricas del ángulo α si $\text{tg}\,\alpha = \frac{3}{4}$, donde $0 < \alpha < 90°$.

Se utiliza la tercera relación y se obtiene el $\cos\alpha$:

$$1+\text{tg}^2\alpha = \frac{1}{\cos^2\alpha} \Rightarrow \frac{1}{\cos^2\alpha} = 1+\left(\frac{3}{4}\right)^2 = 1+\frac{9}{16} = \frac{16+9}{16} = \frac{25}{16} \Rightarrow$$

$$\Rightarrow \cos^2\alpha = \frac{1}{\frac{25}{16}} = \frac{16}{25} \Rightarrow \cos\alpha = \pm\sqrt{\frac{16}{25}} = \pm\frac{4}{5}$$

Como el coseno es positivo si α es un ángulo agudo, la solución válida es: $\cos\alpha = \frac{4}{5}$

El valor del seno se calcula aplicando la segunda relación:

$$\text{tg}\,\alpha = \frac{\text{sen}\,\alpha}{\cos\alpha} \Rightarrow \text{sen}\,\alpha = \text{tg}\,\alpha \cdot \cos\alpha = \frac{3}{4}\cdot\frac{4}{5} = \frac{3}{5}$$

▸ Demuestra la identidad trigonométrica $\text{tg}^2\alpha - \text{sen}^2\alpha = \text{sen}^2\alpha \cdot \text{tg}^2\alpha$.

Para probar una igualdad matemática, se puede partir de uno de los miembros y transformarlo para llegar al otro.

$$\text{tg}^2\alpha - \text{sen}^2\alpha = \frac{\text{sen}^2\alpha}{\cos^2\alpha} - \text{sen}^2\alpha = \frac{\text{sen}^2\alpha - \text{sen}^2\alpha\cdot\cos^2\alpha}{\cos^2\alpha} = \frac{\text{sen}^2\alpha(1-\cos^2\alpha)}{\cos^2\alpha} \overset{1=\cos^2\alpha+\text{sen}^2\alpha}{=}$$

$$= \frac{\text{sen}^2\alpha\cdot\text{sen}^2\alpha}{\cos^2\alpha} = \text{sen}^2\alpha\cdot\frac{\text{sen}^2\alpha}{\cos^2\alpha} = \text{sen}^2\alpha\cdot\text{tg}^2\alpha$$

ACTIVIDADES

30. Sabiendo que el coseno de un ángulo agudo vale $\frac{3}{8}$, calcula el seno y la tangente de dicho ángulo.

ACTIVIDAD **RESUELTA**

31. Sabiendo que la tangente de un ángulo agudo vale $\sqrt{3}$ calcula el valor de su seno y su coseno.

Como se conoce la tangente, se puede utilizar la tercera identidad para obtener el coseno:

$$1+\text{tg}^2\alpha = \frac{1}{\cos^2\alpha} \Rightarrow 1+3 = \frac{1}{\cos^2\alpha} \Rightarrow 4 = \frac{1}{\cos^2\alpha}$$

$$\Rightarrow \cos^2\alpha = \frac{1}{4} \Rightarrow \cos\alpha = \pm\frac{1}{2}$$

Para calcular el seno se puede utilizar la ecuación fundamental de la trigonometría:

$$\text{sen}^2\alpha + \cos^2\alpha = 1 \Rightarrow \text{sen}^2\alpha = 1-\cos^2\alpha = 1-\frac{1}{4} = \frac{3}{4}$$

$$\Rightarrow \text{sen}\,\alpha = \pm\sqrt{\frac{3}{4}} = \pm\frac{\sqrt{3}}{2}$$

Al ser un ángulo agudo, el seno y el coseno son positivos:

$$\cos\alpha = \frac{1}{2} \text{ y } \text{sen}\,\alpha = \frac{\sqrt{3}}{2}$$

32. Si el seno de un ángulo agudo vale $\frac{\sqrt{3}}{4}$, calcula el coseno y la tangente de dicho ángulo.

33. Sabiendo que la tangente de un ángulo vale $\sqrt{5}$, calcula el seno y el coseno de dicho ángulo.

34. Calcula la razones trigonométricas del ángulo agudo α, sabiendo que $3\cos\alpha = 1$.

35. Si α es un ángulo agudo, halla $\text{sen}\,\alpha$, $\cos\alpha$ y $\text{tg}\,\alpha$ en cada caso.

a) $53 \cdot \cos\alpha = 28$ b) $36 \cdot \text{tg}\,\alpha = 77$

36. Demuestra las siguientes igualdades trigonométricas.

a) $\cos^2\alpha - \text{sen}^2\alpha = 1 - 2\text{sen}^2\alpha$

b) $\frac{\text{tg}^2\alpha + 2\text{sen}^2\alpha}{\text{tg}^2\alpha} = 1 + 2\cos^2\alpha$

c) $\frac{1}{\cos^2\alpha} + \frac{1}{\text{sen}^2\alpha} = \frac{1}{\text{sen}^2\alpha\cos^2\alpha}$

d) $\frac{1}{\text{tg}\,\alpha}\cdot\frac{1}{\cos\alpha} = \frac{1}{\text{sen}\,\alpha}$

37. sm**Savia**digital.com

PRACTICA Utiliza las razones trigonométricas.

7 Resolución de triángulos rectángulos

Ten en cuenta

En los triángulos, un lado y su ángulo opuesto suelen nombrarse con la misma letra, mayúscula para el ángulo y minúscula para el lado.

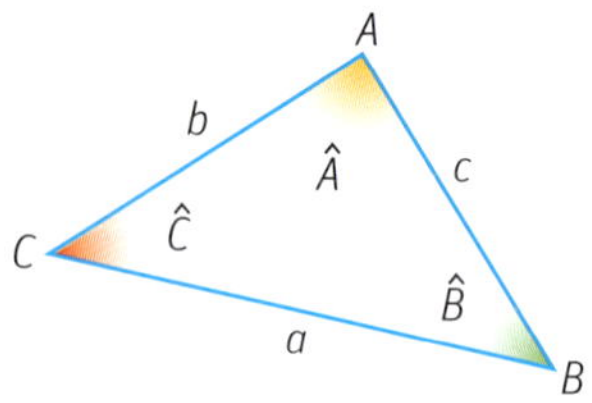

MAT-TIC GeoGebra

Entra en smSaviadigital.com y resuelve triángulos rectángulos.

PON EN VALOR

La resolución de triángulos ha permitido desarrollar diversos métodos e instrumentos para medir distancias. Pero no hubiesen sido posibles sin la **creatividad** y tenacidad de las personas que dedicaron su vida a ello.

En la actualidad, gracias a las plataformas de *crowdfunding*, muchas personas pueden difundir sus conocimientos o buscar financiación para sus investigaciones.

Entra en smSaviadigital.com y elabora un mural donde analices las causas que han promovido la aparición de este tipo de plataformas y sus posibles efectos.

smSaviadigital.com

PRACTICA Calcula distancias utilizando triángulos rectángulos.

Para poder determinar los tres lados y los tres ángulos de un triángulo es suficiente con conocer tres de ellos, si al menos uno es un lado.

Resolver un triángulo es calcular sus elementos desconocidos utilizando los tres conocidos.

Triángulos rectángulos

En el caso de triángulos rectángulos se sabe que uno de los ángulos es de 90°. Para calcular el resto de elementos se pueden utilizar el teorema de Pitágoras, las razones trigonométricas y la propiedad de la suma de los ángulos de un triángulo.

Se pueden conocer los siguientes elementos:

- **Se conocen el ángulo de 90° y dos lados**

Ejemplo ▸ Resuelve el triángulo si se conocen $\hat{A}=90°$, $a=15$ cm, y $b=9$ cm.

- El tercer lado se calcula mediante el teorema de Pitágoras:

$c=\sqrt{a^2-b^2}=\sqrt{225-81}=12$ cm

- El ángulo $\hat{B}$ se calcula utilizando trigonometría:

$\text{sen}\,\hat{B}=\dfrac{9}{15}=0{,}6 \Rightarrow \hat{B}=\text{arc sen}\,0{,}6=36°\ 52'$

- El ángulo $\hat{C}$ se calcula directamente: $\hat{C}=180°-90°-36°\ 52'=53°\ 8'$

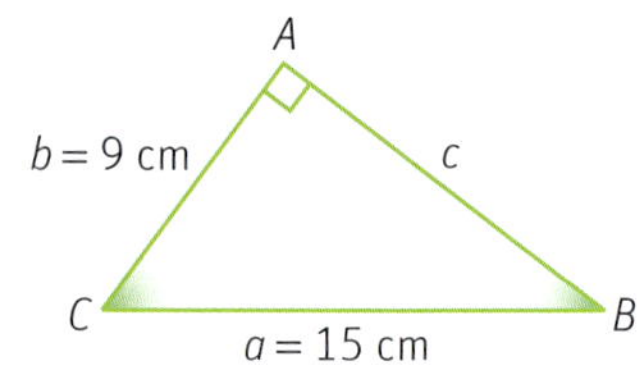

- **Se conocen el ángulo de 90°, otro ángulo y un lado**

Ejemplo ▸ Resuelve el triángulo si se conocen $\hat{A}=90°$, $\hat{B}=40°$ y $b=9$ cm.

- El tercer ángulo se calcula directamente:

$\hat{C}=180°-90°-40°=50°$

- Los lados a y c se calculan utilizando las razones trigonométricas:

$\text{tg}\,40°=\dfrac{9}{c} \Rightarrow c=\dfrac{9}{\text{tg}\,40°}=\dfrac{9}{0{,}839}=10{,}7$ cm

$\text{sen}\,40°=\dfrac{9}{a} \Rightarrow a=\dfrac{9}{\text{sen}\,40°}=\dfrac{9}{0{,}643}=14$ cm

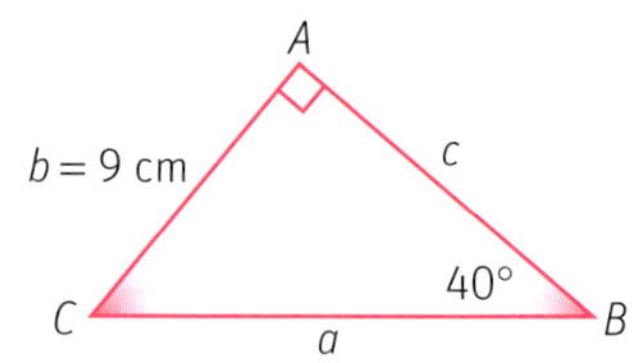

Muchas situaciones cotidianas se pueden modelizar mediante un triángulo rectángulo del que se desconoce alguno de sus elementos.

Ejemplo ▸ En el momento en que los rayos del sol forman un ángulo de 60° con la horizontal, la sombra que proyecta un árbol es de 2,6 m. ¿Cuánto mide el árbol?

Se representa un esquema de la situación:

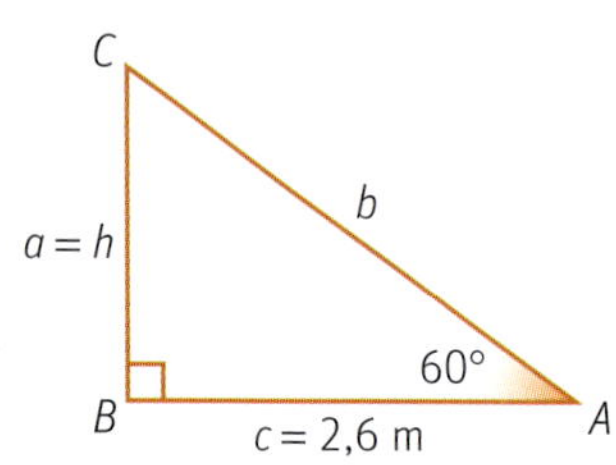

Para obtener la altura del árbol, se busca la razón trigonométrica que relaciona la incógnita con los datos que se conocen:

$$\text{tg}\,60°=\frac{h}{2{,}6} \Rightarrow h=2{,}6\cdot\text{tg}\,60°=4{,}5$$

El árbol mide aproximadamente 4,5 m.

ACTIVIDADES

38. Resuelve estos triángulos rectángulos.

a)

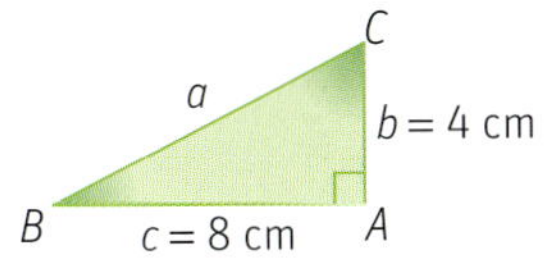

c)

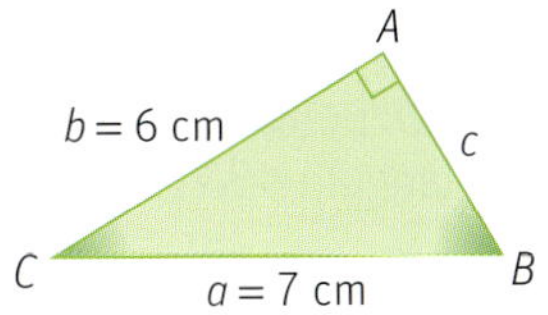

b)

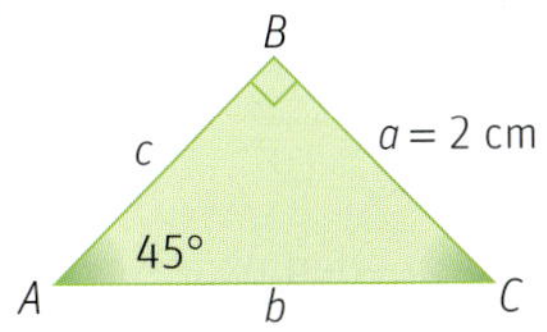

d)

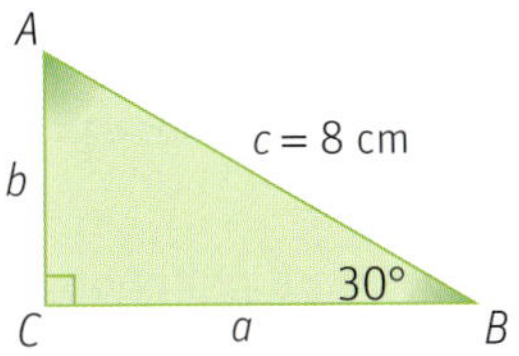

39. Resuelve estos triángulos rectángulos.

a) $\hat{A}=90°$, $\hat{C}=43°$, $a=5$ cm

b) $\hat{B}=90°$, $a=8$ cm, $c=6$ cm

c) $\hat{A}=90°$, $\hat{B}=52°$, $a=10$ cm

d) $\hat{C}=90°$, $a=5$ cm, $c=13$ cm

40. ¿Qué altura alcanza la cometa?

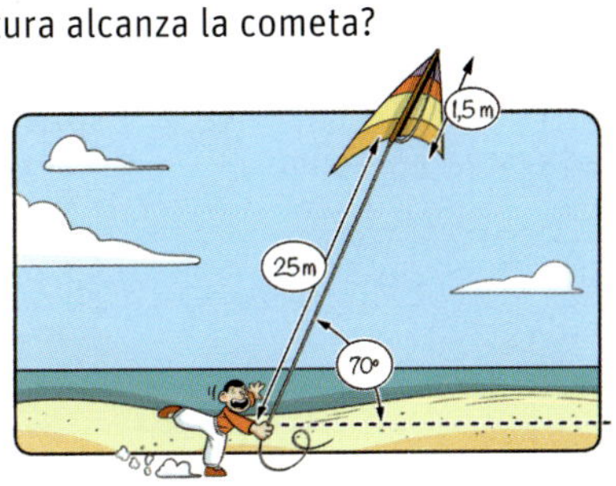

41. Desde un punto de un malecón, un pescador lanza su caña de forma que el hilo queda tenso. El hilo mide 12 m y el pescador ve la boya con un ángulo de depresión de 36°. ¿A qué distancia se encuentra la boya de la pared del malecón?

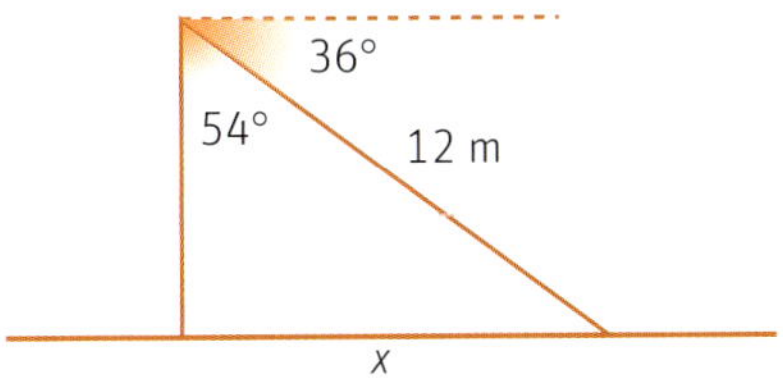

42. Se ha colocado un proyector sobre un trípode de 1,2 m y a una distancia de 5 m de la pantalla medida en la horizontal. La imagen proyectada está a 3 m del suelo.

¿Qué inclinación sobre la horizontal tiene el foco del proyector?

43. Desde un punto situado a 200 m del pie del edificio se ve la antena de la azotea bajo un ángulo de 60°. ¿A qué altura se encuentra el extremo de la antena?

ACTIVIDAD **RESUELTA**

44. Desde un punto del suelo se ve la altura de una torre con un ángulo de elevación de 48°. Si se retroceden 30 m se ve la torre bajo un ángulo de 24°. Calcula la altura de la torre.

El ángulo de elevación es el formado por la visual y la horizontal, por tanto, la situación es la siguiente:

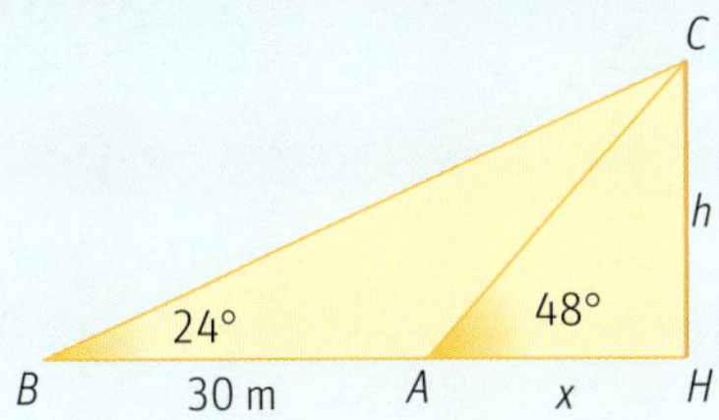

$$\text{tg } 48° = \frac{h}{x} \Rightarrow h = x \text{ tg } 48° = 1{,}1106x$$

$$\text{tg } 24° = \frac{h}{x+30} \Rightarrow h = \text{tg } 24°(x+30) = $$
$$= 0{,}4452(x+30) = 0{,}4452x + 13{,}356$$

Igualando ambas expresiones se obtiene el valor de x y de la altura h:

$$1{,}1106x = 0{,}4452x + 13{,}356 \Rightarrow$$
$$\Rightarrow 0{,}6654x = 13{,}356 \Rightarrow x = 20{,}07 \text{ y } h = 22{,}3 \text{ m}$$

45. Desde la orilla de un río se ve un árbol en la otra orilla bajo un ángulo de 40°, y si se retroceden 4 m, se ve bajo un ángulo de 28°.

Calcula la altura del árbol y la anchura del río.

46. Calcula la altura h del triángulo.

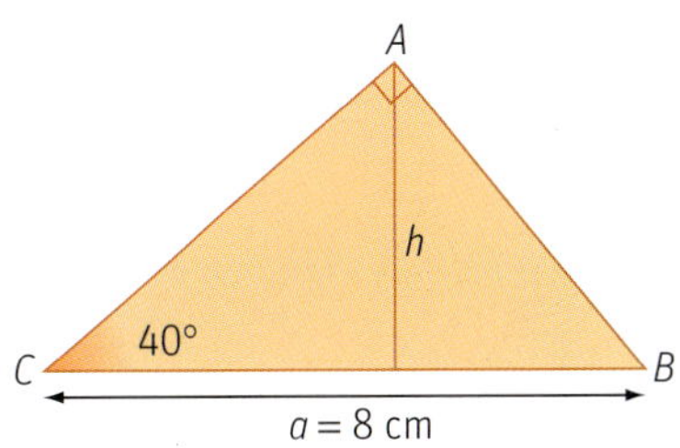

8 Aplicaciones de la trigonometría

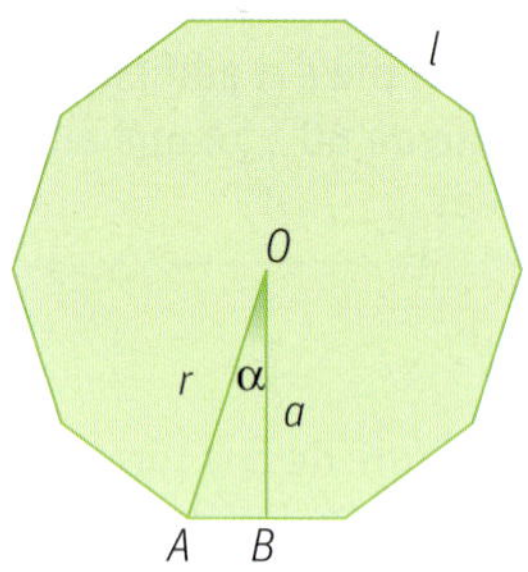

Elementos de un polígono regular

Un polígono es regular cuando sus lados son iguales y sus ángulos internos son iguales.

Dependiendo del número de lados, n, el ángulo α vale $\alpha = \frac{360°}{2n} = \frac{180°}{n}$.

Los elementos que determinan un polígono regular son su lado, l, su apotema, a, y su radio r. Se relacionan mediante el triángulo ABO rectángulo en B:

$$\operatorname{sen}\alpha = \frac{\frac{l}{2}}{r} \Rightarrow r = \frac{l}{2\operatorname{sen}\alpha} \Rightarrow r = \frac{l}{2\operatorname{sen}\left(\frac{180°}{n}\right)} \qquad \operatorname{tg}\alpha = \frac{\frac{l}{2}}{a} \Rightarrow a = \frac{l}{2\operatorname{tg}\alpha} \Rightarrow a = \frac{l}{2\operatorname{tg}\left(\frac{180°}{n}\right)}$$

El **radio**, ***r***, y la **apotema**, ***a***, de un polígono regular se pueden expresar en función del número de lados, n, y de la longitud de cada lado, l, como:

$$\boldsymbol{r = \frac{l}{2\operatorname{sen}\left(\frac{180°}{n}\right)}} \qquad \boldsymbol{a = \frac{l}{2\operatorname{tg}\left(\frac{180°}{n}\right)}}$$

Ejemplo ▸ Calcula el radio y la apotema de un octógono regular de 40 cm de lado.

Se calcula el ángulo que forman el radio y la apotema: $\frac{360°}{2n} = \frac{180°}{n} = \frac{180°}{8} = 22,5°$

Sustituyendo, se obtiene:

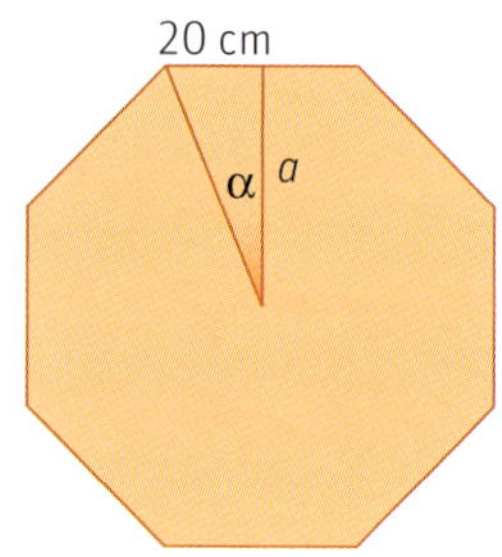

- $a = \frac{l}{2\operatorname{tg}\left(\frac{180°}{n}\right)} = \frac{40}{2\operatorname{tg}22,5°} = \frac{20}{\operatorname{tg}22,5°} = 48,28$ cm
- $r = \frac{l}{2\operatorname{sen}\left(\frac{180°}{n}\right)} = \frac{40}{2\operatorname{sen}22,5°} = \frac{20}{\operatorname{sen}22,5°} = 52,26$ cm

Área de un triángulo

El **área de un triángulo** de lados a y b y ángulo comprendido $\hat{C}$ es:

$$\boldsymbol{A = \frac{1}{2}ab\operatorname{sen}\hat{C}}$$

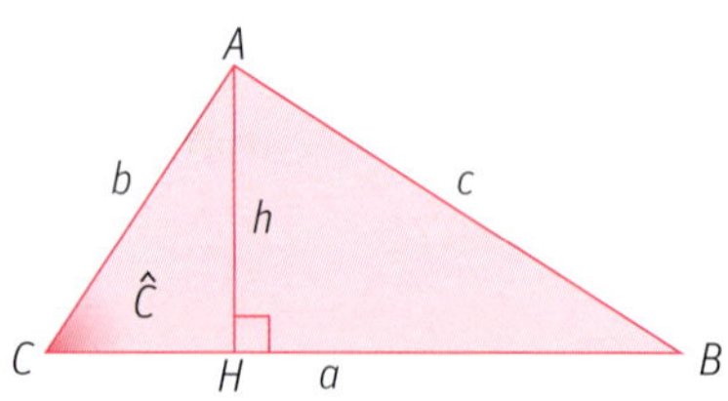

Para demostrarlo se considera el triángulo CHA, que es rectángulo en $H \Rightarrow \operatorname{sen}\hat{C} = \frac{h}{b}$.

El área del triángulo es: $A = \frac{\text{base} \cdot \text{altura}}{2} = \frac{a \cdot h}{2} = \frac{a \cdot b\operatorname{sen}\hat{C}}{2} = \frac{1}{2}ab\operatorname{sen}\hat{C}$

Ejemplo ▸ Calcula el área de un triángulo isósceles cuyos lados iguales miden 4 cm y cuyo ángulo desigual mide 50°:

$$A = \frac{1}{2}ab\operatorname{sen}\hat{C} = \frac{1}{2}4 \cdot 4\operatorname{sen}50° = 6,13\ \text{cm}^2$$

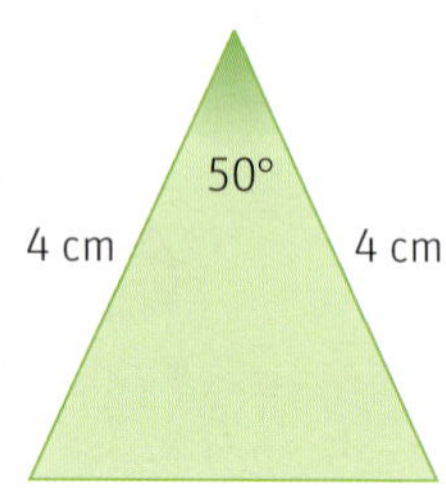

Elementos de poliedros regulares

- **Diagonal de un ortoedro**

Un ortoedro tiene por dimensiones a, b y c. Si se aplica dos veces el teorema de Pitágoras, se obtienen las medidas de d, diagonal de la cara inferior, y D, diagonal del ortoedro.

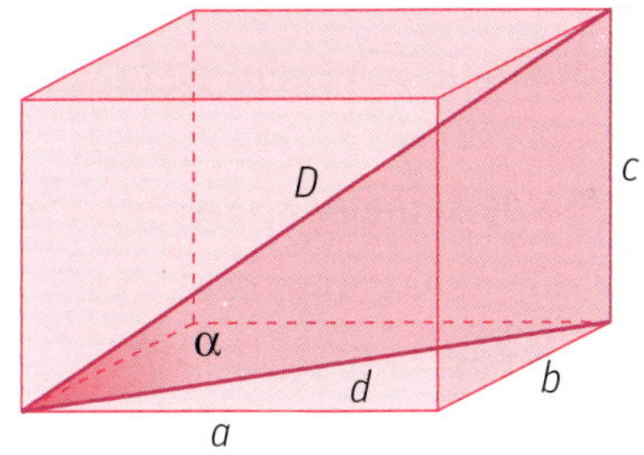

> La diagonal de un ortoedro de dimensiones a, b y c mide $\mathbf{D=\sqrt{a^2+b^2+c^2}}$.

Ejemplo ▸ Calcula la diagonal de un cubo de 10 dm de lado.

$$D=\sqrt{a^2+b^2+c^2}=\sqrt{10^2+10^2+10^2}=\sqrt{300}=10\sqrt{3}\ \text{dm}$$

- **Ángulo que forma la diagonal de un cubo con una de las diagonales de sus caras**

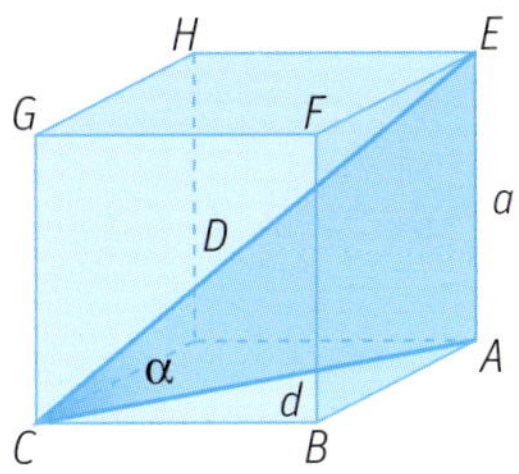

La diagonal del cubo mide:

$$D=\sqrt{a^2+a^2+a^2}=\sqrt{3a^2}=a\sqrt{3}$$

El triángulo ACE es rectángulo, y por tanto:

$$\text{sen}\,\alpha=\frac{\text{cateto opuesto}}{\text{hipotenusa}}=\frac{a}{a\sqrt{3}}=\frac{1}{\sqrt{3}}=0{,}5774$$

$$\Rightarrow\alpha=35°\ 16'\ 52''$$

- **Ángulo que forman las caras de un tetraedro regular**

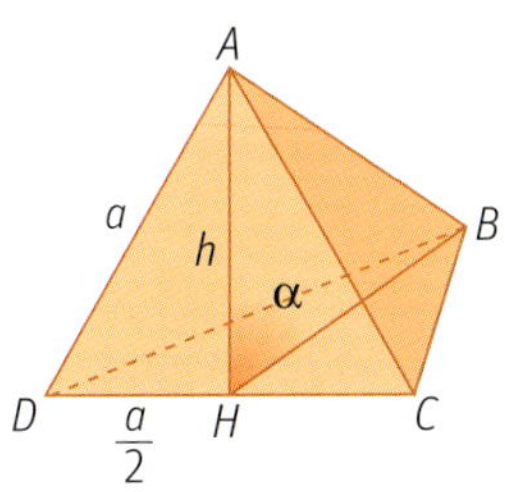

La altura de una cara mide:

$$a^2=\left(\frac{a}{2}\right)^2+h^2\Rightarrow h=\sqrt{a^2-\left(\frac{a}{2}\right)^2}=\sqrt{a^2-\frac{a^2}{4}}=\sqrt{\frac{3a^2}{4}}=\frac{a\sqrt{3}}{2}$$

El triángulo AHB es isósceles de lados a, $\frac{a\sqrt{3}}{2}$ y $\frac{a\sqrt{3}}{2}$ y por tanto:

$$\text{sen}\frac{\alpha}{2}=\frac{\frac{a}{2}}{h}=\frac{\frac{a}{2}}{\frac{a\sqrt{3}}{2}}=\frac{1}{\sqrt{3}}=\frac{\sqrt{3}}{3}\Rightarrow\frac{\alpha}{2}=35°\ 15'\ 52''\Rightarrow\alpha=70°\ 31'\ 44''$$

ACTIVIDADES

47. Calcula el radio y la apotema de los polígonos.

a)

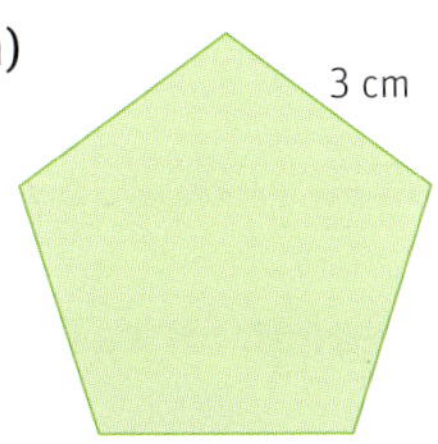

b)

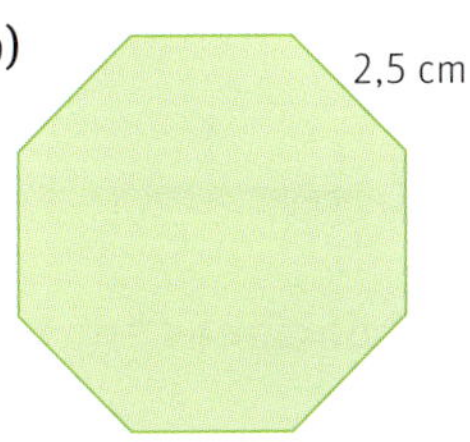

48. El lado de un polígono regular de 15 lados mide 50 cm. Calcula el radio y la apotema.

49. Halla el área del triángulo de medidas $a = 15$ cm, $b = 24$ cm y $\hat{C} = 48°$.

50. Calcula la diagonal del ortoedro de dimensiones $a = 5$ cm, $b = 4$ cm y $c = 8$ cm.

ACTIVIDAD **RESUELTA**

51. Calcula el ángulo que forma la diagonal del ortoedro con la diagonal de la base formada por los lados de 8 cm y 3 cm.

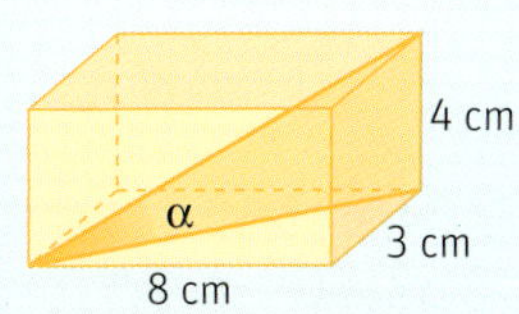

La diagonal de la cara inferior mide: $d=\sqrt{8^2+3^2}=\sqrt{73}$

$$\text{tg}\,\alpha=\frac{4}{\sqrt{73}}\Rightarrow\alpha=\text{arctg}\left(\frac{4}{\sqrt{73}}\right)=25°\ 5'$$

52. Dado el ortoedro de dimensiones 5 cm, 4 cm y 2,5 cm:

a) ¿Qué ángulo forma su diagonal con la diagonal de la base que está formada por los lados de longitud 5 cm y 2,5 cm?

b) ¿Y si la base está formada por los lados de longitud 5 cm y 4 cm?

Organiza tus ideas

FIGURAS SEMEJANTES

Dos **polígonos** con el mismo número de lados son **semejantes** cuando sus ángulos homólogos son iguales y sus lados homólogos son proporcionales.

La **razón de semejanza** k es el cociente de dos lados homólogos cualesquiera.

- La razón de las longitudes es k.
- La razón de las áreas es k^2.
- La razón de los volúmenes es k^3.

Teorema de Tales

Teorema de Tales:

$$\frac{\overline{AB}}{\overline{A'B'}}=\frac{\overline{BC}}{\overline{B'C'}}=\frac{\overline{CD}}{\overline{C'D'}}=k$$

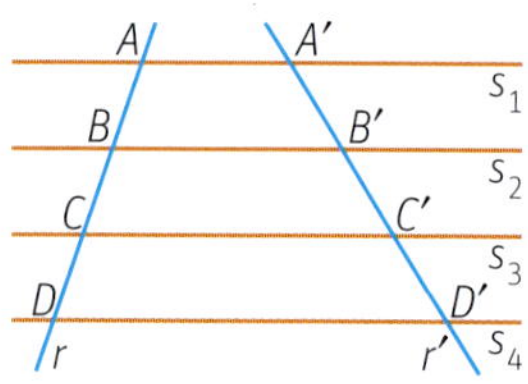

Dos triángulos en **posición de Tales** son semejantes:

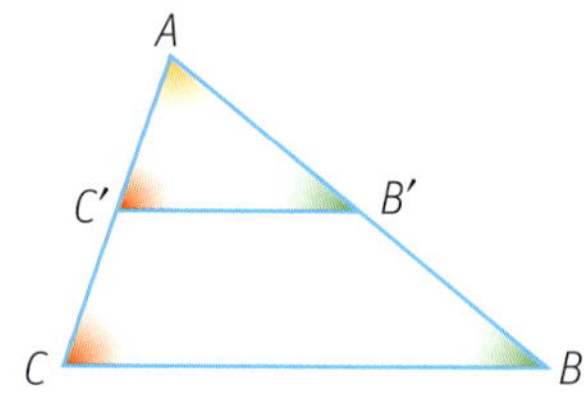

Criterios de semejanza de triángulos

- **Primer criterio**

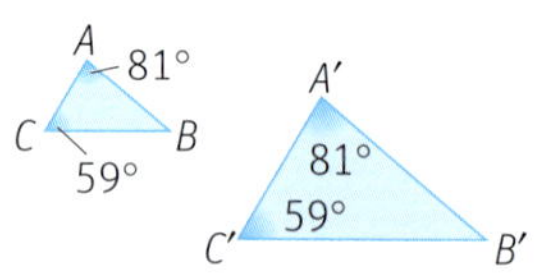

Cuando tienen dos ángulos iguales.

- **Segundo criterio**

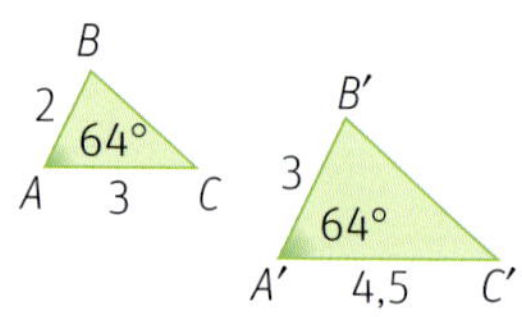

Cuando tienen un ángulo igual y los lados que lo forman proporcionales.

- **Tercer criterio**

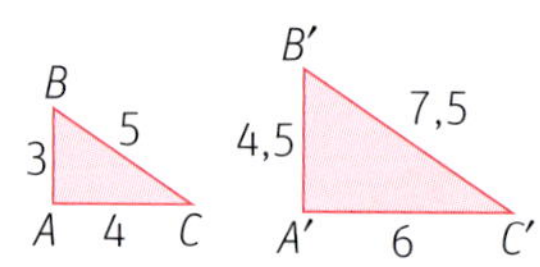

Cuando tienen los lados proporcionales.

Consecuencias

Teorema de la altura

$h^2 = m \cdot n$

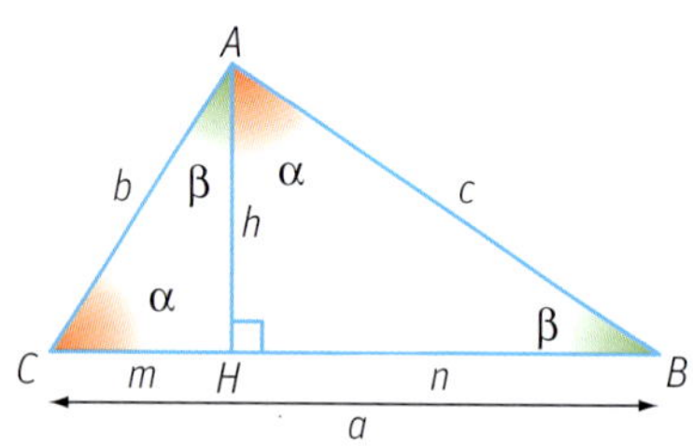

Teorema del cateto

$b^2 = a \cdot m \qquad c^2 = a \cdot n$

TRIGONOMETRÍA

Razones trigonométricas

- $\operatorname{sen}\alpha = \dfrac{\text{cateto opuesto}}{\text{hipotenusa}}$
- $\cos\alpha = \dfrac{\text{cateto contiguo}}{\text{hipotenusa}}$
- $\operatorname{tg}\alpha = \dfrac{\text{cateto opuesto}}{\text{cateto contiguo}}$

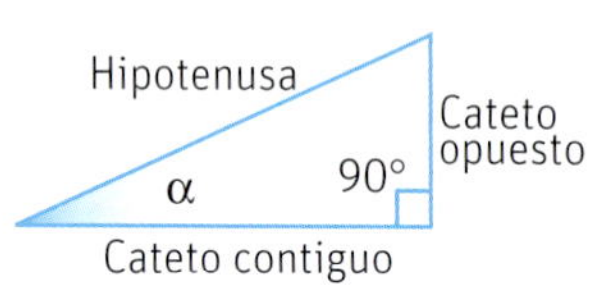

Relaciones entre razones trigonométricas

- $\operatorname{sen}^2\alpha + \cos^2\alpha = 1$
- $\operatorname{tg}\alpha = \dfrac{\operatorname{sen}\alpha}{\cos\alpha}$
- $1 + \operatorname{tg}^2\alpha = \dfrac{1}{\cos^2\alpha}$

1. Calcula $\overline{ED}$ y $\overline{EC}$.

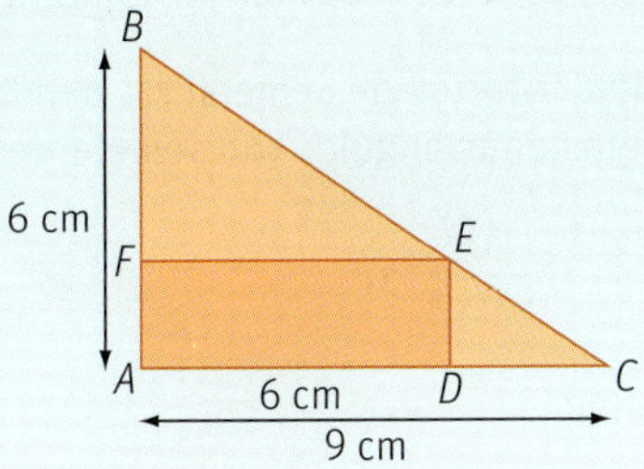

Los triángulos *ABC* y *DEC* son semejantes porque están en posición de Tales, por tanto:

$$\frac{\overline{BA}}{\overline{ED}}=\frac{\overline{AC}}{\overline{DC}}\Rightarrow\frac{6}{\overline{ED}}=\frac{9}{9-6}\Rightarrow\overline{ED}=\frac{6\cdot 3}{9}=2\text{ cm}$$

El triángulo *DEC* es rectángulo:

$$\overline{EC}=\sqrt{\overline{ED}^2+\overline{DC}^2}=\sqrt{2^2+3^2}=\sqrt{13}\text{ cm}$$

2. El triángulo *ABC* es rectángulo en $\hat{A}$. Calcula las razones trigonométricas del ángulo α.

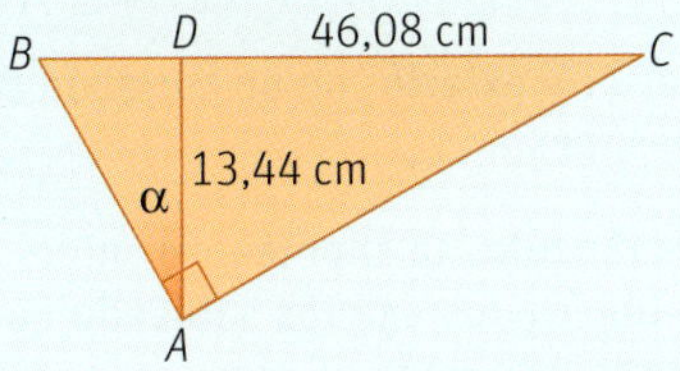

Calcula la medida de α en grados sexagesimales.

Aplicando el teorema de la altura al triángulo *ABC*, se obtiene el valor de la longitud $\overline{BD}$:

$$\overline{AD}^2=\overline{BD}\cdot\overline{DC}\Rightarrow\overline{BD}=\frac{\overline{AD}^2}{\overline{DC}}=\frac{13{,}44^2}{46{,}08}=3{,}92\text{ cm}$$

La hipotenusa del triángulo rectángulo *ADB* vale:

$$\overline{AB}=\sqrt{13{,}44^2+3{,}92^2}=14\text{ cm}$$

Por tanto:

$$\operatorname{sen}\alpha=\frac{\text{cateto opuesto}}{\text{hipotenusa}}=\frac{\overline{BD}}{\overline{AB}}=\frac{3{,}92}{14}=0{,}28$$

$$\cos\alpha=\frac{\text{cateto contiguo}}{\text{hipotenusa}}=\frac{\overline{AD}}{\overline{AB}}=\frac{13{,}44}{14}=0{,}96$$

$$\operatorname{tg}\alpha=\frac{\text{cateto opuesto}}{\text{cateto contiguo}}=\frac{\overline{BD}}{\overline{AD}}=\frac{3{,}92}{13{,}44}=\frac{7}{24}$$

Con la ayuda de cualquiera de las razones trigonométricas de α, se obtiene su medida:

$$\operatorname{sen}\alpha=0{,}28\Rightarrow\alpha=\operatorname{arc\,sen}0{,}28=16^\circ\,15'\,37''$$

3. Simplifica todo lo que puedas la expresión trigonométrica:

$$\frac{\operatorname{sen}x-\cos x}{\operatorname{tg}x-1}$$

Se expresan todas las razones trigonométricas en función del seno y del coseno y se opera:

$$\frac{\operatorname{sen}x-\cos x}{\operatorname{tg}x-1}=\frac{\operatorname{sen}x-\cos x}{\frac{\operatorname{sen}x}{\cos x}-1}=\frac{\operatorname{sen}x-\cos x}{\frac{\operatorname{sen}x-\cos x}{\cos x}}=\frac{(\operatorname{sen}x-\cos x)\cos x}{\operatorname{sen}x-\cos x}=\cos x$$

4. Un edificio de cinco plantas de igual altura proyecta, en un cierto instante, una sombra de 22 m. Calcula la altura de cada planta si se sabe que en ese mismo momento una farola de 3 m de altura proyecta una sombra de 4,5 m.

En un mismo instante, los rayos del sol tienen la misma inclinación y, por tanto, los triángulos rectángulos cuyos catetos son las alturas y las sombras son semejantes.

En consecuencia:

$$\frac{h}{3}=\frac{22}{4{,}5}\Rightarrow h=\frac{22\cdot 3}{4{,}5}=14{,}67\text{ m}$$

Cada planta medirá:

$$\frac{14{,}67}{5}=2{,}93\text{ m}$$

Actividades

EJERCICIOS PARA PRACTICAR

Figuras semejantes. Teorema de Tales

53. Comprueba que las siguientes figuras son semejantes y calcula la razón de semejanza.

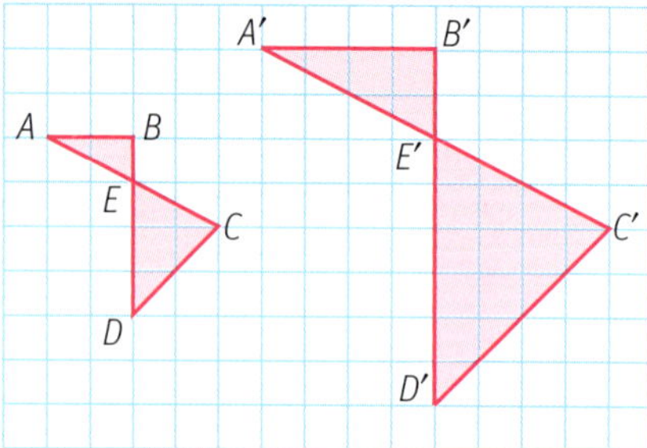

54. Calcula la razón de semejanza y los valores de los lados desconocidos de las siguientes parejas de triángulos semejantes, cuyas medidas en centímetros son:

a) 3, 4, 6 y 4,5; a, b b) a, 4, 3 y 2, 2, b

55. Calcula la longitud de x.

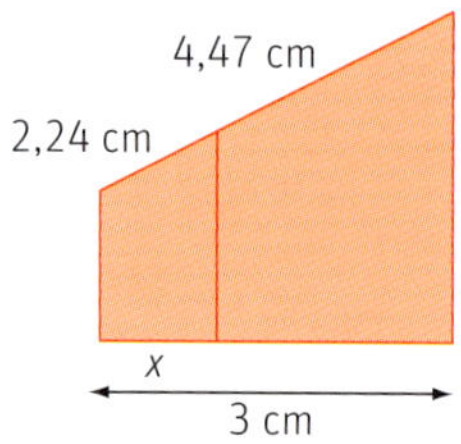

56. Si los segmentos AC y MN son paralelos, halla la medida del lado BC.

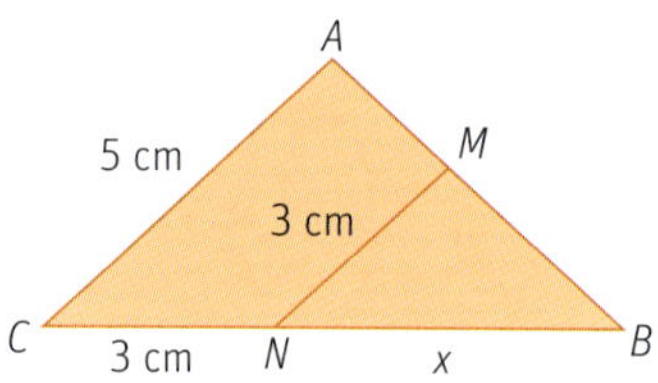

57. Calcula el valor de las variables en las siguientes figuras.

a)

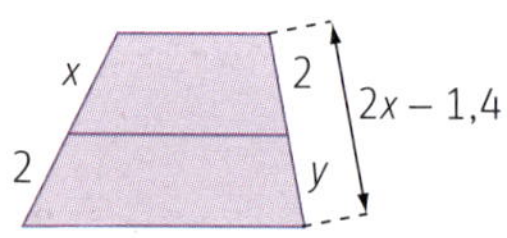

b)

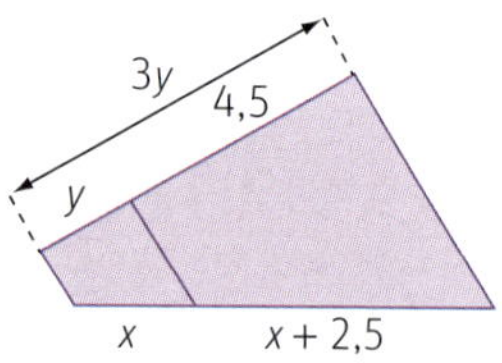

Criterios de semejanza de triángulos y consecuencias

ACTIVIDAD **RESUELTA**

58. Dos triángulos tienen por ángulos 42° y 68° el primero y 70° y 68° el segundo. Comprueba que son semejantes.

- Los ángulos del primer triángulo son:

$$42°, 68° \text{ y } 180° - 42° - 68° = 70°$$

- Los ángulos del segundo triángulo son:

$$70°, 68° \text{ y } 180° - 70° - 68° = 42°$$

Como los dos triángulos tienen dos ángulos iguales, por el primer criterio de semejanza, son semejantes.

59. De dos triángulos se conocen las medidas de dos de sus ángulos. Indica en cada caso si son semejantes.

a) 50°, 40° y 90°, 40° b) 50°, 40° y 40°, 30°

60. Utilizando alguno de los criterios de semejanza, demuestra que las siguientes parejas de triángulos son semejantes.

a)

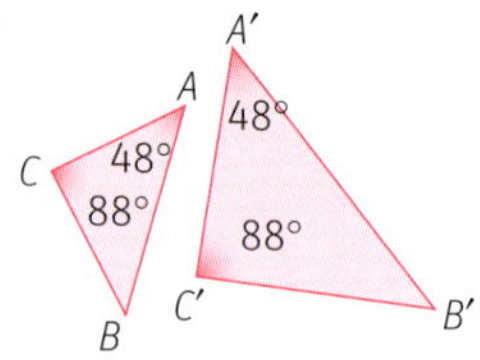

c)

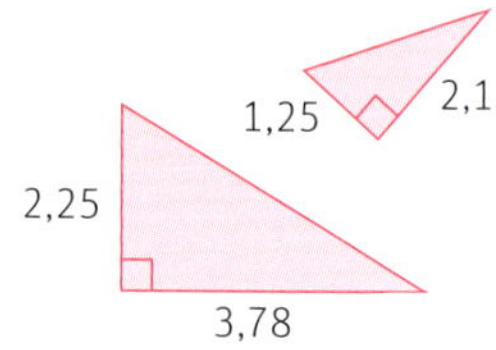

b)

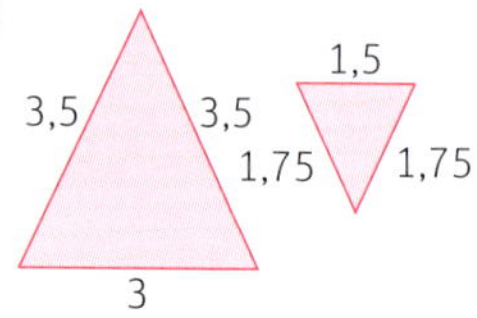

d)

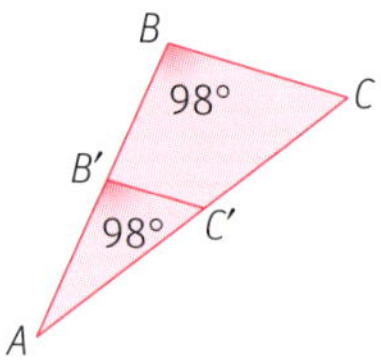

61. ¿Los triángulos interior y exterior de un cartabón son semejantes? Razona tu respuesta.

62. En un triángulo rectángulo, la hipotenusa mide 125 mm. Calcula el valor de uno de los catetos sabiendo que su proyección sobre la hipotenusa mide 45 mm.

63. En un triángulo rectángulo, uno de los catetos mide 54 dm, y su proyección sobre la hipotenusa, 32,4 dm. Calcula la medida de la hipotenusa.

64. En un triángulo rectángulo, los catetos miden 24 cm y 7 cm, respectivamente. Calcula el valor de la hipotenusa y las medidas de las proyecciones de los catetos sobre ella. Calcula también el valor de la altura sobre la hipotenusa.

65. En el siguiente triángulo rectángulo en A, calcula la medida de los segmentos desconocidos.

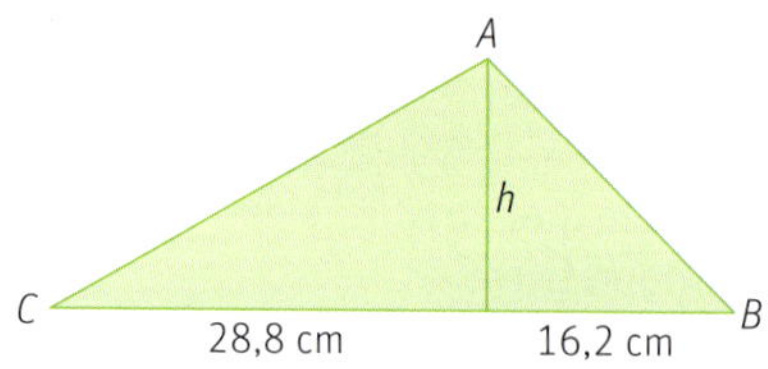

Razones de perímetros, áreas y volúmenes. Escalas

66. El perímetro de un triángulo equilátero mide 90 cm. Halla las medidas de los lados de otro triángulo equilátero semejante al anterior, si la razón de semejanza es $k = \frac{3}{4}$. ¿Cuál es la razón de sus áreas?

67. Las medidas de un rectángulo son 3 cm y 5 cm. Calcula las medidas de otro rectángulo semejante al anterior y tal que su perímetro mida 40 cm.

68. La arista de un cubo mide 12 m. Halla la medida de la arista de otro cubo semejante, si la razón de sus volúmenes es $\frac{1}{8}$.

69. Dos ciudades distan 60 cm en un mapa de escala 1:250 000. ¿Cuál es la distancia real entre las ciudades?

Razones trigonométricas

70. Con la ayuda de la calculadora, halla los valores de las siguientes razones trigonométricas.

a) sen 67°
b) sen 44° 51'
c) cos 77°
d) cos 84° 21'
e) tg 39°
f) tg 13° 2' 35"

71. Con la ayuda de la calculadora, halla las medidas de los siguientes ángulos agudos. Aproxima los resultados a los minutos.

a) $\text{sen}\ \alpha = 0{,}125$
b) $\text{sen}\ \alpha = 0{,}85$
c) $\cos \alpha = 0{,}245$
d) $\cos \alpha = 0{,}645$
e) $\text{tg}\ \alpha = 1{,}25$
f) $\text{tg}\ \alpha = 0{,}556$

72. Calcula las medidas de los ángulos indicados en los siguientes triángulos rectángulos. Da los resultados aproximando a los minutos.

a)
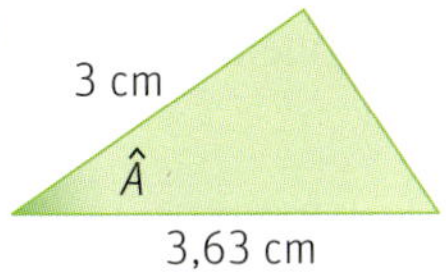

b)
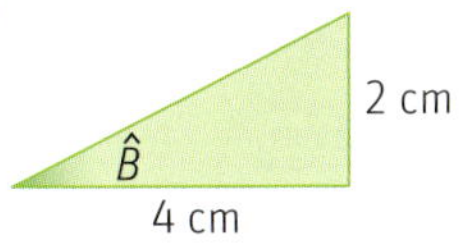

c)
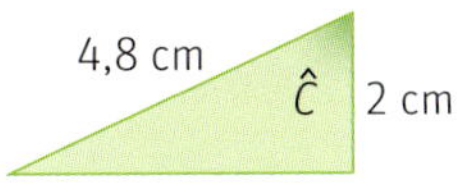

d)
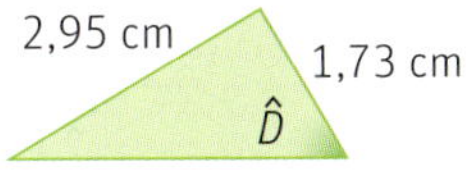

73. La hipotenusa y uno de los catetos de un triángulo rectángulo miden 20 dm y 16 dm, respectivamente. ¿Cuáles son las razones trigonométricas de su ángulo agudo de menor amplitud?

74. Copia y completa la siguiente tabla en tu cuaderno.

Ángulo	30°	45°	60°
Seno	●●●	●●●	●●●
Coseno	●●●	●●●	●●●
Tangente	●●●	●●●	●●●

¿Cómo son el seno de 30° y el coseno de 60°?

Observa que estos ángulos suman 90° y comprueba, con la ayuda de la calculadora, que ocurre lo mismo con el seno y el coseno de 20° y 70°. ¿Ocurre siempre con ángulos que sumen 90°?

Resolución de triángulos rectángulos

75. Calcula la medida de los ángulos y lados desconocidos.

a)
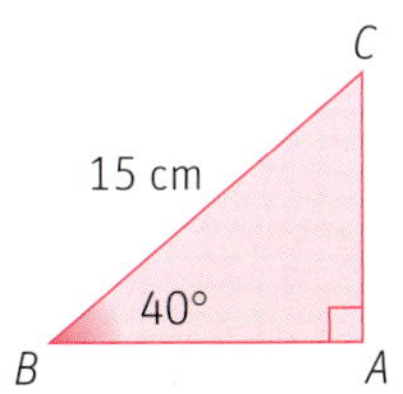

b)
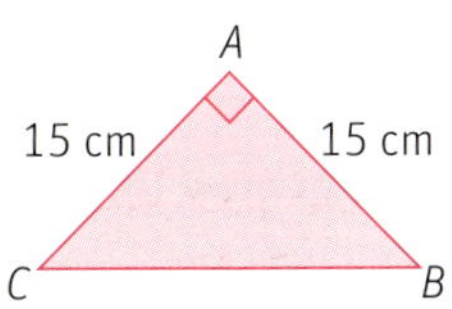

c)
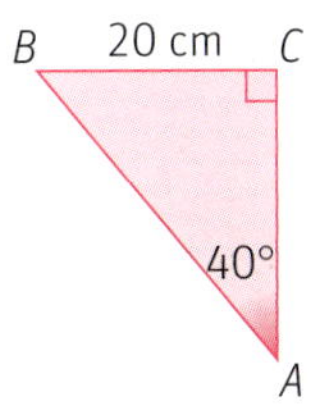

d)
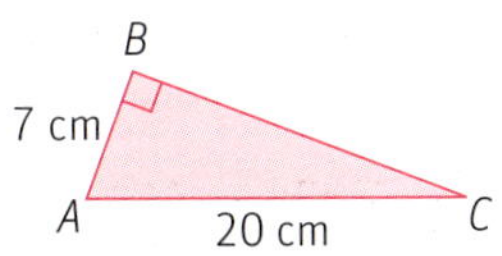

76. Halla la medida de los ángulos y lados restantes de los siguientes triángulos sabiendo que $\hat{B}$ es un ángulo recto.

a) $\hat{C} = 65°$, $a = 22$ cm
b) $c = 15$ cm, $b = 18$ cm

77. Halla la longitud de:

a) La altura de un triángulo equilátero de 50 cm de lado.

b) La altura sobre el lado desigual de un triángulo isósceles si ese lado mide 25 cm y su ángulo opuesto 75°.

78. Halla las razones trigonométricas del menor ángulo agudo de un triángulo rectángulo cuya hipotenusa mide el doble que uno de los catetos.

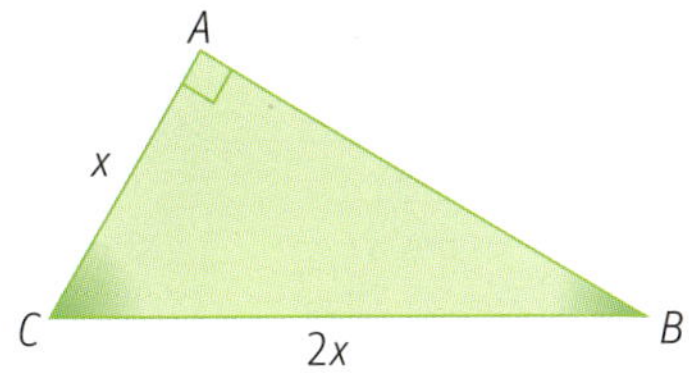

79. Calcula el perímetro y el área del trapecio rectángulo de la figura.

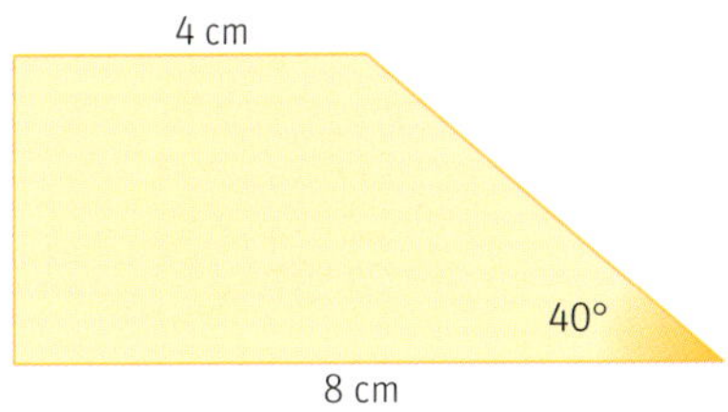

80. Un trapecio rectángulo tiene por bases 15 cm y 25 cm. El lado que no es perpendicular a las bases mide 12 cm. Calcula los ángulos del trapecio.

Relaciones trigonométricas

81. Calcula el coseno y la tangente de un ángulo agudo α si $\text{sen}\ \alpha = 0{,}6$.

82. Halla el seno y la tangente de un ángulo agudo α cuyo coseno vale 0,75.

83. Calcula el seno y el coseno de un ángulo agudo α cuya tangente es igual a $\sqrt{7}$.

84. Halla las razones trigonométricas restantes del ángulo agudo α en cada caso.

a) $\cos \alpha = \dfrac{2}{3}$
b) $\text{sen}\ \alpha = 0{,}75$
c) $\cos \alpha = \dfrac{3}{8}$
d) $\text{tg}\ \alpha = \sqrt{2}$

85. Calcula las razones trigonométricas restantes del ángulo agudo α en cada caso.

a) $\dfrac{1}{\cos\alpha} = \dfrac{7}{4}$
b) $\dfrac{1}{\text{sen}\alpha} = 1{,}11$
c) $\dfrac{1}{\text{tg}\alpha} = \dfrac{\sqrt{2}}{2}$

86. Comprueba si existe un ángulo α tal que:

a) $\text{sen}\ \alpha = 0{,}52$ y $\cos \alpha = 0{,}43$

b) $\text{tg}\ \alpha = 1{,}483$ y $\sec \alpha = 1{,}789$

c) $\text{sen}\ \alpha = 0{,}7071$ y $\cos \alpha = -0{,}7002$

Actividades

ACTIVIDAD **RESUELTA**

87. **Demuestra la identidad trigonométrica.**

$$\frac{\cos\alpha + \text{tg}\,\alpha \cdot \text{sen}\,\alpha}{1+\text{tg}^2\,\alpha} = \cos\alpha$$

Se escriben todas las razones trigonométricas en función del seno y del coseno y se opera:

$$\frac{\cos\alpha + \text{tg}\,\alpha \cdot \text{sen}\,\alpha}{1+\text{tg}^2\,\alpha} = \frac{\cos\alpha + \dfrac{\text{sen}\,\alpha}{\cos\alpha}\cdot \text{sen}\,\alpha}{\dfrac{1}{\cos^2\alpha}} = \frac{\cos\alpha + \dfrac{\text{sen}^2\,\alpha}{\cos\alpha}}{\dfrac{1}{\cos^2\alpha}} =$$

$$= \frac{\dfrac{\cos^2\alpha + \text{sen}^2\,\alpha}{\cos\alpha}}{\dfrac{1}{\cos^2\alpha}} = \frac{\dfrac{1}{\cos\alpha}}{\dfrac{1}{\cos^2\alpha}} = \cos\alpha$$

88. Demuestra las siguientes igualdades.

a) $\sqrt{\dfrac{1}{1+\text{tg}^2\,x}} = \cos x$

b) $\dfrac{\text{sen}\,\alpha \cdot \cos\alpha}{\text{tg}\,\alpha} = 1 - \text{sen}^2\,\alpha$

c) $(1 + \text{tg}^2\,\alpha) \cdot \cos^2\alpha = 1$

d) $\text{tg}^2\,\alpha \cdot (1 - \text{sen}^2\,\alpha) = \text{sen}^2\,\alpha$

e) $\dfrac{\text{sen}^2\,x - \cos^2 x + 1}{2} = \text{sen}^2\,x$

f) $\dfrac{\text{sen}^3\,x + \text{sen}^2\,x\cos x}{\text{sen}\,x + \cos x} = \text{sen}^2\,x$

Aplicaciones de la trigonometría

89. Cada lado de un polígono regular de doce lados mide 4 cm. Halla el radio, la apotema, el perímetro y el área del polígono.

90. Halla el área de los siguientes triángulos.

a) $a = 6$ cm, $b = 4{,}54$ cm, $\hat{C} = 34{,}5°$

b) $\hat{A} = 30°$, $b = 8$ cm, $c = 9{,}72$ cm

91. Calcula el ángulo que forman las diagonales indicadas.

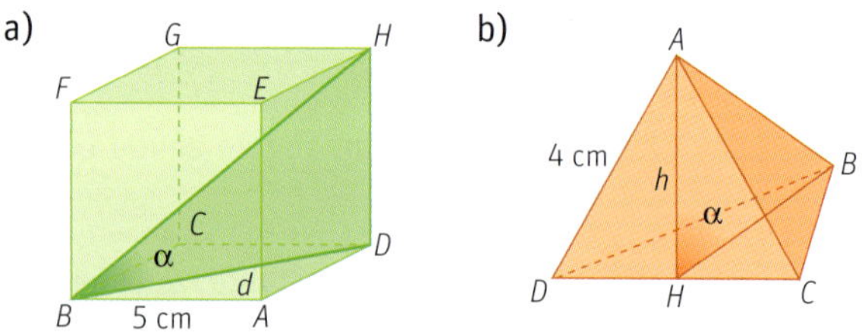

92. Una de las diagonales de un rectángulo mide 6 cm y forma un ángulo de 42° con uno de sus lados. Calcula el perímetro y el área del rectángulo.

93. Calcula la diagonal de un ortoedro de dimensiones $a = 6$ cm, $b = 6$ cm y $c = 4$ cm.

94. Indica el número de lados de un polígono regular cuyo radio mide 24,27 cm y cuyo lado mide 15 cm.

95. Calcula la medida de la diagonal D, el área y el volumen del ortoedro de la figura sabiendo que la base es un cuadrado de 5 cm de lado.

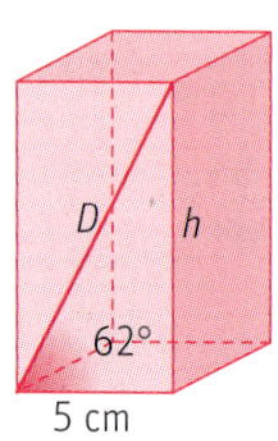

Actividades de síntesis

96. Utilizando los criterios de semejanza, encuentra triángulos semejantes en las siguientes figuras y calcula las medidas de los segmentos desconocidos.

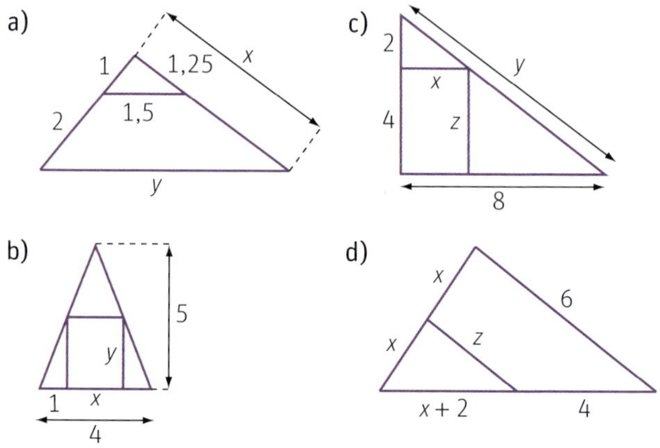

97. Calcula los lados y los ángulos del siguiente triángulo rectángulo.

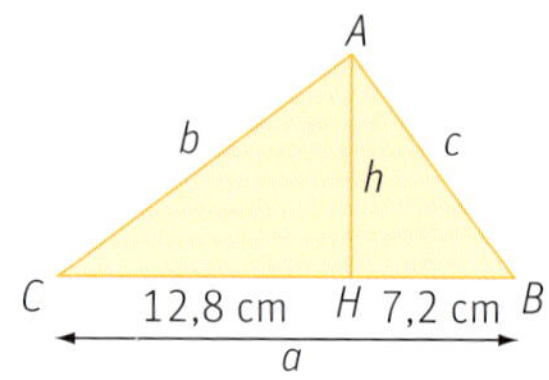

ACTIVIDAD **RESUELTA**

98. **¿Verdadero o falso? Razona tu respuesta.**

a) **Todos los cuadrados son semejantes.**

b) **Todos los triángulos rectángulos son semejantes.**

c) **Todos los pentágonos regulares son semejantes.**

a) Verdadero: los ángulos homólogos son iguales porque todos son rectos y el cociente entre dos lados homólogos es siempre igual, ya que dichos cocientes tienen el mismo numerador y el mismo denominador.

b) Falso: los tres ángulos de un triángulo rectángulo no son siempre los mismos. Solo se puede asegurar que uno de ellos es de 90°.

c) Verdadero: la suma de los ángulos interiores de un polígono de n lados es $(n - 2) \cdot 180°$. Luego todos los ángulos son iguales a $\dfrac{(5-2)\cdot 180}{5} = 108°$.

Además, los lados correspondientes son proporcionales porque los lados de un pentágono regular son iguales y, por tanto, el cociente entre dos lados homólogos es siempre el mismo.

99. ¿Verdadero o falso? Razona tu respuesta.

a) Todos los rectángulos son semejantes.

b) Todos los triángulos equiláteros son semejantes.

c) Todos los triángulos que son a la vez rectángulos e isósceles son semejantes.

d) Todos los hexágonos regulares son semejantes.

e) Todas las circunferencias son semejantes.

PROBLEMAS PARA RESOLVER

100. Emprende

Halla la altura del edificio donde estudias utilizando únicamente un lápiz, un papel y una cinta métrica. Explica el método que has utilizado.

101. La sombra de un edificio es de 22,5 m y, en ese mismo momento, la sombra de un palo de 1 m de altura es de 1,25 m. Calcula la altura del edificio.

102. La carretera que une dos localidades mide 12 km. Calcula la distancia que separa a dichas ciudades en un mapa de escala 1:25 000.

ACTIVIDAD RESUELTA

103. Una avioneta está volando entre dos ciudades *A* y *B* que distan 20 km. Los ángulos de depresión desde la avioneta hasta cada una de las ciudades son de 55° y 48°, respectivamente. Calcula la altura a la que está volando la avioneta y las distancias a las que se encuentra de *A* y *B*.

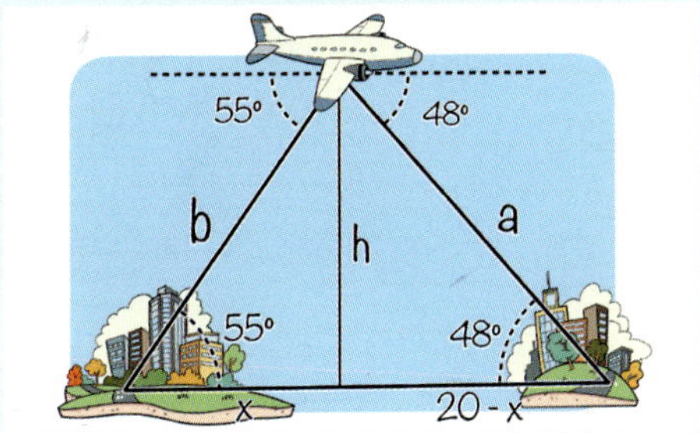

$$\left\{\begin{array}{l}\text{tg } 55° = \dfrac{h}{x} = 1{,}428 \Rightarrow h = 1{,}428x \\ \text{tg } 48° = \dfrac{h}{120 - x} = 1{,}111 \Rightarrow h = 22{,}22 - 1{,}111x\end{array}\right. \Rightarrow$$

$$\Rightarrow 1{,}428x = 22{,}22 - 1{,}111x \Rightarrow 2{,}539x = 22{,}22 \Rightarrow$$

$$\Rightarrow x = \frac{22{,}22}{2{,}539} = 8{,}75 \text{ km y } h = 1{,}428 \cdot x = 12{,}5 \text{ km}$$

$$\cos 55° = \frac{x}{b} \Rightarrow b = \frac{x}{\cos 55°} = 12{,}26 \text{ km}$$

$$\cos 48° = \frac{20 - x}{a} \Rightarrow a = \frac{20 - x}{\cos 48°} = 16{,}81 \text{ km}$$

104. Para que una antena permanezca vertical se han colocado dos anclajes en el suelo a ambos lados y alineados con su base. La distancia entre los anclajes es de 40 m, y si se observa la parte más alta de la antena desde cada uno de ellos, los ángulos de elevación son de 30° y 60°, respectivamente. Halla la altura de la antena.

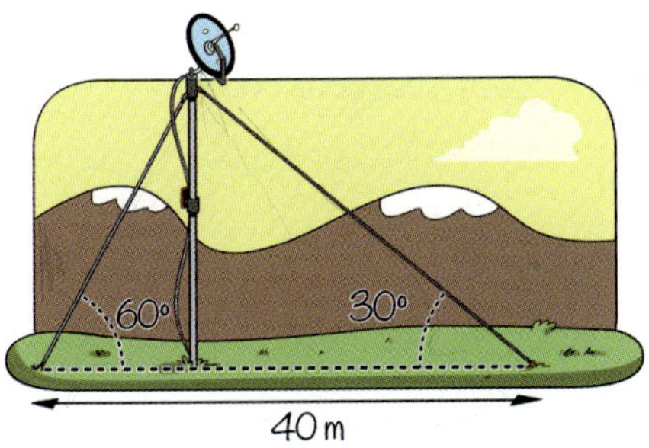

105. Una escalera está apoyada sobre la ventana de un edificio. Si bascula sobre su base, se apoya en una farola.

a) Cuál es el ángulo de inclinación de la escalera cuando se apoya en la ventana? ¿Y cuando se apoya en la farola?

b) Calcula la distancia entre la fachada del edificio y la farola.

106. Desde un lugar situado cerca de una montaña se observa el pico más alto con un ángulo de elevación de 45°. Si se retroceden 1061 m, el ángulo es de 30°. Calcula la altura de la montaña.

107. Desde el punto más alto de un edificio se ve un coche aparcado con un ángulo de depresión de 28°. Al bajar a otro piso del mismo edificio situado a 12 m del anterior, el ángulo de depresión pasa a ser de 14°. Calcula la distancia del coche al punto más bajo del edificio y la altura del mismo.

108. Se quieren fabricar losetas como las de la figura que estén formadas por un rombo de diagonales 18, 10 y 8,36 cm, respectivamente, y un cuadrado inscrito en él. Calcula el área de la zona verde y la suma de las áreas de las zonas naranjas.

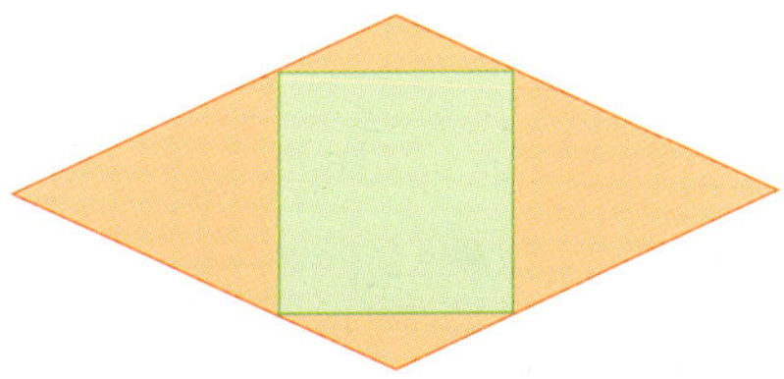

109. El carné del polideportivo tiene la propiedad de que el rectángulo *ABCD* que lo forma es semejante al rectángulo *ECDF*. La zona *ABEF* es un cuadrado de lado *b*. Calcula el cociente de las medidas *a* y *b* del carné.

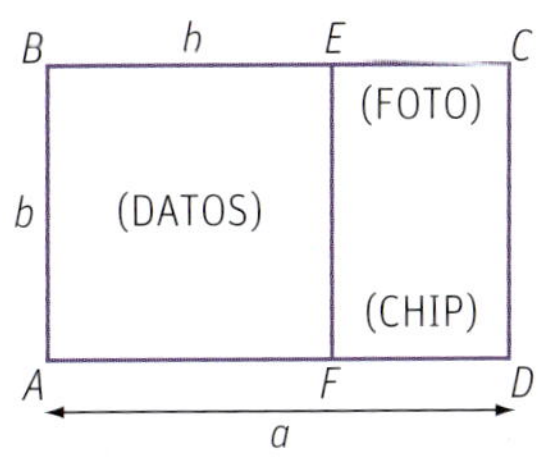

Encuentra el error

110. Halla la hipotenusa de un triángulo rectángulo de área 46,875 cm² semejante a otro cuyos catetos miden 5 y 12 cm.

- El área del triángulo semejante es: $\dfrac{12 \cdot 5}{2} = 30 \text{ cm}^2$
- Su hipotenusa mide: $\sqrt{5^2 + 12^2} = 13 \text{ cm}$

Por tanto, la razón de semejanza es: $\dfrac{46{,}875}{30} = 1{,}5625$

Y la hipotenusa del otro triángulo es $13 \cdot 1{,}5625 = 20{,}3125$ cm

¿Dónde está error?

Ponte a prueba

PROBLEMA RESUELTO La profundidad del pozo

Andrés quiere medir la profundidad *h* del pozo de la figura. Se coloca en un punto *P* del suelo, de forma que ve alineados el borde *A* del pozo y el fondo contrario *F* del mismo. Si sus ojos están a una altura de 157,5 cm del suelo y ha comprobado que la distancia entre los puntos *P* y *A* es de 1,05 m y que la anchura del pozo es de 1,65 m:

1. Calcula la profundidad del pozo en metros.

   A. 2,475 B. 4,275 C. 24,75 D. 42,75

2. ¿Cuántos centímetros deberá alejarse Andrés del punto *P*, para que su visual alinee la esquina *A* con el nivel del agua *N* si sabe que el pozo está lleno en un 75 % de su capacidad?

SOLUCIÓN

1. En primer lugar, se realiza un esquema de la situación:

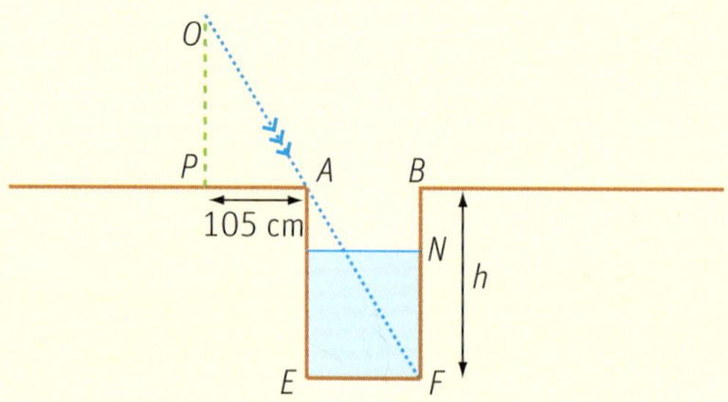

Los triángulos *APO* y *FEA* son semejantes ya que ambos son rectángulos y sus ángulos $\widehat{POA}$ y $\widehat{EAF}$ son iguales. Por tanto, sus lados son proporcionales. En particular:

$$\frac{\overline{OP}}{\overline{PA}}=\frac{\overline{AE}}{\overline{EF}}\Rightarrow\frac{157,5}{105}=\frac{h}{165}\Rightarrow h=\frac{157,5\cdot 165}{105}=247,5\text{ cm}$$

El pozo tiene una profundidad de A: 2,475 m.

2. El nivel del agua está a una profundidad de $0,25\cdot 247,5=61,875$ cm.

   Aplicando otra vez el teorema de Tales para triángulos semejantes:

$$\frac{157,5}{x}=\frac{61,875}{165}\Rightarrow x=\frac{157,5\cdot 165}{61,875}=420\text{ cm}$$

   Andrés debe alejarse $420-105=315$ cm $=3,15$ m.

El túnel de Eupalinos

Cuando Polícrates encargó a Eupalinos construir un túnel bajo la montaña que, partiendo simultáneamente de *A* y *B*, se encontrara en las profundidades de la roca, el sabio griego recurrió a los triángulos semejantes.

El siguiente método le permitió calcular la dirección con la que se debía horadar la montaña desde cada uno de los extremos:

1. Traza el triángulo imaginario *ABC* y, en la falda de la montaña, toma las medidas $AP=100$ m, $PQ=700$ m, $QR=1060$ m y $RB=300$ m, en las que todos los ángulos son rectos. Obtén las distancias *AC* y *CB*.
2. ¿Cuánto medirá el túnel?
3. ¿Cómo deben ser los segmentos *PX* y *RY* para que los triángulos *ABC*, *XPA* y *BRY* sean semejantes?
4. Halla las distancias *PX* y *RY*.

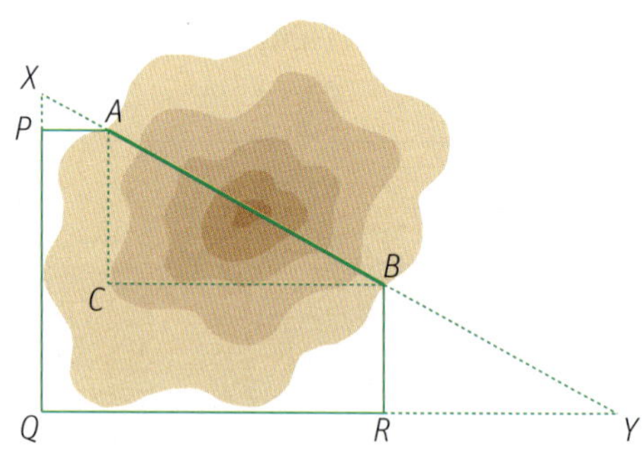

La altura del alcornoque

Cinthya ha encontrado un alcornoque con un nido de buitre negro en la copa. Se ha alejado unos 35 m del árbol para mirar con su catalejo y poder observar el nido con perspectiva. Sus ojos están a una altura de metro y medio y el catalejo forma un ángulo de 11° con el suelo.

1. ¿A qué altura está el nido?
   - A. A menos de 6 m
   - B. Entre 6 y 6,5 m
   - C. Entre 6,5 y 7 m
   - D. A más de 7 m
2. Si se aleja 100 m del pie del alcornoque, ¿aumenta o disminuye la inclinación del catalejo para seguir observando el nido? ¿Qué ángulo forma el catalejo con el suelo en este caso?

Tiro a gol

Olga entrena para la competición provincial de fútbol femenino. El campo donde entrena es un rectángulo de dimensiones 40 m × 25 m y el ancho de la portería es de 3 m.

El entrenador le ha pedido que se coloque justo en P, que es el punto medio de la banda. Olga quiere saber qué ángulo α de tiro a gol tiene en este punto.

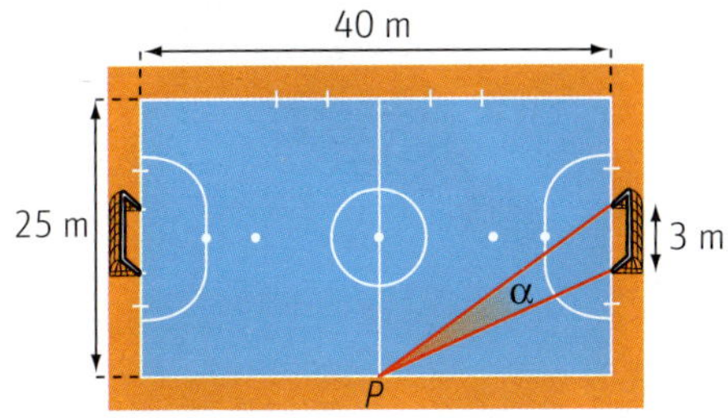

1. Busca dos triángulos rectángulos en los que intervenga, de alguna forma, el ángulo α e indica el valor de sus catetos.
2. Con la ayuda de estos triángulos, calcula el valor de α como diferencia de dos ángulos agudos de ellos.
3. Si se coloca en otro punto Q de la banda situado a 10 m del córner, ¿tiene mayor o menor ángulo de tiro que en P?

AUTOEVALUACIÓN

1. Calcula el valor de x, y, z en la siguiente figura.

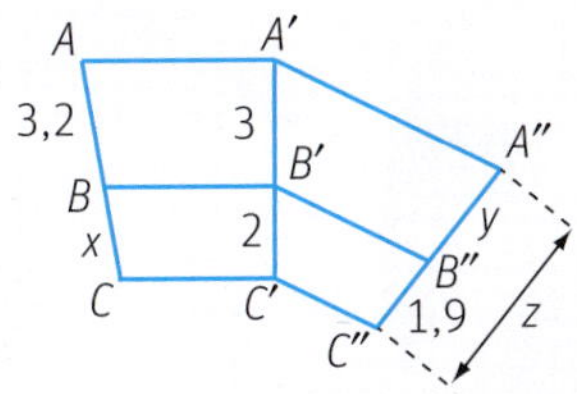

2. El perímetro de un triángulo es de 15 cm y es semejante a otro triángulo de lados 7,5; 6 y 9 cm. ¿Cuánto miden los lados de ese triángulo? ¿Cuál es la razón de semejanza?

3. Las áreas de dos hexágonos semejantes son de 104 cm y 26 cm² respectivamente. ¿Cuánto mide el perímetro del mayor si el del menor es de 12 cm?

4. El triángulo de la figura es rectángulo en A.

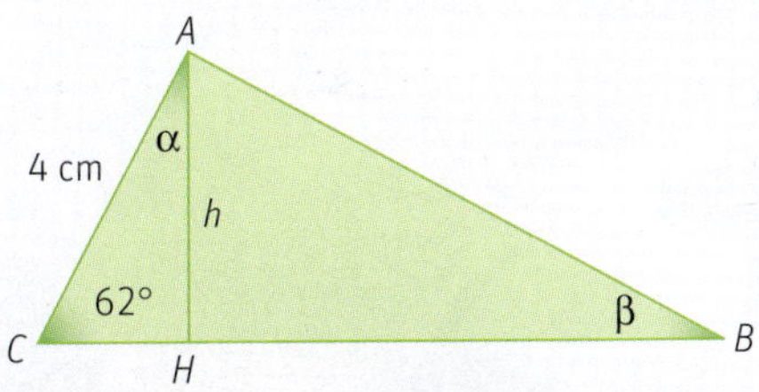

   a) Calcula las amplitudes de los ángulos α y β y sus razones trigonométricas.

   b) Calcula la medida del cateto desconocido, de la hipotenusa y de la altura sobre la hipotenusa, h.

5. Halla el seno y el coseno del ángulo agudo α tal que $\operatorname{tg} \alpha = \frac{4}{3}$.

6. Se sabe que el seno de un ángulo agudo β de un triángulo rectángulo es 0,45. Calcula el coseno de dicho ángulo y la tangente del otro ángulo agudo del triángulo.

7. Resuelve los siguientes triángulos.

   a)

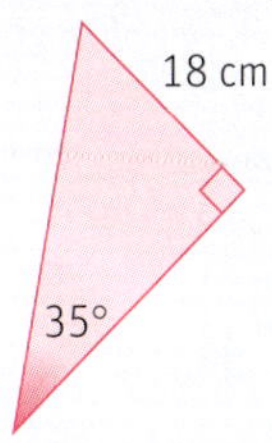

   b)

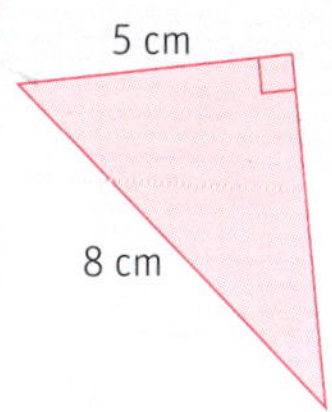

8. Calcula el perímetro y la apotema de un decágono inscrito en una circunferencia de radio 25 cm.

9. En el momento del día en que los rayos del sol forman un ángulo de 60° con la horizontal, la sombra que proyecta un árbol en el suelo es de 2,6 m. ¿Cuánto mide el árbol?

8 Problemas métricos

- ¿Los elementos geométricos son los mismos en el plano y en el espacio?
- ¿Puedes calcular el área y el volumen de una pieza cúbica?, ¿y cilíndrica?, ¿y esférica?
- ¿Puedes calcular una superficie para reforestación?

Analiza y calcula

"π le debe mucho a Arquímedes, o Arquímedes a π, según se mire".

¿Qué quiere decir el autor con esto?

¿Qué relación hay entre los volúmenes de una esfera y un cono? ¿Y de una esfera y un cilindro? ¿Cómo las descubrió?

Lee y comprende

Historias de π

π le debe mucho a Arquímedes, o Arquímedes a π, según se mire. En efecto, este sabio polifacético, el primer ingeniero militar, que con sus diabólicos inventos bélicos trajo en jaque durante dos años a los ejércitos del general romano Marcelo, es el padre de un buen número de descubrimientos relacionados con las figuras y los cuerpos redondos.

[...] Un cilindro, un cono, una esfera... son cuerpos redondos. El número π es la llave para poder calcular las áreas y los volúmenes de todos ellos. Y, como casi siempre que aparece esta llave, es Arquímedes quien nos enseña a usarla. Descubrir la manera de calcular las áreas laterales del cilindro y del cono no le debió de suponer a Arquímedes un esfuerzo especial, ya que basta con extender en un plano estas superficies. Los volúmenes de ambos cuerpos también dependen de π.

Lo que ya no es una tarea tan simple es descubrir la superficie y el volumen de una esfera. En su todavía hoy asombroso libro *Sobre la esfera y el cilindro*, el sabio de Siracusa demuestra que la superficie de la esfera es cuatro veces la superficie de su círculo máximo. Descubrió que el volumen de una esfera es cuatro veces el del cono que tiene por base el círculo máximo de la esfera y por altura el radio de la misma.

Además, introduciendo una esfera en un cilindro de igual radio descubrió las relaciones entre las áreas y los volúmenes de ambas figuras. Utilizando sus propias palabras recogidas de su carta a Dositeo, director del Museo de Alejandría:

"[...] cualquier cilindro, que tenga como base el círculo máximo de una esfera y la misma altura que la esfera, tiene por volumen una vez y media el de la esfera. Y su superficie, incluyendo sus bases, es también una vez y media la superficie de la esfera".

Arquímedes se sintió siempre tan orgulloso del descubrimiento de esta relación que se la quiso llevar a la tumba. Pidió que el cantero grabara en su mausoleo la figura de una esfera metida dentro de un cilindro.

ANTONIO PÉREZ SANZ:
Historias de π. Universo matemático.
(Documental)

Reflexiona y saca conclusiones

Arquímedes es, sin duda, uno de los científicos más notables de la historia. Y autor de al menos dos de los dichos más populares de la historia de la ciencia: "¡Eureka, lo encontré!", y "Dadme un punto de apoyo y moveré el mundo".

¿A qué dos fenómenos físicos se refieren estos dichos?

¿Por qué es más fácil descubrir la superficie y el volumen del cilindro y del cono que los de la esfera?

1 Elementos geométricos en el plano y en el espacio

> **Ten en cuenta**
>
> Los puntos se nombran con letras mayúsculas: *A*, *B*, *C*...
>
> Las rectas se nombran con letras minúsculas: *r*, *s*, *t*...
>
> Los planos se nombran con letras minúsculas (a veces griegas): *a*, *b*; α, β, π...

En el espacio geométrico aparecen **tres elementos básicos**:

Puntos	Rectas	Planos
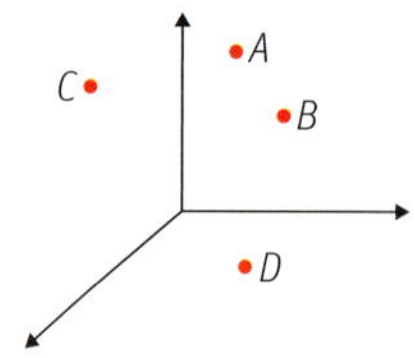	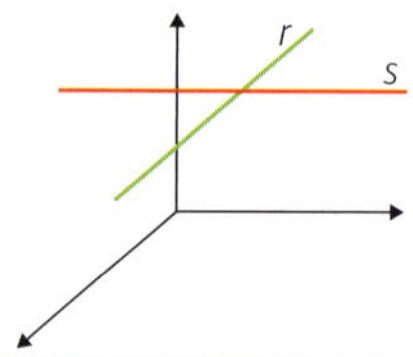	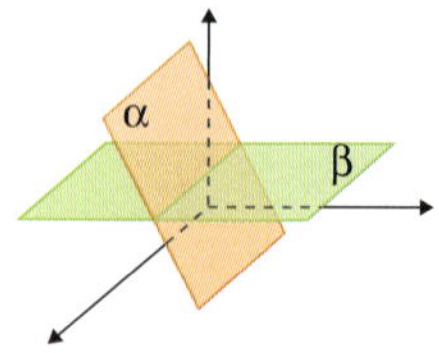
Los puntos tienen dimensión 0.	Las rectas tienen dimensión 1.	Los planos tienen dimensión 2.

Posiciones relativas en el espacio

- Rectas

Secantes	Paralelas	Se cruzan
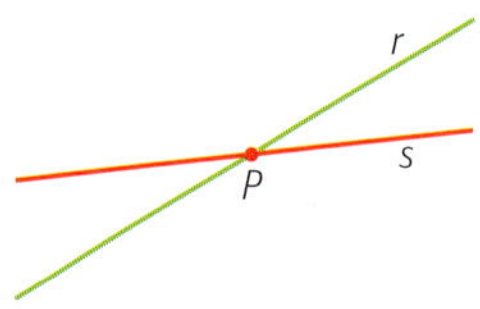	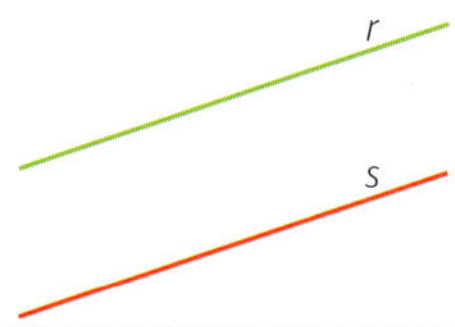	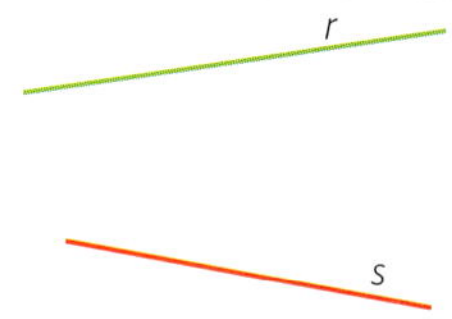

- Planos

Secantes	Paralelos
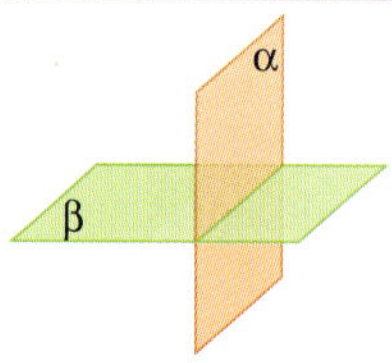	

Figuras planas

Figuras poligonales			
Triángulos	**Cuadriláteros**		
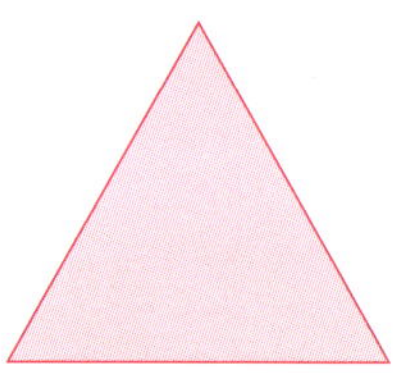	 Cuadrado	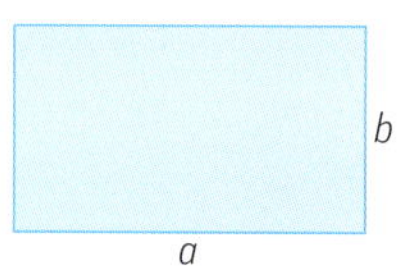 Rectángulo	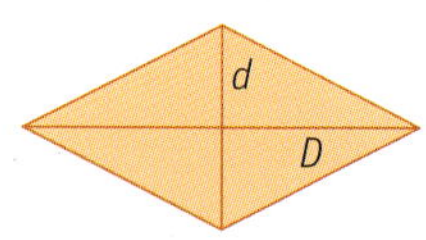 Rombo
Polígonos regulares			
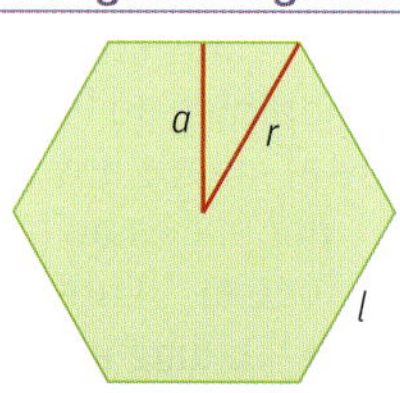	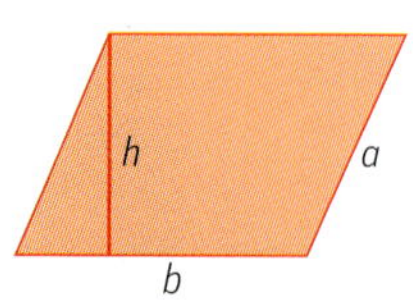 Romboide	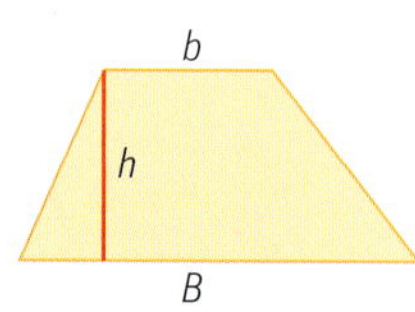 Trapecio	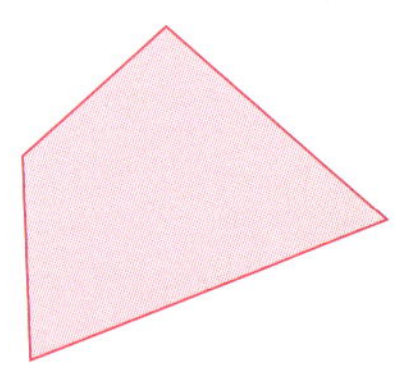 Trapezoide

Figuras circulares				
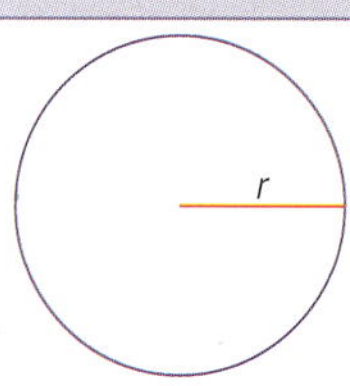 Circunferencia	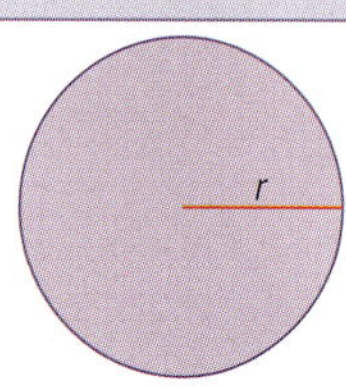 Círculo	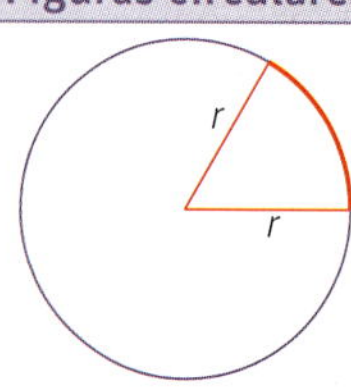 Arco	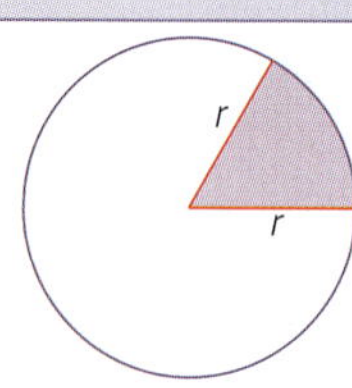 Sector circular	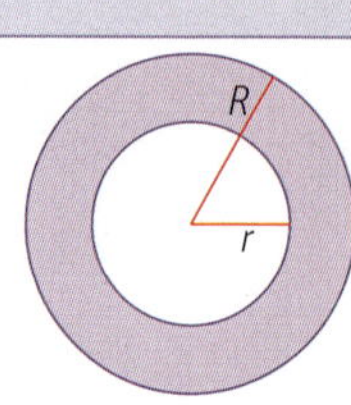 Corona circular

Cuerpos geométricos

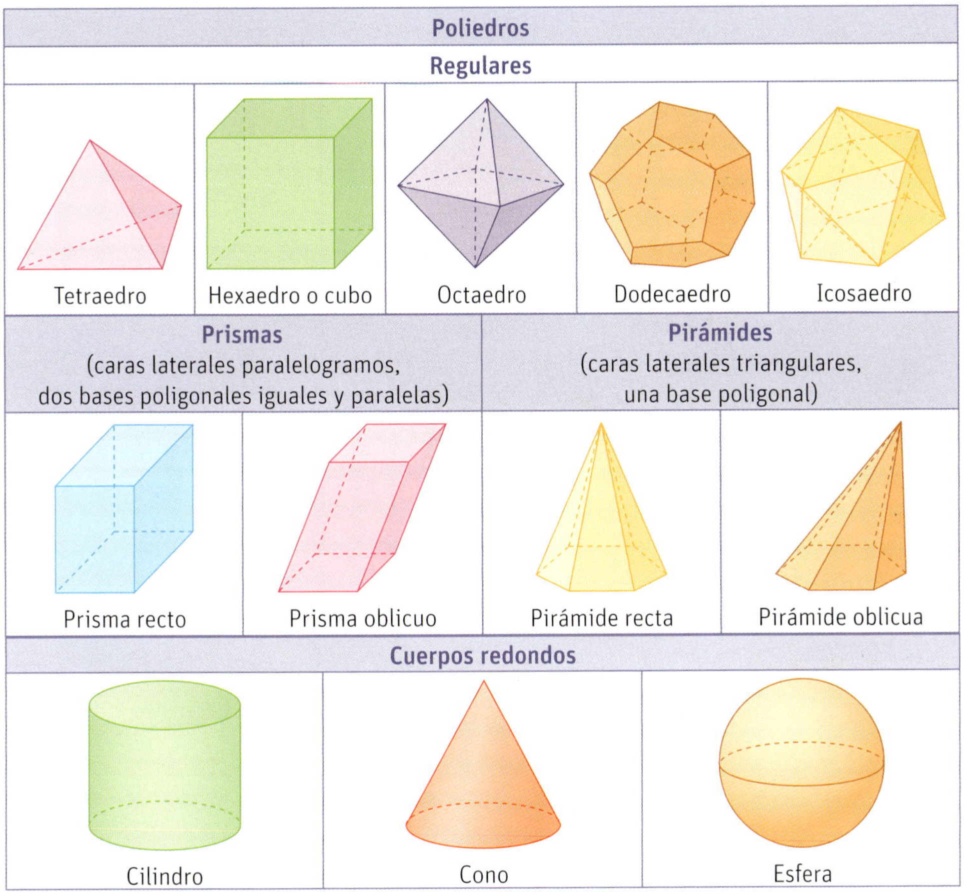

Ten en cuenta

- Los prismas cuyas bases son paralelogramos se denominan paralelepípedos.
- El prisma cuadrangular recto también se llama ortoedro.

MAT-TIC GeoGebra

Entra en smSaviadigital.com y recuerda los cuerpos geométricos y sus elementos.

ACTIVIDADES

ACTIVIDAD **RESUELTA**

1. **Fíjate en la figura y señala ejemplos de caras y aristas que se encuentren en diferentes posiciones relativas.**

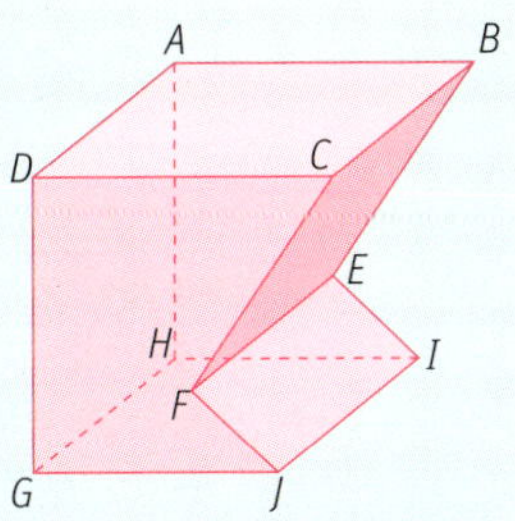

- Las aristas *AB*, *JG*, *DC* y *IH* son paralelas.
- Las aristas *BE* y *FE* son secantes y se cortan en el punto *E*.
- Las rectas que contienen las aristas *AD* y *JG* se cruzan, ya que ni son secantes ni son paralelas.
- Las caras *ABCD* y *JGHI* son paralelas, pero las caras *CBEF* y *EFIJ* se cortan en la arista *EF*.

2. Observa la siguiente figura e indica:

a) Dos aristas paralelas.

b) Dos aristas contenidas en rectas que se cruzan.

c) Dos aristas secantes y el punto donde se cortan.

d) Dos caras paralelas.

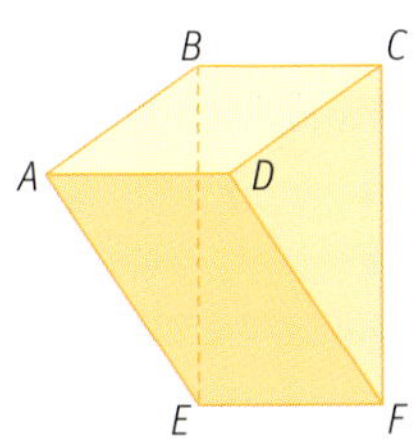

3. Nombra los siguientes cuerpos geométricos y describe sus características más importantes.

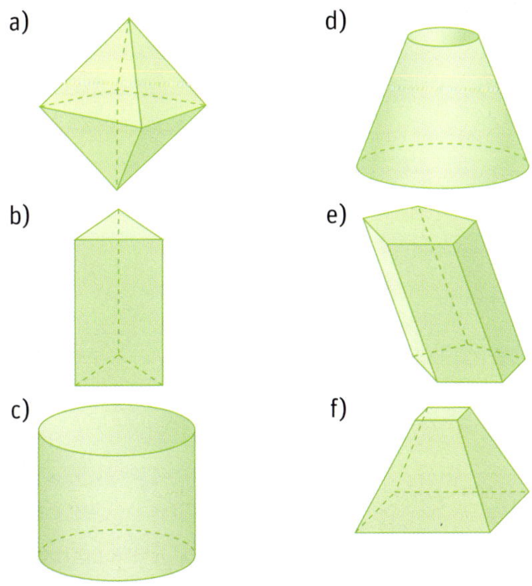

4. smSaviadigital.com

PRACTICA Recuerda los elementos básicos del espacio.

2 Longitudes y áreas de figuras planas

Sabías que...

Muchos mosaicos y vidrieras que aparecen en los monumentos están formados por figuras geométricas básicas.

Mosaico del Taj Mahal.

Triángulo

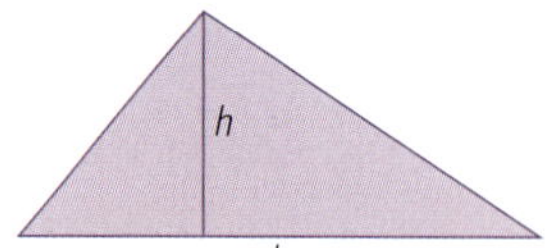

$A = \frac{b \cdot h}{2}$

Cuadrado

$A = l^2$

Rectángulo

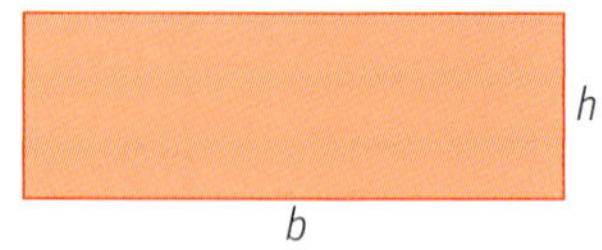

$A = b \cdot h$

Rombo

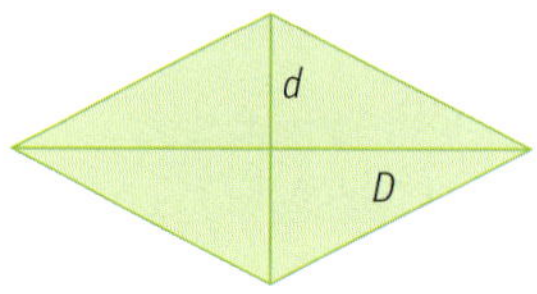

$A = \frac{D \cdot d}{2}$

Romboide

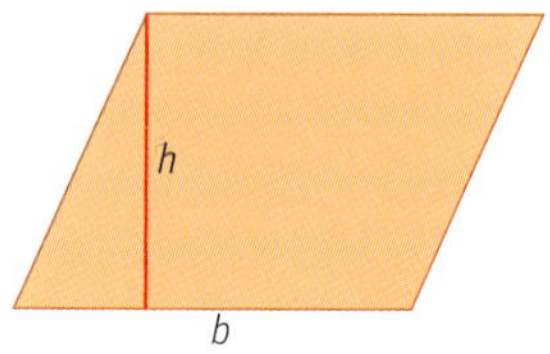

$A = b \cdot h$

Trapecio

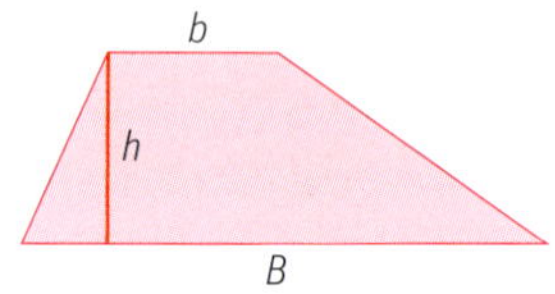

$A = \frac{B + b}{2} \cdot h$

Polígono regular de *n* lados

$A = \frac{p \cdot a}{2} = \frac{n \cdot l \cdot a}{2}$

l: lado a: apotema
r: radio p: perímetro

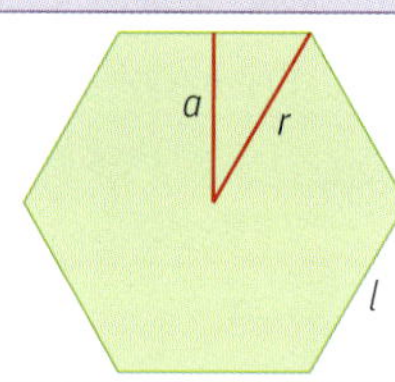

Figuras circulares

Longitud de la circunferencia

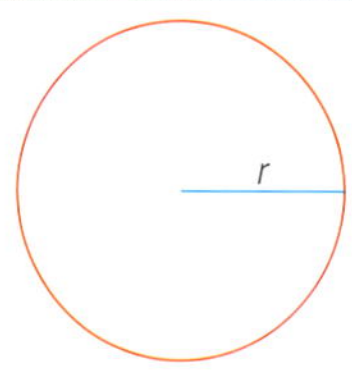

$L = 2 \cdot \pi \cdot r$

Longitud del arco

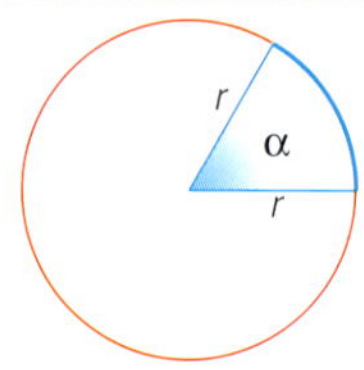

$L = \frac{\pi \cdot r \cdot \alpha}{180°}$

Área del círculo

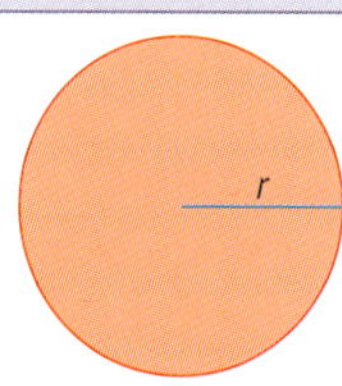

$A = \pi \cdot r^2$

Área del sector circular

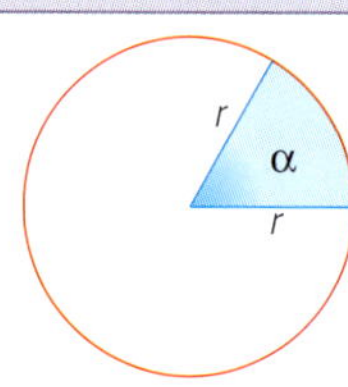

$A = \frac{\pi \cdot r^2 \cdot \alpha}{360°}$

Área de la corona circular

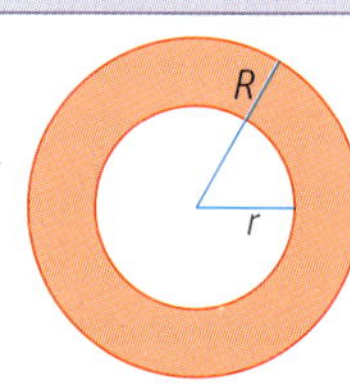

$A = \pi(R^2 - r^2)$

MAT-TIC GeoGebra

Entra en smSaviadigital.com y trabaja con longitudes y áreas de figuras planas.

Ejemplo ▸ Un mosaico está formado por losetas iguales, tal y como aparece en la figura. ¿Qué cantidad de pintura blanca y azul se precisa para su fabricación?

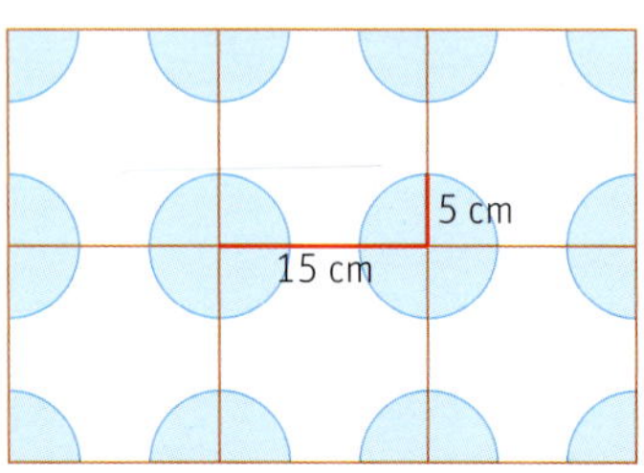

Para conocer la cantidad de pintura, se calculan el área azul y el área blanca.

- El área azul de cada loseta es: $A_{azul} = 4 \cdot \frac{\pi \cdot r^2}{4} = \pi \cdot r^2 = \pi \cdot 5^2 = 78{,}5 \text{ cm}^2$
- El área blanca de cada loseta será la diferencia entre el área del cuadrado y el área azul: $A_{blanca} = 15^2 - 78{,}5 = 146{,}5 \text{ cm}^2$.

ACTIVIDADES

ACTIVIDAD **RESUELTA**

5. **Halla la altura y el área de un triángulo equilátero de lado x cm. Calcula su valor para $x = 20$ cm.**

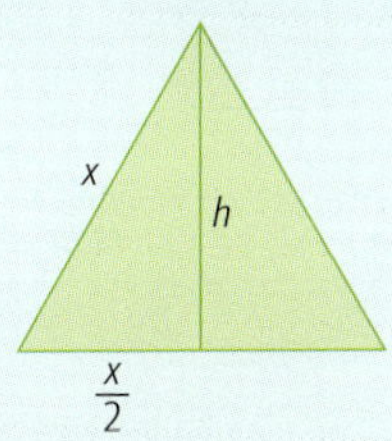

Aplicando el teorema de Pitágoras se obtiene la medida de la altura, h:

$$h=\sqrt{x^2-\left(\frac{x}{2}\right)^2}=\sqrt{\frac{3x^2}{4}}=\frac{\sqrt{3}}{2}x\text{ cm}$$

El área es: $A=\dfrac{x\cdot h}{2}=\dfrac{x\cdot\frac{\sqrt{3}}{2}\cdot x}{2}=\dfrac{\sqrt{3}}{4}\cdot x^2$

Si el lado es $x = 20$ cm:

$h=\dfrac{\sqrt{3}}{2}\cdot 20=10\sqrt{3}$ cm $\qquad A=\dfrac{\sqrt{3}}{4}\cdot 20^2=100\sqrt{3}$ cm^2

6. Calcula la altura sobre el lado desigual y el área de un triángulo isósceles de lados 4 cm, 5 cm y 5 cm.

ACTIVIDAD **RESUELTA**

7. **Calcula el perímetro y el área del siguiente trapecio isósceles.**

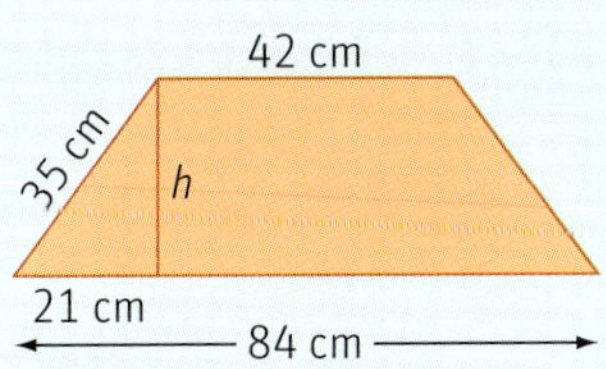

El perímetro vale $P = 35 + 42 + 35 + 84 = 196$ cm.

Aplicando el teorema de Pitágoras se obtiene la altura del trapecio:

$$h=\sqrt{35^2-21^2}=\sqrt{784}=28$$

Área del trapecio: $A=\dfrac{B+b}{2}\cdot h=\dfrac{84+42}{2}\cdot 28=1764$ cm^2

8. Halla el perímetro y el área del siguiente trapecio rectángulo.

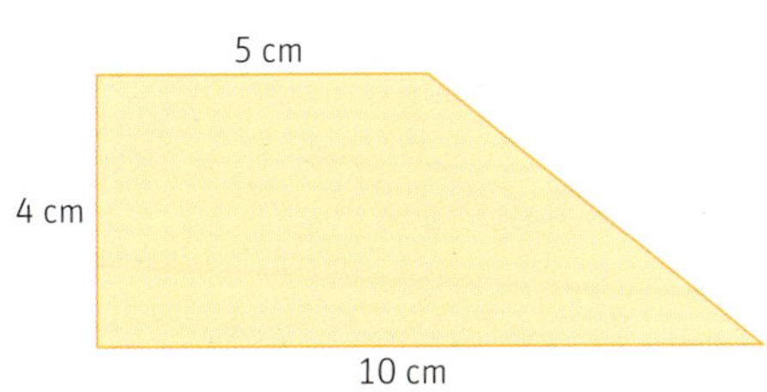

ACTIVIDAD **RESUELTA**

9. **Calcula el área del trapecio circular de la figura.**

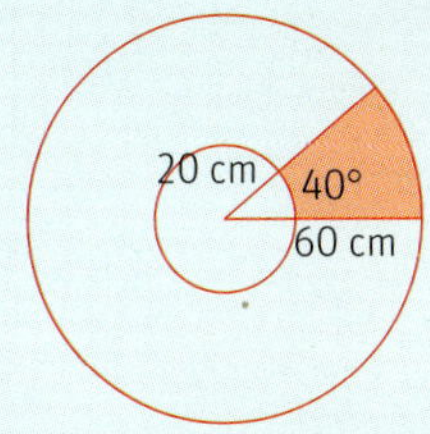

El área del trapecio circular es igual a la diferencia de las áreas de los dos sectores circulares que lo determinan.

$$A=\frac{\pi\cdot R^2\cdot\alpha}{360°}-\frac{\pi\cdot r^2\cdot\alpha}{360°}=\frac{\pi\cdot\alpha}{360°}\cdot(R^2-r^2)$$

$$=\frac{\pi\cdot 40°}{360°}\cdot(60^2-20^2)=1117\text{ cm}^2$$

10. Calcula el área del trapecio circular limitado por dos circunferencias concéntricas de radios 15 cm y 20 cm, si el ángulo central que corresponde a dicho trapecio es de 45°.

11. Calcula el área de la corona circular determinada por las circunferencias inscrita y circunscrita a un cuadrado de 25 cm de lado.

ACTIVIDAD **RESUELTA**

12. **Calcula el área de la zona rosa.**

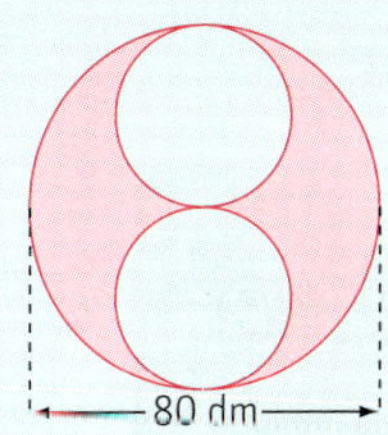

Los radios de los círculos interiores miden: $r=\dfrac{80}{4}=20$ dm

El área de la zona rosa es igual al área del círculo de 40 dm de radio menos el área de los dos círculos de 20 dm de radio.

$$A = \pi\cdot 40^2 - 2\cdot\pi\cdot 20^2 = 800\pi = 2513{,}27\text{ dm}^2$$

13. Calcula el área limitada por un hexágono regular de 5 cm de lado y la circunferencia inscrita en él.

14. Compara, en cada caso, el área A con la suma de B y C.

a)

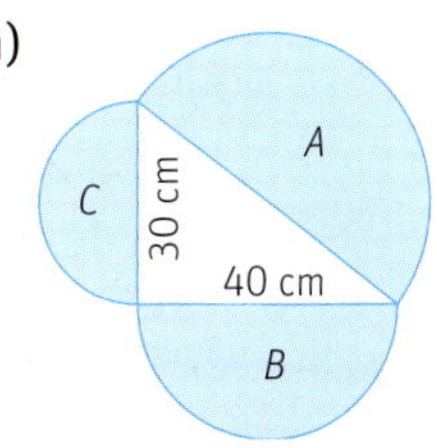

b)

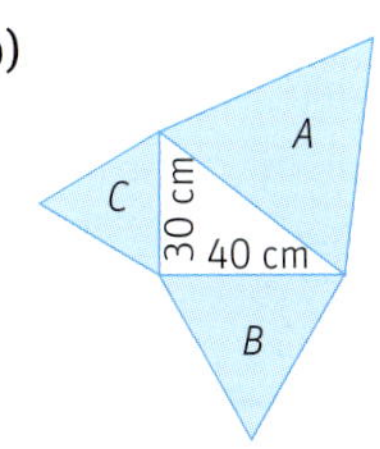

3 Áreas de cuerpos geométricos

Ten en cuenta

- Área del ortoedro

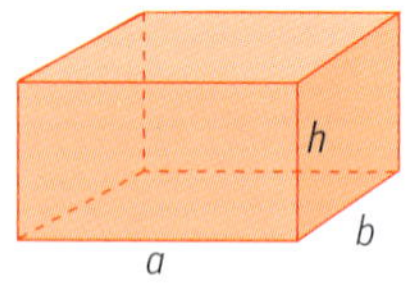

$A = 2\,(ab + ah + bh)$

- Área del cubo

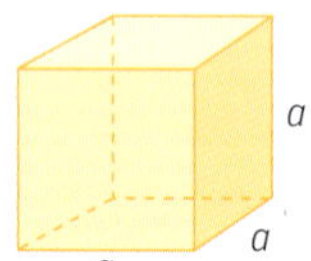

$A = 6a^2$

MAT-TIC GeoGebra

Entra en sm**Savia**digital.com y trabaja con longitudes y áreas de cuerpos geométricos.

Prisma	Pirámide
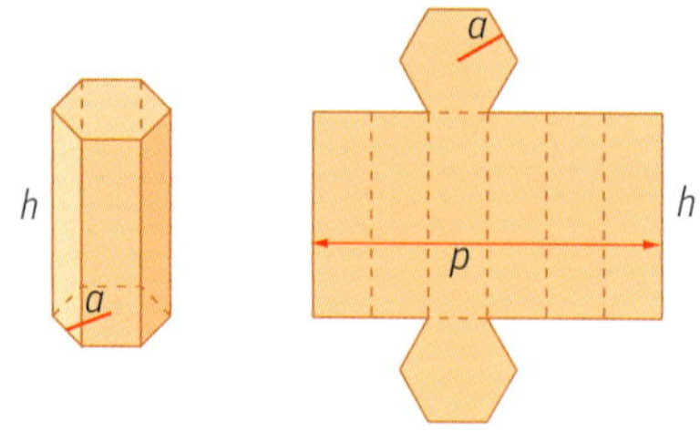	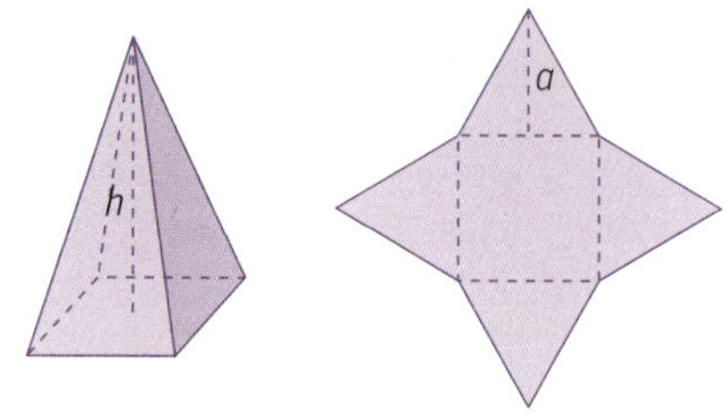
$A_t = 2\,A_b + A_l$	$A_t = A_b + A_l$
Cilindro	**Cono**
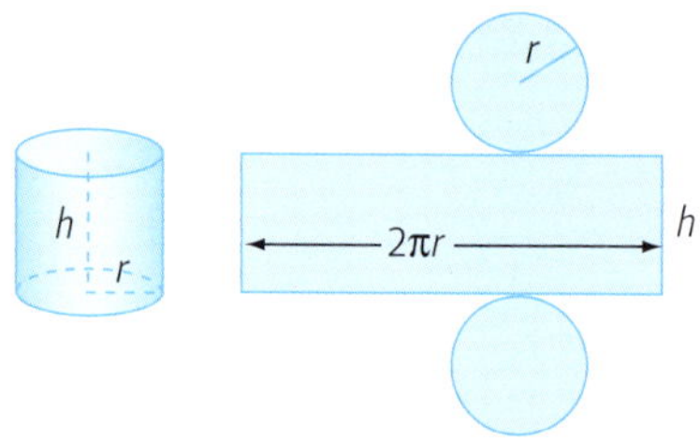	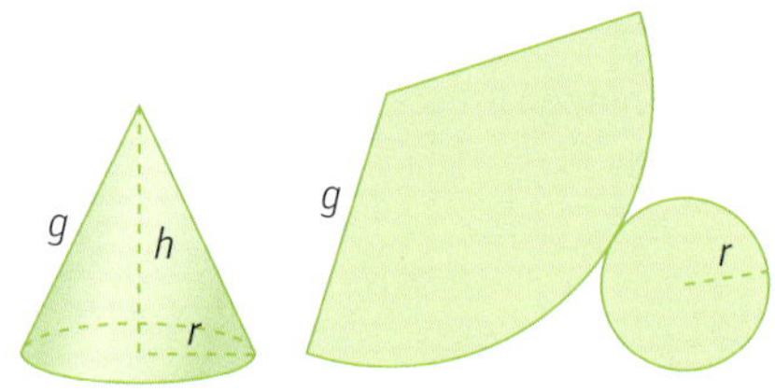
$A_t = 2A_b + A_l = 2\pi r^2 + 2\pi rh$	$A_t = A_b + A_l = \pi r^2 + \pi rg$
Tronco de cono	**Esfera**
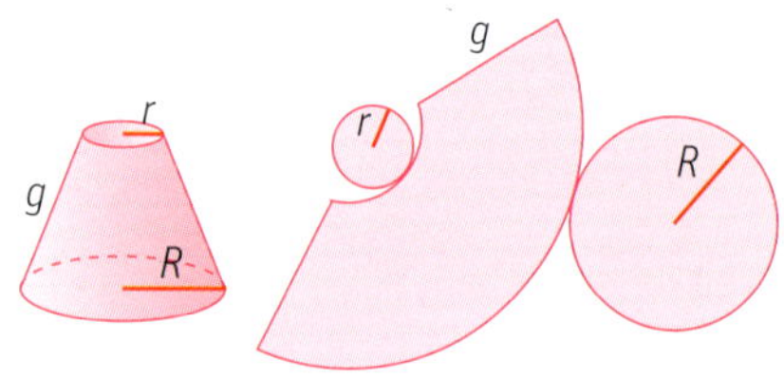	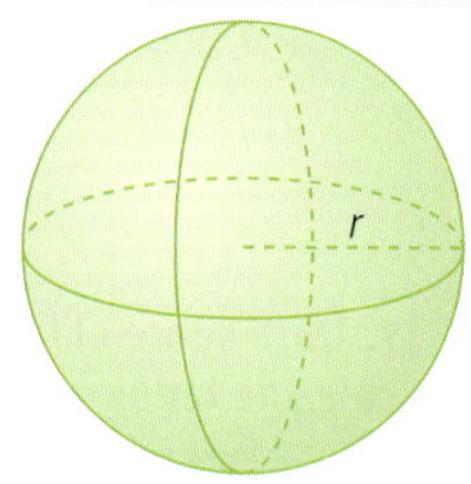
$A_t = A_b + A_l = \pi(r^2 + R^2) + \pi(r + R)g$	La esfera no es desarrollable. $A = 4\pi r^2$

Ejemplo ▸ ¿Cuánta pintura se necesita para pintar esta pieza del motor de un coche?

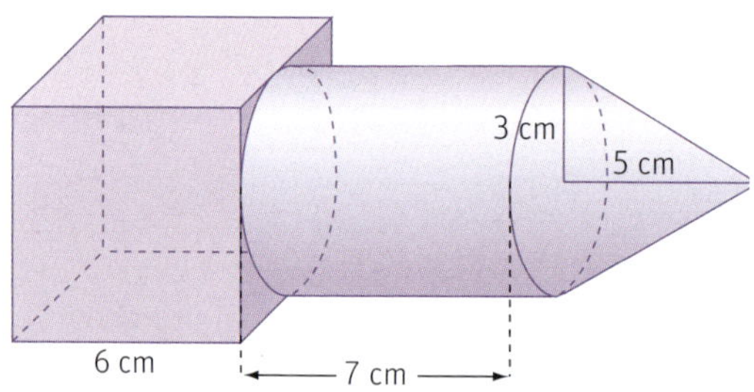

Se calcula el área total de la pieza, que consta de tres cuerpos: un cubo de lado 6 cm, un cilindro central cuyo radio de la base es la mitad del lado del cubo y un cono con el mismo radio de la base y una altura de 5 cm.

- Área de la pieza de la izquierda: área de las seis caras del cubo menos el área de la base del cilindro.

  $A_1 = 6 \cdot 6^2 - \pi \cdot 3^2 = 216 - 28{,}27 = 187{,}73\ \text{cm}^2$

- Área de la pieza central: área lateral del cilindro.

  $A_2 = 2\pi rh = 2\pi \cdot 3 \cdot 7 = 131{,}95\ \text{cm}^2$

- Área de la pieza de la derecha: área lateral del cono.

  $A_3 = \pi \cdot r \cdot g = \pi \cdot 3 \cdot \sqrt{3^2 + 5^2} = 54{,}96\ \text{cm}^2$

El área total es: $A = A_1 + A_2 + A_3 = 187{,}73 + 131{,}95 + 54{,}96 = 374{,}64\ \text{cm}^2$

sm**Savia**digital.com

PRACTICA Identifica las medidas necesarias para calcular el área.

ACTIVIDADES

15. Calcula el área de los siguientes cuerpos geométricos.

a)

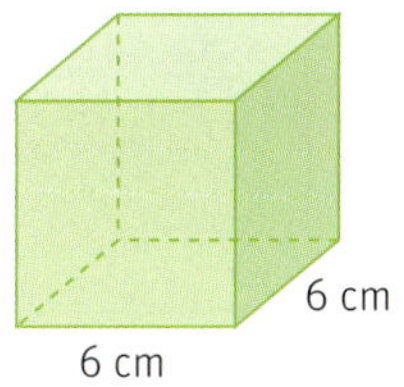

c)

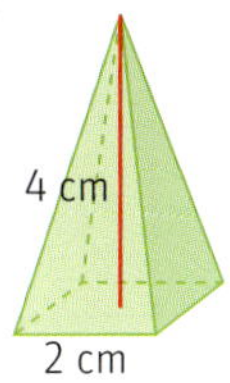

b)

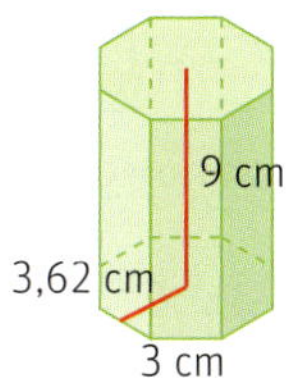

d)

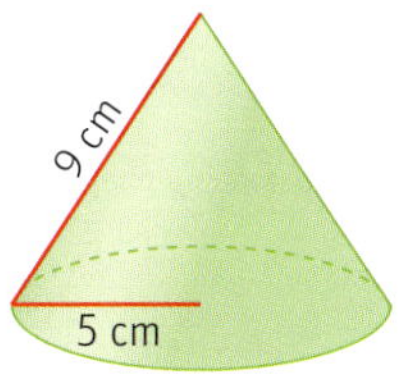

16. Calcula el área de una esfera que tiene 5 cm de radio.

ACTIVIDAD **RESUELTA**

17. Calcula la superficie de un prisma de altura 5 cm y cuya base es un triángulo rectángulo isósceles de catetos de 2 cm.

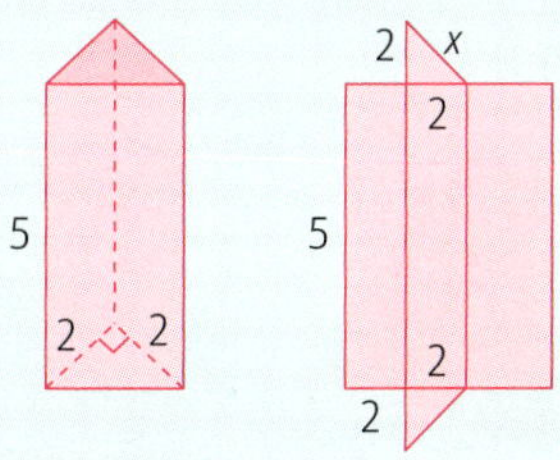

Área de las bases: $A_b = \dfrac{2 \cdot 2}{2} = 2\ \text{cm}^2$

Para hallar el área lateral, se calcula la hipotenusa de la base:

$x = \sqrt{2^2 + 2^2} = \sqrt{8} = 2\sqrt{2}\ \text{cm}$

Área total: $A = 2 \cdot A_b + A_l = 2 \cdot 2 + 5 \cdot (2 + 2 + 2\sqrt{2}) =$

$= 24 + 10\sqrt{2} = 38{,}14\ \text{cm}^2$

18. Calcula el área de los siguientes cuerpos geométricos.

a)

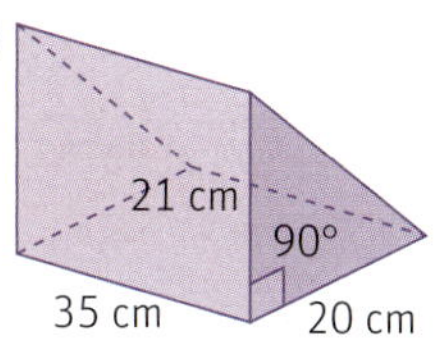

b)

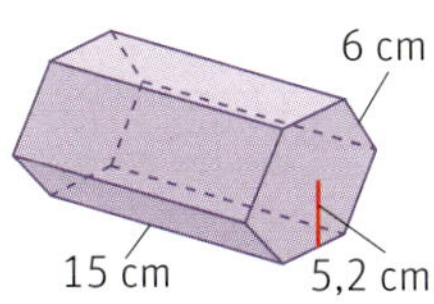

19. El observatorio internacional Ev-K2-CNR situado en la cara nepalí del Everest a 5050 m de altura es una pirámide. El lado de la base cuadrada mide 13,22 m, y la altura, 8,4 m. Calcula su área.

ACTIVIDAD **RESUELTA**

20. Calcula el área del tronco de cono de la figura.

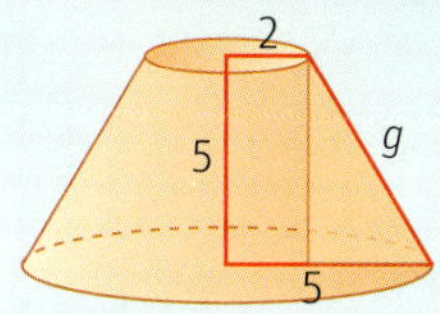

g es la hipotenusa del triángulo sombreado:

$$g = \sqrt{5^2 + (5-2)^2} = \sqrt{34}\ \text{cm}$$

El área lateral del tronco es:

$A_l = \pi(R + r)g = \pi(5+2)\sqrt{34} = 128{,}23\ \text{cm}^2$

El área total será:

$A_t = A_l + \pi\,(5^2 + 2^2) = 128{,}23 + 91{,}11 = 219{,}34\ \text{cm}^2$

21. Calcula el área de un tronco de cono de 14 cm de altura y de diámetro de la base menor la mitad de su altura y de radio de la base mayor 5.

22. Un triángulo rectángulo de hipotenusa 5 cm y un cateto de 3 cm gira alrededor del otro cateto generando un cono. Calcula el área de ese cono.

ACTIVIDAD **RESUELTA**

23. Calcula el área del tetraedro de 10 cm de lado.

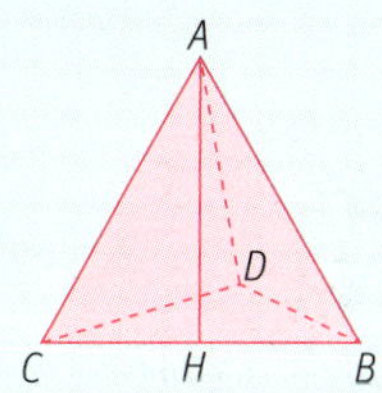

La altura AH de una cara es: $AH = \sqrt{10^2 - 5^2} = \sqrt{75} = 5\sqrt{3}\ \text{cm}$

El área de la cara es: $A_c = \dfrac{10 \cdot 5\sqrt{3}}{2} = 25\sqrt{3}\ \text{cm}^2$

El área de las cuatro caras es: $A = 4A_c = 4 \cdot 25\sqrt{3} = 100\sqrt{3}\ \text{cm}^2$

24. Halla el área de un tetraedro de lado 5 cm. Para ello, calcula previamente el área de un triángulo equilátero de 5 cm de lado.

25. Calcula el área total del siguiente ortoedro.

- El área de la base es 12 cm^2.
- Una de sus dimensiones es el triple de la otra.
- Su altura es el doble de la medida menor de la base.

26. En un rectángulo, la base es el doble de la altura y su perímetro es 12 cm. Al unir las alturas del rectángulo entre sí, construimos un cilindro. ¿Qué superficie tiene?

4 Volúmenes de cuerpos geométricos

Ten en cuenta

- Volumen del ortoedro

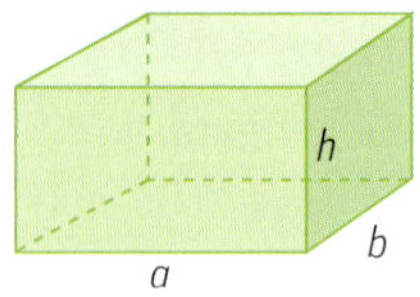

$V = abh$

- Volumen del cubo

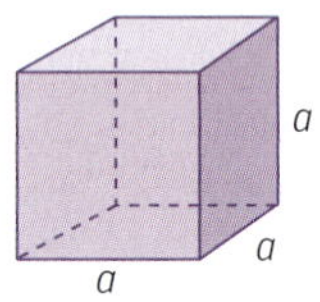

$V = a^3$

Prisma	Pirámide
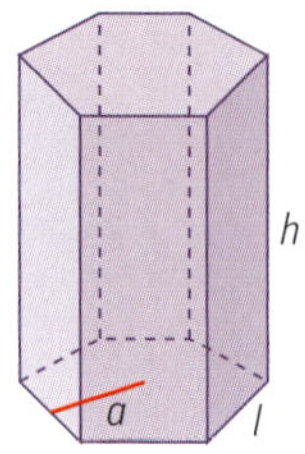	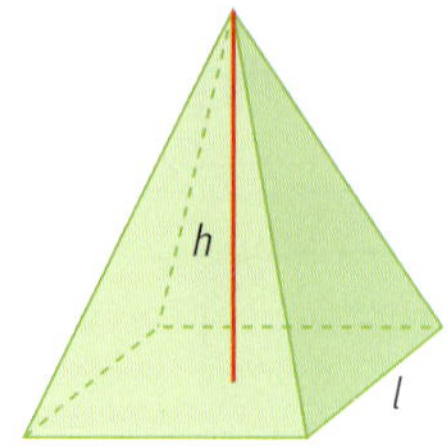
$V = A_b \cdot h$	$V = \dfrac{A_b \cdot h}{3}$

Cilindro	Cono	Esfera
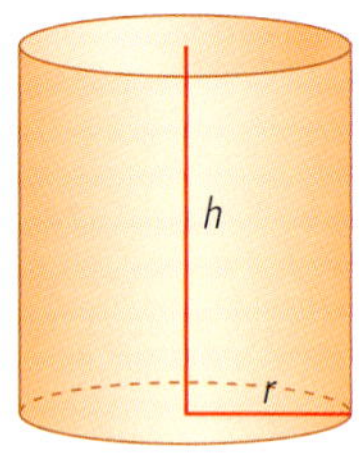	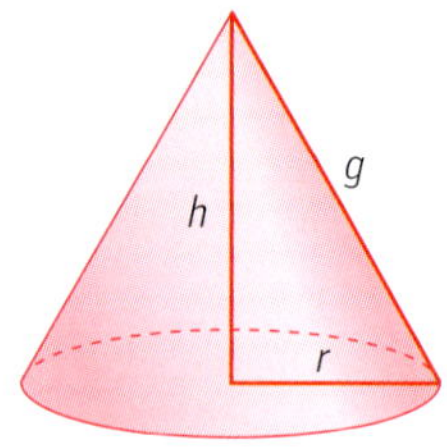	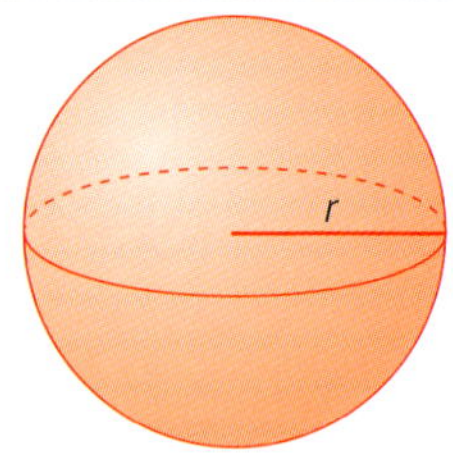
$V = A_b \cdot h = \pi \cdot r^2 h$	$V = \dfrac{A_b \cdot h}{3} = \dfrac{\pi \cdot r^2 \cdot h}{3}$	$V = \dfrac{4}{3} \cdot \pi \cdot r^3$

MAT-TIC GeoGebra

Entra en smSaviadigital.com y trabaja con volúmenes de cuerpos geométricos.

Ejemplo ▶ Calcula el volumen del tronco de pirámide.

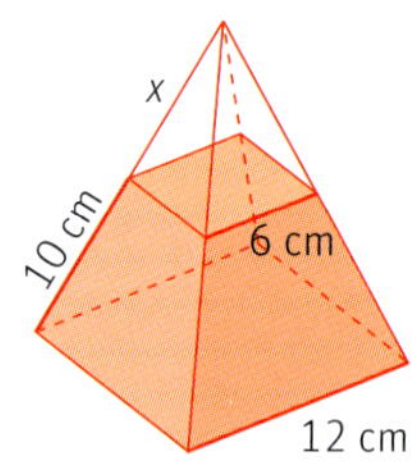

Si se prolongan las aristas del tronco de pirámide, se obtiene una pirámide completa. El volumen del tronco será la diferencia entre el volumen de la pirámide y el volumen añadido.

- Pirámide completa

  Aplicando el teorema de Tales, se obtiene la arista de la pirámide:

$$\frac{10+x}{12} = \frac{x}{6} \Rightarrow 6(10+x) = 12x \Rightarrow x = \frac{60}{6} = 10 \text{ cm}$$

  Mediante el teorema de Pitágoras, se halla la altura de la cara:

$$20^2 = h_c^2 + 6^2 \Rightarrow h_c = \sqrt{400-36} = 19{,}08 \text{ cm}$$

  Y la altura de la pirámide:

$$19{,}08^2 = h^2 + 6^2 \Rightarrow h = \sqrt{363{,}66-36} = 18{,}11 \text{ cm}$$

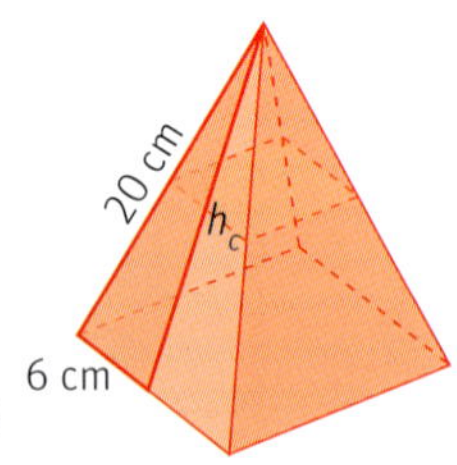

  El volumen de la pirámide es: $V_1 = \dfrac{A_b \cdot h}{3} = \dfrac{12^2 \cdot 18{,}11}{3} = 869{,}28 \text{ cm}^3$

- Pirámide añadida

  Para calcular su altura, se utiliza el teorema de Tales:

$$\frac{18{,}11}{6} = \frac{y}{3} \Rightarrow 3 \cdot 18{,}11 = 6y \Rightarrow y = \frac{54{,}33}{6} = 9{,}06 \text{ cm}$$

  El volumen añadido es: $V_2 = \dfrac{A_b \cdot h}{3} = \dfrac{6^2 \cdot 9{,}06}{3} = 108{,}72 \text{ cm}^3$

El volumen del tronco de pirámide es: $V = V_1 - V_2 = 869{,}28 - 108{,}72 = 760{,}56 \text{ cm}^3$

smSaviadigital.com

PRACTICA Relaciona cada volumen con sus medidas.

ACTIVIDADES

27. Calcula el volumen de un cono de altura 4,5 cm y de generatriz 5,3 cm.

ACTIVIDAD **RESUELTA**

28. Dado el tetraedro regular de lado a cm, calcula:

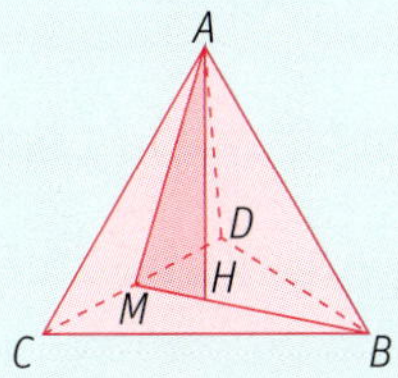

a) La medida de la altura de una cara.

b) La medida del área de una cara.

c) El volumen del tetraedro.

a) La altura AM de una cara es:

$$\overline{AM} = \sqrt{a^2 - \left(\frac{a}{2}\right)^2} = \sqrt{a^2 - \frac{a^2}{4}} = \sqrt{\frac{3a^2}{4}} = \frac{a\sqrt{3}}{2}\ u$$

b) El área de la base es:

$$A_b = \frac{a \cdot \frac{a\sqrt{3}}{2}}{2} = \frac{a^2 \cdot \sqrt{3}}{4}\ u^2$$

c) La distancia MH es $\frac{1}{3}$ de la altura BM:

$$\overline{MH} = \frac{1}{3} \cdot \overline{BM} = \frac{1}{3} \cdot \frac{a\sqrt{3}}{2} = \frac{a\sqrt{3}}{6}$$

La altura del tetraedro es:

$$\overline{AH} = \sqrt{\overline{AM}^2 - \overline{MH}^2} = \sqrt{\left(\frac{a\sqrt{3}}{2}\right)^2 - \left(\frac{a\sqrt{3}}{6}\right)^2} =$$

$$= \sqrt{\frac{3a^2}{4} - \frac{3a^2}{36}} = \sqrt{\frac{2a^2}{3}} = \frac{a\sqrt{2}\sqrt{3}}{\sqrt{3}\sqrt{3}} = \frac{a\sqrt{6}}{3}$$

El volumen del tetraedro es:

$$V = \frac{A_b \cdot \overline{AH}}{3} = \frac{\frac{a^2\sqrt{3}}{4} \cdot \frac{a\sqrt{6}}{3}}{3} = \frac{a^3\sqrt{2}}{12}\ u^3$$

29. Aplicando las expresiones halladas en la actividad resuelta anterior, calcula el área de la base, la altura y el volumen de un tetraedro regular de lado 25 cm.

30. Calcula los siguientes volúmenes.

a)

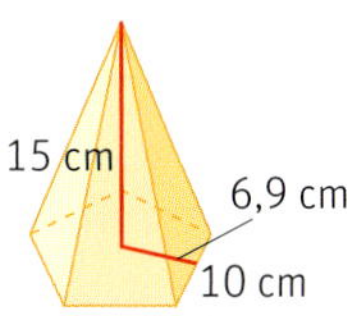

b)

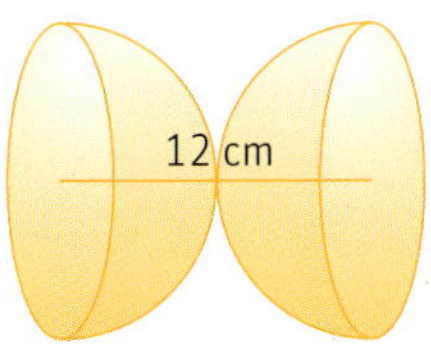

ACTIVIDAD **RESUELTA**

31. Calcula el volumen del tronco de cono.

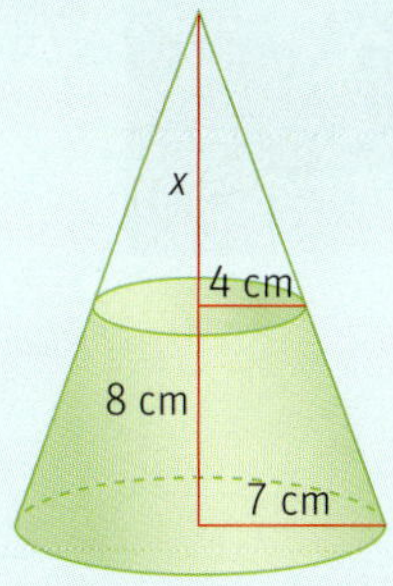

Si se prolongan las generatrices del tronco de cono, se obtiene un cono completo. El volumen del tronco será la diferencia de los volúmenes de los troncos total y sobrante.

- Cono completo:

  Aplicando el teorema de Tales, se halla el valor de x:

$$\frac{x+8}{7} = \frac{x}{4} \Rightarrow 7x = 4x + 32 \Rightarrow x = \frac{32}{3}\ \text{cm}$$

  Volumen del cono total:

$$V_1 = \frac{A_b \cdot h}{3} = \frac{\pi \cdot 7^2 \cdot \left(\frac{32}{3} + 8\right)}{3} = 957{,}84\ \text{cm}^3$$

- Cono añadido:

  Volumen del cono añadido:

$$V_2 = \frac{A_b \cdot h}{3} = \frac{\pi \cdot 4^2 \cdot \frac{32}{3}}{3} = 178{,}72\ \text{cm}^3$$

Volumen del tronco de cono:

$$V_1 - V_2 = 957{,}84 - 178{,}72 = 779{,}12\ \text{cm}^3$$

32. El embudo de la figura está formado por un tronco de cono y un cilindro.

Las medidas del tronco de cono son de 6 cm de radio de la tapa superior y 2 cm de radio de la tapa inferior. Si las alturas del tronco de cono y del cilindro son de 10 cm cada una, ¿cuál es el volumen total del embudo?

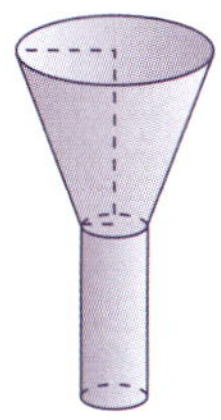

33. Calcula el volumen del cuerpo geométrico cuyo desarrollo plano es el siguiente.

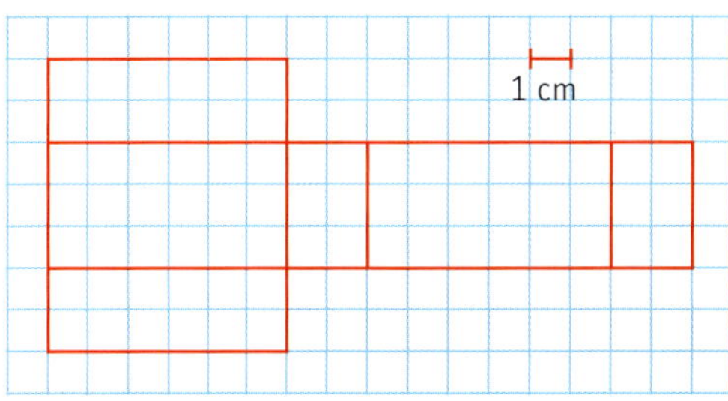

5 Problemas métricos. Cálculo de áreas y volúmenes

La semejanza y la trigonometría nos permiten resolver problemas en los que es necesario calcular distancias, áreas y volúmenes relacionados con diversas disciplinas.

Ejemplo ▸ Una zona dedicada a la reforestación de pinos tiene forma de cuadrilátero de lados 5 hm, 6 hm, 8 hm y 7,71 hm. Los dos primeros lados forman un ángulo recto y los dos últimos forman un ángulo de 60°. ¿Cuál es su área?

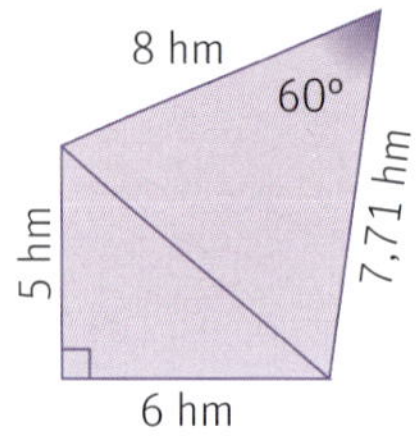

Para obtener el área de la zona, se divide en dos triángulos:

- $A_{T1} = \frac{1}{2} \cdot 5 \cdot 6 \cdot \text{sen } 90° = 15 \text{ hm}^2$
- $A_{T2} = \frac{1}{2} \cdot 8 \cdot 7{,}71 \cdot \text{sen } 60° = 26{,}71 \text{ hm}^2$

El área total es: $A = A_{T1} + A_{T2} = 15 + 26{,}71 = 41{,}71 \text{ hm}^2$

Ten en cuenta

- El área de un triángulo ABC:

$$A = \frac{1}{2} ab \text{sen } \hat{C}$$

- La apotema de un polígono regular:

$$a = \frac{l}{2\text{tg}\left(\frac{180°}{n}\right)}$$

- El radio de un polígono regular:

$$r = \frac{l}{2\text{sen}\left(\frac{180°}{n}\right)}$$

Ejemplo ▸ Calcula el área de la zona comprendida entre un pentágono de lado 4 cm y su circunferencia circunscrita.

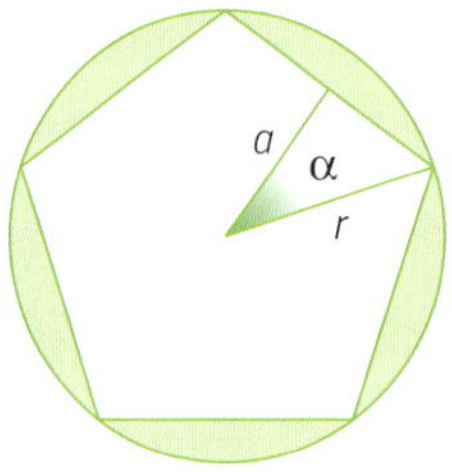

El área de la zona sombreada es la diferencia entre el área del círculo y el pentágono regular.

Para calcular el área del pentágono es necesario calcular la apotema y el radio:

Como es un pentágono regular, el ángulo α es: $\alpha = \frac{360°}{5} : 2 = 36°$

Utilizando las razones trigonométricas se obtienen el radio y la apotema:

$$\text{sen } 36° = \frac{2}{r} \Rightarrow r = \frac{2}{\text{sen } 36°} = 3{,}403 \text{ cm y } \text{tg } 36° = \frac{2}{a} \Rightarrow a = \frac{2}{\text{tg } 36°} = 2{,}753 \text{ cm}$$

Por tanto, las áreas del pentágono y del círculo son:

- $A_{\text{pentágono}} = \frac{p \cdot a}{2} = \frac{4 \cdot 5 \cdot 2{,}753}{2} = 27{,}53 \text{ cm}^2$
- $A_{\text{círculo}} = \pi \cdot r^2 = \pi \cdot 3{,}403^2 = 36{,}381 \text{ cm}^2$

El área de la zona sombreada es: $A_{\text{círculo}} - A_{\text{pentágono}} = 36{,}381 - 27{,}53 = 8{,}851 \text{ cm}^2$

Ejemplo ▸ Un molino está formado por un cilindro de 6 m de alto y 2,5 m de radio, y un cono cuya generatriz forma un ángulo de $\alpha = 40°$ con la horizontal. Calcula el volumen del molino.

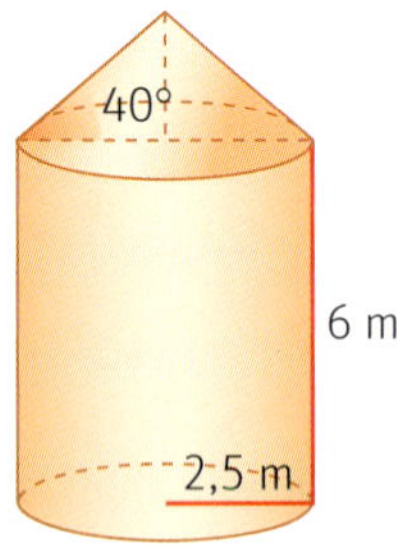

El volumen del molino es la suma del volumen del cilindro y del cono que lo forman.

- Volumen del cilindro: $V_{\text{cilindro}} = \pi \cdot r^2 \cdot h = \pi \cdot 2{,}5^2 \cdot 6 = 117{,}81 \text{ m}^3$
- Volumen del cono: $V_{\text{cono}} = \frac{\pi \cdot r^2 \cdot h}{3}$

  La altura del cono se puede obtener a partir de la tangente del ángulo α:

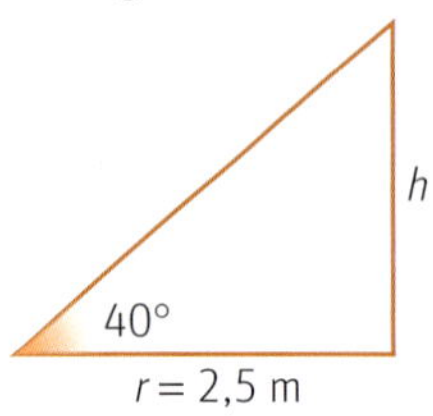

$$\text{tg } \alpha = \frac{h}{r} \Rightarrow \text{tg } 40° = \frac{h}{2{,}5} \Rightarrow h = 2{,}5 \text{ tg } 40° = 2{,}1 \text{ m}$$

$$V_{\text{cono}} = \frac{\pi \cdot r^2 \cdot h}{3} = \frac{\pi \cdot 2{,}5^2 \cdot 2{,}1}{3} = 13{,}74 \text{ m}^3$$

Por tanto, el volumen total es: $V = V_{\text{cilindro}} + V_{\text{cono}} = 117{,}81 + 13{,}74 = 131{,}55 \text{ m}^3$

ACTIVIDADES

ACTIVIDAD **RESUELTA**

34. **La diagonal de un rectángulo mide 14 cm y forma con uno de los lados un ángulo de 35°.**

Calcula el perímetro y el área del rectángulo.

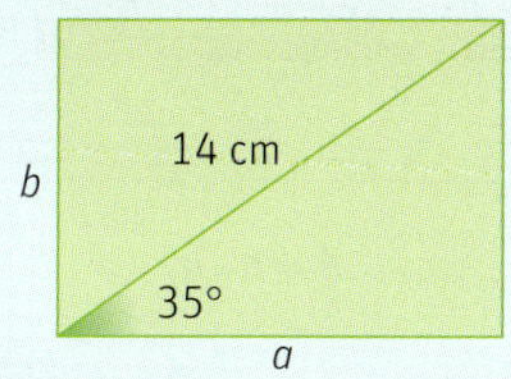

Se calcula la medida de los lados, a y b:

- $\text{sen } 35° = \frac{b}{14} \Rightarrow b = 14 \cdot \text{sen } 35° = 8{,}03$ cm
- $\cos 35° = \frac{a}{14} \Rightarrow a = 14 \cdot \cos 35° = 11{,}47$ cm

Perímetro: $P = 2a + 2b = 2 \cdot 11{,}47 + 2 \cdot 8{,}03 = 39$ cm

Área: $A = ab = 11{,}47 \cdot 8{,}03 = 92{,}1$ cm^2

35. Un rombo tiene 12 dm de lado y uno de sus ángulos mide 40°.

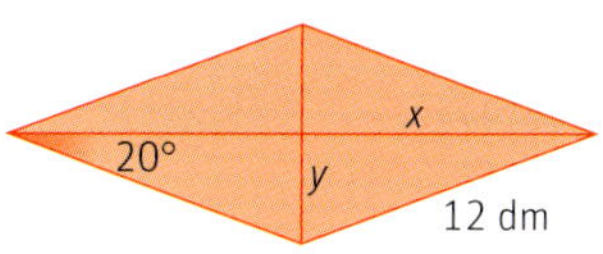

Calcula la medida de sus diagonales y el área.

36. Calcula el área del trapezoide de la figura.

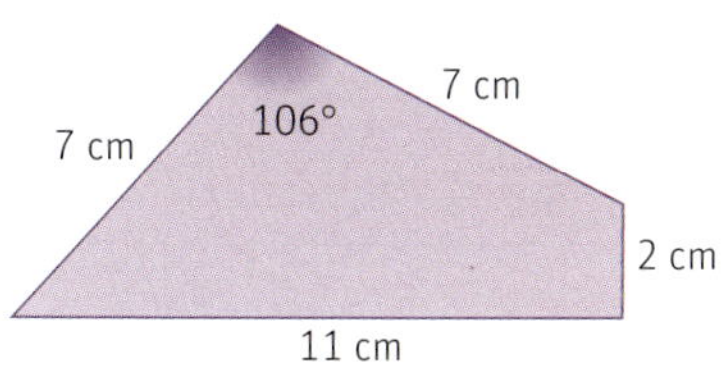

ACTIVIDAD **RESUELTA**

37. **Calcula el perímetro y el área del paralelogramo:**

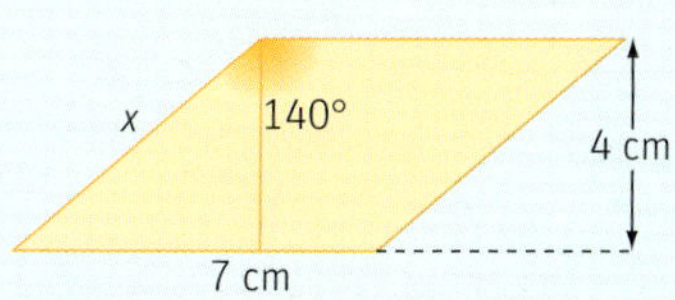

El paralelogramo tiene dos ángulos de 140° y otros dos de 40° ya que, entre los cuatro, deben sumar 360°.

Aplicando las razones trigonométricas:

$$\text{sen } 40° = \frac{4}{x} \Rightarrow x = \frac{4}{\text{sen } 40°} = 6{,}22 \text{ cm}$$

Perímetro: $P = 2 \cdot 7 + 2 \cdot 6{,}22 = 26{,}44$ cm

Área: $A = 7 \cdot 4 = 28$ cm^2

38. Dos de los lados de un paralelogramo miden 45 cm y 65 cm y forman un ángulo de 75°. Calcula su perímetro y su área.

ACTIVIDAD **RESUELTA**

39. **Calcula el área y el volumen del ortoedro.**

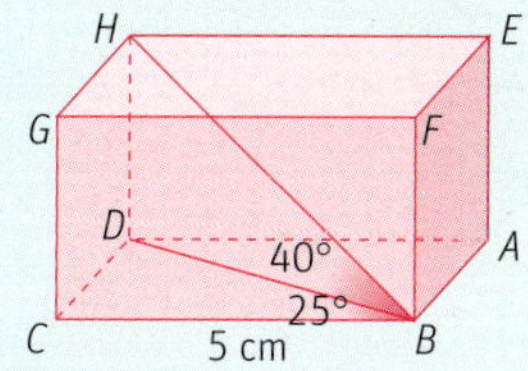

Se calcula la medida de los lados utilizando las razones trigonométricas:

- $\text{tg}\, 25° = \frac{CD}{5} \Rightarrow CD = 5 \cdot \text{tg}\, 25° = 2{,}332$
- $\cos 25° = \frac{5}{BD} \Rightarrow BD = \frac{5}{\cos 25°} = 5{,}517$
- $\text{tg}\, 40° = \frac{HD}{BD} \Rightarrow HD = 5{,}517 \cdot \text{tg}\, 40° = 4{,}629$

Área: $A = 2\,(5 \cdot 2{,}332 + 5 \cdot 4{,}629 + 2{,}332 \cdot 4{,}629) = 91{,}2$ cm^2

Volumen: $V = 2{,}332 \cdot 4{,}629 \cdot 5 = 54$ cm^3

40. Calcula el área y el volumen del ortoedro.

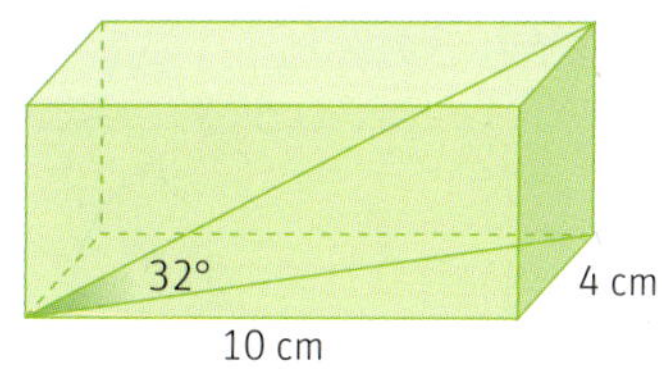

ACTIVIDAD **RESUELTA**

41. **Calcula el área total y el volumen de la figura.**

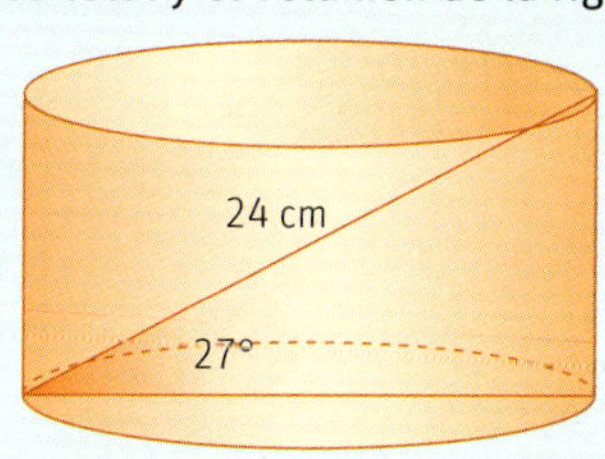

Se calculan las medidas del radio de la base r y de la altura h, utilizando las razones trigonométricas:

$$\text{sen } 27° = \frac{\text{c. opuesto}}{\text{hipotenusa}} = \frac{h}{24} \Rightarrow h = 24 \cdot \text{sen } 27° = 10{,}9 \text{ cm}$$

$$\cos 27° = \frac{\text{c. opuesto}}{\text{hipotenusa}} = \frac{2r}{24} \Rightarrow r = \frac{24}{2} \cdot \cos 27° = 10{,}7 \text{ cm}$$

Área: $A = 2 \cdot \pi \cdot r\,(h + r) = 2 \cdot \pi \cdot 10{,}7 \cdot (10{,}9 + 10{,}7) = 1452{,}2$ cm^2

Volumen: $V = \pi \cdot r^2 \cdot h = \pi \cdot 10{,}7^2 \cdot 10{,}9 = 3920{,}5$ cm^3

42. Calcula el área y el volumen del depósito de agua.

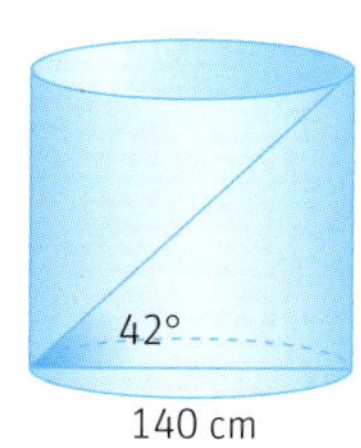

Organiza tus ideas

ÁREAS DE FIGURAS PLANAS

Triángulo	Cuadrado	Rectángulo	Rombo
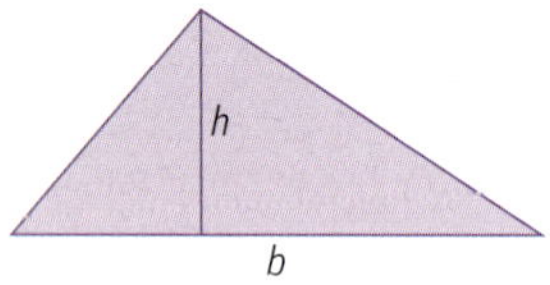		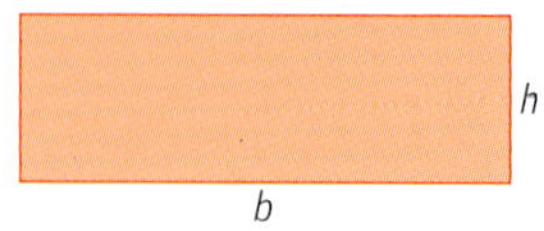	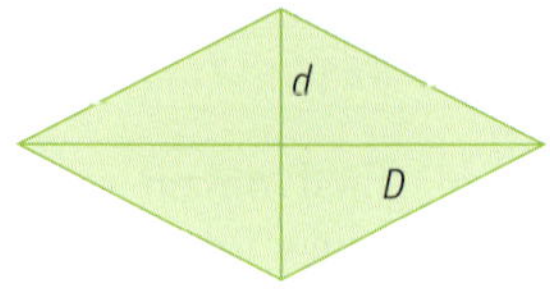
$A = \frac{b \cdot h}{2}$	$A = l^2$	$A = b \cdot h$	$A = \frac{D \cdot d}{2}$

Romboide	Trapecio	Polígono regular de *n* lados
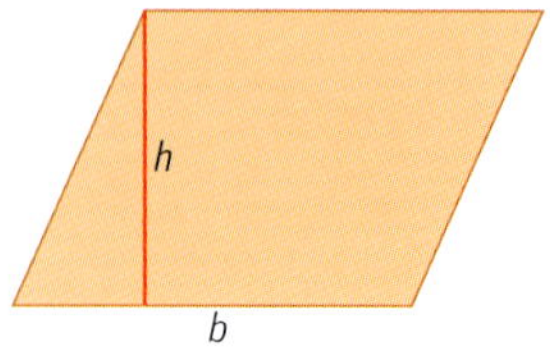	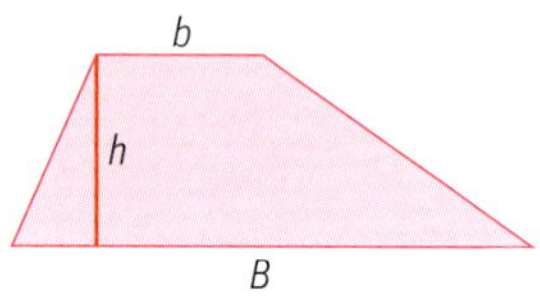	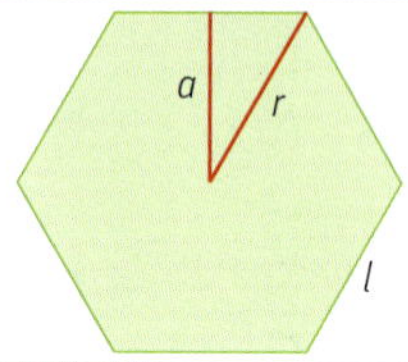
$A = b \cdot h$	$A = \frac{B + b}{2} \cdot h$	l: lado, a: apotema, r: radio, p: perímetro; $A = \frac{p \cdot a}{2} = \frac{n \cdot l \cdot a}{2}$

FIGURAS CIRCULARES

Longitudes		Áreas		
Circunferencia	Arco	Círculo	Sector circular	Corona circular
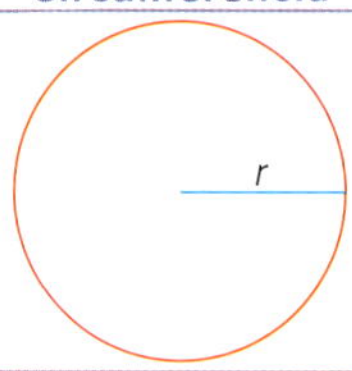	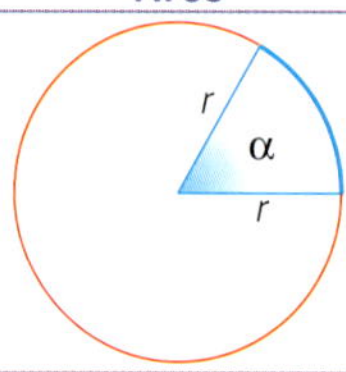	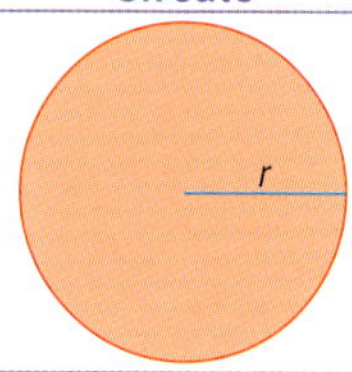	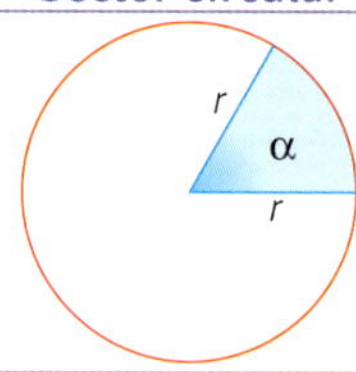	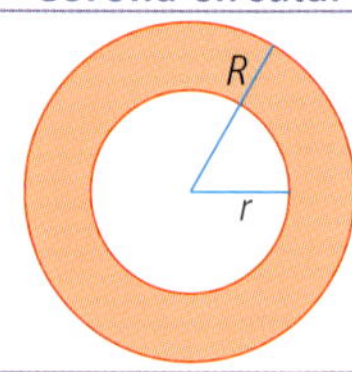
$L = 2 \cdot \pi \cdot r$	$L = \frac{\pi \cdot r \cdot \alpha}{180°}$	$A = \pi \cdot r^2$	$A = \frac{\pi \cdot r^2 \cdot \alpha}{360°}$	$A = \pi\,(R^2 - r^2)$

ÁREAS Y VOLÚMENES DE CUERPOS GEOMÉTRICOS

Prisma	Pirámide
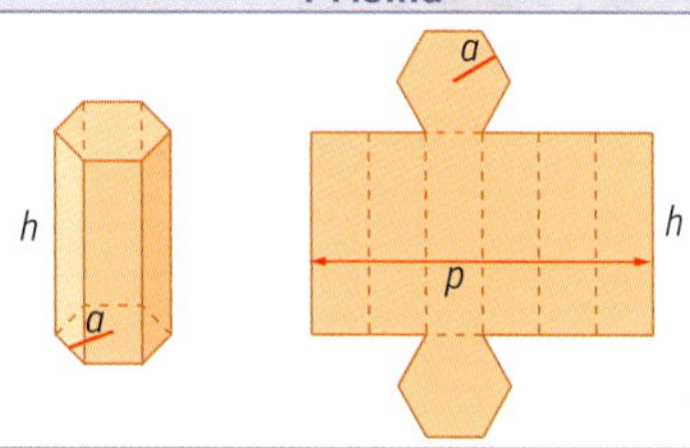	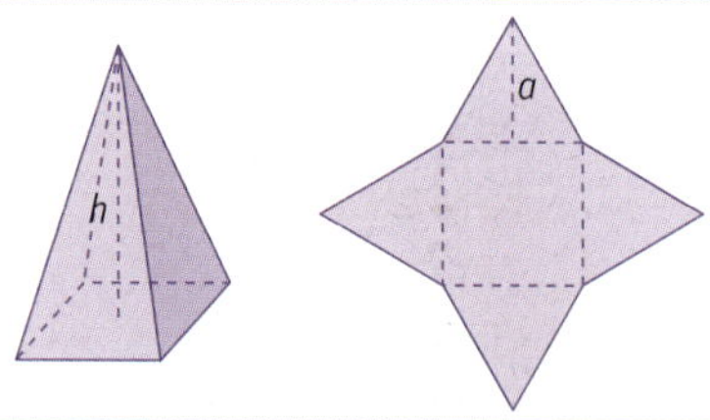
$A_t = 2 \cdot A_b + A_l$ $V = A_b \cdot h$	$A_t = A_b + A_l$ $V = \frac{A_{base} \cdot h}{3}$

Cilindro	Cono	Esfera
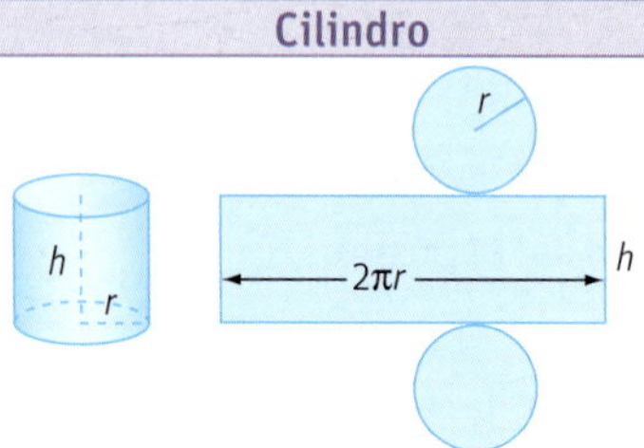	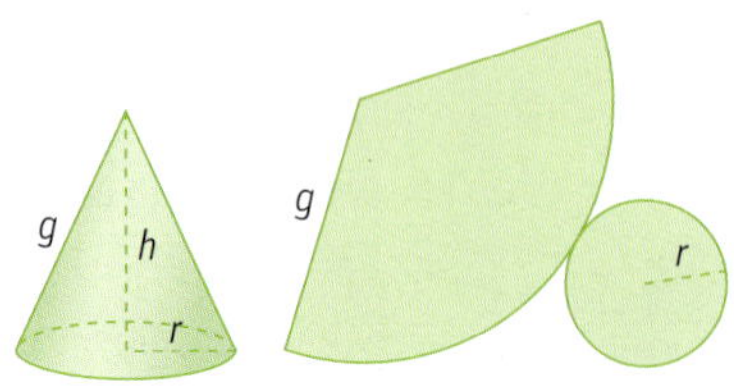	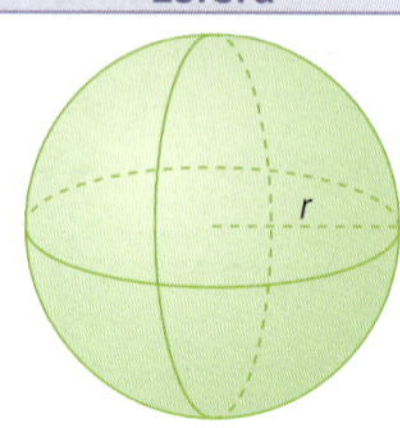
$A_t = 2 \cdot A_b + A_l = 2 \cdot \pi \cdot r^2 + 2 \cdot \pi \cdot r \cdot h$ $V = A_b \cdot h = \pi \cdot r^2 \cdot h$	$A_t = A_b + A_l = \pi \cdot r^2 + \pi \cdot r \cdot g$ $V = \frac{A_{base} \cdot h}{3} = \frac{\pi \cdot r^2 \cdot h}{3}$	$A = 4 \cdot \pi \cdot r^2$ $V = \frac{4}{3} \cdot \pi \cdot r^3$

Actividades clave

1. Calcula el área sombreada.

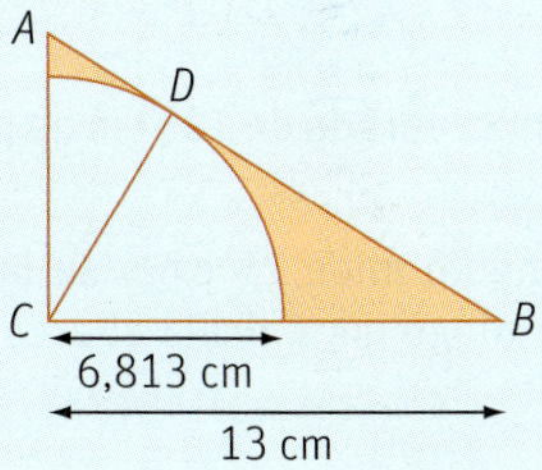

El área sombreada se puede calcular como la diferencia entre el área del triángulo *ABC* y el área del sector de amplitud 90° y radio 6, 813 cm.

Se aplican el teorema de Pitágoras y el teorema del cateto para obtener la medida de los lados del triángulo:

- $\overline{BD}=\sqrt{13^2-\overline{CD}^2}=\sqrt{13^2-6{,}813^2}=11{,}072$ cm
- $13^2=\overline{AB}\cdot\overline{BD}\Rightarrow\overline{AB}=\dfrac{169}{11{,}072}=15{,}264$ cm
- $\overline{AC}=\sqrt{15{,}264^2-13^2}=8$ cm

Por tanto, el área sombreada es: $A=A_{\text{triángulo}}-A_{\text{sector circular}}=\dfrac{13\cdot 8}{2}-\dfrac{\pi\cdot 6{,}813^2}{4}=15{,}54$ cm²

2. Se quiere pintar la maqueta de una torre albarrana. La torre consta de tres cuerpos:

- El inferior es un prisma dodecagonal regular de 3 dm de lado, 5,6 dm de apotema y 23 dm de altura.
- El intermedio es un prisma hexagonal de lado 4 dm, 3,46 dm de apotema y altura de 8 dm.
- La cúspide es una semiesfera de 3,46 dm de radio.

Calcula el área total.

- Cuerpo inferior:

  Área lateral: $A_1 = 12\cdot 3\cdot 23 = 828$ dm²

  Área de las bases: $A_2=\dfrac{12\cdot 3\cdot 5{,}6}{2}=100{,}8$ dm²

- Cuerpo intermedio:

  Área lateral: $A_3 = 6\cdot 4\cdot 8 = 192$ dm²

  Área de las bases: $A_4=\dfrac{6\cdot 4\cdot 3{,}46}{2}=41{,}52$ dm²

- Cúspide:

  Área de la semiesfera: $A_5=\dfrac{4\pi\cdot 3{,}46^2}{2}=75{,}22$ dm²

  Área de la base: $A_6=\pi\cdot 3{,}46^2=37{,}61$ dm²

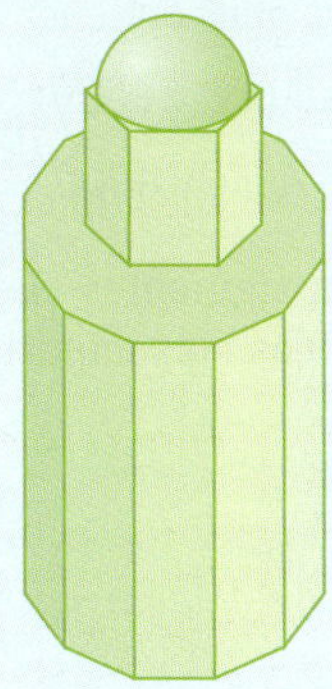

El área total es: $A=A_1+A_2+A_2-A_4+A_3+A_4-A_6+A_5=1259{,}20$ dm²

3. El planetario de Nueva York es un cubo de cristal de 29 m de arista en cuyo interior hay construida una esfera de 27 m de diámetro. ¿Qué espacio hay entre las dos figuras geométricas?

Para calcular el volumen del espacio entre las estructuras, se restan los volúmenes del cubo y de la esfera.

- Volumen del cubo: $V_1=a^3=29^3=24\,389$ m³
- Volumen de la esfera: $V_2=\dfrac{4}{3}\cdot\pi\cdot r^3=\dfrac{4}{3}\cdot\pi\cdot 13{,}5^3=10306$ m³

Volumen intermedio: $V=V_1-V_2=24\,389-10\,306=14\,083$ m³

4. Calcula el volumen de la viga de hierro de la figura.

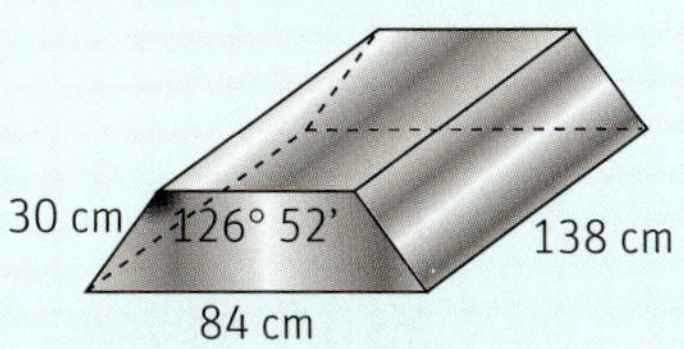

La viga tiene la forma de un prisma de base un trapecio isósceles, por lo que tiene los ángulos iguales dos a dos y la suma de sus ángulos es 360°.

Por tanto, los ángulos agudos miden: $360° = 2\cdot 126°\ 52' + 2\cdot\alpha \Rightarrow \alpha = 53°\ 8'$

La altura del trapecio y la base menor del trapecio miden:

$h = 30$ sen $(53°\ 8') = 24$ cm

$b = 84 - 2\cdot 30\cos(53°\ 8') = 48$ cm

El volumen de la viga es: $V=A_b\cdot h=\dfrac{(84+48)\cdot 30}{2}\cdot 138=273240$ cm³

Actividades

EJERCICIOS **PARA PRACTICAR**

Elementos geométricos del espacio

43. Indica la posición relativa de los siguientes elementos en la siguiente figura.

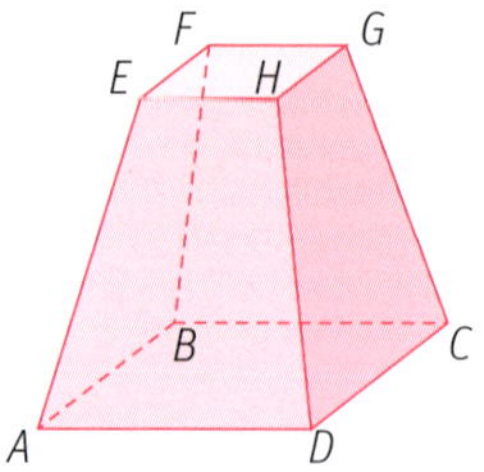

a) Las aristas *EH*, *FG* y *BC*.

b) Las aristas *FB* y *BC*.

c) Las rectas que contienen las aristas *EH* y *AB*.

d) Las caras *ABCD* y *EFGH*.

e) Las caras *ABFE* y *ABCD*.

44. Nombra los siguientes cuerpos geométricos y describe sus características más importantes.

a)
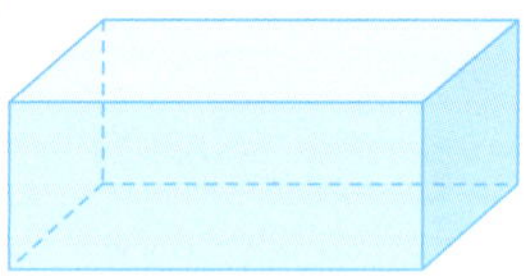

d)
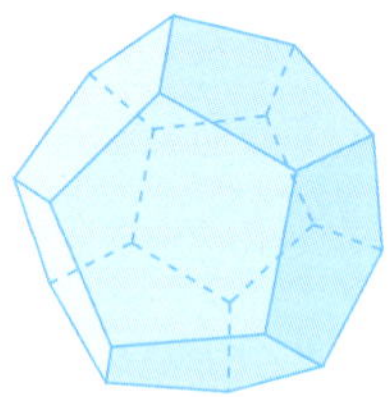

b)

e)
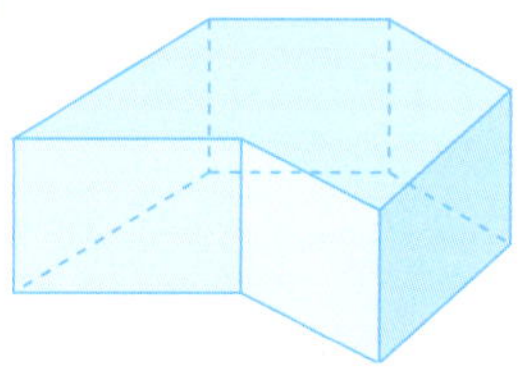

c)
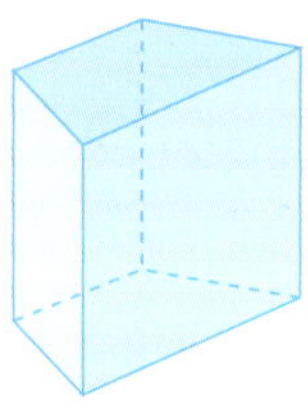

f)
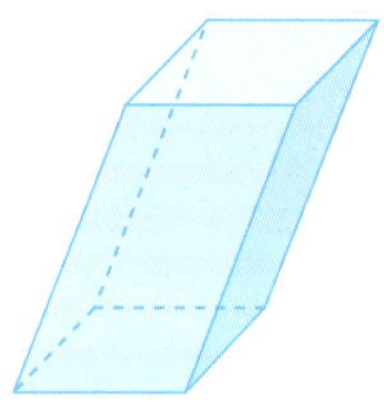

Perímetros y áreas de figuras planas

45. Calcula el perímetro y el área del triángulo isósceles de la figura.

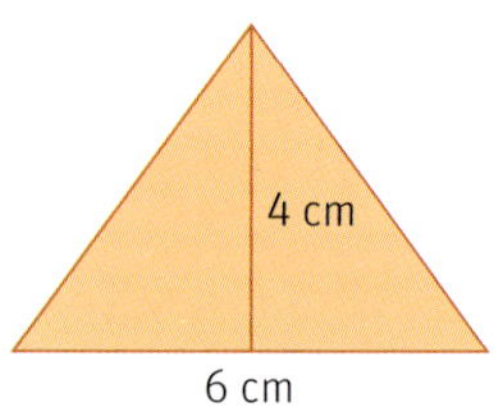

46. Calcula el perímetro y el área de estas figuras.

a) Un triángulo rectángulo de catetos 36 cm y 15 cm.

b) Un cuadrado cuya diagonal mide 20 cm.

c) Un rombo de diagonales 30 cm y 40 cm.

47. Halla el perímetro y el área del triángulo rectángulo cuya hipotenusa mide $\frac{17}{2}$ cm y uno de sus catetos 4 cm.

48. Calcula la superficie de un cuadrado de 108 cm de perímetro.

49. La diagonal de un rectángulo mide 25 cm y su lado mayor mide 5 cm menos que la diagonal. Calcula el área y el perímetro del rectángulo.

50. Calcula el perímetro y el área de un trapecio rectángulo cuyas bases miden 8 cm y 4 cm y cuya altura mide 3 cm.

51. Halla la altura del trapecio de la figura sabiendo que su área es de 190 cm^2.

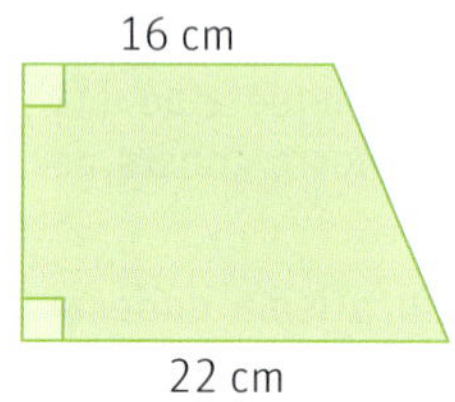

Longitudes y áreas de cuerpos geométricos

ACTIVIDAD **RESUELTA**

52. Dibuja el desarrollo plano de los siguientes cuerpos geométricos.

a) Cubo

b) Cono

a)
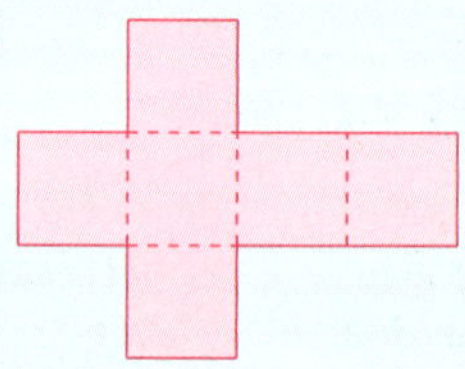

b)
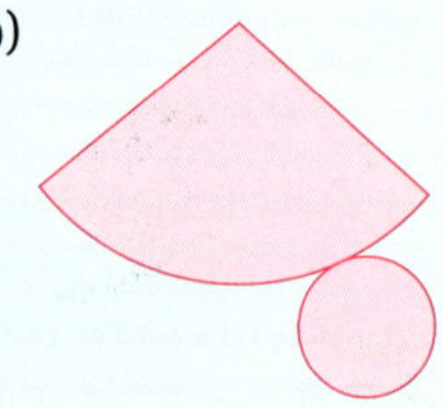

53. Dibuja el desarrollo plano de los siguientes cuerpos geométricos.

a)
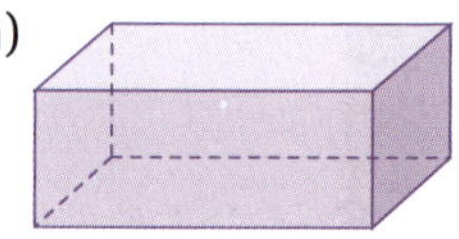

d)
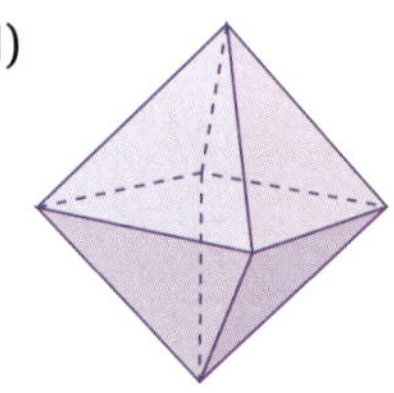

b)
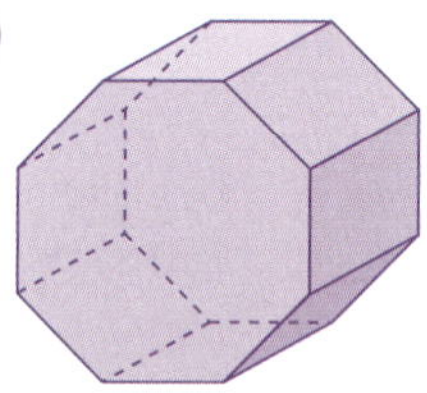

e)
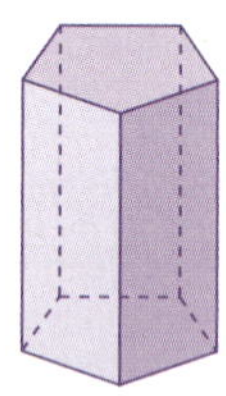

c)
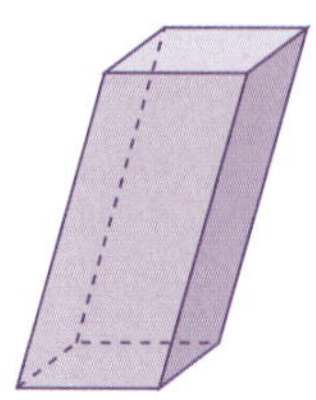

f)
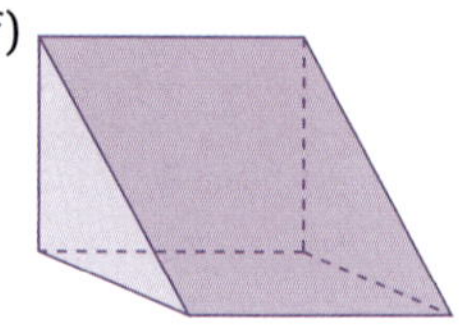

54. Calcula la superficie de un ortoedro de base un cuadrado de lado 12 cm y de altura 15 cm. Dibuja un esquema de su desarrollo.

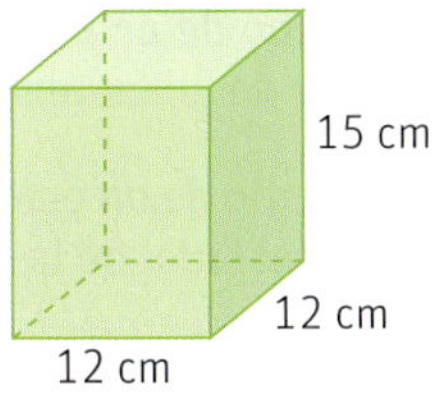

55. Calcula el área de un cubo de 12 cm de lado.

56. Halla el área de una esfera de 5 dm de diámetro.

57. Calcula la superficie de un prisma de altura 6 cm y cuya base es un triángulo rectángulo isósceles de catetos 3 cm. Dibuja un esquema de su desarrollo.

58. Halla el área de una pirámide cuya base es un cuadrado de lado 5 cm y cuyas caras son triángulos equiláteros. Dibuja un esquema de su desarrollo.

59. Halla el área de un octaedro regular de arista 15 cm.

60. Halla el área de los siguientes cuerpos geométricos.

a)

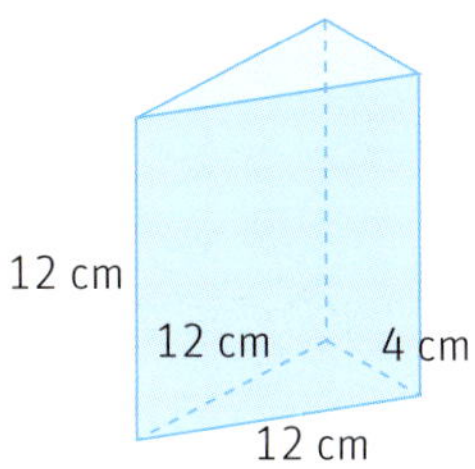

b)

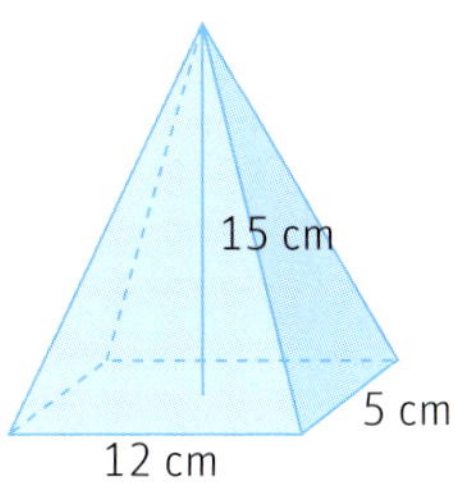

c)

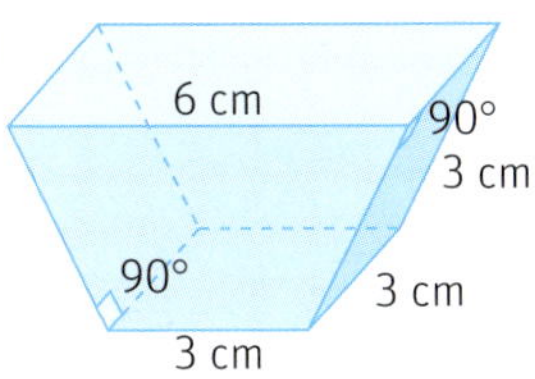

d)

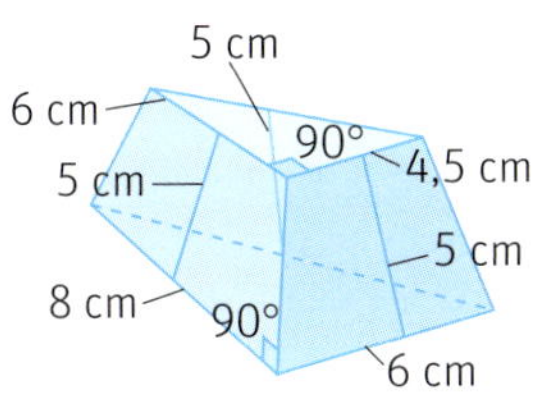

61. Calcula el área de un cilindro sabiendo que el diámetro de la base coincide con la altura y que el radio de la base mide 4 cm.

ACTIVIDAD **RESUELTA**

62. Si la superficie de una esfera aumenta en 16 m² al aumentar su radio 1 m, ¿cuánto mide el radio?

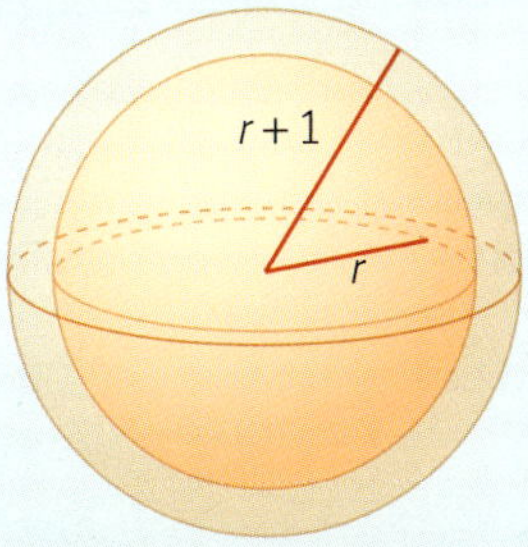

Si r es el radio de la esfera inicial, se verifica:

$$4\pi(r+1)^2 = 4\pi r^2 + 16 \Rightarrow 4\pi r^2 + 4\pi + 8\pi r = 4\pi r^2 + 16$$

$$\Rightarrow r = \frac{16 - 4\pi}{8\pi} = 0{,}137 \text{ m}$$

63. Determina la relación entre las áreas de dos esferas de radios respectivos 2 cm y 4 cm.

64. Si el radio de una esfera se reduce a la mitad, su superficie disminuye 5 m². Halla el radio y el área de la esfera inicial.

Volúmenes de cuerpos geométricos

65. Halla el volumen de un tetraedro de lado a cm. Calcula dicho volumen para $a = 7$.

66. Halla el volumen de un cono de altura 20 cm y de generatriz 29 cm.

67. Halla el volumen de un cilindro cuyo diámetro coincide con la altura y entre ambos miden 14 cm.

68. Halla el volumen de una esfera de 18 cm de diámetro.

69. Halla el volumen de los cuerpos geométricos.

a)

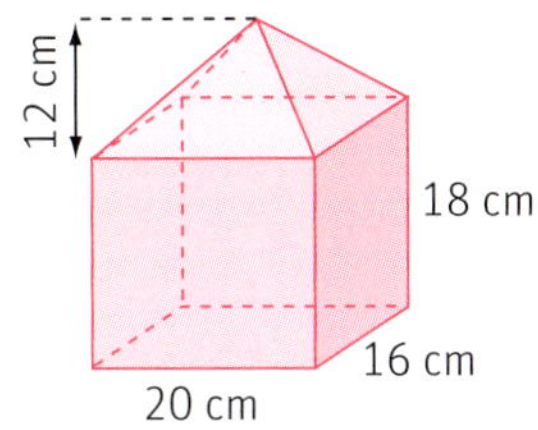

b)

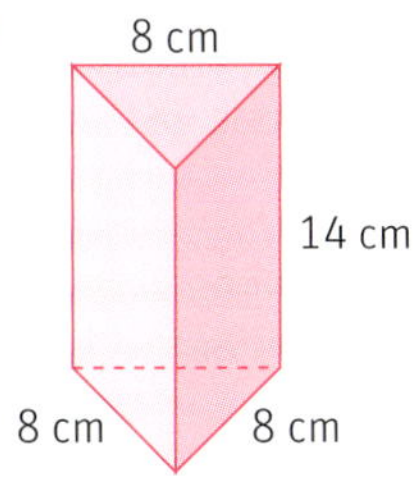

c)

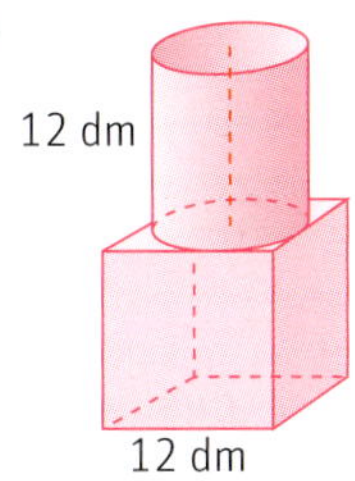

d)

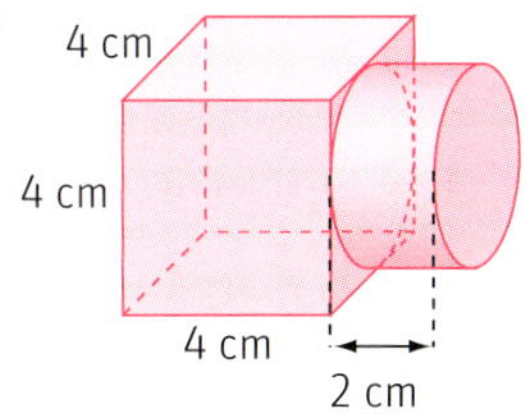

70. Halla el volumen de un ortoedro cuyas medidas de la base son una el doble de la otra y suman 21 cm, y cuya altura mide 4 cm.

71. Calcula el volumen de un prisma de base un triángulo rectángulo de hipotenusa 13 cm y cateto menor 5 cm. La medida de la altura coincide con la del cateto mayor de la base.

72. ¿Cuánto se debe reducir el radio de una esfera para que su volumen se reduzca a la mitad?

73. Calcula el volumen de un ortoedro si sus dimensiones están en la proporción 2:3:5, siendo su superficie total de 248 cm².

Problemas métricos

74. Calcula el perímetro y el área de las figuras siguientes.

a)

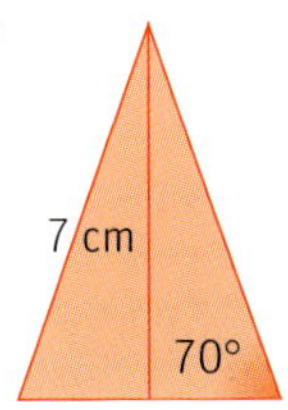

b)

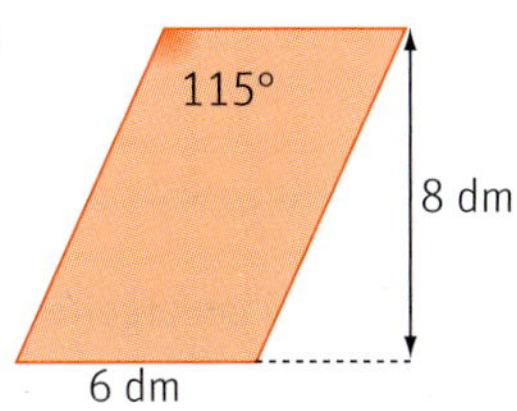

75. La diagonal de un rectángulo mide 25 m y forma con la base un ángulo de 43° 40'. Halla su perímetro y su área.

Actividades

ACTIVIDAD **RESUELTA**

76. **Calcula el área de un sector circular de la figura. ¿Cuál es la medida de la cuerda AB correspondiente a dicho sector?**

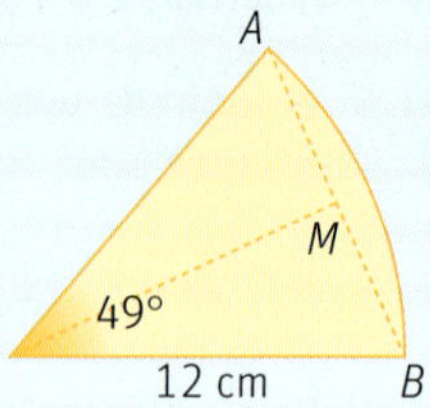

El área del sector es:

$$A=\frac{\pi\cdot r^2\cdot\alpha}{360°}=\frac{\pi\cdot 12^2\cdot 49}{360°}=61{,}58\ \text{cm}^2$$

Aplicando trigonometría:

$$\text{sen}\ 24{,}5°=\frac{AM}{12}\Rightarrow AM=12\cdot\text{sen}\ 24{,}5°=4{,}98\ \text{cm}$$

La cuerda AB medirá: $\overline{AB}=2\overline{AM}=9{,}96$ cm

77. **Calcula el área de la parte coloreada de la siguiente figura.**

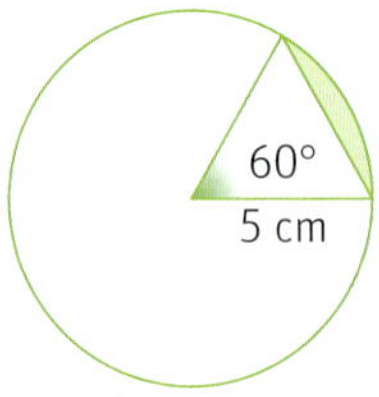

78. **Calcula el área de un sector circular de 12 cm de radio y un ángulo de 72°. ¿Cuánto mide la cuerda correspondiente?**

79. **Calcula el área de un sector circular de amplitud 68° y de radio 40 cm. Calcula, también, las medidas de la cuerda y del arco correspondientes.**

80. **Calcula el área de un sector circular de radio 4 cm y cuyo arco mide 8 cm. Calcula la cuerda correspondiente a este sector.**

ACTIVIDAD **RESUELTA**

81. **Calcula el área de un pentágono regular inscrito en una circunferencia de 8 cm de radio.**

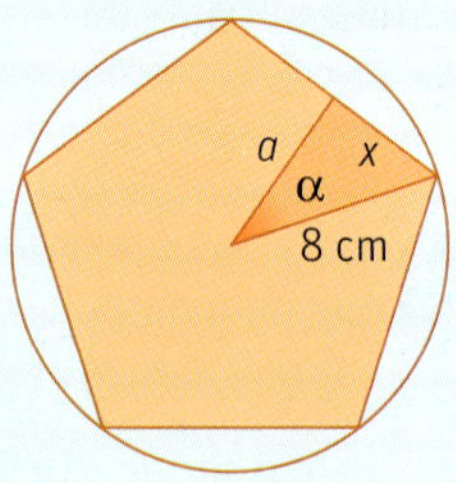

El ángulo α mide: $\alpha=\frac{360°}{2\cdot n}=\frac{360°}{2\cdot 5}=\frac{360°}{10}=36°$

Aplicando las razones trigonométricas:

$$\text{sen}\ 36°=\frac{x}{8}\Rightarrow x=8\cdot\text{sen}\ 36°=4{,}7\ \text{cm}$$

$$\cos 36°=\frac{a}{8}\Rightarrow a=8\cdot\cos 36°=6{,}47\ \text{cm}$$

El lado del pentágono mide: $2x=9{,}4$ cm

El área mide: $A=\frac{p\cdot a}{2}=\frac{5\cdot 9{,}4\cdot 6{,}47}{2}=152\ \text{cm}^2$

82. **El lado de un hexágono regular mide 105 cm. Calcula la medida de la apotema, el perímetro y el área.**

83. **El radio de un octógono regular mide 45 cm. Calcula la medida del lado, de la apotema y el área.**

84. **Calcula el perímetro y la apotema de un decágono inscrito en una circunferencia de radio 25 cm.**

ACTIVIDAD **RESUELTA**

85. **La longitud de la generatriz de un cono es de 4 cm y forma un ángulo con el eje del mismo de 28°. Calcula la superficie total y el volumen del cono.**

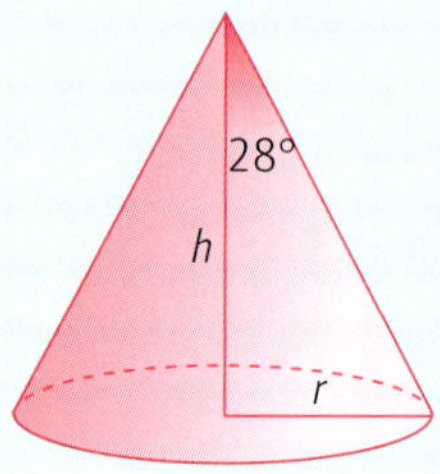

Se calculan el radio de la base y la altura utilizando razones trigonométricas:

$$\text{sen}\ 28°=\frac{r}{4}\Rightarrow r=4\cdot\text{sen}\ 28°=1{,}88\ \text{cm}$$

$$\cos 28°=\frac{h}{4}\Rightarrow h=4\cdot\cos 28°=3{,}53\ \text{cm}$$

Por tanto, la superficie total y el volumen son:

$$A_t=\pi\cdot r\cdot g+\pi\cdot r^2=\pi\cdot r\cdot(g+r)=$$
$$=\pi\cdot 1{,}88\cdot 5{,}88=34{,}73\ \text{cm}^2$$

$$V=\frac{\pi\cdot r^2\cdot h}{3}=\frac{\pi\cdot 1{,}88^2\cdot 3{,}53}{3}=13{,}07\ \text{cm}^3$$

86. **La base de una pirámide es un cuadrado de 4 cm de lado y el ángulo de las alturas laterales con la base es de 30°. Halla el área lateral y la altura.**

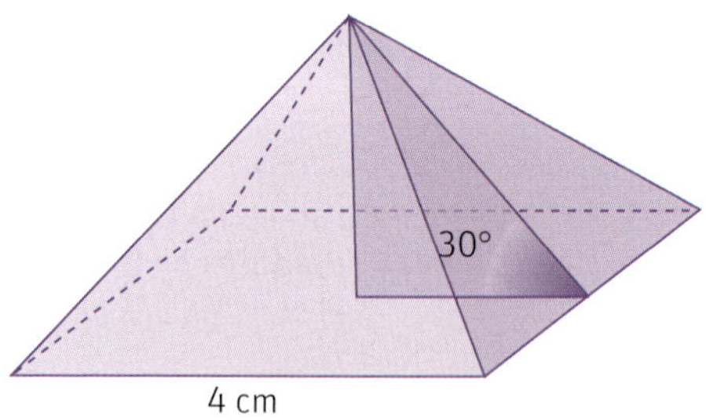

87. **Halla la superficie total del siguiente cilindro.**

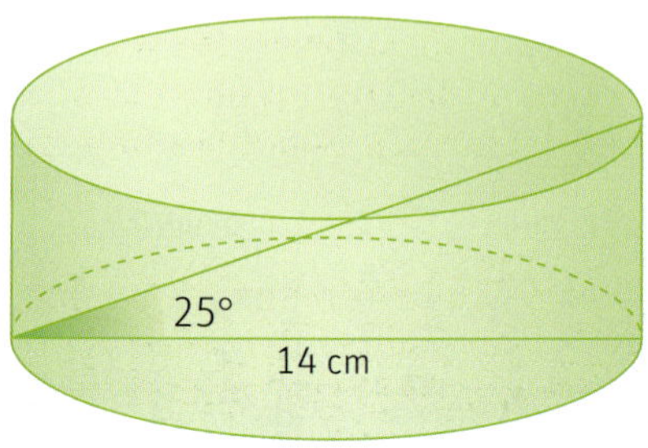

88. El área de un sector circular dibujado en un círculo de 9 dm de diámetro es de 8,84 dm^2. Calcula el número de grados que abarca.

89. Calcula el ángulo que forma la diagonal del siguiente ortoedro con la base.

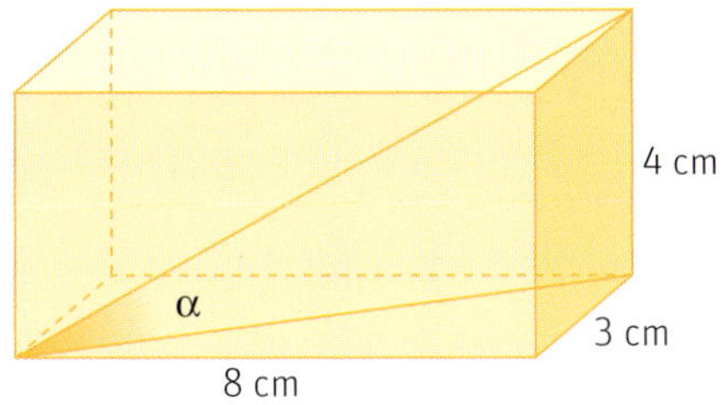

90. Calcula el área total y el volumen de los siguientes cuerpos.

a)

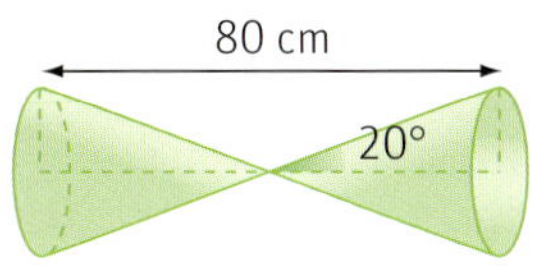

c)

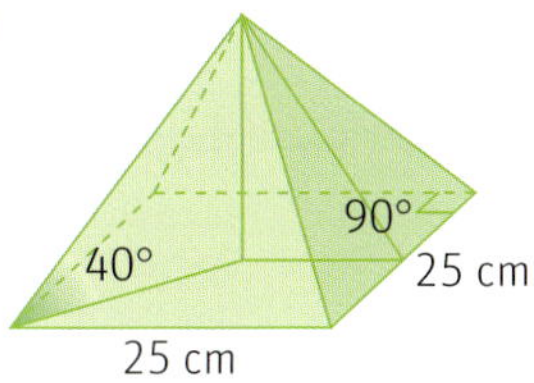

b)

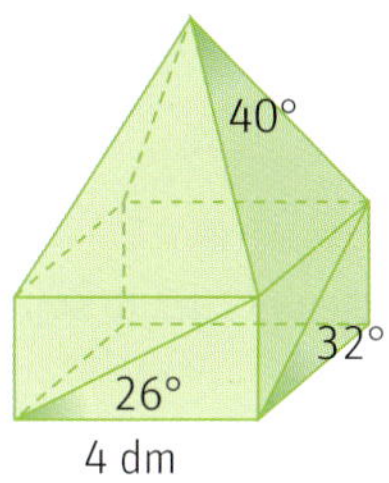

d)

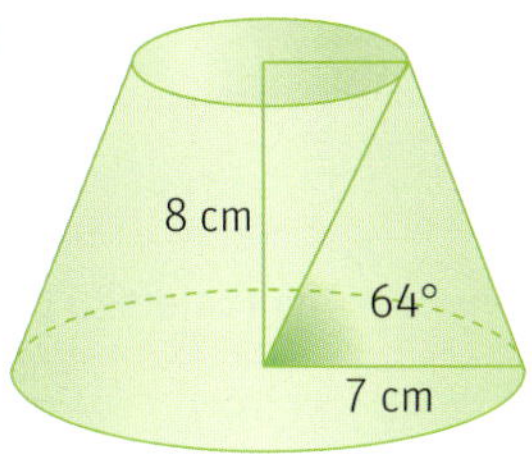

91. Calcula el área y el volumen de este cuerpo geométrico.

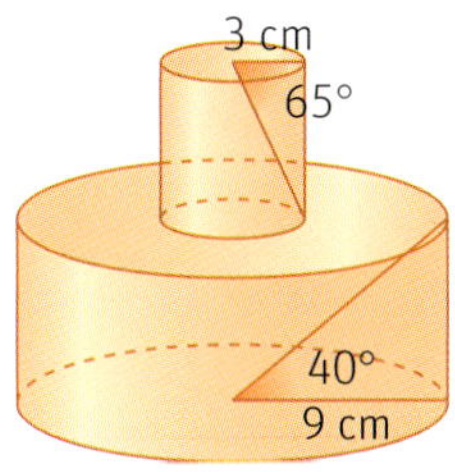

PROBLEMAS PARA RESOLVER

92. ¿Qué cantidad de chapa se necesita para hacer una esfera hueca de 8 m de diámetro? ¿Cuánta agua cabe en su interior?

93. Si aproximamos la forma de la Tierra por la de una esfera perfecta y su ecuador tiene una longitud de 40 023,89 km, ¿cuánto mide el radio de la Tierra?

94. Se quiere construir un badén en la carretera para limitar la velocidad de los automóviles que lo cruzan. ¿Cuál debe ser el ángulo de inclinación α para que la altura sea de 15 cm?

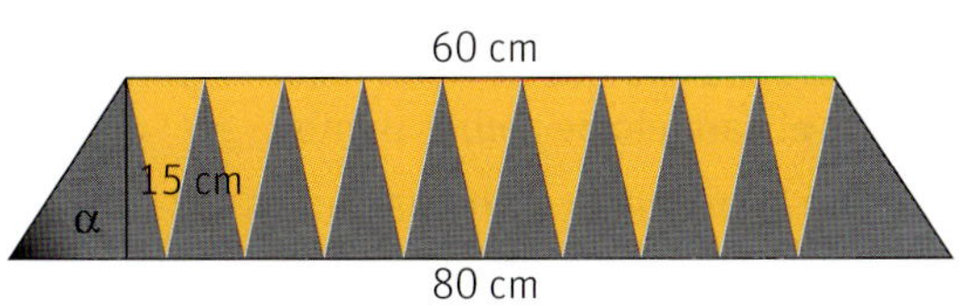

95. Se quiere construir una piscina con forma de rombo y rodeada por una zona de césped limitada por una circunferencia tal y como muestra la figura.

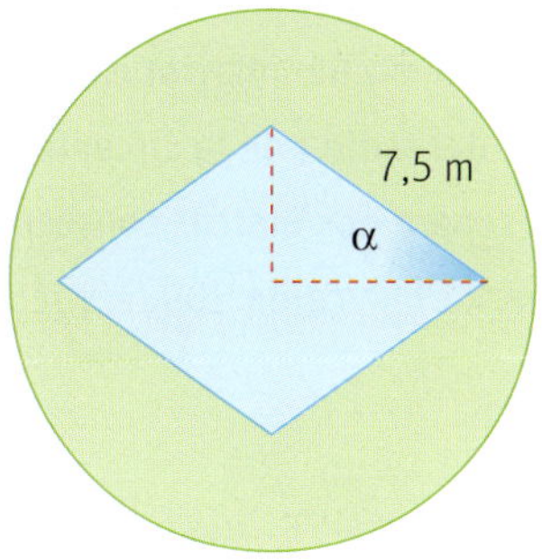

El diámetro de la circunferencia mide 15 m, y el lado del rombo, 7,5 m.

a) Calcula, en función de α, el área cubierta por el césped.

b) Calcula dicha área para los casos en que α = 45°, α = 50° y α = 60°.

96. Con un trozo de plancha de aluminio con forma de sector circular se quiere construir un recipiente cónico.

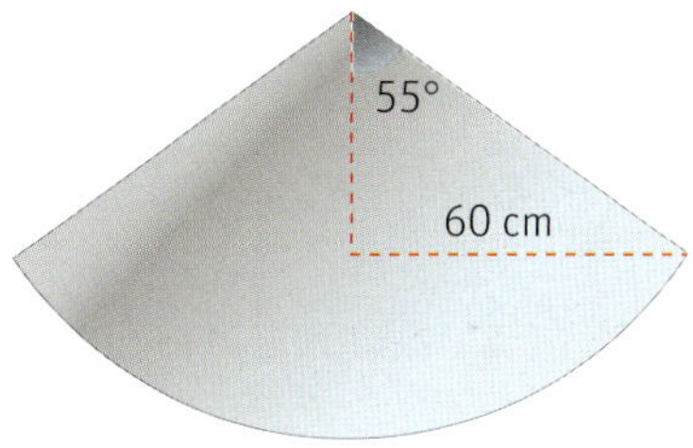

a) Calcula la longitud de la base del cono construido.

b) Calcula el radio de la base y la altura del cono.

c) Calcula el volumen del cono.

97. El dibujo muestra el logotipo de una marca de coches. Su contorno exterior es un hexágono regular, y en el interior incluye otro hexágono regular. En el diseño hay solo zonas grises y zonas naranjas.

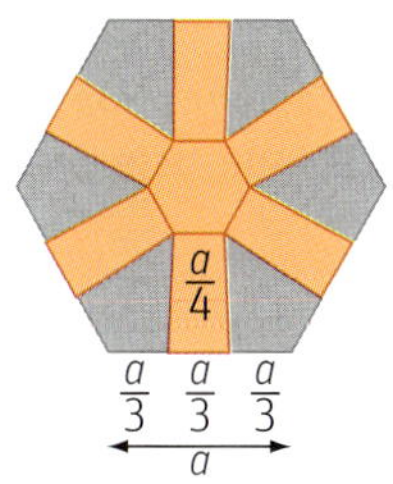

a) Calcula la razón entre las áreas de color gris y las de color naranja.

b) Halla dichas áreas si el lado del hexágono interior es de 1 cm.

Encuentra el error

98. Con un triángulo equilátero de lado 20 cm se quiere construir un cono sin tapa. Calcula el volumen del cono.

El radio de la base del cono es: $2\pi r = 20 \Rightarrow r = 3{,}18$ cm

La altura del cono es: $h = \dfrac{20\sqrt{3}}{2} = 17{,}3$ cm

El volumen del cono es:

$$V = \frac{\pi r^2 \cdot h}{3} = \frac{\pi \cdot 3{,}18^2 \cdot 17{,}3}{3} = 183 \text{ cm}^3$$

¿Dónde está el error?

Ponte a prueba

PROBLEMA **RESUELTO** **Cantidad de lluvia**

Para medir la cantidad de lluvia caída durante una precipitación, se ha utilizado el siguiente recipiente con forma de tronco de cono.

Se sabe que el área del círculo inferior es justo el doble que el área del círculo superior.

1. ¿Cuál es el valor del radio r de la circunferencia superior del recipiente?
2. ¿Qué distancia separa dos marcas consecutivas del recipiente?
3. Si la noche anterior han caído 20 L/m², ¿cuánta agua habrá dentro del recipiente?

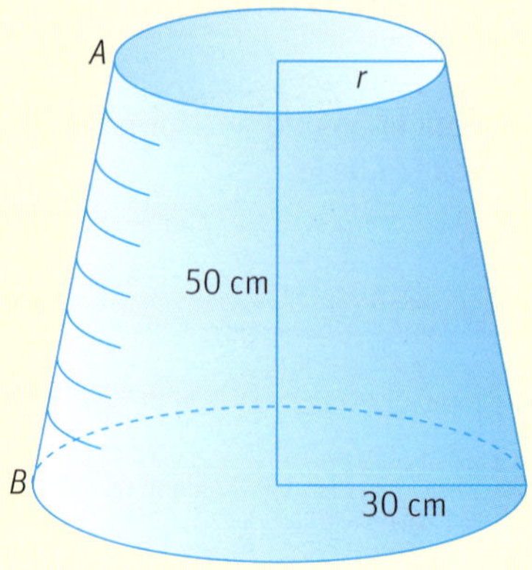

SOLUCIÓN

1. Se calcula el área del círculo inferior:

$$\pi \cdot R^2 = \pi \cdot 30^2 = 900\pi \text{ cm}^2$$

Por tanto, como el área del círculo inferior es el doble que el área del círculo superior, se despeja el radio:

$$\pi \cdot r^2 = \frac{900\pi}{2} = 450\pi \Rightarrow r^2 = 450 \Rightarrow r = \sqrt{450} = 21{,}2 \text{ cm}$$

2. Aplicando el teorema de Pitágoras, se puede calcular la medida del lateral AB del cono:

$$\sqrt{50^2 + (30 - 21{,}2)^2} = \sqrt{2500 + 77{,}44} = 50{,}77 \text{ cm}$$

La separación entre dos marcas consecutivas es: $\frac{50{,}77}{8} = 6{,}35$ cm

3. La superficie del círculo superior es de $450\pi = 1413{,}7 \text{ cm}^2 = 0{,}14137 \text{ m}^2$. Si en 1 m² han caído 20 L, por la superficie del círculo superior habrán entrado:

$$0{,}14\,137 \cdot 20 = 2{,}83 \text{ L}$$

Los habitantes del planeta Cúbit

El planeta Cúbit es muy extraño, ¡tiene forma de cubo! Y la superficie del planeta es de 15 625 km².

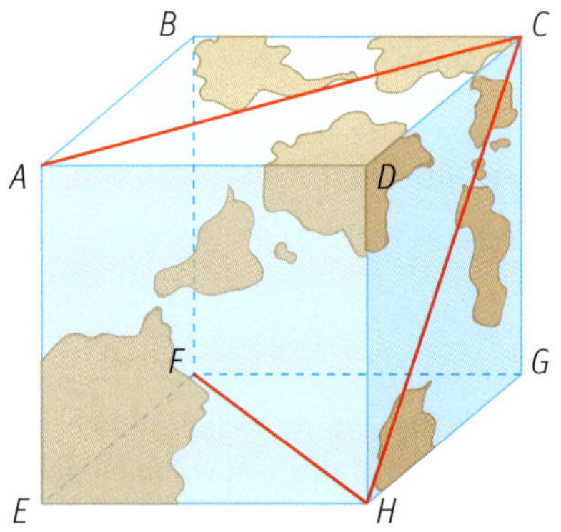

1. Si un habitante quiere ir de la ciudad A a la F pero pasando primero por C y luego por H, ¿cuántos kilómetros deberá recorrer?
2. Si un habitante quiere ir de C a E por el camino más corto posible, ¿cuántos kilómetros recorrerá?
3. Si se pudieran hacer túneles que atravesaran el planeta, ¿cuál sería el camino mínimo para ir de C a E?
4. ¿Cuál es el volumen del planeta en kilómetros cúbicos?

Y ahora, ... ¡el planeta Tierra!

En el globo terrestre de la figura hay señalados dos puntos, A y B, situados ambos en el mismo paralelo, que son los extremos de un diámetro de dicho paralelo.

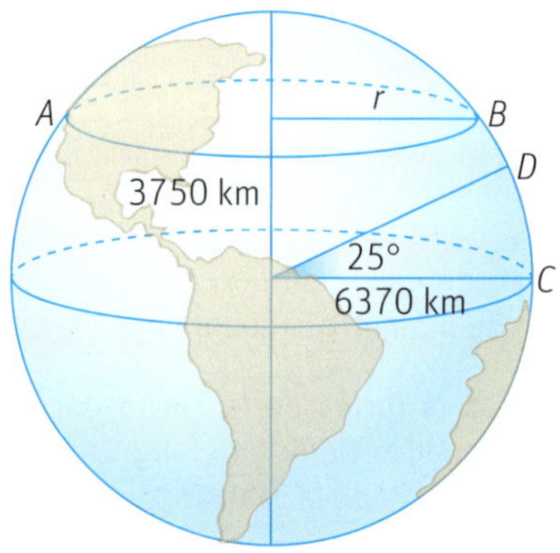

1. ¿Cuál es la longitud del paralelo?
2. Calcula aproximadamente la longitud del meridiano terrestre, es decir, del semicírculo máximo.
3. Calcula la distancia que se debe recorrer para ir de A a B si se va por el paralelo de ambos puntos.
4. ¿Cuál será la distancia entre los puntos D y C si se mide sobre el meridiano al que pertenecen?

La pirámide

La pirámide del Museo del Louvre, en París, tiene una base cuadrada de lado 35 m y caras laterales que son triángulos isósceles cuyos ángulos iguales miden 57,8°.

1. El tercer ángulo de cada cara lateral es:

   A. 14,5° B. 64,4° C. 72,2° D. 122,2°

2. ¿Cuánto mide una arista lateral?

   A. 27,8 m B. 32,8 m C. 35 m D. 37,3 m

3. Halla el área de cada cara lateral y del total de la pirámide.
4. Calcula la altura y el volumen de la pirámide.

AUTOEVALUACIÓN

1. En la siguiente figura, indica:

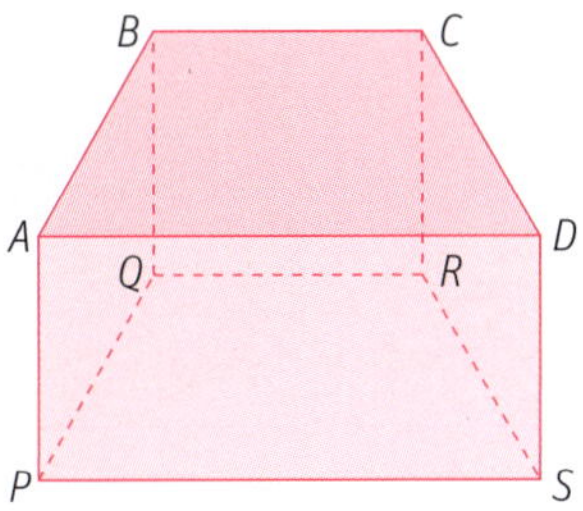

   a) Dos aristas paralelas.
   b) Dos aristas contenidas en rectas que se cruzan.
   c) Dos aristas secantes y el punto donde se cortan.
   d) Dos caras paralelas.
   e) Dos caras que se cortan y su lado común.

2. Calcula el perímetro y el área de:
   a) Un rectángulo cuya diagonal mide 25 m y su lado menor 15 m.
   b) Un triángulo isósceles sabiendo que la suma de los lados iguales es de 42 cm y el lado desigual mide 10 cm.

3. Un octógono regular está inscrito en una circunferencia de 24 cm de radio.
   a) Calcula el lado y la apotema del octógono.
   b) Calcula el perímetro y el área del octógono.

4. Calcula el área de la zona coloreada.

a) 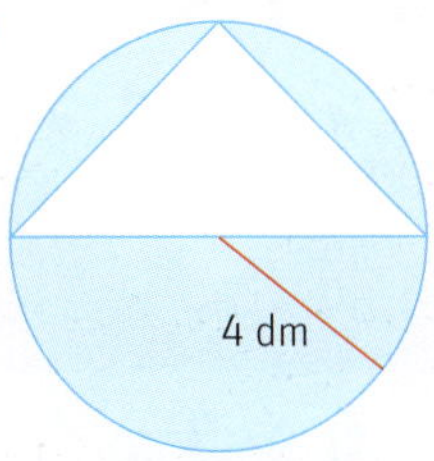

b) 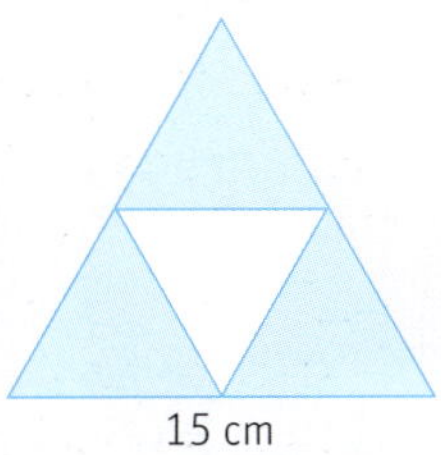

5. Calcula el área total de un prisma cuya base es un triángulo isósceles de lados 2, 2 y 3 cm y su altura coincide con el perímetro de la base.

6. Calcula el volumen de una pirámide de base un cuadrado de 5 cm de lado y cuya altura son los $\frac{3}{5}$ del perímetro de la base.

7. Calcula el área del siguiente trapecio rectángulo.

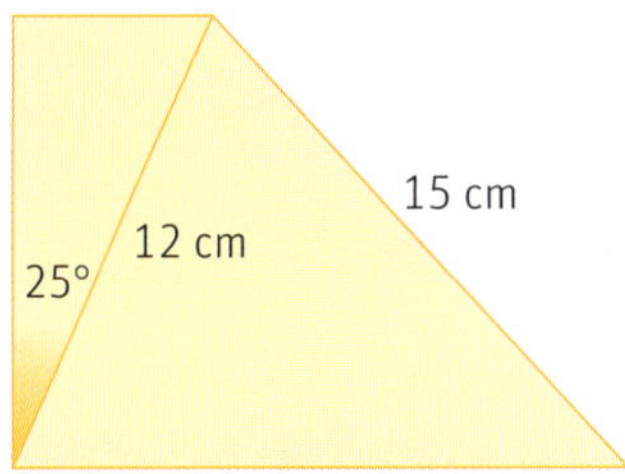

8. Calcula el área total y el volumen de los siguientes cuerpos geométricos.

a) 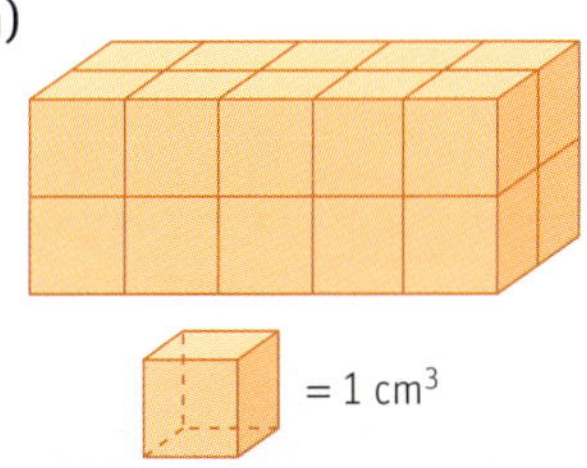

c) 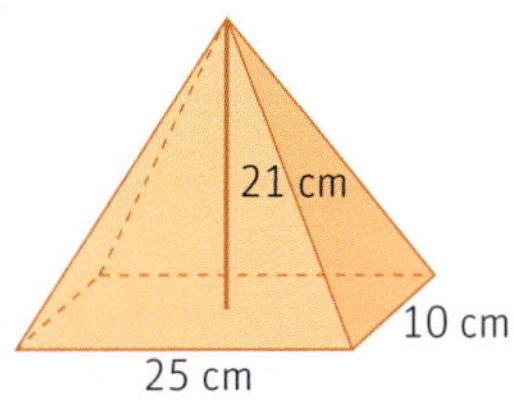

b) 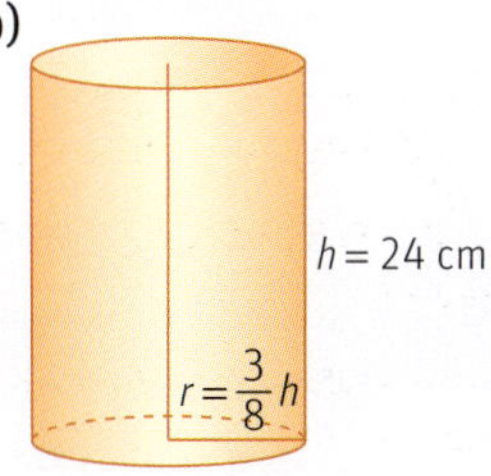

d) 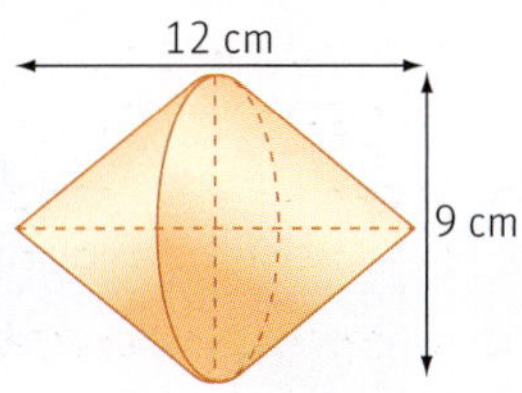

MATES + MAGIA

EL DADO

Tradicionalmente se han utilizado los poliedros regulares para construir dados, pero en realidad no se necesitan figuras tan simétricas para conseguir un dado en el que todas las caras tengan la misma probabilidad de aparición. Bastaría con tener un poliedro que tuviese todas las caras iguales y algún eje de simetría por el que se pudiese girar el dado y ver que tiene la misma forma en varias posiciones.

Te proponemos aquí la construcción de un dado algo especial con el que puedes desconcertar a tus amigos.

Copia la imagen inferior sobre un papel o cartulina, recórtala y pega las pestañas grises, formando un poliedro de seis caras. Puedes descargar el recortable de sm**Savia**digital.com.

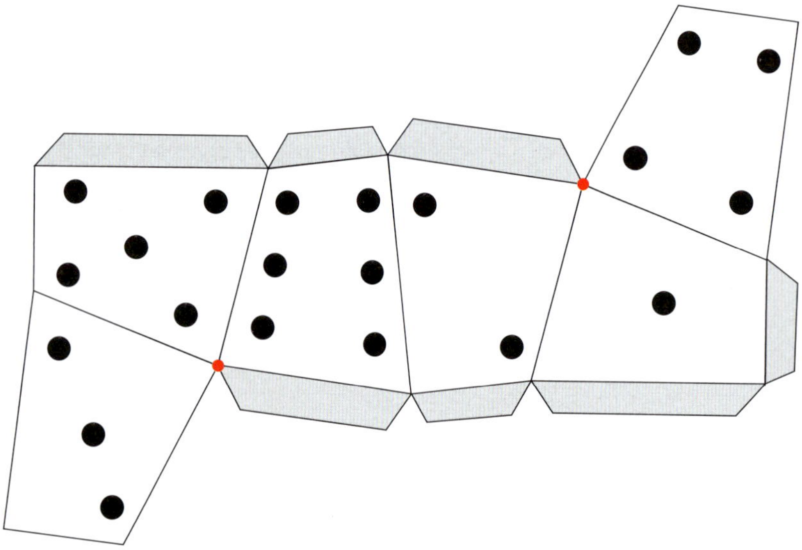

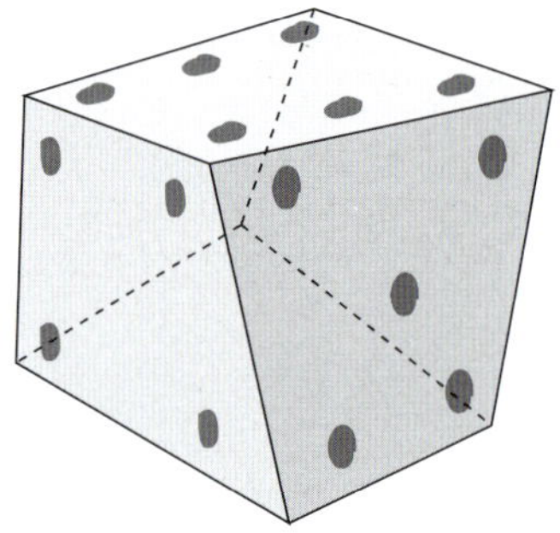

Este dado tiene la forma de un trapezoide trigonal. Todas las caras de este poliedro son trapezoides.

Una propiedad muy curiosa

Una propiedad de este dado es que presenta una curiosa simetría de giro, si lo sostienes entre los dedos por los vértices marcados con puntos rojos, veras que al girarlo 120° la disposición de las caras es equivalente. Si sumas el valor de las dos caras con menor valor obtendrás el valor de la tercera.

1 + 4 = 5

2 + 1 = 3

4 + 2 = 6

LOS ROMPECABEZAS DE MACMAHON

PERCY ALEXANDER MACMAHON (1854-1929)

Fue un matemático inglés que escribió varias obras sobre análisis combinatorio y matemáticas recreativas, inventando varios rompecabezas de éxito.

En 1921 publicó el libro *New mathematical pastimes* sobre rompecabezas basados en baldosas con forma de polígono regular de diferentes colores.

A continuación te proponemos uno de los rompecabezas de MacMahon.

En la imagen, los 11 triángulos representan todas las combinaciones posibles de 3 colores colocados en cada una de las tres aristas de un triángulo equilátero.

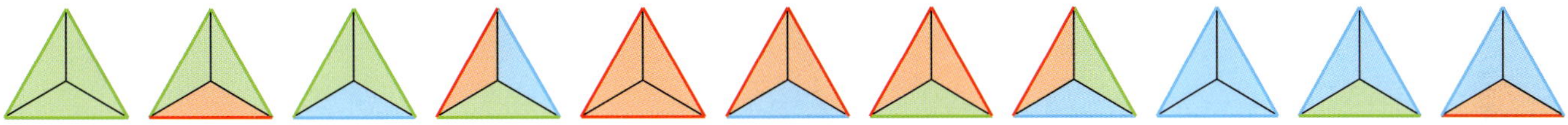

El rompecabezas consiste en colocar 10 de estos triángulos formando un hexágono de forma que dos baldosas colindantes deben tener el mismo color.

Copia los triángulos y recórtalos. Busca otras formas de colocarlos que cumplan la condición pedida.

Fácil ¿Verdad?

Podemos complicar más el rompecabezas añadiendo una nueva condición:

El borde solo debe mostrar dos colores, rojo en la parte superior, y verde, en la inferior.

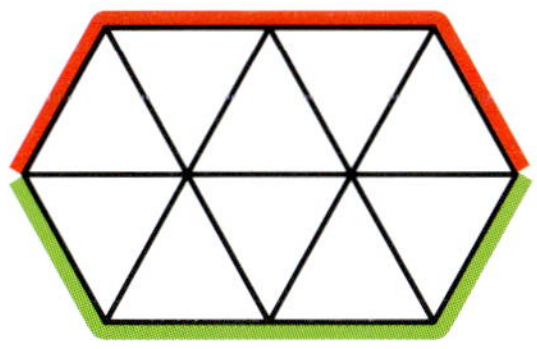

¿Cuál es el secreto?

La clave para resolver este tipo de rompecabezas es ir deduciendo poco a poco la colocación de las piezas.

Si solo tenemos que usar 10 piezas, ¿podrías deducir cuál es la pieza que no debes usar en el rompecabezas?

En cualquiera de las conexiones interiores del hexágono coincidirán dos aristas del mismo color. En el borde inferior habrá 4 verdes y en el superior 4 rojas. Podemos deducir entonces, que entre las 10 piezas que elija debe aparecer cada color de arista un número par de veces. Como en el grupo de 11 piezas aparece cada color 11 veces, tendré que quitar una de las dos piezas que tienen los tres colores, y me quedarán 10 aristas de cada color.

La siguiente pregunta que deberías plantearte es: ¿Dónde debes colocar la pieza de 3 aristas azules?

9 Funciones

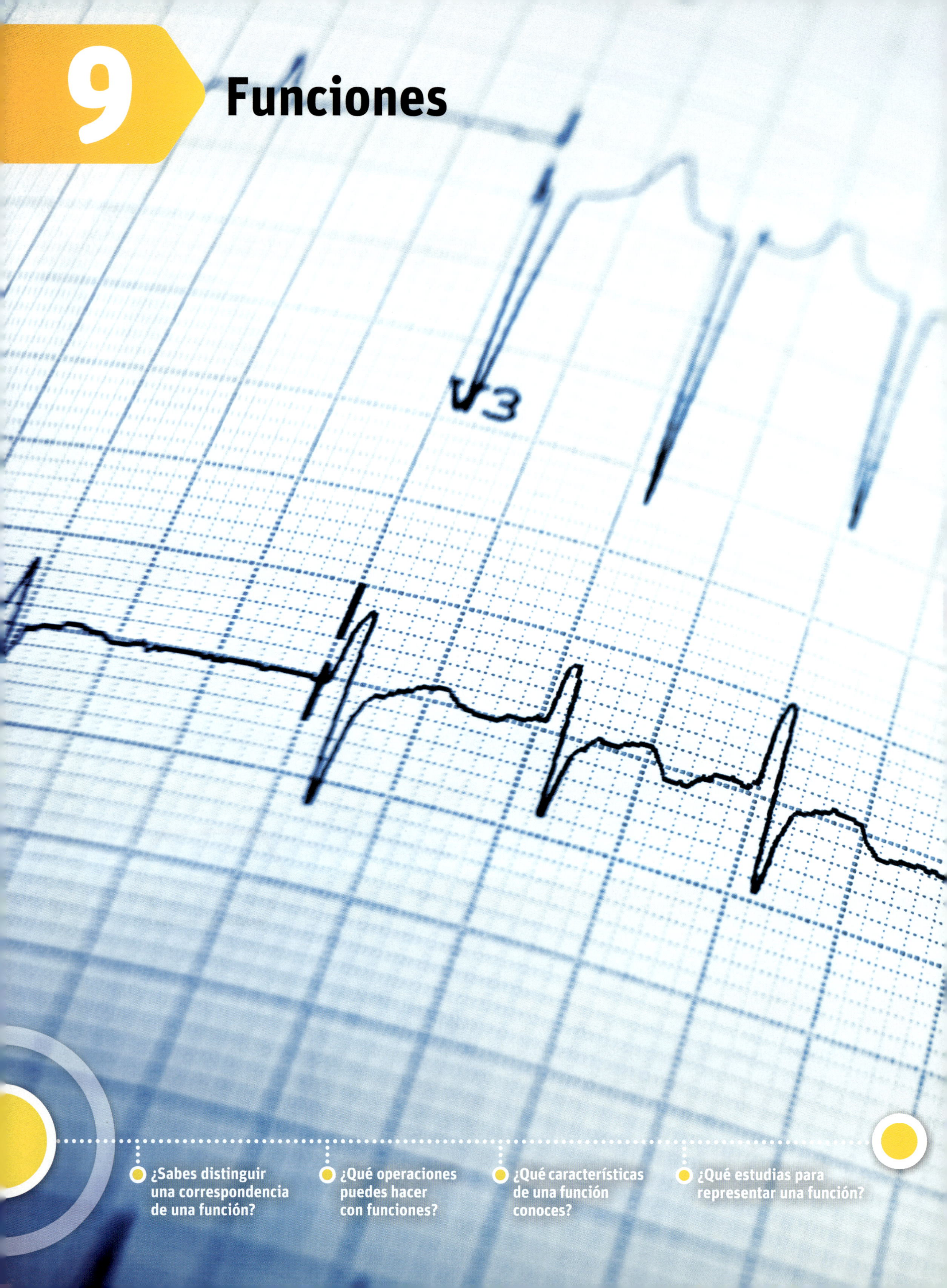

- ¿Sabes distinguir una correspondencia de una función?
- ¿Qué operaciones puedes hacer con funciones?
- ¿Qué características de una función conoces?
- ¿Qué estudias para representar una función?

Analiza y contesta

¿Qué magnitudes relaciona la función representada en un electrocardiograma?

¿Cuál es la variable independiente? ¿Y la dependiente?

¿Qué es la bradicardia fisiológica? ¿Y la taquicardia?

Observa y saca conclusiones

Observa la gráfica de un electrocardiograma y señala dos características matemáticas de la gráfica que dan información al cardiólogo del estado del corazón.

Lee y comprende

El mundo de las gráficas

Unidad de Cardiología de un hospital. Un enfermo acaba de ingresar con todos los síntomas de haber sufrido un infarto. Para realizar un diagnóstico preciso del estado del corazón de este paciente se le realiza inmediatamente un electrocardiograma.

El resultado es una tira de papel o una imagen en la pantalla de un monitor en la que aparece dibujada una compleja gráfica. Cualquier especialista, aunque no haya visto al enfermo, es capaz, solo leyendo la gráfica del electrocardiograma, de detectar los problemas que tiene su corazón. La cantidad de información contenida en ella es realmente increíble. De hecho, permite salvar un buen número de vidas. Solo hace falta alguien capaz de traducir la información de una simple gráfica cartesiana a términos médicos. Para ello es preciso conocer y dominar el lenguaje de las gráficas.

Efectivamente, un electrocardiograma es una gráfica de ejes cartesianos. En el eje vertical se representa la diferencia de potencial de los impulsos eléctricos del corazón, medidos en milivoltios, y en el eje horizontal el tiempo medido en segundos.

Mirando uno solo de los múltiples aspectos de estas gráficas, la periodicidad, podemos determinar si una persona tiene una frecuencia cardiaca normal, si tiene bradicardia fisiológica, como muchos atletas debido al entrenamiento, es decir, un número bajo de pulsaciones por minuto (menos de 50 sístoles por minuto), o si tiene taquicardia, un número elevado de pulsaciones (por encima de 100 sístoles por minuto).

La ruptura de la periodicidad en los electrocardiogramas puede ser el indicador de problemas serios como las arritmias.

La forma de la gráfica nos informa del origen, de la localización del problema y de su gravedad y permiten al cardiólogo realizar diagnósticos precisos. Estudiando la amplitud de las ondas, los máximos y los mínimos, la concavidad y la convexidad un especialista puede diagnosticar patologías cardiacas como hipertrofias ventriculares, situaciones de isquemia o bloqueos de la conducción del impulso cardiaco.

Las gráficas, aliadas con la medicina en este caso, contribuyen a salvar muchas vidas.

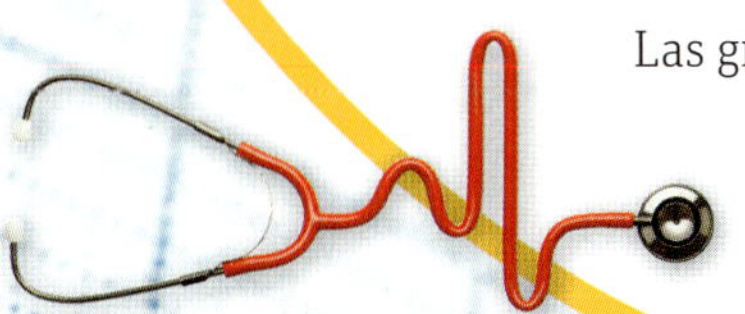

ANTONIO PÉREZ SANZ:
Más por menos. Entiende las matemáticas.
Espasa, 2011

Y tú, ¿qué opinas?

El electrocardiograma permite conocer el estado del corazón y realizar diagnósticos sobre nuestra salud. Pero es nuestra responsabilidad llevar unos hábitos de vida saludables.

¿Crees que eres responsable con tu salud? ¿Qué comportamientos favorecen una vida saludable?

1 Correspondencias y funciones

Una **correspondencia** entre dos conjuntos A y B es cualquier relación que se establece entre los elementos del conjunto inicial A y los del conjunto final B.

Ejemplo ▸ Relacionar cada nombre con las vocales que posee o relacionar cada nombre con el número de letras que tiene son correspondencias.

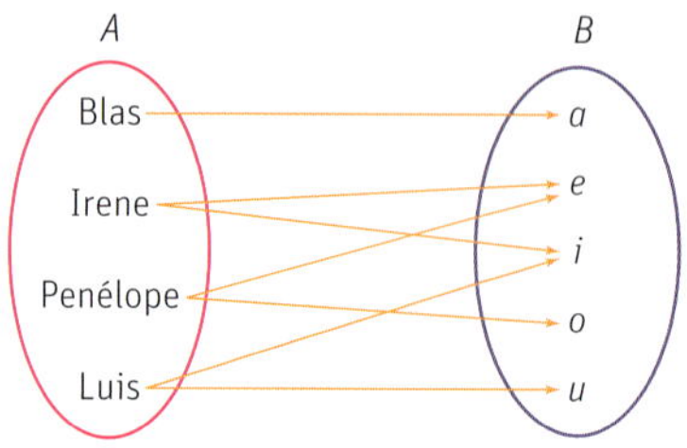

- Hay elementos del conjunto inicial que se relacionan con varios elementos del conjunto final.

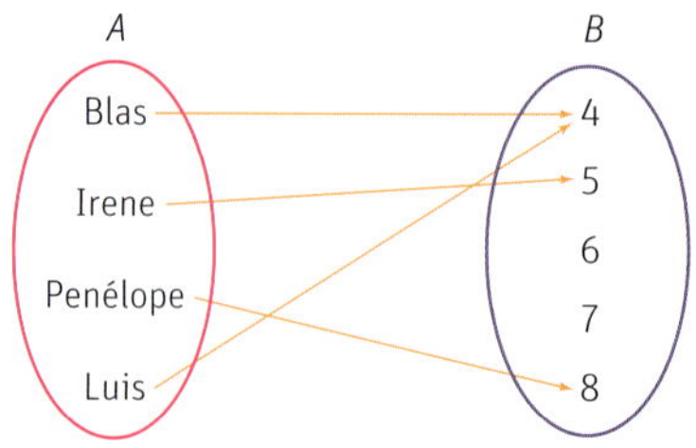

- Cada elemento del conjunto inicial se relaciona con un único elemento del conjunto final.

Ten en cuenta

Cualquier recta paralela al eje Y solo puede cortar una vez la gráfica de una función.

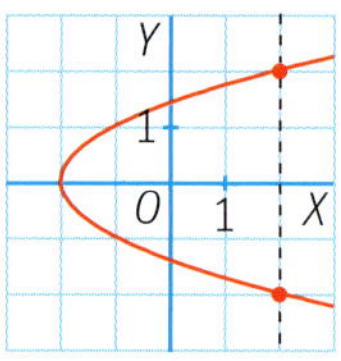

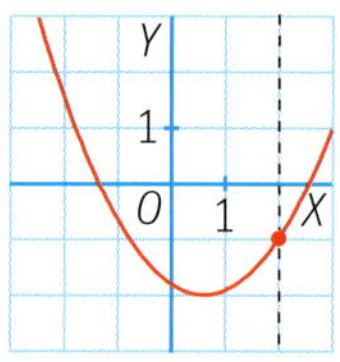

Una **función** es una correspondencia entre dos conjuntos tal que a cada elemento del conjunto inicial le corresponde como máximo **un único valor** del conjunto final.

- La **variable independiente**, x, la forman los valores del conjunto inicial que se fijan previamente.
- La **variable dependiente**, y, la forman los valores del conjunto final que se obtienen al aplicar la función a la variable independiente.

Las funciones se expresan como $y = f(x)$.

Cuando los conjuntos inicial y final están formados por números reales, se dice que es **una función real de variable real**.

Ejemplo ▸ La función que expresa la longitud del lado de un cuadrado en función de su área, $l = f(A) = \sqrt{A}$, es una función real de variable real.

- El área del cuadrado, A, es la variable independiente.
- La longitud del lado, l, es la variable dependiente.

Ten en cuenta

Una función es inyectiva si cualquier recta paralela al eje X corta una sola vez su gráfica.

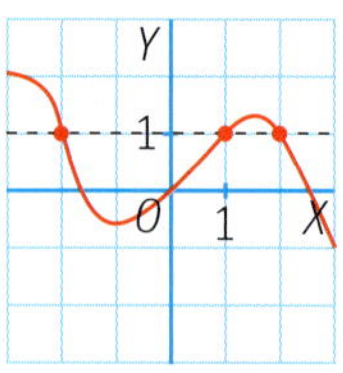

No inyectiva

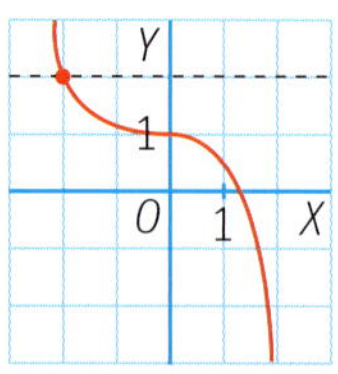

Inyectiva

Una **función** es **inyectiva** cuando a elementos distintos del conjunto inicial les corresponden elementos diferentes en el conjunto final.

Ejemplo ▸ La correspondencia que asocia a cada palabra su número de letras es una función, pero no es inyectiva pues hay dos elementos del conjunto inicial, Blas y Luis, que tienen la misma imagen, 4.

Formas de expresar una función

Una función se puede describir mediante una **tabla de valores**, con un **enunciado**, con una **fórmula** o con una **gráfica**.

Ejemplo ▸ La función que asocia a cada número real su cuadrado se puede expresar de estas formas:

- Tabla de valores:

x	−2	−1	0	1	3
y	4	1	0	1	9

- Enunciado: "A cada número le corresponde su cuadrado".
- Fórmula: $f(x) = x^2$
- Gráfica:

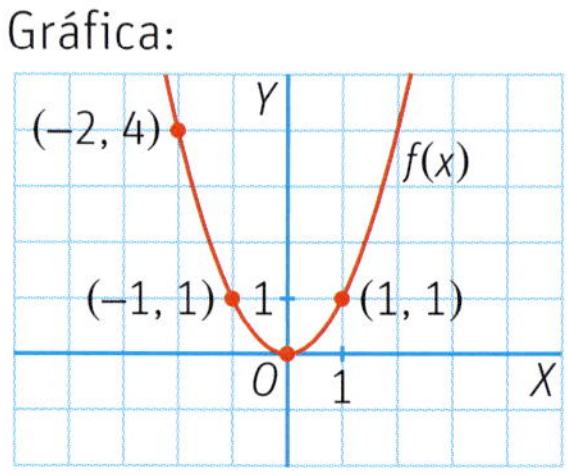

MAT-TIC GeoGebra

Entra en smSaviadigital.com y representa gráficamente un enunciado y construye una tabla a partir de una gráfica.

Funciones definidas a trozos

Existen funciones en las que su expresión varía según los intervalos que se consideren. A estas funciones se las conoce con el nombre de **funciones definidas a trozos**.

Ejemplo ▸ La velocidad que adquiere, en metros por segundo, un coche al iniciar la marcha, viene dada por la siguiente función:

$$v(t)=\begin{cases}1{,}5t & \text{si } 0\le t<12\\ t+6 & \text{si } 12\le t<20\\ 26 & \text{si } t\ge 20\end{cases}$$

Para representar la función, se toman valores dentro de cada intervalo y en los extremos.

$v(0)=1{,}5\cdot 0=0$ m/s

$v(4)=1{,}5\cdot 4=6$ m/s

$v(12)=12+6=18$ m/s

$v(20)=26$ m/s

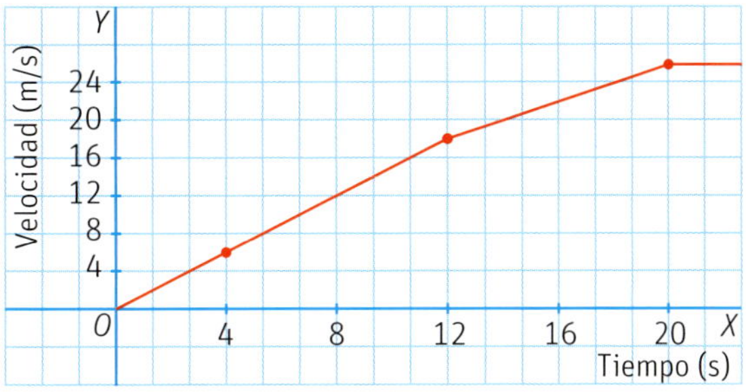

Ten en cuenta

La **función valor absoluto** de un número real se define a trozos como:

$$|x|=\begin{cases}-x & \text{si } x<0\\ x & \text{si } x\ge 0\end{cases}$$

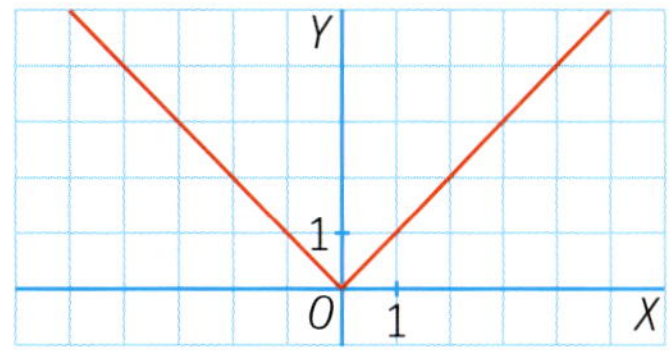

MAT-TIC GeoGebra

Entra en smSaviadigital.com y dibuja funciones a trozos.

ACTIVIDADES

1. Observa las gráficas de las siguientes correspondencias entre dos conjuntos.

I)

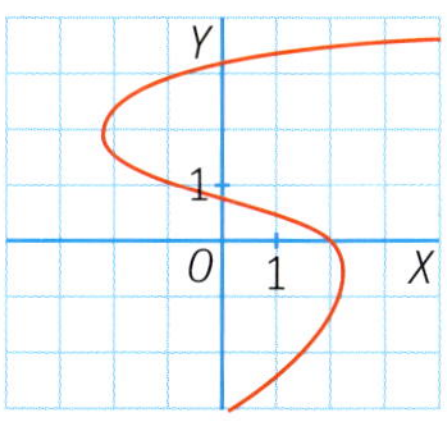

II)

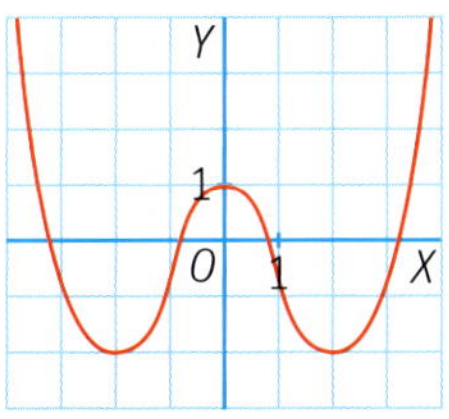

a) ¿Las correspondencias son funciones?

b) ¿Las correspondencias son inyectivas?

ACTIVIDAD **RESUELTA**

2. Indica si las siguientes correspondencias son funciones y si son inyectivas.

a) A cada estudiante de mi clase se le asigna la inicial de su apellido.

b) $f(x)=x^2+3$

a) Es una función, ya que a cada alumno le corresponde una única inicial.

No es inyectiva, ya que varios alumnos pueden tener la misma inicial.

b) Es una función, ya que para cada valor de x hay un único valor de y.

No es inyectiva, ya que si sustituimos el valor de x por 2 y por -2, se obtiene el mismo valor de y.

$$\begin{cases}f(2)=2^2+3=7\\ f(-2)=(-2)^2+3=7\end{cases}\Rightarrow f(2)=f(-2)$$

Sucede lo mismo con cualquier número entero y su opuesto.

3. De las siguientes correspondencias, indica cuáles son funciones. En caso afirmativo, indica la variable dependiente e independiente.

a) Cada estudiante de una clase anota el deporte que practica.

b) A cada número natural le corresponde su cubo.

c) $f(x)=x^2-2x$

4. De las correspondencias de la actividad anterior, señala las que son inyectivas. Justifica tu respuesta.

5. Representa gráficamente la función a trozos:

$$f(x)=\begin{cases}x+1 & \text{si } -5\le x\le -1\\ -x+2 & \text{si } -1<x<6\end{cases}$$

ACTIVIDAD **RESUELTA**

6. Expresa la función $f(x)=|x+1|+1$ como una función definida a trozos y represéntala gráficamente.

Se expresa el valor absoluto como:

$$|x+1|=\begin{cases}-(x+1) & \text{si } x<-1\\ x+1 & \text{si } -1\le x\end{cases}$$

Por tanto, la función definida a trozos es:

$$f(x)=\begin{cases}-(x+1)+1 & \text{si } x<-1\\ x+1+1 & \text{si } -1\le x\end{cases}$$

$$f(x)=\begin{cases}-x & \text{si } x<-1\\ x+2 & \text{si } -1\le x\end{cases}$$

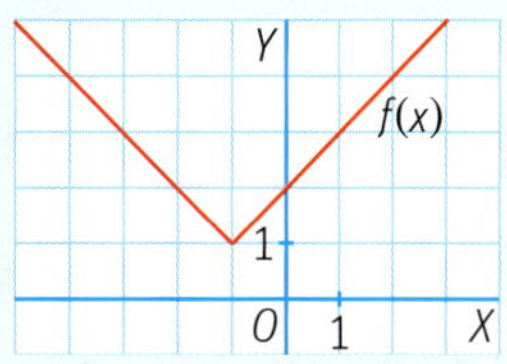

7. Se considera la función $f(x)=|4-2x|$ definida en el intervalo $[-3, 3]$. Exprésala como una función a trozos.

2 Dominio y recorrido

- El **dominio** de una función es el conjunto de todos los valores que puede tomar la variable independiente. Se representa por ***D*(*f*)**.
- El **recorrido** o **imagen** de una función es el conjunto de todos los valores que toma la variable dependiente. Se representa por ***R*(*f*)** o ***Im*(*f*)**.

Ten en cuenta

Para calcular el dominio de algunas funciones:

- El denominador de una función no puede ser cero.
- El radicando de una raíz de índice par no puede ser negativo.

En la representación gráfica de la función, el dominio se observa sobre el eje *X*, mientras que el recorrido se observa sobre el eje *Y*.

Ejemplo ▸ La gráfica de la función $f(x)=\dfrac{2x+1}{x-3}$ es:

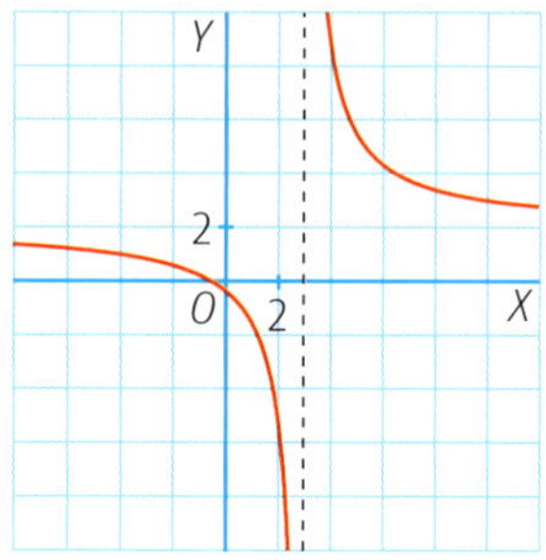

- El dominio lo forman todos los números reales excepto el 3, ya que para $x=3$ el denominador se anula.

  $D(f)=\mathbb{R}-\{3\}=(-\infty,\ 3)\cup(3,\ +\infty)$

- El recorrido lo forman todos los números reales excepto el 2.

  $R(f)=\mathbb{R}-\{2\}=(-\infty,\ 2)\cup(2,\ +\infty)$

MAT-TIC GeoGebra

Entra en smSaviadigital.com y averigua cuál es el dominio y el recorrido de diversas funciones.

ACTIVIDADES

ACTIVIDAD **RESUELTA**

8. Indica el dominio y el recorrido de las funciones correspondientes a las siguientes gráficas.

a)

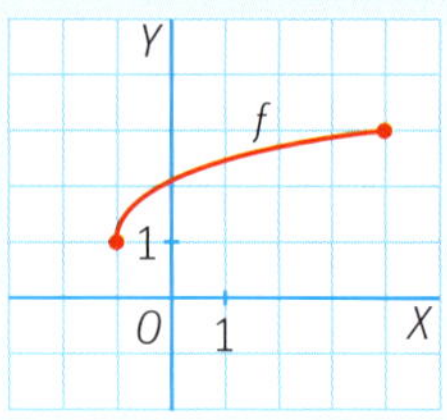

b)

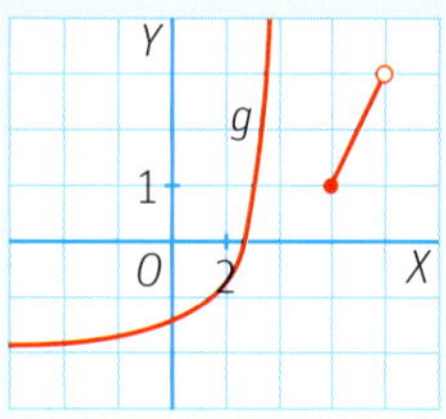

a) $D(f)=[-1,\ 4]$

$R(f)=[1,\ 3]$

b) $D(g)=(-\infty,\ 4)\cup[6,\ 8)$

$R(g)=(-2,\ +\infty)$

9. Indica el dominio y el recorrido de las funciones correspondientes a las siguientes gráficas.

a)

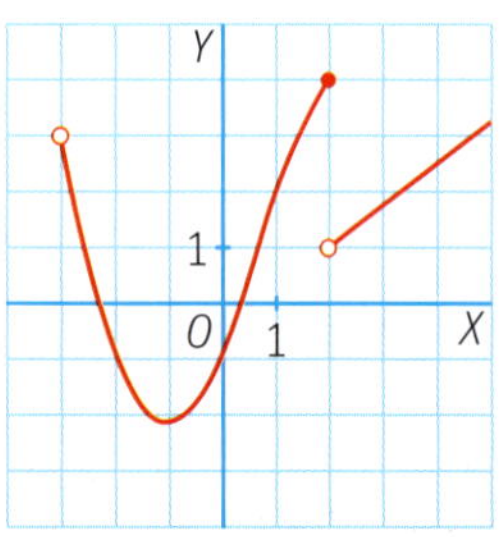

b)

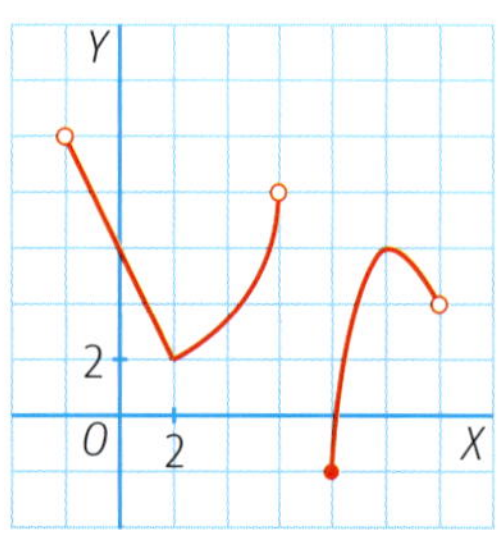

10. Representa la función $f(x)=3x-5$ en el intervalo $[-5,\ 8]$. ¿Cuál es su recorrido? ¿Es inyectiva?

ACTIVIDAD **RESUELTA**

11. Halla el dominio de la función $f(x)=\dfrac{1}{4-x^2}$.

Esta función está definida para todos los valores de *x* que no anulen el denominador.

$$4-x^2=0\Rightarrow x=\pm 2$$

$$D(f)=\mathbb{R}-\{-2,\ 2\}=(-\infty,\ -2)\cup(-2,\ 2)\cup(2,\ +\infty)$$

12. Halla el dominio de estas funciones.

a) $f(x)=\dfrac{3}{2x-6}$

b) $h(x)=\dfrac{3}{x^2-9}$

c) $g(x)=\dfrac{1}{x^2+1}$

d) $i(x)=\dfrac{-2}{|x-4|}$

ACTIVIDAD **RESUELTA**

13. Halla el dominio de la función $g(x)=\sqrt{x+1}$.

La raíz cuadrada existe si el radicando es 0 o positivo.

$$x+1\geq 0\Rightarrow x\geq -1$$

$$D(g)=[-1,\ +\infty)$$

14. Halla el dominio y el recorrido de estas funciones.

a) $f(x)=\sqrt{2x-6}$

b) $h(x)=\sqrt{3-x}$

c) $g(x)=\sqrt{x^2+1}$

d) $i(x)=\sqrt{x}+2$

3 Suma y diferencia de funciones

Ejemplo ▸ El precio, en euros, de un paquete de acciones se ajusta a la función $f(x) = -x^2 + 50x + 2000$, donde x representa el número de días desde que salen a la venta. Por cada día que pase el precio aumenta 20 €. ¿Cuál es la función que expresa el precio total de las acciones al cabo de x días?

La función que determina la revalorización es $g(x) = 20x$. El precio total es la suma del precio más la revalorización.

$$P(x) = (f+g)(x) = f(x) + g(x) = (-x^2 + 50x + 2000) + 20x = -x^2 + 70x + 2000$$

El precio total de las acciones al cabo de 10 días se puede calcular de dos formas.

- Utilizando las funciones iniciales:
  Precio: $f(10) = -(10^2) + 50 \cdot 10 + 2000 = 2400$
  Revalorización: $g(10) = 20 \cdot 10 = 200$
  Precio final: $f(10) + g(10) = 2400 + 200 = 2600$
- Utilizando la función del precio total:
  Precio final: $P(10) = -(10^2) + 70 \cdot 10 + 2000 = -100 + 700 + 2000 = 2600$

- **La suma de dos funciones *f* y *g*** es otra función que a cada elemento x del dominio común a ambas funciones le hace corresponder la suma de $f(x)$ y $g(x)$.

$$(f+g)(x) = f(x) + g(x) \quad \text{con} \quad x \in D(f) \cap D(g)$$

- **La diferencia de dos funciones *f* y *g*** es otra función que a cada elemento x del dominio común a ambas funciones le hace corresponder la diferencia de $f(x)$ y $g(x)$.

$$(f-g)(x) = f(x) - g(x) \quad \text{con} \quad x \in D(f) \cap D(g)$$

Ten en cuenta

- $\cap$: La **intersección** de dos conjuntos está formada por los elementos comunes de los conjuntos.
- $\cup$: La **unión** de dos conjuntos está formada por todos los elementos de los dos conjuntos.

Ejemplo ▸ Dadas las funciones $f(x) = \frac{1}{x}$ y $g(x) = x - 1$, calcula la función suma, la función resta y sus dominios.

Primero se calcula el dominio de las funciones de partida:

$$D(f) = \mathbb{R} - \{0\} \qquad D(g) = \mathbb{R}$$

- $(f+g)(x) = \frac{1}{x} + x - 1 = \frac{1 + x^2 - x}{x}$, con $x \in D(f) \cap D(g) = \mathbb{R} - \{0\}$
- $(f-g)(x) = \frac{1}{x} - (x-1) = \frac{1 - x^2 + x}{x}$, con $x \in D(f) \cap D(g) = \mathbb{R} - \{0\}$

ACTIVIDADES

15. Dadas las funciones $f(x) = x^2 + 3$, $g(x) = 2x - 5$ y $h(x) = \frac{3}{x+4}$, calcula:

a) $(f+g)(5)$
b) $(g+h)(-2)$
c) $(f+g)(x)$
d) $(h-g)(x)$

16. Completa la tabla de valores correspondientes a las funciones $f(x)$, $g(x)$, $(f+g)(x)$ y $(f-g)(x)$.

$f(x)$	$g(x)$	$(f+g)(x)$	$(f-g)(x)$
−7	●●●	●●●	19
−1	−3	●●●	●●●
●●●	−4	●●●	5
5	●●●	5	●●●

17. Si $f(x) = \frac{5}{x-1}$, $g(x) = x^2 - 1$ y $h(x) = \frac{2}{x+3}$, calcula la expresión algebraica y el dominio de las funciones.

a) $(f+g)$
b) $(g-f)$
c) $(f-h)$
d) $(f+g+h)$

18. Se consideran $f(x) = 2 + x - \sqrt{x}$ y $g(x) = 2 - x + \sqrt{x}$.

a) Halla la expresión que corresponde a las funciones $(f+g)(x)$ y $(f-g)(x)$.

b) Teniendo en cuenta los dominios de las funciones $f(x)$ y $g(x)$ indica cuál es el dominio de las funciones $(f+g)(x)$ y $(f-g)(x)$.

c) Representa gráficamente las funciones $(f+g)(x)$ y $(f-g)(x)$ obtenidas teniendo en cuenta sus dominios.

4 Producto y cociente de funciones

Producto de una función por un número real

El producto de una función f por un número real k es otra función en la que a cada elemento x del dominio de f le corresponde el producto de $f(x)$ por el número k.

$$(kf)(x) = k \cdot f(x) \quad \text{con } x \in D(f)$$

Ejemplo ▸ Dada la función $f(x) = 3x - 6$, halla las funciones $-2f$ y $\frac{1}{3}f$.

- $(-2f)(x) = -2 \cdot f(x) = -2(3x - 6) = -6x + 12$
- $\left(\frac{1}{3}f\right)(x) = \frac{1}{3} \cdot f(x) = \frac{1}{3}(3x - 6) = x - 2$

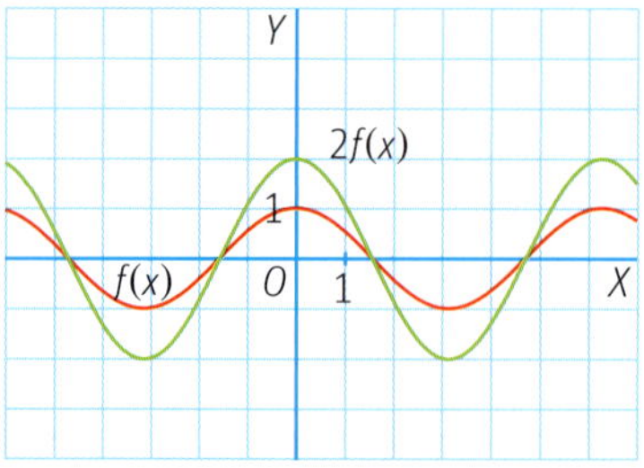

Si se conoce la gráfica de la función $f(x)$, entonces la gráfica de la función $(kf)(x)$ se obtiene fácilmente multiplicando las ordenadas de los puntos de la gráfica por k.

Producto y cociente de funciones

- **El producto de dos funciones f y g** es otra función que a cada elemento x del dominio común a ambas funciones le hace corresponder el producto de $f(x)$ y $g(x)$.
$$(f \cdot g)(x) = f(x) \cdot g(x) \quad \text{con } x \in D(f) \cap D(g)$$
- **El cociente de dos funciones f y g** es otra función que a cada elemento x del dominio común a ambas funciones le hace corresponder el cociente de $f(x)$ y $g(x)$ siempre que $g(x) \neq 0$.
$$(f : g)(x) = f(x) : g(x) = \frac{f(x)}{g(x)} \quad \text{con } x \in D(f) \cap D(g) \text{ y } g(x) \neq 0$$

Ejemplo ▸ Halla $(f \cdot g)(x)$ y $(f : g)(x)$ si $f(x) = \frac{1}{x}$ y $g(x) = x - 1$ e indica sus dominios.

- $(f \cdot g)(x) = \frac{1}{x} \cdot (x - 1) = \frac{x-1}{x}$, con $x \in D(f) \cap D(g) \Rightarrow D(f \cdot g) = \mathbb{R} - \{0\}$
- $(f : g)(x) = \frac{1}{x} : (x - 1) = \frac{1}{x(x-1)}$, con $x \in D(f) \cap D(g)$ y $g(x) \neq 0 \Rightarrow D(f : g) = \mathbb{R} - \{0, 1\}$

Se pueden comprobar los resultados obtenidos construyendo una tabla de valores.

x	$f(x)$	$g(x)$	$(f \cdot g)(x)$	$(f : g)(x)$
−1	−1	−2	2	$\frac{1}{2}$
0	No existe.	−1	No existe.	No existe.
1	1	0	0	No existe.

MAT-TIC GeoGebra

Entra en smSaviadigital.com y observa lo que significa operar con ellas.

ACTIVIDADES

19. Dadas las funciones $f(x) = x^2 + 3$, $g(x) = 2x - 5$ y $h(x) = \frac{3}{x+4}$, calcula:

a) $(f \cdot g)(1)$

b) $\left(\frac{1}{f}\right)(-3)$

c) $(h : g)(-2)$

d) $(-g)(11)$

e) $[(f + g) \cdot h](2)$

f) $[(f : g)](1)$

20. Representa de forma aproximada la gráfica de una función $f(x)$ a partir de la tabla de valores.

x	−3	−2	−1	0	1	2	3	4
$f(x)$	0,4	0,8	2	4	2	0,8	0,4	0,235

Si $g(x) = 2$, elabora una tabla para las funciones $(f + g)(x)$, $(f - g)(x)$, $(f \cdot g)(x)$ y represéntalas junto con la gráfica de $f(x)$. ¿Qué relación hay entre ellas?

5 Composición de funciones

A partir de dos funciones y las operaciones de suma, resta, producto y cociente se pueden obtener nuevas funciones. También es posible al aplicar de manera sucesiva las funciones f y g sobre un elemento x del dominio de f. Esta nueva función se llama **f compuesta con g** y se representa como **$g \circ f$**.

$$x \xrightarrow{f} f(x) \xrightarrow{g} g[f(x)]$$
$$g \circ f$$

Dadas dos funciones f y g, se define la función **f compuesta con g** como:

$$(g \circ f)(x) = g[f(x)]$$

Ejemplo ▸ Si $f(x) = 2x - 1$ y $g(x) = x^2$:

- La función f compuesta con g será:
  $(g \circ f)(x) = g[f(x)] = g(2x - 1) = (2x - 1)^2 = 4x^2 - 4x + 1$
- De igual manera, la función g compuesta con f será:
  $(f \circ g)(x) = f[g(x)] = f(x^2) = 2x^2 - 1$

Al escribir $g \circ f$ se lee "f compuesta con g", y al escribir $f \circ g$ se lee "g compuesta con f".

Como $(g \circ f)(x) \neq (f \circ g)(x)$, **la composición de funciones no es conmutativa**.

El **dominio de $g \circ f$** está formado por todos los valores x que pertenecen al dominio de f, tales que $f(x)$ pertenece al dominio de g.

Ejemplo ▸ Si $f(x) = 2x - 1$ y $g(x) = \dfrac{2}{x-3}$, calcula el dominio de $g \circ f$.

$D(f) = \mathbb{R}$ y $D(g) = \mathbb{R} - \{3\}$. Se buscan valores x del dominio de f tales que $f(x) = 3$.

En este caso, $f(x) = 2x - 1 = 3 \Rightarrow x = 2$, por lo que: $D(g \circ f) = \mathbb{R} - \{2\}$

Ten en cuenta

La lectura de la expresión $g \circ f$ se hace de derecha a izquierda porque la primera función que transforma al número x es la que está a la derecha.

MAT-TIC GeoGebra

Entra en smSaviadigital.com y trabaja la composición de funciones y el cálculo de la inversa.

ACTIVIDADES

ACTIVIDAD **RESUELTA**

21. Si $f(x) = \sqrt{x-1}$ y $g(x) = \dfrac{x^2+2}{x^2-3}$, calcula la función $h(x) = (g \circ f)(x)$ y su dominio.

$$h(x) = (g \circ f)(x) = g[f(x)] = \frac{\left(\sqrt{x-1}\right)^2 + 2}{\left(\sqrt{x-1}\right)^2 - 3} = \frac{x-1+2}{x-1-3} = \frac{x+1}{x-4}$$

Para calcular el dominio de $h(x)$ hay que tener en cuenta el dominio de $f(x)$ y los valores de $f(x)$ que anulan el denominador de $g(x)$.

- $D(f) = [1, +\infty)$
- El denominador de $g(x)$ se anula para $x = \pm\sqrt{3}$. Solo está definida $f(x) = \sqrt{3}$, para $x = 4$.

Por tanto, $D(h) = [1, 4) \cup (4, +\infty)$.

22. Dadas las funciones $f(x) = \dfrac{x+2}{x-1}$, $g(x) = 3x + 1$ y $h(x) = \sqrt{x}$, calcula:

a) $(f \circ g)(x)$ b) $(f \circ h)(x)$ c) $(h \circ g)(x)$ d) $(g \circ f)(x)$

23. Calcula, aplicando la definición, los valores de $(g \circ f)(-2)$, $(g \circ f)(3)$, $(f \circ g)(0)$, si $f(x) = x^2 - 3x + 5$ y $g(x) = \dfrac{10}{x-5}$.

24. ¿Cuál es el dominio de las funciones $g \circ f$, $f \circ g$, $f \circ f$ y $g \circ g$, si $f(x) = \dfrac{2x+1}{x+2}$ y $g(x) = \dfrac{3x-1}{x-4}$?

ACTIVIDAD **RESUELTA**

25. Si $f(x) = \dfrac{x+2}{x-1}$, $g(x) = 3x + 1$ y $h(x) = \sqrt[3]{x}$ halla la expresión de $(h \circ g \circ f)(x)$.

$$(h \circ g \circ f)(x) = h\left[g[f(x)]\right] = h\left[3\left(\frac{x+2}{x-1}\right) + 1\right] = \sqrt[3]{\frac{4x+5}{x-1}}$$

$D(h \circ g \circ f) = \mathbb{R} - \{1\}$

26. Dadas las funciones $f(x) = x + 3$, $g(x) = \dfrac{2}{x}$ y $h(x) = x^2 - 1$, calcula $(h \circ g) \circ f$ y $h \circ (g \circ f)$. ¿Qué observas?

6 Función inversa

Si A es el conjunto formado por unos jugadores de fútbol y B es el conjunto de los números de las camisetas, se puede establecer entre A y B una correspondencia entre cada jugador y su dorsal.

La correspondencia inversa será la que relaciona cada dorsal del conjunto B con el jugador que lo lleva habitualmente del conjunto A.

Análogamente, se puede definir el concepto de función inversa de una función.

Si f es una función inyectiva definida en $\mathbb{R}$, tal que a cada valor de x le hace corresponder un valor único de y, la **función inversa f^{-1}** transforma cada valor de y en x, para todo $y \in R(f)$.

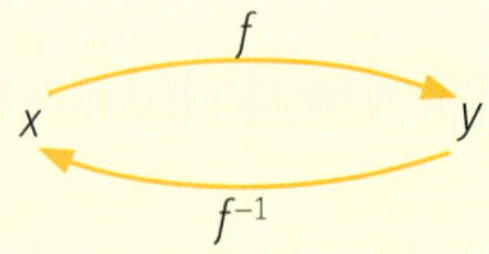

La composición de una función con su inversa es igual a la función identidad:

$$(f^{-1} \circ f)(x) = (f \circ f^{-1})(x) = x$$

Ten en cuenta

Para que una función tenga función inversa es necesario que sea inyectiva, es decir, que a cada valor de x le corresponda un único valor de y.

Si la función no es inyectiva se puede calcular la **correspondencia inversa**.

De la definición se deducen inmediatamente las siguientes consecuencias:

- $D(f) = R(f^{-1})$ y $D(f^{-1}) = R(f)$
- Si f^{-1} es la inversa de f entonces también se cumple que f es la inversa de f^{-1}.
- Las gráficas de las funciones f y f^{-1} son simétricas respecto de la bisectriz del primer cuadrante.
- Si $A(x, y)$ es un punto de la gráfica de f, el punto $A'(y, x)$ lo es de la de f^{-1}.

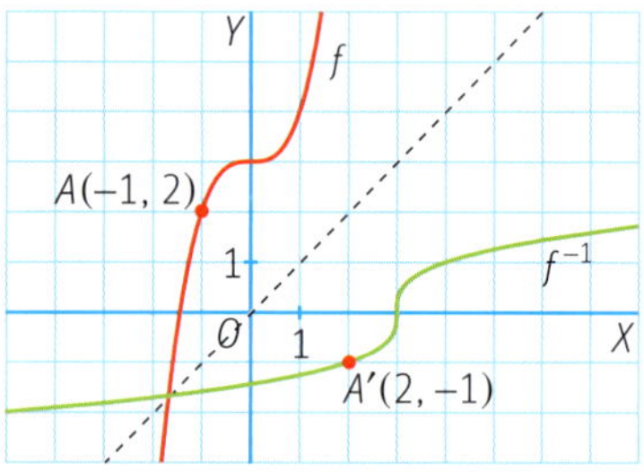

Para **hallar** la **función inversa** de $f(x)$:

1.º Se despeja x en la igualdad $y = f(x)$.

2.º Para expresarla de la forma habitual, se intercambian los nombres de las variables.

Ejemplo ▸ La entrada a un parque de atracciones cuesta 5 €, y montar en cada atracción, 1,5 €. Si un joven dispone de 20 €, ¿de cuántas atracciones podrá disfrutar?

La función que determina el precio de utilizar x atracciones es $f(x) = 5 + 1{,}5x$

Para hallar la función que permita saber el número de atracciones en las que puede montar, se calcula la función inversa de $f(x)$.

1.º Se despeja x de la función: $f(x) = y = 5 + 1{,}5x \Rightarrow y - 5 = 1{,}5x \Rightarrow x = \dfrac{y-5}{1{,}5}$

2.º Se cambia el nombre a las variables: $y = f^{-1}(x) = \dfrac{x-5}{1{,}5}$

3.º Sustituyendo $x = 20$ en la función inversa, se obtiene el número de atracciones en las que puede montar: $f^{-1}(20) = 10$.

En la gráfica se observa que la función f es inyectiva y que las gráficas de las dos funciones son simétricas respecto de la recta $y = x$.

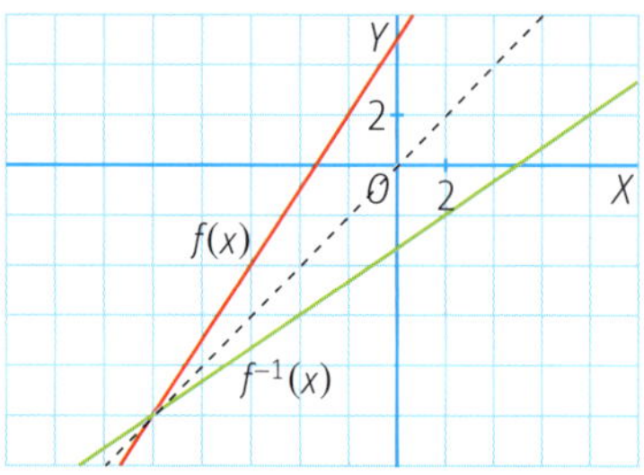

ACTIVIDADES

ACTIVIDAD **RESUELTA**

27. Comprueba que $f(x) = 3x - 5$ y $g(x) = \dfrac{x+5}{3}$ son inversas.

Se comprueba que $(g \circ f)(x) = x$.

$$(g \circ f)(x) = g[f(x)] = \frac{3x-5+5}{3} = \frac{3x}{3} = x$$

Por tanto, $f(x)$ y $g(x)$ son una la inversa de la otra.

28. Calcula la función inversa de $f(x) = 2x + 3$ y confirma gráficamente que las dos funciones son simétricas respecto de la bisectriz del primer cuadrante.

29. Halla la función inversa de cada una de las funciones inyectivas siguientes.

a) $f(x) = 5x - 2$

b) $g(x) = \dfrac{4+x}{3}$

c) $h(x) = \sqrt[3]{2x+1}$

d) $i(x) = \dfrac{2x+3}{4-3x}$

7 Puntos de corte con los ejes. Signo de la función

Para poder esbozar la gráfica de una función a partir de su fórmula, resulta útil estudiar algunas características de la función como los puntos de corte, el signo, la simetría, la continuidad o el crecimiento.

- Los **puntos de corte con el eje *Y*** son de la forma $(x = 0, y = f(0))$.
- Los **puntos de corte con el eje *X*** son de la forma $(x, y = 0)$.

Ejemplo ▸ Halla los puntos de corte con los ejes de la función $f(x) = x^2 + 2x - 3$.

- Con el eje *Y*: se sustituye $x = 0$ en la función.

$$f(0) = 0 + 2 \cdot 0 - 3 = -3$$

El punto de corte es $P(0, -3)$.

- Con el eje *X*: se resuelve la ecuación $f(x) = x^2 + 2x - 3 = 0$.

$$x = \frac{-2 \pm \sqrt{2^2 - 4 \cdot (-3)}}{2} = \frac{-2 \pm \sqrt{16}}{2} \Rightarrow \begin{cases} x_1 = -3 \\ x_2 = 1 \end{cases}$$

Los puntos de corte son $A(-3, 0)$ y $B(1, 0)$.

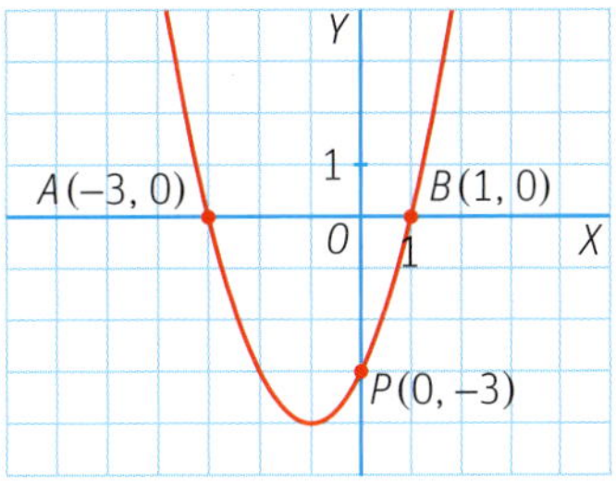

Ten en cuenta

Si $x = 0$ pertenece al dominio de la función, hay un único punto de corte con el eje *Y*. En caso contrario la función no corta al eje de ordenadas.

Ten en cuenta

Al calcular los puntos de corte de una función con los ejes, se están buscando las soluciones de los sistemas:

$$\begin{cases} y = f(x) \\ y = 0 \end{cases} \quad \text{y} \quad \begin{cases} y = f(x) \\ x = 0 \end{cases}$$

Signo de la función

La gráfica de una función **positiva** está por encima del eje *X* y por debajo si es **negativa**. En los puntos de corte con el eje *X* la función puede pasar de ser positiva a negativa, o no cambiar de signo.

Ejemplo ▸ La función $f(x) = x^2 + 2x - 3$ es positiva en $(-\infty, -3) \cup (1, +\infty)$ y negativa en el intervalo $(-3, 1)$.

- Una **función *f*** es **positiva** en un intervalo (a, b) si $\boldsymbol{f(x) > 0}$ para todos los valores de $x \in (a, b)$.
- Una **función *f*** es **negativa** en un intervalo (a, b) si $\boldsymbol{f(x) < 0}$ para todos los valores de $x \in (a, b)$.

Para estudiar el signo de una función hay que resolver las inecuaciones $f(x) < 0$ y $f(x) > 0$, es decir, hallar los intervalos que determinan los puntos que no pertenecen al dominio y los puntos de corte con el eje *X* y comprobar el signo en un punto de cada uno.

Ejemplo ▸ La función $f(x) = \dfrac{x - 4}{x}$ con dominio $D(f) = (-\infty, 0) \cup (0, +\infty)$ corta al eje *X* en el punto $(4, 0)$.

Los intervalos a estudiar son:

- En $(-\infty, 0)$: $f(-1) = 5 > 0 \Rightarrow$ Positiva
- En $(0, 4)$: $f(1) = -3 < 0 \Rightarrow$ Negativa
- En $(4, +\infty)$: $f(5) = \dfrac{1}{5} > 0 \Rightarrow$ Positiva

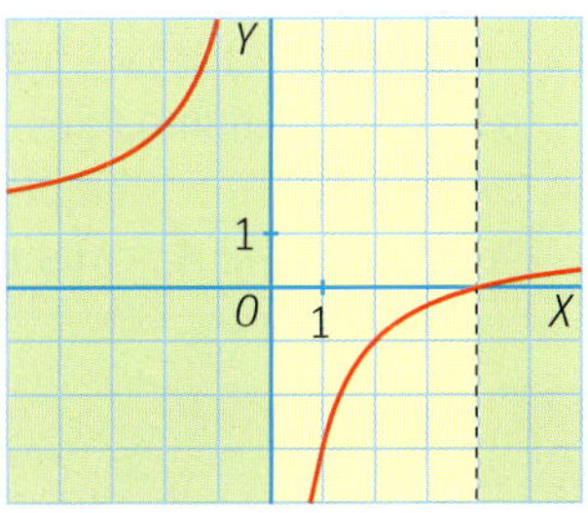

MAT-TIC GeoGebra

Entra en smSaviadigital.com y estudia el signo de las funciones.

ACTIVIDADES

30. Halla los puntos de corte con los ejes de estas funciones.

a) $f(x) = 3 - 2x$ b) $g(x) = 3x - x^2$ c) $h(x) = \dfrac{x^2 - 4}{x}$

31. Estudia el signo de las siguientes funciones.

a) $f(x) = x^4 - 1$ b) $h(x) = \dfrac{1}{x - 2}$ c) $i(x) = \dfrac{x}{x^2 - 4}$

8 Crecimiento y decrecimiento. Máximos y mínimos

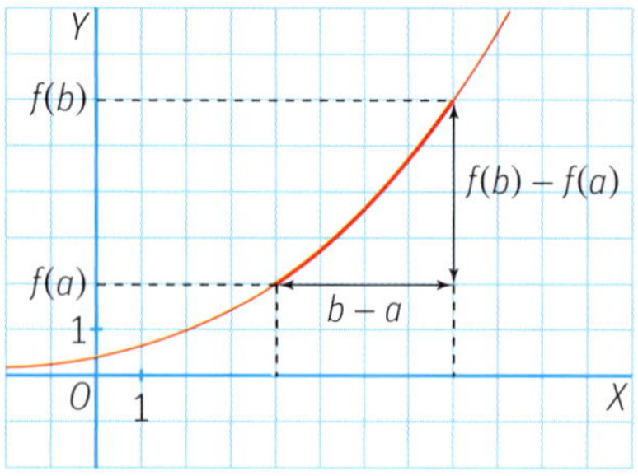

Excepto las funciones constantes, las demás funciones varían cuando la variable independiente toma diferentes valores. Para analizar cómo varía la función en cada intervalo, se utiliza la tasa de variación media.

Tasa de variación media

Se llama **tasa de variación** de la función f definida en el intervalo $[a, b]$ a la diferencia:

$$TV\,f[a, b] = f(b) - f(a)$$

Se llama **tasa de variación** media de f definida en el intervalo $[a, b]$ al cociente:

$$TVM\,f[a, b] = \frac{f(b) - f(a)}{b - a}$$

Ejemplo ▸ La tasa de variación media de la función $f(x) = 2x - x^2 + 3$ en los intervalos $[-2, 0]$, $[-1, 4]$ y $[-1, 3]$ es:

$$TVM\,f[-2, 0] = \frac{f(0) - f(-2)}{0 - (-2)} = \frac{3 - (-5)}{0 - (-2)} = \frac{8}{2} = 4 > 0$$

$$TVM\,f[-1, 4] = \frac{f(4) - f(-1)}{4 - (-1)} = \frac{(-5) - 0}{4 - (-1)} = \frac{-5}{5} = -1 < 0$$

$$TVM\,f[-1, 3] = \frac{f(3) - f(-1)}{3 - (-1)} = \frac{0 - 0}{3 - (-1)} = \frac{0}{4} = 0$$

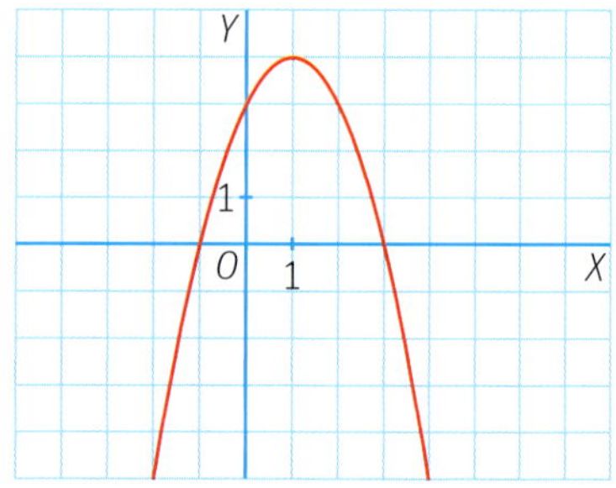

Ten en cuenta

La tasa de variación media puede ser positiva, negativa o incluso nula aunque la función no sea constante en ese intervalo.

Crecimiento y decrecimiento

Estudiando la tasa de variación media en algunos intervalos de la función, se puede determinar si la función es creciente, decreciente o constante.

- Una **función f** es **creciente** en un intervalo de su dominio, si para cualquier par de valores a y b, con $a < b$, $TVM\,f[a, b] > 0$.
- Una **función f** es **decreciente** en un intervalo de su dominio, si para cualquier par de valores a y b, con $a < b$, $TVM\,f[a, b] < 0$.

Puede haber intervalos pertenecientes a la gráfica de una función en que la tasa de variación media sea cero. En estos intervalos, la función no es creciente ni decreciente.

Ejemplos

▸ La función $f(x) = 3x - 5$ es creciente en todo su dominio, porque si tomamos dos valores cualesquiera a y b, con $a < b$, siempre se cumple que $f(a) < f(b)$.
Por tanto, $TVM\,f[a, b] > 0$.

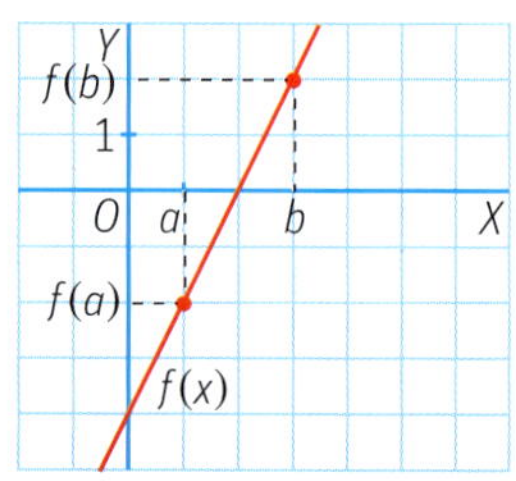

▸ La función $g(x) = 4 - 2x$ es decreciente en todo su dominio, porque si tomamos dos valores cualesquiera a y b, con $a < b$, siempre se cumple que $g(a) > g(b)$.
Por tanto, $TVM\,g[a, b] < 0$.

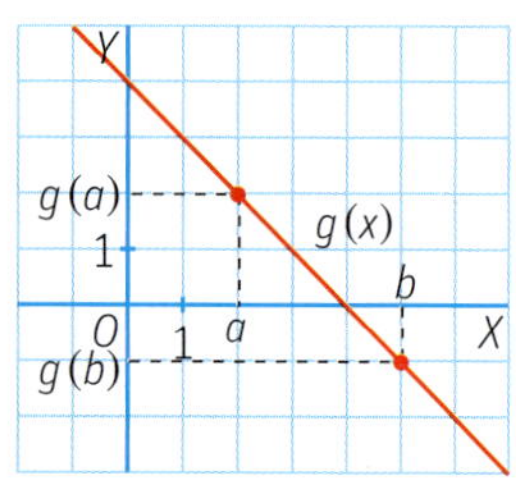

PON EN VALOR

Al analizar la evolución de las zonas de bosque en los últimos años, se puede observar que su superficie ha decrecido de forma alarmante, lo que ha llevado a desarrollar políticas de protección de bosques y zonas de interés natural. Además, es preciso que cada uno de nosotros tome conciencia del problema y actúe con **responsabilidad**.

Entra en sm**Savia**digital.com y elabora un mural donde muestres las causas propias y ajenas que han llevado a esta situación y qué se puede hacer para favorecer un **desarrollo sostenible**.

Máximos y mínimos

Ejemplo ► Observa la gráfica de esta función:

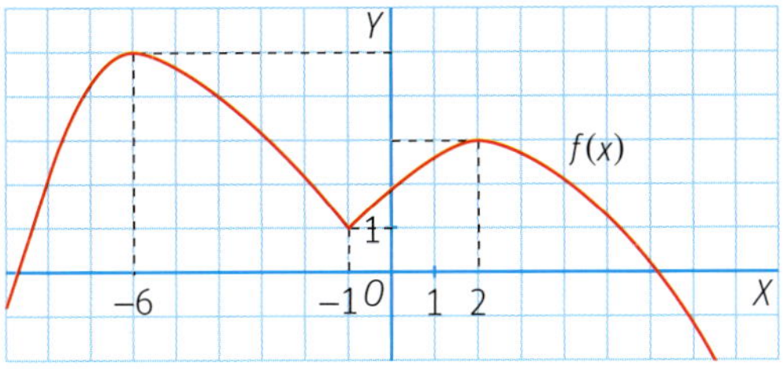

- En $x = -1$ la función pasa de ser decreciente a creciente.
  $f(-1) = 1$ es el menor valor que toma la función en los puntos próximos, pero no en su dominio, por tanto, se trata de un **mínimo relativo**.
- En $x = 2$ la función pasa de creciente a decreciente.
  $f(2) = 3$ es el mayor valor que toma la función en los puntos próximos, pero no en su dominio, por tanto, se trata de un **máximo relativo**.
- En $x = -6$ la función pasa de creciente a decreciente.
  $f(-6) = 5$ es el mayor valor que toma la función en todo su dominio, por tanto, es un **máximo absoluto**.

- Una función tiene un **mínimo relativo** en $x = a$ si para todos los valores x de un entorno de a, se cumple $f(x) > f(a)$. Si $f(a)$ es el menor valor que toma la función en todo su dominio, $x = a$ es un **mínimo absoluto**.
- Una función tiene un **máximo relativo** en $x = a$ si para todos los valores x de un entorno de a, se verifica $f(x) < f(a)$. Si $f(a)$ es el mayor valor que toma la función en todo su dominio, $x = a$ es un **máximo absoluto**.

MAT-TIC GeoGebra

Entra en **smSavia**digital.com y representa funciones a partir de sus características.

Ten en cuenta

En los tramos en los que la función es constante no se habla ni de máximos ni de mínimos.

ACTIVIDADES

32. Calcula la tasa de variación media de las funciones en los intervalos indicados.

a) $f(x) = x^2 + 2x - 3$ en $[0, 2]$

b) $h(x) = \dfrac{3}{4-x}$ en $[-2, 1]$

c) $g(x) = -x^3 + 2$ en $[-2, 1]$

d) $i(x) = \sqrt{x-2}$ en $[3, 6]$

33. ¿Se puede calcular la tasa de variación media de la siguiente función en el intervalo pedido? Razona tu respuesta.

$$f(x) = \frac{1}{x-1} \text{ en } [0, 2]$$

34. Indica los intervalos de crecimiento y decrecimiento y los máximos y los mínimos de la siguiente función. Calcula la tasa de variación media para probar tus resultados.

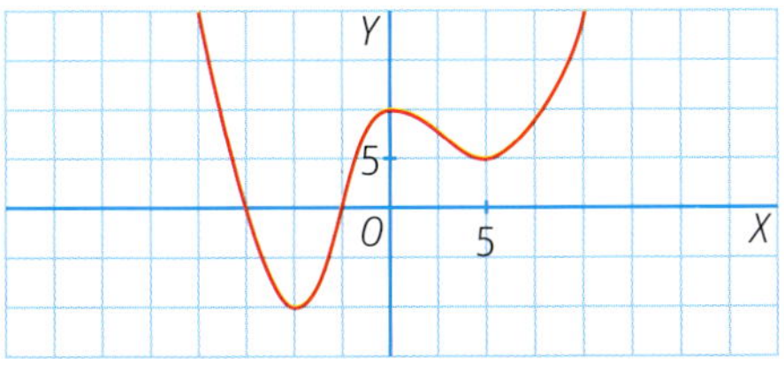

35. ¿Cómo son los máximos y mínimos de una función creciente en $(-\infty, 1) \cup (2, 5)$ y decreciente en $(1, 2) \cup (5, +\infty)$?

36. Dibuja la gráfica de una función con dominio $(-\infty, 0) \cup (0, +\infty)$, creciente en $(0, 4)$ y decreciente en $(4, +\infty)$. Indica cuáles son los máximos y los mínimos de la función que has dibujado.

ACTIVIDAD **RESUELTA**

37. Indica los intervalos de crecimiento y decrecimiento de $f(x) = x^3 + 3$.

El dominio de la función $f(x)$ es $D(f) = (-\infty, +\infty)$.

Si se toman dos valores del dominio cualesquiera, x_1 y x_2, tales que $x_1 < x_2$, se cumple:

$$x_1^3 < x_2^3$$
$$x_1^3 + 3 < x_2^3 + 3$$
$$f(x_1) < f(x_2)$$

$TVM\, f\,[x_1, x_2] > 0$ y la función es creciente en todo su dominio.

38. Estudia el crecimiento y el decrecimiento de las funciones:

a) $f(x) = 2x + 7$, $D(f) = [-5, 4]$

b) $g(x) = 4 - x^2$, $D(g) = [-10, 0]$

9 Simetría de una función

Las gráficas de las funciones siguientes presentan algún tipo de simetría.

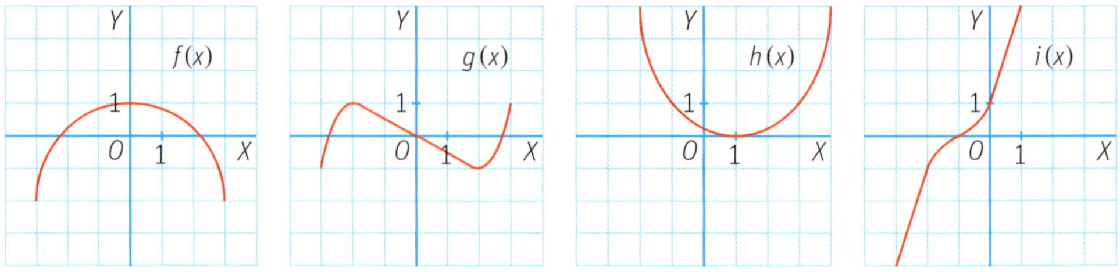

- Las funciones $f(x)$ y $h(x)$ presentan simetría respecto de una recta o eje de simetría.
- Las gráficas $g(x)$ e $i(x)$ presentan simetría respecto de un punto que es el centro de simetría.

Las simetrías que tienen más interés y son más útiles para la representación gráfica de una función son la simetría axial respecto del eje Y y la simetría central respecto del origen de coordenadas O.

Ten en cuenta

En las funciones que presentan estas simetrías basta conocer cómo son en el intervalo $(0, +\infty)$ para deducir cómo son en el $(-\infty, 0)$.

- Una **función *f*** es **simétrica respecto del eje de ordenadas, *Y***, cuando $f(-x) = f(x)$ para todo x del dominio.

  A estas funciones se las llama **funciones pares**.
- Una **función *f*** es **simétrica respecto del origen de coordenadas, *O***, cuando $f(-x) = -f(x)$ para todo x del dominio.

  A estas funciones se las llama **funciones impares**.

MAT-TIC GeoGebra

Entra en smSaviadigital.com y estudia las simetrías respecto de los ejes y del origen.

Ejemplo ▸ Observa las gráficas de las siguientes funciones:

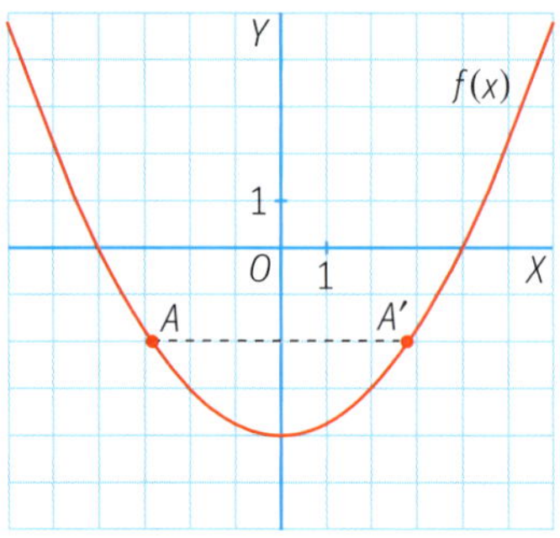

La función $f(x) = x^2 - 4$ es par porque $f(-x) = (-x)^2 - 4 = x^2 - 4 = f(x)$.

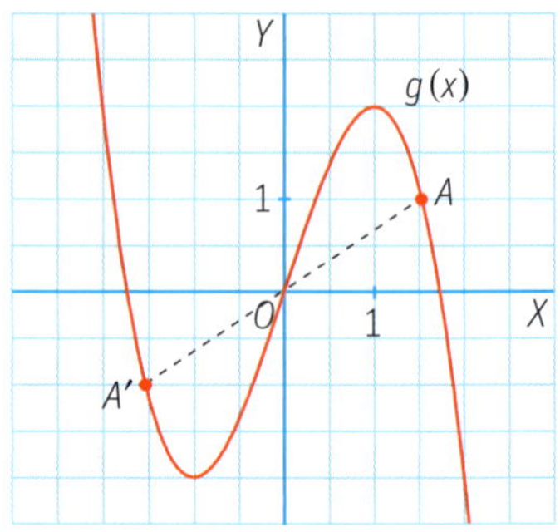

La función $g(x) = 3x - x^3$ verifica que $g(-x) = 3(-x) - (-x)^3 = -3x + x^3 = -g(x)$, luego es una función impar.

ACTIVIDADES

39. Completa estas gráficas en tu cuaderno para valores negativos de x, sabiendo que la función f es impar y la g es par.

a)

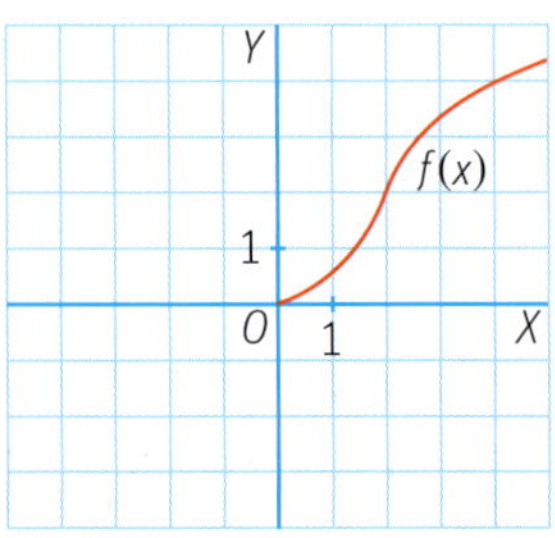

b)

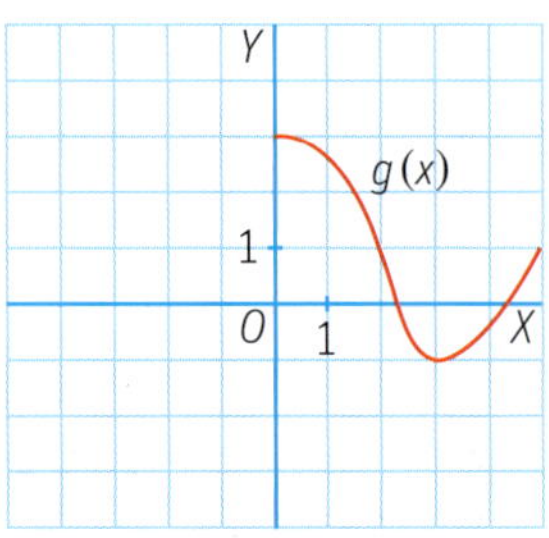

40. Estudia la simetría de las funciones:

a) $f(x) = \dfrac{3}{x-1}$

b) $g(x) = 5x^2 - 3x$

c) $h(x) = \sqrt{4 + x^2}$

d) $i(x) = 5x$

e) $j(x) = \dfrac{2}{x^3}$

f) $k(x) = x^3 + 27$

41. smSaviadigital.com

PRACTICA ¿Sabes reconocer la simetría de una función?

10 Periodicidad de una función

Si se mide la distancia desde el extremo de la aguja de un cronómetro hasta el eje X cada segundo y se representan los datos obtenidos sobre unos ejes de coordenadas, se obtiene una gráfica como la siguiente:

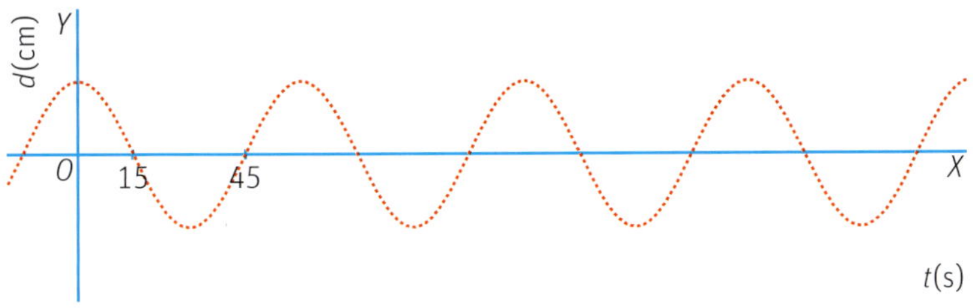

Se observa que $f(0) = f(60) = f(120) = \ldots$, es decir, cada 60 segundos la altura del extremo de la aguja es la misma: $f(t) = f(t + 60) = f(t + 120) = \ldots$

Este tipo de funciones, en las que los valores se van repitiendo, se llaman funciones **periódicas.**

> Una **función *f*** es **periódica** de período T, si para todo x del dominio se verifica que:
> $$f(x) = f(x + T)$$

MAT-TIC GeoGebra

Entra en sm**Savia**digital.com y determina el período a partir de la gráfica de una función.

Ejemplo ▸ La gráfica siguiente corresponde a una función periódica.

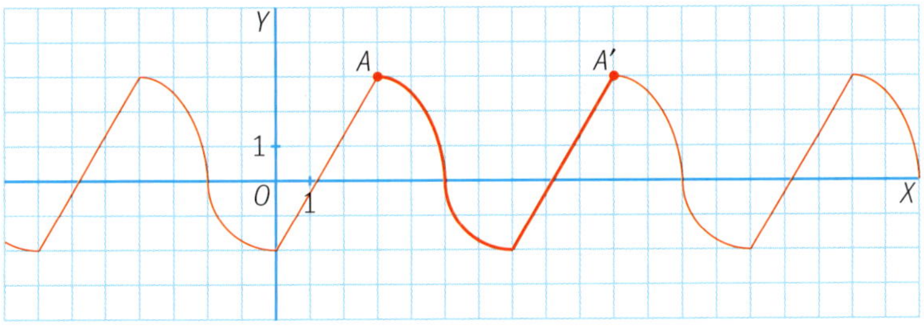

Si se fijan dos puntos característicos como el A y el A', se observa que la gráfica de la función en el intervalo $[A, A']$, de amplitud 7, es la que se repite.

Así, $f(-5) = f(-5 + 7) = f(2)$, $f(-3) = f(-3 + 7) = f(4)$.

El período es $T = 7$ y se cumple que $f(x) = f(x + 7)$.

ACTIVIDADES

ACTIVIDAD **RESUELTA**

42. La siguiente gráfica corresponde a una función periódica de período 11.

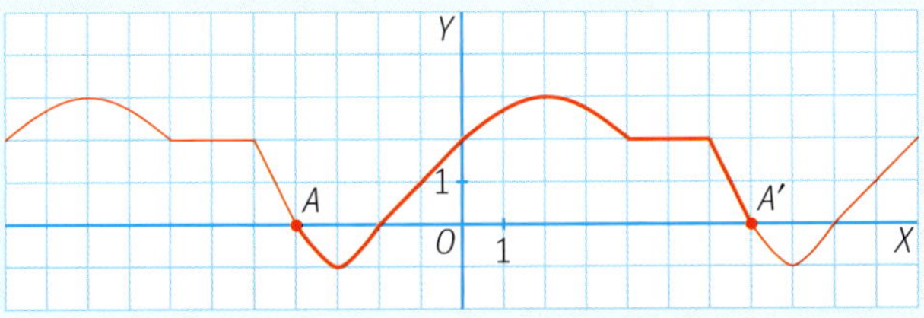

¿Cuál es el valor de la función para $x = 2015$?

Para hallar el valor de $f(2015)$, basta con quitar a 2015 un múltiplo de 11 hasta obtener un número comprendido entre -4 y 7.

$$f(2015) = f(2015 - 183 \cdot 11) = f(2) = 3$$

43. La siguiente gráfica corresponde a una función periódica cuyo período es $T = 6$.

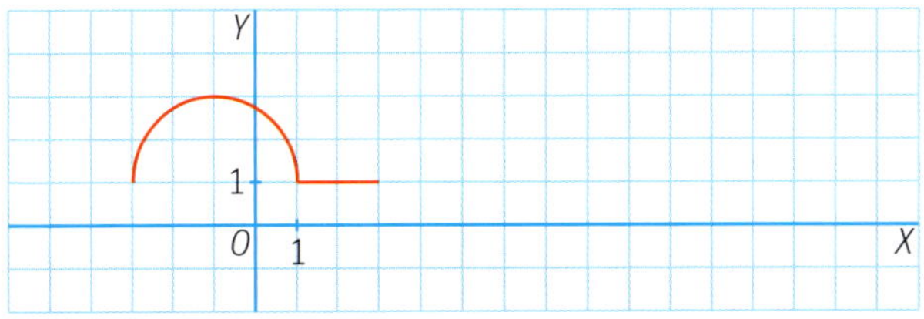

a) Cópiala en tu cuaderno y complétala en el intervalo $[-6, 18]$.

b) Halla los siguientes valores de la función.

$f(9)$ $f(31)$ $f(-13)$ $f(2015)$

44. Representa una función periódica de período $T = 4$, que tenga un máximo absoluto $M = f(1) = 3$ y un mínimo absoluto $m = f(3) = -1$.

11 Continuidad

Ejemplo ▸ La tarifa de un aparcamiento es la siguiente:

- El tiempo máximo de estancia es de 10 h.
- Las dos primeras horas son gratis.
- A partir de la segunda hora el importe a pagar es $f(t) = 0{,}04(t - 120)$ €; con t en minutos.
- Entre la tercera y la quinta hora de estancia, el precio viene dado por la función $f(t) = 0{,}02(t - 180) + 2$ €; con t en minutos.
- A partir de 5 horas el precio único es de 5 €.

La función que resume las tarifas es: $P(t) = \begin{cases} 0 & \text{si} \quad 0 \le t < 120 \\ 0{,}04(t-120) & \text{si} \quad 120 \le t < 180 \\ 0{,}02(t-180)+2 & \text{si} \quad 180 \le t < 300 \\ 5 & \text{si} \quad 300 \le t \le 600 \end{cases}$

En la representación gráfica, se observa que en los puntos correspondientes a las 3 horas y a las 5 horas la gráfica de la función se interrumpe y da un salto.

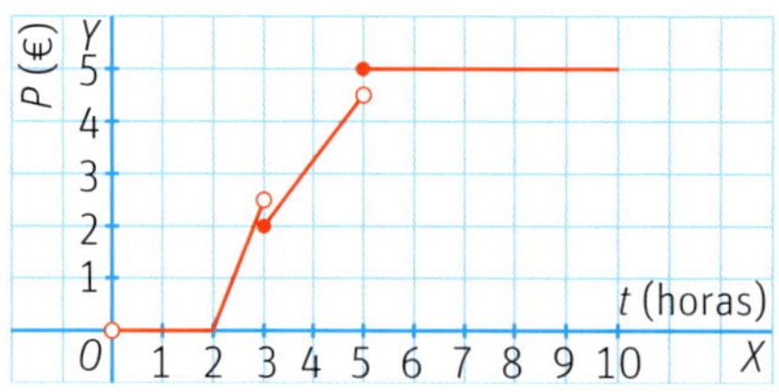

- Un instante antes de $t = 180$ min = 3 h el precio es de 2,40 € y un instante después es de 2 €.
- En $t = 300$ min, un instante antes el precio es de 4,40 y un instante después es de 5 €.

MAT-TIC GeoGebra

Entra en smSaviadigital.com y estudia la continuidad y discontinuidad de una función.

Ten en cuenta

Una función solo puede ser continua en los puntos de su dominio.

- Una **función** es **continua** en un punto si en ese punto la gráfica de la función no presenta saltos o interrupciones.
- Una **función** es **discontinua** en un punto si en ese punto la gráfica de la función presenta saltos o interrupciones.
- Una función es continua en un intervalo (a, b) si es continua en todos los puntos del intervalo.

ACTIVIDADES

45. Indica los puntos de discontinuidad y los intervalos de continuidad de las funciones representadas.

a)

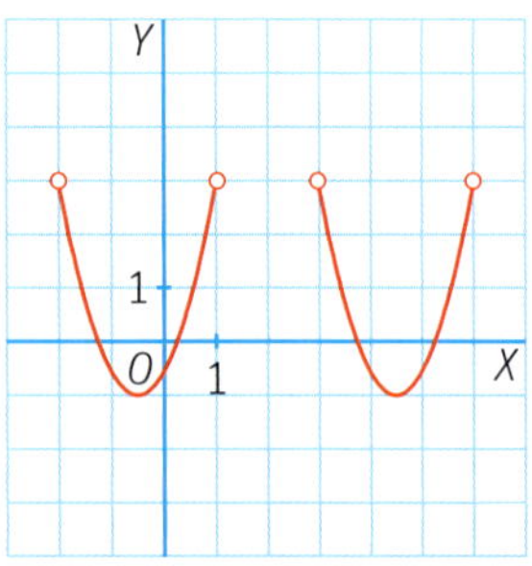

b)

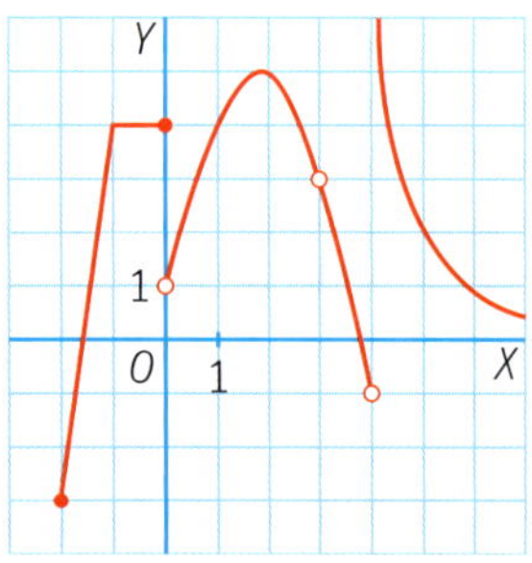

46. Dibuja en tu cuaderno la gráfica de una función que presente discontinuidades en los puntos $x = -2$ y $x = 5$. ¿En qué intervalos es continua la función que has representado?

47. Representa las siguientes funciones en tu cuaderno. Indica los puntos de discontinuidad si los hubiera.

a) $f(x) = \begin{cases} -x+3 & \text{si} \quad x < -1 \\ 4 & \text{si} \quad -1 \le x \le 3 \\ 2x-5 & \text{si} \quad x > 3 \end{cases}$ b) $g(x) = |x-1| + 3$

48. La función parte entera, $f(x) = [x]$, asocia cada número real con su parte entera.

a) Construye una tabla de valores para $f(x) = [x]$, en el intervalo $[-3, 5]$. Conviene tomar algunos valores de x no enteros.

b) Representa gráficamente la función.

c) ¿Es continua? Indica sus discontinuidades si existen.

49. La función $f(x) = \dfrac{2x^2 - 8}{x - 2}$ no existe para $x = 2$, luego se interrumpe en ese punto. Completa la siguiente tabla de valores y representa la función en el intervalo [0, 4].

x	1	1,5	1,8	1,95	2,05	2,2	2,5	4
$f(x)$	●	●	●	●	●	●	●	●

Interpreta lo que ocurre en el punto $x = 2$.

50. smSaviadigital.com

PRACTICA Estudia y representa funciones.

Organiza tus ideas

FUNCIONES

Una **función** $f(x)$ es una correspondencia entre dos conjuntos tal que a cada valor de la variable independiente, x, le corresponde como máximo un único valor de la variable dependiente, y.

Una correspondencia, o **función**, entre dos conjuntos se dice que es **inyectiva** cuando a elementos distintos del conjunto inicial les corresponden elementos diferentes en el conjunto final.

- El **dominio** de una función, $D(f)$, está formado por todos los valores que puede tomar la variable independiente.
- El **recorrido** de una función, $R(f)$, está formado por todos los valores que toma la variable dependiente.

Las **funciones definidas a trozos** son aquellas en las que el criterio a aplicar es diferente según los intervalos que se consideren.

$$f(x)=\begin{cases}-2x+1 & \text{si} \quad x<-1\\ 3 & \text{si} \quad -1\le x<2\\ 2x-1 & \text{si} \quad 2\le x\end{cases}$$

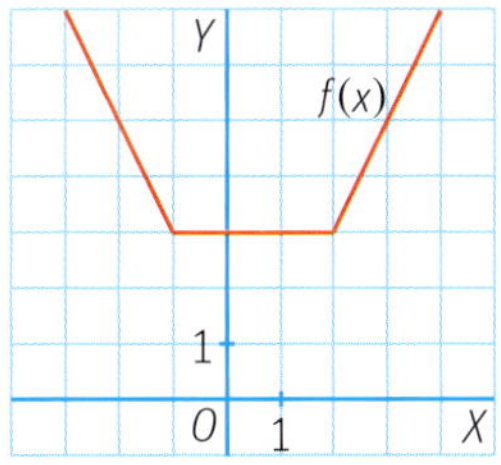

OPERACIONES CON FUNCIONES

- **Suma y resta:** $(f\pm g)(x)=f(x)\pm g(x)$ con $x\in D(f)\cap D(g)$
- **Producto:** $(f\cdot g)(x)=f(x)\cdot g(x)$ con $x\in D(f)\cap D(g)$
- **Cociente:** $(f:g)(x)=f(x):g(x)=\dfrac{f(x)}{g(x)}$ con $x\in D(f)\cap D(g)$ y $g(x)\neq 0$
- **Composición:** $(g\circ f)(x)=g[f(x)]$ con $D(g\circ f)=\{x\in D(f)\ /\ f(x)\in D(g)\}$

Función inversa

Si f es una función inyectiva definida en $\mathbb{R}$ tal que $y=f(x)$, la **función inversa** f^{-1} verifica que $f^{-1}(y)=x$ para todo $y\in R(f)$.

La composición de una función con su inversa es igual a la función identidad: $(f^{-1}\circ f)(x)=(f\circ f^{-1})(x)=x$

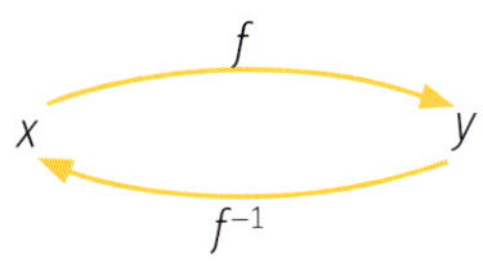

CARACTERÍSTICAS DE LAS FUNCIONES

Puntos de corte

- **Con el eje Y**: son de la forma $(x=0,\ y=f(0))$
- **Con el eje X**: son de la forma $(x,\ y=0)$

Crecimiento y decrecimiento

- **Función creciente**: $TVM\ f[a,b]>0$
- **Función decreciente**: $TVM\ f[a,b]<0$
- **Extremos de una función**

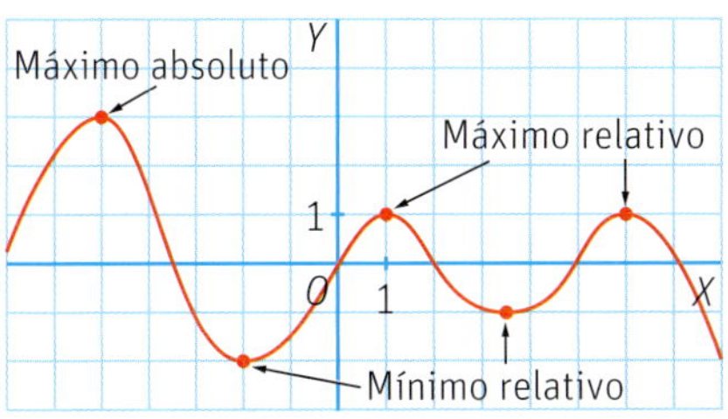

Simetría

- **Funciones pares**: simétricas respecto del eje Y.

  $f(-x)=f(x)$ para todo $x\in D(f)$

- **Funciones impares**: simétricas respecto del origen.

  $f(-x)=-f(x)$ para todo $x\in D(f)$

Periodicidad

- Una **función** f es **periódica** de período T, si para todo x del dominio se verifica que $f(x)=f(x+T)$.

Continuidad

- Una **función** es **continua** en un intervalo (a,b) si es continua en todos los puntos del intervalo.

Actividades clave

1. ¿Cuáles de las siguientes gráficas corresponden a una función?

a)

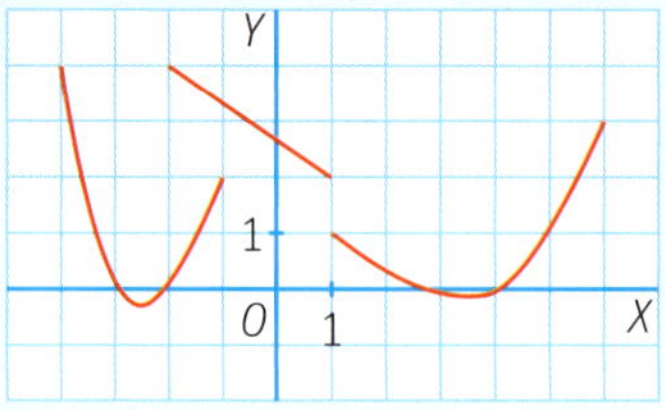

b)

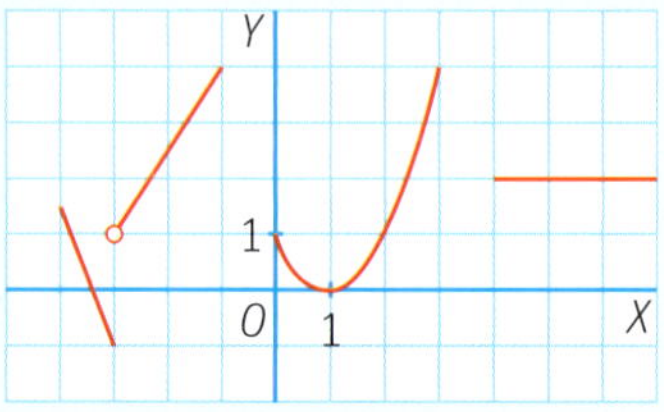

Indica en esos casos si son funciones inyectivas, su dominio y su recorrido.

a) No es la gráfica de una función, porque hay valores de la variable independiente x a los que les corresponden dos valores de la variable dependiente y:

Para $x = -2 \Rightarrow y = 0$ e $y = 4$

b) Corresponde a una función.

- No es inyectiva, porque para un valor de la variable dependiente y hay más de un valor de la variable independiente x. Se comprueba trazando una línea horizontal y viendo que corta la gráfica en más de un punto.
- El dominio es: $D(f) = [-4, -1] \cup [0, 3] \cup [4, +\infty)$
- El recorrido es: $R(f) = [-1, 4]$

2. Dadas las funciones:

$f(x) = x - 3$

$h(x) = \dfrac{x}{1-x}$

Calcula y halla el dominio en cada caso:

a) Las funciones $f + h$ y $f \cdot h$

b) Las funciones $f : h$ y $h : f$

c) Las funciones $f \circ h$ y $h \circ f$. ¿Es conmutativa la composición de funciones?

Los dominios de las funciones dadas son: $D(f) = \mathbb{R}$ $\quad D(h) = \mathbb{R} - \{1\}$

a) $(f+h)(x) = f(x) + h(x) = x - 3 + \dfrac{x}{1-x} = \dfrac{(x-3)(1-x)+x}{1-x} = \dfrac{-x^2-3+5x}{1-x}$; $D(f+h) = \mathbb{R} - \{1\}$

$(f \cdot h)(x) = f(x) \cdot h(x) = (x-3) \cdot \dfrac{x}{1-x} = \dfrac{(x-3)x}{1-x} = \dfrac{x^2-3x}{1-x}$; $D(f \cdot h) = \mathbb{R} - \{1\}$

b) $(f:h)(x) = f(x) : h(x) = \dfrac{x-3}{\dfrac{x}{1-x}} = \dfrac{(x-3)(1-x)}{x} = \dfrac{-x^2+4x-3}{x}$

$D(f:h) = \mathbb{R} - \{0, 1\}$, ya que $x = 1$ no está en el dominio de $h(x)$ y $x = 0$ anula el denominador de la función resultante.

$(h:f)(x) = h(x) : f(x) = \dfrac{\dfrac{x}{1-x}}{x-3} = \dfrac{x}{(x-3)(1-x)} = \dfrac{x}{-x^2+4x-3}$

$D(h:f) = \mathbb{R} - \{1, 3\}$, ya que $x = 1$ no está en el dominio de $h(x)$ y $x = 3$ anula el denominador de la función resultante.

c) $(f \circ h)(x) = f[h(x)] = \dfrac{x}{1-x} - 3 = \dfrac{x-3(1-x)}{1-x} = \dfrac{x-3+3x}{1-x} = \dfrac{-3+4x}{1-x}$

$D(f \circ h) = \mathbb{R} - \{1\}$, ya que $x = 1$ no está en el dominio de $h(x)$, ni de la función resultante. El resto de valores de $h(x)$ están definidos dentro del dominio de $f(x)$.

$(h \circ f)(x) = h[f(x)] = \dfrac{x-3}{1-(x-3)} = \dfrac{x-3}{4-x}$

$D(h \circ f) = \mathbb{R} - \{4\}$, ya que $x = 1$ no está en el dominio de $h(x)$, y se busca el valor de x que debe tomar la función $f(x)$ para no estar definida en el dominio de $h(x)$: $f(x) = 1$, es decir $x = 4$.

El resto de valores de $f(x)$ están definidos dentro del dominio de $h(x)$.

La composición de funciones no es una operación conmutativa, ya que:

$$(f \circ h)(x) \neq (h \circ f)(x)$$
$$\frac{-3+4x}{1-x} \neq \frac{x-3}{4-x}$$

3. Se considera la función $k(x) = \sqrt{x^2+4}$ definida en $[0, +\infty)$.

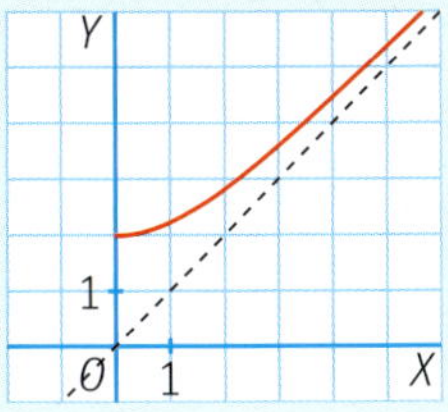

a) Indica su recorrido.

b) ¿Es una función inyectiva? En caso afirmativo, calcula su función inversa.

c) A partir de la gráfica de $k(x)$, dibuja la gráfica de $k^{-1}(x)$.

a) El recorrido de la función es $R(f) = [2, +\infty)$.

b) Es inyectiva, ya que para cada valor de la variable y hay un único valor de la variable x.

Para calcular la función inversa, se despeja la x en la fórmula de la función:

$$y = \sqrt{x^2+4} \Rightarrow y^2 = \left(\sqrt{x^2+4}\right)^2 \Rightarrow y^2 = x^2+4 \Rightarrow x^2 = y^2-4 \Rightarrow x = \sqrt{y^2-4}$$

A continuación, se intercambia el nombre de las variables:

$$y = \sqrt{x^2-4} \Rightarrow k^{-1}(x) = \sqrt{x^2-4}$$

c) Las gráficas de una función y de su inversa son simétricas respecto de la recta $y = x$.

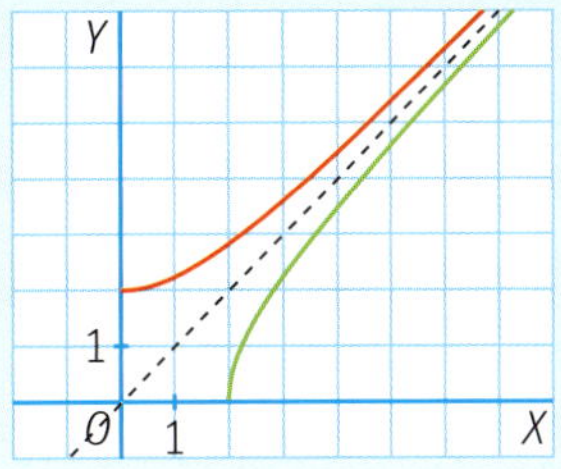

4. Se considera la siguiente función definida a trozos.

$$f(x) = \begin{cases} x+2 & \text{si} \quad -4 < x \le -1 \\ x^2 & \text{si} \quad -1 < x < 2 \\ 8-x & \text{si} \quad 4 \le x \le 8 \end{cases}$$

a) ¿Cuál es su dominio?

b) Calcula $f(6)$, $f(1{,}8)$, $f(-1)$, $f(-3)$.

c) Representa gráficamente la función.

d) ¿Cuál es su recorrido?

a) $D(f) = (-4, 2) \cup [4, 8]$

b) $f(6) = 8 - 6 = 2$ $\quad f(-1) = -1 + 2 = 1$

$f(1{,}8) = (1{,}8)^2 = 3{,}24$ $\quad f(-3) = -3 + 2 = -1$

c)

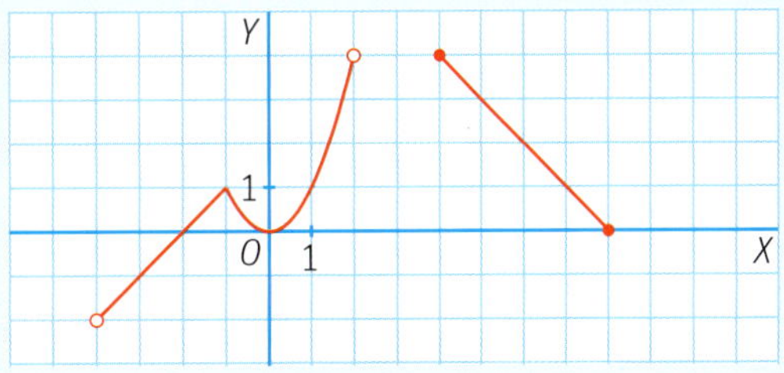

d) Su recorrido es $R(f) = (-2, 4]$.

5. Se considera la función $f(x) = \dfrac{2x+4}{x-2}$.

a) ¿Cuál es su dominio?

b) Calcula los puntos de corte y el signo de la función.

c) Estudia si es creciente o decreciente en los intervalos que determina el dominio.

d) ¿Tiene simetría par o impar?

a) La función no está definida para aquellos valores de x que anulen al denominador. Como $x - 2 = 0$ para $x = 2$, $D(f) = \mathbb{R} - \{2\} = (-\infty, 2) \cup (2, +\infty)$.

b) Para hallar el punto de corte con el eje Y, se calcula $f(0)$: $f(0) = \dfrac{4}{-2} = -2$

El punto de corte con el eje Y es $(0, -2)$.

Para hallar el punto de corte con el eje X, se resuelve la ecuación $f(x) = 0$:

$\dfrac{2x+4}{x-2} = 0 \Rightarrow 2x+4 = 0 \Rightarrow x = -2$. El punto de corte con el eje X es $(-2, 0)$.

Se estudia el signo en los intervalos formados con los puntos del dominio y los puntos de corte con el eje X:

$(-\infty, -2)$: $f(-3) = \dfrac{-6+4}{-3-2} = \dfrac{-2}{-5} > 0 \Rightarrow$ La función es positiva en $(-\infty, -2)$.

$(-2, 2)$: $f(0) = \dfrac{4}{-2} = -2 < 0 \Rightarrow$ La función es negativa en $(-2, 2)$.

$(2, +\infty)$: $f(3) = \dfrac{6+4}{3-2} = \dfrac{10}{1} > 0 \Rightarrow$ La función es positiva en $(2, +\infty)$.

c) Se calcula la tasa de variación media entre dos valores cualesquiera de cada intervalo.

$(-\infty, 2)$: $TVM\, f[-6, 0] = \dfrac{f(0)-f(-6)}{0-(-6)} = \dfrac{-2-1}{6} = \dfrac{-3}{6} < 0 \Rightarrow$ La función decrece en $(-\infty, -2)$.

$(2, +\infty)$: $TVM\, f[3, 10] = \dfrac{f(10)-f(3)}{10-3} = \dfrac{3-10}{7} = -1 < 0 \Rightarrow$ La función decrece en $(2, +\infty)$.

d) Se estudia la simetría: $f(-x) = \dfrac{2(-x)+4}{(-x)-2} = \dfrac{-2x+4}{-x-2} \Rightarrow \begin{cases} f(-x) \ne f(x) \\ f(-x) \ne -f(x) \end{cases} \Rightarrow$ No es simétrica.

Actividades

EJERCICIOS PARA PRACTICAR

Correspondencia y funciones

51. De las siguientes correspondencias entre dos conjuntos, indica cuáles son funciones y los conjuntos inicial y final.

a) A cada coche le corresponde su matrícula.

b) A cada alumno de una clase, el año en que nació.

c) A cada cuadrado perfecto, su raíz cuadrada.

d) A cada triángulo rectángulo, el valor de su hipotenusa.

52. De las correspondencias del ejercicio anterior señala las que son inyectivas y justifícalo.

53. Expresa mediante una expresión o una fórmula las correspondencias siguientes.

a) A cada número real positivo x, la longitud de la diagonal del cuadrado de lado x.

b) A cada número x, su distancia al número 5.

c) A cada número x, el inverso de $x + 1$.

54. Relaciona en tu cuaderno las tablas de valores con la función a la que corresponden.

A.

x	0	1	2
y	0	1	2

B.

x	0	1	2
y	0	1	4

C.

x	0	1	3
y	0	1	9

I. $f(x) = x$

II. $g(x) = x^2$

III. $h(x) = x^3 - 3x^2 + 3x$

¿Alguna de las tablas corresponde a más de una función?

55. Completa la tabla correspondiente a la función:

$$f(x) = \begin{cases} 4x - x^2 & \text{si } x < 3 \\ 2x - 1 & \text{si } x \geq 3 \end{cases}$$

x	−3	−1	3	4,5	6	●
y	●	●	●	●	●	4

¿Puedes justificar que la función no es inyectiva?

56. Determina el dominio de las siguientes funciones.

a) $f(x) = x + 3$

b) $g(x) = 4x - x^2$

c) $h(x) = 3 - \sqrt{x+1}$

d) $i(x) = \dfrac{3}{x+1}$

e) $j(x) = \dfrac{5}{x^2+9}$

f) $k(x) = \dfrac{2x}{x-2}$

57. Halla el dominio de las funciones.

a) $y = \dfrac{2x+3}{x^2+4x-3}$

b) $y = \sqrt[3]{x+1}$

c) $y = \dfrac{x+1}{x^3+8}$

d) $y = \sqrt{(3-x)(x+4)}$

e) $y = \dfrac{1}{\sqrt{2x+5}}$

f) $y = \sqrt{3-|x|}$

ACTIVIDAD **RESUELTA**

58. Halla el recorrido de las siguientes funciones.

a) $f(x) = \dfrac{7}{x^2+1}$ b) $g(x) = \sqrt{x+1}$

a) Como $\dfrac{7}{x^2+1} > 0$ para cualquier valor de x y el mayor valor se alcanza cuando el denominador es lo más pequeño posible, es decir, para $x = 0$, resulta que:

$$0 < \frac{7}{x^2+1} \leq 7 \Rightarrow R(f) = (0, 7]$$

b) Solo se considera la raíz positiva, por lo que el recorrido es:

$$R(g) = [0, +\infty)$$

59. Halla el recorrido de las funciones.

a) $y = 5 - 2x$, con $-2 \leq x < 3$

b) $y = 6x - x^2$, con $-1 < x \leq 3$

c) $y = 8 - \sqrt{9 - x^2}$

d) $y = \dfrac{3}{x^2+3}$

60. Se considera la función $f(x) = |4 - x^2|$ definida en el intervalo $[-3, 3]$. Exprésala a trozos.

Operaciones con funciones. Composición

61. Dadas las funciones $f(x) = x^2$ y $g(x) = \dfrac{5}{x-4}$ calcula:

a) $(f + g)(1)$

b) $(f \cdot g)(1)$

c) $(f - 2g)(-5)$

d) $(f \circ g)(-1)$

e) $[(f+g) \circ f]\left(\dfrac{2}{3}\right)$

f) $(g \circ f)(2)$

62. Con las funciones $f(x) = x$, $g(x) = 3$ y $h(x) = \dfrac{1}{x}$ obtén la expresión de las siguientes funciones.

a) $(f \cdot h)(x)$

b) $[(f + g) \cdot h](x)$

c) $(f \cdot f + g)(x)$

d) $(g \circ h)(x)$

e) $(h \circ h)(x)$

f) $(h \circ g)(x)$

63. Si $(f + g)(x) = x + 2$ y $(f - g)(x) = 5x - 12$:

a) Determina las expresiones de las funciones $f(x)$ y $g(x)$.

b) Representa gráficamente las funciones $f(x)$, $g(x)$ y $(f + g)(x)$.

64. Expresa la función $h(x) = 2x^2 - 3x + 1$ como producto de dos funciones polinómicas $f(x)$ y $g(x)$ de primer grado.

¿Puedes encontrar más de una solución para estas funciones?

65. Calcula la expresión algebraica de la función $(f \cdot g)$ en donde $f(x) = \dfrac{5}{x-1}$ y $g(x) = x^2 - 1$. ¿Cuál es su dominio?

66. Si $D(f) = (-\infty, 2) \cup (2, 4]$ y $g(x) = x^2 - 5x$, halla el dominio de:

a) $(f + g)$ b) $(f \cdot g)$ c) $\dfrac{f}{g}$ d) $\dfrac{g}{f}$

67. Sean las funciones $f(x)=x+3$, $g(x)=x^2-2$ y $h(x)=\dfrac{1}{x}$. Calcula:

a) $(g \circ h)(x)$
b) $[f \circ (g \circ h)](x)$
c) $(f \circ g)(x)$
d) $[(f \circ g) \circ h](x)$
e) $(h \circ g)(x)$
f) $[(h \circ g) \circ f](x)$
g) $(g \circ f)(x)$
h) $[h \circ (g \circ f)](x)$

A la vista de los resultados anteriores, ¿se puede afirmar que la composición de funciones tiene la propiedad asociativa?

68. Se consideran las funciones $f(x)=\dfrac{4x-3}{x+1}$ y $g(x)=\dfrac{x+3}{4-x}$. Calcula, si es posible:

a) $f(0)$
b) $g[f(0)]$
c) $f(2)$
d) $g[f(2)]$
e) $f(-1)$
f) $g[f(-1)]$
g) $f(5)$
h) $g[f(5)]$
i) $f(-5)$
j) $g[f(-5)]$
k) $f(4)$
l) $g[f(4)]$

69. Con los datos y los resultados obtenidos en los apartados del ejercicio anterior:

a) ¿Qué puedes afirmar de las funciones f y g?

b) ¿Cuál es el dominio de la función $g \circ f$?

c) ¿Cuál es el dominio de la función $f \circ g$?

ACTIVIDAD **RESUELTA**

70. La función $k(x)=\sqrt{x^2+4}$ se obtiene mediante la composición de dos funciones, es decir, $k(x)=(f \circ g)(x)$. Indica cuáles pueden ser esas funciones y calcula $(g \circ f)(x)$.

Para que al componer dos funciones se obtenga $k(x)$, una posibilidad es que una función sea la raíz y la otra el radicando:

$$\begin{cases} f(x)=\sqrt{x} \\ g(x)=x^2+4 \end{cases} \Rightarrow k(x)=f[g(x)]=\sqrt{x^2+4}$$

Se calcula $(g \circ f)(x)$:

$$\begin{cases} f(x)=\sqrt{x} \\ g(x)=x^2+4 \end{cases} \Rightarrow g[f(x)]=\left(\sqrt{x}\right)^2+4=x+4$$

71. Si $h(x)=\sqrt{2x+3}$ es la función compuesta $(f \circ g)(x)$ de $f(x)$ y $g(x)$, ¿cuáles pueden ser esas funciones?

Calcula en ese caso la función $(g \circ f)(x)$.

72. Las gráficas siguientes corresponden a dos funciones $f(x)$ y $g(x)$.

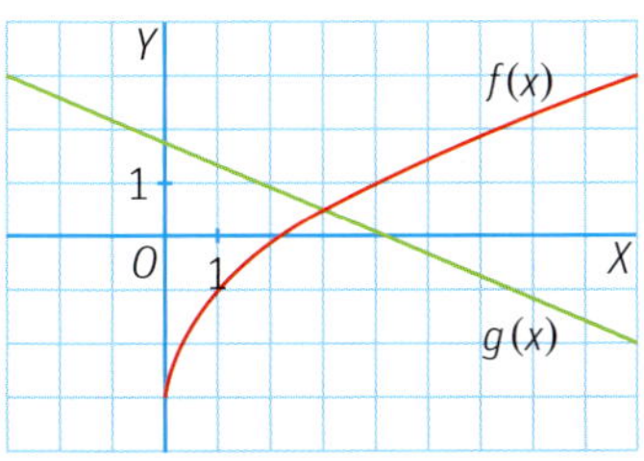

Representa de forma aproximada en tu cuaderno las gráficas de las funciones:

a) $(-f)$
b) $2g$
c) $f+g$

Función inversa

73. Las siguientes tablas de valores corresponden a dos funciones cuyo dominio es [0, 10]. Una de ellas tiene función inversa, y la otra, no.

I.

x	1	3	4	4,5	6	10
y	10	5	1	0	−3	−10

II.

x	1	3	4	4,5	6	10
y	1	5	6	6,2	7	6

a) Indica, justificando la respuesta, cuál de ellas no tiene función inversa.

b) Escribe una tabla de valores correspondiente a la función inversa de la otra función.

74. Comprueba, mediante una tabla de valores, que las funciones $f(x)=\dfrac{3}{4}x-\dfrac{1}{2}$ y $g(x)=\dfrac{4x+2}{3}$ son inversas la una de la otra.

a) Represéntalas gráficamente en los mismos ejes de coordenadas.

b) ¿Qué simetría observas entre ambas gráficas?

c) ¿En qué punto se cortan las gráficas?

d) ¿Por qué crees que ese punto de corte tiene sus dos coordenadas iguales?

ACTIVIDAD **RESUELTA**

75. Determina de manera intuitiva y razonada cuál es la función inversa de $f(x)=\dfrac{x-2}{3}$.

Al aplicar f a un valor de x primero se resta 2 y luego se divide el resultado entre 3.

Al aplicar la función inversa se deshace lo hecho por f, es decir:

- En primer lugar, se multiplica por 3.
- En segundo lugar, se suma 2.

De esta forma se obtiene la función inversa.

$$f^{-1}(x)=3x+2$$

Este método solamente es aplicable para funciones sencillas.

76. En los ejercicios siguientes determina la función inversa de $f(x)$ de manera intuitiva e informal. Confirma después que $f(f^{-1}(x))=f^{-1}(f(x))=x$.

a) $f(x)=5x$
b) $f(x)=x-7$
c) $f(x)=6-3x$
d) $f(x)=\sqrt[3]{x}$
e) $f(x)=\dfrac{x-5}{3}$
f) $f(x)=x^3+7$

77. Verifica en cada caso si f y g son funciones inversas la una de la otra.

a) $f(x)=\dfrac{5x+1}{x-1}$ $\quad g(x)=\dfrac{x-1}{x+5}$

b) $f(x)=\sqrt{x-4}$ $\quad g(x)=x^2+4,\ x\geq 0$

c) $f(x)=\dfrac{1}{x+1},\ x\geq 0$ $\quad g(x)=\dfrac{1-x}{x},\ 0<x\leq 1$

78. Halla la correspondencia inversa en cada caso y comprueba si son funciones.

a) $f(x) = 5 - 2x$

b) $g(x) = \sqrt{x-2}$

c) $h(x) = 4 - (x+2)^2$, con $-2 \le x \le 3$

d) $i(x) = x^2 - 2x + 2$, con $-2 \le x \le 3$

79. En las siguientes gráficas, identifica las que corresponden a funciones inversas entre sí.

A.
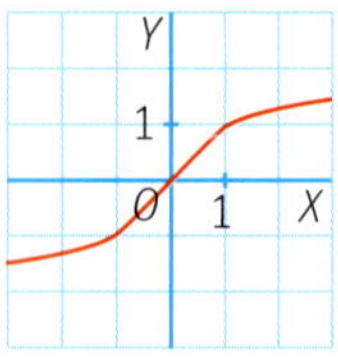

B.
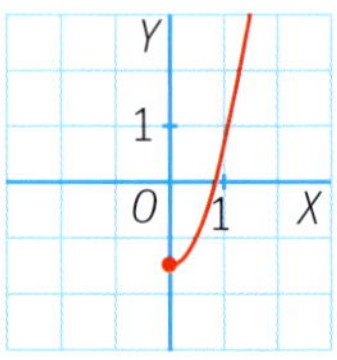

C.
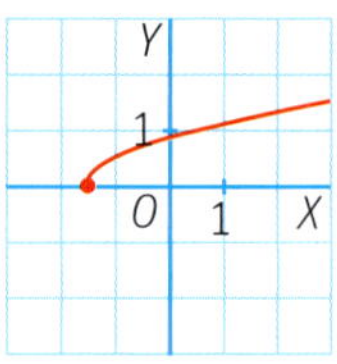

D.
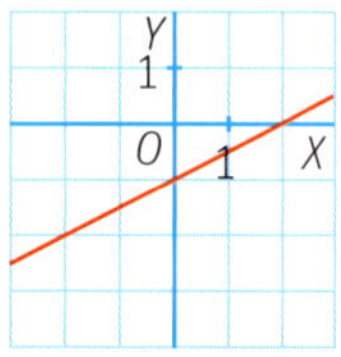

E.
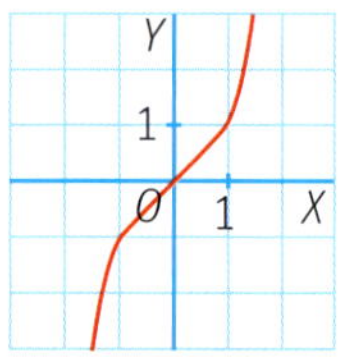

F.
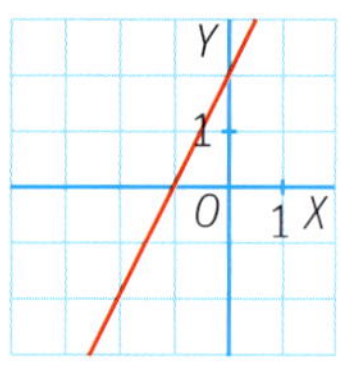

80. Halla la función inversa de $f(x) = \dfrac{x+2}{2x-1}$.

a) ¿Cuál es el dominio de $f(x)$? ¿Y de $f^{-1}(x)$?

b) ¿Cuáles serán los recorridos de las dos funciones?

Características de las funciones

ACTIVIDAD **RESUELTA**

81. Estudia el signo de la función $f(x) = \dfrac{x-2}{\sqrt{6-x}}$.

Es necesario hallar su dominio y los puntos de corte con el eje X.

- Para que la función esté definida debe cumplirse que: $6 - x > 0 \Rightarrow x < 6 \Rightarrow D(f) = (-\infty, 6)$
- El punto de corte con el eje X es:

$$0 = \frac{x-2}{\sqrt{6-x}} \Rightarrow x - 2 = 0 \Rightarrow x = 2$$

Se estudia el signo en los intervalos $(-\infty, 2)$ y $(2, 6)$, tomando valores de x de esos intervalos y hallando $f(x)$ o mediante una tabla como la siguiente:

	$-\infty$ 2	2 6
$x - 2$	−	+
$\sqrt{6-x}$	+	+
$f(x)$	−	+

En el intervalo $(-\infty, 2)$, $f(x) < 0$, es negativa.

En el intervalo $(2, 6)$, $f(x) > 0$, es positiva.

82. Estudia el signo de las siguientes funciones.

a) $f(x) = 2 - \dfrac{1}{x}$

b) $g(x) = \dfrac{3x-6}{x+1}$

c) $h(x) = \dfrac{x}{\sqrt{x+1}}$

d) $i(x) = (x-2)(x^2-25)$

e) $j(x) = \dfrac{x^2-9x+14}{x-5}$

f) $k(x) = 9x^4 - 25x^2$

83. Halla la tasa de variación media de la función $f(x) = \dfrac{4}{x}$ en los intervalos siguientes.

a) $[1, 3]$ b) $[2, 4]$ c) $[-5, -1]$ d) $[-2, -1]$

¿Tendría sentido hallar la *TVM f* $[-2, 1]$? ¿Por qué?

Con los resultados obtenidos, ¿qué puedes decir acerca del crecimiento de la función?

84. Representa una función continua que cumpla las siguientes condiciones.

1. Su dominio es $(-2, 1) \cup (1, +\infty)$.
2. Es continua en su dominio.
3. Corta los ejes de coordenadas en los puntos $A(-1, 0)$, $B(0, 5)$, $C(3, 0)$.
4. Es creciente en $(-2, 1) \cup (1, 5)$ y decreciente en $(5, +\infty)$.
5. Solo tiene un máximo relativo en $(5, 5)$.

85. La siguiente gráfica corresponde a una función periódica de período $T = 6$.

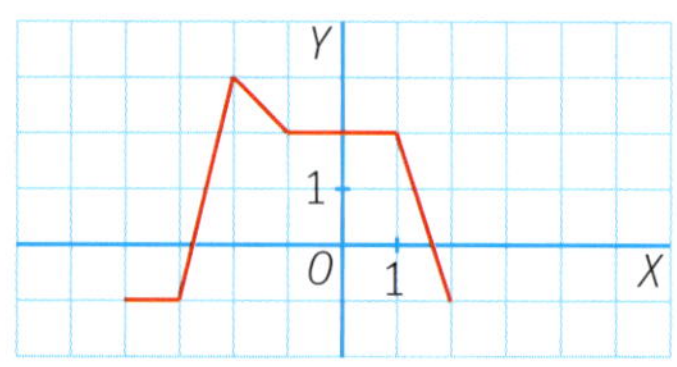

a) Representa en tu cuaderno otros dos períodos de la gráfica de la función, uno a la izquierda y otro a la derecha.

b) ¿Cuál es el recorrido de la función?

c) ¿Está acotada? ¿Cuáles son sus cotas?

d) Halla los valores de la función $f(1)$, $f(-2)$, $f(0)$, $f(27)$, $f(-31)$ y $f(2016)$.

e) ¿En qué puntos del intervalo $[60, 70]$ la función es igual a -2?

Actividades de síntesis

86. Se define la siguiente función para valores de x pertenecientes al intervalo $[n, n+1)$ en donde n representa un número entero.

$$f(x) = \begin{cases} 1 & \text{si } n \text{ es par} \\ -1 & \text{si } n \text{ es impar} \end{cases}$$

Así, por ejemplo $f(4{,}3) = 1$ porque 4,3 pertenece al intervalo $[4, 5)$ y el 4 es par.

a) Halla los valores $f(1)$, $f(1{,}25)$, $f(-4{,}2)$, $f(\pi)$.

b) Representa la función en el intervalo $[-5, 5]$.

c) La función es periódica. ¿Cuál es su período?

d) ¿Es continua?

87. La función parte decimal de un número real x asigna a cada número real su parte decimal. Se define como: $f(x) = x - [x]$, donde $[x]$ representa la parte entera de x.

a) Indica los valores de $f(2{,}34)$, $f(5)$, $f(-2{,}3)$.

b) Representa gráficamente la función en el intervalo $[-4, 4]$.

88. Si f y g son funciones pares, h y k son funciones impares, y ninguna de ellas es la función nula, ¿qué se puede asegurar sobre la simetría de las siguientes funciones?

a) $f+g$ c) $f \cdot g$ e) $h+k$ g) $f \cdot (h+k)$

b) $f-g$ d) $\dfrac{h}{g}$ f) $(f+g)\cdot k$ h) $\dfrac{f+g}{h \cdot k}$

PROBLEMAS PARA RESOLVER

89. Para grupos de 50 o más personas una empresa de transportes ofrece, para una excursión, un precio por persona, en euros, según la fórmula:

$P(n) = 40 - 0{,}5(n - 50)$, $n > 50$, donde n es el número de excursionistas.

a) Escribe cuál será el ingreso, $G(n)$, para la empresa en función del número n de excursionistas.

b) Copia y completa la tabla en tu cuaderno.

n	60	70	90	110	120	140	160
G	●	●	●	●	●	●	●

c) A la vista de los resultados, ¿cuál parece ser el número de personas más conveniente para la empresa?

d) Determina de manera exacta y razonada cuál es ese número de personas y cuánto ingresaría la empresa.

90. El coste de producir n palas de pádel viene dado por la expresión: $P(n) = 40 + 16\sqrt{n-1}$, con $n \leq 50$.

Si la empresa pretende ganar un 50 % en la venta de cada pala, determina:

a) El precio $U(n)$ de cada una de las palas al producir n.

b) ¿A qué precio deberá vender cada pala si producen 17?

c) ¿Cuánto dinero ganará si producen 30 palas pero solo logran vender 25?

d) La ganancia, $G(n)$, al producir y vender n palas.

e) Analiza si $P(n)$, $U(n)$ y $G(n)$ son crecientes o decrecientes.

91. Un jugador de béisbol golpea la pelota y esta sigue la trayectoria $y = 0{,}9 + 0{,}2x - 0{,}0012x^2$, donde x e y están en metros.

¿Pasará por encima de una valla que tiene 5 m de altura y está a 155 m del jugador?

ACTIVIDAD **RESUELTA**

92. Halla la expresión de la función que determina el perímetro y el área del cuadrado inscrito en una circunferencia de radio x, en función del radio.

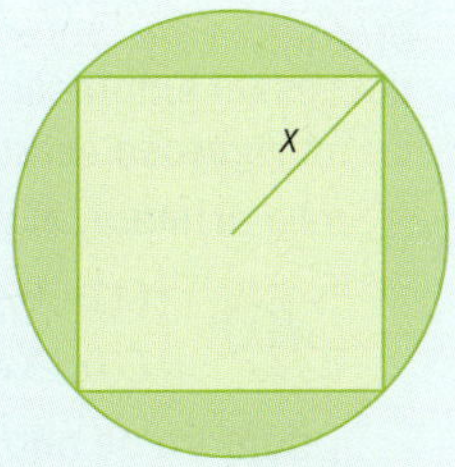

a) Halla el dominio de las funciones.

b) Halla el perímetro y el área del cuadrado si el radio es $x = 8$ cm.

Aplicando el teorema de Pitágoras, se obtiene el lado del cuadrado inscrito en función del radio x:

$$(2x)^2 = l^2 + l^2 \Rightarrow 4x^2 = 2l^2 \Rightarrow l^2 = 2x^2 \Rightarrow l(x) = +\sqrt{2x^2} = \sqrt{2}\,x$$

Por tanto, las funciones pedidas son:

Perímetro: $P(x) = +4\sqrt{2}\,x$

Área: $A(x) = 2x^2$

a) $D(P) = [0, +\infty)$ $D(A) = [0, +\infty)$

b) $P(8) = +4\sqrt{2}\cdot 8 = 32\sqrt{2} = 45{,}25$ cm

$A(8) = 2 \cdot 8^2 = 128$ cm^2

93. Con un cartón rectangular de 40 cm × 60 cm se construye una caja, sin tapa, recortando en las esquinas unos cuadraditos de lado x cm y doblando el material.

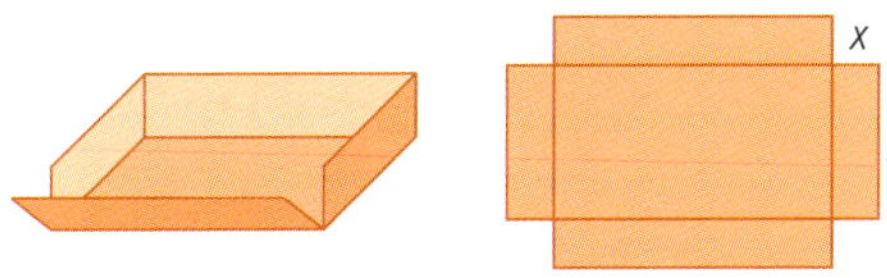

a) Determina el volumen de la caja y la superficie del cartón que forma la caja en función de x. ¿Cuál es el dominio de ambas funciones?

b) ¿Cuál es el volumen de la caja y la superficie del cartón cuando $x = 10$ cm?

Encuentra el error

94. Antonio ha obtenido un 6 en el último examen de Matemáticas y quiere convencer a su profesor para que le ponga un notable en la evaluación.

Para ello, hace el siguiente razonamiento:

Mi nota ha sido $x = 6$, luego:

$$13x = 78 \text{ y } x^2 = 36$$

Como $36 = 78 - 42$ puedo escribir que:

$$x^2 = 78 - 42 = 13x - 42$$

Si resto $6x$ a ambos miembros de la igualdad, obtengo:

$$x^2 - 6x = 7x - 42$$

es decir, $x(x-6) = 7(x-6)$ y de aquí se obtiene que evidentemente x tiene que ser 7.

"Muy bueno tu intento", le dice el profesor, "pero algo has hecho mal para concluir que un 6 es igual que un 7".

¿Cuál es el error en el razonamiento de Antonio?

PROBLEMA **RESUELTO**

¿Cómo invertir dinero?

Luis es un empresario que dispone de cierta cantidad dinero para invertir. Después de un riguroso estudio del mercado de valores se ha decidido por dos inversiones.

- La primera, al parecer más segura, se ajustaría a la función
$$f(x)=\begin{cases} C(1-0{,}15x) & \text{si } 0\le x<2 \\ C(0{,}15x+0{,}4) & \text{si } 2\le x\le 10 \end{cases}$$, donde C es el capital invertido y x es el número de años de la inversión.
- La segunda, más arriesgada pero mejor a corto plazo, vendría representada por la función $g(x)=D(1+4x-x^2)$, donde D es el capital invertido y x el número de años de la inversión.

Decide invertir 100000 € en la primera de ellas y, a partir del primer año que tenga ganancias, invertirá las ganancias que tiene en ese momento en la segunda inversión. Al cabo de los 10 años retira su dinero.

1. Justifica en qué intervalo es creciente la función $f(x)$.

   A. [0, 2] B. [−1, 1] C. [2, 10] D. [6, 12]
2. ¿Podrá iniciar la segunda inversión al cabo de 4 años? ¿Por qué?
3. Si al quinto año inicia la segunda inversión, ¿con qué capital comienza?
4. Completa una tabla de valores en la que calcules el capital de la segunda inversión hasta el final de los 10 años. ¿Durante cuántos años la segunda inversión es rentable?
5. ¿En qué momento sería aconsejable que invirtiera las ganancias de la primera inversión en la segunda?
6. En ese caso, ¿cuál sería la ganancia total de las dos inversiones?

SOLUCIÓN

1. Se calcula la tasa de variación media de $f(x)$ para cada intervalo dado.

   A. $TVM\ f[0,2]=\dfrac{f(2)-f(0)}{2-0}=\dfrac{0{,}7C-C}{2}=-0{,}15C<0 \Rightarrow$ Decreciente

   B. El intervalo no está definido dentro del dominio de la función.

   C. $TVM\ f[2,10]=\dfrac{f(10)-f(2)}{10-2}=\dfrac{1{,}9C-0{,}7C}{8}=0{,}15C>0 \Rightarrow$ Creciente

   D. El intervalo no está definido dentro del dominio de la función.
2. Si se sustituye el valor $x = 4$ en la expresión de la primera función $f(x)$, para comprobar si ese año ya obtiene beneficios: $f(4)=C(0{,}15\cdot 4+0{,}4)=C(0{,}6+0{,}4)=C$. Como la función es creciente en el intervalo [2, 10], si en el cuarto año todavía no obtiene beneficio, en los anteriores tampoco, por lo que todavía no puede cambiar el tipo de inversión de su dinero.
3. Para calcular con qué capital empieza la segunda inversión el 6.º año, hay que calcular el capital que ha obtenido con la primera inversión en el 5.º año: $f(5)=C(0{,}15\cdot 5+0{,}4)=C(0{,}75+0{,}4)=100000\cdot 1{,}15=115000$ €.

   Por tanto, los beneficios obtenidos al cabo de 5 años son: $D=115000-100000=15000$ €.
4.

Año	6.º	7.º	8.º	9.º	10.º
x	1	2	3	4	5
g	60000	75000	60000	15000	−60000

   La segunda inversión genera beneficios hasta el noveno año. A partir de ese momento, no se obtienen ganancias y se producen pérdidas.
5. Como la rentabilidad máxima de la segunda inversión se alcanza al cabo de 2 años, lo más conveniente es retirar las ganancias de la primera inversión a los 8 años y seguir con la segunda inversión los dos últimos años.
6. En la primera inversión, el capital obtenido después de 8 años de inversión es:

$$f(8)=C(0{,}15\cdot 8+0{,}4)=100000\cdot 1{,}6=160000 \text{ €}$$

   Lo que supone una ganancia de: $160000-100000=60000$ €.

   Este es el capital que invierte en la segunda inversión, por lo que al cabo de dos años, tendrá un capital:

$$g(2)=60000\cdot(1+4\cdot 2-2^2)=300\,000 \text{ €}$$

La gravedad

Son muchas y variadas las actividades de la vida en las que es preciso tener en cuenta y conocer adecuadamente las consecuencias de la fuerza de gravedad en nuestro planeta. Por citar algunas de ellas, basta fijarse en actividades deportivas como el parapente, el ala delta, los lanzamientos de jabalina, el tiro con arco... En todas ellas, para determinar su trayectoria, influyen muchos otros factores como son la resistencia del aire, la velocidad y el ángulo de salida, la fuerza del viento... , cuyos efectos se suman para dar lugar a la trayectoria final.

Se plantea, mediante el manejo de funciones elementales, estudiar y obtener la trayectoria que seguirá un objeto lanzado con cierta velocidad desde un punto elevado y despreciando la resistencia del aire.

Desde una plataforma horizontal y situada a 20 m de altura, se lanza una bola, que rueda sobre la plataforma, con una velocidad de 2 m/s. El espacio que recorre horizontalmente será $x = 2t$ (velocidad por el tiempo) y verticalmente $y = \frac{1}{2}g \cdot t^2$, donde g es la aceleración de la gravedad, $g \simeq -10$ m/s^2. En este caso, como se lanza desde una altura de 20 m, la posición vertical de la bola en cada instante será $y = 20 - 5t^2$.

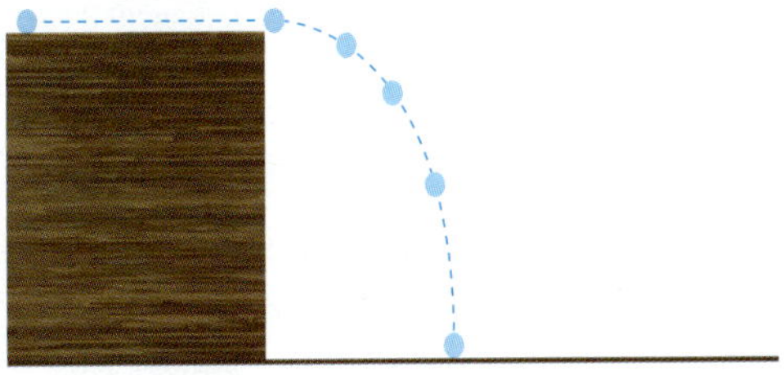

1. ¿Cuánto tiempo tardará en caer al suelo?
2. ¿Qué desplazamiento horizontal habrá tenido la bola en ese tiempo?
3. ¿En qué punto caerá la bola?
4. Halla las posiciones de la bola cada 0,2 segundos y represéntalas sobre unos ejes de coordenadas.
5. La gráfica que obtienes, ¿a qué tipo de función corresponde? Halla la expresión de esa función en la forma habitual $y = f(x)$ eliminando el tiempo t entre las dos expresiones que has utilizado.

AUTOEVALUACIÓN

1. Entre el conjunto $C = \{1, 2, 3, ..., 100\}$ formado por los 100 primeros números naturales y el conjunto B formado por los 20 primeros, se establece la siguiente correspondencia:

   A cada elemento de C le corresponde la suma de sus cifras.

   a) ¿Es esta correspondencia, f, una función?

   b) ¿Es inyectiva? ¿Por qué?

   c) ¿Cuál es su recorrido?

   d) ¿Cuántos elementos x de C verifican que $f(x) = 9$?

2. Dadas las funciones $f(x) = \frac{1}{x+3}$ y $g(x) = x^2 - 4$, determina:

   a) El dominio de $f + g$, de $f \cdot g$ y de $\frac{f}{g}$

   b) El valor de $(f \circ g)(2)$

   c) El dominio de $(f \circ g)$

3. Observa la siguiente gráfica:

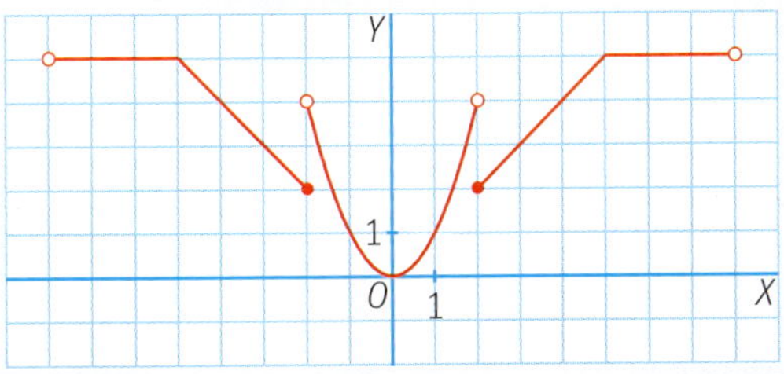

   a) Indica su dominio y recorrido.

   b) ¿Es par o impar?

   c) Calcula $f[4 + f(2)]$.

4. La gráfica que aparece a continuación se corresponde con una función periódica.

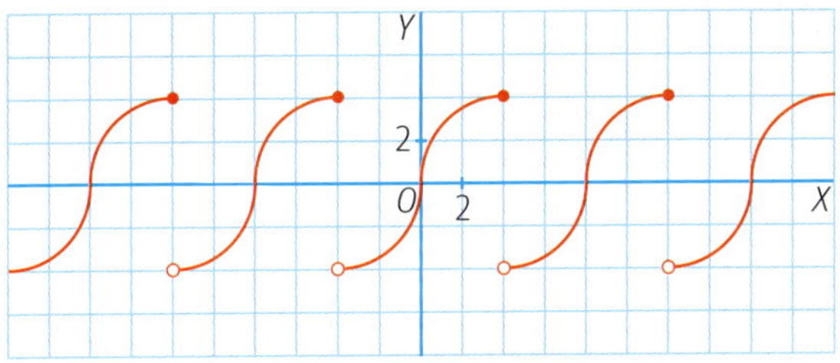

   a) ¿Cuál es su recorrido? ¿Está acotada? ¿Es simétrica?

   b) Calcula $f(2016)$ y $f(-2020)$.

   c) ¿Cuál es el período de $f(2x)$?

5. Las gráficas siguientes corresponden a dos funciones f y g.

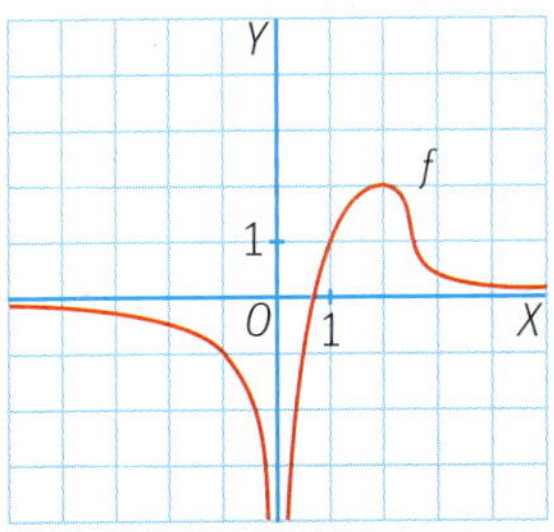

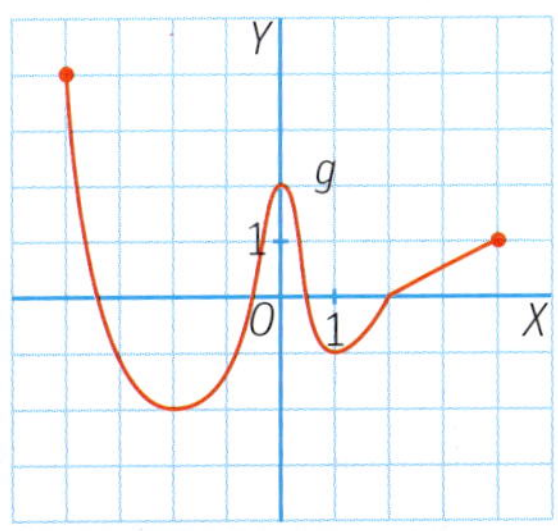

   a) ¿Están acotadas?

   b) Indica sus intervalos de crecimiento y decrecimiento.

   c) ¿Cuáles son sus máximos y mínimos?

   d) ¿Son continuas?

10 Funciones elementales

- ¿Qué función representa el movimiento de una pelota de golf?
- Si la función de proporcionalidad directa se representa mediante una recta, ¿cómo se representa la función de proporcionalidad inversa?
- ¿Cómo crece una población de nenúfares en un estanque?

Analiza y decide

¿Qué tipo de curva no se utiliza en los ramales de entrada y salida de las autopistas? ¿Cuál es más adecuada?

¿Conoces otro tipo de espirales que se den en la naturaleza o en obras construidas por el hombre? Compara tu respuesta con la de tus compañeros.

Lee y comprende

La clotoide, la curva de la seguridad

Para evitar accidentes, ¿cuál es la curva más segura para enlazar un tramo recto con uno circular? ¿Qué curva elegir para trazar los ramales de entrada y salida de las autopistas o las vías del tren?

Al contrario de lo que muchos puedan pensar, esa curva no es un arco de circunferencia. Si así fuese, al pasar de golpe de un tramo recto a un arco de circunferencia de radio r, la aceleración del vehículo que se desplaza a una velocidad constante pasaría bruscamente de una aceleración nula a una equivalente a $\frac{v^2}{r}$.

Los pasajeros sufrirían fuertes sacudidas, la carrocería estaría sometida a peligrosos esfuerzos y el número de accidentes aumentaría notablemente.

En el trazado ideal, cuando un vehículo aborda una curva, debería poder seguir desplazándose a la misma velocidad sin que el conductor tenga que luchar con el volante. Lo ideal es que este gire a una velocidad constante y la única trayectoria que proporciona esa constancia es una espiral, la espiral de Cornu o clotoide. La transición más suave y más segura entre una recta y una circunferencia es siempre un arco de clotoide.

Pero no solo se usa en el trazado de autopistas; en la actualidad, los bucles circulares de las montañas rusas han sido sustituidos por bucles de clotoide. En un bucle circular la velocidad del vagón disminuye mucho en el punto más alto, y por tanto se requiere una velocidad de entrada muy grande para poder completar el bucle, un bucle clotoidal con un radio grande en la base y pequeño en la cima es la mejor alternativa a esa situación.

ANTONIO PÉREZ SANZ

Observa y contesta

Dibuja una espiral en tu cuaderno. ¿En qué se parece y en qué se diferencia respecto de la curva de la imagen?

¿Puedes trazar gráficas de funciones a partir de otras más sencillas?

1 Funciones lineales

Las **funciones lineales** son de la forma $y = mx + n$, donde m y n son números reales cualesquiera.

La gráfica de cualquier función lineal es una **recta**.

- El número m es la **pendiente** de la recta.
- El número n es la **ordenada en el origen**.

Ejemplo ▸ La factura del gas de cierta compañía consta de dos conceptos:

- Término fijo: 9 € al mes
- Consumo: 0,54 € el m^3

Si el consumo de un hogar en un mes es de 72 m^3, ¿cuál será el importe de la factura?

Si x es el volumen del gas consumido durante un mes, la función que determina la factura es:

$$f(x) = 9 + 0{,}54x$$

- Se construye una tabla de valores y se representan los puntos obtenidos:

Consumo (m^3)	Precio (€)
0	9
10	14,4
20	19,8
50	36
100	63

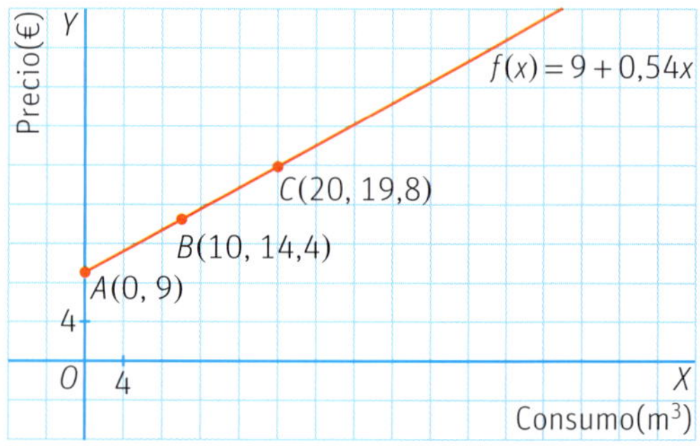

- Se observa que los puntos de la tabla están alineados y forman una recta.
- El coeficiente de la variable x es la pendiente de la recta $m = 0{,}54$.
- El punto de corte de la función con el eje de ordenadas es (0, 9). Por tanto, 9 es la ordenada en el origen.

Si el consumo de un hogar es de 72 m^3 la factura será:

$$f(x) = 9 + 0{,}54 \cdot 72 = 47{,}88 \text{ €}$$

MAT-TIC GeoGebra

Entra en smSaviadigital.com y estudia la pendiente.

La pendiente mide la inclinación de la recta. El signo indica cómo varía la variable y cuando la variable x aumenta:

- $m > 0 \Rightarrow$ la recta es creciente.
- $m < 0 \Rightarrow$ la recta es decreciente.
- $m = 0 \Rightarrow$ la recta es constante.

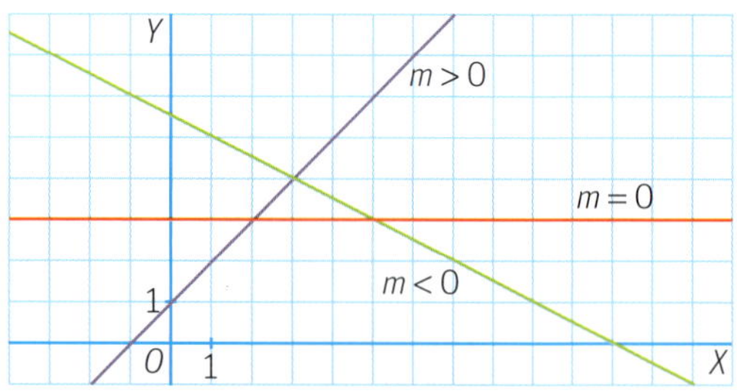

Dados dos puntos cualesquiera de una recta $P(x_1, y_1)$, $Q(x_2, y_2)$, la **pendiente** se define como el cociente $\boldsymbol{m = \dfrac{y_2 - y_1}{x_2 - x_1}}$.

Ejemplo ▸ Calcula la pendiente de la recta que pasa por los puntos:

- $A(5, 1)$ y $B(0, -2)$: $m = \dfrac{-2-1}{0-5} = \dfrac{3}{5} > 0 \Rightarrow$ La recta es creciente.
- $C(-1, 4)$ y $D(5, -1)$: $m = \dfrac{-1-4}{5-(-1)} = \dfrac{-5}{6} < 0 \Rightarrow$ La recta es decreciente.

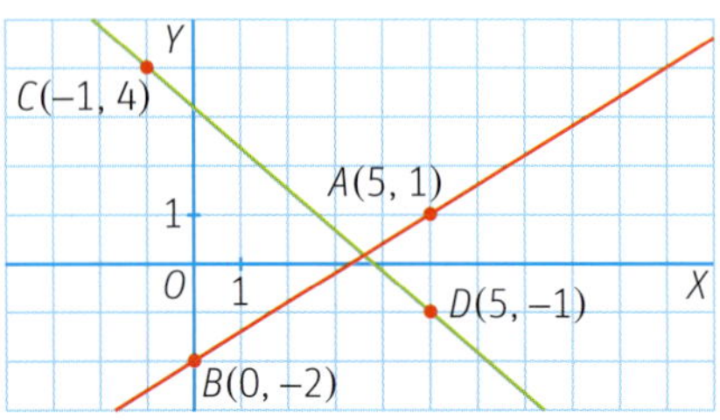

Función de proporcionalidad directa

Si la ordenada en el origen es $n = 0$, la función lineal es $y = mx$.

Las funciones $\boldsymbol{y = mx}$ se llaman **funciones de proporcionalidad directa**. Por cada unidad que aumenta la variable x, la función, y, aumenta o disminuye m unidades.

$$\frac{y_1}{x_1} = \frac{y_2}{x_2} = \frac{y_3}{x_3} = \ldots = \frac{y}{x} = m$$

La pendiente de la recta, $\boldsymbol{m}$, es la **constante de proporcionalidad**.

Ejemplo ▶ Las siguientes gráficas corresponden a funciones lineales.

$f(x) = 3x$

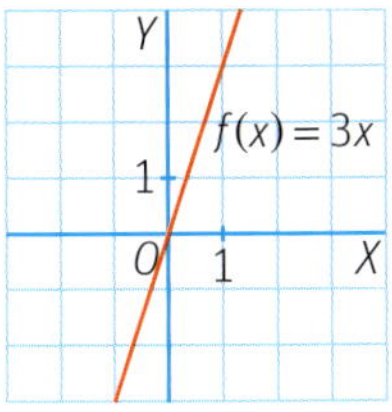

$g(x) = -2x$

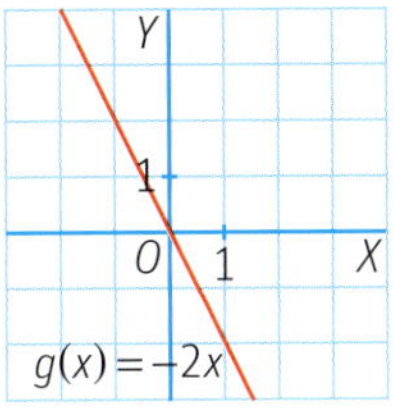

$h(x) = -\dfrac{1}{2}x$

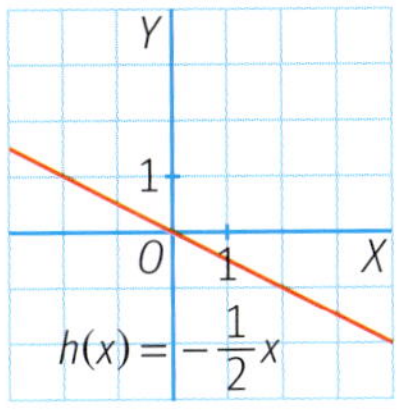

$i(x) = x$

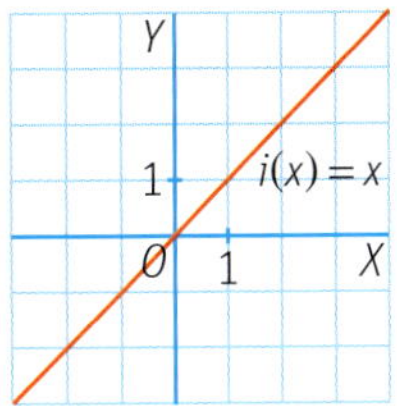

MAT-TIC GeoGebra

Entra en smSaviadigital.com y estudia la función de proporcionalidad directa.

Ten en cuenta

A la función $i(x) = x$ también se la llama **función identidad**. Su representación es la **bisectriz** del primer y tercer cuadrante.

Función constante

Si la pendiente es nula, $m = 0$, la función lineal es $y = n$.

Las funciones $\boldsymbol{y = n}$ se llaman **funciones constantes**. Como $\boldsymbol{m = 0}$, la función no es creciente ni decreciente. Su gráfica es una **recta paralela al eje X**.

Ejemplo ▶ Las siguientes gráficas corresponden a funciones lineales.

$f(x) = 2$

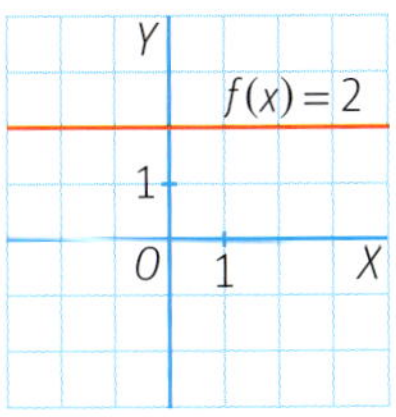

$g(x) = -2$

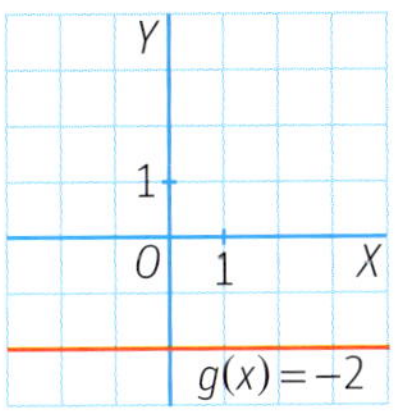

$h(x) = 0$

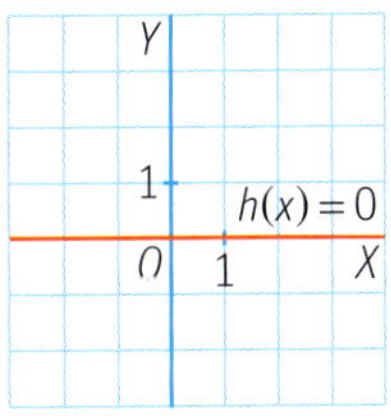

Ten en cuenta

A la función $h(x) = 0$ también se la llama **función nula**. Su representación es el **eje de abscisas** o **eje X**.

ACTIVIDADES

1. Indica cuáles son la ordenada en el origen y la pendiente de las funciones:

a) $f(x) = 5x + 1$ c) $h(x) = 1 - 3x$ e) $j(x) = 4(x + 3)$

b) $g(x) = 4$ d) $i(x) = -7 - 2x$ f) $k(x) = \dfrac{4 - x}{3}$

2. Escribe la fórmula y representa las funciones del tipo $y = ax + b$ cuando:

a) $b = 2, a = 1$ b) $b = 0, a = -5$ c) $a = -2, b = -1$

3. La gráfica de una función lineal pasa por el punto (3, 5) y su pendiente es 2. Determina $f(4)$.

4. Calcula en cada caso la pendiente de la recta que pasa por estos pares de puntos e indica si es creciente o decreciente.

a) $A(3, -2)$; $B(4, -1)$ b) $E(-4, 2)$; $F(4, 2)$ c) $C(-2, 1)$; $D(2, 2)$

5. Identifica la pendiente y la ordenada en el origen de las funciones representadas e indica cuál es su fórmula.

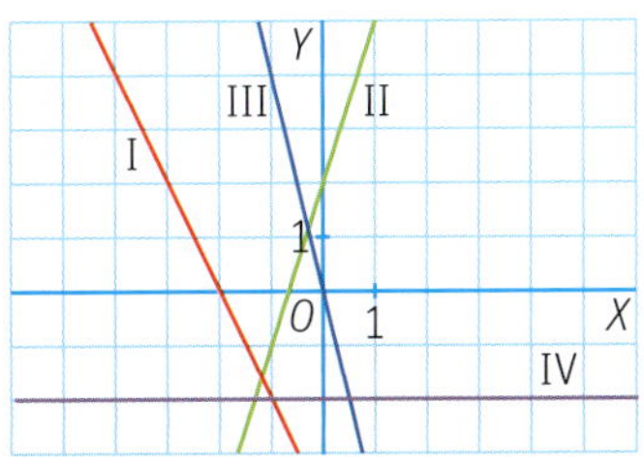

2 Funciones polinómicas

MAT-TIC GeoGebra

Entra en smSaviadigital.com y representa funciones polinómicas.

Las funciones $f(x) = 2x + 3$, $g(x) = 5x^5 - 2x + \frac{1}{4}$ y $h(t) = 3x^2 - \sqrt{5}x + 5$ tienen en común que están definidas por polinomios de una variable.

Las **funciones polinómicas** son de la forma $\boldsymbol{f(x) = a_0 + a_1x + a_2x^2 + ... + a_nx^n}$, donde todos los exponentes son números naturales y todos los coeficientes, $a_0, a_1, a_2, ..., a_n$ son números reales.

Las funciones constantes son funciones polinómicas de grado cero y las funciones lineales y las de proporcionalidad directa son de grado uno.

Ejemplos

- La función $f(x) = -2x + 3$ es una función polinómica de primer grado, su variable independiente es x y sus coeficientes -2 y 3.
- La función $f(x) = 5 - 3x + x^3 - 2x^4$ es una función polinómica de cuarto grado, su variable independiente es x, y sus coeficientes 5, −3, 0, 1 y −2.
- La función $h(x) = 4 - 2x^{-1} + 3x^{\frac{3}{2}}$ no es una función polinómica, ya que los exponentes de su variable independiente no son números naturales.

No siempre es sencillo representar funciones polinómicas. Para ello se pueden estudiar los puntos de corte, la simetría, construir una tabla de valores...

Ejemplo ▸ Representa aproximadamente la función $f(x) = x^4 - 4$.

Es una función polinómica de cuarto grado.

- Dominio: $D(f) = \mathbb{R}$
- Punto de corte con el eje Y: $x = 0$

  $f(0) = -4 \Rightarrow (0, -4)$
- Puntos de corte con el eje X: $y = 0$

  $f(x) = x^4 - 4 = 0 \Rightarrow x = \pm\sqrt{2} \Rightarrow (\sqrt{2}, 0)$ y $(-\sqrt{2}, 0)$
- Simetría: $f(-x) = (-x)^4 - 4 = x^4 - 4 = f(x) \Rightarrow$ Par

x	0	$\sqrt{2}$	1	2
y	−4	0	−3	12

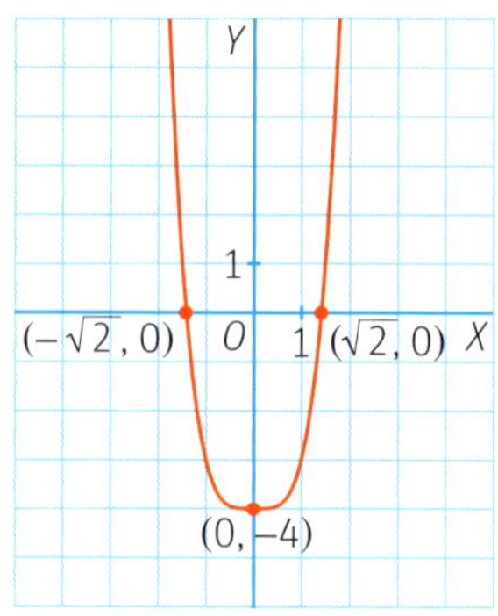

ACTIVIDADES

6. Señala cuáles de las siguientes funciones son polinómicas. En caso afirmativo, indica el grado y la variable independiente.

a) $f(x) = 2$

b) $f(z) = -5 - 2z^2$

c) $f(x) = -2\sqrt{x} - 2x^2$

d) $f(t) = -3t^3 - 4t$

e) $f(x) = x + \frac{1}{2x}$

f) $f(v) = \frac{v^3}{2}$

7. Estudia las características y representa de forma aproximada la gráfica de la función $f(x) = x^3 - 1$.

8. Empareja las gráficas con su posible fórmula.

A. $f(x) = x^2 + 3x - 2$

B. $g(x) = 1 - 2x^2$

C. $h(x) = x^3 + 2$

D. $k(x) = -x^3 - 2$

E. $j(x) = x - x^4$

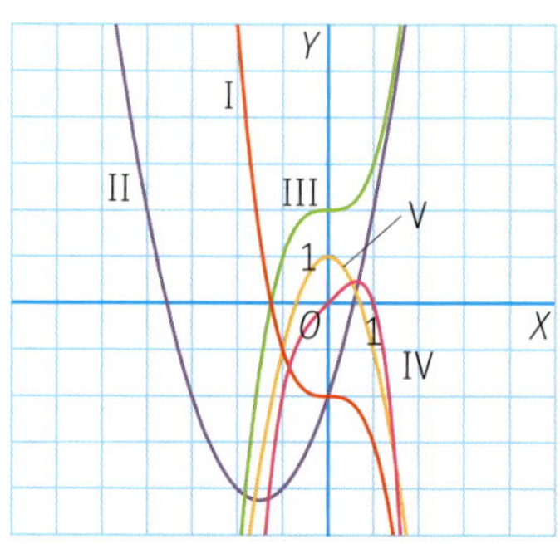

Funciones cuadráticas

Las **funciones cuadráticas** son funciones polinómicas de grado 2, es decir, de la forma $f(x) = ax^2 + bx + c$, con $a, b, c \in \mathbb{R}$ y $a \neq 0$. Su gráfica es una **parábola**.

El estudio analítico permite determinar sus características y así esbozar su gráfica.

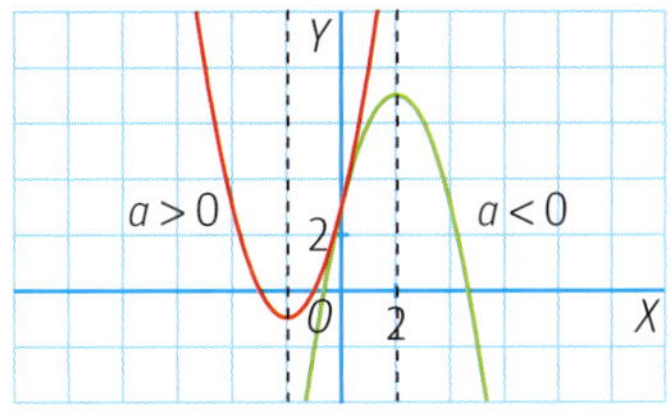

- **Ramas de la parábola:**

  Si $a < 0$, las ramas de la parábola se abren hacia abajo y la función tiene un máximo absoluto en el vértice de la parábola.

  Si $a > 0$, las ramas se abren hacia arriba y la función tiene un mínimo absoluto en el vértice de la parábola.

- **Cortes con los ejes:**
  - Con el eje Y. Siempre hay un punto de corte que es $A(0, c)$.
  - Con el eje X. Puede haber dos, uno o ninguno. Se obtienen resolviendo la ecuación $ax^2 + bx + c = 0$. Son $P(x_1, 0)$ y $Q(x_2, 0)$, donde x_1 y x_2 son las soluciones de la ecuación.

- **Eje de simetría:**

  Se hallan los puntos A y B de corte de la parábola con la recta $y = c$.

$$ax^2 + bx + c = c \Rightarrow x(ax + b) = 0 \Rightarrow \begin{cases} x_1 = 0 & \Rightarrow P(0, c) \\ x_2 = -\dfrac{b}{a} & \Rightarrow Q\left(-\dfrac{b}{a}, f\left(-\dfrac{b}{a}\right)\right) \end{cases}$$

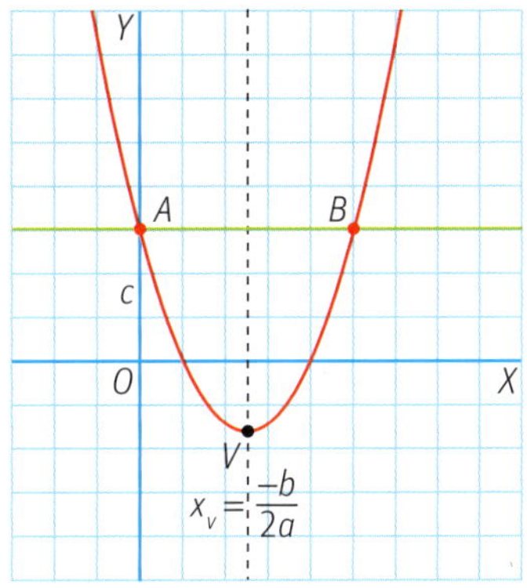

  Como estos puntos son simétricos, el eje pasa por su punto medio cuya abscisa es

$$x = \frac{0 + \left(-\dfrac{b}{a}\right)}{2} = -\frac{b}{2a}$$. La ecuación del eje es: $x = -\dfrac{b}{2a}$

- **Vértice:**

  Como es un punto del eje de simetría, su abscisa es $x = -\dfrac{b}{2a}$ y su ordenada $f\left(-\dfrac{b}{2a}\right)$.

Con estas características y, si fuera preciso, con una pequeña tabla de valores, se representa la parábola.

ACTIVIDADES

ACTIVIDAD **RESUELTA**

9. **Estudia las características de la función polinómica $f(x) = x^2 - 2x - 3$ y represéntala gráficamente.**

Es una función polinómica de segundo grado. Sus coeficientes son 1, −2 y −3. Su gráfica es una parábola con las ramas abiertas hacia arriba ya que $a > 0$.

- Punto de corte con el eje Y:

  $f(0) = -3 \Rightarrow (0, -3)$

- Puntos de corte con el eje X:

  $f(x) = 0 \Rightarrow 0 = x^2 - 2x - 3 \Rightarrow \begin{cases} x_1 = -1 \\ x_2 = 3 \end{cases} \Rightarrow (-1, 0)$ y $(3, 0)$

- Eje de simetría:

  $x = \dfrac{-b}{2a} = \dfrac{2}{2} = 1$

- Vértice:

  $V(1, f(1)) \Rightarrow V(1, -4)$

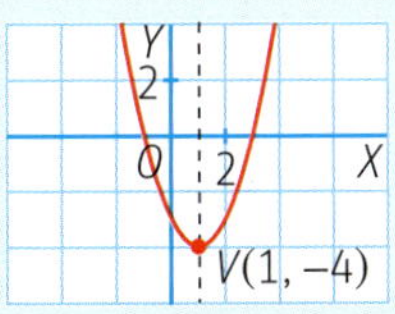

10. Determina el sentido de las ramas, los puntos de corte con los ejes, la ecuación del eje y el vértice de las siguientes parábolas.

a) $y = 2x - x^2$

b) $y = x^2 - 6x + 10$

c) $y = x^2 + 2x + 1$

d) $y = (3 + x)^2 - 2$

11. Representa gráficamente las siguientes funciones hallando previamente sus elementos principales.

a) $y = x^2 - 4x - 5$

b) $y = x^2 - 4x - 2$

c) $y = x^2 - 4x$

d) $y = x^2 - 4x + 3$

e) $y = x^2 - 4x + 4$

f) $y = x^2 - 4x + 6$

Observa qué ocurre al modificar únicamente el término independiente.

12. El vértice de una parábola es el punto $V(1, 5)$ y corta al eje X en el punto $A(-2, 0)$. Determina:

a) La ecuación del eje de simetría.

b) El otro punto de corte con el eje X.

c) La ecuación de la parábola.

3 Funciones racionales

MAT-TIC GeoGebra

Entra en smSaviadigital.com y construye funciones racionales.

Los números racionales son aquellos números que se pueden escribir de la forma $\frac{a}{b}$, con a y $b \in \mathbb{Z}$ y $b \neq 0$. Así, las funciones que tienen una expresión de la forma $f(x)=\frac{A(x)}{B(x)}$, donde $A(x)$ y $B(x)$ son polinomios con $B(x) \neq 0$, se llaman **funciones racionales**.

Las **funciones racionales** son el cociente de dos polinomios y su expresión es de la forma $\mathbf{f(x)=\frac{A(x)}{B(x)}=\frac{a_0+a_1x+a_2x^2+...+a_nx^n}{b_0+b_1x+b_2x^2+...+b_mx^m}}$, con grado $(B(x)) \geq 1$.

Ejemplos

- La función $f(x)=\frac{2x-1}{x^2+x+1}$ es una función racional, puesto que es un cociente de dos polinomios, $A(x) = 2x - 1$ y $B(x) = x^2 + x + 1$.
- La función $f(x)=\frac{3\sqrt{x}+2}{x+1}$ no es racional, porque el numerador, $P(x)=3\sqrt{x}+2$, no es un polinomio.

El **dominio** de las funciones racionales está formado por todos los números reales excepto los que anulan el polinomio del denominador.

Ten en cuenta

Las funciones como $g(x)=\frac{x^2-1}{x-1}$ se pueden simplificar como $f(x)=x+1$, pero teniendo en cuenta el dominio de la función de partida, es decir, $D(g)=\mathbb{R}-\{1\}$

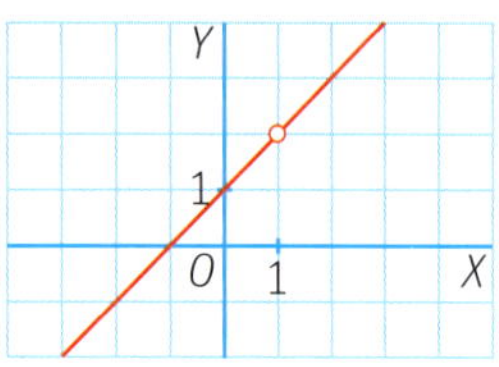

Ejemplo ▸ Halla el dominio de la función $f(x)=\frac{2x-1}{x-3}$.

El valor de la variable independiente que anula el denominador es $x = 3$.

Por tanto, el dominio de la función racional es:

$$D(f)=\mathbb{R}-3=(-\infty, 3)\cup(3,+\infty)$$

Para estudiar las funciones racionales, se pueden hallar los puntos de corte con los ejes, la simetría o el signo de la función.

Ejemplo ▸ Estudia las características de la función racional $f(x)=\frac{x^2}{x^2-4}$.

- Dominio: se buscan los valores que anulan el denominador, $x^2-4=0 \Rightarrow x=\pm 2$

$$D(f) = \mathbb{R} - \{-2, 2\} = (-\infty, -2) \cup (-2, 2) \cup (2, +\infty)$$

- Punto de corte con el eje Y: $x = 0 \Rightarrow f(0) = 0 \Rightarrow (0, 0)$

Puntos de corte con el eje X: $y = 0 \Rightarrow f(x)=\frac{x^2}{x^2-4}=0 \Rightarrow x^2=0 \Rightarrow (0, 0)$

- Simetría: $f(-x)=\frac{(-x)^2}{(-x)^2-4}=\frac{x^2}{x^2-4}=f(x) \Rightarrow$ Es una función par.
- Signo de la función:

	$-\infty$ a -2	-2 a 0	0 a 2	2 a $+\infty$
x^2	+	+	+	+
x^2-4	+	−	−	+
$f(x)$	+	−	−	+

Por tanto, la función es positiva en $(-\infty, -2) \cup (2, +\infty)$ y negativa en $(-2, 0) \cup (0, 2)$.

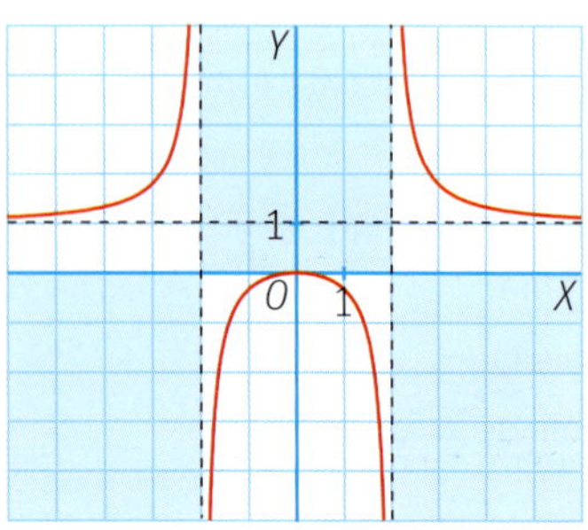

Funciones de proporcionalidad inversa

Las funciones racionales más elementales son las que resultan del cociente entre una constante y la variable independiente, es decir, $f(x)=\dfrac{k}{x}$.

Las **funciones de proporcionalidad inversa** son funciones racionales de la forma $f(x)=\dfrac{k}{x}$, con $k\neq 0$. Su gráfica es una curva llamada **hipérbola**.

- El dominio de las funciones de proporcionalidad inversa es: $D=\mathbb{R}-\{0\}$
- Si $k>0$, las ramas de la hipérbola están en el 1.er y 3.er cuadrante y es decreciente en todo su dominio.
  Si $k<0$, las ramas de la hipérbola están en el 2.º y 4.º cuadrante y es creciente en todo su dominio.
- Presentan simetría impar: $f(x)=-f(-x)$

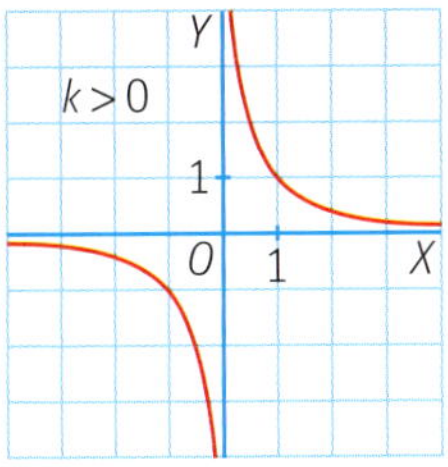

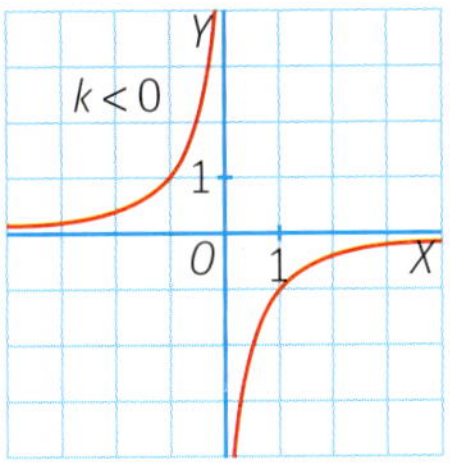

Ten en cuenta

Las funciones de proporcionalidad inversa también se pueden escribir como $x\cdot y=k$, es decir, el producto de dos valores correspondientes de x e y es una cantidad constante.

$$x_1\cdot y_1=x_2\cdot y_2=x_3\cdot y_3=\ldots=k$$

ACTIVIDADES

ACTIVIDAD **RESUELTA**

13. Justifica si la función $f(x)=2x+1+\dfrac{3}{x+1}$ es una función racional.

Operando, se puede escribir $f(x)$ de la forma: $f(x)=\dfrac{2x^2+3x+4}{x+1}$, por tanto, es una función racional.

14. Indica cuáles de las funciones son racionales. Justifícalo.

a) $f(x)=\dfrac{3}{x}+x^2-2x$

b) $f(x)=\dfrac{(x+3)(x-1)}{(x-1)}$

c) $f(x)=\dfrac{x^2-x-1}{5}$

d) $f(x)=\dfrac{x^3-\sqrt{2x}}{x+1}$

15. Halla el dominio de estas funciones.

a) $f(x)=\dfrac{2x+3}{x^2+1}$

b) $f(x)=\dfrac{5}{x(3x+1)}$

c) $f(x)=\dfrac{x^2+1}{2x+3}$

d) $f(x)=\dfrac{4x+8}{x^2-8x+7}$

16. Indica el dominio y el crecimiento de las funciones:

a) $y=\dfrac{3}{x}$

b) $y=\dfrac{-2}{x}$

c) $y=\dfrac{1}{-x}$

d) $y=\dfrac{1}{\frac{x}{2}}$

17. Determina los puntos de corte con los ejes y el signo de las siguientes funciones racionales.

a) $y=\dfrac{2x+3}{x^2-1}$

b) $y=\dfrac{(x+3)(x-1)}{(x-1)}$

18. Dada la función $y=\dfrac{x+5}{x^2+bx+c}$ calcula b y c si el dominio es $D(f)=(-\infty,-2)\cup(-2,4)\cup(4,+\infty)$.

ACTIVIDAD **RESUELTA**

19. ¿Cuál es la expresión que permite obtener la altura de un triángulo de 45 cm² de superficie en función de su base?

De la expresión del área del triángulo, se despeja su altura:

$$A=\frac{b\cdot h}{2}\Rightarrow h=\frac{2A}{b}=\frac{2\cdot 45}{b}$$

Por tanto, se puede escribir como $h=f(b)$, donde b expresa la longitud de la base y h la longitud de la altura:

$h=f(b)=\dfrac{90}{b}$, que es una función de proporcionalidad inversa.

20. ¿Cuál es la expresión que permite obtener la base de un rectángulo de 12 cm² de área en función de su altura?

21. smSaviadigital.com

PRACTICA ¿Son polinómicas o racionales?

4 Asíntotas de las funciones racionales

Como se puede observar en las gráficas de las funciones de proporcionalidad inversa, sus ramas se van aproximando cada vez más a diferentes rectas.

Las rectas a las que se aproximan las ramas de una curva son las **asíntotas**.
- Si estas rectas son paralelas al eje X se llaman asíntotas **horizontales**.
- Si son paralelas al eje Y se llaman asíntotas **verticales**.
- Si no son paralelas ni al eje X ni al Y se llaman asíntotas **oblicuas**.

Ejemplos

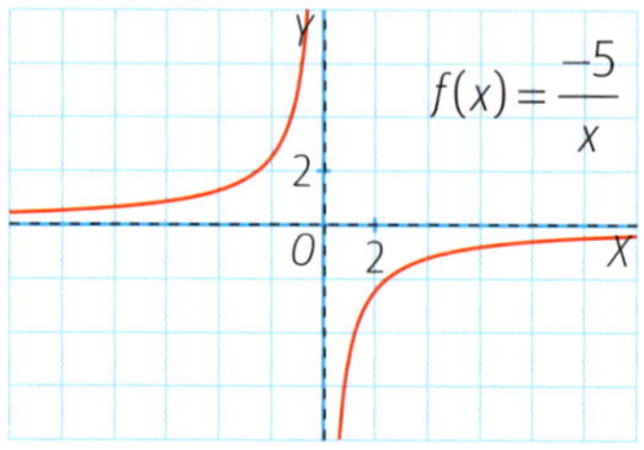

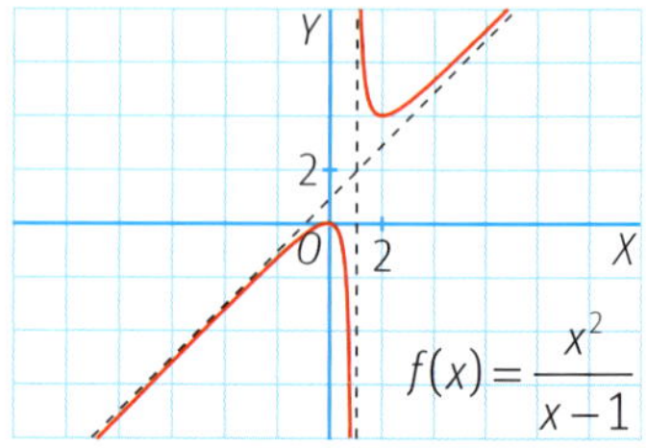

- La función de proporcionalidad inversa $f(x)=\frac{-5}{x}$ tiene una asíntota horizontal, $y=0$, y una vertical, $x=0$.
- La función racional $f(x)=\frac{x^2}{x-1}$ tiene una asíntota vertical, $x=1$ y una asíntota oblicua, $y=x+1$.

Asíntotas horizontales

Cualquier función racional $f(x)=\frac{A(x)}{B(x)}$ en la que el grado de $A(x)$ es menor o igual que el grado de $B(x)$ tiene una **asíntota horizontal** de ecuación $\mathbf{y=c}$.

Ejemplos

- La función $y=\frac{2x-1}{x^2+2x-3}$ tiene una asíntota horizontal, ya que el grado del polinomio del numerador es menor que el del denominador.

  Para encontrar esta asíntota, se construye una tabla de valores, con valores muy grandes de x en valor absoluto.

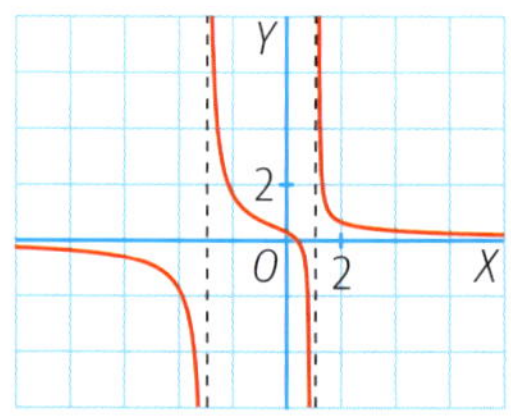

x	−10000	−1000	−100	100	1000	10000
y	−0,0002	−0,002	−0,02	0,02	0,002	0,0002

  Se obtienen valores cada vez más próximos a cero, por tanto, la recta $y=0$ es una asíntota horizontal.

- La función $f(x)=\frac{2x^2-1}{x^2+2x-3}$ tiene una asíntota horizontal, ya que el grado del polinomio del numerador es igual que el del denominador.

  Se construye una tabla de valores, con valores muy grandes de x en valor absoluto.

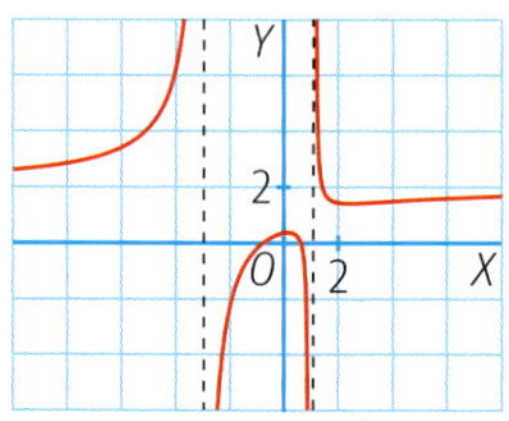

x	−10000	−1000	−100	100	1000	10000
y	2,0004	2,004	2,041	1,961	1,996	1,999

  Se obtienen valores cada vez más próximos a 2, por tanto, la recta $y=2$ es una asíntota horizontal.

Ten en cuenta

Si la función racional es $f(x)=\frac{A(x)}{B(x)}$:
- Si el grado de $A(x)<B(x)$, la asíntota horizontal es $y=0$.
- Si el grado de $A(x)=B(x)$, la asíntota horizontal es $y=\frac{a_n}{b_n}$, donde a_n y b_n son los coeficientes principales.

Asíntotas verticales

Una función racional $f(x)$ tiene como **asíntota vertical** la recta $\boldsymbol{x = d}$ si al tomar valores de x cada vez más próximos a d los valores $f(x)$ se hacen cada vez más grandes en valor absoluto.

Las funciones racionales tienen asíntotas verticales en los valores de x que anulan el denominador. Si también anulan el numerador, se debe comprobar tomando valores de x próximos a ese punto de discontinuidad.

Ejemplo ▸ La función $y = \dfrac{x^2 - 9}{x(x-3)}$ con dominio $\mathbb{R} - \{0, 3\}$ tiene una asíntota vertical que es $x = 0$, que anula el denominador pero no el numerador.

Se dan valores de x cada vez más cercanos a 0 para comprobar que es una asíntota:

x	−1	−0,5	−0,1	−0,01	0,01	0,1	1
y	−2	−5	−29	−299	301	31	4

Para $x = 3$ se anula también el numerador. Para comprobar si es una asíntota, se estudia la función en las proximidades de $x = 3$:

x	2	2,5	2,9	2,99	3,01	3,1	3,5	4
y	2,5	2,2	2,03	2,003	1,996	1,967	1,85	1,75

Se observa que, cuando la variable independiente se va acercando a 3, la función se aproxima a 2, por tanto, la recta $x = 3$ no es una asíntota vertical.

MAT-TIC GeoGebra

Entra en smSaviadigital.com y estudia las asíntotas de las funciones racionales.

Ten en cuenta

Para buscar asíntotas verticales se estudian los valores que no pertenecen al dominio.

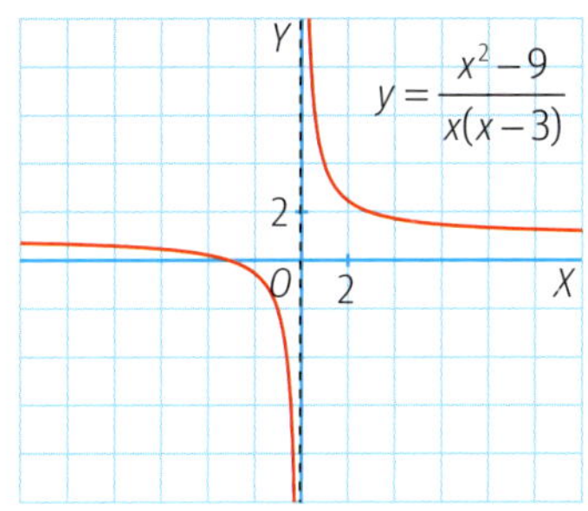

Asíntotas oblicuas

Cualquier función racional $f(x)$ en la que el grado del numerador es una unidad mayor que el grado del denominador tiene una **asíntota oblicua**. Para calcularla, se puede expresar la función de la forma: $\boldsymbol{f(x) = \dfrac{A(x)}{B(x)} = ax + b + \dfrac{r(x)}{B(x)}}$

Donde $\boldsymbol{y = ax + b}$ es la ecuación de la **asíntota oblicua** y el grado de $r(x)$ es menor que el grado de $B(x)$.

Ejemplo ▸ Halla la asíntota oblicua de la función racional $f(x) = \dfrac{x^2 + 3}{x - 1}$.

Para hallarla se divide el polinomio del numerador entre el del denominador:

$$f(x) = \frac{x^2 + 3}{x - 1} = x + 1 + \frac{4}{x - 1}$$

Cuando x toma valores muy grandes, el término $\dfrac{4}{x-1}$ toma valores cada vez más cercanos a 0, por tanto, la ecuación de la asíntota es $y = x + 1$.

Ten en cuenta

$$\begin{array}{rr|l} x^2 + & 3 & x-1 \\ \hline -x^2 + x & & x+1 \\ \hline & x+3 & \\ & -x+1 & \\ \hline & 4 & \end{array}$$

ACTIVIDADES

22. Determina las asíntotas verticales, horizontales y oblicuas de las siguientes funciones racionales.

a) $y = \dfrac{x}{x^2 - 1}$ b) $y = \dfrac{2x^2 + x + 1}{x - 1}$ c) $y = \dfrac{3x - 2}{x^2 - 5x + 6}$

23. Determina el dominio, los puntos de corte y las asíntotas de las siguientes funciones. Luego, trata de esbozar sus gráficas.

a) $y = x + 1 + \dfrac{x^2}{x - 4}$ b) $y = \dfrac{2x}{x + 1}$

5 Funciones exponenciales

Ten en cuenta

En la naturaleza existen numerosos fenómenos que se rigen por las leyes del crecimiento o decrecimiento exponencial, como el crecimiento de la población de nenúfares en un estanque.

En la naturaleza hay muchos fenómenos que se rigen por leyes exponenciales, como el crecimiento o decrecimiento del número de individuos de una cierta especie, la desintegración de sustancias radiactivas... También aparecen en fenómenos sociales, como la propagación de una noticia o el crecimiento de un capital a interés compuesto.

Ejemplo ▸ Se está investigando el crecimiento de una población de moscas y se observa que cada día que pasa el número de moscas aumenta un 25 %.

Si se introducen 20 moscas en un recipiente, ¿cuántas habrá al cabo de 20 días?

- Si $x = 1 \Rightarrow 20 + 0{,}25 \cdot 20 = 20(1 + 0{,}25) = 25$
- Si $x = 2 \Rightarrow 20(1 + 0{,}25) + 0{,}25 \cdot 20(1 + 0{,}25) = 20(1 + 0{,}25)(1 + 0{,}25) = 20(1 + 0{,}25)^2$
- Si $x = 3 \Rightarrow 20(1 + 0{,}25)^3$

Por tanto, al cabo de x días la población de moscas será: $P(x) = 20(1{,}25)^x$

Al cabo de 20 días se prevé que habrá $P(20) = 20(1{,}25)^{20} = 1735$ moscas.

Las funciones del tipo $\boldsymbol{f(x) = a^x}$, en las que a es un número real positivo y $a \neq 1$, se llaman **funciones exponenciales**.

Las funciones exponenciales presentan las siguientes características:

- Su dominio es $(-\infty, +\infty)$ y su recorrido $(0, +\infty)$. Son continuas en su dominio.
- Su gráfica pasa por los puntos $(0, 1)$ y $(1, a)$ ya que $f(0) = a^0 = 1$ y $f(1) = a^1 = a$.
- Si $a > 1$, la función es creciente y la recta $y = 0$ es una asíntota horizontal cuando x va tomando valores cada vez menores.
- Si $0 < a < 1$, la función es decreciente y la recta $y = 0$ es una asíntota horizontal cuando x va tomando valores cada vez mayores.
- La función $y = \left(\frac{1}{a}\right)^x$ es simétrica de $y = a^x$ respecto del eje Y.

Ejemplo ▸ Comprueba que las funciones $f(x) = 2^x$ y $g(x) = 2^{-x} = \left(\frac{1}{2}\right)^x = 0{,}5^x$ verifican las características de las funciones exponenciales.

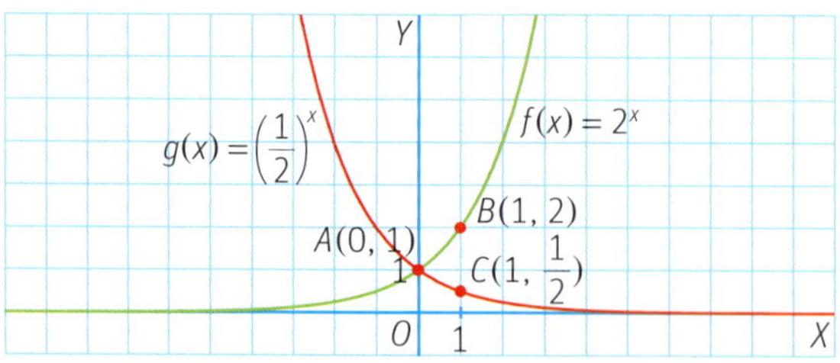

- El dominio de $f(x)$ y de $g(x)$ es $(-\infty, +\infty)$ y su recorrido $(0, +\infty)$. Ambas son continuas.
- Las gráficas de las dos funciones pasan por el punto $(0, 1)$ y por el punto $(1, a)$:
  - En el caso de $f(x)$, $a = 2$, pasa por el punto $(1, 2)$.
  - En el caso de $g(x)$, $a = \frac{1}{2}$, pasa por el punto $\left(1, \frac{1}{2}\right)$.
- $f(x)$ es creciente, ya que $a = 2 > 1$.

  $g(x)$ es decreciente, ya que $0 < a = \frac{1}{2} < 1$.
- Ambas funciones son simétricas respecto del eje Y, ya que:

$$g(-x) = \left(\frac{1}{2}\right)^{-x} = (2^{-1})^{-x} = 2^x = f(x)$$

La función exponencial $f(x) = 10^x$

Como nuestro sistema de numeración es decimal, la función exponencial, $f(x) = 10^x$ se utiliza para descomponer cualquier número según el orden de sus unidades.

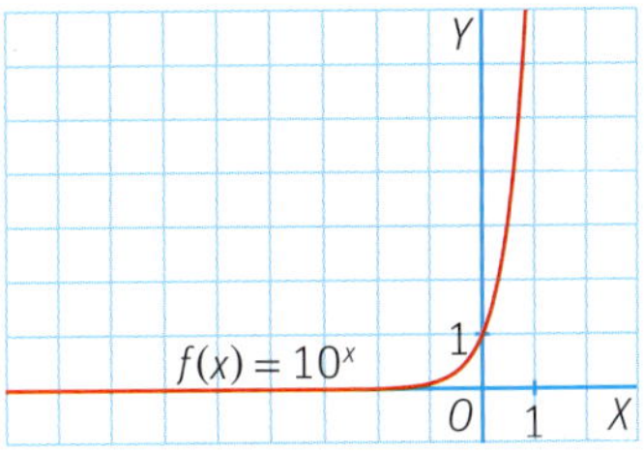

Ejemplos

- $705028{,}03 = 7 \cdot 10^5 + 5 \cdot 10^3 + 2 \cdot 10^1 + 8 \cdot 10^0 + 3 \cdot 10^{-2}$
- $6005000000 = 6 \cdot 10^9 + 5 \cdot 10^6$

También es imprescindible para expresar números muy grandes o muy pequeños.

Ejemplos

- La distancia media de la Tierra al Sol: $149\,597\,870\,700 \text{ m} \simeq 1{,}5 \cdot 10^{11}$ m
- La masa de un protón: $0{,}000\,000\,000\,000\,000\,000\,000\,000\,001\,673 \text{ kg} \simeq 1{,}67 \cdot 10^{-27}$ kg

Con calculadora

Para hallar e^2, teclea:

shift e^x 2

Para hallar 10^5, teclea:

shift 10^x 5

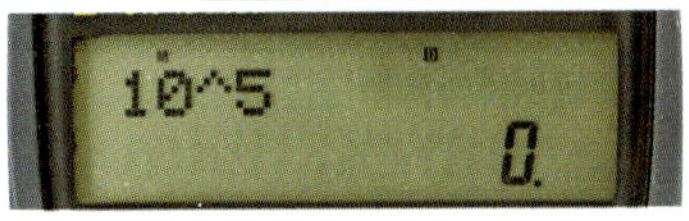

La función exponencial $g(x) = e^x$

Esta función aparece en multitud de fenómenos naturales, como en el crecimiento de poblaciones, tanto animales como vegetales, las emisiones radiactivas o en el interés compuesto.

El número **e**, conocido como el número de Euler, es un número irracional $e = 2{,}718\,281\,828\,45...$ que puede obtenerse al analizar los términos de la sucesión $a_n = \left(1 + \frac{1}{n}\right)^n$ cuando n es muy grande.

$a_{100} = \left(1 + \frac{1}{100}\right)^{100} = 2{,}7048...$ $\quad a_{1000} = 2{,}7169...$ $\quad a_{10\,000} = 2{,}71814...$

Para representar esta función se pueden utilizar sus propiedades y elaborar una tabla de valores.

x	−3	−2	−1	0	1	1,5	2
e^x	0,05	0,14	0,37	1	2,72	4,48	7,39

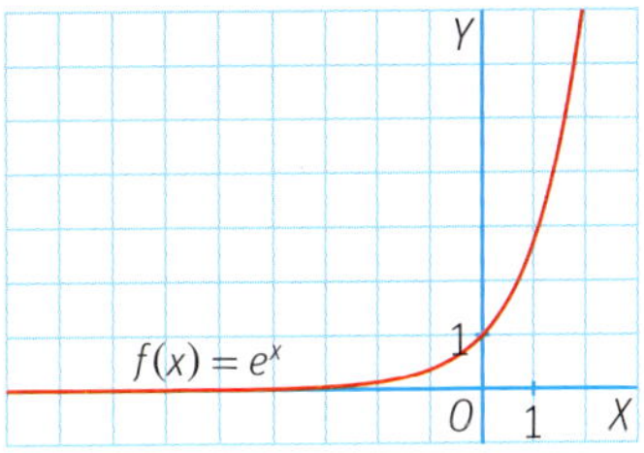

Ten en cuenta

Como $2 < e < 3$ la gráfica de la función $f(x) = e^x$ está comprendida entre las gráficas de las funciones $g(x) = 2^x$ y $h(x) = 3^x$ puesto que $2^x < e^x < 3^x$.

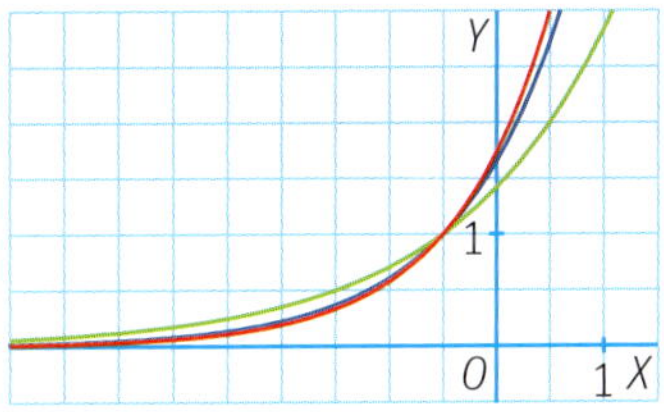

ACTIVIDADES

24. La gráfica corresponde a la función $f(x) = 3^x$.

a) Comprueba que verifica las características de las funciones exponenciales.

b) Dibuja en tu cuaderno la gráfica de la función $g(x) = 3^{-x}$ y comprueba que es simétrica de $f(x)$ respecto del eje Y.

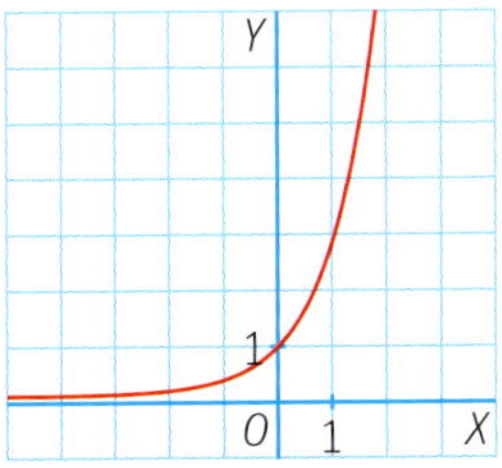

ACTIVIDAD **RESUELTA**

25. Expresa en notación científica, con tres cifras significativas:

a) 23 710 844 **b)** 0,000 005 079

a) $2{,}37 \cdot 10^7$ **b)** $5{,}08 \cdot 10^{-6}$

26. Expresa en notación científica, con el número de cifras significativas indicado, las siguientes cantidades.

a) 23 078 156 (4 cifras) c) 0,004 355 601 (3 cifras)

b) 0,000 051 80 (2 cifras) d) 7 105 766 (1 cifra)

27. Representa en tu cuaderno la gráfica de la función $f(x) = e^{-x}$. Compárala con la gráfica de la función $g(x) = e^x$, ¿Qué observas?

28. Representa en tu cuaderno las siguientes funciones de base 10 y compáralas.

$f(x) = 10^x$ $\quad g(x) = 10^{-x}$ $\quad h(x) = -10^x$

a) ¿Qué tienen en común?

b) ¿Qué relación hay entre ellas?

6 Construcción de funciones por traslación, dilatación y simetría

Se pueden construir gráficas de funciones a partir de otras más sencillas desplazándolas, contrayéndolas o dilatándolas.

Traslaciones

- **En sentido vertical.** La gráfica de la función $y = f(x) + k$ se obtiene trasladando la gráfica $y = f(x)$, k unidades hacia arriba, si $k > 0$, o hacia abajo, si $k < 0$.
- **En sentido horizontal.** La gráfica de la función $y = f(x + k)$ se obtiene trasladando la gráfica $y = f(x)$, k unidades hacia la izquierda, si $k > 0$, o hacia la derecha, si $k < 0$.

MAT-TIC GeoGebra

Entra en smSaviadigital.com y realiza traslaciones, dilataciones y contracciones.

Ejemplo ▸ A partir de la gráfica de la función $f(x) = \frac{1}{x}$, representa las funciones:

$g(x) = \frac{1}{x} + \frac{2x}{x} = \frac{1}{x} + 2 = f(x) + 2$

Traslación hacia arriba de 2 unidades

$h(x) = \frac{1}{x-2} = f(x-2)$

Traslación hacia la derecha de 2 unidades

$j(x) = \frac{1}{x+3} = f(x+3)$

Traslación hacia la izquierda de 3 unidades

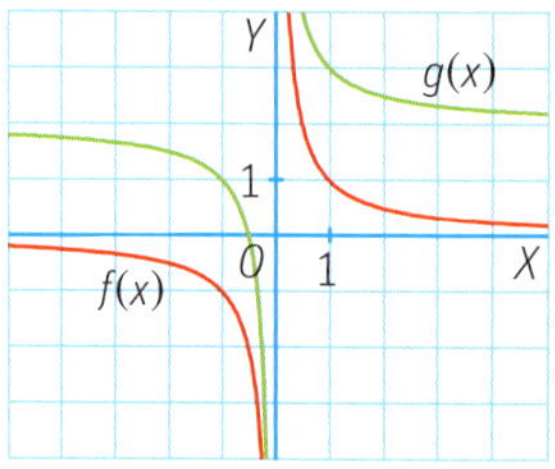

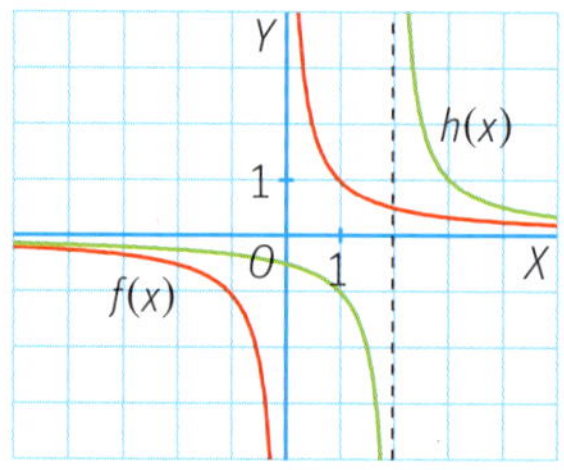

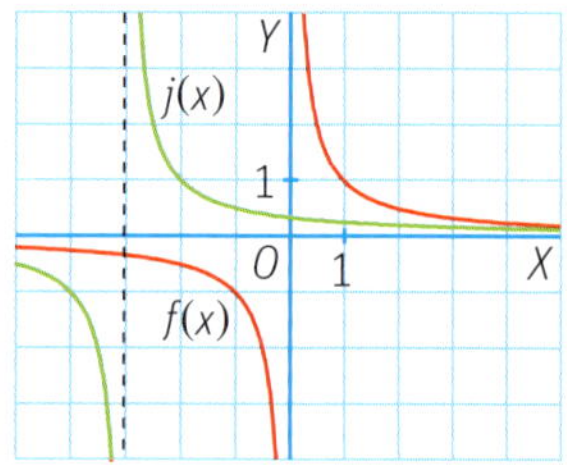

Dilataciones y contracciones

- **En sentido vertical.** Los puntos de la gráfica de la función $y = k \cdot f(x)$ se obtienen multiplicando por k las ordenadas de los puntos de la gráfica de $y = f(x)$.
  - Si $|k| > 1$ se produce una dilatación.
  - Si $|k| < 1$ se produce una contracción.
- **En sentido horizontal.** Los puntos de la gráfica de la función $y = f(k \cdot x)$ se obtienen multiplicando por k las abscisas de los puntos de la gráfica de $y = f(x)$.
  - Si $|k| > 1$ se produce una contracción.
  - Si $|k| < 1$ se produce una dilatación.

Ten en cuenta

Si $k = -1$, se obtienen gráficas simétricas a las originales.

Ejemplo ▸ A partir de la gráfica de la función $f(x) = x^2$, representa las funciones:

$g(x) = 2x^2 = 2 \cdot f(x)$

Dilatación vertical de razón 2

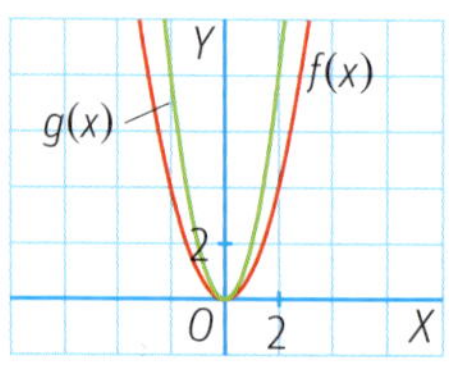

$j(x) = (2x)^2 = f(2x)$

Contracción horizontal de razón 0,5

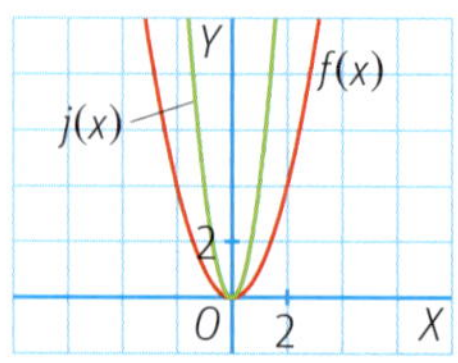

$h(x) = \frac{1}{2}x^2 = \frac{1}{2}f(x)$

Contracción vertical de razón 0,5

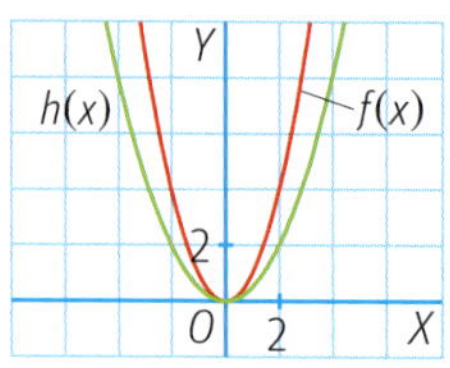

$k(x) = \left(\frac{x}{2}\right)^2 = f\left(\frac{x}{2}\right)$

Dilatación horizontal de razón 2

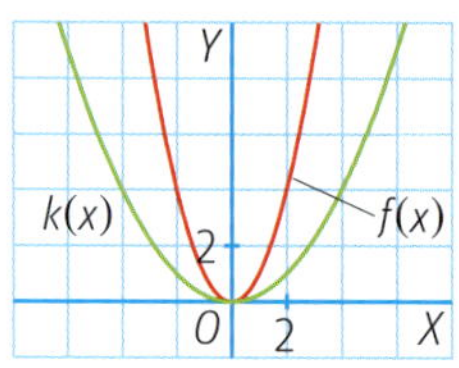

Simetrías

- **Respecto del eje X.** La gráfica de la función $y = -f(x)$ es la simétrica respecto del eje X de la gráfica de la función $y = f(x)$.
- **Respecto del eje Y.** La gráfica de la función $y = f(-x)$ es la simétrica respecto del eje Y de la gráfica de la función $y = f(x)$.

Ejemplo ▸ Dada la gráfica de la función $f(x) = e^{2x}$, representa la gráfica de las funciones:

$g(x) = -e^{2x}$ $\qquad$ $h(x) = e^{-2x}$

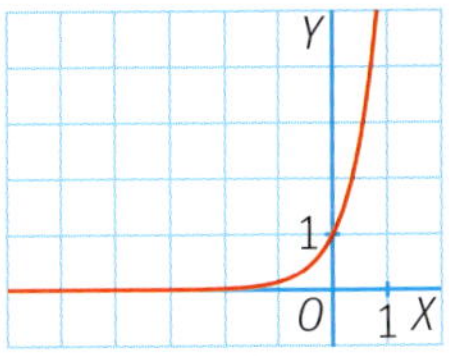

$g(x) = -e^{2x} = -f(x)$

Simétrica respecto del eje X

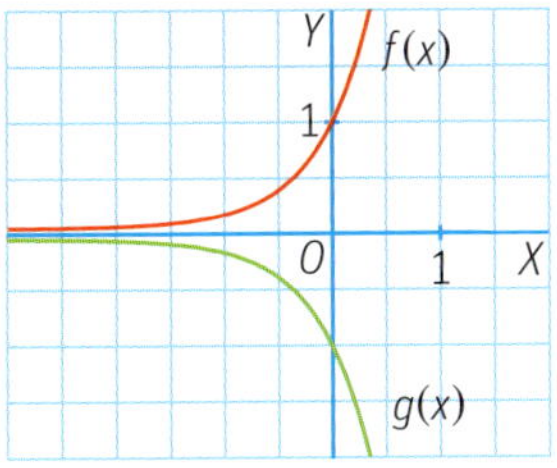

$h(x) = e^{-2x} = f(-x)$

Simétrica respecto del eje Y

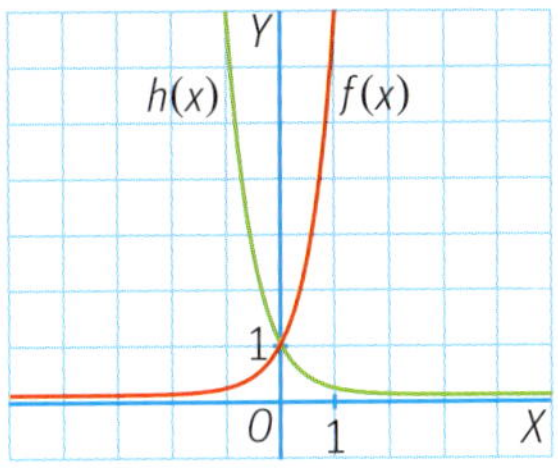

ACTIVIDADES

29. A partir de la gráfica de $f(x) = x^2$ representa las funciones:

a) $g(x) = x^2 - 4x + 4 = (x-2)^2$ que es $f(x-2)$.

b) $h(x) = x^2 - 4x + 1 = (x-2)^2 - 3$ que es $g(x) - 3$.

c) $k(x) = 2x^2 - 8x + 2$ que es $2 \cdot h(x)$.

30. A partir de la gráfica de la función $f(x) = x^4 - x^2$, representa en tu cuaderno las gráficas de las siguientes funciones.

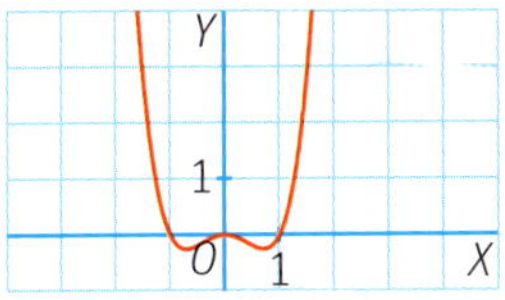

a) $g(x) = x^4 - x^2 - 3$

b) $h(x) = (x+1)^4 - (x+1)^2$

c) $j(x) = 2x^4 - 2x^2$

d) $k(x) = -x^4 + x^2$

31. A partir de la gráfica de la función $f(x) = \dfrac{1}{x^3}$, representa en tu cuaderno las gráficas de las siguientes funciones.

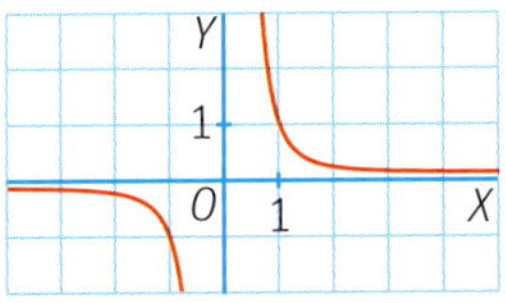

a) $g(x) = \dfrac{1}{(x+2)^3}$

b) $h(x) = \dfrac{2x^3 + 1}{x^3}$

32. A partir de la gráfica de la función $g(x) = 2^x$, representa en tu cuaderno las gráficas de las siguientes funciones.

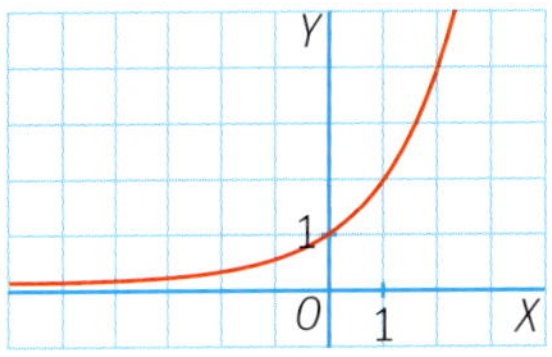

a) $g(x) = 1 + 2^x$

b) $h(x) = 2^{\frac{x}{2}}$

c) $j(x) = 2^{-x}$

d) $k(x) = \dfrac{2^x}{4}$

33. Dada la función $f(x) = \dfrac{x-1}{2}$:

a) Determina la función inversa $f^{-1}(x)$.

b) Representa en los mismos ejes las gráficas de las funciones $f(x)$, $f^{-1}(x)$ e $y = x$.

c) Observa la gráfica. ¿Qué tipo de simetría presenta la función $f^{-1}(x)$ respecto de $f(x)$?

34. smSaviadigital.com

PRACTICA A partir de funciones elementales, construye otras por traslación, dilatación o aplicando simetrías.

7 Aplicaciones de las funciones elementales

Muchas de las relaciones que existen entre dos o más variables en el campo de la física, economía, botánica, medicina... pueden expresarse mediante funciones.

Ejemplo ▸ Una compañía de teléfonos móviles hace estas dos ofertas:

A	B
Una cuota fija de 5 € mensuales más 2 cent el minuto. 60 min gratis.	Sin cuota fija, 30 min gratis y 0,4 cent el minuto.

Antonio quiere saber cuál de las dos le interesa a él, que suele hablar unas 4 h al mes, y cuál le interesa a su hermana, que habla por lo menos 7 h.

Si t es el número de minutos, las funciones que determinan el coste mensual son:

$$A(t)=\begin{cases}5 & \text{si} \quad t\le 60\\ 5+0{,}02(t-60) & \text{si} \quad t>60\end{cases} \qquad B(t)=\begin{cases}0 & \text{si} \quad t\le 30\\ 0{,}04(t-30) & \text{si} \quad t>30\end{cases}$$

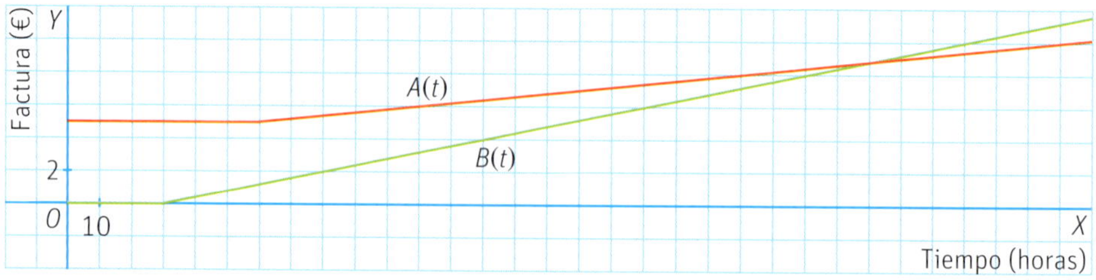

Para saber con cuántos minutos las dos ofertas son iguales, se igualan las dos funciones:

$$5+0{,}02(t-60)=0{,}04(t-30)\Rightarrow t=250 \text{ min}$$

A partir de 250 minutos es más económica la primera oferta.

- A Antonio le interesa la compañía B y por 4 h = 240 min pagará:
$$B(240)=0{,}04(240-30)=8{,}40€$$
- A su hermana le interesa la compañía A y por 7 h = 420 min pagará:
$$B(420)=5+0{,}02(420-60)=12{,}20€$$

Ejemplo ▸ En el lanzamiento de peso, la bola o peso describe un movimiento parabólico. Un atleta lanza la bola desde 2 m de altura y se ha apreciado que a los 7 m de la zona de lanzamiento la bola alcanza su altura máxima, que es de 4 m. ¿Cuál es la ecuación de la parábola? ¿Qué distancia alcanza el peso?

La ecuación de la parábola es la de una función cuadrática, donde el vértice de la parábola es $V(7, 4)$ y uno de sus puntos es $A(0, 2)$.

$$h(x)=ax^2+bx+c\Rightarrow\begin{cases}-\dfrac{b}{2a}=7\Rightarrow b=-14a\\ h(7)=4\Rightarrow 49a+7b+c=4\\ h(0)=2\Rightarrow c=2\end{cases}\Rightarrow\begin{cases}b=-14a\\ 49a+7b+2=4\end{cases}\Rightarrow$$

$$\Rightarrow a=-\frac{2}{49};\ b=\frac{4}{7}$$

La función que describe la trayectoria parabólica es: $h(x)=-\dfrac{2}{49}x^2+\dfrac{4}{7}x+2$

Cuando caiga la altura es $h=0$:

$$0=-\frac{2}{49}x^2+\frac{4}{7}x+2$$

Soluciones: $x_1=-2{,}9$ y $x_2=16{,}9$

La solución negativa no tiene sentido, por lo que el peso alcanzará 16,9 m.

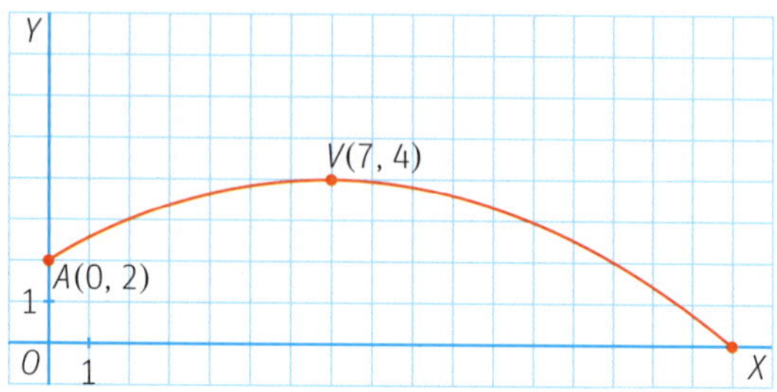

MAT-TIC GeoGebra

Entra en smSaviadigital.com y estudia otras situaciones mediante funciones cuadráticas.

Ejemplo ▸ Una población de aves cuenta inicialmente con 50 individuos y se triplica cada 2 años. ¿Qué función representa el crecimiento de la población de aves? ¿Cuántas aves hay después de 6 años? ¿Cuánto tiempo ha de transcurrir para que la población de aves sea de 4050 individuos?

Llamando x al número de años y teniendo en cuenta que la población se triplica cada 2 años, la función que representa el crecimiento es una exponencial de la forma:

$$P(x)=k\cdot 3^{\frac{x}{2}}$$

Como la población inicial es de 50 aves, $P(0)=k\cdot 3^0=k=50$.

$$P=50\cdot 3^{\frac{x}{2}}$$

- Al cabo de 6 años, la población es $P(6)=50\cdot 3^{\frac{6}{2}}=50\cdot 3^3=1350$ aves.
- Para resolver la ecuación $4050=50\cdot 3^{\frac{x}{2}}$ es necesario despejar la incógnita x, pero se puede aproximar su valor por tanteo, mediante una tabla de valores.

x	1	2	5	6	7	8
$P(x)$	86,6	150	779,4	1350	2338,3	4050

Tendrán que pasar 8 años.

ACTIVIDADES

35. Alba, Bea y Carlota compiten en una carrera de 100 m lisos. Las funciones que describen su posición respecto del tiempo son:

- Alba: $D(t)=\begin{cases}5t & \text{si } 0<t\leq 8\\ 7{,}5t-20 & \text{si } t>8\end{cases}$
- Bea: $D(t)=5{,}5t$
- Carlota: $D(t)=4t$

a) Representa en la misma gráfica el desarrollo de la prueba.

b) ¿En qué posiciones quedan las tres corredoras?

c) ¿A qué distancia de la salida se encuentran Bea y Carlota cuando Alba adelanta a Bea?

36. En una yincana hay que dar con una pelota de tenis en un patito de goma situado a 10 m de distancia y a 1 m de altura. Ana lanza la pelota desde una altura de 1,80 m y, siguiendo una trayectoria parabólica, en los primeros 2 m sube 30 cm y en el siguiente metro sube otros 10 cm.

¿Alcanzará el objetivo?

37. La población de una especie de nenúfar se duplica cada día. Diego introduce 3 ejemplares en el estanque de su jardín.

a) ¿Cuántos ejemplares tendrá al cabo de 4 días?

b) Si para que toda la superficie del estanque quede cubierta necesita aproximadamente 1500 plantas, ¿cuántos días tendrán que pasar hasta conseguirlo?

38. En un Ayuntamiento se han organizado unas jornadas de limpieza de zonas verdes. Los voluntarios se organizaron en grupos y a cada grupo se le asignó una parcela de igual superficie. El tiempo que dedicó cada grupo en limpiar la parcela asignada fue:

Equipo	1.º	2.º	3.º	4.º	5.º
N.º personas	4	5	6	8	12
Tiempo (min)	180	145	118	70	60

a) Comprueba que todos los equipos, excepto uno, han trabajado con una intensidad parecida. ¿Qué equipo no se ajusta al ritmo del resto?

b) Busca una función racional que relacione de forma aproximada el número de personas con el tiempo empleado por los equipos que han trabajado al mismo ritmo.

c) ¿Cuánto tiempo se puede esperar que tarde un equipo de 10 personas?

39. smSaviadigital.com

PRACTICA Decide qué tipo de función se ajusta mejor a cada situación.

Organiza tus ideas

FUNCIONES POLINÓMICAS

$$f(x) = a_0 + a_1x + a_2x^2 + ... + a_nx^n$$

Función lineal: $f(x) = ax + b$

Su representación gráfica es una **recta**.

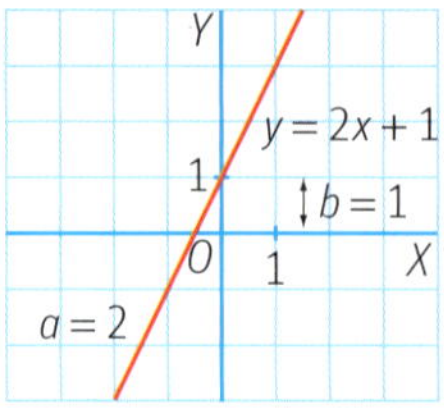

Función cuadrática: $f(x) = ax^2 + bx + c$

Su representación gráfica es una **parábola**.

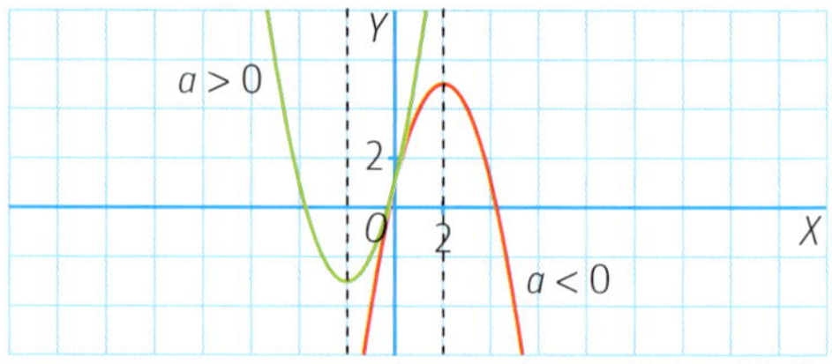

FUNCIONES RACIONALES

$$f(x) = \frac{A(x)}{B(x)} = \frac{a_0 + a_1x + a_2x^2 + ... + a_nx^n}{b_0 + b_1x + b_2x^2 + ... + b_mx^m}$$

- Dominio: todo $\mathbb{R}$, excepto los valores que anulan el denominador.

Asíntotas

- Asíntota horizontal: $y = c$
- Asíntota vertical: $x = d$
- Asíntota oblicua: $y = ax + b$

Función de proporcionalidad inversa: $f(x) = \frac{k}{x}$

- Su gráfica es una curva llamada **hipérbola**.
- Dominio: $\mathbb{R} - \{0\} = (-\infty, 0) \cup (0, +\infty)$.

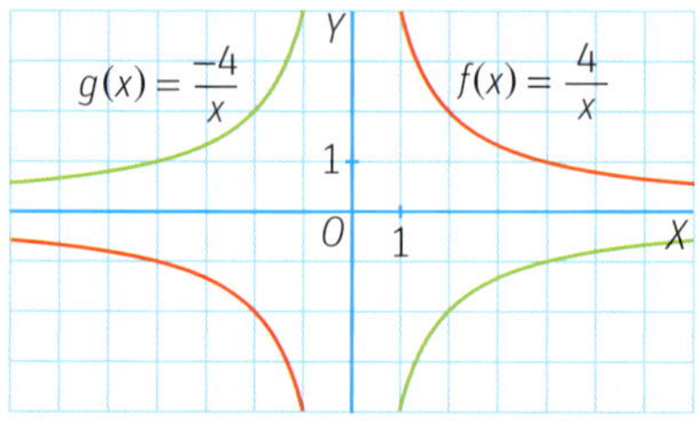

FUNCIONES EXPONENCIALES

$$f(x) = a^x,\ a > 0,\ a \neq 1$$

- Dominio: $\mathbb{R}$ y recorrido: $(0, +\infty)$
- Continua en su dominio
- Creciente si $a > 1$
- Decreciente si $0 < a < 1$
- Asíntota horizontal: $y = 0$
- Corte con el eje Y: $(0, 1)$

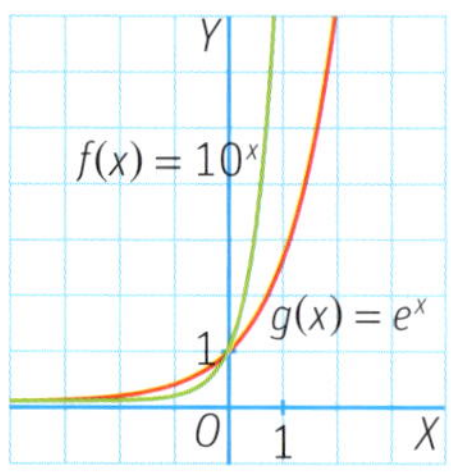

CONSTRUCCIÓN DE FUNCIONES

Traslaciones

- Verticales: $y = k + f(x)$
- Horizontales: $y = f(x + k)$

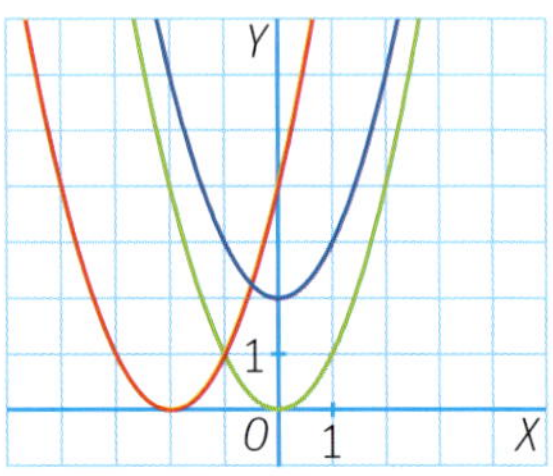

Dilataciones

- Verticales: $y = k \cdot f(x)$
- Horizontales: $y = f(k \cdot x)$

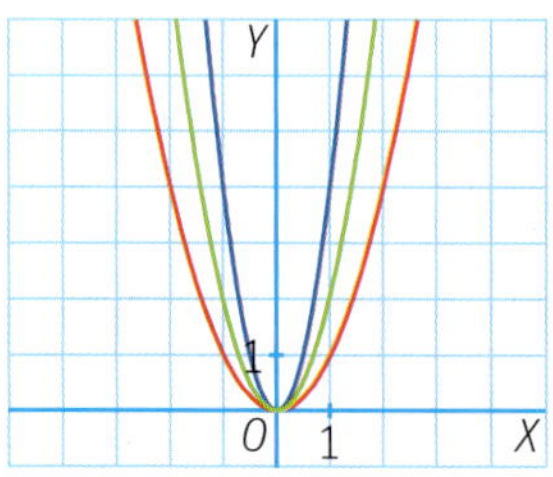

Simetrías

- Respecto del eje X: $f(x)$ y $-f(x)$
- Respecto del eje Y: $f(x)$ y $f(-x)$

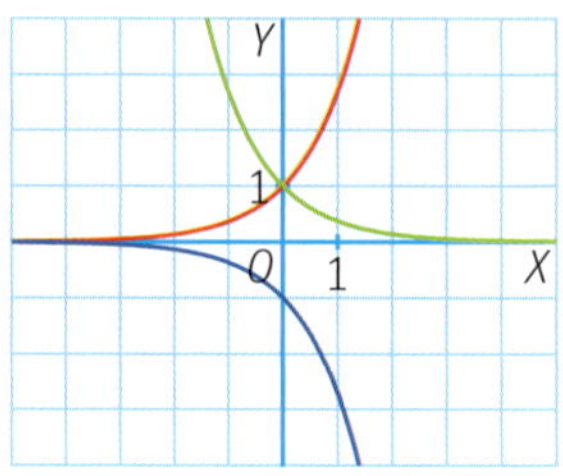

Actividades clave

1. Indica los elementos característicos de las siguientes funciones y represéntalas gráficamente.

a) $f(x) = -2x + 3$

b) $g(x) = (x - 3)^2 - 4$

a) Función lineal
- Pendiente: $m = -2$
- Ordenada en el origen: $n = 3$

b) Función cuadrática
- Vértice: $V(3, -4)$
- Eje de simetría: $x = 3$
- Corte con eje Y: $f(0) = 5 \Rightarrow P(0, 5)$
- Corte con eje X: $(x - 3)^2 - 4 = 0 \Rightarrow \begin{cases} x = 1 \Rightarrow A(1, 0) \\ x = 5 \Rightarrow B(5, 0) \end{cases}$

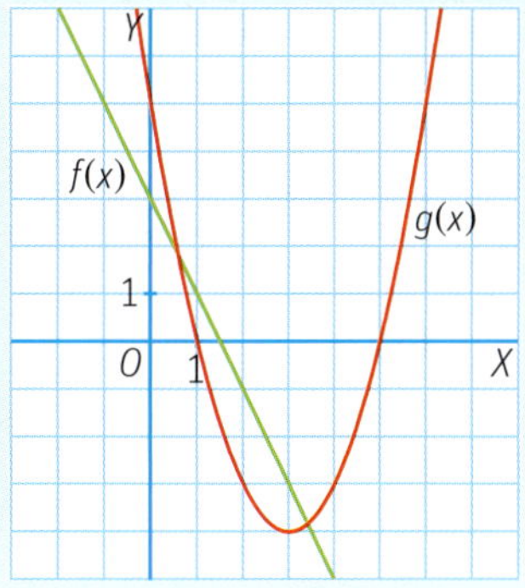

2. Dada la función racional $f(x)=\dfrac{x^2+3}{x-1}$, determina:

a) El dominio

b) Los puntos de corte con los ejes

c) Las asíntotas

d) Su gráfica de forma aproximada

a) Se hallan los valores de x que anulan al denominador: $x-1=0 \Rightarrow x=1$

$$D(f) = \mathbb{R} - \{1\} = (-\infty, 1) \cup (1, +\infty)$$

b) Con el eje Y: $x = 0 \Rightarrow f(0) = \dfrac{0+3}{0-1} = -3 \Rightarrow P(0, -3)$

Con el eje X: $y = 0 \Rightarrow f(x) = 0 = \dfrac{x^2+3}{x-1} \Rightarrow 0 = x^2 + 3 \Rightarrow x^2 \neq -3 \Rightarrow$ No hay puntos de corte.

c) Asíntotas verticales: $x = 1$, ya que este valor anula el denominador y no anula el numerador.

Como el grado del numerador es una unidad mayor que el grado del denominador, se buscan asíntotas oblicuas.

Asíntota oblicua: $y = x + 1$

$$\begin{array}{r|l} x^2 + \quad 3 & x-1 \\ \hline -x^2 + x \quad & x+1 \\ x + 3 & \\ -x + 1 & \\ \hline 4 & \end{array} \Rightarrow f(x) = x + 1 + \frac{4}{x-1}$$

d) Se representa la función de forma aproximada trazando las asíntotas y los puntos de corte.

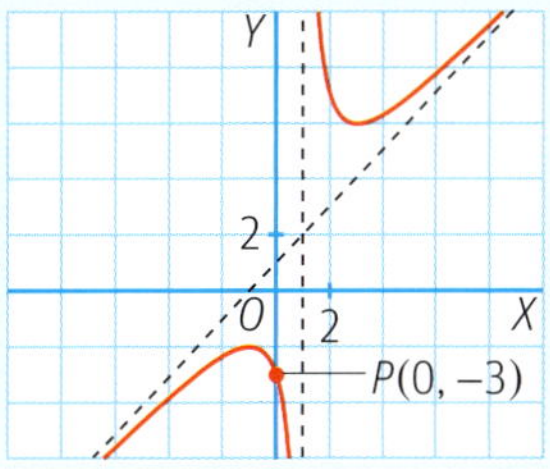

3. Elabora una tabla de valores para representar las funciones:

$$f(x) = 4^x \text{ y } g(x) = \left(\frac{1}{4}\right)^x$$

x	−3	−2	−1	0	1	2	3
$f(x)$	0,0156	0,0625	0,25	1	4	16	64
$g(x)$	64	16	4	1	0,25	0,0625	0,0156

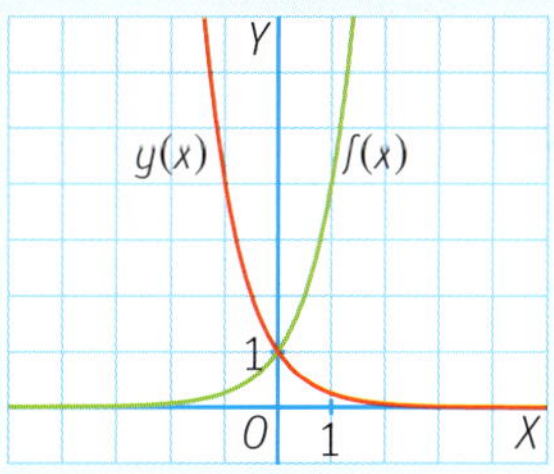

4. A partir de la gráfica de la función $f(x) = x^2$, representa la función $g(x) = 2x^2 - 8x + 4$ mediante traslaciones y dilataciones.

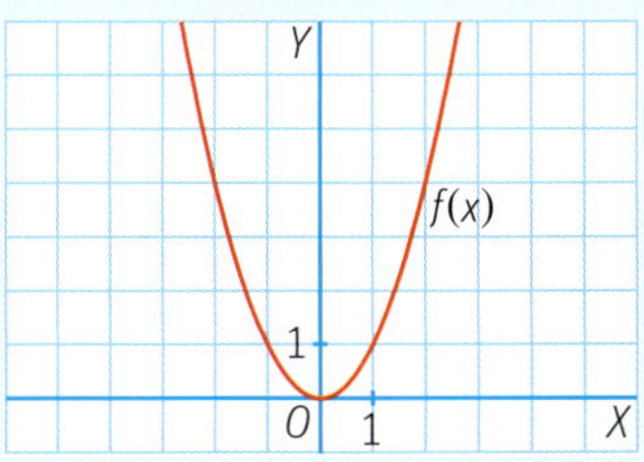

La función $g(x)$ se puede escribir como:

$$g(x) = 2x^2 - 8x + 4 = 2(x^2 - 4x + 2) = 2(x^2 - 4x + 4 - 2) =$$
$$= 2(x-2)^2 - 4$$

Por tanto, se obtiene a partir de $f(x) = x^2$ realizando:
- Una dilatación vertical de razón 2.
- Una traslación horizontal a la derecha de 2 unidades.
- Una traslación vertical hacia abajo de 4 unidades.

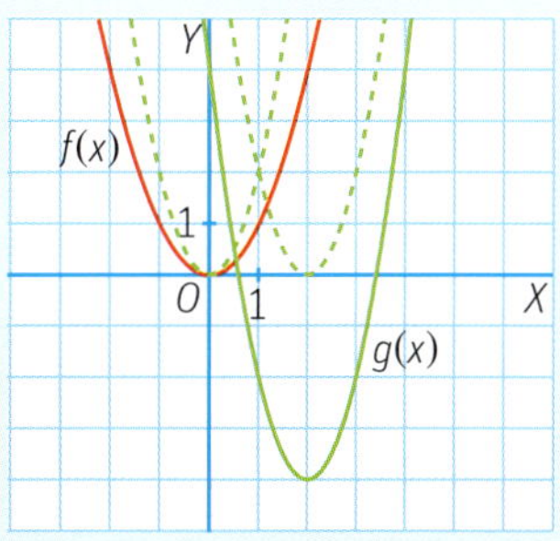

Actividades

EJERCICIOS PARA PRACTICAR

Funciones polinómicas

40. Clasifica las siguientes funciones polinómicas.

a) $f(x) = 5$
b) $f(x) = 3x - x^2 + 1$
c) $f(x) = x(2 - x)$
d) $f(x) = -2x$
e) $f(x) = 3x - 1$
f) $f(x) = 5(2 - x)$

41. ¿Qué tipo de función es $f(x) = ax + b$ según los valores de a y b?

a) Si $a \neq 0$, $b = 0$
b) Si $a \neq 0$, $b \neq 0$
c) Si $a = 0$, $b = 0$
d) Si $a = 0$, $b \neq 0$

42. Representa estas funciones en tu cuaderno e indica la pendiente de cada una.

a) $f(x) = 3 - 2x$
b) $f(x) = x$
c) $f(x) = -2$
d) $f(x) = x + 2$

43. Escribe la expresión de la función polinómica de primer grado que cumpla las condiciones de cada apartado.

a) Pendiente 2 y ordenada en el origen 0
b) Pendiente −2 y ordenada en el origen 1
c) Pendiente 1 y ordenada en el origen 1
d) Pendiente −3 y ordenada en el origen −1

44. Se sabe que $f(x)$ es polinómica de primer grado y que su gráfica pasa por los puntos $(0, -2)$ y $(3, 4)$.

a) Dibuja su gráfica.
b) Halla su ecuación.
c) ¿Cuál es su pendiente?
d) ¿Cuál es la ordenada en el origen?

45. Determina el eje de simetría y el vértice de las parábolas de ecuación:

a) $f(x) = 1 - x^2$
b) $f(x) = 6x - x^2$
c) $f(x) = (x - 2)^2$
d) $f(x) = x^2 + 3x - 1$

46. Representa la gráfica de las siguientes funciones e indica:

- El sentido de las ramas
- Los puntos de corte con los ejes
- Las coordenadas del vértice
- La ecuación del eje
- Los intervalos de crecimiento y decrecimiento

a) $y = 2 - x^2$
b) $y = 6x + x^2$
c) $y = (x - 1)^2 + 3$
d) $y = x^2 - 3x - 4$

47. ¿Puede haber una función polinómica de primer grado con pendiente cero? ¿Por qué?

48. Dadas las funciones $f(x) = x - 1$, $g(x) = x^2 + 2$, calcula y representa las siguientes funciones.

a) $(g + f)(x)$
b) $(f - g)(x)$
c) $(f \circ g)(x)$
d) $(g \circ f)(x)$

49. Representa en tu cuaderno la función definida a trozos.

$$f(x) = \begin{cases} -4 - 2x & \text{si} \quad x < 0 \\ 2x - x^2 - 4 & \text{si} \quad x \geq 0 \end{cases}$$

a) A partir de la gráfica, indica los intervalos de crecimiento y decrecimiento y comprueba tu respuesta calculando la tasa de variación media en cada intervalo.
b) ¿Presenta algún máximo o mínimo relativo? ¿Dónde?
c) Estudia el signo de la función.

ACTIVIDAD **RESUELTA**

50. De una parábola de ecuación $y = ax^2 + bx + c$, se sabe que su vértice es el punto $V(1, -3)$ y que pasa por el punto $A(0, -1)$. ¿Qué función cuadrática representa?

El valor de la abscisa del vértice es igual a 1, por lo que:

$$1 = \frac{-b}{2a} \Rightarrow b = -2a$$

Se sustituyen las coordenadas del vértice y del punto A en la ecuación de la parábola:

$$V(1, -3) \Rightarrow -3 = a + b + c \overset{b=-2a}{\Rightarrow} -3 = a - 2a + c$$
$$A(0, -1) \Rightarrow -1 = 0 + 0 + c \Rightarrow c = -1$$

Se sustituye el valor de c y se despeja a:

$$-3 = a - 2a - 1 \Rightarrow a = 2 \text{ y } b = -4$$

Por tanto, la función cuadrática que representa es:

$$y = 2x^2 - 4x - 1$$

51. De una parábola de ecuación $y = ax^2 + bx + c$, se sabe que su vértice es el punto $V(-1, 4)$ y que pasa por el punto $A(-2, 3)$. ¿Qué función cuadrática representa?

52. El vértice de la parábola $y = x^2 + bx + c$ es el punto $V(-3, -4)$.

a) Calcula los valores de b y c.
b) ¿En qué puntos corta al eje X?
c) Representa la función.

53. Los puntos de corte con los ejes de coordenadas de una parábola son $A(-2, 0)$, $B(6, 0)$ y $C(0, 4)$. Determina:

a) La ecuación del eje de simetría.
b) La ecuación de la parábola expresada en la forma $y = a(x - x_1)(x - x_2)$.
c) Expresa la ecuación de la parábola en forma general $y = ax^2 + bx + c$.
d) Las coordenadas del vértice.
e) Representa la parábola.

54. Averigua el valor de c para que el máximo valor de la función $y = \dfrac{40x - x^2 + c}{3}$ sea 300.

Con el valor de c hallado, calcula los puntos en los que la gráfica de la función corta a los ejes de coordenadas.

ACTIVIDAD **RESUELTA**

55. **Representa las funciones $f(x) = 2x - 3$ y $g(x) = x^2 - 2x$. Halla los puntos en los que se cortan sus gráficas.**

f es una función lineal de pendiente $2 > 0$ y ordenada en el origen -3.

g es una función cuadrática:

- Tiene las ramas abiertas hacia arriba, ya que $a > 0$.
- Su vértice es: $x_v = \frac{-(-2)}{2} = 1 \Rightarrow V(1, f(1)) = V(1, -1)$
- Los puntos de corte con los ejes.

 – Eje *X*: $y = 0 \quad \Rightarrow 0 = x(x-2) \Rightarrow \begin{cases} x = 0 \Rightarrow A(0, 0) \\ x = 2 \Rightarrow B(2, 0) \end{cases}$

 – Eje *Y*: $x = 0 \Rightarrow y = 0 \Rightarrow A(0, 0)$

Con estos datos se representan las dos funciones:

x	0	2
$f(x)$	−3	1

x	−1	0	1	2
$g(x)$	3	0	−1	0

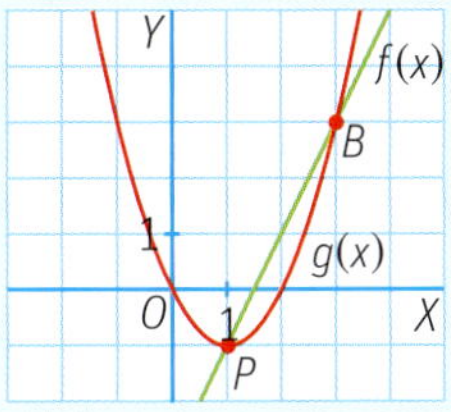

Para calcular los puntos de intersección, se resuelve el sistema de ecuaciones formado por las dos funciones:

$$\begin{cases} y = x^2 - 2x \\ y = 2x - 3 \end{cases} \Rightarrow x^2 - 2x = 2x - 3 \Rightarrow x^2 - 4x + 3 = 0$$

$$\Rightarrow \begin{cases} x = 1 \Rightarrow P(1, -1) \\ x = 3 \Rightarrow B(3, 3) \end{cases}$$

Las funciones se cortan en $P(1, -1)$ y en $B(3, 3)$.

56. Representa las funciones $f(x) = 2x + 3$ y $g(x) = x^2$. Halla las coordenadas de los puntos en los que se cortan sus gráficas.

57. Representa las funciones $f(x) = 9 - x^2$ y $g(x) = 5$ y determina los valores de x que verifican que $9 - x^2 \geq 5$.

58. Representa las funciones $f(x) = x^2 - 4$, $g(x) = x - 2$ y determina los puntos de corte entre sus gráficas.

¿En qué intervalos se verifica que $f(x) > g(x)$?

Funciones racionales

59. Indica cuáles de las siguientes funciones son racionales.

a) $y = \frac{2x - \sqrt{3x}}{5x - 10}$

b) $y = \frac{x^2 - 3x}{(x-2)(2x+1)}$

c) $y = 2x^{-1} + 1 - 4x$

d) $y = 2x + 1 - \frac{x-1}{x+2}$

60. Halla el dominio de las siguientes funciones racionales.

a) $y = \frac{3x-1}{x+2}$

b) $y = \frac{x^2-1}{x(x-3)}$

c) $y = \frac{x+3}{x^2-4}$

d) $y = \frac{x-3}{x^2+2}$

e) $y = \frac{x+7}{(x+2)x(x^2-1)}$

f) $y = \frac{x-1}{x^2-1}$

61. Determina los puntos de corte con los ejes y el signo de las siguientes funciones racionales.

a) $y = \frac{x^2+1}{2x-3}$

b) $y = \frac{x^3 - 3x + 2}{x(x-5)}$

62. ¿Cuáles de las siguientes funciones son de proporcionalidad inversa? Indica en esos casos la constante de proporcionalidad.

a) $y = \frac{x}{4}$

b) $y = \frac{x+3}{x} - 1$

c) $y = -\frac{4}{x}$

d) $y = \frac{2}{3x}$

63. Identifica cada gráfica con la función a la que corresponde.

A. $y = -\frac{4}{x}$

B. $y = \frac{x+3}{x+1}$

C. $y = \frac{2x+1}{x-3}$

D. $y = \frac{x-1}{-x-1}$

I.

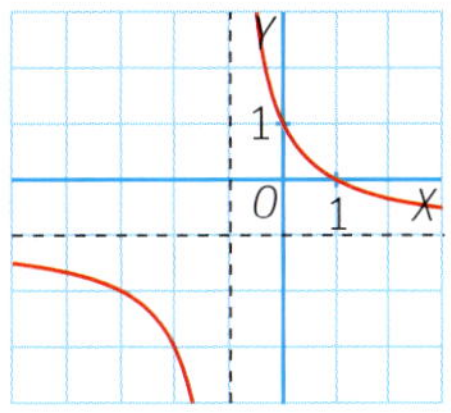

III.

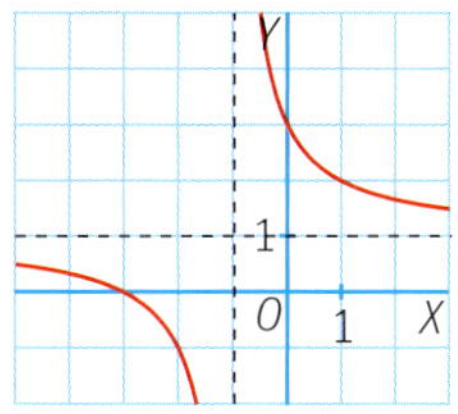

II.

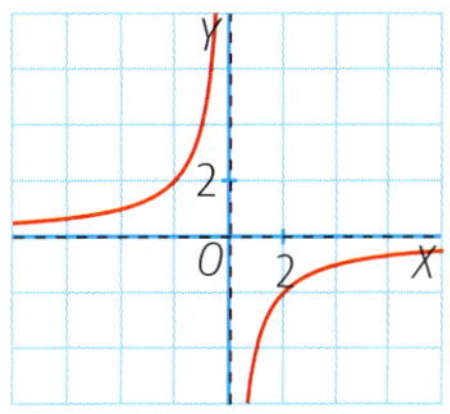

IV.

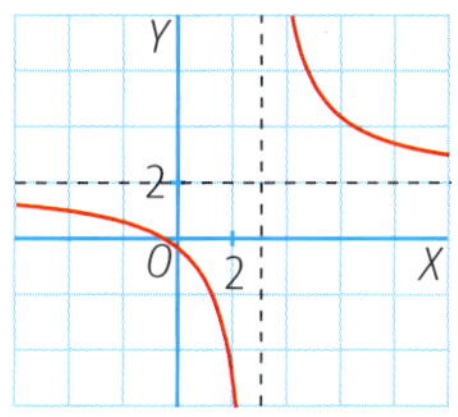

64. Indica cuáles son las asíntotas de las funciones racionales siguientes y efectúa su representación gráfica después.

a) $y = \frac{3x-1}{x+2}$

b) $y = \frac{x-3}{x}$

c) $y = \frac{x+1}{x-3}$

d) $y = \frac{4x+8}{x-4}$

65. Halla las asíntotas de estas funciones racionales.

a) $y = \frac{x^2+2x}{x+1}$

b) $y = \frac{x^3+x^2}{x^2+1}$

c) $y = \frac{x^2-4x+1}{2x^2+x-3}$

d) $y = \frac{2x+3}{(x+1)^2(x-3)}$

66. Los siguientes puntos pertenecen a la gráfica de una función de proporcionalidad inversa:

$A(a, 8)$ $\quad B(b, -2)$ $\quad C(-6, 4)$ $\quad D(1, d)$

a) Halla la constante de proporcionalidad.

b) Halla los valores de *a*, *b* y *d*.

c) Escribe la fórmula de la función.

d) Representa su gráfica de forma aproximada.

67. ¿Cuál de estas rectas es una asíntota de la función $y = x + 1 + \frac{x^2+2x}{x^2-4}$? Justifícalo.

a) $y = x + 1$

b) $y = x + 2$

Actividades

68. En la función $f(x)=\dfrac{ax-3}{x^2+bx-6}$ no se conocen dos de los coeficientes. Sin embargo, se sabe que una de sus asíntotas es $x=2$ y que pasa por el punto $A(1, 1)$.

Calcula:

a) En primer lugar, el coeficiente b y, a continuación, el a.

b) El dominio de la función.

c) Los puntos de corte con los ejes de coordenadas.

d) Las otras asíntotas de la función.

Funciones exponenciales y logarítmicas

69. ¿Cuáles de las siguientes expresiones corresponden a una función exponencial? Justifica tu respuesta.

a) $y=(-2)^x$ b) $y=82^x$ c) $y=1^x$ d) $y=(2{,}5)^x$

70. Indica cuáles de las siguientes funciones exponenciales son crecientes y cuáles son decrecientes.

a) $y=\left(\dfrac{3}{5}\right)^x$ b) $y=(\sqrt{2})^x$ c) $y=\pi^x$ d) $y=(0{,}88)^x$

71. Completa la siguiente tabla de valores correspondiente a las funciones $f(x)=\left(\dfrac{3}{2}\right)^x$ y $g(x)=\left(\dfrac{2}{3}\right)^x$.

x	−3	−2	−1	0	1	2	3
$f(x)$	●	●	●	●	●	●	●
$g(x)$	●	●	●	●	●	●	●

a) Representa en tu cuaderno de forma aproximada ambas funciones en los mismos ejes de coordenadas.

b) ¿Qué relación observas entre sus gráficas?

Traslaciones, dilataciones y simetrías

72. A partir de la gráfica de $f(x)=x$, representa las siguientes funciones mediante traslaciones y dilataciones.

a) $g(x)=2x$

b) $h(x)=\dfrac{1}{2}x+3$

c) $i(x)=x-2$

d) $j(x)=-x+2$

ACTIVIDAD **RESUELTA**

73. Representa la gráfica de la función $g(x)=2x^2+3$ a partir de la gráfica de $f(x)=x^2$ mediante traslaciones y dilataciones.

La función se obtiene a partir de la función $f(x)=x^2$ mediante:

– Una dilatación vertical de razón 2.

– Una traslación vertical hacia arriba de 3 unidades.

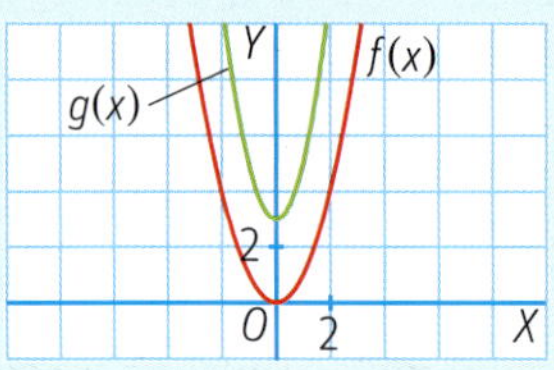

74. A partir de la gráfica de $f(x)=x^2$, representa las siguientes funciones mediante traslaciones y dilataciones.

a) $g(x)=2(x+1)^2$ b) $h(x)=\dfrac{1}{2}x^2-2$

75. Dada la función exponencial $f(x)=2^x$, representa en los mismos ejes de coordenadas las funciones:

a) $f(x)$, $f(x+1)$, $f(x+2)$ y $f(x+3)$

b) $f(x)$, $2f(x)$, $4f(x)$ y $8f(x)$

c) ¿Qué relación hay entre las funciones de los dos apartados?

Actividades de síntesis

76. Dada la función $f(x)=\dfrac{2}{x^2}$:

a) Halla su dominio y recorrido.

b) ¿Cuáles son sus asíntotas?

c) Estudia la simetría y el crecimiento o decrecimiento de la función.

d) Represéntala gráficamente.

ACTIVIDAD **RESUELTA**

77. Representa la gráfica de la función $f(x)=|x^2-4|$.

Como se trata de un valor absoluto, $f(x)$ se puede escribir como una función a trozos:

$$f(x)=|x^2-4|=\begin{cases} x^2-4 & \text{si } x<-2 \\ -x^2+4 & \text{si } -2\le x<2 \\ x^2-4 & \text{si } x\ge 2 \end{cases}$$

Se representa la parábola correspondiente al primer y tercer trozo.

La expresión del segundo trozo corresponde con el de la función simétrica a la parábola anterior respecto del eje X.

$$-(-x^2+4)=x^2-4$$

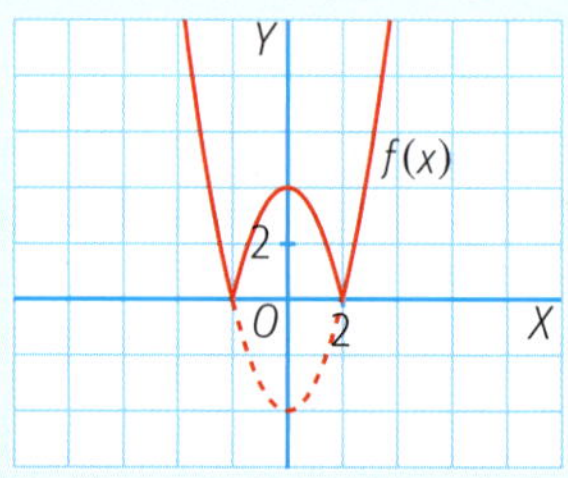

78. Expresa como una función definida a trozos y representa la gráfica de la función $f(x)=|-2x^2+2|$.

79. Dada la función a trozos: $f(x)=\begin{cases} \dfrac{2}{x^2} & \text{si } x<0 \\ x^2 & \text{si } x>0 \end{cases}$

a) Halla su dominio.

b) Represéntala gráficamente.

c) Estudia el crecimiento o decrecimiento de la función a partir de la gráfica y comprueba los resultados utilizando la tasa de variación media.

PROBLEMAS **PARA RESOLVER**

80. **Dada una esfera de radio r, escribe las funciones que determinan:**

- La longitud L de la circunferencia máxima de la esfera.
- El área A de un círculo máximo de la esfera.
- El área S de la superficie de la esfera.
- El volumen V de la esfera.

a) ¿De qué tipo son cada una de las funciones anteriores?

b) Si el radio de la esfera es de 10 cm, determina el valor de las funciones L, A, S y V.

c) Si el radio de la esfera se duplica, ¿qué ocurre con cada una de las funciones anteriores?

81. **La factura de la energía eléctrica de una empresa suministradora se puede resumir en tres conceptos:**

- Cuota fija por potencia contratada: 38 €
- Consumo: 0,14 € cada kilovatio hora (kW h)
- IVA: 21 %

a) Escribe la función $f(x)$, que determina el importe de la factura durante un período en el que se han consumido x kW h.

b) ¿Cuál es el importe de la factura si se han consumido 324 kW h?

c) Determina la función, $g(x)$ que indica el coste del kilovatio por hora consumido.

82. **Para llenar una piscina se utiliza un grifo que arroja 200 L por minuto y tarda 25 h.**

a) Justifica que las magnitudes: "caudal de agua del grifo" y "tiempo de llenado" son inversamente proporcionales.

b) La constante de proporcionalidad de las dos magnitudes es la capacidad de la piscina. Hállala.

c) Escribe la función que determina el tiempo de llenado en función del caudal. ¿Cuál es su dominio?

d) Representa la función en su dominio.

e) ¿Cuánto tiempo tardaría en llenar la piscina un grifo que solo aportara 25 L por minuto?

83. **Un taller de planchas de aluminio tiene que fabricar canaletas para conducciones de agua. Las planchas de aluminio que va a utilizar son rectangulares, de 40 cm de ancho, y las doblan mediante una prensa.**

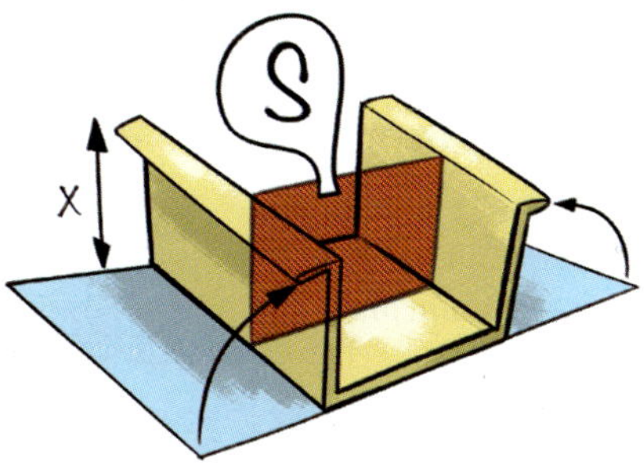

a) Determina la anchura de la canaleta en función de su altura, x.

b) Escribe una función que representa el área de la sección transversal, S, de la canaleta. ¿Cuál es su dominio?

c) Determina cómo se debe plegar la plancha de aluminio para que S tenga la mayor superficie.

PROBLEMA **RESUELTO**

84. **Una población de aves cuenta inicialmente con 50 individuos y se triplica cada 2 años. Escribe la función que representa el crecimiento de la población de aves. ¿Cuántas aves hay después de 4 años?**

Llamando x al número de años, la función exponencial debe tener base 3 y exponente $\frac{x}{2}$:

$$P(x)=50\cdot 3^{\frac{x}{2}}$$

Para $x=4$, $P(4)=50\cdot 3^2=50\cdot 9=450$ aves.

85. **Una especie de bacteria se duplica cada 20 min. En una placa de Petri con un cultivo de esta bacteria había inicialmente 12 microorganismos.**

a) ¿Cuál es la fórmula de la función que representa el crecimiento de la población de la bacteria?

b) ¿Cuántas bacterias hay en la placa después de 3 horas?

c) ¿Cuántas horas deben pasar para que haya 10 000 bacterias?

86. **Emprende**

Desde hace 30 años se está haciendo un estudio sobre la producción de cereales en una región en peligro de desertización. La siguiente tabla muestra la producción, en miles de toneladas, de diferentes años desde el comienzo del estudio.

t	0	3	5	10	15	20	25	30
$P(t)$	180	153	120	60	33	20	13	9

a) Representa los datos en unos ejes de coordenadas.

b) Se busca una función que refleje esta realidad. Hay dos propuestas:

- $P_1(t)=\dfrac{a}{t^2+b}$
- $P_2(t)=k\cdot 0{,}9^t$

Con los datos correspondientes a los años $t=0$ y $t=10$, determina los valores de a, b y k.

c) ¿Cuál de las dos funciones se ajusta mejor a los datos?

Encuentra el error

87. **El profesor de Nati le ha pedido que represente la función racional $f(x)=\dfrac{x^3-6x^2+9x}{x^2-3x}$.**

Nati ha simplificado la función:

$$f(x)=\frac{x^3-6x^2+9x}{x^2-3x}=\frac{\cancel{x}(x-3)^{\cancel{2}}}{\cancel{x}\,\cancel{(x-3)}}=x-3$$

Por tanto, la representación de $f(x)$ es una recta.

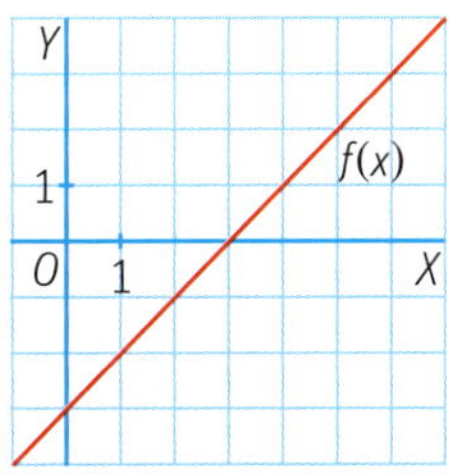

¿Qué error ha cometido Nati en su representación?

Ponte a prueba

PROBLEMA RESUELTO Crecimiento de la población

La población de ciertos insectos de una zona de aguas estancadas presenta un crecimiento muy curioso. Fíjate en la siguiente gráfica:

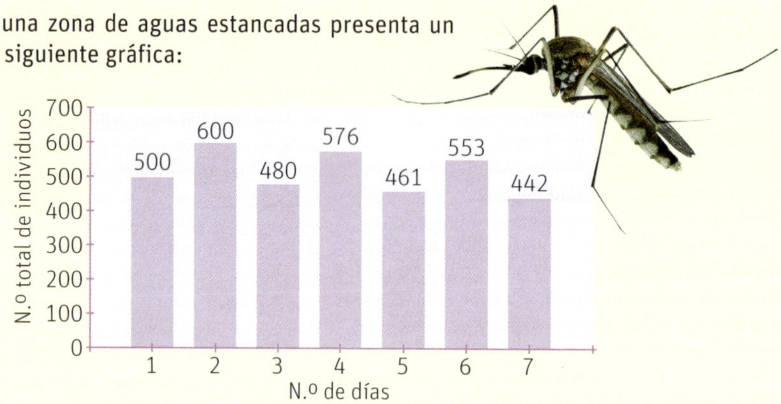

Como ves, si un día aumenta, al día siguiente disminuye. Lo más curioso es que siempre lo hace en el mismo porcentaje, tanto el día que aumenta como el que disminuye.

1. A la vista de los datos, calcula el mencionado porcentaje de aumento y disminución.
2. Calcula la población en el undécimo día.
3. ¿Podrías dar una expresión exponencial que permitiera calcular la población en los días impares?
4. Calcula la población cuando han pasado 30 días.

SOLUCIÓN

1. Entre el primer día y el segundo se produce un aumento de 100 individuos, por lo que el porcentaje de aumento es: $\frac{500}{100} = \frac{100}{x} \Rightarrow x = 20$

   El porcentaje de aumento y disminución es del 20 %.
2. En el tercer día se ha producido un aumento del 20 % y una disminución del 20 %:

$$500 \cdot 1{,}2 \cdot 0{,}8 = 500 \cdot 0{,}96 = 480 \text{ insectos}$$

   En el quinto día: $500 \cdot 1{,}2 \cdot 0{,}8 \cdot 1{,}2 \cdot 0{,}8 = 500 \cdot 0{,}96^2 = 461$ insectos

   En el séptimo día: $500 \cdot 1{,}2 \cdot 0{,}8 \cdot 1{,}2 \cdot 0{,}8 \cdot 1{,}2 \cdot 0{,}8 = 500 \cdot 0{,}96^3 = 442$ insectos

   En el undécimo día: $500 \cdot 0{,}96^5 = 408$ insectos
3. Se busca la función $f(x)$ que determina el número de insectos según el número de días impares transcurridos. Observando los resultados de la actividad anterior se llega a la expresión:

$$f(x) = 500 \cdot 0{,}96^{\frac{n-1}{2}}$$

4. $f(29) = 500 \cdot 0{,}96^{\frac{29-1}{2}} = 282$ insectos

El precio

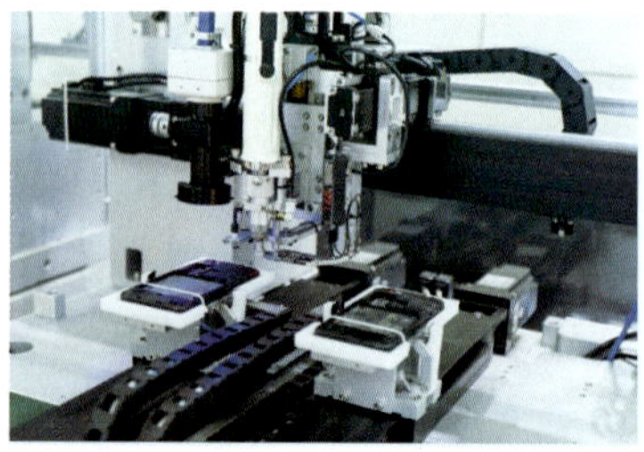

El departamento de ventas de una empresa que fabrica teléfonos móviles ha determinado una función que analiza la demanda para un nuevo modelo: $p = 160 - 0{,}000\,015x$, para $0 \leq x \leq 8\,000\,000$, donde p es el precio en euros por móvil, y x representa el número de móviles vendidos.

La fabricación de x teléfonos cuesta 10 € por cada teléfono, más un coste de 40 000 000 € de desarrollo. Los ingresos de la empresa vienen dados por la venta de x móviles al precio de p € y la función que proporciona los beneficios, B, es la diferencia entre ingresos, I, y costes, C.

1. Escribe cuál será la función ingresos, I, la función costes, C, y la función beneficios, B.
2. ¿A qué precio habría que vender cada móvil si se fabrica el máximo número de ellos? ¿Qué ganancias tendría la empresa?
3. ¿Cuál es el mínimo número de móviles que hay que vender para que la empresa no tenga pérdidas?
4. Si la empresa quiere ganar un mínimo de 250 000 000 €, ¿a qué precio debe vender cada móvil?
5. ¿Cuál sería el número de móviles que debe fabricar la empresa para obtener la ganancia máxima? ¿Cuál será la ganancia obtenida?

Investigación forense

El inspector Estrada volvía a necesitar su ayuda en aquel caso.

Si la hora de la muerte desde que se suministra el veneno coincide con el momento de máxima presencia del veneno, ¿quíen es el asesino?

El deshielo

Debido al cambio climático, la superficie de hielo en la superficie de una montaña disminuye cada año. En el gráfico se señalan las líneas de nivel donde comenzaba el hielo en tres años diferentes.

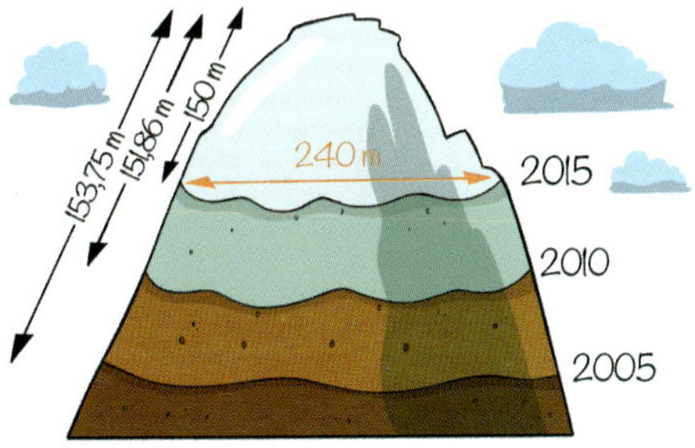

1. Aproximando la forma de la cima de la montaña a la de un cono, calcula la superficie de hielo que había cada año.
2. Utilizando los datos de 2010 y 2005, establece un modelo de decrecimiento de la superficie del hielo, del tipo:

$$A(x) = a \cdot b^{x-2005}$$

Donde x es el año y a y b son dos valores que debes determinar.

3. Comprueba si el modelo es válido para el año 2015. ¿Cuál será la superficie de hielo en la cima de la montaña en el año 2020?

AUTOEVALUACIÓN

1. Una función polinómica de primer grado tiene ordenada en el origen $b = -2$ y el punto $P(3, 4)$ pertenece a su gráfica. ¿De qué función se trata? Indica su pendiente.

2. Determina el eje de simetría, las coordenadas del vértice, los puntos de corte con los ejes y estudia el signo de la función $f(x) = 6x - x^2$. Represéntala de forma aproximada.

3. Halla el dominio de las funciones racionales. ¿Cuáles son sus asíntotas?

a) $y = \dfrac{2x}{x^2+2}$ b) $y = \dfrac{x^2+3x+4}{x+1}$

4. Una función de proporcionalidad inversa, $f(x)$, verifica que $f(4) = 6$.
   a) Halla la constante de proporcionalidad.
   b) Indica si es creciente o decreciente.
   c) Halla el número a para que $f(a) = -18$.
   d) Escribe la expresión de la función $f(x)$.

5. Se considera la función exponencial $f(x) = \left(\dfrac{2}{3}\right)^x$. Determina:
   a) Su dominio y recorrido.
   b) Los puntos de corte con los ejes.
   c) Sus asíntotas.

   Represéntala de forma aproximada ayudándote de una tabla de valores.

6. Observa la gráfica de la función $f(x) = 3x - x^3$ en el intervalo $[-2, 2]$ y, a partir de ella, representa las siguientes funciones:

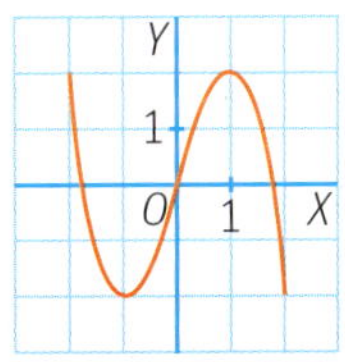

a) $g(x) = 1 + 2 \cdot f(x)$ b) $h(x) = -2 + f(x - 1)$

Indica el dominio y el recorrido de las funciones $f(x)$, $g(x)$ y $h(x)$.

MATES + MAGIA

DOBLANDO HASTA LA LUNA

Una leyenda urbana dice que es imposible doblar más de 8 veces un folio de papel por la mitad. Sin embargo en 2002 Britney Gallivan, una estudiante de secundaria estadounidense demostró que un único trozo de papel de 4 000 pies (aproximadamente 1200 m) de longitud puede ser doblado por la mitad doce veces. Y en 2011 un grupo de estudiantes del colegio San Marcos en USA utilizó papel higiénico para establecer un nuevo récord, logrando doblar el papel 13 veces sobre sí mismo.

¿Cuántas veces eres capaz de doblar un papel por la mitad? Desafía a tus amigos a una apuesta imposible: Deben ser capaces de doblar por la mitad 8 veces sucesivas una hoja de papel.

Ahora que has comprobado las limitaciones de la experiencia, plantéate la siguiente cuestión:

¿Cuantas veces crees que tendrías que doblar un papel para que su grosor no cupiese entre la Tierra y la Luna?

¿Sabes cuál es la distancia de la Tierra a la Luna? Es aproximadamente 384 000 km de media. Este número es inmenso y supone que se podrían colocar 30 planetas Tierra en el espacio que nos separa de la Luna o que se podrían colocar todos los demás planetas del Sistema Solar entre la Tierra y la Luna y todavía sobraría espacio.

La respuesta es sorprendente. Si no tuvieras limitaciones prácticas y pudieses doblar un papel tantas veces como quisieras tan solo necesitarías 42 pliegues.

¿Cuál es el secreto?

El secreto está en el crecimiento exponencial. Si empezamos a doblar la hoja de papel, después del primer doblez tendremos un grosor de 2 capas de papel, después del segundo 4 capas, después del tercero 8 capas... y así después del séptimo doblez tendremos un grosor de $2^7 = 128$. Para realizar el octavo doblez habría que doblar una hoja muy pequeña con el grosor de un libro de 128 páginas.

Si el papel se pudiera doblar 23 veces, su grosor ya superaría el kilometro, con 42 pliegues se superaría la distancia Tierra-Luna, y con 52, la distancia Tierra-Sol.

Si se siguiera plegando el papel, el grosor seguiría aumentando exponencialmente de tal modo que si se llegara a los 103 pliegues su grosor seria mayor que el diámetro del universo conocido.

LA FILA BINARIA

El código binario es considerado el lenguaje más universal y sencillo que solo utiliza dos dígitos: 1 y 0.

No solo es el lenguaje usado por los ordenadores sino que también es el lenguaje elegido para intentar comunicarnos con una posible vida extraterrestre. Fue utilizado por el astrofísico Carl Sagan para cifrar el mensaje que se envió en los años 70 al espacio desde el mayor telescopio del mundo en Arecibo, Puerto Rico, con el fin de poder comunicarnos con otras formas de vida inteligentes.

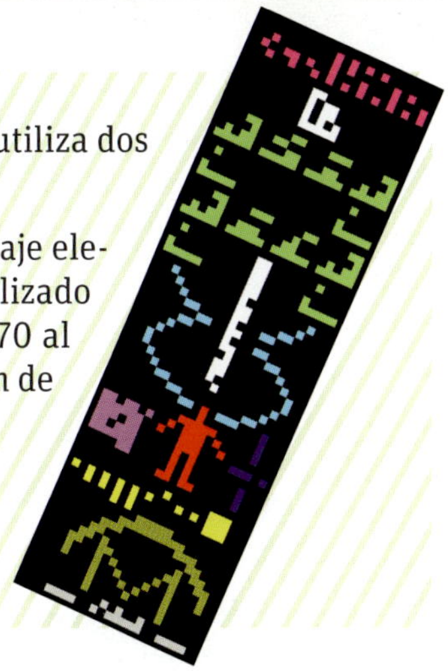

Vamos a hacer un juego de magia basado en un proceso que sirve para codificar y descodificar un número en base binaria, utilizando clips.

Pide a un espectador que piense un número al azar y siga los siguientes pasos.

- Si el número que ha pensado es impar, deberá colocar un clip de forma vertical encima de la mesa, mientras que si es par, deberá hacerlo de forma horizontal.
- A continuación, debe dividir el número entre 2. Si la parte entera del número obtenido es impar deberá proceder como anteriormente, es decir, colocando el clip de forma vertical, y si es par, de forma horizontal.

  (Para indicar la parte entera, se coloca el número o la operación entre corchetes).
- Debe continuar el proceso formando una cadena de clips hasta que el resultado entero de su división sea 0 (el dividendo sea menor que 2).

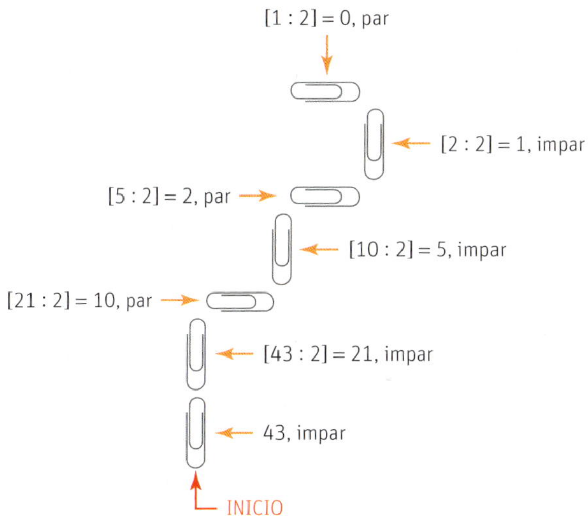

Para descodificar el número, cuando el espectador haya terminado, solo tienes que fijarte en los clips y hacer el siguiente proceso.

- Asigna a cada clip el número 2^n siendo n el número de clip, empezando por el 0. Por ejemplo:

  Clip 0: $2^0 = 1$ Clip 1: $2^1 = 2$

  Clip 2: $2^2 = 4$ Clip 3: $2^3 = 8$
- Y, por último, suma solo los valores de los clips que estén en vertical, descartando los horizontales.

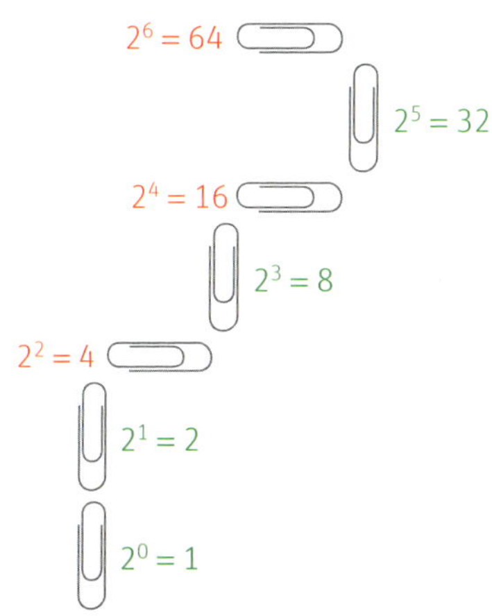

En este ejemplo,
la operación sería:

$1 + 2 + 8 + 32 = 43$

11 Estadística unidimensional

- ¿Cómo seleccionas una muestra representativa de la población activa de un país?
- ¿Sabes representar los datos de un estudio estadístico?
- ¿Qué parámetros describen una distribución estadística?

Piensa y contesta

Las variables que se representan en los gráficos estadísticos son de lo más variado. Y no todas son numéricas.

Encuentra gráficos estadísticos en los que se representen características no cuantitativas.

Lee y comprende

Las representaciones gráficas en la historia

Parece que fue el escocés William Playfair (1759-1823) quien tuvo la idea de representar con gráficos de diferentes tipos muchas tablas numéricas empíricas. W. Playfair no era un matemático; era un diseñador, un comerciante, un inventor... que cambiaba de actividad según su interés en cada momento. Pienso que una de sus aserciones puede describir a este tipo original.

Escribe: "Cada noche, cuando regreso a mi casa, pongo mis guineas una sobre otra teniendo así un pequeño cilindro. Al final de cada semana, observando estos cilindros, puedo decir a simple vista cuándo he ganado más".

Un medio tan sencillo y útil como los histogramas ha sido inventado por un no matemático y, además, por un tipo que no tenía ningún escrúpulo académico. A William Playfair se deben también otras representaciones gráficas como diagramas con áreas, histogramas, gráficos de sectores y gráficos de líneas.

[...] La actividad matemática de W. Playfair ha sido descubierta muy recientemente; su nombre no se encuentra ni siquiera en las grandes enciclopedias.

EMMA CASTELNUOVO: *Conferencia inaugural de las VII JAEM.* Actas. SMPM. "Emma Castelnuovo", 1995

Analiza y reflexiona

En la actualidad es difícil abrir una revista o un periódico y no encontrar un gráfico estadístico. Pero son un invento relativamente reciente en la historia de las matemáticas: poco más de dos siglos.

- ¿En qué áreas de la vida cotidiana aparecen a menudo gráficos estadísticos? Piensa en una en la que no se utilicen.
- ¿Por qué crees que se utilizan en disciplinas tan dispares?

1 Conceptos elementales de estadística. Muestreo

Población

Muestra

La **Estadística** es la rama de las matemáticas que permite analizar propiedades, estudiar caracteres o hacer previsiones sobre una población sin tener que observar a todos los individuos, sino solo a unos pocos.

La **población** es el conjunto formado por todos los individuos sobre los que se realiza un estudio estadístico.

Una **muestra estadística** es el subconjunto de la población sobre la que se hace el estudio.

Para que el estudio sea válido la muestra debe reflejar las características de la población, es decir, debe ser **una muestra representativa**. Se puede elegir de dos formas:

- **Muestreo aleatorio:** los elementos de la muestra se eligen al azar mediante un proceso aleatorio.
- **Muestreo aleatorio estratificado:** se divide a la población por estratos o partes según el carácter a estudiar. La proporción de elementos de cada estrato en la muestra debe coincidir con la proporción del estrato en la población.

Ejemplo ▸ Una multinacional textil quiere estudiar las tallas usadas por sus potenciales clientes. Sabe que el 80 % son hombres y la cuarta parte son menores de 30 años. Las clientas femeninas menores de 30 años son el 60 % del total. Van a tomar una muestra aleatoria estratificada de mil clientes, formada por:

	Total	< 30 años	> 30 años
Hombres	800	200	600
Mujeres	200	120	80

¿Es representativa esta muestra?

Es representativa porque los individuos que forman la muestra están en la misma proporción que en la población.

Las características que se pueden analizar en un estudio estadístico son muy diversas.

Variable estadística es la característica o propiedad objeto del estudio. Puede ser:

- **Cualitativa**: si no se puede expresar mediante una cantidad o un número.
- **Cuantitativa**: si se expresa mediante un número. Según los valores numéricos que puede tomar se clasifican en:
  - **Discreta**: solo toma valores aislados.
  - **Continua**: puede tomar todos los valores de un intervalo.

Ejemplo ▸ Clasifica las características sobre las que se ha preguntado en un estudio estadístico: edad, altura, peso, n.º de hermanos, nacionalidad, asignatura optativa.

Variables estadísticas
- **Cualitativas:** nacionalidad y asignatura optativa
- **Cuantitativas**
  - **Discretas:** edad y n.º de hermanos
  - **Continuas:** altura y peso

La obtención de los **datos** puede ser:

- **Directa**, si se obtienen midiendo, observando o preguntando a los individuos. En este caso se realiza una **encuesta** cuyo elemento básico es el **cuestionario**.
- **Indirecta**, mediante datos obtenidos de fuentes diversas: bases de datos, prensa, instituciones...

Ten en cuenta

Las fases de un estudio estadístico son:

- **Selección** de la **muestra**.
- **Obtención** de los **datos**.
- **Análisis** y **tratamiento** de los datos.
- Elaboración de **conclusiones**.

Para facilitar el análisis de los datos se utilizan la **hoja de cálculo** o **la calculadora**.

Tablas de frecuencias

Para organizar los datos recogidos en el estudio estadístico, se realiza el recuento y se construye la **tabla de frecuencias**.

En una **tabla de frecuencias**, se representan los valores que toma la variable estadística, x_i, con $1 \leq i \leq n$ y las frecuencias asociadas:

- **Frecuencia absoluta, f_i:** es el número de veces que aparece el valor x_i en el recuento. La suma de las frecuencias absolutas es igual al número de datos. $\sum_{i=1}^{n} f_i = N$
- **Frecuencia relativa, h_i:** es el cociente entre la frecuencia absoluta f_i y el número total de datos, N. $h_i = \frac{f_i}{N}$
- **Frecuencia absoluta acumulada F_i:** es la suma de las frecuencias absolutas de los valores menores o iguales a x_i. $F_i = \sum_{j \leq i} f_j$
- **Frecuencia relativa acumulada H_i:** es la suma de las frecuencias relativas de los valores menores o iguales a x_i. $H_i = \frac{F_i}{N} = \sum_{j \leq i} h_j$

Ejemplo ▶ Las notas de Matemáticas, sobre 5, de los 32 alumnos de una clase son:

4, 2, 3, 1, 5, 4, 3, 1, 2, 4, 4, 2, 1, 2, 5, 2, 4, 2, 4, 4, 5, 4, 3, 3, 2, 3, 4, 4, 3, 3, 4, 5

Si el aprobado es una nota igual o superior al 3, ¿cuántos alumnos han suspendido?

x_i	f_i	h_i	F_i	H_i	$H_i(\%)$
1	3	0,094	3	0,094	9,4
2	7	0,219	$3+7=10$	0,313	31,3
3	7	0,219	$3+7+7=17$	0,532	53,2
4	11	0,343	28	0,875	87,5
5	4	0,125	32	1	100
	$N=32$	1			

El número de suspensos coincide con la frecuencia acumulada de 2, es decir, 10 alumnos que son el 31,3 % de la clase.

Si la variable estadística es continua o es discreta con un gran número de datos, se agrupan los datos en intervalos y se selecciona el valor medio del intervalo como representativo de todos los valores del mismo intervalo. Se denomina **marca de clase**.

Ten en cuenta

El símbolo Σ se utiliza para representar de forma abreviada una suma,

$$f_1 + f_2 + f_3 + \ldots + f_n = \sum_{i=1}^{n} f_i$$

Ten en cuenta

- La suma de las frecuencias relativas h_i es siempre 1.
- La frecuencia relativa acumulada se suele dar en porcentaje para facilitar la presentación de los datos.
- La frecuencia acumulada del dato mayor coincide con el número total de datos (absoluta) o con el 100 % (relativa).

ACTIVIDADES

1. Unos grandes almacenes quieren hacer un estudio sobre el grado de satisfacción de sus clientes. Para ello, seleccionan al azar, entre ellos, a 100 que han gastado menos de 1000 € el último año, otros 100 entre los que han gastado entre 1000 € y 5000 € y otros 100 entre los que han gastado más de 5000 €. ¿Es representativa la muestra?

2. Clasifica las siguientes variables estadísticas.

a) Número de goles en una jornada de la liga

b) Cotización en bolsa de una empresa en una semana

c) Profesiones con menor índice de paro

d) Causas de mortalidad en una población

3. Los resultados de una encuesta a 40 jóvenes sobre el número de horas que utilizan una consola el fin de semana son:

4	2	3	7	6	4	3	7	6	8
3	4	3	5	3	2	1	0	5	4
3	7	8	0	1	6	4	5	7	6
1	4	3	7	5	4	3	1	0	3

a) ¿De qué tipo es la variable estadística?

b) Haz una tabla de frecuencias indicando la frecuencia absoluta, relativa, y las frecuencias acumuladas de cada dato.

c) ¿Qué porcentaje utiliza la consola menos de 3 horas? ¿Y más de 6?

2 Gráficos estadísticos

Los **gráficos estadísticos** permiten organizar la información de un estudio estadístico de forma visual. El tipo de gráfico a utilizar depende del tipo de variable estadística y de las características del estudio.

Diagrama de barras y polígono de frecuencias

En un **diagrama de barras** cada valor se representa con una barra cuya altura es proporcional a su frecuencia.

Si se marcan los puntos medios de los extremos superiores de las barras y se unen mediante rectas se obtiene el **polígono de frecuencias**.

Se utiliza para variables cualitativas o cuantitativas discretas.

MAT-TIC GeoGebra

Entra en smSaviadigital.com y construye diagramas de barras con distintos datos.

Ejemplo ▸ Representa el diagrama de barras y el polígono de frecuencias de la siguiente tabla de frecuencias.

x_i	f_i	h_i	F_i	H_i
1	2	0,1	2	0,1
2	5	0,25	7	0,35
3	7	0,35	14	0,7
4	6	0,3	20	1
	$N = 20$	1		

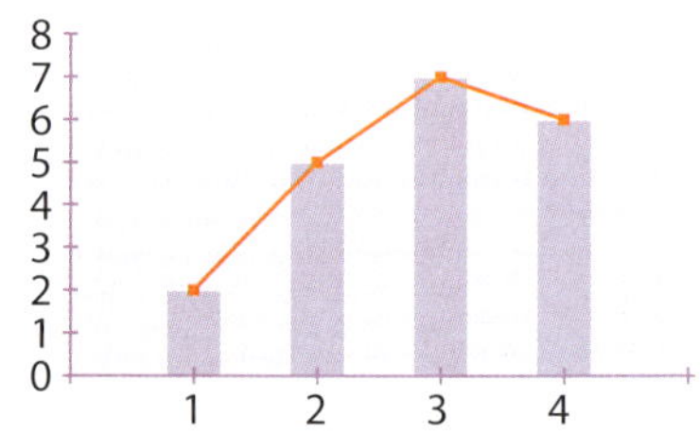

También se pueden representar las frecuencias acumuladas mediante diagramas de barras y polígonos de frecuencias.

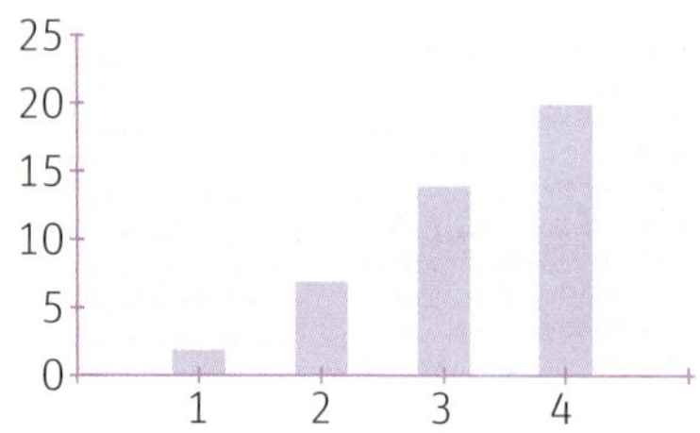

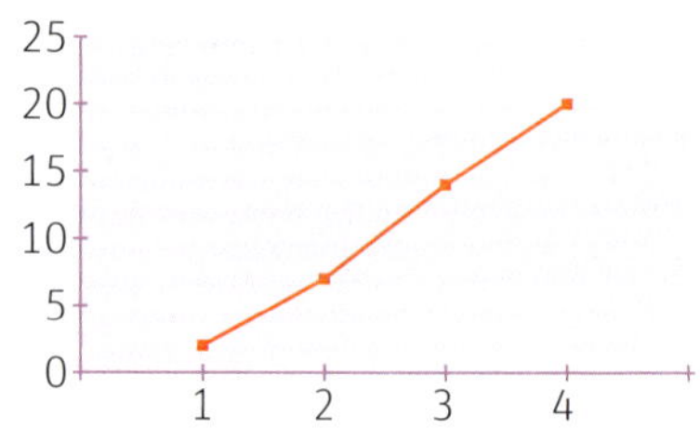

Sabías que...

El polígono de frecuencias acumuladas se denomina **ojiva**.

Diagrama de sectores

En un **diagrama de sectores** cada valor de la variable se representa por un sector cuya amplitud es proporcional a su frecuencia.

$$\textbf{Amplitud del sector } (^\circ) = \frac{f_i}{N} \cdot 360^\circ = h_i \cdot 360^\circ$$

Se utiliza para variables cualitativas o cuantitativas discretas con pocos valores.

MAT-TIC GeoGebra

Entra en smSaviadigital.com y practica construyendo diagramas de sectores.

Ejemplo ▸ Representa mediante un diagrama de sectores la distribución de los 822 alumnos de Secundaria de un centro.

Curso	Alumnos	Amplitud
1.° ESO	242	$\frac{242}{822} \cdot 360° = 106°$
2.° ESO	230	100,72°
3.° ESO	185	81,02°
4.° ESO	165	72,26°

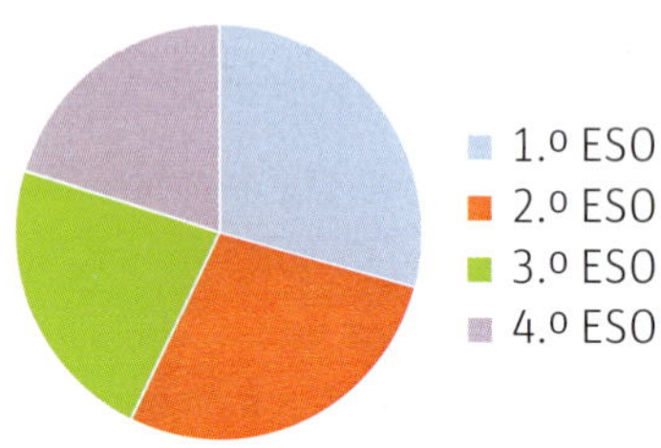

Diagramas lineales

En los **diagramas lineales** cada valor se representa mediante un punto cuya ordenada es proporcional a su frecuencia y se unen los puntos mediante segmentos.

Sirven para ver la evolución de una o varias variables estadísticas en distintas fases.

Ejemplo ▸ El gráfico muestra la evolución de las notas de un alumno a lo largo de un curso en tres asignaturas:

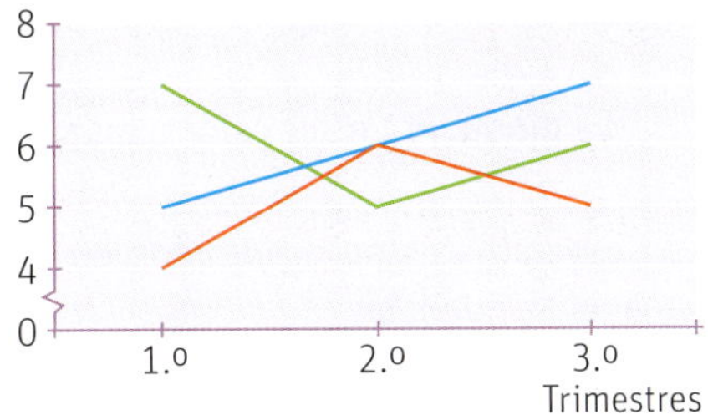

smSaviadigital.com

PRACTICA Comprueba lo que has aprendido sobre tablas de frecuencias y gráficos estadísticos.

Histogramas

Cuando los datos se agrupan en intervalos, el gráfico que se utiliza es el **histograma**.

En un **histograma** cada intervalo está representado por un rectángulo cuya base tiene la longitud del intervalo correspondiente y cuya altura es proporcional a su frecuencia si todos los intervalos tienen la misma amplitud.

Si se unen las marcas de clase de cada intervalo se obtiene el **polígono de frecuencias**.

Ejemplo ▸ Representa mediante un histograma los datos de un control de velocidad en una avenida de una ciudad.

Velocidad (km/h)	Marca de clase, x_i	f_i
[0, 20)	10	7
[20, 40)	30	10
[40, 60)	50	13
[60, 80)	70	12
[80, 100)	90	8
		$N = 50$

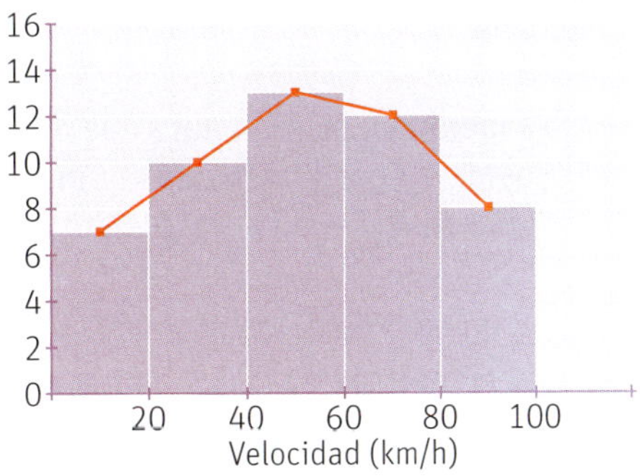

Sabías que...

Las pirámides de población son histogramas dobles.

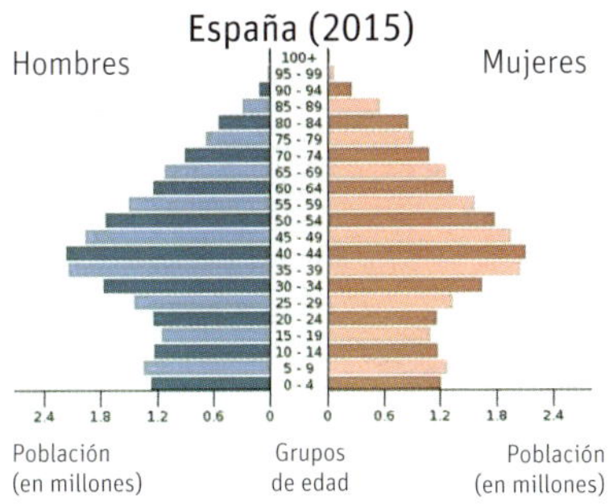

MAT-TIC GeoGebra

Entra en smSaviadigital.com y prepara histogramas.

ACTIVIDADES

4. El número de alumnos, en miles, matriculados en enseñanzas no universitarias en España en el curso 2015/2016 fue:

E. Infantil	1798
E. Primaria	2918
ESO	1865
Bachillerato	698
F. Profesional	784

a) Construye el diagrama de barras de la distribución escolar y el polígono de frecuencias acumuladas.

b) Si los datos en 2012/2013 fueron, respectivamente, 1900, 2827, 1806, 692 y 663, haz un diagrama lineal con los datos de ambos cursos y comenta la evolución.

5. En una fábrica de bombillas se estudia la duración de un tipo de bombilla. Se ha tomado una muestra de 200 lámparas con los siguientes resultados:

Vida en horas	N.º de bombillas
[100,300)	10
[300,500)	65
[500,700)	75
[700,900)	35
[900,1100)	15

Dibuja el polígono de frecuencias acumuladas en porcentaje. ¿Cuál es el porcentaje de bombillas que dura más de 800 h?

3 Medidas de centralización y posición

Con calculadora

Para realizar cálculos estadísticos con la calculadora, se elige el modo estadístico para una variable:

MODE MODE SD

Se introducen los valores de la variable:

x_1 M+, x_2 M+, ...

Para calcular la media:

SHIFT S-VAR $\bar{x}$

MAT-TIC GeoGebra

Entra en smSaviadigital.com y modifica datos para obtener la media y la mediana pedidas.

Las tablas y los gráficos proporcionan una visión global de los datos de una distribución estadística, pero si la variable es cuantitativa es conveniente resumir el estudio mediante unos pocos valores que reflejen sus propiedades generales. Estos valores son los **parámetros estadísticos**: de **centralización**, **posición** y de **dispersión**.

Las medidas de centralización son **moda**, **media** y **mediana** y las de posición, **cuartiles**, **deciles**, **percentiles**...

- Moda

La **moda**, M_o, es el valor o los valores de la variable que tienen mayor frecuencia.

Si los datos están agrupados en intervalos, el **intervalo modal** es el que presenta mayor frecuencia.

- Media

La **media**, $\bar{x}$, de una distribución es el resultado de dividir la suma de los valores de todos los datos entre el número total de datos.

$$\bar{x} = \frac{x_1 + x_2 + ... + x_n}{N} = \frac{\sum x_i}{N}$$

– Si los datos vienen dados en una tabla de frecuencias absolutas, la media es:

$$\bar{x} = \frac{x_1 f_1 + x_2 f_2 + ... + x_n f_n}{N} = \frac{\sum x_i f_i}{N} = \sum x_i h_i$$

– Si los datos están agrupados por intervalos se toman como valores de la variable x_i, las **marcas de clase** de los intervalos.

- Mediana

La **mediana**, M, es el dato que ocupa el centro de los datos cuando están ordenados de menor a mayor. El número de datos que hay por debajo de la mediana coincide con el número de datos que hay por encima.

– Si el número de datos es impar, la mediana es el dato que ocupa la posición central.

– Si el número de datos es par, la mediana es la media aritmética de los dos valores centrales.

Si los datos están agrupados en intervalos, el **intervalo mediano** es el que contiene a la mediana.

Ejemplo ▸ Calcula la moda, la media y la mediana del estudio que se ha realizado a los 30 empleados de una empresa sobre el número de horas semanales que dedican a practicar algún deporte. Los datos recogidos han sido:

Horas	0	1	2	3	4	5
Empleados	3	7	12	5	2	1

- La moda es el valor más frecuente: $M_o = 2$ horas.
- La media es:

$$\bar{x} = \frac{0 \cdot 3 + 1 \cdot 7 + 2 \cdot 12 + 3 \cdot 5 + 4 \cdot 2 + 5 \cdot 1}{30} = \frac{59}{30} = 1{,}97$$

- Para calcular la mediana, se ordenan los valores y se dividen en dos partes iguales:

0 0 0 1 1 1 1 1 1 1 2 2 2 2 2 | 2 2 2 2 2 2 2 3 3 3 3 3 4 4 5

La mediana dejará 15 datos por abajo y 15 por arriba. Es la media entre los valores que ocupan las posiciones 15 y 16: $M = 2$ horas.

- Cuartiles

Si se dividen los datos ordenados del estudio estadístico en cuatro partes iguales se obtienen los **cuartiles**.

- El **primer cuartil**, Q_1, es el dato que es mayor que el 25 % de los datos.
- El **segundo cuartil**, Q_2, es el dato que es mayor que el 50 % de los datos, es la mediana.
- El **tercer cuartil**, Q_3, es el dato que es mayor que el 75 % de los datos.

Si se divide el conjunto de datos ordenados en 10 partes iguales, los valores que separan cada una de las partes se llaman **deciles**, D_i.

Si se divide en 100 partes, las divisiones se llaman **percentiles**, P_i. Se suelen utilizar en estudios de características antropométricas: peso, estatura, *CI*...

Ejemplo ▸ Calcula los cuartiles en el estudio sobre los hábitos deportivos de los empleados de una empresa.

Para calcular los cuartiles se dividen los datos en cuatro partes iguales.

0 0 0 1 1 1 1 | 1 1 1 2 2 2 2 **2** | **2** 2 2 2 2 2 2 | 3 3 3 3 3 4 4 5

- El 25 % de 30 es 7,5. El primer cuartil es el valor del término octavo, $Q_1 = x_8 = 1$.
- El 50 % de 30 es 15. El segundo cuartil es la mediana, $Q_2 = M = 2$.
- El 75 % de 30 es 22,5. El tercer cuartil es el valor del dato que ocupa el lugar 23, $Q_3 = x_{23} = 3$.

ACTIVIDADES

ACTIVIDAD **RESUELTA**

6. **El número de trabajadores se distribuye según la tabla:**

N.º de trabajadores	N.º de empresas
[10,20)	3
[20,30)	8
[30,40)	12
[40,50)	7

Calcula el intervalo modal, el intervalo mediano y la media.

En primer lugar, se completa la tabla de frecuencias:

N.º de trabajadores	Marca de clase	f_i	h_i	F_i	H_i
[10,20)	15	3	0,1	3	0,1
[20,30)	25	8	0,27	11	0,37
[30,40)	35	12	0,4	23	0,77
[40,50)	45	7	0,23	30	0,1
		30	1		

- El intervalo modal es aquel con mayor frecuencia: [30, 40).
- Como hay 30 valores, la mediana será la media de los valores que ocupan las posiciones 15 y 16, por tanto, el intervalo mediano es [30, 40).
- La media se calcula a partir de las marcas de clase de cada intervalo: $\bar{x} = \frac{15 \cdot 3 + 25 \cdot 8 + 35 \cdot 12 + 45 \cdot 7}{30} = 32,67$

7. **La edad de los 50 socios del club deportivo juvenil viene dada por la tabla:**

Edad	16	17	18	19	20	21
N.º	5	8	10	12	9	6

Halla la moda, la media y la mediana y los cuartiles.

8. **La evaluación de un test realizado a los 215 trabajadores de una empresa ha sido:**

Nota	1	2	3	4	5	6	7	8	9	10
N.º Trab.	9	7	8	34	40	37	50	13	10	7

a) Completa la tabla de frecuencias y representa la distribución con un diagrama de barras.

b) Calcula la moda, la media, la mediana y los cuartiles.

c) Deberán hacer un curso de formación los trabajadores por debajo del tercer decil. ¿Cuántos son?

9. **En un saco de patatas, su masa se distribuye de la forma:**

Peso (g)	Patatas
[0, 100)	3
[100, 200)	32
[200, 300)	54
[300, 400)	41
[400, 500)	20

a) Dibuja el gráfico de frecuencias acumuladas en porcentajes.

b) Halla el intervalo mediano.

c) ¿Qué número aproximado de patatas pesarán menos de 230 g?

4 Medidas de dispersión

Además de conocer el centro, es conveniente conocer la distribución de los datos respecto a los valores centrales. Para ello, hay que estudiar las **medidas de dispersión: recorrido, varianza, desviación típica...**

Recorrido

El **recorrido** o **rango** es la diferencia entre el mayor y el menor de los valores que toma la variable.

Si los datos están agrupados en intervalos, el recorrido es la diferencia entre el extremo superior del intervalo mayor y el extremo inferior del menor.

Se puede calcular entre qué valores se sitúan la mitad central de los datos.

El **recorrido intercuartílico** es la diferencia entre el tercer cuartil, Q_3, y el primer cuartil Q_1. $R_I = Q_3 - Q_1$.

Varianza y desviación típica

Se puede medir la dispersión como la desviación de cada dato respecto de la media, $x_i - \bar{x}$. Pero la suma de las desviaciones siempre es 0, ya que las negativas compensan a las positivas, por eso se utilizan sus cuadrados. Como la medida así calculada no tiene las mismas unidades que la variable, se toma su raíz cuadrada.

- La **varianza**, s^2, es la media de los cuadrados de las desviaciones de los datos respecto de la media de la distribución:

$$s^2 = \frac{(x_1-\bar{x})^2 f_1 + (x_2-\bar{x})^2 f_2 + (x_3-\bar{x})^2 f_3 + \ldots + (x_n-\bar{x})^2 f_n}{N} = \frac{\sum (x_i-\bar{x})^2 f_i}{N} = \frac{\sum x_i^2 f_i}{N} - \bar{x}^2$$

- La **desviación típica**, s, es la raíz cuadrada positiva de la varianza:

$$s = \sqrt{\frac{(x_1-\bar{x})^2 f_1 + (x_2-\bar{x})^2 f_2 + \ldots + (x_n-\bar{x})^2 f_n}{N}} = \sqrt{\frac{\sum (x_i-\bar{x})^2 f_n}{N}} = \sqrt{\frac{\sum x_i^2 f_i}{N} - \bar{x}^2}$$

Ejemplo ▸ Calcula el rango, la varianza y la desviación típica de la edad de los profesores de un centro recogidos en la siguiente tabla:

Edad	[25, 35)	[35, 45)	[45, 55)	[55, 65)
f_i	6	14	18	12

Se completa la tabla para facilitar los cálculos:

Edad	x_i	f_i	$x_i \cdot f_i$	$x_i^2 \cdot f_i$
[25, 35)	30	6	180	5400
[35, 45)	40	14	560	22400
[45, 55)	50	18	900	45000
[55, 65)	60	12	720	43200
		$\sum f_i = 50$	$\sum x_i f_i = 2360$	$\sum x_i^2 f_i = 116000$

- El recorrido es $65 - 25 = 40$.
- Se calcula la media para obtener la varianza:

$$\bar{x} = \frac{\sum x_i f_i}{N} = \frac{2360}{50} = 47{,}2 \Rightarrow s^2 = \frac{\sum x_i^2 f_i}{N} - \bar{x}^2 = \frac{116000}{50} - 2227{,}84 = 92{,}16$$

- Por tanto, la desviación típica es $s = \sqrt{s^2} = \sqrt{92{,}16} = 9{,}6$ años.

Con calculadora

Se introducen los valores en el modo estadístico de la calculadora y, para calcular la desviación típica, se escribe:

SHIFT S-VAR s_x

Diagramas de caja y bigotes

Un **diagrama de caja y bigotes** es un gráfico estadístico que permite estudiar la simetría de los datos de una distribución a partir de cinco parámetros: valor mínimo, primer cuartil, mediana, tercer cuartil y valor máximo.

- Los extremos indican el recorrido, y vienen determinados por el valor mínimo y máximo de los datos de la distribución.
- El rectángulo, cuyos lados verticales vienen representados por los cuartiles Q_1 y Q_3, indica el recorrido intercuartílico.
- La barra central del interior del rectángulo es la mediana de la distribución o Q_2.

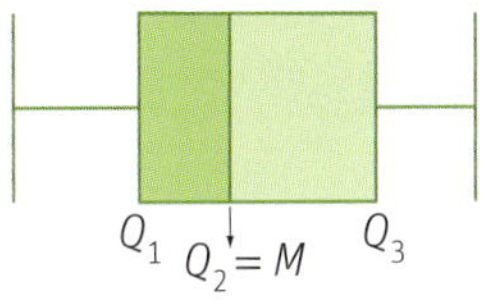

En ocasiones, las distribuciones presentan datos cuyo valor está muy alejado del resto.

Un **valor** de una variable estadística **es atípico** cuando se encuentra muy separado del resto de los valores que toma esa variable. Para detectar valores atípicos se calcula la distancia con respecto a los cuartiles:

- x es atípico por la derecha, si $x > Q_3 + 1{,}5(Q_3 - Q_1)$.
- x es atípico por la izquierda, si $x < Q_1 - 1{,}5(Q_3 - Q_1)$.

Ten en cuenta

Los valores atípicos se pueden representar en un diagrama de caja y bigotes.

Ejemplo ▸ Las respuestas correctas obtenidas por 20 personas en un test de 110 preguntas han sido las siguientes:

63, 62, 60, 20, 65, 80, 82, 110, 70, 75, 73, 72, 108, 84, 78, 67, 19, 60, 61, 63

Calcula el rango, el recorrido intercuartílico y los valores atípicos de la distribución y representa el diagrama de caja y bigotes.

Se ordenan los datos de la distribución e identifican los cuartiles:

19, 20, 60, 60, 61, 62, 63, 63, 65, 67, 70, 72, 73, 75, 78, 80, 82, 84, 108, 110

Q_1 (61) $\quad Q_2 = M = \dfrac{67+70}{2} = 68{,}5 \quad Q_3$ (80)

- El rango es $110 - 19 = 91$
- El recorrido intercuartílico es $80 - 61 = 19$
- Existe un valor atípico por la derecha: $110 > Q_3 + 1{,}5(Q_3 - Q_1) = 108{,}5$
- Existen dos valores atípicos por la izquierda: $19 < Q_1 - 1{,}5(Q_3 - Q_1) = 32{,}5$

$20 < Q_1 - 1{,}5(Q_3 - Q_1) = 32{,}5$

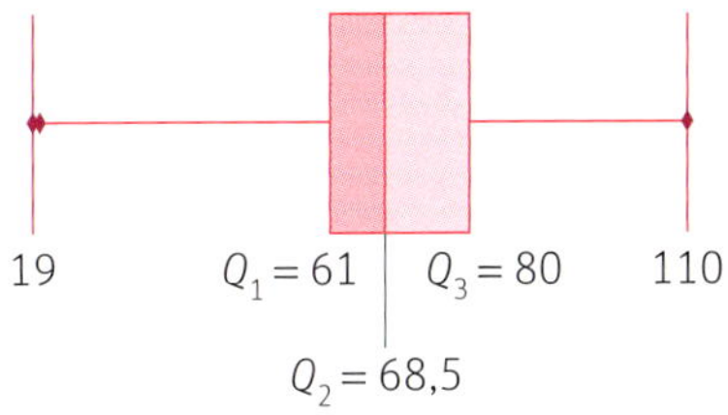

MAT-TIC GeoGebra

Entra en smSaviadigital.com y practica con las medidas de centralización y de dispersión realizando diagramas de cajas.

ACTIVIDADES

10. El número de libros solicitados en una biblioteca ha sido:

Libros	1	2	3	4	5	6
Usuarios	8	12	9	6	3	2

a) Halla la mediana y los cuartiles, el recorrido y el recorrido intercuartílico.

b) Halla la media, la varianza y la desviación típica.

11. Las notas de 10 alumnos han sido: 6, 5, 3, 6, 3, 7, 5, 8, 5, 4.

a) Calcula la mediana, el rango y el recorrido intercuartílico.

b) Calcula la media y la desviación típica.

c) Si el profesor multiplica las notas por 2, ¿qué les ocurre a los parámetros estadísticos?

12. Dado el siguiente conjunto de datos:

71, 33, 36, 31, 35, 4, 33, 10, 15, 38, 37, 56

a) Halla la mediana y los cuartiles.

b) Calcula el recorrido y el recorrido intercuartílico.

c) Identifica si existen datos atípicos y construye el diagrama de caja y bigotes.

13. En un test de agudeza visual realizado a 120 personas se han obtenido los resultados que aparecen en la tabla siguiente:

Puntos	[30, 40)	[40, 60)	[60, 80)	[80, 100)
Personas	16	44	40	20

Calcula el recorrido, la mediana, la media y la desviación típica.

5 Interpretación conjunta de la media y la desviación típica

Los gráficos estadísticos permiten estudiar de manera global los datos de una distribución, pero para analizar cómo se comportan de una forma numérica, se recurre a la interpretación conjunta de la media y de la desviación típica.

La desviación típica proporciona una medida de la dispersión de los datos ya que la dispersión global está condicionada por el valor de la media.

Ejemplo ▸ La desviación típica de dos distribuciones, *A* y *B*, es $s = 10$. En cambio, la media de la distribución *A* es $\overline{x} = 58$ y la media de la distribución *B* es $\overline{x} = 258$. ¿Qué distribución tiene una dispersión mayor?

Aunque el valor de la desviación típica es igual en ambas distribuciones, la media de *A* es menor que la de *B*. Por tanto, la distribución *A* es más dispersa.

Coeficiente de variación

Para comparar la **dispersión relativa** de varias distribuciones se relaciona la desviación típica con la media correspondiente de cada distribución.

El **coeficiente de variación** de una distribución estadística es el cociente entre la desviación típica y la media aritmética:

$$CV = \frac{s}{\overline{x}}$$

El resultado se suele expresar en forma de porcentaje y, cuanto menor es, más **representativa de la distribución** es la media.

Ejemplo ▸ La media de la edad de los profesores en un centro es $\overline{x} = 47{,}2$ y la desviación típica es $s = 9{,}6$ años. En otro centro, $\overline{x} = 38{,}9$ años y $s = 13{,}7$ años. ¿En qué centro es más representativa la media?

Se calculan coeficientes de variación en los dos centros:

$$CV_1 = \frac{9{,}6}{47{,}2} = 0{,}2034 \rightarrow 20{,}34\ \%\qquad CV_2 = \frac{13{,}7}{35{,}9} = 0{,}3816 \rightarrow 38{,}16\ \%$$

Como 20,34 % < 38,16 %, la media es más representativa en el primer centro.

Interpretación conjunta de la media y la desviación típica

Se puede resumir toda la información de cualquier distribución estadística con solo **dos números**: la **media**, $\overline{x}$, y la **desviación típica**, s. La media indica el centro y la desviación típica el grado de dispersión de los datos.

Muchas distribuciones estadísticas se ajustan a un modelo conocido como **distribución normal**. Es una distribución simétrica y con una sola moda.

Si el número de datos es lo suficientemente grande y la distribución es simétrica, con una sola moda y se aproxima a la **distribución normal**:

- Aproximadamente el 68 % de los datos están entre $\overline{x} - s$ y $\overline{x} + s$.
- El 95 % de los datos están entre $\overline{x} - 2s$ y $\overline{x} + 2s$.
- El 99 % de los datos están entre $\overline{x} - 3s$ y $\overline{x} + 3s$.

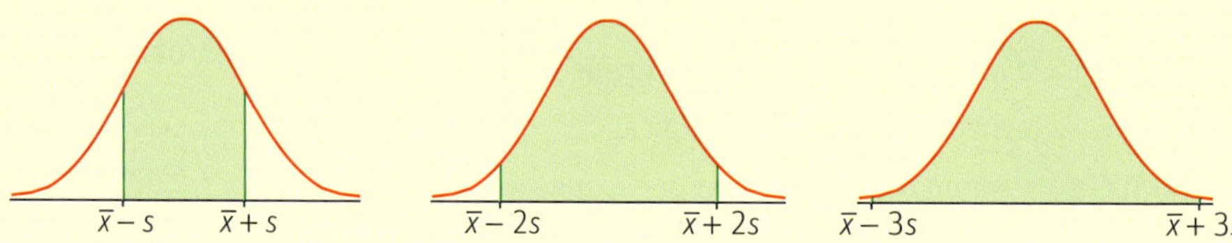

smSaviadigital.com
PRACTICA Calcula parámetros estadísticos y comprueba cómo de significativa es la media.

Ten en cuenta
Un $CV > 30\ \%$ indica que la media es poco representativa. En estos casos es mejor optar por la mediana como medida de centralización.

MAT-TIC GeoGebra
Entra en smSaviadigital.com y aprende a hacer estudios estadísticos globales.

Ejemplo ▸ Una encuesta sobre el número de teléfonos móviles realizada a 200 familias ha dado los siguientes resultados ordenados en esta tabla:

x_i	f_i	h_i	F_i	H_i	H_i (%)	$x_i \cdot f_i$	$x_i^2 \cdot f_i$
0	2	0,01	2	0,01	1	0	0
1	8	0,04	10	0,05	5	8	8
2	20	0,1	30	0,15	15	40	80
3	60	0,3	90	0,45	45	180	540
4	90	0,45	180	0,90	90	360	1440
5	20	0,1	**200**	**1**	**100**	100	500
	$N = 200$	1				**688**	**2568**

Calcula los parámetros estadísticos e indica si la distribución se aproxima a una distribución normal.

Medidas de centralización	Medidas de dispersión
Moda: $M_0 = 4$	Recorrido: $R = 5 - 0 = 5$
Primer cuartil: $Q_1 = 3$	Varianza: $s^2 = \dfrac{2568}{200} - 3{,}44^2 = 1{,}0064$
Mediana: $M = 4$	Desv. típica: $s = \sqrt{1{,}0064} = 1{,}0032$
Tercer cuartil: $Q_3 = 4$	Coef. variación: $CV = \dfrac{1{,}0032}{3{,}44} = 0{,}29 \rightarrow 29\ \%$
Media: $\overline{x} = \dfrac{688}{200} = 3{,}44$	

- En el intervalo $(\overline{x} - s, \overline{x} + s) = (2{,}44; 4{,}44)$ hay 150 datos, el 75 %.
- En el intervalo $(\overline{x} - 2s, \overline{x} + 2s) = (1{,}43; 5{,}45)$ hay 190 datos, el 95 %.
- En el intervalo $(\overline{x} - 3s, \overline{x} + 3s) = (0{,}43; 6{,}45)$ hay 198 datos, el 99 %.

La distribución se aproxima a una distribución normal.

smSaviadigital.com

PRACTICA Comprueba lo que has aprendido sobre medidas de centralización y de dispersión.

ACTIVIDADES

14. Se han realizado dos pruebas tipo test, *A* y *B*, de 120 preguntas cada una.

- En la prueba *A*, la media de respuestas correctas ha sido 72 y la desviación típica 15.
- En la prueba *B*, la media ha sido 58 y la desviación típica 13.

¿En qué prueba la media es más representativa?

15. Para estudiar la repoblación forestal en una montaña se han medido las alturas de 40 árboles en cada vertiente:

Vertiente norte:

Altura (m)	[2, 4)	[4, 6)	[6, 8)	[8, 10]
N.º árboles	4	10	18	8

Vertiente sur:

Altura (m)	[2, 4)	[4, 6)	[6, 8)	[8, 10)	[10, 12)
N.º árboles	7	9	10	8	6

a) Halla el coeficiente de variación de ambas distribuciones.

b) ¿En cuál es más representativa la media?

c) ¿En qué vertiente se produce un crecimiento más uniforme?

16. En un pequeño comercio las ventas un día vienen dadas por:

Precio (€)	[0, 5)	[5, 10)	[10, 15)	[15, 20]
N.º artículos	14	17	25	14

a) Representa el histograma de las ventas.

b) Halla la media y el intervalo mediano.

c) Calcula la desviación típica y el coeficiente de variación.

17. Para estudiar la eficacia de un abono se ha medido el crecimiento de 200 plantas en un mes:

Altura (cm)	[0, 10)	[10, 20)	[20, 30)	[30, 40)
N.º plantas	40	65	60	35

a) Halla la media, la desviación típica y el recorrido.

b) Halla el coeficiente de variación.

c) ¿Entre qué valores se encuentra el 68 % de los datos? ¿Y el 95 %?

Organiza tus ideas

CONCEPTOS BÁSICOS

Población es el conjunto formado por todos los individuos.

Muestra es el subconjunto de la población sobre la que se hace el estudio.

Variable estadística
- Cualitativa
- Cuantitativa
  - Continua
  - Discreta

Frecuencias

- **Frecuencia absoluta:** f_i
- **Frecuencia relativa:** $h_i = \dfrac{f_i}{N}$
- **Frecuencia absoluta acumulada:** $F_i = \sum_{j \le i} f_j$
- **Frecuencia relativa acumulada:** $H_i = \dfrac{F_i}{N}$

GRÁFICOS ESTADÍSTICOS

Diagrama de barras y polígono de frecuencias

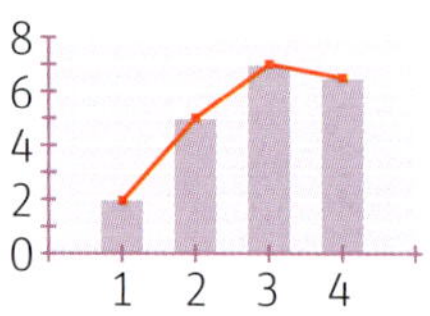

Polígono de frecuencias acumuladas

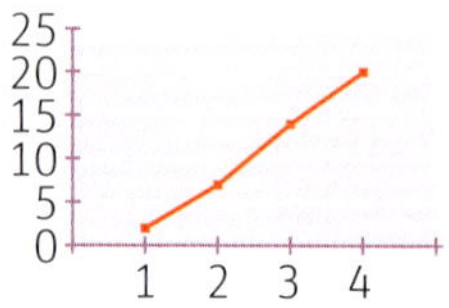

Diagrama de sectores

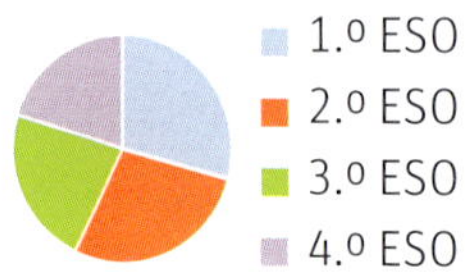

Diagramas lineales

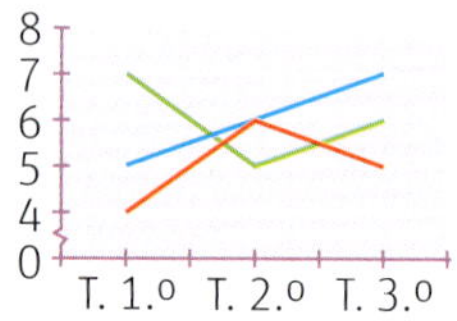

Histograma. Polígono de frecuencias

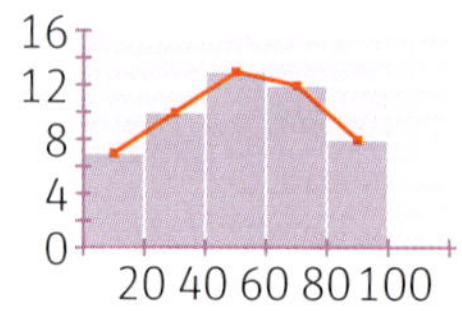

MEDIDAS DE CENTRALIZACIÓN Y DE POSICIÓN

- **Moda,** M_0, es el valor o los valores de la variable de mayor frecuencia.
- **Media,** $\bar{x}$, es el cociente de la suma de todos los datos entre el número total de datos.
- **Mediana,** M, es el dato que ocupa el lugar central de los datos ordenados de menor a mayor.
- **Cuartiles,** Q_1, Q_2 y Q_3, dividen a la distribución en cuatro partes iguales. $Q_2 = M$.

MEDIDAS DE DISPERSIÓN

- **Recorrido o rango:** es la diferencia entre el mayor y el menor de los valores de la variable.
- **El recorrido intercuartílico** $R_I = Q_3 - Q_1$.
- **Varianza** $s^2 = \dfrac{\sum (x_i - \bar{x})^2 f_i}{N} = \dfrac{\sum x_i^2 f_i}{N} - \bar{x}^2$
- **Desviación típica,** s, es la raíz cuadrada de la varianza.

$$s = \sqrt{\frac{\sum (x_i - \bar{x})^2 f_i}{N}} = \sqrt{\frac{\sum x_i^2 f_i}{N} - \bar{x}^2}$$

- **Diagrama de caja y bigotes:** gráfico estadístico que permite estudiar la simetría de los datos de una distribución.

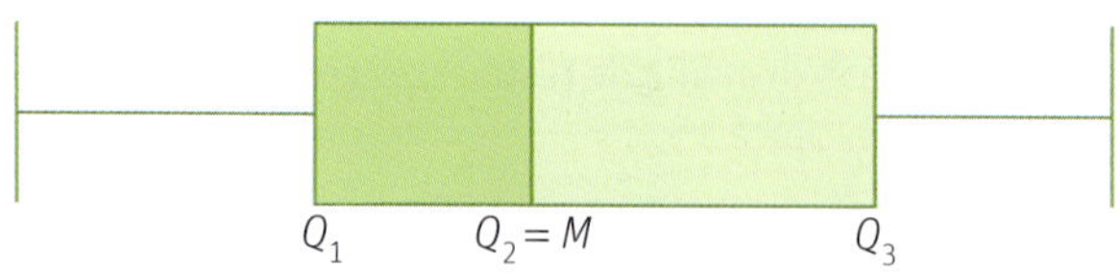

INTERPRETACIÓN CONJUNTA DE LA MEDIA Y LA DESVIACIÓN TÍPICA

El **coeficiente de variación** de una distribución estadística es el cociente entre la desviación típica y la media aritmética: $CV = \dfrac{s}{\bar{x}}$

Si el número de datos es lo suficientemente grande, la distribución es simétrica, con una sola moda y se aproxima a la **distribución normal.** Aproximadamente:

- El 68 % de los datos están entre: $\bar{x} - s$ y $\bar{x} + s$
- El 95 % de los datos están entre: $\bar{x} - 2s$ y $\bar{x} + 2s$
- El 99 % de los datos están entre: $\bar{x} - 3s$ y $\bar{x} + 3s$

Actividades clave

1. En un test de hábitos de consumo, donde 1 son malos hábitos y 9 buenos hábitos, los compradores de una gran superficie han obtenido las siguientes puntuaciones.

x_i	f_i
1	5
2	8
3	7
4	32
5	43
6	38
7	45
8	12
9	10

a) Representa el polígono de frecuencias acumuladas en tantos por ciento.

b) Calcula la media y la mediana de las puntuaciones.

a) Se construye la tabla de frecuencias acumuladas:

x_i	f_i	$x_i f_i$	F_i	H_i (%)
1	5	5	5	2,5
2	8	16	13	6,5
3	7	21	20	10
4	32	128	52	26
5	43	215	95	47,5
6	38	228	133	66,5
7	45	315	178	89
8	12	96	190	95
9	10	90	200	100
	200	**1114**		

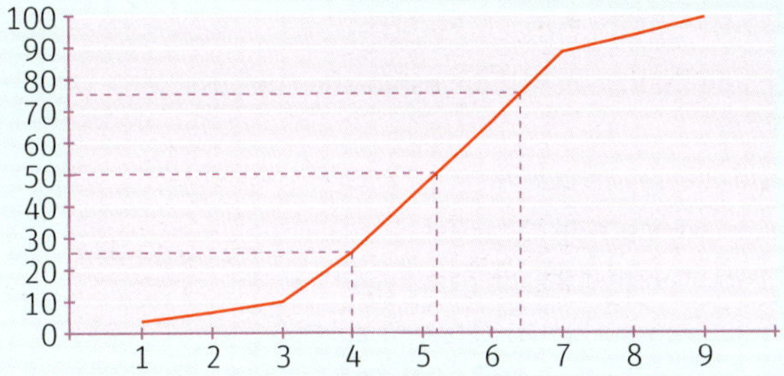

b) La media es: $\overline{x} = \dfrac{1114}{200} = 5{,}57$

Hay 200 resultados, por lo que la mediana será la media de los valores 100 y 101, pues dejan 99 valores por encima y 99 valores por debajo:

$$\overline{x} = \frac{6+6}{2} = 6$$

2. Los resultados para medir el cociente intelectual (CI) de 80 estudiantes en un test de inteligencia han sido:

CI	Ests.
[70, 90)	15
[90, 110)	38
[110, 130)	24
[130, 150)	3

a) Halla la media de CI.

b) Calcula la varianza y la desviación típica.

c) Halla el coeficiente de variación.

Para realizar los cálculos se amplía la tabla con las marcas de clase y las frecuencias y cálculos intermedios necesarios.

Intervalos	Marca: x_i	f_i	F_i	$x_i f_i$	$x_i^2 f_i$
[70, 90)	80	15	15	1200	96000
[90, 110)	100	38	53	3800	380000
[110, 130)	120	24	77	2880	345600
[130, 150)	140	3	80	420	58800
		80		**8300**	**880400**

a) Media: $\overline{x} = \dfrac{8300}{80} = 103{,}75$

b) Varianza: $s^2 = \dfrac{\sum x_i^2 f_i}{N} - \overline{x}^2 = \dfrac{880400}{80} - 103{,}75^2 = 240{,}94$

Desviación típica: $s = \sqrt{240{,}94} = 15{,}52$

c) Coeficiente de variación $CV = \dfrac{s}{\overline{x}} = \dfrac{15{,}52}{103{,}75} = 0{,}15$

Actividades

EJERCICIOS PARA PRACTICAR

Conceptos elementales de estadística

18. Emprende

Se quiere realizar un estudio sobre el tipo de mascotas que tiene la población de una ciudad de 10000 habitantes. Se proponen varias alternativas para seleccionar una muestra de 500 ciudadanos:

- Muestra aleatoria utilizando el censo municipal.
- Muestra estratificada por edades de forma aleatoria.
- Muestra aleatoria estratificada por barrios de la ciudad donde viven.

a) ¿Qué muestra consideras más representativa?

b) Se quiere hacer un estudio sobre el gasto que supone tener una mascota. Diseña el tipo de muestreo que consideres más adecuado y compáralo con el de tu compañero. ¿Qué muestra es más representativa?

19. Un supermercado realiza un estudio estadístico de sus clientes para conocer:

a) El número de clientes cada hora.

b) El importe de la compra de cada cliente.

c) El medio de transporte utilizado para llegar.

Indica de qué tipo es cada una de estas variables.

20. La Encuesta de Población Activa (EPA), mide la tasa de parados y de población ocupada. La realiza el Instituto Nacional de Estadística (INE) sobre una muestra de unas 200000 personas cada trimestre. La población total del estudio (población activa) asciende a 23015500 personas. El gráfico muestra la evolución del número de parados desde 2011 a 2015.

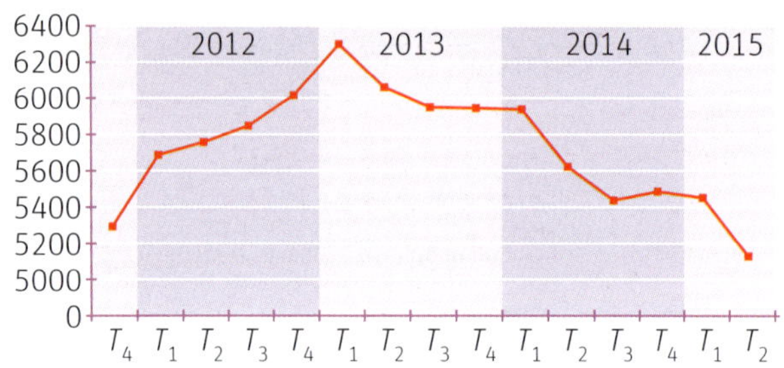

a) ¿Qué porcentaje de la población total forma la muestra?¿Es representativa?

b) ¿De qué tipo es el gráfico estadístico?

c) Los puntos representan trimestres. ¿Cuándo se alcanza el máximo? ¿En cuánto aumentó el paro entre el 4.º trimestre de 2011 y el máximo del número de parados?

d) Indica de forma aproximada la diferencia de parados entre el principio y el final de la serie.

21. Durante el mes de junio las temperaturas máximas en una ciudad han sido (en grados centígrados):

28, 27, 28, 29, 25, 24, 23, 25, 27, 30, 29, 28, 29, 30, 26, 28, 31, 30, 30, 27, 29, 28, 30, 29, 30, 31, 32, 29, 30, 31

a) Define la variable estadística. ¿De qué tipo es?

b) Completa la tabla de frecuencias relativas y acumuladas.

c) ¿Tiene sentido agrupar los datos en intervalos? Justifica tu respuesta.

Gráficos estadísticos

22. Según datos del Ministerio de Educación, Cultura y Deporte (MECyD) los estudiantes matriculados en grados universitarios en 2014/2015 fueron 1373000, distribuidos así:

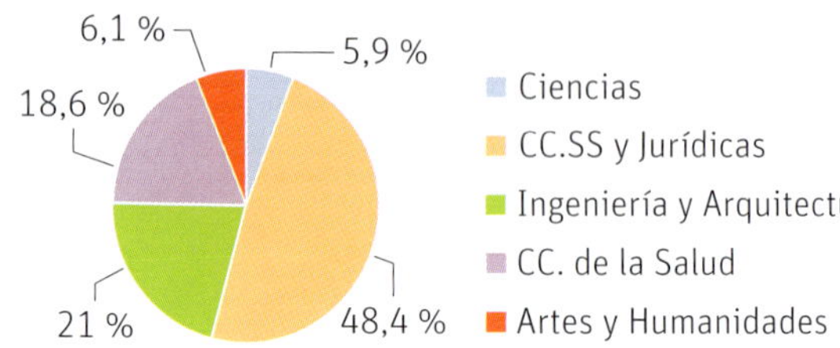

a) Calcula la amplitud de los sectores correspondientes a los estudios de Ciencias y de Ciencias de la Salud.

b) ¿Cuántos estudiantes cursan Ingeniería y Arquitectura?

23. Se ha encuestado a 50 personas para saber si pasaban sus vacaciones en el extranjero. Los resultados han sido:

	Nunca	A veces	A menudo	Siempre
Número	4	20	22	4

a) ¿De qué tipo es la variable?

b) Construye la tabla de frecuencias acumuladas.

c) Representa la distribución. ¿Qué tipo de gráfico es el más aconsejable?

24. Se recomienda ingerir las calorías que necesita una persona de la siguiente forma:

Hidratos de carbono	Grasas	Proteínas
50 %	35 %	15 %

Representa los datos en un diagrama de sectores.

25. Según datos del Ministerio de Empleo y Seguridad Social sobre actividades económicas, el número de empresas y de trabajadores por sectores en 2014 fue:

Actividad económica	N.º de empresas	N.º de trabajadores
Industria	107195	1795103
Construcción	105103	597357
Transporte y almacenamiento	63407	594952
Hostelería	159488	962144
Comunicaciones y finanzas	18753	369762
Act. científicas y técnicas	86862	617004
Act. administrativas	47894	1133914
Act. artísticas	24858	205011

a) ¿Cuál es el mejor tipo de gráfico para representar la participación de cada sector?

b) Utiliza una hoja de cálculo para hacer los gráficos de cada columna. ¿Hay correspondencia entre ellos?

26. Represente en el gráfico más adecuado el gasto mensual de una familia en comida y en ropa en los últimos 6 meses.

Comida	325	285	345	300	280	290
Ropa	220	180	68	120	90	280

Medidas de centralización y de posición

27. Una empresa de *marketing* hace una encuesta sobre un producto entre 20 personas. Han de valorar el producto de 1 a 5:

1 = muy malo 4 = bueno
2 = malo 5 = muy bueno
3 = regular

Los resultados obtenidos han sido:

1, 3, 3, 4, 1, 2, 2, 5, 1, 4, 5, 1, 5, 5, 1, 1, 2, 2, 3, 5

a) Halla la media, la moda y la mediana de las valoraciones.

b) Elige el gráfico adecuado para presentar los resultados.

28. Las notas obtenidas por Juan en los exámenes escritos en Matemáticas a lo largo de un curso han sido:

3, 5, 6, 4, 6, 7, 5, 7, 8, 6, 7, 6

a) Calcula la moda, la media y la mediana.

b) Halla los cuartiles.

29. La cantidad mensual de lluvia en milímetros recogida en un observatorio a lo largo de un año ha sido:

E	F	M	A	M	J	JL	A	S	O	N	D
182	170	137	117	149	80	40	122	133	156	198	182

a) ¿Se trata de un clima seco o húmedo?

b) Calcula la media y la mediana.

c) Halla los cuartiles.

d) Representa los datos en un polígono de frecuencias acumuladas.

30. El número de pensionistas en España y la cuantía de las pensiones en 2015 vienen dados en este gráfico.

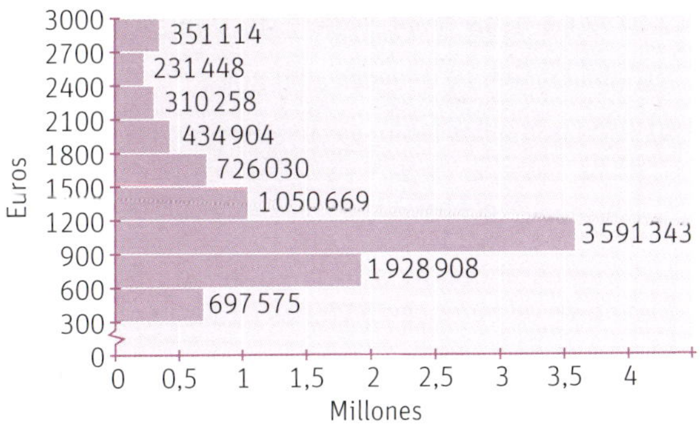

a) Haz la tabla de frecuencias relativas acumuladas (%) y dibuja el histograma.

b) Halla la moda, la media y el intervalo mediano.

31. Los resultados de una prueba de evaluación externa en un centro han sido:

Puntos	0	1	2	3	4	5	6	7	8	9	10
Alumnos	2	12	32	38	45	54	68	60	54	29	6

a) Halla la moda y la media.

b) Calcula la mediana.

c) Dibuja el polígono de frecuencias acumuladas.

d) Calcula los cuartiles.

Medidas de dispersión

32. El número de reparaciones diarias realizadas por un técnico informático a lo largo de un mes se recoge en la siguiente tabla.

N.º de reparaciones	0	2	3	5	7	8	9
N.º de días	7	1	2	10	4	4	2

a) Calcula el rango y el recorrido intercuartílico.

b) Calcula la varianza y la desviación típica.

33. Calcula la media de estas dos distribuciones.

x_i	5	15	40
f_i	2	25	3

x_i	5	15	40
f_i	12	2	16

¿Cuál de ellas representa mejor la realidad de los datos? ¿Por qué?

34. El número de personas que han visitado una exposición de fotografía a lo largo de dos semanas han sido las siguientes:

72, 85, 36, 65, 66, 67, 85, 77, 61, 67, 88, 40, 52, 98

a) Calcula el rango y el recorrido intercuartílico.

b) Estudia si existen valores atípicos en la distribución.

c) Calcula la media con todos los datos y calcula la media sin los datos atípicos. ¿Qué observas?

35. Se ha preguntado a 30 personas sobre el número de horas diarias que ven la televisión, con el siguiente resultado:

Horas TV	0	1	2	3	4	5
N.º personas	4	6	8	7	4	1

a) Calcula la media.

b) Halla la varianza y la desviación típica.

36. Las edades de los empleados de unos grandes almacenes vienen dadas en la tabla:

Edad	[20, 30)	[30, 40)	[40, 50)	[50, 60)	[60, 70)
N.º	22	48	50	42	28

a) Haz el histograma de frecuencias acumuladas y el polígono de frecuencias acumuladas.

b) Halla la media y el intervalo mediano.

c) Calcula el rango.

d) Encuentra la varianza y la desviación típica.

37. Asigna a cada distribución su media y su desviación típica.

A	
x_i	f_i
1	4
2	4
3	3
4	4

B	
x_i	f_i
1	1
2	1
3	13
4	1

C	
x_i	f_i
1	6
2	2
3	1
4	6

Media: a) 2,47 b) 2,47 c) 2,88

Desviación típica: I) 1,15 II) 0,60 III) 1,35

38. Observa los siguientes diagramas de caja y bigotes de tres variables distintas.

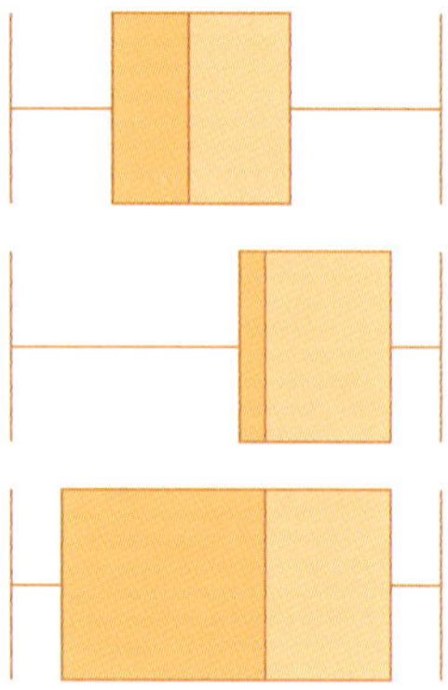

¿Qué se puede decir de la distribución de los datos y la simetría de cada una de ellas?

Interpretación conjunta de la media y la desviación típica

39. El Ayuntamiento de una ciudad ha realizado un estudio sobre el reciclado de envases de plástico en los 12 distritos de la ciudad obteniendo los siguientes resultados medidos en toneladas:

72, 68, 65, 72, 64, 75, 66, 65, 70, 78, 80, 62

a) Calcula el rango y el recorrido intercuartílico.

b) Calcula la varianza y la desviación típica.

c) Halla el coeficiente de variación.

40. La altura, en centímetros, y el número de zapato de seis alumnos de 4.º de ESO son:

Altura	172	166	170	174	176	180
N.º zapato	39	39	38	40	41	43

a) Halla la media y la desviación típica de las dos distribuciones.

b) Halla el coeficiente de variación de las distribuciones. ¿Qué distribución es más dispersa?

ACTIVIDAD **RESUELTA**

41. Las notas de un grupo de 20 alumnos son:

Nota	3	4	5	6	7	8	9
f_i	2	3	6	4	2	2	1

a) Halla la media y la desviación típica.

b) Si se supone que se aproximan a una distribución normal, ¿entre qué valores se encuentran aproximadamente el 68 % de los datos?

a) La media es $\overline{x} = 5{,}55$ y la desviación típica es $s = 1{,}6$.

b) Se construye el diagrama de barras de las notas:

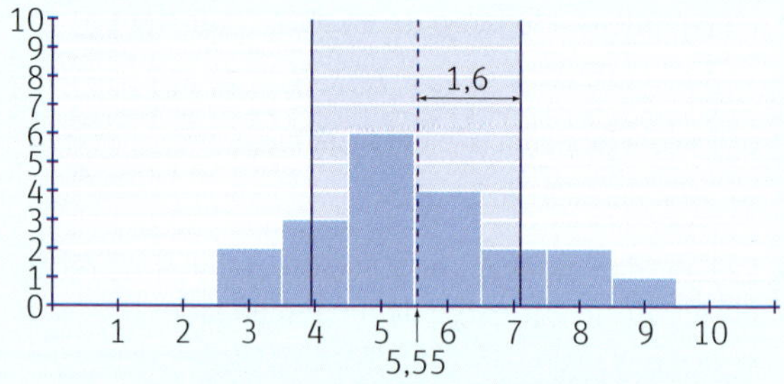

El 68 % de los datos está entre las dos líneas verticales:

$$\overline{x} - s = 5{,}55 - 1{,}6 = 3{,}95$$

$$\overline{x} + s = 5{,}55 + 1{,}6 = 7{,}15$$

Entre 3,95 y 7,15 se encuentran un poco más de las dos terceras partes de las notas.

42. En una empresa de madera una sierra automática corta tablones de 2 m de longitud. En un control se ha medido una muestra de 10 tablones y las longitudes han sido:

2,01 2,03 1,96 2,06 1,98 2,05 2,08 1,95 2,10 1,92

a) Halla la media y la desviación típica.

b) Se desechan los tablones cuyas longitudes no estén comprendidas entre $\overline{x} - s$ y $\overline{x} + s$. ¿Cuántos tablones de la muestra hay que desechar?

43. Los puntos anotados a lo largo de una temporada por dos jugadores de baloncesto vienen dados por los siguientes histogramas:

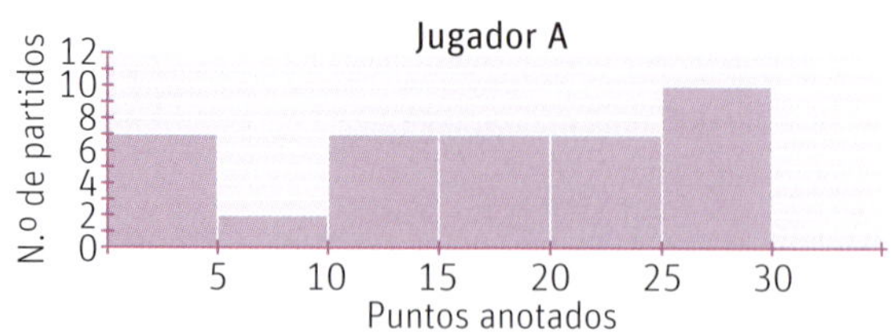

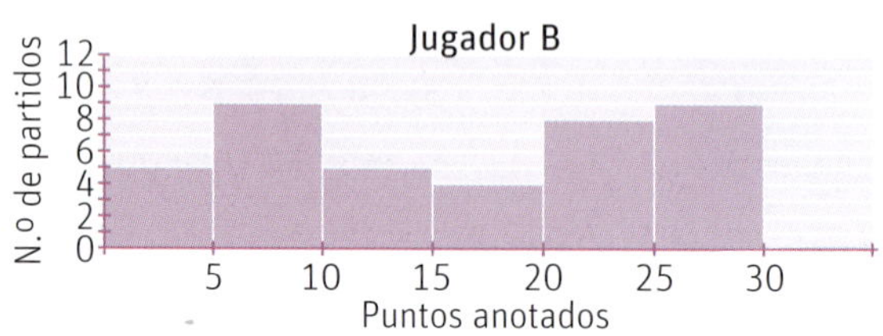

a) ¿Qué jugador tiene mejor promedio?

b) ¿Cuál ha sido más regular a lo largo de la temporada?

PROBLEMAS **PARA RESOLVER**

44. Las notas de 8 alumnos en un examen de Matemáticas han sido 4, 5, 6, 4, 7, 9, 3 y 5.

a) Representa los datos en un gráfico adecuado.

b) Calcula la media y la desviación típica.

c) El profesor premia a sus alumnos y les sube 2 puntos a cada uno. ¿Qué les sucede a la media y a la desviación típica?

45. En el siguiente gráfico se representan las estaturas de 12 jugadores de un equipo de *rugby* masculino.

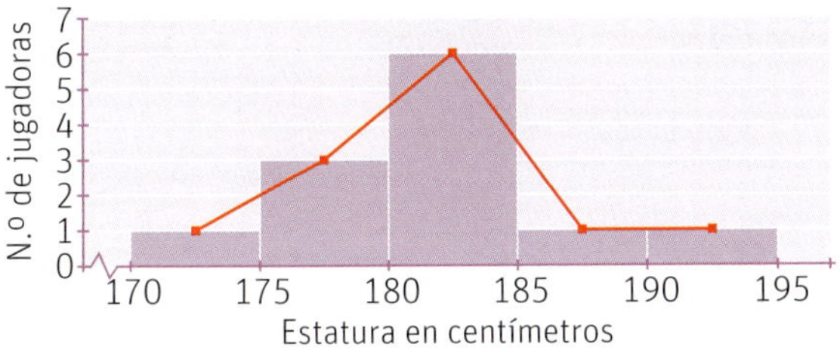

a) Elabora una tabla de frecuencias con los datos del gráfico.

b) Calcula la media, la mediana y la moda.

c) Calcula la varianza y la desviación típica.

d) Dibuja el diagrama de caja y bigotes.

46. Los resultados obtenidos en un test que se ha aplicado a 30 trabajadores de una pequeña empresa han sido:

135, 125, 80, 140, 210, 156, 92, 141, 130, 128,
162, 60, 137, 75, 118, 136, 100, 143, 136, 128,
90, 143, 156, 157, 140, 125, 210, 130, 110, 230

a) Calcula los cuartiles.

b) ¿Existen valores atípicos en la distribución de los datos?

47. La esperanza de vida en 10 países africanos viene dada por la tabla siguiente (*Fuente:* bancomundial.org).

País	Hombres	Mujeres
Angola	50	53
Argelia	72	77
Chad	50	52
Camerún	54	56
Egipto	69	73
Ghana	60	62
Guinea Ecuatorial	56	59
Kenia	59	63
Leshoto	49	50
Nigeria	52	53

a) ¿Quién tiene mayor esperanza de vida, hombres o mujeres?

b) ¿Cuál es la diferencia entre las medias de las esperanzas de vida entre hombres y mujeres?

c) Calcula el coeficiente de variación de las dos poblaciones. ¿Cuál es más dispersa?

d) ¿Son representativas las medias?

48. En una empresa hay 4 directivos, 50 técnicos y 12 comerciales. Los salarios anuales de cada categoría son: directivos, 85000 €; técnicos, 26000 €; comerciales, 30000 €.

a) Halla la moda, la mediana y la media de los salarios.

b) ¿Cuál de las tres medidas es más representativa como medida de centralización?

c) Halla el coeficiente de variación.

49. Se ha llevado a cabo un estudio para averiguar la cantidad de papel reciclado, en toneladas, en los distintos pueblos de una comarca y se han obtenido los siguientes resultados:

64, 65 ,68, 67, 68, 67, 72, 74, 80, 74,
68, 74, 68, 72, 68, 65, 72, 67, 68, 85

Calcula el porcentaje de pueblos cuyas cantidades recicladas están dentro del intervalo $\overline{x}-2s$ y $\overline{x}+2s$.

50. Dos tiendas de una misma cadena han obtenido en los últimos años estos beneficios (en miles de euros):

Tienda A	590	256	744	816	486	374
Tienda B	454	386	574	352	550	468

a) ¿Qué tienda tiene mayores beneficios?

b) ¿Cuál es más estable?

51. Los gastos de una familia el año pasado, expresados en porcentajes, vienen dados mediante el diagrama de sectores:

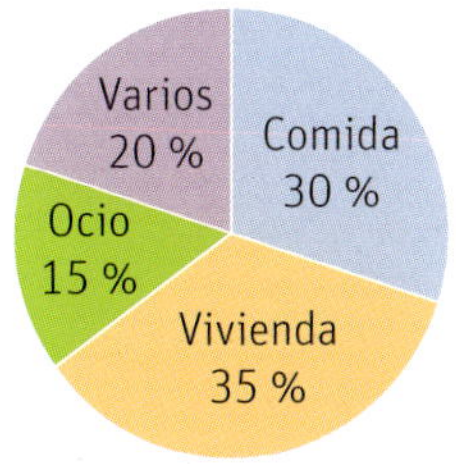

Este año los gastos han tenido los siguientes aumentos respecto a los del año pasado: vivienda 5 %; comida 4 %; varios 8 % y ocio 2 %.

Construye el diagrama de sectores correspondiente a los gastos de este año. ¿En qué porcentaje aumenta el gasto medio de la familia?

Encuentra el error

52. Las tallas, en centímetros, de 30 alumnos de una clase son:

165, 159, 158, 185, 168, 164, 163, 185, 169, 157
160, 163, 164, 165, 158, 170, 155, 190, 187, 157,
178, 183, 157, 179, 178, 182, 159, 150, 160, 178

Lara ha calculado la media de las estaturas sumándolas y dividiendo el resultado entre 30, obteniendo 168,2.

Santi, para simplificar los cálculos, ha optado por agrupar los datos en los siguientes intervalos:

[150, 160); [160, 165); [165, 170);
[170, 175); [175, 180); [180, 190]

Santi ha utilizado las marcas de clase para obtener el valor de la media, que es 167,75.

¿Dónde está el error? ¿Qué resultado es correcto?

Ponte a prueba

PROBLEMA **RESUELTO** **¿Influye el género en los índices de colesterol?**

El doctor Floid ha realizado un pequeño estudio estadístico entre 50 de sus pacientes, con los siguientes resultados separados por géneros.

Hombres: 215, 155, 190, 157, 120, 151, 210, 156, 190, 137, 168, 194, 228, 216, 170, 232, 175, 149, 190, 139, 209, 212, 212, 191, 157, 158, 179, 211, 189, 198, 151.

Mujeres: 175, 285, 162, 193, 172, 173, 211, 166, 193, 197, 189, 188, 194, 178, 227, 199, 190, 131, 179.

1. Dibuja un histograma doble en el que se muestren los valores de hombres y mujeres.
2. Halla la media y la desviación típica del índice de colesterol de los hombres y de las mujeres.
3. ¿Hay diferencias significativas?

SOLUCIÓN

1. Se agrupan los datos en intervalos de amplitud 20 y se dibuja el histograma de los datos:

Colesterol	Hombres x	Mujeres y
[120, 140)	3	1
[140, 160)	7	2
[160, 180)	5	6
[180, 200)	7	7
[200, 220)	7	1
[220, 240)	2	1
[240, 260)	0	1

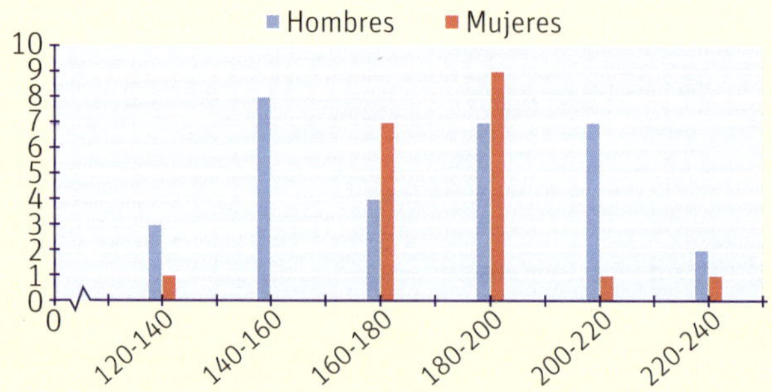

2. Se calculan las medias y las desviaciones típicas:

   Hombres: $\overline{x} = 181{,}26$, $s_x = 28{,}78$

   Mujeres: $\overline{y} = 183{,}79$, $s_y = 26{,}67$

3. El doctor Floid debe concluir que, al menos entre sus pacientes, no hay diferencias significativas en el índice de colesterol en función del género.

Los niveles de CO_2

Desde hace varias décadas el aumento del gas CO_2 en la atmósfera está ayudando a producir un cambio climático. El diagrama muestra los niveles de emisión de CO_2 en 2000 (barras claras) de varios países, los niveles de emisión en 2011 (barras oscuras) y el porcentaje de cambio en los niveles.

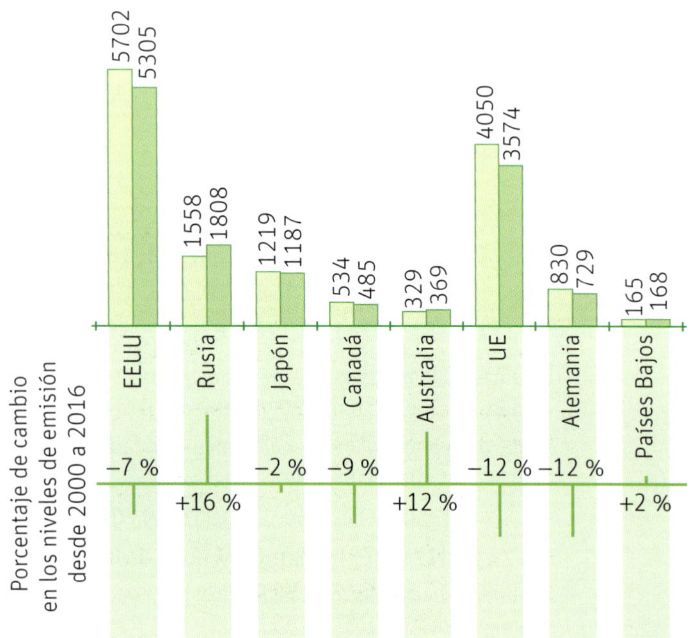

1. El incremento de emisiones en la federación rusa ha sido del 16 %. Explica con los datos del gráfico cómo se ha obtenido ese 16 %.
2. Luisa se fija en los cambios en los niveles de Países Bajos (+2 %) y de la Unión Europea (–12 %) y le resulta extraño que, mientras en el conjunto de la UE desciende, en Países Bajos aumenta. ¿Cuál es el porcentaje global de cambio del resto de los países para que esos datos sean ciertos?
3. Luisa y Antonio discuten sobre qué país o región tuvo el mayor aumento de emisiones. Cada uno llega a una conclusión distinta basándose en el diagrama. Da dos posibles respuestas "correctas" a esta pregunta y explica por qué ambas lo son.

Europa, un continente envejecido. Tasa de fertilidad de los países europeos

La tasa de fertilidad refleja la media del número de nacimientos por mujer que se producen en un país o región. La tasa de remplazo es el valor de la tasa de fertilidad necesaria para que el número de nacimientos supere al de defunciones sin tener en cuenta la migración. Esta tasa es de 2,1 hijos por mujer. En el gráfico, se muestra en el eje horizontal la edad media en que las mujeres tienen su primer hijo y en el eje vertical la tasa de fertilidad de los países europeos en 2014.

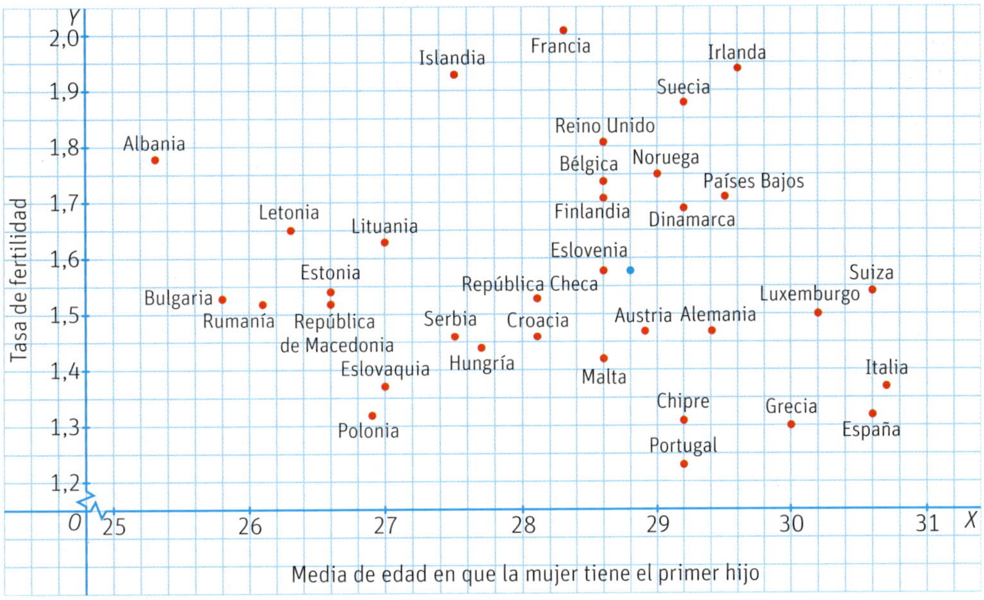

Fuente: Eurostat

1. Explica, con los datos del gráfico, la afirmación: "Europa es un continente envejecido".
2. Señala los cuatro países con la tasa de fertilidad más alta y los cuatro con la más baja.
3. Indica los cuatro países en los que la media de edad para tener el primer hijo es más alta y los cuatro en que es más baja.
4. Compara los datos de Francia y de España, países vecinos. ¿Cómo explicarías esa diferencia social?

AUTOEVALUACIÓN

1. En la siguiente tabla se recogen los deportes que practican los alumnos de 4.º de ESO de un centro.

Deporte	Tenis	Baloncesto	Voleibol	Futbol
Alumnos	11	36	26	62

a) ¿De qué tipo es la variable que se está estudiando?

b) ¿Cuántos alumnos conforman la muestra?

c) Completa la tabla de frecuencias.

d) Representa los datos en un diagrama de sectores. ¿Cuál es la frecuencia de cada categoría?

2. Una tienda de embutidos hace recuento del número de jamones y de su peso. Los resultados son:

[5,5; 6)	[6; 6,5)	[6,5; 7)	[7; 7,5)	[7,5; 8)	[8; 8,5)
3	7	8	12	8	2

a) Representa los datos en un histograma.

b) Calcula la media, la varianza y la desviación típica.

c) Halla el coeficiente de variación.

3. En una encuesta realizada a 500 personas se ha preguntado el número de periódicos comprados a lo largo de una semana. Los resultados, expresados en porcentajes de encuestados, son los siguientes:

N.º periódicos	0	1	2	3	4	5	6	7
Encuestados (%)	8	15	23	17	12	11	9	5

a) Construye el polígono de frecuencias acumuladas.

b) Calcula la media de periódicos comprados.

c) Halla la mediana y los cuartiles.

d) Indica si existen datos atípicos.

e) Represanta el diagrama de caja y bigotes.

4. Tres conjuntos de datos *A*, *B* y *C* tienen las siguientes medias y desviaciones típicas:

A: $\bar{x} = 10$ y $s = 5$ ***B***: $\bar{x} = 4$ y $s = 3$ ***C***: $\bar{x} = 30$ y $s = 12$

a) ¿Cuál es el conjunto más disperso?

b) ¿Cuál es el más homogéneo?

12 Estadística bidimensional

¿Cuándo guardan alguna relación dos características de una población?

¿Qué tipo de relación existe entre el tiempo de exposición de una planta al sol y su crecimiento?

Piensa y contesta

A partir del estudio realizado por la DGT, ¿piensas que hay una relación directa entre la velocidad de un automóvil y la probabilidad de sufrir un accidente?

¿En qué tipo de vía se producen más siniestros? ¿A qué crees que puede deberse?

Analiza y reflexiona

Los organismos públicos como la Dirección General de Tráfico realizan con frecuencia estudios estadísticos para mejorar sus servicios. Busca información sobre otros organismos públicos que hayan realizado este tipo de estudios y analiza qué variables se relacionan en los mismos.

Lee y comprende

La velocidad causa más de 300 fallecidos cada año

- Un aumento del 5 % en la velocidad provoca aproximadamente un incremento del 20 % en los accidentes con víctimas mortales.
- A partir de 80 km/h es prácticamente imposible que un peatón salve la vida en un atropello.
- Las vías convencionales limitadas a 90 km/h son las carreteras donde más se incumplen los límites de velocidad.

Circular a una velocidad adecuada podría evitar una cuarta parte de los fallecidos en accidente de tráfico. Cada año, más de 300 personas mueren en las carreteras en accidentes en los que la velocidad fue un factor concurrente.

El incumplimiento de los límites de velocidad establecidos es uno de los problemas con los que se enfrenta la Unión Europea, quien en su último informe solicitó a todos los Estados miembros hacer cumplir el código de la circulación, construir y mantener las infraestructuras y realizar campañas de educación y sensibilización para reducir la accidentalidad viaria. [...]

En el último estudio de medición de la velocidad libre realizado por la DGT, los indicadores obtenidos describen que las vías convencionales limitadas a 90 km/h son las carreteras donde más se incumplen los límites de velocidad. 4 de cada 10 conductores circulan a velocidad superior a la permitida, un 25 % superan la velocidad en más de 10 km/h y un 12 % en más de 20 km/h. En el caso de las vías limitadas a 100 km/h, el porcentaje de vehículos que superan la velocidad establecida es algo menor.

NOTA DE PRENSA DE LA DGT, 2016: www.dgt.es

Y tú, ¿qué opinas?

Cuando el exceso de velocidad es superior en 60 km/h en vía urbana o en 80 km/h en vía interurbana a la permitida reglamentariamente, el Código Penal lo tipifica como delito y es castigado con la pena de prisión. ¿Crees que es justa esta medida?

1 Distribuciones bidimensionales

Los estudios estadísticos pueden analizar más de una característica de los individuos de una población.

En una **distribución bidimensional** a cada individuo de una población se le asignan dos valores, uno de cada variable o característica.

Una **variable estadística bidimensional (*X*, *Y*)** representa los pares de valores asociados a cada individuo. Si se interpretan como las coordenadas de puntos del plano, se obtiene un gráfico que se denomina **diagrama de dispersión o nube de puntos**.

Ejemplo ▶ Las notas de 8 alumnos en un examen de Lengua y otro de Matemáticas han sido:

Alumno	1	2	3	4	5	6	7	8
Lengua	2	4	4	5	5	6	7	8
Matemáticas	3	5	4	4	7	7	5	9

Si X es la nota de Lengua e Y es la nota de Matemáticas, la variable bidimensional (X, Y) toma los valores asociados a cada alumno: $(x_i, y_i) = \{(2, 3), (4, 5), (4, 4),..., (8, 9)\}$.

Si se representan en el plano, se obtiene el diagrama de dispersión o nube de puntos.

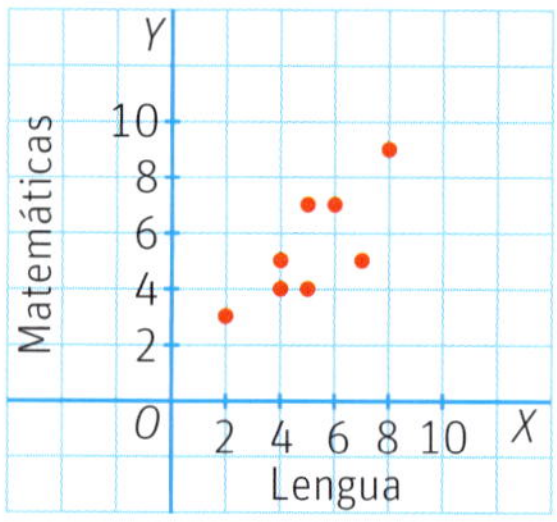

MAT-TIC GeoGebra

Entra en smSaviadigital.com y representa nubes de puntos.

Correlación lineal

La forma de la nube de puntos permite establecer de forma intuitiva la relación entre las dos variables.

- Si los puntos se ajustan a la gráfica de una función, hay **dependencia funcional** entre las variables.
- Si los puntos no se ajustan exactamente pero están colocados alrededor de la gráfica de una función, hay una **correlación o dependencia aleatoria**.

Se dice que hay **correlación lineal** entre las variables si los puntos se distribuyen en torno a una línea recta. Si la pendiente de la recta es positiva la **correlación es directa**, y si es negativa, la **correlación es inversa**.

Observando la forma de la nube de puntos, se puede deducir si la **correlación es fuerte** o **débil**.

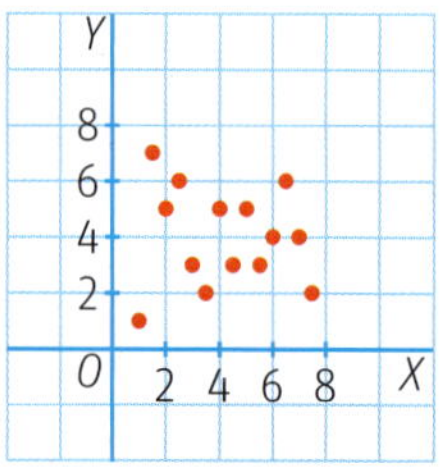

Correlación débil

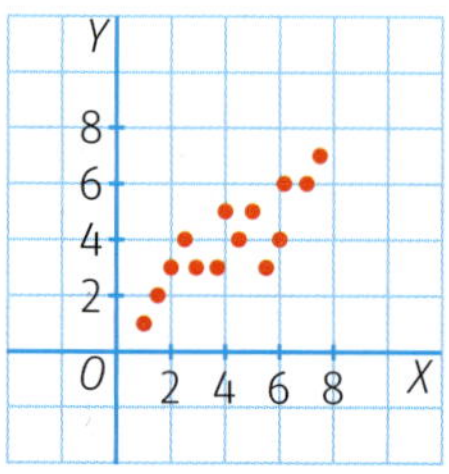

Correlación fuerte directa

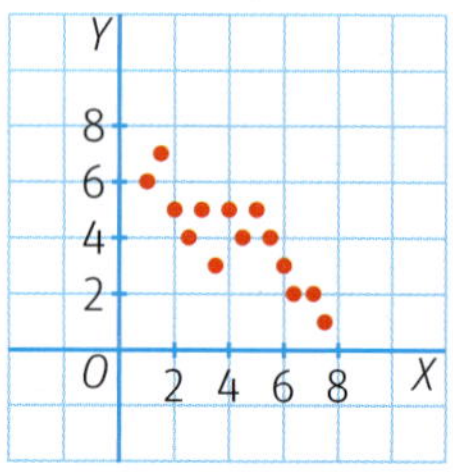

Correlación fuerte inversa

Ten en cuenta

Puede haber correlación no lineal, como en la siguiente distribución.

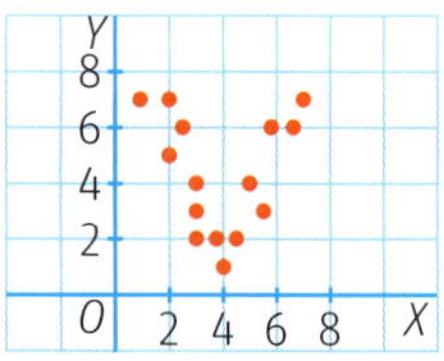

Tablas de contingencia

Si el número de datos es grande y los pares de valores se repiten se utiliza una **tabla de contingencia**.

Ejemplo ▸ Un grupo de alumnos realiza dos tests, *X* e *Y*, con 4 preguntas cada uno. Los errores en las respuestas se recogen en la tabla, donde cada casilla recoge el número de individuos que han tenido esos dos errores.

- ¿Qué número de alumnos han fallado la primera y la tercera pregunta del test (*X*)?
- ¿Qué número de alumnos han fallado la segunda y cuarta pregunta del segundo test (*Y*)?

Se suman las filas de cada valor de *X* y las columnas de cada valor de *Y*:

X \ Y	1	2	3	4	Suma X
1	12	6	4	2	12 + 6 + 4 +2 = **24**
2	8	7	3	0	8 + 7 + 3 + 0 = **18**
3	6	5	2	1	6 + ... + 1 = **14**
4	4	3	1	0	**8**
Suma Y	**30**	**21**	**10**	**3**	**64**

- Los alumnos que han fallado la primera pregunta del primer test han sido 24, y los que han fallado la tercera, 14.
- Los alumnos que han fallado la segunda pregunta del segundo test han sido 21, y los que han fallado la cuarta, 3.

ACTIVIDADES

ACTIVIDAD **RESUELTA**

1. Diez amigos hacen una competición que consiste en escribir un texto y mirar el tiempo empleado en minutos y los errores cometidos.

t (X)	2	7	8	8	9	10	11	12	14
E (Y)	24	16	12	15	18	14	14	8	2

Dibuja la nube de puntos e indica qué tipo de correlación existe entre el tiempo y los errores cometidos.

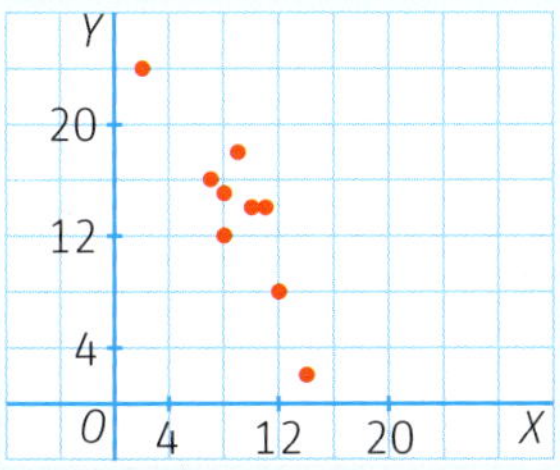

Como los puntos se ajustan bien a una recta de pendiente negativa, la correlación es fuerte e inversa.

2. Dada la siguiente distribución bidimensional:

X	2	3	5	6	8	9	10
Y	4	3	6	5	5	6	8

Representa la nube de puntos e indica el tipo de correlación entre las variables.

3. Las puntuaciones obtenidas por 40 personas en dos test que miden la comprensión lectora (*X*) y el cálculo numérico (*Y*) han sido:

X \ Y	20	30	40	50
20	3	4	2	1
30	5	2	2	1
40	1	3	4	2
50	0	1	3	6

a) ¿Cuántas personas han obtenido 30 puntos en comprensión lectora? ¿Y mas de 30?

b) ¿Cuántas personas han obtenido 50 puntos en cálculo?

c) ¿Cuántas personas han obtenido más de 40 puntos en cálculo numérico y en comprensión lectora?

d) ¿Hay correlación entre ambas habilidades?

4. ¿Cuál de estas dos nubes de puntos representa la edad (*X*) y las notas obtenidas (*Y*) en un examen de acceso a la universidad de mayores de 25 años? ¿Por qué?

A.

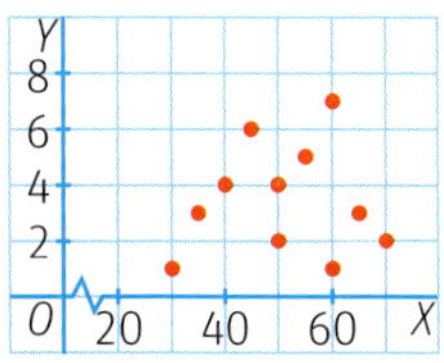

B.

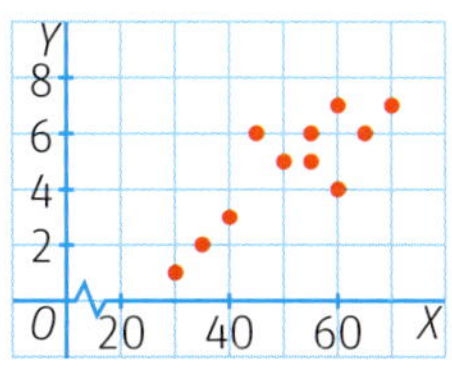

2 Covarianza y coeficiente de correlación lineal

La correlación entre las dos variables de una distribución bidimensional se puede cuantificar estudiando la relación entre los puntos del **diagrama de dispersión y el centro de gravedad**.

Centro de gravedad

Ten en cuenta

El **centro de gravedad** no tiene por qué coincidir con uno de los puntos de la nube.

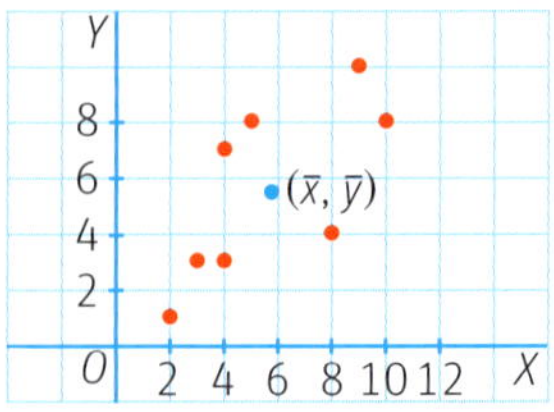

El **centro de gravedad $(\overline{x}, \overline{y})$** es el punto cuyas coordenadas son las medias aritméticas de cada una de las variables:

$$\overline{x} = \frac{\sum x_i}{N} \quad \text{e} \quad \overline{y} = \frac{\sum y_j}{N}, \text{ donde } N \text{ es el número de puntos.}$$

Ejemplo ▸ La tabla muestra las notas de Matemáticas y de Física de 5 alumnos seleccionados al azar de 4.º ESO. Calcula el centro de gravedad.

Alumno	1	2	3	4	5
Matemáticas (*X*)	3	4	5	8	10
Física (*Y*)	3	3	7	4	8

Se calcula la media de la variable *X* y la variable *Y*.

- $\overline{x} = \frac{\sum x_i}{N} = \frac{3+4+5+8+10}{5} = \frac{30}{5} = 6$
- $\overline{y} = \frac{\sum y_j}{N} = \frac{3+3+7+4+8}{5} = \frac{25}{5} = 5$

El centro de gravedad es $(\overline{x} = 6;\ \overline{y} = 5)$.

Covarianza

Ten en cuenta

Si los datos vienen dados con sus frecuencias f_{ij}, la covarianza es:

$$s_{xy} = \frac{\sum (x_i - \overline{x}) \cdot (y_j - \overline{y}) f_{ij}}{N} = \frac{\sum x_i y_j f_{ij}}{N} - \overline{x}\,\overline{y}$$

La **covarianza** mide la variación conjunta de ambas variables.

$$s_{xy} = \frac{\sum (x_i - \overline{x}) \cdot (y_j - \overline{y})}{N} = \frac{\sum x_i y_j}{N} - \overline{x}\,\overline{y}$$

El valor de la covarianza depende de las unidades de medida de las variables, pero su signo indica la correlación entre ellas.

- $s_{xy} > 0 \Rightarrow$ Directa
- $s_{xy} < 0 \Rightarrow$ Inversa
- $s_{xy} \simeq 0 \Rightarrow$ Débil

Ejemplo ▸ Calcula la covarianza entre las notas de los alumnos.

Alumno	x_i	y_j	$(x_i - \overline{x})$	$(y_j - \overline{y})$	$(x_i - \overline{x}) \cdot (y_j - \overline{y})$
1	3	3	−3	−2	6
2	4	3	−2	−2	4
3	5	7	−1	2	−2
4	8	4	2	−1	−2
5	10	8	4	3	12
Suma	30	25	0	0	18

La covarianza es: $s_{xy} = \frac{\sum (x_i - \overline{x}) \cdot (y_j - \overline{y})}{N} = \frac{18}{5} = 3{,}6 > 0$

Como el valor es positivo y no es cercano a 0, la correlación entre *X* e *Y* es directa.

Coeficiente de correlación lineal

La correlación lineal entre dos variables se puede cuantificar con un único número, el **coeficiente de correlación lineal**, ***r***.

$$r = \frac{s_{xy}}{s_x s_y}$$

Donde s_{xy} es la covarianza y s_x, s_y son las desviaciones típicas de las variables.

El coeficiente de correlación lineal no tiene dimensiones, es decir, no depende de las dimensiones de las variables. Su valor está comprendido entre −1 y 1.

- Si $r > 0$, la correlación es directa.
- Si $r < 0$, la correlación es inversa.
- Si r está próximo a 0, la correlación es débil.
- Si r está próximo a 1 o −1, la correlación es fuerte.
- Si $r = 1$ o $r = -1$, la correlación es perfecta y los puntos están sobre una recta, es decir, hay dependencia funcional.

Ejemplo ▸ Calcula el coeficiente de correlación lineal de la distribución de las notas de Matemáticas y de Física.

Completamos la tabla para calcular las desviaciones típicas de X e Y.

Alumno	x_i	y_i	x_i^2	y_i^2
1	3	3	9	9
2	4	3	16	9
3	5	7	25	49
4	8	4	64	16
5	10	8	100	64
Suma	30	25	214	147

$$s_x = \sqrt{\frac{\sum x_i^2}{N} - \bar{x}^2} = \sqrt{\frac{214}{5} - 6^2} = 2{,}608$$

$$s_y = \sqrt{\frac{\sum y_i^2}{N} - \bar{y}^2} = \sqrt{\frac{147}{5} - 5^2} = 2{,}098$$

La covarianza es $s_{xy} = 3{,}6$.

Así, el coeficiente de correlación lineal es $r = \frac{s_{xy}}{s_x s_y} = \frac{3{,}6}{2{,}608 \cdot 2{,}098} = 0{,}658$.

Hay correlación directa entre las notas de Matemáticas y de Física.

MAT-TIC GeoGebra

Entra en sm**Savia**digital.com y calcula e interpreta la covarianza y el coeficiente de correlación.

Con calculadora

Para trabajar con distribuciones bidimensionales:

- Se elige el modo estadístico para varias variables:

  Mode Mode REG

- Se introducen los valores de la variable bidimensional

  x_1, y_1 M+

  x_2, y_2 M+

  …

- Para calcular el coeficiente de correlación.

  Shift S-VAR r =

ACTIVIDADES

5. Se quiere estudiar la relación entre las ventas de un producto y el espacio destinado a su exposición. Se anotan las ventas, en unidades, y la longitud de los expositores, en metros, durante seis semanas:

Semana	1.ª	2.ª	3.ª	4.ª	5.ª	6.ª
Metros	0,5	1	1,5	2	3	4
Unidades	12	15	13	25	24	30

a) Representa la nube de puntos e indica qué tipo de correlación existe.

b) Calcula el centro de gravedad de la distribución.

c) Calcula la media y la desviación típica de cada variable.

d) Halla la covarianza y el coeficiente de correlación.

6. La tabla muestra los datos de importaciones y exportaciones de los años 2008 a 2014, en miles de millones de euros.

Año	08	09	10	11	12	13	14
X (I)	270	210	247	271	263	256	270
Y (E)	191	163	192	220	230	238	245

Dibuja la nube de puntos y calcula el coeficiente de correlación.

7. Se ha preguntado a 10 viandantes sobre el número de veces que han ido al teatro y al cine en el último año.

Teatro	0	1	2	3	3	4	5	5	6	7
Cine	6	12	15	10	5	8	6	9	4	2

¿Hay correlación entre las dos variables? Justifica tu respuesta.

3 Recta de regresión lineal

smSaviadigital.com

AMPLÍA Para encontrar la mejor recta de regresión se podrían adoptar varios criterios: la que pase por más puntos de la nube, la que se distancie menos del mayor número de puntos...

El criterio que se sigue normalmente es el **método de los mínimos cuadrados**.

MAT-TIC GeoGebra

Entra en sm**Savia**digital.com y encuentra la recta de regresión de forma intuitiva.

PON EN VALOR

Los estudios estadísticos permiten establecer relaciones entre variables y así predecir qué puede ocurrir en el futuro. Esto permite tomar decisiones justas y evitar situaciones de conflicto.

Entra en sm**Savia**digital.com y elabora un mural donde muestres, con evidencias, la relación entre el comercio de armas y las situaciones de conflicto.

smSaviadigital.com

PRACTICA Calcula parámetros de distribuciones bidimensionales.

Cuando hay una fuerte correlación lineal entre las variables de una distribución bidimensional, se busca la recta que mejor se ajusta a la nube de puntos.

La **recta de regresión lineal de *Y* sobre *X*** pasa por el centro de gravedad $(\bar{x}, \bar{y})$ y su ecuación es:

$$y - \bar{y} = \frac{s_{xy}}{s_x^2}(x - \bar{x})$$

Su pendiente $\frac{s_{xy}}{s_x^2}$ se llama **coeficiente de regresión de *Y* sobre *X***.

La recta de regresión de *Y* sobre *X* permite estimar el valor que tomará la variable *Y* para un determinado valor de la variable *X*. El valor de la estimación es fiable cuando:

- El valor está en el rango de valores de *X* o muy cerca de sus extremos.
- Si el coeficiente de correlación se aproxima a 1 o −1.
- Mas cerca está del centro de gravedad de la distribución.

Ejemplo ▸ El número de licencias de armas por cada 100000 habitantes, *X*, y el de homicidios por cada 100000 habitantes, *Y*, en una ciudad de EE. UU. entre 2010 y 2016 están representadas en la siguiente tabla. Si las autoridades hubiesen reducido en 2016 las licencias a 500, ¿cuál hubiese sido el número de homicidios esperados?

X	219	395	589	655	700	809	820
Y	9	25	43	22	54	42	32

Se completa la tabla de datos y se calculan los parámetros necesarios:

x_i	y_i	$x_i y_i$	x_i^2	y_i^2
219	9	1971	47961	81
395	25	9875	156025	625
589	43	25327	346921	1849
655	22	14410	429025	484
700	54	37800	490000	2916
809	42	33978	654481	1764
820	32	26240	672400	1024
4187	227	149061	2796813	8743

$$\bar{x} = \frac{4187}{7} = 598{,}14 \qquad s_y^2 = \frac{8743}{7} - 32{,}43^2 = 197{,}3$$

$$\bar{y} = \frac{227}{7} = 32{,}43 \qquad s_x^2 = \frac{2796813}{7} - 598{,}14^2 = 41773{,}25$$

$$s_{xy} = \frac{149061}{7} - 598{,}14 \cdot 32{,}43 = 1896{,}75$$

Por tanto, la ecuación de la recta de regresión de *Y* sobre *X* es:

$$y - 32{,}43 = \frac{1896{,}75}{41\,773{,}25}(x - 598{,}14) \Rightarrow y = 0{,}045x + 5{,}514$$

El número de homicidios estimados para 500 licencias se calcula sustituyendo $x = 500$ en la recta de regresión: $y = 0{,}045 \cdot 500 - 5{,}514 = 28{,}014$ homicidios.

Como el valor está dentro del rango de la variable *X*, la estimación es fiable.

ACTIVIDADES

ACTIVIDAD **RESUELTA**

8. **Un pediatra estudia la relación entre el peso y la edad de seis niños de su consulta. Los resultados son:**

Niño	*A*	*B*	*C*	*D*	*E*	*F*
Edad	2	3	4	5	7	8
Peso	15	21	25	32	42	45

a) Obtén la nube de puntos y el coeficiente de correlación *r*.

b) Calcula la recta de regresión del peso sobre la edad.

a) Se representan los pares de puntos para obtener la nube:

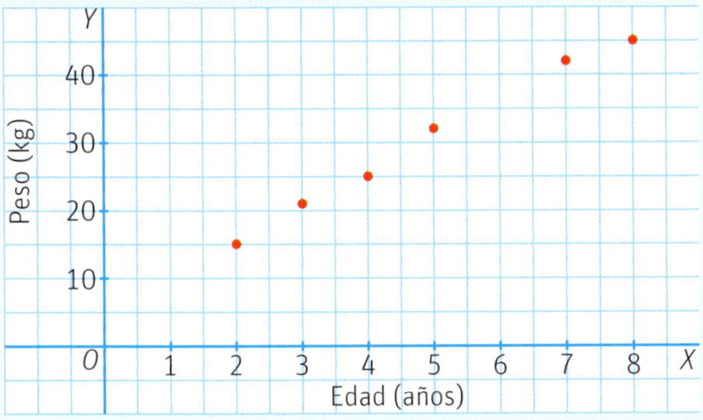

Se completa la tabla de datos para obtener el coeficiente de correlación *r*:

x_i	y_i	x_i^2	y_i^2	$x_i \cdot y_i$
2	15	4	225	30
3	21	9	441	63
4	25	16	625	100
5	32	25	1024	160
7	42	49	1764	294
8	45	64	2025	360
Suma: 29	180	167	6104	5220

$$\overline{x} = \frac{29}{6} = 4{,}83 \qquad \overline{y} = \frac{180}{6} = 30$$

$$s_x^2 = \frac{167}{6} - 4{,}83^2 = 4{,}47 \qquad s_x = \sqrt{4{,}47} = 2{,}11$$

$$s_y^2 = \frac{6104}{6} - 30^2 = 117{,}33 \qquad s_y = \sqrt{117{,}33} = 10{,}83$$

$$s_{xy} = \frac{5220}{6} - 4{,}83 \cdot 30 = 22{,}83 \qquad r = \frac{s_{xy}}{s_x \cdot s_y} = \frac{22{,}83}{2{,}11 \cdot 10{,}83} = 0{,}997$$

La correlación es muy fuerte, pues *r* está muy próximo a 1.

b) La recta de regresión es:

$$y - 30 = \frac{22{,}83}{4{,}47}(x - 4{,}83) \Rightarrow y = 5{,}11x + 5{,}32$$

9. **Los datos de importaciones y exportaciones de un país entre los años 2008 a 2014 en miles de millones de euros son:**

I	270	210	247	271	263	256	270
E	191	163	192	220	230	238	245

a) Dibuja la nube de puntos y calcula la recta de regresión de *Y* sobre *X*. ¿Cuál es el coeficiente de correlación?

b) Representa la recta de regresión de *Y* sobre *X* junto a la nube de puntos. ¿Qué observas?

10. **Las edades de los actores que han protagonizado "Romeo y Julieta" en las últimas 9 representaciones de un teatro han sido:**

Romeo	27	32	39	37	45	38	43	25
Julieta	23	30	32	40	39	38	32	34

a) Dibuja la nube de puntos y halla el centro de gravedad. ¿Existe correlación entre las variables?

b) Calcula la recta de regresión. ¿Cuál es la edad esperada de Julieta si Romeo tiene 36 años?

11. **La tabla muestra las emisiones de CO_2 por habitante (en toneladas) y el uso de combustibles fósiles como fuente de energía en 2013. (*Fuente:* Banco Mundial).**

	CO_2/Hab. (t)	C. fósiles (% del total de energía)
Alemania	8,9	80,9
Argelia	3,3	99,9
Brasil	2,2	56,5
Canadá	14,1	73,4
China	6,7	88,2
Colombia	1,6	75,6
España	5,8	75,0
Ghana	0,4	43,6
EE. UU.	17,0	83,7

a) ¿Existe alguna correlación entre las dos variables? Halla el coeficiente de correlación para justificar tu respuesta.

b) Halla la recta de regresión del uso de combustibles fósiles sobre las emisiones de CO_2.

c) ¿Sería fiable el valor aproximado del uso de combustibles fósiles para un país con unas emisiones de CO_2 de 10 t por habitante?

Organiza tus ideas

DISTRIBUCIONES BIDIMENSIONALES

Una **variable estadística bidimensional (*X*, *Y*)** representa los pares de valores asociados a cada individuo.

Si se interpretan como las coordenadas de puntos del plano, se obtiene un gráfico que se denomina **diagrama de dispersión o nube de puntos**.

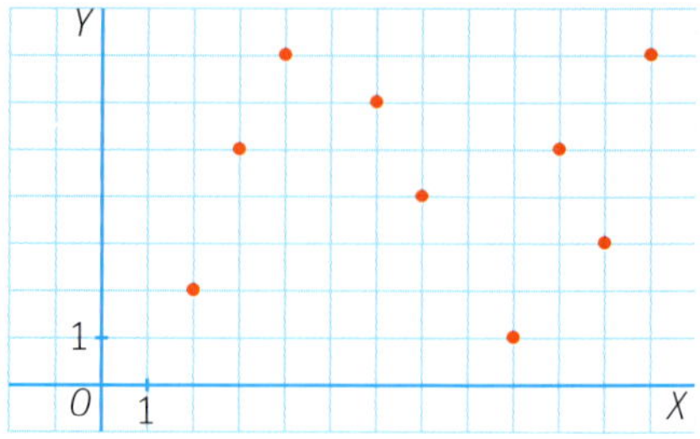

Correlación

La forma de la **nube de puntos** nos proporciona información sobre la correlación entre las dos variables.

Correlación **débil**

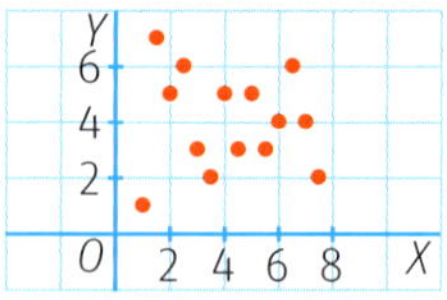

Correlación **fuerte directa**

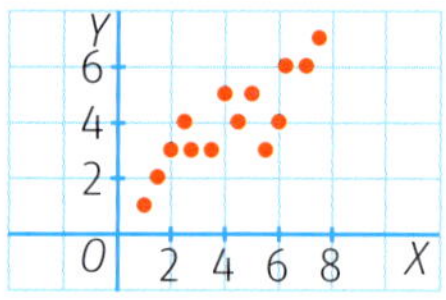

Correlación **fuerte inversa**

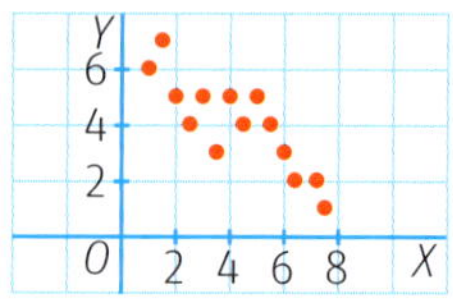

Tabla de contingencia

Si el número de datos es grande y los pares de valores se repiten se utiliza una tabla de contingencia.

X \ Y	1	2	3	4	Suma X
1	12	6	4	2	12 + 6 + 4 + 2 = 24
2	8	7	3	0	8 + 7 + 3 + 0 = 18
3	6	5	2	1	6 + ... + 1 = 14
4	4	3	1	0	8
Suma Y	30	21	10	3	64

COVARIANZA Y COEFICIENTE DE CORRELACIÓN LINEAL

- El **centro de gravedad** es el punto cuyas coordenadas son las medias aritméticas de cada una de las variables.

$$\left(\overline{x} = \frac{\sum x_i}{N},\ \overline{y} = \frac{\sum y_j}{N}\right)$$

- La **covarianza** mide la variación conjunta de ambas variables.

$$s_{xy} = \frac{\sum (x_i - \overline{x}) \cdot (y_j - \overline{y})}{N} = \frac{\sum x_i y_j}{N} - \overline{x}\,\overline{y}$$

El coeficiente de correlación, ***r***, mide la fiabilidad del ajuste lineal a la nube de puntos.

$$r = \frac{s_{xy}}{s_x s_y}$$

- Si $r > 0$, la correlación es directa.
- Si $r > 0$, la correlación es inversa.
- Si r está próximo a 0, la correlación es débil.
- Si r está próximo a 1 o -1, la correlación es fuerte.

RECTA DE REGRESIÓN LINEAL

La **recta de regresión lineal de *Y* sobre *X*** pasa por el centro de gravedad $(\overline{x}, \overline{y})$ y su ecuación es:

$$y - \overline{y} = \frac{s_{xy}}{s_x^2}(x - \overline{x})$$

Su pendiente $\frac{s_{xy}}{s_x^2}$, se llama **coeficiente de regresión de *Y* sobre *X***.

Actividades clave

1. Para estudiar la relación entre la estatura y el peso se han anotado la estatura, en centímetros, y el peso, en kilogramos, de 8 jóvenes de 14 años.

Estatura: x_i	Peso: y_i
158	51
178	65
170	67
173	59
164	53
162	51
169	63
177	70

a) Representa la nube de puntos e indica cómo es la correlación entre las variables.

b) Halla el centro de gravedad.

c) Calcula la covarianza y el coeficiente de correlación.

d) Halla la recta de regresión del peso sobre la estatura.

- ¿Cuál es el peso esperado para un joven que mida 165 cm?
- ¿Cuál es el peso esperado para uno que mida 205 cm? ¿Esta estimación es más o menos fiable que la anterior? ¿Por qué?

a) Se representan los pares de valores para obtener la nube de puntos:

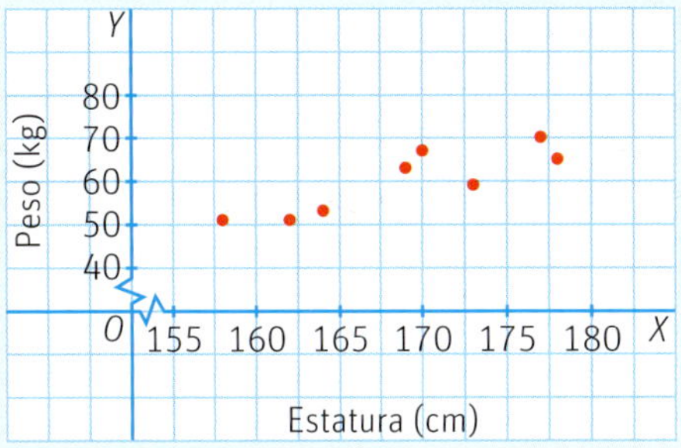

Se observa que la correlación es fuerte y directa.

b) Se amplía la tabla de datos para facilitar los cálculos:

Estatura: x_i	Peso: y_i	x_i^2	y_i^2	$x_i \cdot y_i$
158	51	24964	2601	8058
178	65	31684	4225	11570
170	67	28900	4489	11390
173	59	29929	3481	10207
164	53	26896	2809	8692
162	51	26244	2601	8262
169	63	28561	3969	10647
177	70	31329	4900	12390
1351	**479**	**228507**	**29075**	**81216**

El centro de gravedad es el punto de coordenadas:

$$\bar{x} = \frac{1351}{8} = 168{,}875 \text{ cm}, \quad \bar{y} = \frac{479}{8} = 59{,}875 \text{ kg}$$

c) Covarianza:

$$s_x^2 = \frac{\sum x_i^2}{N} - \bar{x}^2 = \frac{228507}{8} - 168{,}875^2 = 44{,}61 \Rightarrow s_x = 6{,}68$$

$$s_y^2 = \frac{\sum y_i^2}{N} - \bar{y}^2 = \frac{29075}{8} - 59{,}875^2 = 49{,}36 \Rightarrow s_y = 7{,}03$$

$$s_{xy} = \frac{\sum x_i y_j}{N} - \bar{x}\,\bar{y} = \frac{81216}{8} - 168{,}875 \cdot 59{,}875 = 40{,}61$$

Coeficiente de correlación: $r = \dfrac{s_{xy}}{s_x s_y} = \dfrac{40{,}61}{6{,}68 \cdot 7{,}03} = 0{,}865$

Este valor, próximo a 1, confirma que existe una correlación fuerte y directa, como se había deducido a partir de la nube de puntos.

d) La recta de regresión es:

$$y - \bar{y} = \frac{s_{xy}}{s_x^2}(x - \bar{x}) \Rightarrow y - 59{,}875 = \frac{40{,}61}{44{,}61}(x - 168{,}875) \Rightarrow y = 0{,}91x - 93{,}86$$

- El peso esperado de un joven que mide 165 cm es:

  $y = 0{,}91 \cdot 165 - 93{,}86 = 56{,}29$ kg

  Esta estimación es fiable, ya que el valor de X está dentro del rango de valores que toma esta variable.

- El peso esperado de un joven que mide 205 cm es:

  $y = 0{,}91 \cdot 205 - 93{,}86 = 92{,}69$ kg

  Esta estimación es menos fiable que la anterior, ya que el valor de 205 cm se encuentra alejado del extremo superior de la variable X en la distribución, que es 178 cm.

Actividades

ACTIVIDADES PARA RESOLVER

Distribuciones bidimensionales

12. Observa las nubes de puntos e indica el tipo de relación entre las variables.

a) 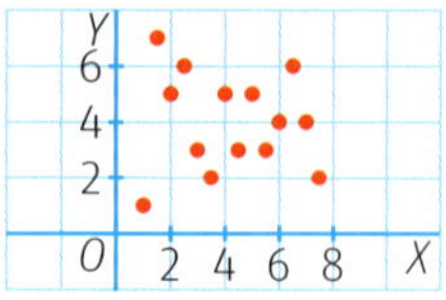

b) 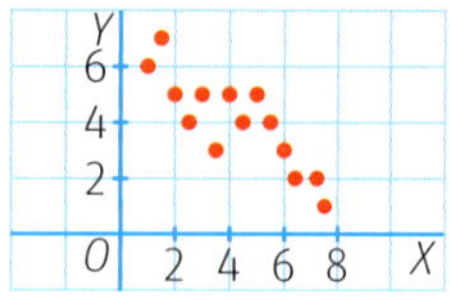

ACTIVIDAD RESUELTA

13. Asocia los coeficientes de correlación r, con su nube de puntos:

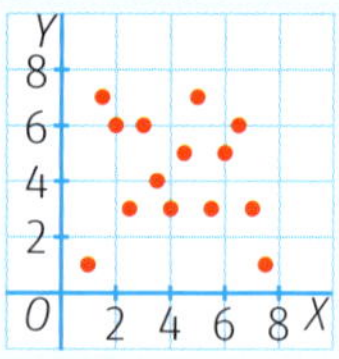
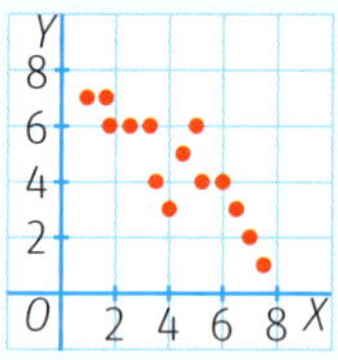
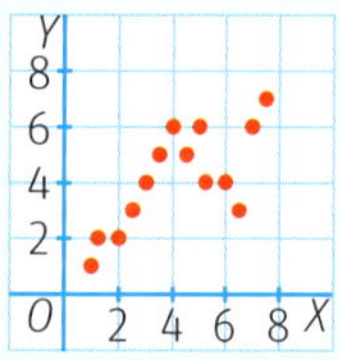

A. $r = 0{,}75$ B. $r = -0{,}1$ C. $r = -0{,}9$

- La primera nube de puntos no se ajusta a ninguna recta, por lo que su coeficiente de correlación lineal debe ser $r = -0{,}1$.
- La segunda nube se ajusta a una recta de pendiente negativa, por lo que su coeficiente de correlación lineal es $r = -0{,}9$.
- La tercera nube se ajusta a una recta con pendiente positiva, por lo que su coeficiente de correlación lineal es $r = 0{,}75$.

14. Asocia los coeficientes de correlación r, con su nube de puntos:

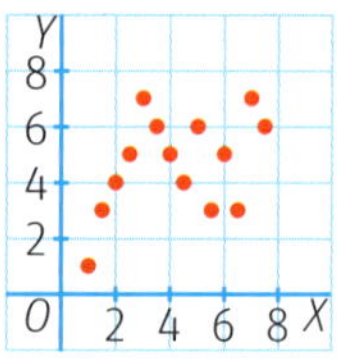
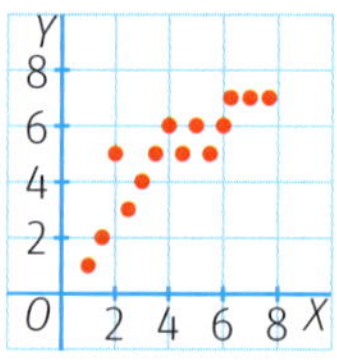
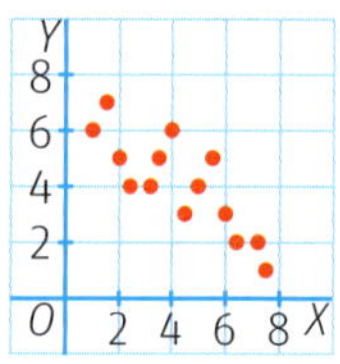

A. $r = -0{,}8$ B. $r = 0{,}4$ C. $r = 0{,}9$

15. En un comercio quieren evaluar el impacto de los gastos en publicidad en las ventas. Los últimos ocho meses han anotado los gastos en publicidad y las ventas en miles de euros:

G	2,6	2,5	2,4	1,5	0,9	3	2,7	2,3
V	280	220	250	180	150	340	300	220

a) Dibuja la nube de puntos y marca el centro de gravedad.

b) Calcula la covarianza y el coeficiente de correlación.

c) Halla las ventas estimadas si el gasto en publicidad hubiese sido de 1,2 miles de euros.

ACTIVIDAD RESUELTA

16. Calcula la recta de regresión de Y sobre X de una distribución bidimensional si $\bar{x} = 6$, $\bar{y} = 10$, $r = 0{,}85$, $s_x = 1{,}2$ y $s_y = 2{,}2$.

Como $r = \dfrac{s_{xy}}{s_x s_y} \Rightarrow s_{xy} = r\, s_x\, s_y \Rightarrow s_{xy} = 0{,}85 \cdot 1{,}2 \cdot 2{,}2 = 2{,}24$.

Por tanto, la recta es: $y - 10 = \dfrac{2{,}24}{(1{,}2)^2}(x - 6) \Rightarrow y = 1{,}56x + 0{,}64$

17. Calcula la recta de regresión de Y sobre X de una distribución bidimensional si $\bar{x} = 6$, $\bar{y} = 10$, $r = 0{,}85$, $s_x = 1{,}2$ y $s_y = 2{,}2$.

PROBLEMAS PARA RESOLVER

18. Se ha realizado una encuesta a 10 usuarios de una biblioteca sobre el número de libros leídos en el último trimestre y el número de veces que han ido al cine, con estos resultados:

Libros	0	1	2	3	3	4	5	5	6	7
Cine	6	12	15	10	5	8	6	9	4	2

a) Representa la nube de puntos y su centro de gravedad.

b) Indica si hay correlación entre las dos variables. En caso afirmativo, ¿de qué tipo es?

19. Para llegar al trabajo, Isa puede ir en su coche o en autobús. Durante una semana va en su coche, y la siguiente, en transporte público para controlar el tiempo que tarda, en minutos.

	L	M	X	J	V
Coche	25	18	22	24	23
Autobús	27	22	21	28	30

a) Dibuja la nube de puntos y el centro de gravedad.

b) Halla la covarianza, el coeficiente de correlación e interpreta el resultado.

20. Una sociedad industrial vende máquinas a varias empresas. El precio mínimo es de 10 000 €. El número de máquinas vendidas, Y, está relacionado con el precio, X, en miles de euros, según la tabla:

Precio	10	11	12	13	14	15
N.º máquinas	98	72	52	44	32	12

a) Representa la nube de puntos y obtén el centro de gravedad.

b) Calcula la recta de regresión. ¿Cuáles serían las ventas estimadas para un precio de 11 500 €?

21. Las previsiones de la Agencia Estatal de Meteorología (AEMET), para una semana en Zaragoza, han sido:

a) Dibuja la nube de puntos que relaciona la temperatura máxima con la probabilidad de precipitación.

b) ¿Existe alguna correlación entre la temperatura máxima y la probabilidad de precipitación? ¿De qué tipo?

22. Luis quiere comprarse una moto de 1000 c. c. Compara precios, potencia y peso de varios modelos.

Marca	€	CV	kg
Tuzuki	14 300	185	208
Conda	15 700	175	199
MMM	16 500	170	202
ZVK	17 500	193	209
Tamiha	16 000	182	216
Asawaki	14 600	188	208
MV Felicia	18 500	186	212

a) Representa la nube de puntos en la que *X* es el precio en miles de euros, e *Y*, la potencia.

b) Calcula el coeficiente de correlación.

c) ¿Qué tipo de relación existe entre las dos variables?

d) Representa la nube de puntos en la que *X* sea la potencia e *Y* el peso. ¿Qué puedes indicar de la correlación entre ambas?

23. Las notas de 8 alumnos en dos exámenes de Matemáticas han sido:

Alumno	*A*	*B*	*C*	*D*	*E*	*F*	*G*	*H*
Exam. 1	4	5	6	4	9	3	5	7
Exam. 2	3	3	5	4	7	2	4	4

a) Calcula el coeficiente de correlación de las notas de los dos exámenes.

b) Como la nota media del segundo examen es inferior a la del primero en más de un punto, el profesor decide aplicar un factor de corrección. Duda entre subir a todos los alumnos un punto en el segundo examen o multiplicar su nota por 1,2. Calcula los coeficientes de correlación en ambos casos.

c) ¿En cuál de los dos casos aumenta más el coeficiente de correlación? Explica tu respuesta.

24. La temperatura media registrada y el número de averías de coches a lo largo de los siete días de una semana en un pueblo de la Mancha viene dado por esta tabla:

Temperatura *X*	−3	−1	2	0	4	6	7
N.º de averías *Y*	4	3	2	2	1	0	0

a) Calcula el coeficiente de correlación y la recta de regresión de *Y* sobre *X*.

b) ¿Qué número de averías es esperable para una temperatura de 3 °C? ¿Y si es de −5 °C?

c) ¿Son fiables estas predicciones? Justifícalo.

25. Un primatólogo ha estudiado la relación entre el peso y la edad de seis orangutanes y ha representado los resultados obtenidos en esta nube de puntos:

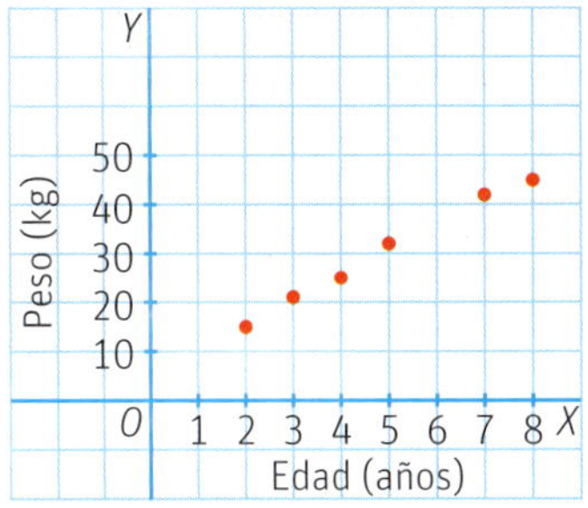

Se conocen los siguientes datos de la distribución:

- $\overline{x} = 4{,}667$
- $\overline{y} = 27{,}667$
- $s_x^2 = 5{,}524$
- $s_y^2 = 66{,}671$
- $s_{xy} = 18{,}389$

a) Halla el coeficiente de correlación. ¿Qué indica?

b) Calcula la ecuación de la recta de regresión de *Y* sobre *X*.

c) ¿Cuál sería el peso aproximado de un orangután de 6 años? ¿Es fiable esta estimación?

Encuentra el error

26. ¿Una imagen vale más que mil tablas?

A veces, los parámetros estadísticos pueden jugar malas pasadas. El estadístico Francis J. Anscombe se empeñó en demostrarlo utilizando imágenes.

Observa las dos tablas que inventó:

x	*y*
4	4,26
5	5,68
6	7,24
7	4,82
8	6,95
9	8,81
10	8,04
11	8,33
12	10,84
13	7,58
14	9,96

x	*y*
4	3,1
5	4,74
6	6
7	7,26
8	8,14
9	8,87
10	9,14
11	9,26
12	9,13
13	8,74
14	8,1

- La media de la variable *y* en las dos distribuciones es 7,5.
- En ambas, la variable *x* toma los mismos valores.
- En las dos el coeficiente de correlación es $r = 0{,}816$.
- La recta de regresión de las dos es $y = 0{,}5x + 3$.

Y, sin embargo, si se afirma que el valor estimado de *y* para $x = 16$ es 11, se comete un error grave en una de las dos variables. ¿Por qué?

Dibuja las dos nubes de puntos y explica la situación.

Ponte a prueba

PROBLEMA RESUELTO PISA y la renta *per capita*

¿Influye la renta *per capita* de las comunidades autónomas en los resultados de las pruebas PISA de Matemáticas?

Observa este gráfico de los resultados de 2012. Los datos parecen indicar que a mayor renta per capita le corresponde mayor nota en la prueba PISA. Hay dos comunidades, Asturias y Castilla y León (situadas fuera de la zona azul) que parecen romper la regla.

Estudia la relación entre la renta per capita y la nota de PISA calculando el coeficiente de correlación.

CC. AA.	Renta (miles de €)	Resultado PISA
Extremadura	15	461
Andalucía	17	472
R. de Murcia	19	462
Galicia	21	489
P. de Asturias	21	500
Castilla y León	22	509
Cantabria	22	491
Islas Baleares	24	475
La Rioja	26	503
Aragón	26	496
Cataluña	27	493
C. F. de Navarra	29	517
C. de Madrid	29	504
País Vasco	30	505

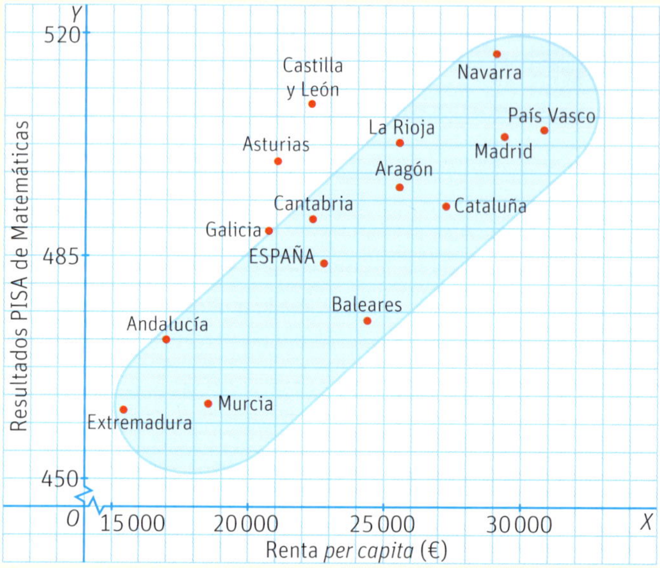

SOLUCIÓN

Si X es la renta *per capita* e Y la nota de Matemáticas en PISA, se calculan los siguientes parámetros estadísticos para obtener el coeficiente de correlación.

- Desviación típica de X: $s_x = 4{,}47$
- Desviación típica de Y: $s_y = 16{,}86$
- Covarianza: $s_{xy} = 57{,}98$

El coeficiente de correlación es:

$$r = \frac{s_{xy}}{s_x \cdot s_y} = \frac{57{,}98}{4{,}47 \cdot 16{,}86} = 0{,}77$$

Por tanto, se puede afirmar que, en efecto, hay una correlación positiva entre las dos variables.

Difícil de predecir

La tabla siguiente muestra el crecimiento de los beneficios obtenidos por la empresa Muebles Tronco, S. A. en cada uno de los ocho trimestres durante los últimos dos años.

1.er año				
Trimestre	1.º	2.º	3.º	4.º
Beneficios %	5	4	4,5	3

2.º año				
Trimestre	1.º	2.º	3.º	4.º
Beneficios %	6	7	5	4

1. Representa los datos en un diagrama de dispersión, numerando los trimestres de forma correlativa del 1 al 8.
2. Calcula y dibuja la recta de regresión considerando los ocho pares de datos. ¿Qué crecimiento se estima para el primer trimestre del tercer año?
3. Calcula y dibuja la recta de regresión considerando únicamente los datos correspondientes al segundo año. ¿Qué crecimiento se estima para el primer trimestre del tercer año?

Abandono escolar y gasto por estudiante

España tenía en 2014 una de las tasas de abandono escolar prematuro más altas de la Unión Europea, con el 21,9 %. Es decir, casi 22 de cada 100 estudiantes abandonan los estudios sin obtener el título de Secundaria.

¿Hay alguna relación entre la tasa de abandono y el gasto por estudiante de Secundaria? En la ilustración puedes ver los datos del gasto por estudiante de Secundaria expresado en términos de paridad de poder adquisitivo en euros (PPS) y la tasa de abandono escolar en tantos por ciento (TAE).

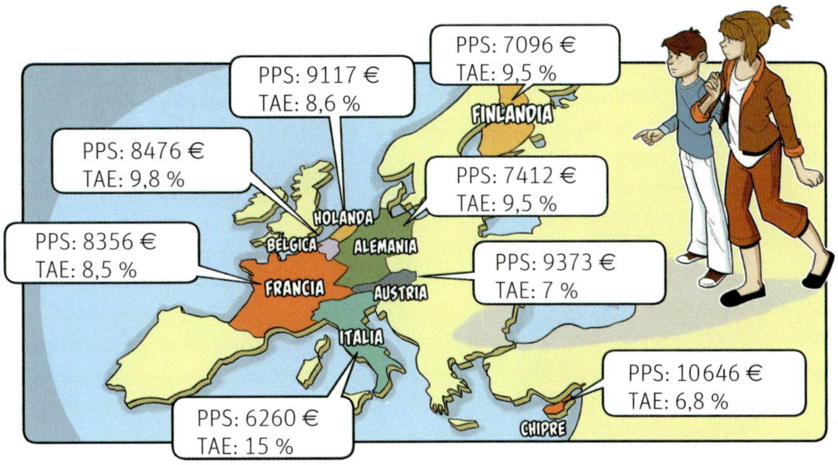

Fuente: Eurostat

1. Dibuja la nube de puntos ajustando las unidades de los ejes.
2. Halla el coeficiente de correlación. ¿Existe correlación entre las dos variables? ¿De qué tipo es?
3. Encuentra la ecuación de la recta de regresión de Y (abandono escolar) sobre X (gasto por estudiante).
4. El gasto por estudiante en España es de 7364 €. Según este dato, ¿qué tasa de abandono escolar sería la esperada? Compara el resultado con el valor real. Intenta explicar la diferencia.

AUTOEVALUACIÓN

1. Dada la siguiente tabla en la que se recoge el tiempo en minutos que los empleados de una empresa tardan en realizar la revisión de unos documentos y los errores cometidos al realizarlo:

Tiempo	27	32	39	37	45	38	43	25
Errores	31	30	21	25	12	23	15	34

a) Represента la nube de puntos.

b) Indica el tipo de dependencia entre variables.

c) Calcula el centro de gravedad.

d) Halla el coeficiente de correlación. Interpreta el resultado.

2. A partir de los siguientes valores registrados de una variable bidimensional (X, Y):

$$(2, 2); (4, 3); (4, 5); (4, 4); (7, 5); (7, 7);$$
$$(7, 6); (5, 6); (5, 5); (5, 4); (8, 6); (9, 7)$$

a) Representa la nube de puntos.

b) Halla el coeficiente de correlación. Interpreta el resultado.

c) Indica el tipo de dependencia entre ambas variables.

3. Asocia cada nube de puntos con su correspondiente coeficiente de correlación r:

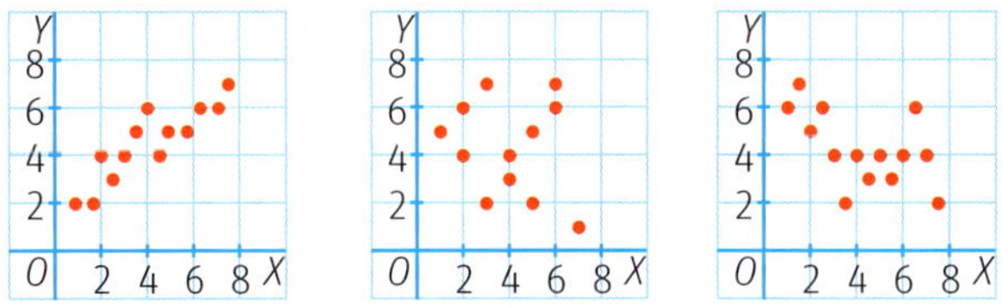

A. $r = -0,2$ B. $r = 0,9$ C. $r = -0,5$

4. Las notas obtenidas por 10 alumnos en Lengua (x_i) y en Música (y_i) han sido:

x_i	6	4	8	5	3	7	5	10	5	4
y_i	7	5	7	5	4	8	7	9	6	6

a) Representa la nube de puntos.

b) Calcula la media y la desviación típica de cada variable.

c) Halla la covarianza y el coeficiente de correlación.

d) Encuentra la recta de regresión de Y sobre X.

e) ¿Cuál será la nota esperada en Música por un alumno que haya tenido un 8,5 en Lengua?

13 Probabilidad

- ¿Puedes predecir qué resultado saldrá al lanzar una moneda al aire?
- ¿Es más probable sacar un as o sacar un oro al extraer una carta de una baraja española?
- Al lanzar dos veces un dado, ¿el segundo resultado depende del primero? ¿Y al sacar dos cartas de una baraja?

Analiza y calcula

¿Crees que merece la pena aplicar razonamientos matemáticos en los juegos de azar o piensas que al final el azar decide por su cuenta?

En la cita, Jakob Bernoulli vincula la probabilidad a la toma de decisiones. ¿Por qué?

¿A qué se refiere cuando habla de la sabiduría del filósofo y la prudencia del político?

¿Piensas que el conocimiento de las leyes del azar nos ayuda en nuestra vida cotidiana? Pon algún ejemplo.

Lee y comprende

Las leyes del azar

¿Qué es más ventajoso, apostar a sacar un seis en cuatro tiradas de un dado, o sacar dos seises al lanzar dos dados 24 veces?

Pascal resolvió el problema e inició una interesante correspondencia con otro genio de la época, Pierre de Fermat (1601-1665). Era el verano de 1654 y, sin saberlo, estaban poniendo una de las primeras piedras de una nueva rama de las matemáticas: la teoría de las probabilidades. Un año más tarde Christiaan Huygens conocería la correspondencia entre Pascal y Fermat y puso su empeño en la resolución de estos problemas; el fruto de este trabajo fue la obra titulada *De los razonamientos en los juegos de azar*, publicada en 1657.

Aunque serán tres auténticos genios matemáticos, dos suizos, Jakob Bernoulli (1654-1705) y Leonhard Euler (1701-1783), y un francés, Pierre Simon de Laplace (1749-1827), los que elevarían la teoría de las probabilidades a la categoría de ciencia matemática. El primero, con la obra *Ars conjectandi* publicada en 1713, ocho años después de su muerte, pondrá las bases matemáticas del cálculo de probabilidades. En ella afirma:

"*Ars conjectandi* se define como el arte de medir lo más exacto posible la probabilidad de las cosas, para que en nuestros juicios o acciones podamos siempre elegir lo que será encontrado como lo mejor, más satisfactorio, moderado y razonable. En esta unidad se resume toda la sabiduría del filósofo y la prudencia del político".

ANTONIO PÉREZ SANZ:
Más por menos. Entiende las matemáticas.
Espasa, 2011

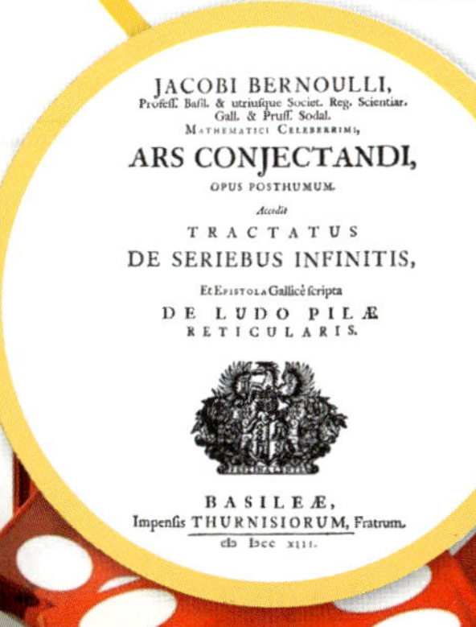
JACOBI BERNOULLI,
Profess. Basil. & utriusque Societ. Reg. Scientiar. Gall. & Pruss. Sodal.
MATHEMATICI CELEBERRIMI,
ARS CONJECTANDI,
OPUS POSTHUMUM.
Accedit
TRACTATUS
DE SERIEBUS INFINITIS,
Et EPISTOLA Gallicè scripta
DE LUDO PILÆ
RETICULARIS.
BASILEÆ,
Impensis THURNISIORUM, Fratrum.

Reflexiona y saca conclusiones

En la pregunta inicial del texto, ¿qué opción elegirías? ¿Por qué?

¿Por qué crees que matemáticos tan notables dedicaban su tiempo y sus esfuerzos a resolver problemas relacionados con juegos de azar?

¿Sabes cómo analizar un juego para elegir la mejor estrategia?

1 Azar y determinismo. Sucesos

En la vida cotidiana hay acontecimientos cuyo resultado es completamente predecible y otros que dependen del azar.

Ejemplos

- Al dejar caer un dado desde una altura determinada, se puede calcular exactamente el tiempo que tarda en llegar al suelo.
- Es imposible predecir qué cara quedará en la parte superior del dado. Solo se sabe que será un número entre 1 y 6.

- Un experimento es **determinista** cuando se puede predecir su resultado antes de realizarlo.
- Un experimento es **aleatorio** si al repetirlo varias veces en las mismas condiciones se pueden obtener distintos resultados.

Para estudiar los resultados de un experimento aleatorio, es conveniente definir los siguientes conceptos:

- **Espacio muestral**, E: es el conjunto formado por todos los resultados posibles.
- **Sucesos**: cualquier subconjunto del espacio muestral. Se representan con letras mayúsculas.
- **Espacio de sucesos**, S: es el conjunto formado por todos los sucesos asociados a ese experimento.

Ten en cuenta

El espacio muestral es diferente del espacio de sucesos.

Ejemplo ▸ Escribe el espacio muestral y un suceso del experimento “lanzar un dado cúbico”.

- El espacio muestral es $E = \{1, 2, 3, 4, 5, 6\}$.
- Un suceso puede ser A = “sacar un número mayor que 3” $= \{4, 5, 6\}$.

Tipos de sucesos

- Un suceso es **elemental** si es uno de los resultados posibles.
- Un suceso es **compuesto** si está formado por varios sucesos elementales.
- Un suceso es **imposible** si no ocurre nunca. Se representa con el símbolo $\varnothing$.
- Un suceso es **seguro** si ocurre siempre. Coincide con el espacio muestral, E.
- El suceso **contrario** o **complementario** de un suceso A, $\overline{A}$, está formado por todos los sucesos elementales que no son de A.

Ten en cuenta

Los sucesos contrarios verifican:

- $A \cap \overline{A} = \varnothing$
- $A \cup \overline{A} = E$

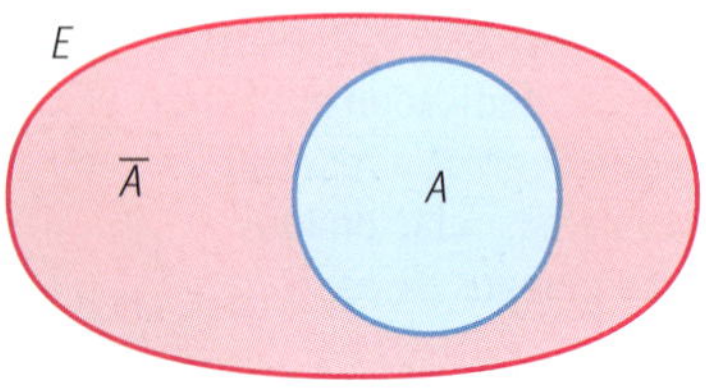

Ejemplo ▸ En el experimento de lanzar un dado cúbico, escribe los sucesos:

- El suceso A = “sacar un número par”, está formado por los elementos $\{2, 4, 6\}$. Es un suceso compuesto porque está formado por los sucesos elementales:

  B = “sacar un 2” $= \{2\}$

  C = “sacar un 4” $= \{4\}$

  D = “sacar un 6” $= \{6\}$

- El suceso F = “sacar un 7“ es un suceso imposible porque no puede ocurrir nunca.

  $$F = \{\varnothing\}$$

- Si consideramos el suceso H = “sacar menos de 5” $= \{1, 2, 3, 4\}$, el suceso contrario, $\overline{H}$, es $\overline{H} = \{5, 6\}$ = “sacar un 5 o un 6”.

Operaciones con sucesos

- La **unión** de dos sucesos A y B, $\boldsymbol{A \cup B}$, está formada por todos los elementos de A y de B. Ocurre cuando sucede A o sucede B, o ambos a la vez.
- La **intersección** de dos sucesos A y B, $\boldsymbol{A \cap B}$, está formada por los elementos comunes de A y de B. Ocurre cuando suceden al mismo tiempo A y B.

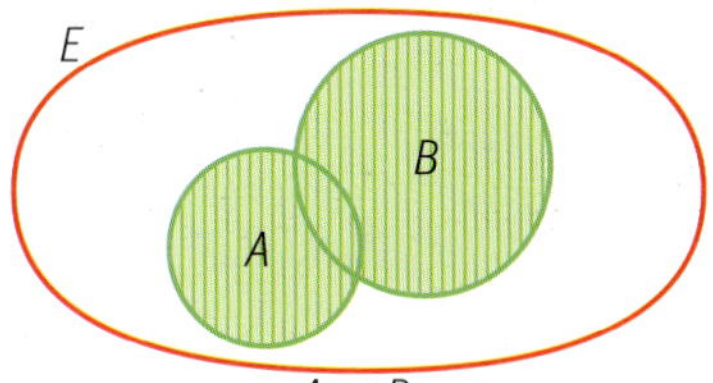

$A \cup B$

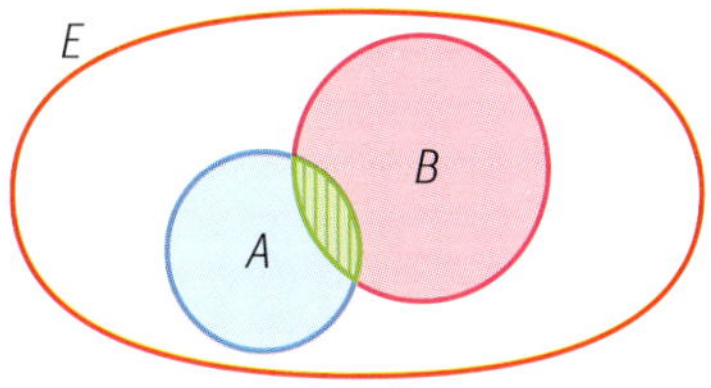

$A \cap B$

Ejemplo ▸ En el experimento "lanzar un dado dodecaédrico" se consideran los sucesos A = "sacar un número múltiplo de 3" y B = "sacar un número múltiplo de 2". Escribe los sucesos $A \cup B$ y $A \cap B$.

Los elementos del suceso A son: $A = \{3, 6, 9\ 12\}$

Los elementos del suceso B son: $B = \{2, 4, 6, 8, 10, 12\}$

- El suceso $A \cup B$ = "sacar número múltiplo de 3 o sacar un número múltiplo de 2" está formado por los elementos que están en el suceso A o en el suceso B.

$$A \cup B = \{2, 3, 4, 6, 8, 9, 10, 12\}$$

- El suceso $A \cap B$ = "sacar número múltiplo de 3 y múltiplo de 2" está formado por los elementos que están simultáneamente en A y en B.

$$A \cap B = \{6, 12\}$$

Compatibilidad de sucesos

Dos sucesos son compatibles si tienen algún elemento común, es decir, pueden ocurrir simultáneamente.

Dos sucesos A y B son **compatibles** si $A \cap B \neq \varnothing$.

Dos sucesos A y B son **incompatibles** si $A \cap B = \varnothing$.

MAT-TIC GeoGebra

Entra en sm**Savia**digital.com y utiliza diagramas de Venn.

Ejemplo ▸ En el experimento "lanzar un dado dodecaédrico" se consideran los sucesos A = "sacar un número múltiplo de 3", B = "sacar un número múltiplo de 2" y C = "sacar un número múltiplo de 7". Estudia qué sucesos son compatibles y qué sucesos son incompatibles.

Se calcula la intersección por pares de sucesos para estudiar su compatibilidad.

- $A \cap B = \{6, 12\} \neq \varnothing \Rightarrow A$ y B son sucesos compatibles.
- $A \cap C = \{\varnothing\} \Rightarrow B$ y C son sucesos incompatibles.
- $B \cap C = \{\varnothing\} \Rightarrow B$ y C son sucesos incompatibles.

ACTIVIDADES

1. Se lanza una moneda tres veces.

a) Describe el espacio muestral.

b) Describe dos sucesos elementales y uno compuesto.

c) Escribe el suceso S = "salir una cara" y el suceso contrario: $\overline{S}$

2. Se extraen tres bolas de una urna con 5 bolas rojas y 5 blancas.

a) Escribe el espacio muestral.

b) Describe dos sucesos elementales y uno compuesto.

c) Escribe el suceso contrario de S = "sacar dos bolas blancas y una roja".

3. En el experimento consistente en extraer una carta de una baraja española de 40 naipes, describe los elementos de los sucesos:

a) A = "sacar un oro".

b) B = "sacar un rey".

c) C = "sacar una figura".

d) $A \cup B$ y $B \cup C$

4. Se extrae una bola de un bombo que contiene 10 bolas numeradas de 0 a 9. Se consideran los sucesos A = "sacar un número par", B = "sacar un múltiplo de tres". Calcula:

a) $A \cup B$

b) $A \cap B$

c) $A \cap \overline{B}$

2 Técnicas de recuento: diagramas de árbol y tablas de contingencia

Existen experimentos formados a su vez por la combinación de dos o más experimentos simples, como por ejemplo, lanzar dos dados y anotar sus resultados, lanzar tres monedas o lanzar un dado y una moneda.

En estos casos, para obtener el espacio muestral o el resultado de operaciones con sucesos se recurre a **técnicas de recuento**, como los **diagramas de árbol** o las **tablas de contingencia**.

Ejemplo ▶ En una urna hay 5 bolas azules y 7 rojas. Se extraen tres bolas sucesivamente y se consideran los sucesos:

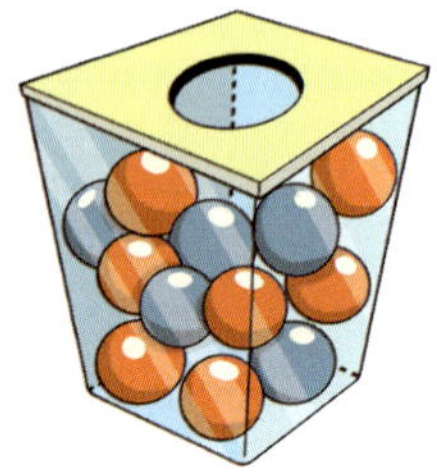

A = "sacar más bolas rojas que azules"

B = "sacar un número par de bolas rojas"

¿Cuántos elementos forman $A \cap B$?

Para describir el espacio muestral y analizar sucesos conviene hacer un **diagrama de árbol** que represente todas las opciones. Cada resultado viene dado por una rama del árbol.

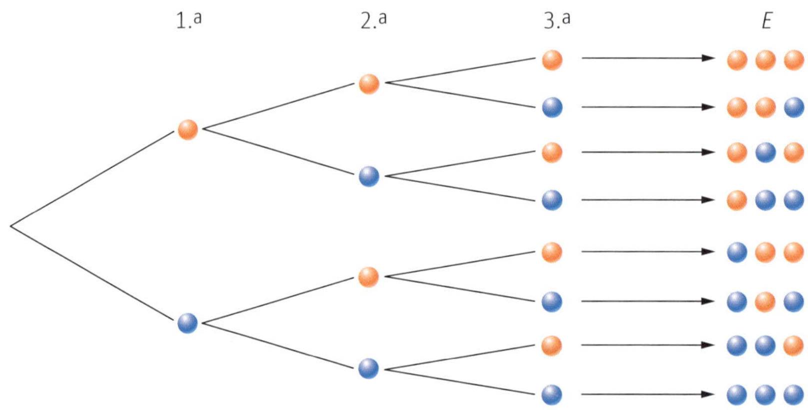

El espacio muestral está formado por los 8 resultados de la columna de la derecha.

- Los elementos del suceso A son: $A = \{RRR, RRA, RAR, ARR\}$
- Los elementos del suceso B son: $B = \{RRA, RAR, ARR\}$

Por tanto, el número de elementos que forman $A \cap B$ son:

$$A \cap B = \{RRA, RAR, ARR\}$$

MAT-TIC GeoGebra
Entra en smSaviadigital.com y construye diagramas de árbol.

Ejemplo ▶ Una agencia de viajes sortea entre sus clientes un crucero por el Mediterráneo. La distribución de los clientes según su género y su edad viene reflejada en la siguiente **tabla de contingencia**:

	De 25 a 40 años	De 40 a 55 años	Mayores de 55 años	Total
Hombres	40	25	15	80
Mujeres	48	26	20	94
Total	88	51	35	174

Se elige un cliente al azar y se consideran los sucesos A = "el cliente es mayor de 55 años" y B = "el cliente es mujer". ¿Cuántos clientes son mujeres mayores de 55 años?

Se buscan los clientes que pertenecen a la intersección de los sucesos A y B que se corresponde con el cruce "mayores de 55 años" y "mujeres", es decir:

$$A \cap B = \{\text{Mujeres mayores de 55 años}\} = 20 \text{ clientes}$$

MAT-TIC GeoGebra
Entra en smSaviadigital.com y completa tablas de contingencia.

ACTIVIDADES

5. Una urna contiene 2 bolas blancas, 3 negras y una roja. Se extraen sucesivamente tres bolas sin reponer la extraída.

a) Haz un diagrama de árbol de los resultados.

b) Describe el espacio muestral.

c) Indica los elementos del suceso A = "sacar dos bolas del mismo color".

6. Llevas en un bolsillo 4 monedas de 50 cent, 2 de 1 € y 1 de 2 €. Sacas dos monedas al azar.

a) Haz un diagrama de árbol de los resultados posibles.

b) Escribe los elementos de los sucesos:

A = "sacar dos monedas iguales"

B = "sacar dos monedas distintas"

C = "sacar una cantidad mayor de 1 €"

7. En el experimento "lanzar tres veces una moneda" se consideran los sucesos A = "sacar más cruces que caras", B = "sacar un número impar de caras" y C = "sacar un número par de caras". Utiliza un diagrama de árbol y escribe los sucesos:

a) $A \cup B$ b) $A \cap B$ c) $B \cap C$ d) $C \cup A$

ACTIVIDAD **RESUELTA**

8. En una biblioteca se ha realizado un estudio sobre los gustos de los lectores. Los datos vienen dados por esta tabla de contingencia en la que hay algunas celdas vacías. Complétala en tu cuaderno.

	Novela	Ensayo	Otros	Total
Hombre	60	●●●	●●●	126
Mujer	●●●	54	●●●	138
Total	135	●●●	42	●●●

1.º Se completa la celda Mujer/Novela:

$$135 - 60 = 75$$

2.º Este dato permite completar la celda Mujer/Otros:

$$138 - (75 + 54) = 9$$

3.º Ahora se puede completar la celda Hombre/Otros:

$$42 - 9 = 33$$

4.º Se completa la celda Hombre/Ensayo:

$$126 - (60 + 33) = 33$$

5.º Se completa la celda Total/Ensayo:

$$33 + 54 = 87$$

6.º Y la final, Total/Total: $126 + 138 = 264$

La tabla de contingencia completa es:

	Novela	Ensayo	Otros	Total
Hombre	60	33	33	126
Mujer	75	54	9	138
Total	135	87	42	264

9. La modalidad elegida por los alumnos y alumnas de Bachillerato de un instituto viene dada por la siguiente tabla.

	Alumnos	Alumnas	Total
Científico	●●●	98	210
C. Sociales	●●●	●●●	●●●
Total	176	●●●	400

a) Completa la tabla.

b) ¿Cuántas alumnas hay en el Bachillerato de Ciencias Sociales?

c) ¿Cuántos alumnos hay en el Bachillerato científico?

10. En una ciudad el 60 % de los domicilios tiene conexión a internet, el 35 % tiene conexión de TV por cable y el 20 % disfruta de ambos servicios.

Completa en tu cuaderno la siguiente tabla de contingencia con los datos del enunciado.

	Internet	Sin internet	TOTAL
Cable TV	●●●	●●●	●●●
No cable TV	●●●	●●●	●●●
Total	●●●	●●●	●●●

11. En un colegio hay 200 alumnos matriculados de 4.º ESO. 140 alumnos estudian Inglés, 70 juegan al baloncesto y 60 estudian Inglés y juegan al baloncesto.

a) Completa la tabla de contingencia que relaciona las variables "estudiar Inglés" y "jugar al baloncesto".

b) ¿Cuántos alumnos ni estudian Inglés ni juegan al baloncesto?

12. En el experimento "lanzar dos dados cúbicos", se consideran los sucesos:

- A = "obtener en cada dado un número par"
- B = "la suma de sus puntos es un número par"
- C = "obtener en cada dado un número impar"

Utiliza una tabla de contingencia y calcula los sucesos:

a) $A \cap B$

b) $B \cap C$

c) $C \cap A$

13. smSaviadigital.com

PRACTICA Describe sucesos simples y compuestos.

3 Probabilidad de un suceso

Los términos "casi seguro", "muy probable", "probable", "poco probable", indican de una forma poco precisa la posibilidad de que ocurra un suceso. El análisis probabilístico trata de cuantificar esas posibilidades.

Ten en cuenta

- Si un experimento presenta cierta regularidad se construye un **modelo teórico**, que asigna un valor a la probabilidad de cada suceso, como en el caso del dado.
- En otros casos se recurre a **la probabilidad experimental** y se asignan probabilidades según los resultados obtenidos en la simulación real o virtual del experimento.

Ejemplo ▸ Si se lanza un dado muchas veces es previsible que cada resultado salga aproximadamente el mismo número de veces.

Si se repitiese el experimento indefinidamente la frecuencia relativa de los sucesos "salir 1", "salir 2", "salir 3"... sería exactamente $\frac{1}{6}$.

La **probabilidad $P(A)$,** de un suceso A, es el valor de la frecuencia relativa de A, $h(A)$, al repetir el experimento infinitas veces.

La probabilidad asociada a un experimento aleatorio cumple las propiedades:

- La probabilidad de cualquier suceso A está comprendida entre 0 y 1: $\mathbf{0 \le P(A) \le 1}$
- La probabilidad del suceso imposible es 0: $\mathbf{P(\varnothing) = 0}$
- La probabilidad del suceso seguro es 1: $\mathbf{P(E) = 1}$

Sucesos equiprobables

Si en un experimento aleatorio todos los sucesos elementales tienen la misma probabilidad se dice que son **sucesos equiprobables**.

MAT-TIC GeoGebra

Entra en smSaviadigital.com y simula el lanzamiento de dados y monedas.

Ejemplo ▸ Al lanzar un dado cúbico, $E = \{1, 2, 3, 4, 5, 6\}$, la probabilidad de sacar cada resultado es la misma si el dado no está trucado.

$$P(1) = P(2) = P(3) = P(4) = P(5) = P(6) = \frac{1}{6}$$

$$P(1) + P(2) + P(3) + P(4) + P(5) + P(6) = \frac{1}{6} + \frac{1}{6} + \frac{1}{6} + \frac{1}{6} + \frac{1}{6} + \frac{1}{6} = 1$$

Regla de Laplace

Si en un experimento aleatorio los sucesos elementales son **equiprobables**, la probabilidad de un suceso A es $\mathbf{P(A) = \dfrac{\text{n.° casos favorables}}{\text{n.° casos posibles}}}$.

Ejemplo ▸ Se lanzan dos dados de distinto color, uno negro y uno rojo. ¿Cuál es la probabilidad de que la suma de las puntuaciones de los dos dados sea 8?

El espacio muestral está formado por 36 elementos:

	1	2	3	4	5	6
1	(1,1)	(1,2)	(1,3)	(1,4)	(1,5)	(1,6)
2	(2,1)	(2,2)	(2,3)	(2,4)	(2,5)	(2,6)
3	(3,1)	(3,2)	(3,3)	(3,4)	(3,5)	(3,6)
4	(4,1)	(4,2)	(4,3)	(4,4)	(4,5)	(4,6)
5	(5,1)	(5,2)	(5,3)	(5,4)	(5,5)	(5,6)
6	(6,1)	(6,2)	(6,3)	(6,4)	(6,5)	(6,6)

A = "la suma de los dados es 8" = $= \{(2,6), (3,5), (4,4), (5,3), (6,2)\}$

Todos los sucesos del espacio muestral son equiprobables y el suceso A tiene 5 elementos, por tanto:

$$P(A) = \frac{\text{n.° casos favorables}}{\text{n.° casos posibles}} = \frac{5}{36} = 0{,}139$$

Probabilidad de la unión de sucesos

La **probabilidad de la unión** de dos sucesos A y B es:

$$P(A \cup B) = P(A) + P(B) - P(A \cap B)$$

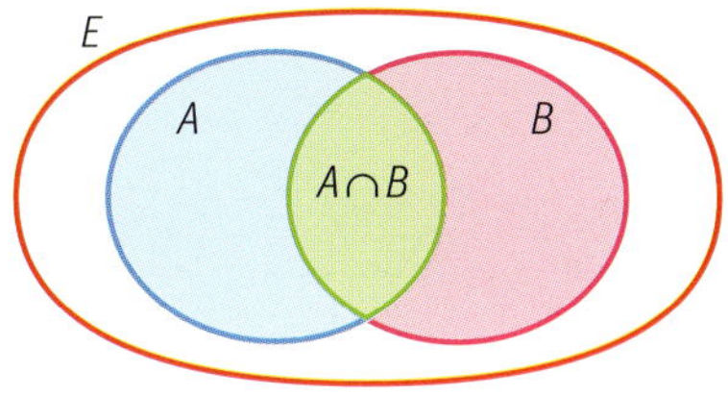

Si A y B son sucesos incompatibles, $A \cap B = \varnothing \Rightarrow P(\varnothing) = 0 \Rightarrow P(A \cup B) = P(A) + P(B)$.

Ejemplo ▸ Se extrae una carta de una baraja española de 40 cartas y se definen los sucesos:

A = "sacar un oro"	B = "sacar una copa"	C = "sacar un as"
$P(A) = \dfrac{10}{40}$	$P(B) = \dfrac{10}{40}$	

Calcula la probabilidad de los sucesos $A \cup B$ y $A \cup C$.

- Suceso $A \cup B$ = "sacar un oro o una copa"
  A y B son sucesos incompatibles, es decir, $A \cap B = \varnothing \Rightarrow P(A \cap B) = 0$.
  $$P(A \cup B) = P(A) + P(B) - P(A \cap B) = \frac{10}{40} + \frac{10}{40} - 0 = \frac{20}{40} = \frac{1}{2}$$
- Suceso $A \cup C$ = "sacar un oro o un as"
  A y C son compatibles, $A \cap C$ = "as de oros" $\Rightarrow P(A \cap C) = \dfrac{1}{40}$.
  $$P(A \cup C) = P(A) + P(C) - P(A \cap C) = \frac{10}{40} + \frac{4}{40} - \frac{1}{40} = \frac{13}{40}$$

Probabilidad del suceso contrario

La **probabilidad del suceso contrario de A** es $P(\overline{A}) = 1 - P(A)$.

Para probarlo se utiliza que un suceso y su contrario son incompatibles, $A \cap \overline{A} = \varnothing$, y que su unión forma el espacio muestral, $A \cup \overline{A} = E$.

Aplicando la probabilidad de la unión de sucesos, se halla la probabilidad del suceso contrario:

$$P(A \cup \overline{A}) = P(E) = 1 \Rightarrow P(A) + P(\overline{A}) = 1 \Rightarrow P(\overline{A}) = 1 - P(A)$$

smSaviadigital.com

PRACTICA Calcula la probabilidad de un suceso.

ACTIVIDADES

14. En una bolsa hay 4 bolas rojas, 3 verdes y 2 azules. Si se saca al azar una bola de la bolsa, calcula las probabilidades de que:

a) La bola sea verde.

b) La bola no sea roja.

c) La bola sea verde o azul.

d) La bola no sea roja ni azul.

15. Se elige un número al azar entre 1 y 50. Calcular la probabilidad de que:

a) Sea múltiplo de 4.

b) Sea múltiplo de 6.

c) Sea múltiplo de 6 y de 4.

d) Sea múltiplo de 6 o de 4.

16. Se lanzan un dado blanco y otro rojo y se consideran los sucesos:

- A = "la suma de los puntos es 6"
- B = "sacar los mismos puntos en los dos dados"
- C = "sacar más de 3 en el dado rojo"

Calcula las probabilidades de los sucesos:

a) A, B y C

b) $\overline{B}$

c) $A \cap C$ y $A \cup C$

d) $\overline{A \cap B}$

17. Si A y B son dos sucesos de un mismo experimento y sabemos que $P(A) = 0{,}6$, $P(B) = 0{,}3$ y $P(A \cup B) = 0{,}7$. ¿Son A y B sucesos incompatibles? Calcula la probabilidad de $A \cap B$.

4 Sucesos dependientes e independientes. Probabilidad de experimentos compuestos

Si se realizan dos o más experimentos simples de forma simultánea o uno detrás del otro, se obtiene un **experimento compuesto**. En ocasiones puede ocurrir que el resultado de uno influya en el resultado de los siguientes.

Ejemplo ▸ Se extraen sucesivamente dos cartas de una baraja española de 40 naipes. ¿Cuál es la probabilidad de que la primera sea un as? ¿Y de que lo sea la segunda?

La probabilidad del suceso A_1 = "la 1.ª carta extraída es un as" es: $P(A_1) = \dfrac{4}{40} = \dfrac{1}{10}$

La probabilidad del suceso A_2 = "la 2.ª carta extraída es un as" depende de si se devuelve o no la primera carta extraída de la baraja:

- **Si hay devolució,** el resultado de la primera extracción no influye, sigue habiendo 4 ases y 40 cartas. Por tanto, $P(A_2) = \dfrac{4}{40} = \dfrac{1}{10}$.
- **Si no hay devolución** y se supone que en la primera extracción ha salido un as, para la segunda extracción solo quedan 3 ases y 39 cartas. El resultado de la primera extracción condiciona el resultado de la segunda y se representa como A_2/A_1. Por tanto, $P(A_2 / A_1) = \dfrac{3}{39} = \dfrac{1}{13}$.

- Dos sucesos son **dependientes** cuando la verificación del segundo está condicionada por la verificación del primero. Se representa como $\boldsymbol{A_2 / A_1}$.
- Dos sucesos son **independientes** cuando la verificación del segundo no está condicionada por la verificación del primero.

Probabilidad de experimentos compuestos

Ejemplo ▸ Se lanza una moneda y un dado cúbico. Calcula la probabilidad del suceso A = "sacar cruz y un número par".

Es un experimento compuesto formado por dos experimentos simples:

$E = \{(C, 1), (C, 2), (C, 3), (C, 4), (C, 5), (C, 6), (X, 1), (X, 2), (X, 3), (X, 4), (X, 5), (X, 6)\}$

- Por tanto, el número total de casos es el producto de los resultados de lanzar la moneda y los del dado: $2 \cdot 6 = 12$ elementos.
- Los casos favorables del suceso A son: $\{(X, 2), (X, 4), (X, 6)\}$.

Utilizando la regla de Laplace: $P(A) = \dfrac{\text{n.º casos favorables}}{\text{n.º casos posibles}} = \dfrac{3}{12} = \dfrac{1}{4}$

Observa que $P(A) = P(X) \cdot P(\text{par}) = \dfrac{1}{2} \cdot \dfrac{3}{6} = \dfrac{3}{12} = \dfrac{1}{4}$.

La probabilidad de un suceso de un experimento compuesto **es el producto de las probabilidades** de los sucesos simples que lo forman.

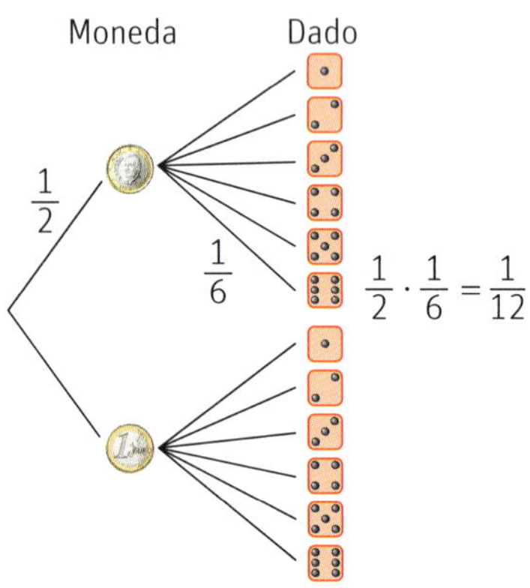

MAT-TIC GeoGebra

Calcula probabilidades utilizando diagramas de árbol en smSaviadigital.com.

ACTIVIDADES

18. De una baraja de 40 cartas se extraen simultáneamente dos cartas, es decir, no se repone la primera. Halla las probabilidades de que:

a) Las dos sean de copas.

b) Al menos una sea de copas.

19. Una bolsa contiene 5 bolas blancas, 3 rojas y 2 azules. Se extraen dos bolas sucesivamente. ¿Cuál es la probabilidad de que las dos sean del mismo color si se devuelve la primera bola a la bolsa? ¿Y si no se hace?

5 Probabilidad condicionada

Ejemplo ▸ En una urna hay 5 bolas rojas y 4 azules del mismo tamaño numeradas.

- Se saca una bola al azar. ¿Cuál es la probabilidad de que la bola sea un 1?

  En la urna hay 3 unos en las 9 bolas, por tanto $P(1)=\frac{3}{9}=\frac{1}{3}$.

- Si se sabe que la bola extraída es roja, ¿cuál es ahora la probabilidad de que sea un 1?

  En la urna hay 5 bolas rojas, de las cuales 2 tienen unos, por tanto $P(1/R)=\frac{2}{5}$.

Si A y B son dos sucesos de un experimento y B no es el suceso imposible, $P(B) > 0$, la **probabilidad de A condicionado por B** es:

$$P(A/B)=\frac{P(A\cap B)}{P(B)}$$

Ejemplo ▸ La probabilidad $P(1/R)$ se puede obtener también utilizando la probabilidad condicionada:

$$P(1/R)=\frac{P(1\cap R)}{P(R)}=\frac{\frac{2}{9}}{\frac{5}{9}}=\frac{2}{5}$$

Las tablas de contingencia son muy útiles para asignar probabilidades condicionadas.

Ejemplo ▸ En una bolsa hay 5 bolas grandes y 4 pequeñas. Se sabe que 6 son blancas y 3 son negras y que 3 de las bolas grandes son blancas.

- Si se extrae una bola al azar, ¿cuál es la probabilidad de que sea blanca y pequeña? Se organizan los datos en una tabla de contingencia, completando los que faltan:

	Blancas	Negras	Total
Grandes	3	2	5
Pequeñas	3	1	4
Total	6	3	9

  Así: $P(B\cap P)=\frac{3}{9}=\frac{1}{3}$.

- Si ha salido una bola grande, ¿cuál es la probabilidad de que sea negra?

  La probabilidad es $P(N/G)=\frac{2}{5}$.

A partir de la expresión de la probabilidad condicionada, se deduce la regla de la multiplicación de las probabilidades condicionadas. Si $P(A) > 0$ y $P(B) > 0$, se verifica que:

$$P(A\cap B) = P(B)\cdot P(A/B) \text{ y } P(A\cap B) = P(A)\cdot P(B/A)$$

MAT-TIC GeoGebra

Calcula la probabilidad condicionada utilizando tablas de contingencia en sm**Savia**digital.com.

Ten en cuenta

Si A y B son sucesos independientes:

$P(B/A) = P(B) \Rightarrow P(A\cap B) = P(A)\cdot P(B)$

ACTIVIDADES

20. En una clase hay 12 chicas y 16 chicos. Si se eligen 2 alumnos al azar, calcula la probabilidad en cada caso.

a) Que sean los dos chicos.

b) Que sean exactamente un chico y una chica.

c) Que haya al menos una chica.

d) Que no haya ningún chico.

21. De 15 temas, un alumno ha estudiado 10. El profesor selecciona dos temas y deja que el alumno escoja uno. ¿Cuál es la probabilidad de que pueda elegir un tema estudiado?

22. En una ciudad el 25 % de las mujeres y el 40 % de los hombres usan gafas. Halla la probabilidad de que, al elegir una persona al azar, sea una mujer y use gafas.

6 Análisis del azar

El azar está presente en nuestras vidas, desde el sexo de una cría, hasta las decisiones más cotidianas. Aunque no se pueda predecir el resultado concreto de un fenómeno aleatorio, sí se pueden cuantificar las distintas posibilidades.

En general, se intenta construir un modelo teórico que se ajuste al fenómeno estudiado y asignar probabilidades.

Ejemplo ▸ Luis ha encontrado cuatro huevos de pavo real. Cree que lo más probable es que sean dos machos y dos hembras, ya que la probabilidad de ser macho o hembra es la misma. ¿Es cierto o se equivoca?

La probabilidad del suceso A = "ser macho", es $P(A) = \frac{1}{2}$ y, por tanto, el suceso $\overline{A}$ = "ser hembra", también tiene probabilidad $P(\overline{A}) = \frac{1}{2}$.

Así, la probabilidad de que los 2 primeros sean machos y los siguientes sean hembras será:

$$P(A, A, \overline{A}, \overline{A}) = \frac{1}{2} \cdot \frac{1}{2} \cdot \frac{1}{2} \cdot \frac{1}{2} = \frac{1}{16}$$

Pero los dos machos pueden ocupar otras posiciones en el orden de nacimiento:

Opción 1	Opción 2	Opción 3	Opción 4	Opción 5	Opción 6
Macho	Macho	Macho	Hembra	Hembra	Hembra
Macho	Hembra	Hembra	Hembra	Macho	Macho
Hembra	Hembra	Macho	Macho	Macho	Hembra
Hembra	Macho	Hembra	Macho	Hembra	Macho

La probabilidad de cada una de ellas es la misma que la de $(A, A, \overline{A}, \overline{A})$; por tanto, la probabilidad de que sean dos machos y dos hembras es:

$$P(\text{2 machos y 2 hembras}) = 6 \cdot \frac{1}{16} = \frac{3}{8} = 0{,}375 < 0{,}5$$

Lo más probable es que no sean dos machos y dos hembras.

Ejemplo ▸ Una forma de echar a suertes es tomar tres palitos donde uno es más corto que los otros. Una persona los sujeta en la mano y oculta uno de los extremos, mientras los otros van sacando uno a uno los palos. ¿Quién tiene ventaja, el que saca en primer lugar, en segundo o el último?

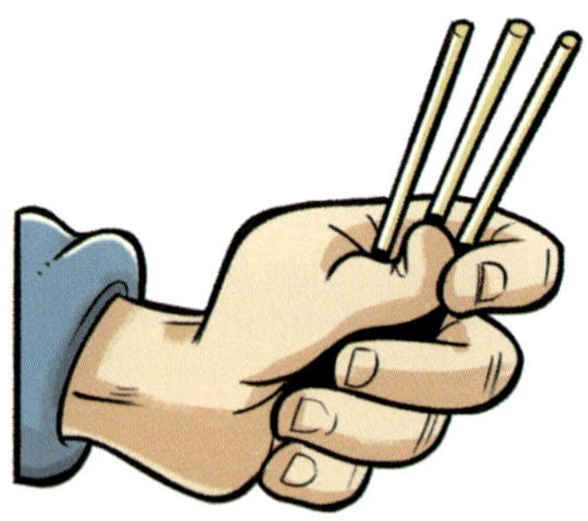

Se define el suceso C = "sacar el palo corto" y $\overline{C}$ a su contrario. Las probabilidades de sacar el palo corto de cada persona son:

- 1.ª persona: $P(C_1) = \frac{1}{3}$
- 2.ª persona: solo lo puede sacar si el primero ha sacado palo largo. Como quedan uno largo y uno corto, por la regla de la multiplicación de la probabilidad condicionada, tenemos: $P(C_2) = P(\overline{C}_1) \cdot P(C / \overline{C}_1) = \frac{2}{3} \cdot \frac{1}{2} = \frac{1}{3}$.
- 3.ª persona: solo es posible si el primero y el segundo han sacado palo largo, es decir, $P(C_3) = 1 - P(C_1) - P(C_2) = 1 - \frac{1}{3} - \frac{1}{3} = \frac{1}{3}$.

Los tres tienen las mismas probabilidades; se trata, por tanto, de "un juego justo".

Ejemplo ▸ El problema de Monty Hall.

Se conoce así porque se planteó en un programa de televisión de EE. UU., *Let's Make a Deal,* Hagamos un trato, cuyo presentador se llamaba Monty Hall.

El concursante debe elegir una de las tres puertas cerradas que contienen los premios: un coche y dos calabazas.

Una vez elegida, el presentador, que conoce el contenido de las tres puertas, abre una de las restantes y descubre una de las calabazas. A continuación, ofrece al concursante cambiar su elección. ¿Qué es mejor, cambiar o quedarse con la puerta elegida?

Puede parecer que las dos puertas que quedan tienen las mismas posibilidades, pero eso no es del todo cierto.

- Se supone que en la primera elección el concursante ha elegido la puerta 3. La probabilidad de que esta puerta oculte el coche es $\frac{1}{3}$. La probabilidad de que esté en las otras dos puertas será $\frac{2}{3}$.
- Cuando el presentador abre una puerta y se comprueba que no está el coche, la otra puerta acumula los $\frac{2}{3}$ de la probabilidad anterior.

Por tanto, la probabilidad de que el coche esté en ella es el doble de la probabilidad de que esté en la elegida al principio por el concursante. Sin lugar a dudas, la mejor opción será ¡cambiar de puerta!

MAT-TIC GeoGebra

Entra en sm**Savia**digital.com y realiza una simulación del problema de Monty Hall.

ACTIVIDADES

23. En un concurso hay dos bolsas. En la bolsa *A* hay 3 bolas verdes y 2 rojas, y en la bolsa *B* hay 7 bolas verdes, una blanca y 5 bolas rojas. Tienes que elegir una bolsa y sacar una bola roja para ganar un premio.

a) ¿Qué bolsa elegirías?

b) ¿Qué probabilidad tienes de ganar con cada bolsa?

24. Mi abuelo ha marcado las 6 caras de un dado con cuatro Δ y dos O, y dos urnas, una con un Δ y otra con una O.

Me pide tirar el dado y sacar una bola de la urna marcada con esa letra y dice que me dará el equivalente en euros al número de la bola.

a) Calcula la probabilidad de que me dé 45 €.

b) Calcula la probabilidad de que me dé solo 3 €.

25. En un juego se utilizan dos monedas iguales, pero una de ellas está trucada y sale cara un 75 % de las veces. Se escoge una moneda al azar y se lanza. ¿Cuál es la probabilidad de sacar cara?

26. Se ponen en un montón el as, el 2, el 3, el 4 y el 5 de oros de una baraja española.

Se barajan las cinco cartas y se sacan una tras otra tres de ellas sin remplazamiento. Se gana si las tres cartas son consecutivas. ¿Qué probabilidad hay de ganar?

27. Se ha realizado un test sobre una nueva vacuna a 12 000 personas. En 75 de ellas, entre las que había 30 mujeres embarazadas, se ha producido una reacción secundaria adversa.

a) Si la vacuna se ha administrado a 700 mujeres embarazadas, ¿cuál es la probabilidad de que una mujer embarazada sufra la reacción?

b) ¿Cuál es la probabilidad de que una persona no embarazada tenga una reacción adversa?

28. sm**Savia**digital.com

PRACTICA Comprueba lo que has aprendido sobre probabilidad.

Organiza tus ideas

AZAR Y DETERMINISMO

Un experimento es **aleatorio** si al repetirlo varias veces en las mismas condiciones se pueden obtener distintos resultados.

- El **espacio muestral**, E, es el conjunto formado por todos los resultados posibles.
- Un **suceso** es cualquier subconjunto del espacio muestral. Los tipos de sucesos son:
  - **Elemental**: si es uno de los resultados posibles.
  - **Compuesto**: si está formado por varios sucesos elementales.
  - **Imposible**: si no ocurre nunca, $\varnothing$.
  - **Seguro**: si ocurre siempre. Coincide con E.
  - **Contrario** o **complementario**, $\overline{B}$.
- El **espacio de sucesos**, S, es el conjunto formado por todos los sucesos asociados a ese experimento.

SUCESOS. OPERACIONES

UNIÓN

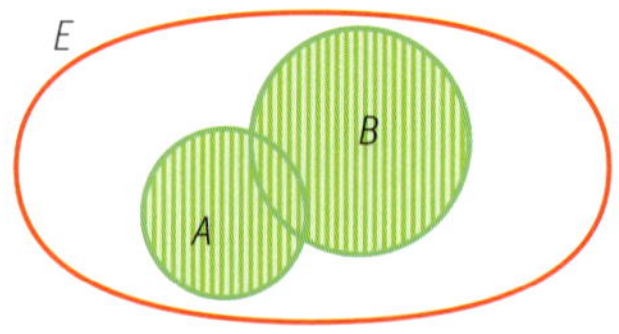

$A \cup B$

INTERSECCIÓN

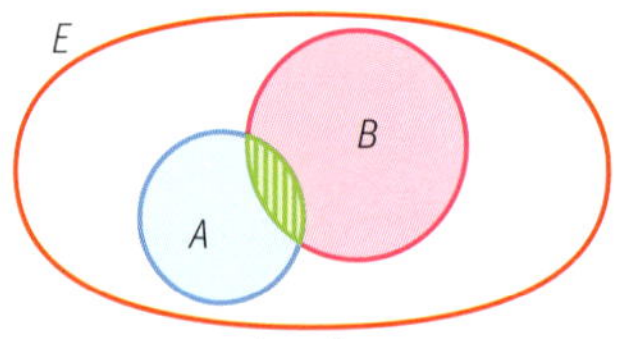

$A \cap B$

CONTRARIO

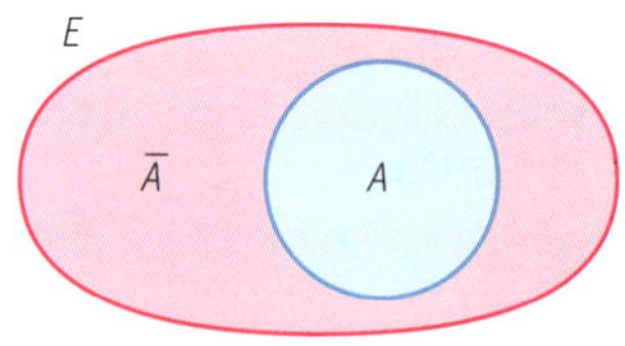

- Dos sucesos A y B son **compatibles** si $A \cap B \neq \varnothing$.
- Dos sucesos A y B son **incompatibles** si $A \cap B = \varnothing$.

Diagrama de árbol

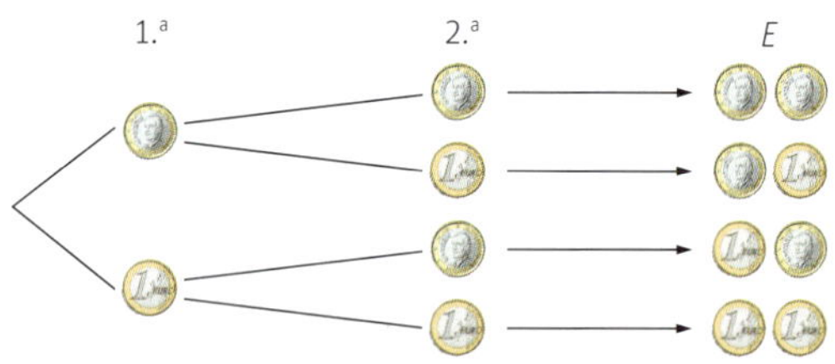

Tabla de contingencia

	Hombre	Mujer	Total
Gafas	3	4	7
Sin gafas	3	2	5
Total	6	6	12

PROBABILIDAD DE UN SUCESO

La **probabilidad** $P(A)$ de un suceso A es el valor de la frecuencia relativa de A, al repetir el experimento infinitas veces.

$$0 \leq P(A) \leq 1 \qquad P(\varnothing) = 0 \qquad P(E) = 1$$

Regla de Laplace

Si los sucesos elementales son equiprobables, la probabilidad de un suceso A es:

$$P(A) = \frac{\text{n.º casos favorables}}{\text{n.º casos posibles}}$$

Probabilidad de la unión

$$P(A \cup B) = P(A) + P(B) - P(A \cap B)$$

Probabilidad del complementario

$$P(\overline{A}) = 1 - P(A)$$

PROBABILIDAD DE EXPERIMENTOS COMPUESTOS

Un **experimento compuesto** es el formado por dos o más experimentos simples.

Regla del producto: la probabilidad de un resultado de un experimento compuesto es el **producto de las probabilidades de las ramas** que forman el resultado.

PROBABILIDAD CONDICIONADA

Si A y B son dos sucesos de un experimento, y $P(B) > 0$, **la probabilidad de A condicionado por B** es:

$$P(A/B) = \frac{P(A \cap B)}{P(B)} \Leftrightarrow P(A \cap B) = P(B) \cdot P(A/B) = P(A) \cdot P(B/A)$$

Actividades clave

1. En un estudio de uso de redes sociales en una población, el 35 % de los encuestados usa la red *A*, y el 25 %, la red *B*, mientras que un 5 % dice usar ambas redes.

Si se elige una persona al azar, calcula la probabilidad de que:

a) Use alguna red social.

b) Solo use la red *A*.

c) Use solo una red.

d) No use ninguna red.

Se designan los sucesos $A =$ "usar la red A" y $B =$ "usar la red B" y se utilizan diagramas de Venn para asignar probabilidades:

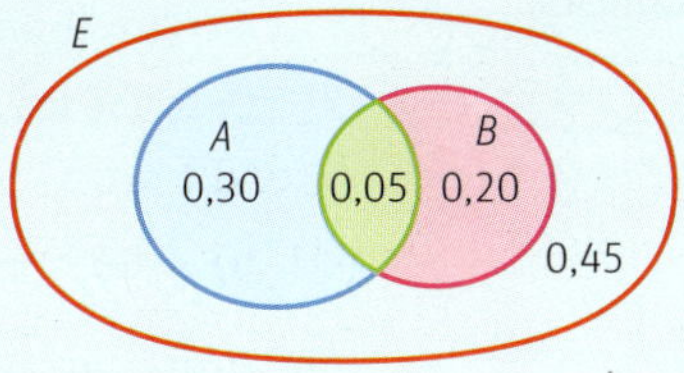

- Un 5 % usa ambas redes:
  $P(A \cap B) = 0{,}05$
- Los que solo usan la red *A*:
  $P(A - B) = P(A \cap \overline{B}) = 0{,}35 - 0{,}05 = 0{,}30$
- Los que solo usan *B*:
  $P(B - A) = P(B \cap \overline{A}) = 0{,}25 - 0{,}05 = 0{,}20$
- Los que no usan ninguna red:
  $P(\overline{A \cup B}) = 0{,}45$

a) El suceso "usar alguna red" se puede expresar como $A \cup B$:
$P(A \cup B) = P(A) + P(B) - P(A \cap B) = 0{,}35 + 0{,}25 - 0{,}05 = 0{,}55$

b) El suceso "usar solo la red *A*" se puede expresar como $A - B$:
$P(A - B) = 0{,}30$

c) El suceso "usar solo una red" se describe como $(A - B) \cup (B - A)$:
$P\,[(A - B) \cup (B - A)] = 0{,}30 + 0{,}20 = 0{,}50$

d) El suceso "no usar ninguna red" se expresa como $(\overline{A \cup B})$.
$P(\overline{A \cup B}) = 0{,}45$

2. Una bolsa tiene 5 bolas verdes y 3 negras. Se sacan sucesivamente dos bolas, sin devolver la primera.

Raúl apuesta que las dos bolas serán del mismo color y Estela que serán de distinto color.

¿Quién tiene mayor probabilidad de acertar?

Se utiliza un diagrama de árbol para representar la situación:

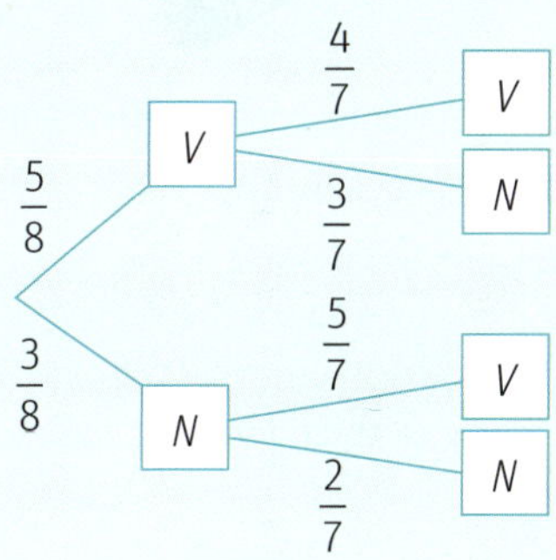

- Raúl acierta si se sacan dos verdes o dos negras:
  $P(\text{Raúl}) = P(VV) + P(NN) = \frac{5}{8}\cdot\frac{4}{7} + \frac{3}{8}\cdot\frac{2}{7} = \frac{20+6}{56} = \frac{13}{28} = 0{,}46$
- Y Estela acierta si se sacan dos bolas de distinto color:
  $P(\text{Estela}) = 1 - P(\text{Raúl}) = 1 - \frac{13}{28} = \frac{15}{28} = 0{,}54$

Tiene más probabilidades de acertar Estela.

3. A una prueba se han presentado 80 mujeres y 70 hombres. Aprueban el 60 % de mujeres y el 50 % de hombres.

a) Se elige una persona al azar. ¿Cuál es la probabilidad de que haya aprobado?

b) Se elige al azar una persona entre los aprobados. ¿Qué probabilidad hay de que sea mujer?

Mujeres que aprueban: $0{,}60 \cdot 80 = 48$

Hombres que aprueban: $0{,}50 \cdot 70 = 35$

Se construye una tabla de contingencia con los datos:

	Hombres	Mujeres	Total
Aprueban	35	48	83
Suspenden	35	32	67
Total	70	80	150

a) $P(\text{Aprobado}) = \frac{83}{150} = 0{,}553$

b) $P(\text{Mujer/Aprobado}) = \frac{48}{83} = 0{,}578$

Actividades

EJERCICIOS PARA PRACTICAR

Azar y determinismo. Sucesos

29. **Indica cuáles de los experimentos siguientes son aleatorios. Cuando lo sean, escribe su espacio muestral.**

a) Medir el volumen de una botella de agua.

b) Encestar al lanzar un triple de espaldas a la canasta.

c) Extraer una carta de una baraja y mirar su palo.

d) Acertar el segundo premio del sorteo de la lotería de Navidad.

30. **En una urna hay nueve bolas numeradas del 1 al 9.**

a) Escribe los sucesos elementales.

b) Describe dos sucesos compuestos.

c) Describe dos sucesos incompatibles.

31. **Se pueden construir dados equiprobables con los cinco poliedros regulares.**

¿Cuántos sucesos elementales hay en los siguientes experimentos?

a) Lanzar un dado dodecaédrico y uno cúbico.

b) Lanzar un dado octaédrico y uno tetraédrico.

c) Lanzar tres dados icosaédricos.

32. **Se lanza un dado de ocho caras y se consideran los sucesos:**

A = "sacar más de 5"

B = "sacar un número par"

C = "sacar un múltiplo de 3"

a) Escribe los elementos de los sucesos A, B y C.

b) Indica si son compatibles A y B, A y C, B y C.

c) Escribe los sucesos $\overline{C}$, $A \cap B$, $B \cup C$, $B - C$.

d) Describe $\overline{A} \cup B$, $\overline{B} \cap C$, $\overline{A \cup C}$, $\overline{B \cap C}$.

33. **Se lanza un dado cúbico y consideramos los sucesos:**

$A = \{1, 2, 3, 5\}$

$B = \{3, 4, 5\}$

$C = \{4, 5, 6\}$

a) Copia en tu cuaderno el diagrama de Venn y coloca los números en las regiones correspondientes.

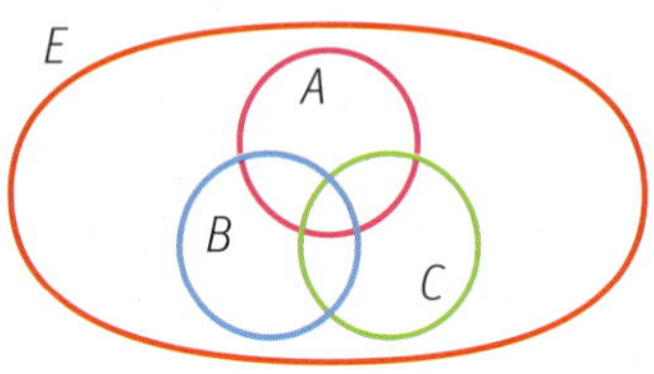

b) Calcula los sucesos:
$A \cup B \cup C$, $(A \cup B) \cap C$, $A \cup (B \cap C)$, $\overline{A} \cup B$ y $\overline{A} \cap \overline{C}$

34. **Se escoge al azar una carta de una baraja de 40 cartas. Se consideran los sucesos:**

A = "sacar un basto".

B = "sacar un rey".

C = "sacar una carta más baja que 3".

Describe los sucesos:

a) $A \cap C$

b) $\overline{A} \cap \overline{B}$

c) $A \cap \overline{B}$

d) $\overline{C} \cap B$

35. **Utiliza diagramas de Venn para comprobar si son ciertas las igualdades siguientes:**

a) $\overline{A \cup B} = \overline{A} \cap \overline{B}$

b) $\overline{A \cap B} = \overline{A} \cup \overline{B}$

Técnicas de recuento

36. **Escribe el espacio muestral de los siguientes experimentos utilizando una tabla de contingencia o un diagrama de árbol.**

a) "Sacar tres bolas de la siguiente urna".

b) "Lanzar un dado octaédrico y una moneda".

37. **La optativa elegida por los alumnos y alumnas de 2.º ESO de un instituto viene dada por la siguiente tabla.**

	Alumnos	Alumnas	Total
Francés	44	● ● ●	80
Cultura lásica	● ● ●	● ● ●	● ● ●
Total	● ● ●	61	122

a) Completa la tabla en tu cuaderno.

b) ¿Cuántas alumnas han elegido como optativa Cultura clásica?

c) ¿Cuántos chicos hay en total en 2.º ESO?

38. **En el experimento "lanzar un dado tetraédrico tres veces" se consideran los sucesos:**

A = "sacar más números pares".

B = "sacar un número impar de impares".

Utiliza un diagrama de árbol y escribe:

a) El espacio muestral

b) $A \cup B$

c) $A \cap B$

39. **Se ha realizado una prueba oftalmológica a 60 hombres y 75 mujeres. Tienen miopía el 52 % de las mujeres y el 45 % de los hombres. Se elige un paciente al azar y se consideran los sucesos:**

A = "el paciente no tiene miopía".

B = "el paciente no es hombre".

a) Elabora una tabla de contingencia con los datos.

b) Indica el número de pacientes que forma parte de la intersección $A \cap B$.

Probabilidad de un suceso

40. Se lanzan dos dados y se mira la diferencia de puntos entre uno y otro.

a) Escribe el espacio muestral del experimento.

b) ¿Son sucesos equiprobables? En caso negativo, escribe las probabilidades de cada suceso elemental.

c) Halla la probabilidad del suceso A = "la diferencia es menor que 4".

41. Se elige un número de tres cifras. ¿Qué probabilidad hay de que tenga alguna cifra repetida?

ACTIVIDAD **RESUELTA**

42. Sabiendo que $P(A) = 0{,}4$, $P(B) = 0{,}6$ y $P(A \cup B) = 0{,}7$, calcula las probabilidades siguientes.

a) $P(A \cap B)$

b) Que no se cumpla ni A ni B.

a) Para calcular $P(A \cap B)$ se utiliza la probabilidad de la unión:

$P(A \cup B) = P(A) + P(B) - P(A \cap B) \Rightarrow$

$P(A \cap B) = P(A) + P(B) - P(A \cup B) = 0{,}4 + 0{,}6 - 0{,}7 = 0{,}3$

b) $P(\overline{A \cup B}) = 1 - P(A \cup B) = 1 - 0{,}7 = 0{,}3$

43. Se lanzan dos dados y se consideran los sucesos:

A = "sacar al menos un 6" B = "la diferencia de puntos es 2"

Calcula las probabilidades de:

a) $A \cap B$ b) $A \cup B$ c) $\overline{A} \cap \overline{B}$

44. Se elige al azar un número de seis cifras (no puede empezar por 0). ¿Cuál es la probabilidad de que tenga al menos una cifra impar?

45. En una empresa hay 20 trabajadores: 12 hombres y 8 mujeres. Se eligen tres de ellos al azar para formar una comisión. Halla la probabilidad de que:

a) Entre los elegidos haya solo una mujer.

b) Haya al menos una mujer.

c) La comisión no sea mixta, es decir, haya solo hombres o solo mujeres.

46. Se introducen 3 bolas rojas, 3 verdes y 3 azules en una caja. ¿Cuál es la probabilidad de sacar 2 bolas rojas, remplazándolas en la caja, y a continuación, sacar una bola verde?

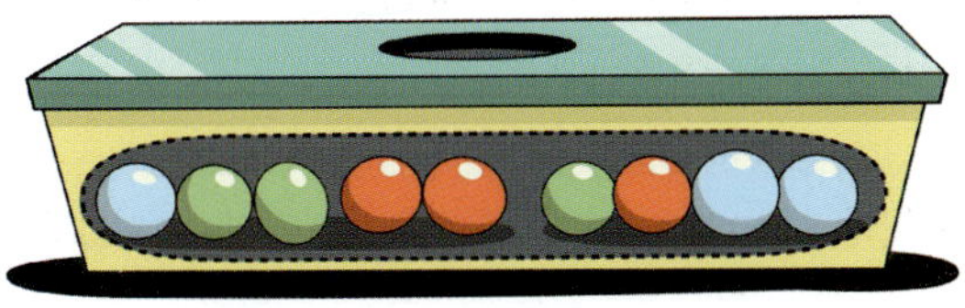

Probabilidad de sucesos compuestos

47. ¿Cuál es la probabilidad de tener 4 ases al sacar 5 cartas de una baraja de 52 cartas?

48. Se lanza una moneda 4 veces. Calcula las probabilidades de:

a) Sacar 4 cruces.

b) Sacar exactamente 3 cruces.

c) Sacar al menos 3 cruces.

d) Sacar al menos una cruz.

49. En el armario de Pedro hay cuatro corbatas rojas, dos rosas, dos negras y tres a rayas. Saca consecutivamente dos corbatas:

Dibuja un diagrama de árbol con todos los resultados posibles y calcula:

a) La probabilidad de sacar dos corbatas a rayas.

b) Sacar la primera corbata rosa y la segunda roja.

50. Observa la bolsa que contiene bolas del mismo tamaño.

Se sacan al azar dos bolas al mismo tiempo. Calcula la probabilidad de que:

a) Las dos sean del mismo color.

b) Las dos tengan el mismo número.

51. Con la misma bolsa del ejercicio anterior, se consideran los sucesos A = "sacar una bola negra", B = "sacar un número impar". ¿Son sucesos dependientes? Justifica la respuesta.

52. Una paloma mensajera llamada Pronta llega a su destino con el mensaje el 90 % de las veces. Otra paloma menos experta, llamada Tarda, entrega el mensaje el 80 % de las veces. Se envía a las dos palomas a un mismo destino. Calcula las probabilidades siguientes:

a) Que al menos una de las palomas entregue el mensaje.

b) Que no llegue ninguna de las dos.

Actividades

Probabilidad condicionada

53. Se extraen sucesivamente tres cartas de una baraja de 40 cartas. Calcula la probabilidad de que las tres cartas sean reyes, si:

a) Se vuelven a meter al mazo las cartas extraídas.

b) No se devuelven al mazo las cartas.

54. Las habitaciones de un hotel de 3 plantas están numeradas de tal forma que la primera cifra indica la planta y las otras dos el número de la habitación en esa planta. En cada planta hay 10 habitaciones distribuidas alrededor de un patio cuadrado. Se eligen dos habitaciones al azar.

a) Calcula la probabilidad de que las habitaciones estén en la misma planta.

b) Calcula la probabilidad de que sean contiguas.

PROBLEMA **RESUELTO**

55. En un centro educativo hay 100 estudiantes de 4.º ESO. De ellos, 40 son chicos y 30 de los 100 usan ortodoncia, de los cuales 12 son chicos. Se selecciona un estudiante al azar. Calcula la probabilidad de que:

a) Sea chica y no lleve ortodoncia.

b) Sea chico, sabiendo que lleva ortodoncia.

Se resumen los datos en una tabla de contingencia:

	Con ortodoncia	Sin ortodoncia	Total
Chicos	12	28	40
Chicas	18	42	60
Total	30	70	100

a) $P(\text{ser chica y no llevar ortodoncia}) = \frac{42}{100} = \frac{21}{50}$

b) $P(\text{ser chico / llevar ortodoncia}) = \frac{12}{30} = \frac{2}{5}$

56. En un congreso de médicos hay 200 congresistas. De ellos, 130 son morenos y 80 tienen los ojos castaños, de los cuales 50 son morenos. Se selecciona al azar a un asistente. Haz una tabla de contingencia y calcula la probabilidad de que:

a) Sea moreno y con los ojos castaños.

b) No tenga los ojos castaños y no sea moreno.

57. En un campamento se han inscrito 120 jóvenes, de los cuales 80 hablan alemán, 35 hablan chino y 25 hablan ambos idiomas. Si se elige un alumno al azar:

a) ¿Qué probabilidad hay de que hable los dos idiomas?

b) ¿Qué probabilidad hay de que hable chino sabiendo que habla alemán?

58. En una rifa con números del 001 al 500 se sortean tres premios distintos. Luisa ha comprado 10 boletos. Calcula las probabilidades de que:

a) No le toque ningún premio.

b) Al menos uno de sus boletos tenga premio.

Actividades de síntesis

59. Indica el suceso contrario en los siguientes casos.

a) En una clase se eligen al azar dos estudiantes:
A = "los dos son chicos"

b) En un restaurante Luis pide dos platos:
B = "sopa y pescado"

c) En una rifa Juan lleva tres números distintos:
C = "al menos uno está premiado"

60. Se lanza una moneda tres veces y se consideran los sucesos A = "solo han salido caras" y B = "ha salido al menos una cara". Calcula las probabilidades de los sucesos:

a) $\overline{A}$

b) $A \cup B$

c) $\overline{A} \cap B$

d) $A \cup \overline{B}$

61. Una urna contiene 5 bolas rojas, 3 negras y 2 blancas. Se sacan 3 bolas sin remplazarlas. Calcula las probabilidades de que:

a) Las tres sean del mismo color.

b) Sean de tres colores distintos.

c) Al menos una sea blanca.

62. Se tienen 3 cajas numeradas del 1 al 3 y repartimos al azar 4 bolas idénticas entre las 3 cajas. ¿Cuál es la probabilidad de que ninguna se quede vacía?

63. En un experimento la probabilidad de un suceso A es $P(A) = 0{,}50$ y la de otro suceso B es $P(B) = 0{,}45$. La probabilidad de la unión es $P(A \cup B) = 0{,}90$.

a) ¿Son incompatibles A y B?

b) ¿Son independientes?

c) Calcula las probabilidades de $A \cap B$, A/B, B/A y $\overline{A} \cap B$.

64. En un concurso de redacción el ganador elige un libro al azar entre 5 novelas y 3 libros de poesía y, tras él, el segundo clasificado elige otro libro. Calcular la probabilidad de que:

a) Al segundo le toque un libro de poesía.

b) Al ganador le haya tocado una novela si sabemos que al segundo le tocó un libro de poesía.

c) Que a los dos les toque un libro del mismo género.

65. Un pastillero A_1 contiene 4 pastillas blancas y 3 azules, otro A_2 tiene 5 blancas y ninguna azul y un tercero A_3 tiene 2 blancas y 4 azules.

Se escoge un pastillero al azar y de él se extrae una pastilla.

a) Calcula la probabilidad de que sea blanca.

b) Se han juntado todas las pastillas y se extrae una al azar. Calcula la probabilidad de que sea blanca.

PROBLEMAS **PARA RESOLVER**

66. Dos bolsas contienen bolas de colores, la A tiene 5 bolas negras y 2 blancas, la B, 4 negras y 3 blancas. Se elige una bolsa al azar y se extraen dos bolas de la misma. Calcula la probabilidad de que las dos bolas sean del mismo color.

PROBLEMA **RESUELTO**

67. En un centro, el 50 % de los alumnos de 4.º ESO cursa Cultura Clásica, el 35 %, Francés, y el 15 %, Música. El porcentaje de aprobados es, respectivamente, 80 %, 70 % y 95 %. Se elige al azar un alumno.

a) Calcula la probabilidad de que sea un alumno que ha estudiado Francés y haya aprobado.

b) Calcula la probabilidad de que no sea un alumno que curse Música ni Francés y haya suspendido.

Se identifican las asignaturas con sus iniciales: CC, F y M. Aprobar como A y suspender con $\overline{A}$. Se construye un diagrama de árbol con las probabilidades:

$P(CC) = 0{,}50$ $\quad P(F) = 0{,}35$ $\quad P(M) = 0{,}15$

$P(A/CC) = 0{,}80$ $\quad P(A/F) = 0{,}70$ $\quad P(A/M) = 0{,}95$

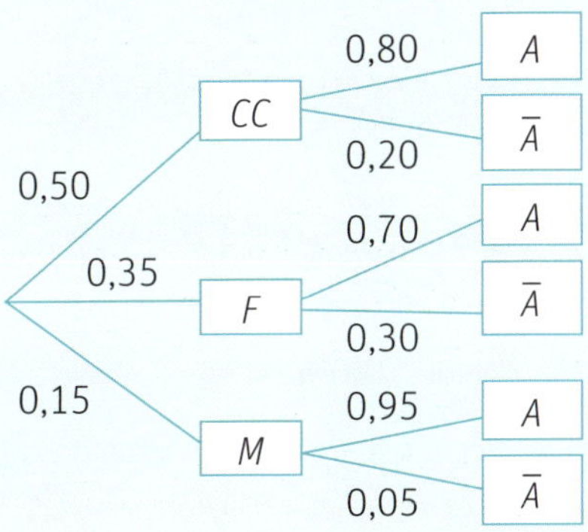

a) $P(F \cap A) = P(F)\,P(A\,/\,F) = 0{,}35 \cdot 0{,}70 = 0{,}245$

b) Como el alumno no estudia ni Francés ni Música, debe estudiar Cultura Clásica:

$P(CC \cap \overline{A}) = P(CC)\,P(\overline{A}\,/\,CC) = 0{,}50 \cdot 0{,}20 = 0{,}1$

68. Se dispone de dos urnas A y B. La urna A contiene 3 bolas blancas y 2 negras, y la urna B, una blanca y 2 negras. Se lanza un dado y, si sale un número menor que 3, se saca una bola de la urna A; si no es así, se saca de la urna B.

a) Haz un diagrama de árbol con las probabilidades.

b) Calcula la probabilidad de sacar una bola de la urna A y que sea negra.

69. En un campamento hispano-francés los participantes se han apuntado a un único deporte según la siguiente tabla:

	Tenis	Natación	Vela
Español	40	24	16
Francés	14	21	35

Indica si los siguientes pares de sucesos son independientes.

a) A = "ser español" y T = "practicar tenis"

b) B = "ser francés" y V = "practicar vela"

70. Existen tres medicamentos genéricos para combatir una enfermedad, excluyentes entre sí.

- El A lo toman el 60 % de los enfermos y su índice de curación es del 85 %.
- El B lo toman el 25 % de los enfermos y es eficaz en 9 de cada 10 pacientes.
- El C lo toma el resto y su nivel de eficacia es del 80 %.

a) Haz una tabla de contingencia con los datos.

b) Se elige un paciente al azar. ¿Cuál es la probabilidad de que se haya curado?

71. Una bolsa contiene 5 bolas rojas numeradas del 1 al 5 y 3 bolas azules numeradas del 1 al 3. Se extraen, sin reponerlas, tres bolas al azar. Calcula las probabilidades siguientes:

a) No sacar 3 bolas rojas.

b) No sacar ninguna bola roja.

c) Sacar al menos una bola roja.

72. En el claustro de profesores de un centro el 60 % de los miembros son mujeres. Entre las profesoras una de cada 3 lleva gafas, mientras que entre los profesores las llevan uno de cada dos.

Elegido al azar un profesor, halla la probabilidad de que:

a) Sea mujer y no lleve gafas.

b) Sea hombre y lleve gafas.

73. En una fábrica de envases se ha realizado un test de calidad resultando que el 3 % salen defectuosos. Se han seleccionado 10 piezas al azar. Calcula la probabilidad de que:

a) Ningún envase sea defectuoso.

b) El primer envase defectuoso salga en la tercera extracción.

c) Que haya exactamente un envase defectuoso.

Encuentra el error

74. Un fallo con historia.

Si se lanzan al aire dos monedas, ¿cuál es la probabilidad de que salga alguna cara?

El matemático francés Jean Le Rond d'Alembert (1717-1783) dijo que la probabilidad era $\frac{2}{3}$. Razonó así:

- Si la primera moneda sale cara, ya se cumple nuestro suceso.
- Si no es así, los resultados pueden ser (X, C) o (X, X). En dos de los casos sale alguna cara y en el tercero no sale ninguna. Luego la probabilidad de salir alguna cara es $\frac{2}{3}$.

¿Estás de acuerdo con d'Alembert? Calcula la probabilidad de obtener "al menos una cara" al lanzar dos monedas. Encuentra el fallo, si lo hay, en el razonamiento de d'Alembert.

Ponte a prueba

PROBLEMA **RESUELTO**

La importancia de los análisis médicos y de las leyes del azar

Para detectar una determinada epidemia que ha afectado a un 4 % de la población se utiliza un análisis específico. Pero ningún análisis es infalible.

Este en concreto da falsos positivos (tener la enfermedad) en personas sanas en un 2 % de las ocasiones. Y, por el contrario, da falsos negativos (estar sano) en el 5 % de personas que sí tienen la enfermedad.

Luis sospecha estar enfermo y se ha realizado el análisis y ha dado positivo en el análisis. Está convencido de que tiene la enfermedad.

¿Puedes demostrar que no es seguro que esté enfermo?

SOLUCIÓN

Se denomina a los sucesos de la siguiente manera:

$+$ = "dar positivo" S = "estar sano"

$-$ = "dar negativo" E = "estar enfermo"

Se construye una tabla de contingencia considerando los porcentajes:

$S \cap +$: 2 % de 96 = 0,02 · 96 % = 1,92 %

$E \cap -$: 5 % de 4 = 0,05 · 4 % = 0,20 %

$S \cap -$: 96 % − 1,92 % = 94,08 %

$E \cap +$: 4 % − 0,20 % = 3,80 %

	+	−	Total
Sano	1,92 %	94,08 %	96 %
Enfermo	3,80 %	0,20 %	4 %
Total	5,72 %	94,28 %	100 %

Como no se sabe si Luis está enfermo o sano, habrá que contemplar las dos posibilidades, es decir, que dé positivo estando sano y que dé positivo estando enfermo, el total de la columna +:

$$P(+) = \frac{5,72}{100} = 0,0572$$

La probabilidad de dar positivo en el análisis es del 5,72 %.

Un juego con trampa

Belén y Carlos han descubierto un nuevo juego:

- Se introducen tres fichas en un sombrero.
- Una de ellas tiene las dos caras blancas, otra las dos caras rojas y la tercera una blanca y otra roja.
- Uno de ellos extrae una ficha, mira solo una de sus caras y le muestra el color al otro jugador.

Carlos apuesta a que la ficha es la que tiene las dos caras iguales, y Belén, a que es la que tiene las caras diferentes.

Parece que los dos jugadores tienen las mismas posibilidades de acertar, ya que si la cara que se ha visto es roja, la cara oculta, o es roja también, en cuyo caso sería la ficha de dos caras rojas, o por el contrario, es blanca, y entonces la ficha extraída sería la blanca-roja.

1. ¿Tienen los dos jugadores las mismas probabilidades de ganar?
2. En caso contrario, ¿por cuál de las dos opciones apostarías? Calcula la probabilidad de ganar de cada jugador.

Una partida sin terminar. Reparto justo

Blaise Pascal (1623-1662) y **Pierre de Fermat** (1601-1665) son dos de los fundadores de la teoría de la probabilidad.

Se intercambiaron numerosas cartas planteándose problemas relacionados con el azar. Uno de ellos fue cómo habría que repartir las cantidades apostadas por dos jugadores si hubieran de interrumpir el juego antes del final y uno fuera ganando al otro.

En una carta escrita el 29 de julio de 1654, Pascal le remite a Fermat su solución:

> 29 de julio de 1654
>
> "He aquí como lo hago para saber el valor de cada una de las partidas cuando dos jugadores juegan al mejor de tres partidas, y cada uno ha apostado 32 monedas. Supongamos que el primero ha ganado dos y el otro una. Ahora están jugando una partida cuya suerte es que, si gana el primero, gana la apuesta, las 64 monedas. Si gana el otro empatan a dos partidas, y por tanto, si suspenden el juego cada una retiraría su apuesta.
>
> Considerad, señor, que si gana el primero le pertenecen 64 monedas y 32 si pierde. Ahora bien, si no quieren arriesgar esta partida y separarse sin jugarla, el primero debe decir: "estoy seguro de ganar 32 monedas, porque aunque pierda las tengo; pero las otras 32 quizás las tendré yo o quizás las tendréis vos; el azar es igual, repartamos pues estas monedas mitad por mitad, y me dais, además de estas 16 las 32 monedas que me corresponden con seguridad". Tendrá, pues, 48 monedas el primero y el otro 16"

1. ¿Estás de acuerdo con la solución de Pascal?
2. ¿No sería más justo este razonamiento: "si han jugado tres partidas y uno ha ganado dos, y el otro, una, lo lógico es dividir las 64 monedas en tres partes y que el primero se lleve dos partes, y el otro, una. Es decir, al primero le corresponden $\frac{2}{3} \cdot 64 = 42{,}66$ y al otro $\frac{1}{3} \cdot 64 = 21{,}33$?
3. Haz un diagrama de árbol, suponiendo que los dos tienen la misma probabilidad de ganar una partida, y saca tus propias conclusiones.

AUTOEVALUACIÓN

1. Se consideran dos sucesos A y B de un experimento aleatorio y se sabe que $P(A) = 0{,}7$; $P(B) = 0{,}4$ y $P(A \cap B) = 0{,}3$. Representa los sucesos A y B mediante un diagrama de Venn y calcula:

   a) $P(A \cup B)$ b) $P(\overline{B})$ c) $P(A \cup \overline{B})$

2. Los dados para rellenar quinielas son dados cúbicos con estas características:

   - Tres caras están marcadas con un 1, que representa la victoria local.
   - Dos caras con una X, que representa el empate.
   - Una cara con un 2, que representa la victoria visitante.

   Calcula las probabilidades de que, al lanzar el dado tres veces:

   a) Salgan 3 X.

   b) Salga al menos una X.

3. Se elige un número al azar entre 10 y 99. Calcula las siguientes probabilidades.

   a) De que tenga alguna cifra repetida.

   b) De que tenga al menos un 2.

4. Se extraen 3 cartas de una baraja española de 40 naipes. Calcula la probabilidad de que:

   a) Las tres cartas tengan el mismo valor: tres cuatros, tres reyes...

   b) Las tres tengan distinto valor.

5. Un estudiante ha estudiado 6 de los 10 temas que entran en un examen. Para la prueba, el profesor elige al azar 3 temas y el alumno escoge uno de estos para responder.

   a) Halla la probabilidad de que el alumno apruebe.

   b) Halla la probabilidad de que el alumno se sepa dos temas.

6. En una ciudad hay tres centros educativos A, B y C que presentan alumnos al examen de acceso a la universidad.

   - El 50 % de los alumnos presentados son del centro A, el 35 %, del B, y el 15 %, del C.
   - El centro A tiene un porcentaje de aprobados del 90 %, el B, del 88 %, y el C, del 96 %.

   a) Construye una tabla de contingencia con los datos.

   b) Se elige un estudiante al azar. ¿Cuál es la probabilidad de que haya aprobado?

smSaviadigital.com VALORA LO APRENDIDO > Autoevaluación.

MATES+MAGIA

DOS CARAS

¿Has visto alguna vez una moneda con dos caras? Es común verla en alguna película o programa de televisión, pero es difícil ver una en la realidad. Por ejemplo uno de los villanos de Batman, Harvey Dent, se convirtió en el criminal Dos Caras y decidía entre hacer el bien o el mal mediante el lanzamiento de una moneda con dos caras, solo que una de ellas estaba marcada. ¿Pero qué pasaría si esa moneda no tuviera ninguna marca?

Te proponemos un experimento con dos monedas: una normal y otra con dos caras. Como es difícil encontrar una moneda con dos caras, puedes fabricarte una como esta con cartulina. Puedes descargar el recortable de sm**Savia**digital.com.

Pide a un amigo que elija una de las dos monedas y la coloque sobre la mesa, dejando siempre a la vista uno de los lados con cara, para que tú no puedas saber cuál de las monedas es.

Debes intentar adivinar que hay en el lado oculto de la moneda, cara o cruz.

Aparentemente tienes una probabilidad del 50 % de que sea cara o cruz, sin embargo es mucho más posible que lo que hay en la cara oculta de la moneda sea cara. De hecho, será cara el doble de veces de las que será cruz. Pero ¿Cómo es posible?

¿Cuál es el secreto?

Para entender esta probabilidad inesperada se llamará moneda A a la moneda normal, su lado $A1$, es una cara y su lado $A2$ es una cruz. Además se tiene una moneda B, con un lado $B1$, que es una cara y un lado $B2$, que también es una cara. De esta forma, si se ve una cara esta puede ser $A1$, $B1$ o $B2$, y en dos de los tres casos el otro lado de la moneda estará ocupado por una cara. Por lo tanto la probabilidad de que sea cruz es $\frac{1}{3}$, mientras que la de que sea cara es el doble $\frac{2}{3}$.

Solo tienes que repetir el experimento una cuantas veces para comprobar que el resultado del experimento confirma lo que dicen los cálculos.

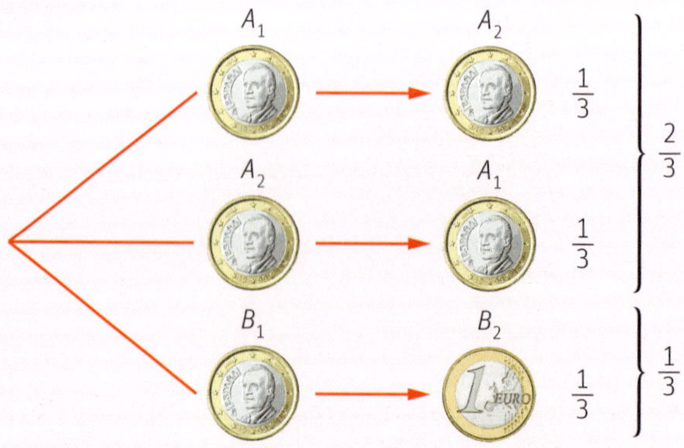

COMBINACIONES LIGUERAS

Vamos a ver una forma de organizar un calendario de liga con 10 equipos, construyendo un curioso artilugio. Solo necesitas cartulina de dos colores diferentes, un rotulador y un encuadernador. Cada semana deben jugarse 5 partidos y deberemos calcular bien los cruces para que a lo largo de las 9 jornadas siguientes cada equipo haya jugado contra cada uno de los otros 9.

- Copia en una cartulina cada una de las piezas que muestra la imagen. La pieza más grande, de color azul en la imagen, debes rotularla con las letras de la A a la I, mientras que en la naranja debes rotular las flechas y la letra J en el medio.

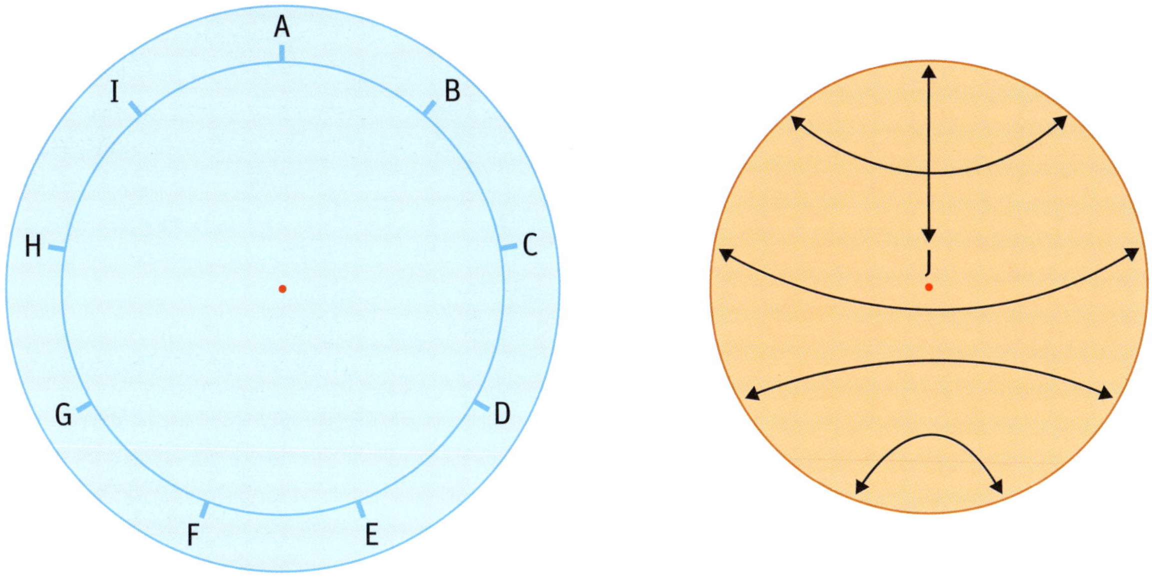

- Después debes unir las dos piezas con un encuadernador que permita que la pieza naranja pueda girar sobre la azul.
- Coloca la pieza naranja de forma que la doble flecha central vertical una la letra A de la pieza exterior con la J interior. Esta sería la distribución de partidos de la primera jornada.
- Después solo tienes que girar el círculo pequeño hasta que la J interior coincida con la B exterior, y así sucesivamente.

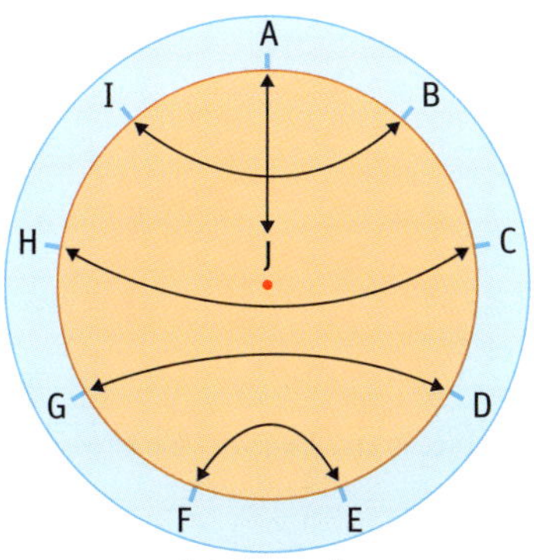

1.ª Jornada

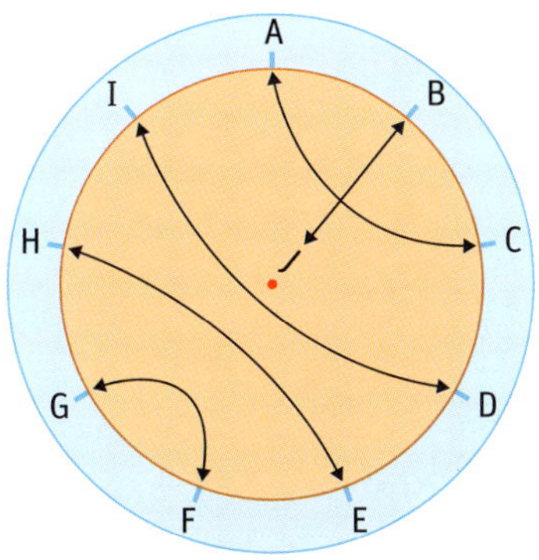

2.ª Jornada

Puedes cambiar las letras por los nombres de los equipos de tu liga, y si fuesen impares, añadir un equipo ficticio llamado "jornada de descanso".

Con este artilugio podrás ir obteniendo sin dificultad todas las parejas posibles distribuidas por jornadas y sin repeticiones, es decir, las combinaciones.

Soluciones de las autoevaluaciones

UNIDAD 1

1. a) Verdadero
   b) Falso

2. $\frac{6}{4}, \frac{9}{6}, \frac{12}{8}, \frac{24}{16}, \frac{48}{32}$.

   Fracción irreducible: $\frac{3}{2}$

3. a) $\frac{2}{3}$ b) $\frac{2}{7}$ c) $\frac{7}{13}$

4. a) $\frac{17}{10} > \frac{29}{20} > \frac{7}{5} > \frac{5}{4}$
   b) $\frac{5}{6} > \frac{13}{18} > \frac{8}{12} > \frac{12}{27}$

5. a) $1{,}8 \Rightarrow$ Decimal exacto
   b) $0{,}408\hat{3} \Rightarrow$ Decimal periódico mixto:
   c) $2{,}\hat{7} \Rightarrow$ Decimal periódico puro
   d) $0{,}58\hat{3} \Rightarrow$ Decimal periódico mixto:

6. a) $\frac{23}{4}$ b) $\frac{817}{99}$ c) $\frac{743}{90}$

7. a) $\frac{127}{98}$ b) $\frac{5}{6}$

8. $\frac{21}{3} \Rightarrow$ Racional, entero y natural

   $-5 \Rightarrow$ Racional y entero

   $0{,}\hat{3}$ y $\frac{2}{3} \Rightarrow$ Racionales y decimales periódicos puros

   $\sqrt{3} \Rightarrow$ Irracional

   $$\frac{21}{3} > \sqrt{3} > \frac{2}{3} > 0{,}\hat{3} > -5$$

9. Longitud total: 45 m; longitud de la parte enterrada: 15 m; longitud de la parte en el agua: 18 m.

10. 16 cm^3

UNIDAD 2

1. a) $\frac{32}{243}$ c) $-\frac{512}{729}$
   b) $\frac{49}{16}$ d) $-\frac{25}{16}$

2. a) $\frac{115}{48}$ b) $\frac{96}{125}$

3. a) 625 b) 243 c) 27

4. a) $\sqrt[4]{18}$ c) $\sqrt[3]{4}$ e) $9\sqrt{2}$
   b) $\sqrt[15]{\frac{32}{27}}$ d) $20\sqrt{3}$ f) $\frac{7\sqrt{10}}{60}$

5. a) $\sqrt{2}$ b) $\frac{3\sqrt[4]{2}}{2}$ c) $\frac{\sqrt{7}-\sqrt{3}}{4}$

6. a) Verdadero
   b) Falso

7. a) −3 b) 8

8. a) 2,408 b) −0,097

9. 30 cm

UNIDAD 3

1. a) Directa. $k = \frac{1}{15} = 0{,}0\hat{6}$

A	1	2	4	4,8
B	15	30	60	72

   b) Inversa. $k = 240$

C	120	60	30	15
D	2	4	8	16

2. a) 40,8 b) 220 c) 3,6 %
3. 480 €; 1440 €; 2880 €
4. 1736,84 €; 868,42 €; 694,74 €
5. 15 días
6. 716,80 €
7. 348,50 €
8. 15 180 €
9. 231,28 €

UNIDAD 4

1. $P(2) = 10$; $P(-1) = -2$

2. a) $x^4 + x^3 + 8x^2 - 4x + 3$; grado 4
   b) $-6x^5 + 2x^4 + 8x^3 - 13x^2 + 25x - 6$; grado 5

3. a) $2x^4 + 5x^3 - 3x^2 + 7x - 2$
   b) $3x^2 - 10x - 8$

4. a) Falsa c) Falsa
   b) Verdadera d) Verdadera

5. a) Cociente: $5x$; resto: $2x^2 + 6x - 1$
   b) Cociente: $4x - 4$; resto: $-2x + 6$

6. a) Cociente: $2x^2 + 8x + 11$; resto: 19
   b) Cociente: $x^3 - 3x^2 + 6x - 14$; resto: 40

7. a) $x = 0$; $x = 2$
   b) $x = -3$; $x = -2$; $x = -1$; $x = 2$

8. $k = -4$

9. a) $6(x+1)\left(x - \frac{4}{3}\right)\left(x + \frac{5}{2}\right)$
   b) $(x+1)^2(x-2)(x^2+x+3)$

UNIDAD 5

1. a) $x = 7$ b) $x = -\frac{7}{6}$ c) $x = 330$

2. a) $x = 14$, $x = 1$
   b) $x = 0$, $x = -5$
   c) $x = 2$, $x = -10$

3. a) $x = \frac{9}{2}$, $x = -4$ c) $x = -3$
   b) $x = 0$, $x = -\frac{3}{4}$ d) $x = -3$, $x = -3$, $x = 1$

4. 530 €
5. $A = 300$ cm^2
6. 35 y 40
7. A Sara le corresponden 750 €, a Julia 600 € y a mí 540 €.
8. $l = 12$ m

UNIDAD 6

1. a) $x = 5$, $y = -1$
   b) $x = 14$, $y = 13$
   c) $x = 2$, $y = -3$
   d) $x = -1$, $y = 2$

2. a) $x = \frac{48}{11}$, $y = -\frac{36}{11}$
   b) $x = -\frac{21}{5}$, $y = -\frac{2}{5}$

3. a) 1480 €
   b) 5 habitaciones

4. $x = 110$, $y = 130$
5. 220 machos y 280 hembras
6. 49,2 €
7. 69 cuadrados y 47 triángulos

UNIDAD 7

1. $x = 2{,}13$; $y = 2{,}85$; $z = 4{,}75$
2. Los lados miden 4, 5 y 6 cm y la razón de semejanza es 1,5.
3. $P = 24$ cm
4. a) $\alpha = \beta = 28°$; sen $\alpha = 0{,}47$; cos $\alpha = 0{,}88$; tg $\alpha = 0{,}53$
   b) $h = 3{,}53$ cm; $a = 8{,}51$ cm; $c = 7{,}51$ cm
5. sen $\alpha = 0{,}8$; cos $\alpha = 0{,}6$
6 cos $\beta = 0{,}89$; tg $\alpha = 1{,}98$
7. a) $a = 31{,}38$ cm; $c = 25{,}71$ cm; $\gamma = 55°$
   b) $c = 6{,}24$ cm; $\beta = 38{,}68°$; $\gamma = 51{,}32°$
8. $P = 154{,}5$ cm; $a = 23{,}78$ cm
9. 4,50 m

UNIDAD 8

1. a) *BC* y *AD*
   b) *QR* y *AB*
   c) *AB* y *BC*, en *B*
   d) *ABCD* y *PQRS*
   e) *ABCD* y *BCQR*, en *BC*

2. a) $P = 70$ m, $A = 300$ m^2
   b) $P = 52$ cm, $A = 102$ cm^2

3. a) $l = 18{,}37$ cm
   $a = 22{,}17$ cm
   b) $P = 146{,}96$ cm, $A = 1629{,}05$ cm^2

4. a) $A = 34{,}24$ dm^2
   b) $A = 73{,}07$ cm^2

5. $A = 52{,}96$ cm^2
6. $V = 100$ m^3
7. $A = 111{,}30$ cm^2
8. a) $A = 48$ cm^2, $V = 20$ cm^3
   b) $A = 1865{,}16$ cm^2, $V = 6104{,}16$ cm^3
   c) $A = 1304{,}15$ cm^2, $V = 1750$ cm^3
   d) $A = 211{,}95$ cm^2, $V = 254{,}34$ cm^3

UNIDAD 9

1. a) Sí, es una función.
b) No es inyectiva.
c) $Im(f) = \{1, 2, 3, 4, 5, 6, 7, 8, 9, 10, 11, 12, 13, 14, 15, 16, 17, 18\}$
d) 10

2. a) $D(f+g) = \mathbb{R} - \{-3\}$; $D(f \cdot g) = \mathbb{R} - \{-3\}$; $D(f : g) = \mathbb{R} - \{-3, -2, 2\}$
b) $\frac{1}{3}$
c) $D(f \circ g) = \mathbb{R} - \{\pm 1\}$

3. a) $D(f) = (-8, 8)$; $Im(f) = [0, 5]$
b) Par
c) $f(6) = 5$

4. a) $Im(f) = (-4, 4]$. Sí está acotada. No es simétrica.
b) $f(2016) = 0$; $f(-2020) = 4$
c) 4

5. a) f sí está acotada; g sí está acotada.
b) f es creciente en $(0, 2)$ y decreciente en $(-\infty, 0) \cup (2, +\infty)$. g es creciente en $(-2, 0) \cup (1, 4)$ y decreciente en $(-4, -2) \cup (0, 1)$.
c) f tiene un máximo absoluto en $(2, 2)$. g tiene un máximo en $(0, 2)$, un mínimo relativo en $(1, -1)$ y un mínimo absoluto en $(-2, 2)$
d) f no es continua y g sí que es continua.

UNIDAD 10

1. $y = 2x - 2$; $a = 2$

2. a) Eje de simetría: $x = 3$.
$V(3, 9)$.
Puntos de corte: $(0, 0)$ y $(6, 0)$.
La función es positiva en $(0, 6)$ y negativa en $(-\infty, 0)$ y $(6, \infty)$.

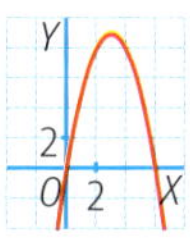

3. a) $D(f) = \mathbb{R}$; $y = 0$
b) $D(f) = \mathbb{R} - \{-1\}$; $x = -1$; $y = x + 2$

4. a) $k = 24$
b) Decreciente
c) $a = -\frac{4}{3}$
d) $f(x) = \frac{24}{x}$

5. a) $D(f) = \mathbb{R}$; $Im(f) = (0, +\infty)$
b) $(0, 1)$
c) $y = 0$

x	0	1	−1	2	−2
y	1	$\frac{2}{3}$	$\frac{1}{5}$	$\frac{4}{9}$	$\frac{9}{4}$

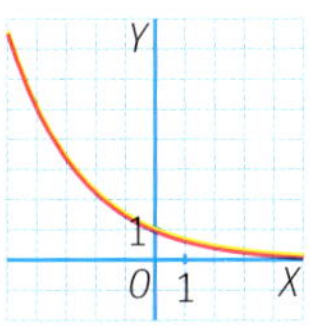

6. a)

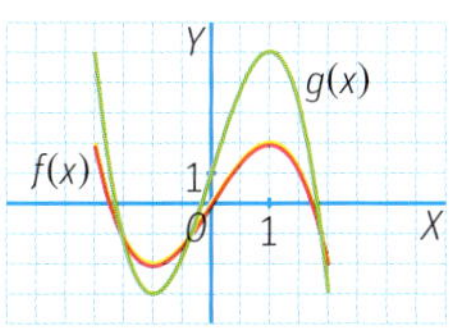

b)

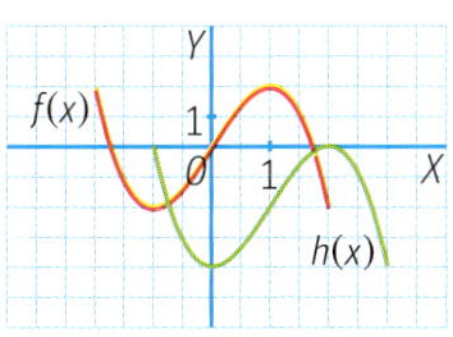

$D(f) = [-2, 2]$; $Im(f) = [-2, 2]$
$D(g) = [-2, 2]$; $Im(g) = [-3, 5]$
$D(h) = [-1, 3]$; $Im(h) = [-4, 0]$

UNIDAD 11

1. a) Cualitativa
b) 135 alumnos
c)

x_i	f_i	h_i	F_i	H_i
Tenis	11	0,081	11	0,081
Baloncesto	36	0,267	47	0,348
Voleibol	26	0,193	73	0,541
Fútbol	62	0,459	135	1
4	135	1		

d)

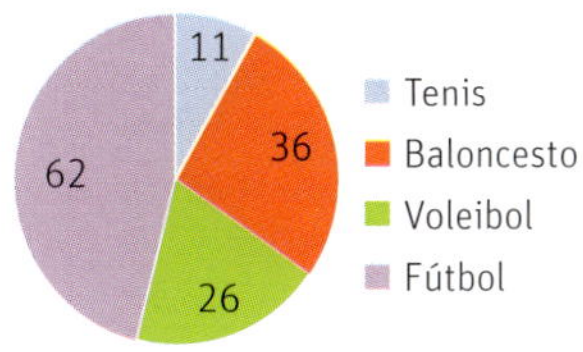

Tenis: 8,1 %
Baloncesto: 26,7 %
Voleibol: 19,3 %
Fútbol: 45,9 %

2. a)

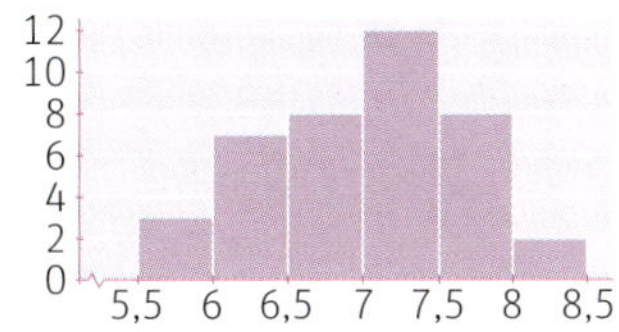

b) $\overline{x} = 7{,}01$; $s^2 = 0{,}44$; $s^2 = 0{,}66$
c) $CV = 0{,}094$

3. a)

x_i	%	h_i	f_i	F_i
0	8	0,08	40	40
1	15	0,15	75	115
2	23	0,23	115	230
3	17	0,17	85	315
4	12	0,12	60	375
5	11	0,11	55	430
6	9	0,09	45	475
7	5	0,05	25	500

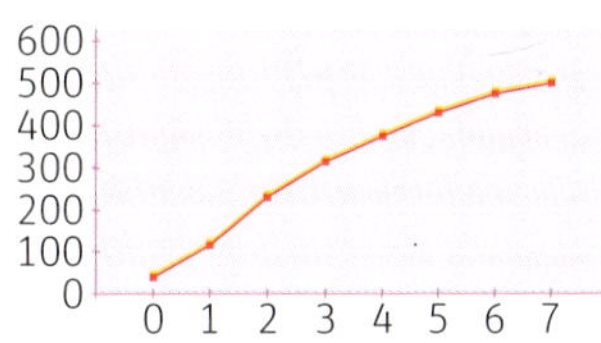

b) $\overline{x} = 3{,}04$
c) $M = 3$; $Q_1 = 2$; $Q_3 = 5$
d) No existen datos atípicos.
e)

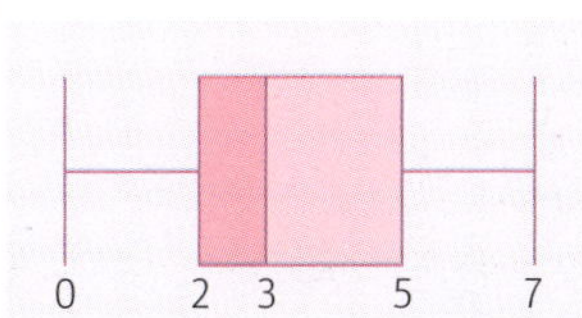

4. a) B
b) C

UNIDAD 12

1. a)

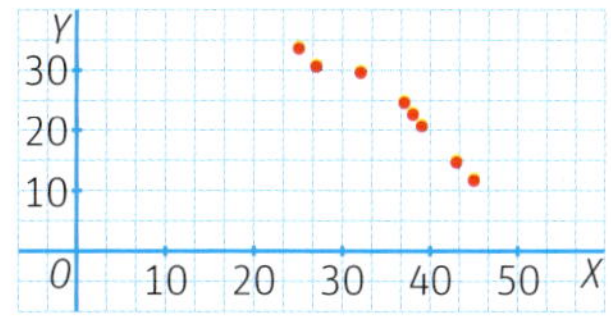

b) Correlación lineal fuerte inversa.
c) $\overline{x} = 35{,}75$; $\overline{y} = 23{,}875$
d) $r = -0{,}97$. Fuerte dependencia funcional inversa.

2. a)

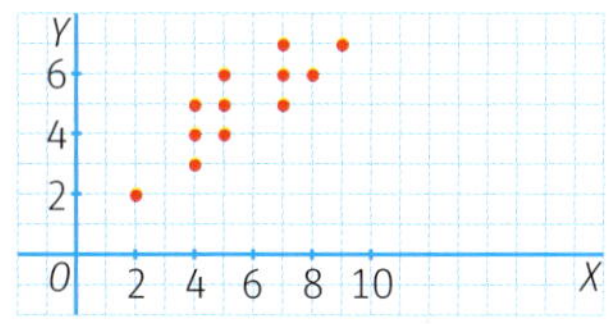

b) $r = 0{,}85$
c) Fuerte dependencia funcional positiva.

3. a) $r = 0{,}9$
b) $r = -0{,}2$
c) $r = -0{,}5$

4. a)

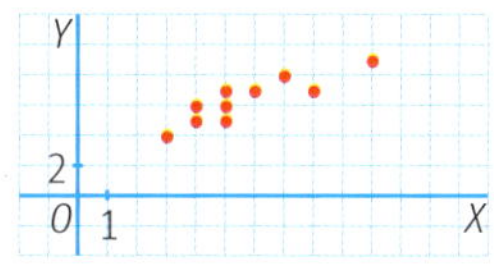

b) $\overline{x} = 5{,}7$; $\overline{y} = 6{,}4$; $s_x = 2$; $s_y = 1{,}4$
c) $S_{xy} = 2{,}52$; $r = 0{,}88$
d) $y = 0{,}63x + 2{,}82$
e) 8,165

UNIDAD 13

1. a)

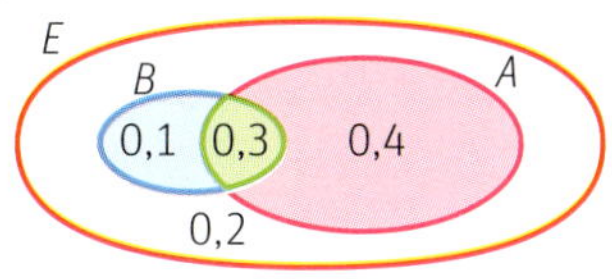

a) $P(A \cup B) = 0{,}8$
b) $P(\overline{B}) = 0{,}6$
c) $P(A \cup \overline{B}) = 0{,}9$

2. a) $\frac{1}{27}$
b) $\frac{19}{27}$

3. a) 0,1
b) 0,2

4. a) 0,004
b) 0,777

5. a) 0,967
b) 0,5

6. a)

	A	B	C	
Aprobado	45 %	30,8 %	14,4 %	90,2 %
Suspenso	5 %	4,2 %	0,6 %	9,8 %
	50 %	35 %	15 %	100 %

b) 90, 2 %

El libro **Matemáticas orientadas a las enseñanzas aplicadas** para **4.º de ESO** forma parte del Proyecto Editorial de Educación Secundaria de SM. En su realización ha participado el siguiente equipo:

Autoría
Fernando Alcaide, Joaquín Hernández, María Moreno, Esteban Serrano, Antonio Pérez, Juan Jesús Donaire, Divermates (Mates+Magia)
- Proyecto MAT-TIC con Geogebra: Antonio Pérez, José Luis Álvarez, José Manuel Arranz, Rafael Losada, José Antonio Mora, Manuel Sada

Edición
Ana Mª Casado, Eva Béjar, Pilar Gutiérrez, Juan Alberto Torresano, Natividad Juarros

Asesoría pedagógica
José Ramón Vizmanos

Corrección científica
Miguel Nieto, Juan Jesús Donaire

Corrección
Javier López, Juana Sobrino

Ilustración
Daniel García, Juan Antonio Rocafort / ARCHIVO SM

Fotografía
Sonsoles Prada, Javier Calbet, María Pía Hidalgo, Montse Fontich / ARCHIVO SM; Pedro Carrion Juarez, Peter Rey, Sergio Cuesta; EFE; SCALA; ARTIMAGOS; THINKSTOCK; Brand x Pictures; CORDON PRESS; 123RF; SHUTTERSTOCK; COUNTRY SESSIONS; iStock; GETTY IMAGES; AGE FOTOSTOCK; ALBUM; GETTY IMAGES (Cubierta)

Edición gráfica
Reyes Gordo, Sergio Cuesta

Diseño de cubierta e interiores
Estudio SM

Responsable del proyecto
Eva Béjar

Coordinación de contenidos digitales
Mara Mañas

Coordinación editorial de Matemáticas
Josefina Arévalo

Dirección de Arte del proyecto
Mario Dequel

Dirección editorial
Aída Moya

Todas las actividades contenidas en este libro han de ser realizadas en un cuaderno aparte, nunca en el propio libro.
Los espacios incluidos son meramente indicativos y su finalidad es puramente didáctica.

Gestión de las direcciones electrónicas

Debido a la naturaleza dinámica de internet, Ediciones SM no puede responsabilizarse de los cambios o las modificaciones en las direcciones y los contenidos de los sitios web a los que remite en este libro.

Con el objeto de garantizar la adecuación de las direcciones electrónicas de esta publicación, SM emplea un sistema de gestión que redirecciona las URL que con fines educativos aparecen en la misma hacia diversas páginas web; entre otras de uso frecuente: http://es.wikipedia.org, www.youtube.es. SM declina cualquier responsabilidad por los contenidos o la información que pudieran albergar, sin perjuicio de adoptar de forma inmediata las medidas necesarias para evitar el acceso desde las URL de esta publicación a dichas páginas web en cuanto tenga constancia de que pudieran alojar contenidos ilícitos o inapropiados. Para garantizar este sistema de control es recomendable que el profesorado compruebe con antelación las direcciones relacionadas y que comunique a la editorial cualquier incidencia a través del correo electrónico ediciones@grupo-sm.com.

ISBN: 978-84-675-8692-3
Depósito legal: M-03378-2016
Impreso en la UE / *Printed in EU*

Este libro está impreso en papel procedente de bosques gestionados de manera sostenible.